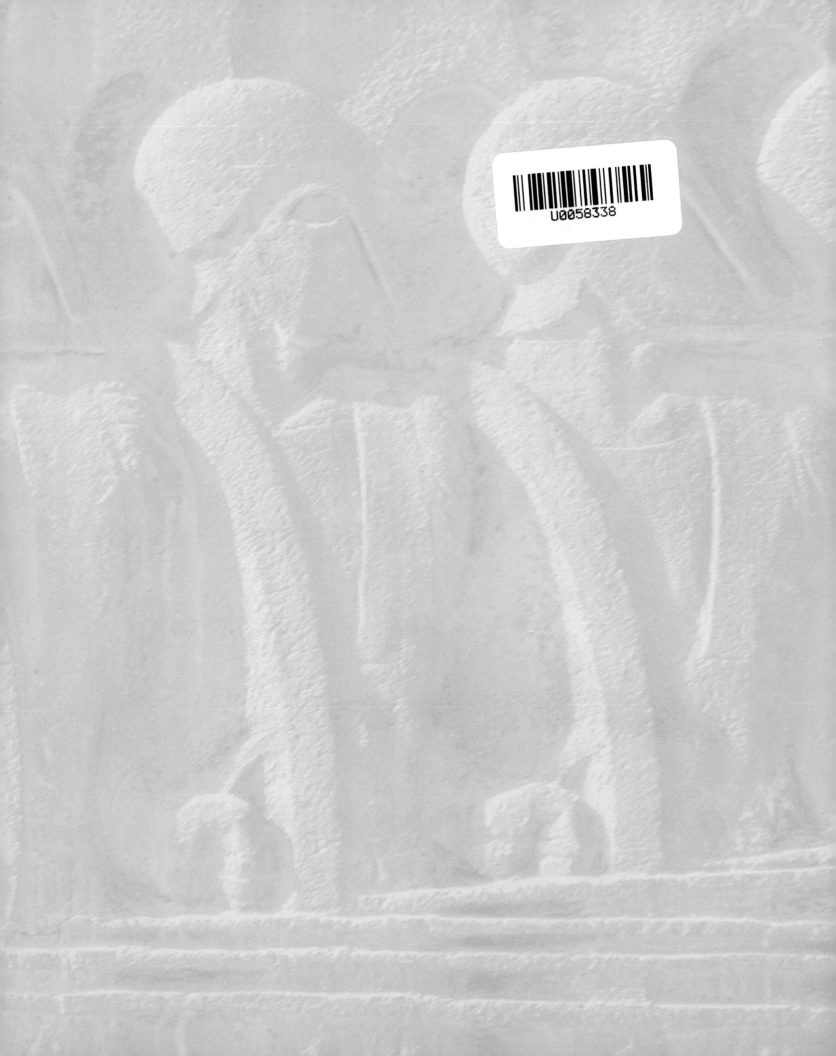

歷史戰役

BATTLES MAP BY MAP

戰場大圖解

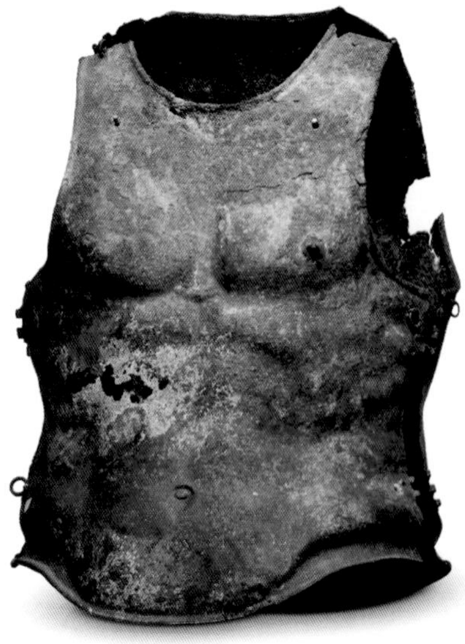

DK

歷史戰役
BATTLES MAP BY MAP
戰場大圖解

序／彼得・斯諾Peter Snow
翻譯／于倉和

Boulder Media 大石文化

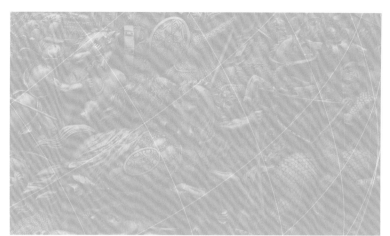

公元1000年之前

目錄

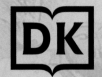

DK | Penguin Random House

歷史戰役：戰場大圖解

作　者：DK出版社編輯群
序：彼得・斯諾 Peter Snow
翻　譯：于倉和
主　編：黃正綱
資深編輯：魏靖儀
美術編輯：吳立新
圖書版權：吳怡慧
發 行 人：熊曉鴿
總 編 輯：李永適
印務經理：蔡佩欣
圖書企畫：林祐世
出 版 者：大石國際文化有限公司
地 址：新北市汐止區新台五路一段97號14樓之10
電 話：（02）2697-1600
傳 真：（02）8797-1736
印 刷：博創印藝文化事業有限公司
2023年（民112）12月初版
定價：新臺幣 1250元
本書正體中文版由Dorling Kindersley Limited授權
大石國際文化有限公司出版

ISBN：978-626-97621-6-3（精裝）
＊本書如有破損、缺頁、裝訂錯誤，請寄回本公司更換
總代理：大和書報圖書股份有限公司
地址：新北市新莊區五工五路2 號
電話：（02）8990-2588
傳真：（02）2299-7900

公元1000－1500年

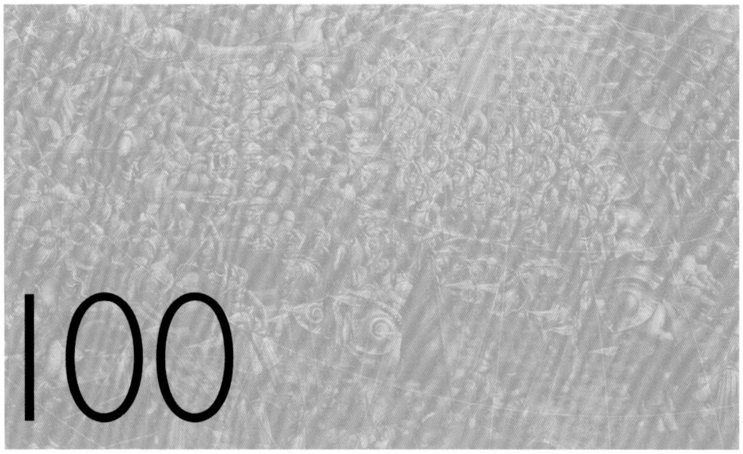

公元1500－1700年

國家圖書館出版品預行編目（CIP）資料

歷史戰役：戰場大圖解 / DK出版社編輯群 作；于倉和翻譯. -- 初版. -- 新北市：大石國際文化, 民112.12 288頁；23.5 x 28.1公分

譯自：BATTLES MAP BY MAP

ISBN 978-626-97621-6-3（精裝）

For the curious
www.dk.com

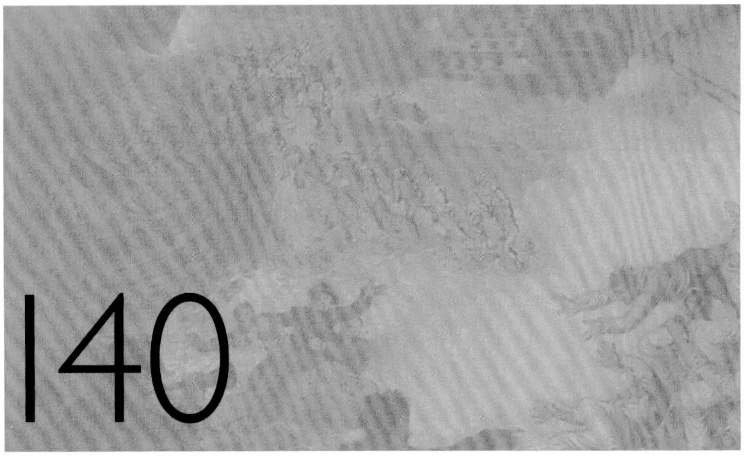

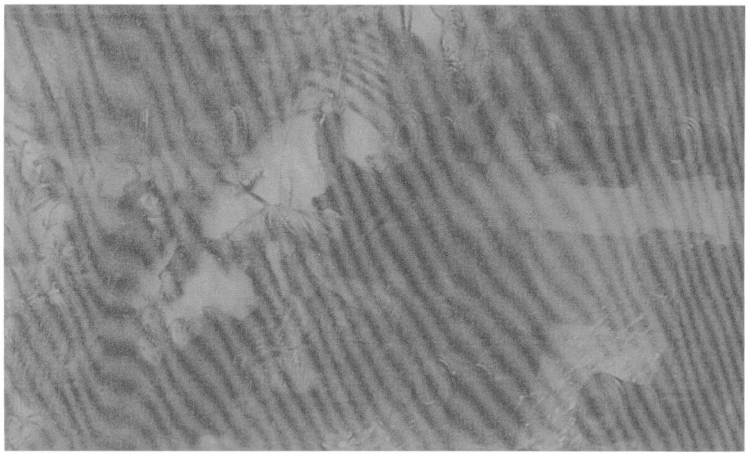

公元1700—1900年

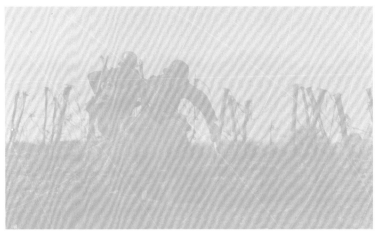

200

公元1900年至今

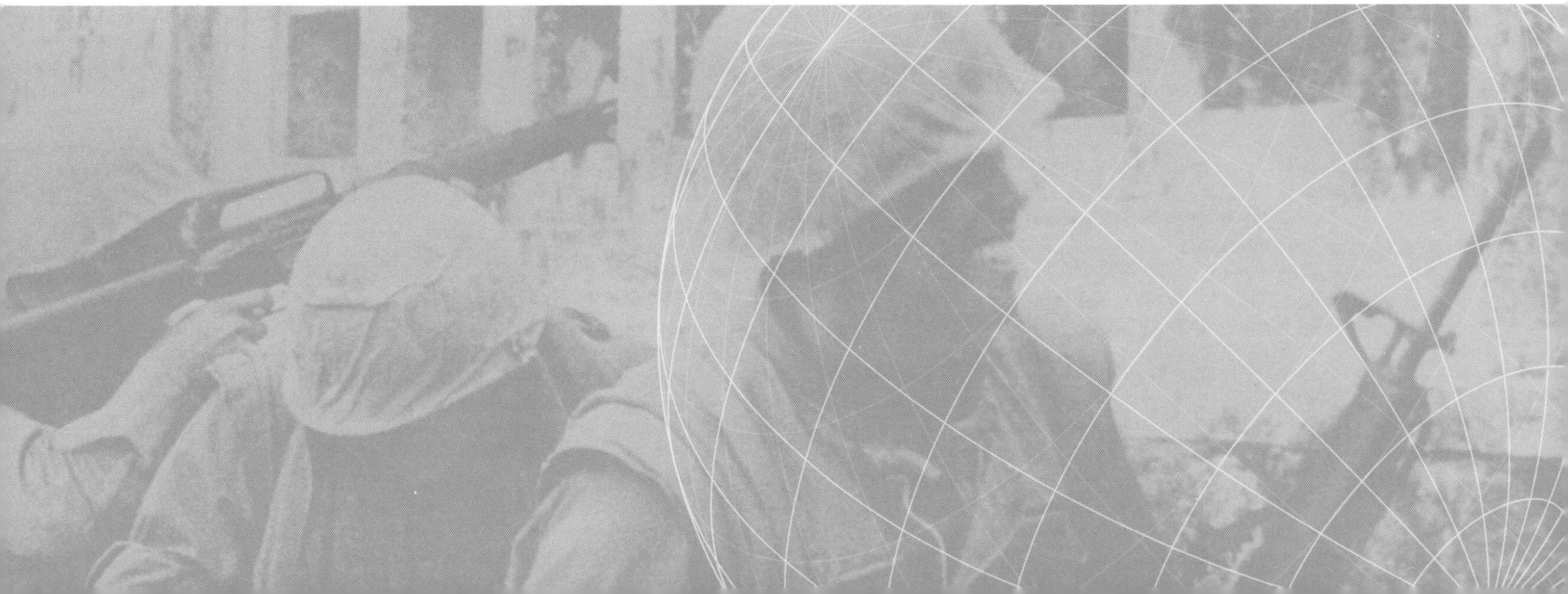

序

戰爭和點綴其中的各場戰役是人類歷史經驗裡永恆不變的特色。當所有其他辦法都失效時，武力是我們解決衝突的極端手段。雖然戰爭相當血腥，但歷史不能忽略它們。這是本精采萬分的書，以我前所未見的透徹剖析，描繪了諸多最重要戰役的故事。只有地圖，也就是整場戰役的鳥瞰圖，才可以解說與闡明每場考驗的曲折離奇。

在這本精心製作的書中，所有討論到的戰役都具有獨特的決定性。有些戰役變動了國界或決定了國家興衰，進而改變世界地圖的形貌，有些則在國界之內爆發，標誌了內戰或革命中的轉捩點。公元前 490 年，波斯人展開驚心動魄的西征，卻在馬拉松（Marathon）會戰中受阻。1260 年，蒙古大軍在艾因札魯特（Ain Jalut）之役中挫敗。1521 年，阿茲提克（Aztec）帝國在特諾奇蒂特蘭（Tenochtitlan）之戰裡滅亡，現代墨西哥因此誕生。1526 年，鄂圖曼人（Ottoman）在莫哈赤（Mohacs）之役中掌握了絕大部分匈牙利領土，直到 1683 年在維也納遭遇了決定性的戰敗。不列顛之役（Battle of Britain）和史達林格勒（Stalingrad）是第二次世界大戰期間的兩個關鍵時刻；1645 年克倫威爾（Cromwell）在內斯比（Naseby）的勝利改變了英格蘭政府；1600 年德川家康在關原戰勝，德川幕府因此統治了日本超過 250 年；1942 年美軍在中途島（Midway）戰勝，加快了日本在二次大戰中戰敗的腳步。其他戰役則點燃了不同的希望火種——這些偉大而具有象徵性的勝利成了人們心目中的傳奇，例如 1896 年衣索比亞在阿多瓦（Adowa）擊敗義大利，照亮了非洲抵抗殖民主義的道路。儘管 1389 年的科索沃波耶（Kosovo Polje）會戰是場失敗，但這場戰役在塞爾維亞依然被視為抵抗外來侵略者的驕傲民族象徵，受到紀念。

本書也以史無前例的方式鉅細靡遺地描述了每一場戰役的重點特徵。每張地圖上都有箭頭指出動向，呈現出混亂的局面如何

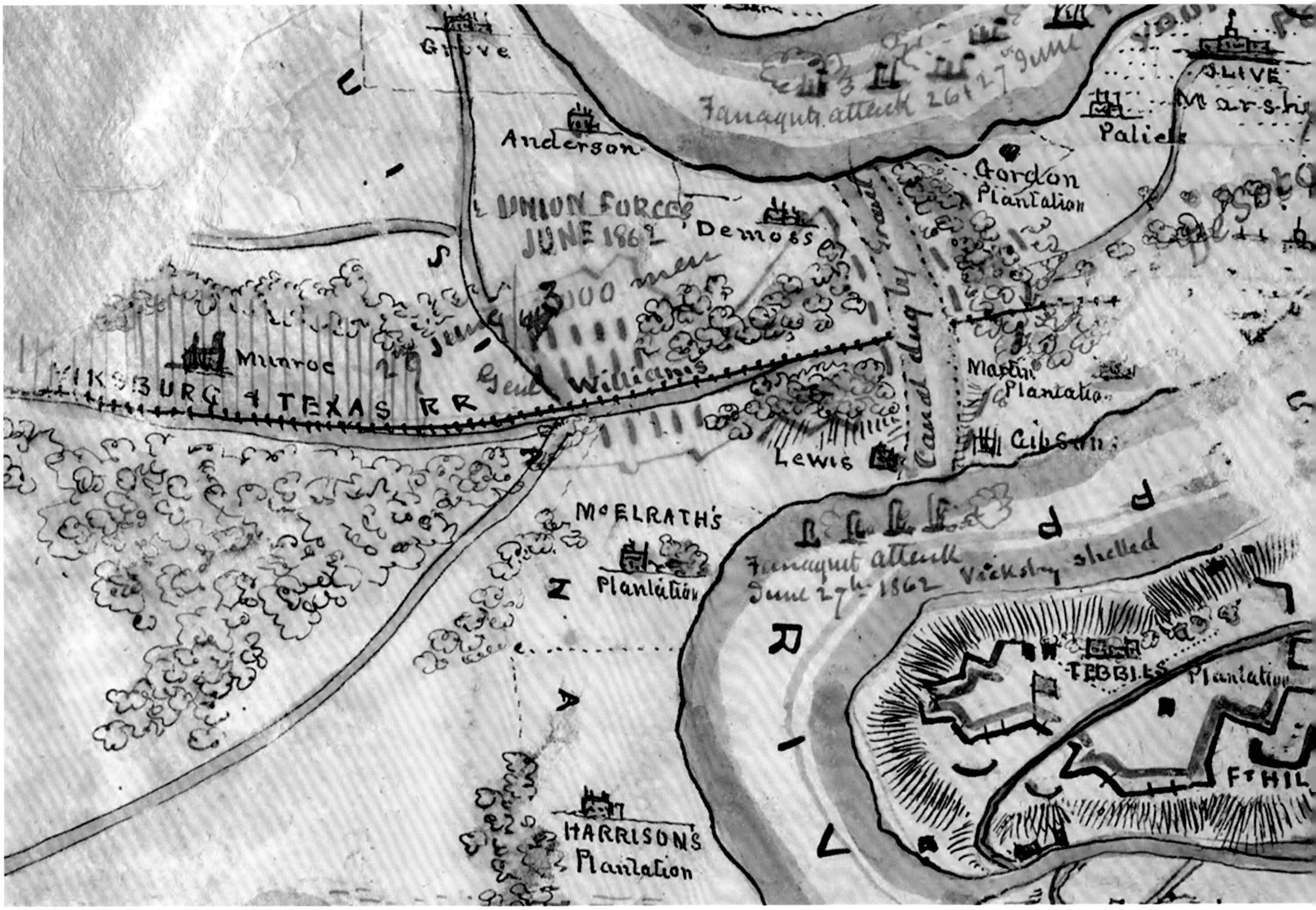

讓精心布局的計畫瞬間崩壞，而指揮官又如何因應。德軍參謀總長賀爾穆特．馮．毛奇（Helmuth von Moltke）在 1871 年就已經觀察到：沒有任何作戰計畫可以在首次接敵後繼續執行，而我們在這裡可以看到，1757 年腓特烈大帝（Frederick the Great）在洛伊滕（Leuthen）抓住千載難逢機會，派出大批部隊前往敵軍左翼，包圍奧地利陸軍，是神來一筆的調兵遣將。我們也可以輕鬆了解，1815 年在滑鐵盧（Waterloo），由蓋伯哈德．雷布瑞希特．馮．布呂歇（Gebhard Leberecht von Blücher）指揮的普魯士部隊抵達戰場，是如何襲擊拿破崙軍隊的右翼，從而決定了歷史上最關鍵的會戰之一的結局。你也可以看到，位於克雷西（Crécy）的山嶺在 1346 年給了英格蘭國王愛德華三世（Edward III）可以一覽無遺眺望戰場的機會，使他能夠縝密規畫戰術，贏得勝利。1805 年在奧斯特利茨（Austerlitz），拿破崙麾下大將馮丹（Vandamme）和聖提萊賀（Saint-Hilaire）率軍突擊普拉岑高地（Pratzen Heights），高地的戰略價值顯而易見。

這些從一個世紀跨越到另一個世紀的地圖還有一個顯著特徵，就是如何描繪出不斷變化的戰鬥面貌。有長達 2000 年的時間，人們都是靠刀劍、長矛和弓箭近身肉搏作戰。之後到了大約 14 世紀左右，我們可以開始看到火藥如何擴大衝突。1526 年在帕尼帕特（Panipat），印度戰象證明根本不是巴布爾（Babur）的大砲的對手。最後，1918 年在亞眠，引擎的發明總算讓戰車和裝甲車可以把一次大戰的戰鬥從壕溝裡帶出來，並在 1942 年的阿來曼（El Alamein）和 1991 年的沙漠風暴（Desert Storm）聲勢浩大的機動作戰中大顯神威。

如果正如我所害怕的，在文明興衰起落的過程裡，戰爭都會是個永遠存在的特色，那麼本書將會是勝敗原的重要指南。

彼得．斯諾（Peter Snow），2020 年

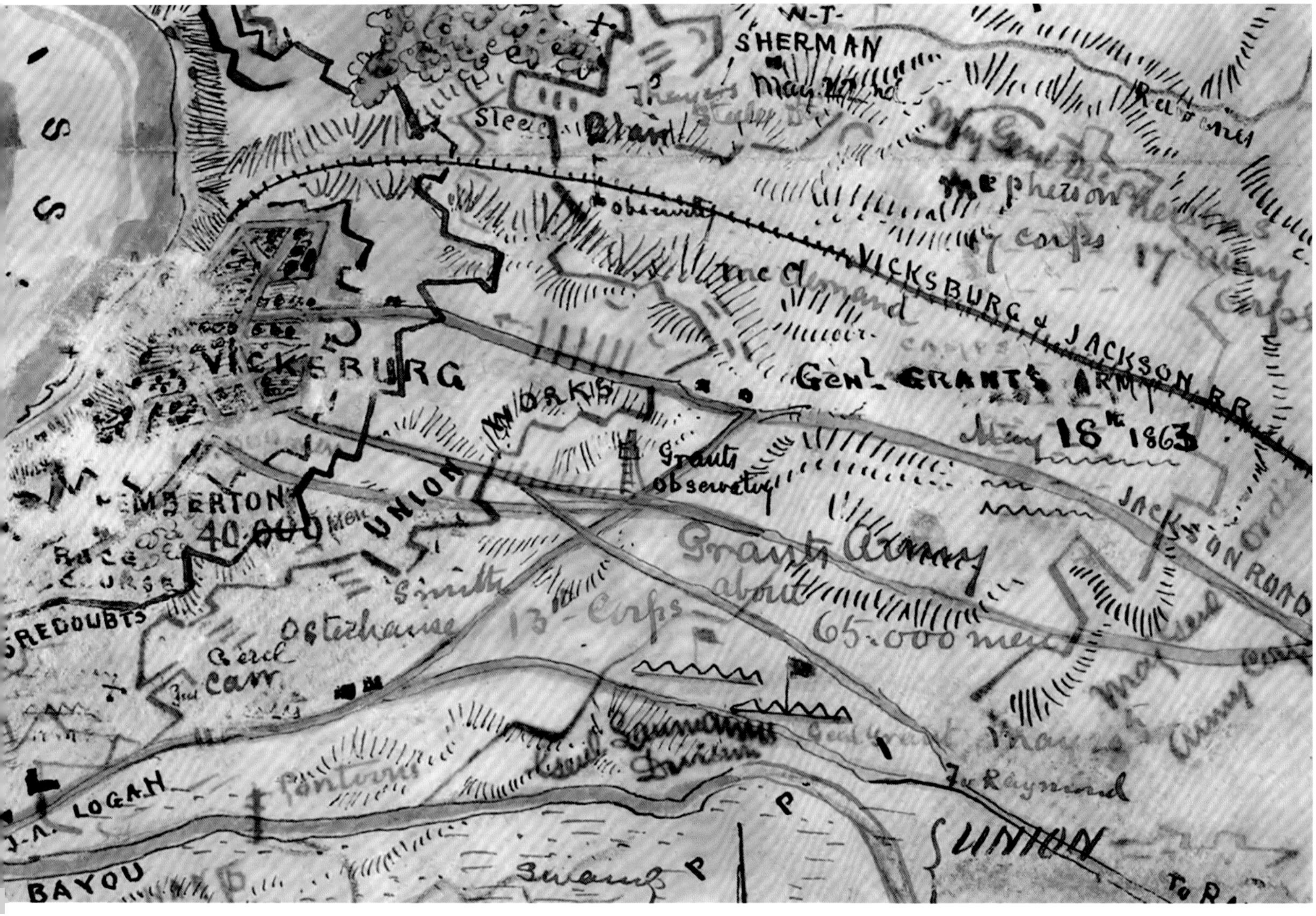

▽ **建立國家的內戰**
這幅地圖繪於1864年，呈現出美國南北戰爭（見第182-87頁）期間的西部戰區密西西比州維克斯堡（Vicksburg）周邊的戰況。這幅地圖標示了鐵路、堡壘，以及聯邦軍和邦聯軍的相對位置。據估計，南北戰爭在1865年結束時，已經造成超過60萬人喪命。

第一章

公元1000年之前

隨著人類文明不斷進化，有組織的軍事力量也開始逐步發展。帝國的興衰和戰場上的戰爭勝敗環環相扣，而專門的部隊也應運而生，和步兵並肩作戰，例如騎兵和雙輪戰車。

公元1000年之前

到公元1000年為止的這段時間裡，有組織的作戰開始逐漸成形。軍隊的規模愈來愈大，徒步的士兵獲得騎兵和其他兵種的支援。大國發展出專業軍隊，但他們經常必須在戰爭中面對運用新武器、新戰術和新組織模式的新興勢力挑戰。

△ 埃及獅身人面像
這尊獅身人面像來自拉美西斯二世（約公元前1279－1213年在位）統治時期。公元前1274年，他在卡德什和西臺人作戰時，雙方都動用龐大的雙輪戰車兵力。

公元前 3000 年前，美索不達米亞（Mesopotamia）開始出現城市。為了保護城市不受外來者侵擾，因此產生了對專門戰鬥人員的需求。到了公元前 1500 年，有些城邦逐漸成為帝國，並開始為擴展領土而戰鬥。例如埃及人和西臺人（Hittites）就為了取得霸權而競爭，他們在戰鬥中運用雙輪戰車，帶來更強大的機動力。幾個世紀後，冶金技術進步，軍隊因此開始廣泛使用鐵製武器，比青銅製的刀劍更致命。亞述人在大約公元前 800 年發明了攻城武器，即使是最牢固的城牆都會受到破壞。

公民民兵到專業士兵

帝國規模擴大，但其中最龐大的波斯阿契美尼德（Achaemenid）帝國卻發現自己打不過比較小的希臘城邦。希臘的重裝步兵（由公民組成的重武裝徒步士兵）手持長矛，排列成緊密的四邊形編隊，稱為方陣，在公元前 5 世紀擊退波斯人的兩波入侵行動。往後的 300 年間，這種戰術成為地中海東部區域的作戰典範，而馬其頓國王亞歷山大大帝（Alexander the Great）又讓它更加完美。在公元前 334 到 323 年這段時間裡，方陣巧妙地結合騎兵和輕步兵，在一連串的戰役中征服了波斯帝國。然而，馬其頓的方陣儘管有所進步，卻笨重遲鈍，最後成為地中海新興軍事強權羅馬軍隊的手下敗將。

從公元前 4 世紀開始，羅馬人結合政治侵略和近距離肉搏的步兵戰術，首先征服了義大利，接著是整個地中海區域。羅馬軍團雖然不是所向無敵，但在好幾個世紀的時間裡，他們的訓練愈來愈精良專業，兼併的新省分最北遠達不列顛，最東遠達敘利亞，並克服幾乎所有的抵抗力量。不過情況愈來愈明顯：他們終究無法維持漫長國界上的防禦力量，抵擋野蠻人的侵襲。

▷ 一位羅馬皇帝之死
這幅科普特（Coptic）圖畫描繪了3世紀基督教殉道者聖麥丘利厄斯（Saint Mercurius）殺死異教徒皇帝尤利安（Julian）的景象，把他的死描繪成神聖的正義。

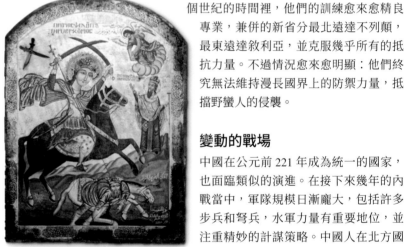

變動的戰場

中國在公元前 221 年成為統一的國家，也面臨類似的演進。在接下來幾年的內戰當中，軍隊規模日漸龐大，包括許多步兵和弩兵，水軍力量有重要地位，並注重精妙的計謀策略。中國人在北方國

戰爭的誕生

有組織的作戰起源於非洲和古代中東地區，也就是埃及人透過戰鬥來擴展帝國、平定叛亂國家。隨後鐵製兵器盛行，讓作戰更有效率。羅馬人把大型步兵編制變得更加完美，他們建立的帝國一直要到476年才落入日耳曼部族手中。中國人和法蘭克人都在8世紀時擴張，維京人首次入侵不列顛也是在這個時候。

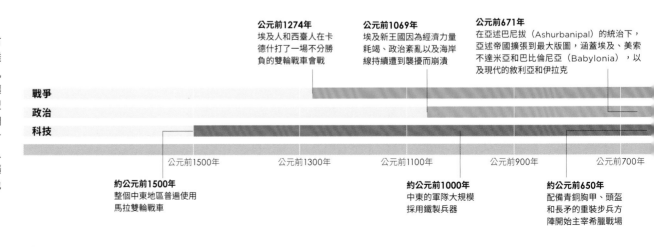

公元前1274年
埃及人和西臺人在卡德什打了一場不分勝負的雙輪戰車會戰

公元前1069年
埃及新王國因為經濟力量耗竭、政治紊亂以及海岸線持續遭到襲擾而崩潰

公元前671年
在亞述巴尼拔（Ashurbanipal）的統治下，亞述帝國擴張到最大版圖，涵蓋埃及、美索不達米亞和巴比倫尼亞（Babylonia），以及現代的敘利亞和伊拉克

戰爭
政治
科技

公元前1500年　公元前1300年　公元前1100年　公元前900年　公元前700年

約公元前1500年
整個中東地區普遍使用馬拉雙輪戰車

約公元前1000年
中東的軍隊大規模採用鐵製兵器

約公元前650年
配備青銅胸甲、頭盔和長矛的重裝步兵方陣開始主宰希臘戰場

◁ **維京長船**
在海上航行的維京人使用迅捷的長船，沿著綿長的海岸線或逆流而上運輸軍隊。維京人除了用這種船來突擊與入侵之外，他們之間也常常爆發海戰。

> 「我之所以來，不是要對義大利人開戰，而是來協助義大利人對抗羅馬。」
>
> 漢尼拔・巴卡，公元前217年

界要面對游牧匈奴民族的壓力，他們有精良的騎馬弓兵，因此成為可怕的對手。公元 620 年，羅馬在東方的後繼者拜占庭帝國（Byzantine Empire），有許多領土被統一在新興宗教伊斯蘭教大旗下的阿拉伯軍隊奪走。這些阿拉伯部隊機動性相當高，非常擅長用打帶跑戰術襲擊，而他們也迅速適應了需要龐大兵力編制才能實施的戰術。對阿拉伯國家來說，他們征服的人民（例如波斯人和一些土耳其部落）都成為軍事人力來源，使他們面對敵手占有優勢。

當拜占庭帝國設法求生存時，西方的羅馬帝國每況愈下，到了 6 世紀就由一連串日耳曼國家繼承。這些國家在剛開始時都維持了游牧民族戰隊的性格，把戰爭概念化成斧頭和長矛的衝突，直到有一方逃跑為止，然而他們也逐漸開始發展複雜的半永久武裝力量。

西歐在 800 年左右開始採用馬鐙，使騎士可以提高穩定性，從而強化當時重裝甲騎兵逐漸展露出的主宰地位，即使是有紀律的步兵也會害怕。他們是 11 世紀時構成軍隊骨幹的騎士的前身。

軍隊繼續面對一波又一波新出現的入侵者，例如匈牙利的馬札爾人（Magyar）和來自斯堪地那維亞（Scandinavia）的維京人（Viking）。但到了公元 1000 年，歐洲一些比較集權化、有能力抵抗絕大部分入侵者的國家就開始互相合併了。

△ **威嚇羅馬**
這幅16世紀的壁畫顯示古迦太基人在公元前218年對抗羅馬的第二次布匿戰爭（Second Punic War）期間翻越阿爾卑斯山（Alps）。迦太基人領袖漢尼拔使用戰象來威嚇羅馬士兵和他們的馬匹。

公元前490年
雅典重裝步兵在馬拉松擊敗人數多出許多的波斯軍隊，結束波斯對希臘的第一次入侵

公元前331年
馬其頓國王亞歷山大大帝在高加米拉擊敗波斯統治者大流士三世

公元前216年
第二次布匿戰爭期間，迦太基將領漢尼拔在坎尼擊敗羅馬軍團

約公元前200年
羅馬軍團採用改良的羅馬短劍

公元前27年
尤利烏斯・凱撒的養子屋大維成為羅馬帝國第一個皇帝

公元476年
經過一段時期的侵略後，羅馬雇傭的日耳曼將軍廢黜了西方最後一位羅馬皇帝

公元581年
經歷了一段分裂期之後，隋朝再度統一中國

公元622年
先知穆罕默德（Mohammed）從麥加（Mecca）前往麥地那（Medina），展開伊斯蘭時代以及阿拉伯對外征服時期

公元634年
穆斯林軍隊在雅爾木克河擊敗拜占庭帝國，征服敘利亞和巴勒斯坦，為阿拉伯人征服北非奠定基礎

公元751年
中國唐朝的軍隊在怛羅斯河（River Talas）被阿拔斯（Abbasid）軍隊擊敗，結束中國朝中亞的西向擴張

公元771年
查理曼（Charlemagne）成為法蘭克帝國統治者，帝國版圖在他統治期間擴展到涵蓋大部分西歐

公元793年
維京人首次襲擊不列顛，並在接下來長達250年的時間裡不斷攻擊西北歐海岸

約公元900年
中國煉金術士發現火藥，之後應用在煙火和最早期的火器上

公元前500年 公元前300年 公元前100年 公元100年 公元300年 公元500年 公元700年 公元900年

帝國的衝突

埃及新王國和西臺帝國在過去兩個世紀裡為了爭奪地中海東部的控制權而相互較勁。公元前1274年，拉美西斯二世開始重新伸張埃及對這個地區的主導權。

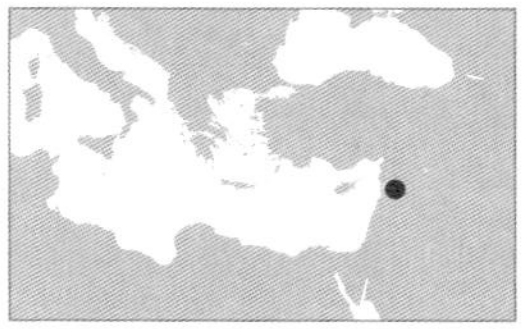

圖例

埃及人：兵營、雙輪戰車、部隊

西臺人：兵營、雙輪戰車、部隊

時間軸

公元前1274年5月 — 公元前1274年6月

1 西臺人設陣埋伏 公元前1274年5月

穆瓦塔里給埃及人設下一個陷阱。他的兩位間諜釋出假消息給拉美西斯，宣稱西臺軍隊不在卡德什附近，因此這位法老信心滿滿地推進，並在城外設立營地，而他的軍隊則慢慢地陸續跟他會合。西臺軍隊藉由丘陵的掩護向前移動，攻擊行軍中的埃及軍隊沒有保護的側翼。

➡ 埃及軍隊抵達

2 西臺人雙輪戰車衝鋒

一支據估計由超過2500輛雙輪戰車組成的西臺部隊涉水渡過俄倫特斯河（Orontes River），並朝拉部隊（Re division）衝鋒，也就是行軍中的埃及部隊的第二編隊。由於沒料到敵軍的震撼攻擊，他們立刻被擊潰，四散奔逃。但西臺人沒有充分利用剛開始的成功，反而在原地徘徊，掠奪埃及人攜帶的物資。

➡ 西臺雙輪戰車進攻 ⇢ 後方部隊衝潰散

3 拉美西斯帶頭反攻

不過在西臺人發動攻擊之前，拉美西斯就已經獲得敵軍逼近的情資。拉美西斯下令要後方部隊加快行軍腳步，並準備好親自上戰場。當西臺軍攻擊阿蒙部隊並威脅到拉美西斯的營地時，這位法老也出動雙輪戰車發動反攻，並親自率領軍隊衝鋒。埃及雙輪戰車操控靈活，機動性勝過西臺對手，因此扭轉戰局。

➡ 埃及雙輪戰車進攻

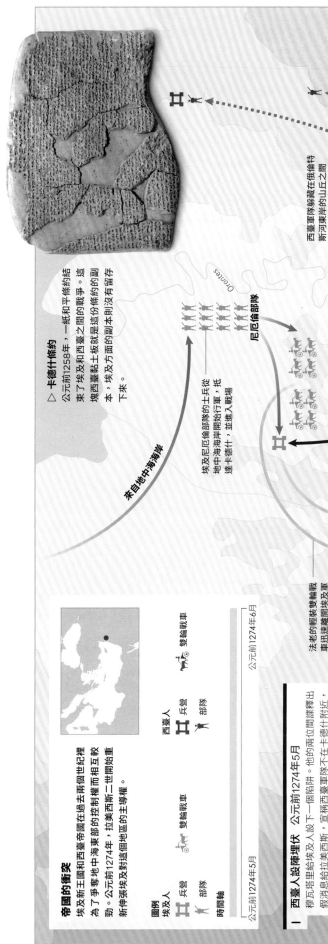

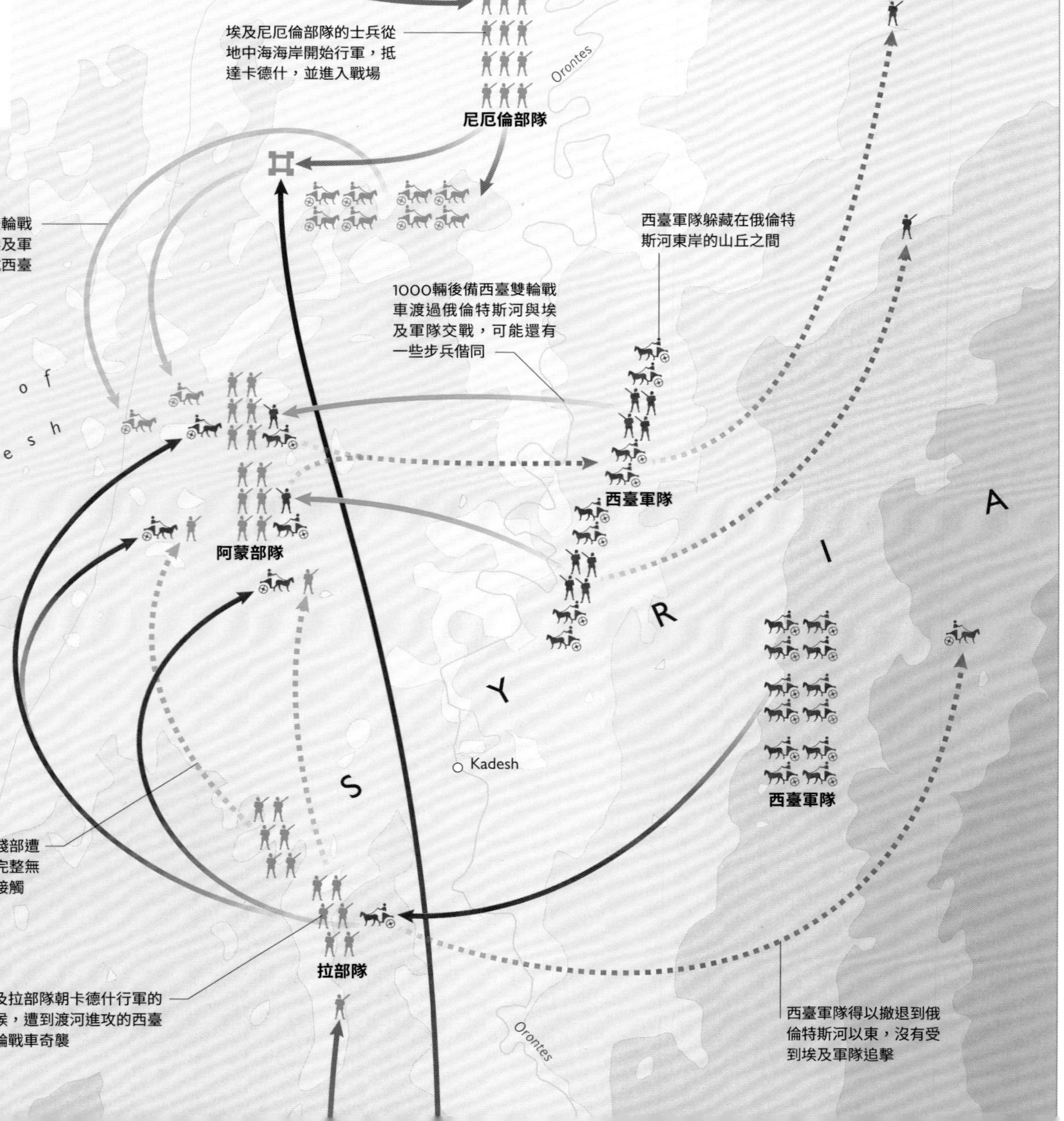
來自地中海海岸
埃及尼厄倫部隊的士兵從地中海海岸開始行軍，抵達卡德什，並進入戰場
尼厄倫部隊
Orontes
法老的輕裝雙輪戰車迅速離開埃及軍營，前往抵抗西臺軍隊的進攻
Plain of Kadesh
1000輛後備西臺雙輪戰車渡過俄倫特斯河與埃及軍隊交戰，可能還有一些步兵偕同
西臺軍隊躲藏在俄倫特斯河東岸的山丘之間
西臺軍隊
阿蒙部隊
SYRIA
Kadesh
西臺軍隊
潰散的拉部隊殘部遭敵人追趕，和完整無損的阿蒙部隊接觸
拉部隊
埃及拉部隊朝卡德什行軍的時候，遭到渡河進攻的西臺雙輪戰車奇襲
Orontes
西臺軍隊得以撤退到俄倫特斯河以東，沒有受到埃及軍隊追擊

▷ **卡德什條約**

公元前1258年，一紙和平條約結束了埃及和西臺之間的戰爭。這塊西臺黏土板就是這份條約的副本，埃及方面的副本則沒有留存下來。

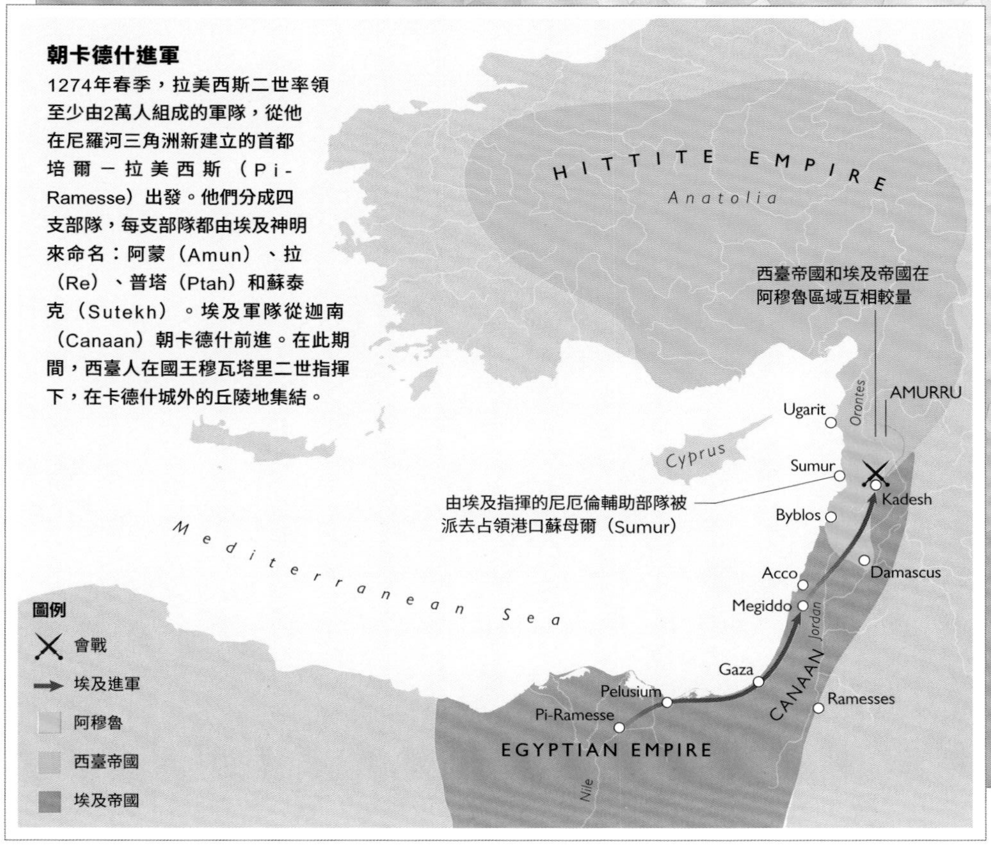

朝卡德什進軍
1274年春季，拉美西斯二世率領至少由2萬人組成的軍隊，從他在尼羅河三角洲新建立的首都培爾－拉美西斯（Pi-Ramesse）出發。他們分成四支部隊，每支部隊都由埃及神明來命名：阿蒙（Amun）、拉（Re）、普塔（Ptah）和蘇泰克（Sutekh）。埃及軍隊從迦南（Canaan）朝卡德什前進。在此期間，西臺人在國王穆瓦塔里二世指揮下，在卡德什城外的丘陵地集結。
HITTITE EMPIRE
Anatolia
西臺帝國和埃及帝國在阿穆魯區域互相較量
AMURRU
Orontes
Ugarit
Cyprus
Sumur
Kadesh
由埃及指揮的尼厄倫輔助部隊被派去占領港口蘇母爾（Sumur）
Byblos
Damascus
Mediterranean Sea
Acco
Megiddo
Jordan
Gaza
CANAAN
Pelusium
Pi-Ramesse
Ramesses
EGYPTIAN EMPIRE
Nile
圖例
會戰
埃及進軍
阿穆魯
西臺帝國
埃及帝國

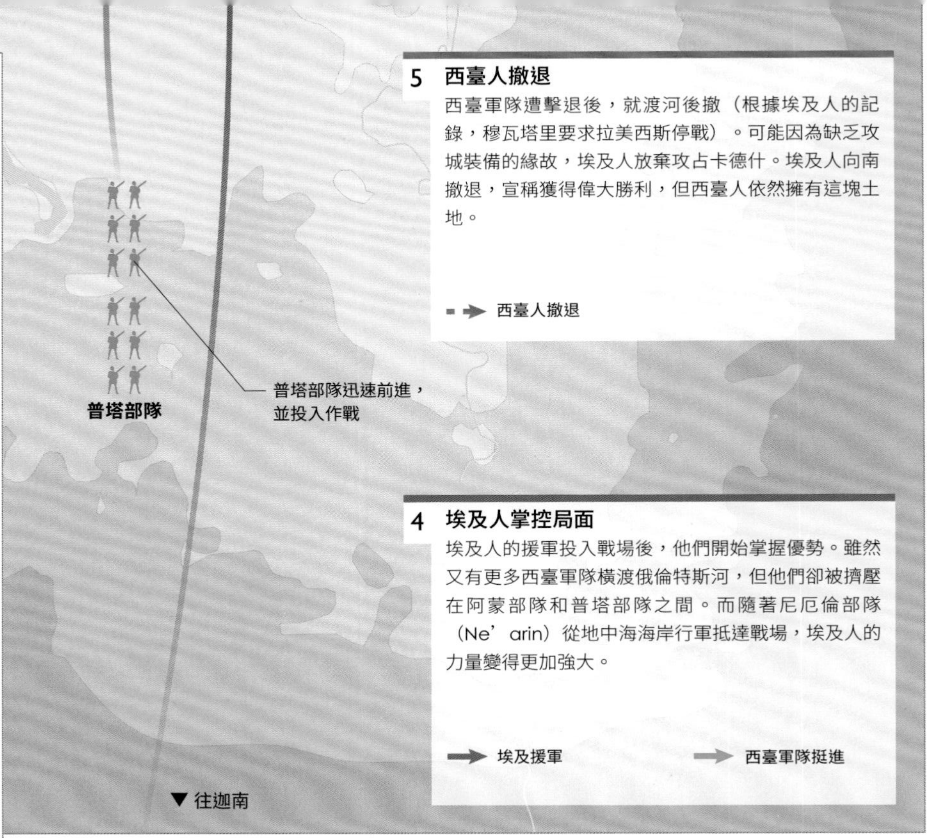

5 西臺人撤退
西臺軍隊遭擊退後，就渡河後撤（根據埃及人的記錄，穆瓦塔里要求拉美西斯停戰）。可能因為缺乏攻城裝備的緣故，埃及人放棄攻占卡德什。埃及人向南撤退，宣稱獲得偉大勝利，但西臺人依然擁有這塊土地。
西臺人撤退
普塔部隊
普塔部隊迅速前進，並投入作戰
4 埃及人掌控局面
埃及人的援軍投入戰場後，他們開始掌握優勢。雖然又有更多西臺軍隊橫渡俄倫特斯河，但他們卻被擠壓在阿蒙部隊和普塔部隊之間。而隨著尼厄倫部隊（Ne'arin）從地中海海岸行軍抵達戰場，埃及人的力量變得更加強大。
埃及援軍
西臺軍隊挺進
▼往迦南

卡德什

3000多年前，埃及法老拉美西斯二世率領大軍進入敘利亞境內一塊和西臺帝國長期爭奪的土地。後來他們在卡德什城外和西臺雙輪戰車部隊爆發衝突，是目前有詳細資訊留存的最早會戰。

公元前 1279 年，拉美西斯二世（Ramses II）繼承父親塞提一世（Seti I）的王位，成為埃及新王國（New Kingdom）的統治者，同時也接續了和西臺帝國（Hittite Empire，以安納托力亞〔Anatolia〕為根據地）長久以來針對阿穆魯（Amurru）的爭議，這個區域位於今日的敘利亞北部。公元前 1275 年，拉美西斯對西臺在阿穆魯的盟友進行了一連串成功的征討。隔年，他打算故技重施，把有城牆保護的城市卡德什（Kadesh）當作新一波攻勢的目標。不過就在這個時候，西臺統治者穆瓦塔里二世（Muwatallis II）做出回應，投入了一支部隊。套用一位埃及史家的話來說，「人數多如蝗蟲，遮蔽了高山和深谷。」

在戰場上，埃及人和西臺人的精銳突擊部隊都依賴雙輪戰車——西臺人配備三人雙輪戰車，而埃及的雙輪戰車相對較輕，只配有馬車伕和一名弓兵。公元前 1274 年，戰鬥在卡德什城外開打，雙方共布署約 5000 輛雙輪戰車，是歷史上規模最浩大的一場雙輪戰車會戰。埃及人為這場會戰留下最生動精采的記錄，他們宣稱取得史詩般的勝利，其他證據則顯示這場會戰的結果應該是難分高下的和局。西臺人依然控制阿穆魯，爭奪這個地區的戰鬥依然間歇性地爆發。16 年之後，這兩個帝國之間的邊境糾紛就靠著世界最早有記錄的國際和平條約來弭平，它原本是刻在一塊銀板上。在接下來的一個世紀裡，這兩個強權維持了一段時間的相對和平。

拉美西斯二世

約公元前1279－1213年在位

拉美西斯二世被後世的埃及人視為「偉大的祖先」，在公元前1279年成為埃及新王國的統治者，除了和西臺人戰鬥以外，也在南方對努比亞人（Nubian）和海盜施爾登人（Sherden）發動成功的作戰。許多古埃及最華麗的神廟都是在他長達66年的統治期興建的，其中包括位於埃及南部的阿布辛貝神殿（Abu Simbel）。

雙輪戰車作戰

大約在公元前1800到600年的這段時間裡，不論在哪個文明，雙輪戰車都是作戰中的要角，從凱爾特世界和迦太基（Carthage）到印度及中國都廣泛使用了好幾個世紀，甚至使用到公元前3世紀。

△ 亞述軍隊
這塊公元前7世紀的浮雕描述蒂爾圖巴會戰（Battle of Til-Tuba，約公元前650年）的一幕，亞述軍隊的精銳戰士在雙輪戰車上戰鬥。

最早大約在公元前 2500 年，由亞洲野驢跟公牛牽引的車輛在今日的歐洲及中東地區開始使用，早期的雙輪戰車也隨之出現。然而一直要到公元前 1800 年左右，人類開始馴養馬匹，再加上發明輻條車輪，雙輪戰車才真正發揮效用。雙輪戰車很可能起源於中亞，它們成為中國、印度、中東以及愛琴海地區、中歐等地戰事中常見的特色。

雙輪戰車作戰在青銅時代晚期（約公元前 1550 － 1200 年）和鐵器時代早期（約公元前 1200 － 550 年）左右達到極盛。西臺、米坦尼（Mitanni）、埃及、迦南（Canaanite）、亞述和巴比倫等國的軍隊全都有數以千計的雙輪戰車。埃及人和迦南人似乎偏好較輕、雙馬拖曳的雙輪戰車，機動性較佳，但只能容納馬伕和弓兵。反之，有些文化（例如亞述、迦太基、印度和中國）則使用較重、三匹或四匹馬拖曳的雙輪戰車，能搭載更多人員，通常包括長矛兵。在任何軍隊裡，雙輪戰車通常會擔任精銳打擊部隊，並且會有步兵支援，之後則和騎兵搭配。

騎兵興起

到了公元前 8 世紀，雙輪戰車漸趨沒落，因為騎兵在戰場上更受歡迎。騎兵單位的建置、裝備、訓練成本都比較低，維持也比較簡單。公元前 9 世紀的蓋爾蓋爾會戰（Battle of Qarqar）很可能是雙輪戰車最後一次主宰戰場。儘管如此，在往後的好幾個世紀裡，都還是有雙輪戰車（包括惡名昭彰的加裝鐮刀車型）出現在戰場上，接著雙輪戰車競賽就變成了一種受歡迎的運動。

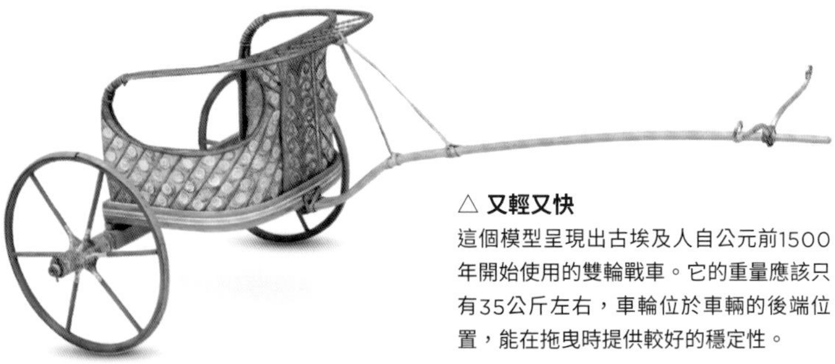

△ 又輕又快
這個模型呈現出古埃及人自公元前1500年開始使用的雙輪戰車。它的重量應該只有35公斤左右，車輪位於車輛的後端位置，能在拖曳時提供較好的穩定性。

戰場上的法老
這幅圖畫出現在埃及國王圖坦卡門（Tutankhamun，公元前1334－1325年在位）陵墓中的靈柩上，描繪這位國王從他的雙輪戰車上持弓箭射向敵人，身邊有步兵伴隨護衛。

波斯戰役

公元前492年，波斯人入侵希臘，但卻因為一場風暴摧毀了他們的艦隊而被迫放棄這場遠征。公元前490年，波斯方面由大提士（Datis）和阿爾塔費尼斯（Artaphernes）領導，做了第二次嘗試。波斯大軍乘船，由南方的航線朝埃雷特里亞和雅典前進。埃雷特里亞立即被消滅，波斯軍隊再度登船，並在雅典東北方42公里外的馬拉松登陸。

圖例

主要會戰

波斯帝國

公元前492年時的波斯艦隊和軍隊

公元前490年時的波斯艦隊

波斯軍隊在進攻埃雷特里亞和雅典的路上，攻占並摧毀了納克索斯島（Naxos）

迅捷的勝利

馬拉松之役並不是一場大規模會戰。它一天之內就分出勝負，大約由1萬名希臘人對抗2萬5000名波斯士兵。戰勝的希臘人是重裝步兵，也就是穿著鎧甲的徒步士兵，排列成稱為方陣的緊密隊形，進行近距離肉搏戰。波斯軍隊偏好使用弓箭和標槍，拉開距離戰鬥，因此希臘人的戰術讓他們大吃一驚。希臘重裝步兵也因為這場會戰博得英勇善戰的名聲。

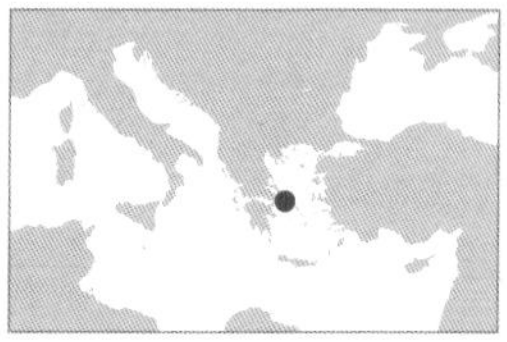

圖例

希臘軍隊

波斯軍隊

軍營

部隊

騎兵

艦隊

時間軸

公元前490年9月12日　　公元前490年9月13日

1 希臘進攻 公元前490年9月12日

雅典人和他們的盟友建立陣地，封鎖海岸平原上的波斯人。僵持了幾天後，米太亞德決定進攻。他手下的部隊全都是配備長矛和盾牌的重裝步兵，排列成緊密隊形衝向波斯軍隊。波斯軍隊編制龐雜，包括標槍投擲兵、弓兵和輕騎兵。

希臘軍隊進擊

2 衝鋒與反衝鋒

在希臘戰線中央的重裝步兵因為地形崎嶇而難以站穩腳根，再加上波斯軍隊射出的箭如雨點般落下，場面開始混亂。看到敵軍開始動搖後，波斯步兵發起反衝鋒。希臘重裝步兵掙扎重組方陣編隊，因此後撤。

波斯軍隊前進　　希臘軍隊後退

3 希臘軍隊沿著側翼前進

波斯軍隊逼退了中央的重裝步兵。不過在側翼，密集的希臘重裝步兵卻朝兩翼戰力較弱的波斯步兵衝鋒，結果希臘士兵獲得壓倒性勝利。兩翼的波斯步兵逃離戰場。

希臘軍隊前進　　波斯軍隊逃走

正面對決

雅典人和盟友採取攻勢，朝數量多上許多的敵人衝鋒。波斯軍隊在中央發動反衝鋒，但兩翼卻遭擊敗潰散。

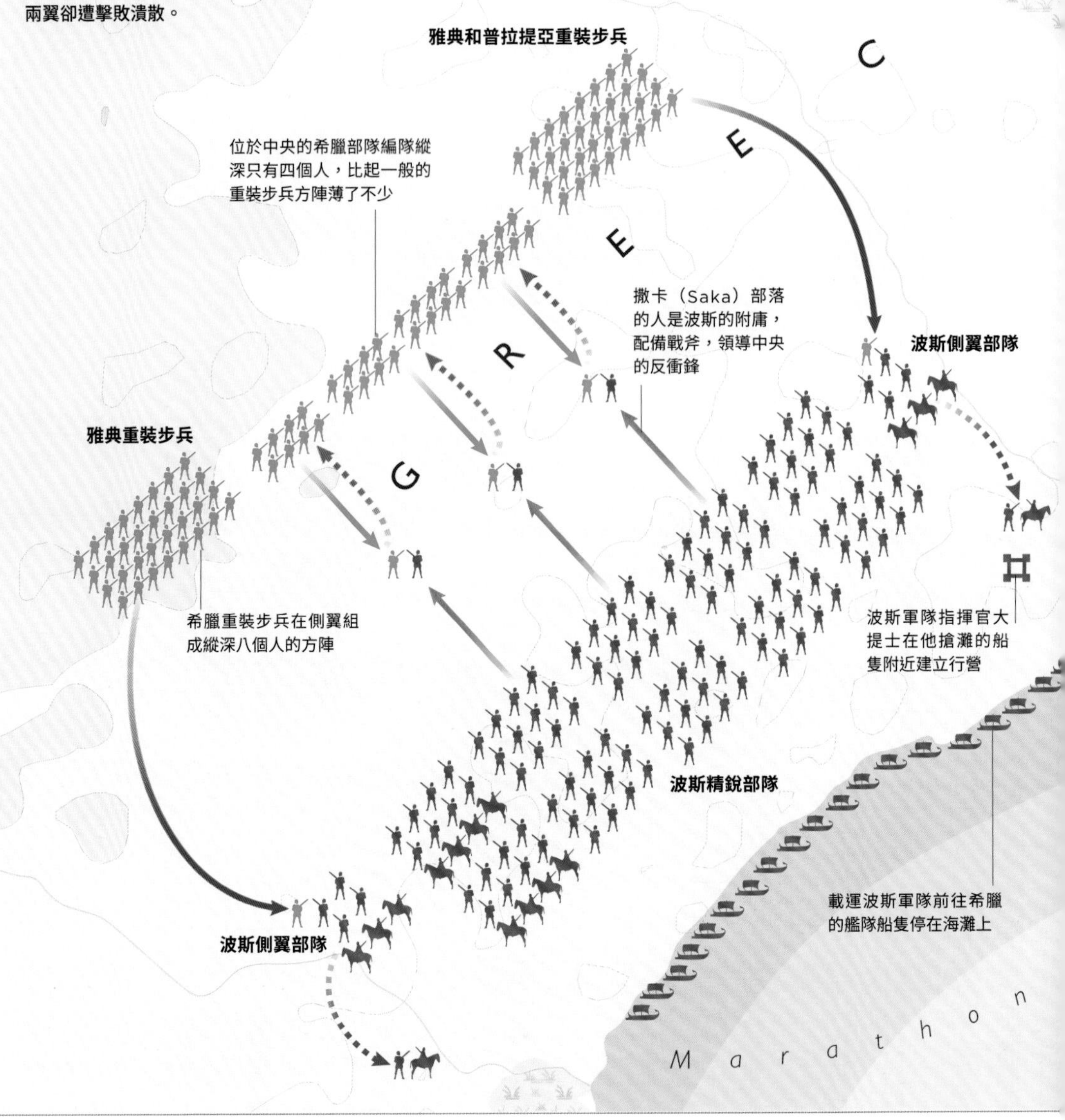
GREECE
雅典和普拉提亞重裝步兵
位於中央的希臘部隊編隊縱深只有四個人，比起一般的重裝步兵方陣薄了不少
撒卡（Saka）部落的人是波斯的附庸，配備戰斧，領導中央的反衝鋒
波斯側翼部隊
雅典重裝步兵
希臘重裝步兵在側翼組成縱深八個人的方陣
波斯軍隊指揮官大提士在他搶灘的船隻附近建立行營
波斯精銳部隊
載運波斯軍隊前往希臘的艦隊船隻停在海灘上
波斯側翼部隊
Marathon

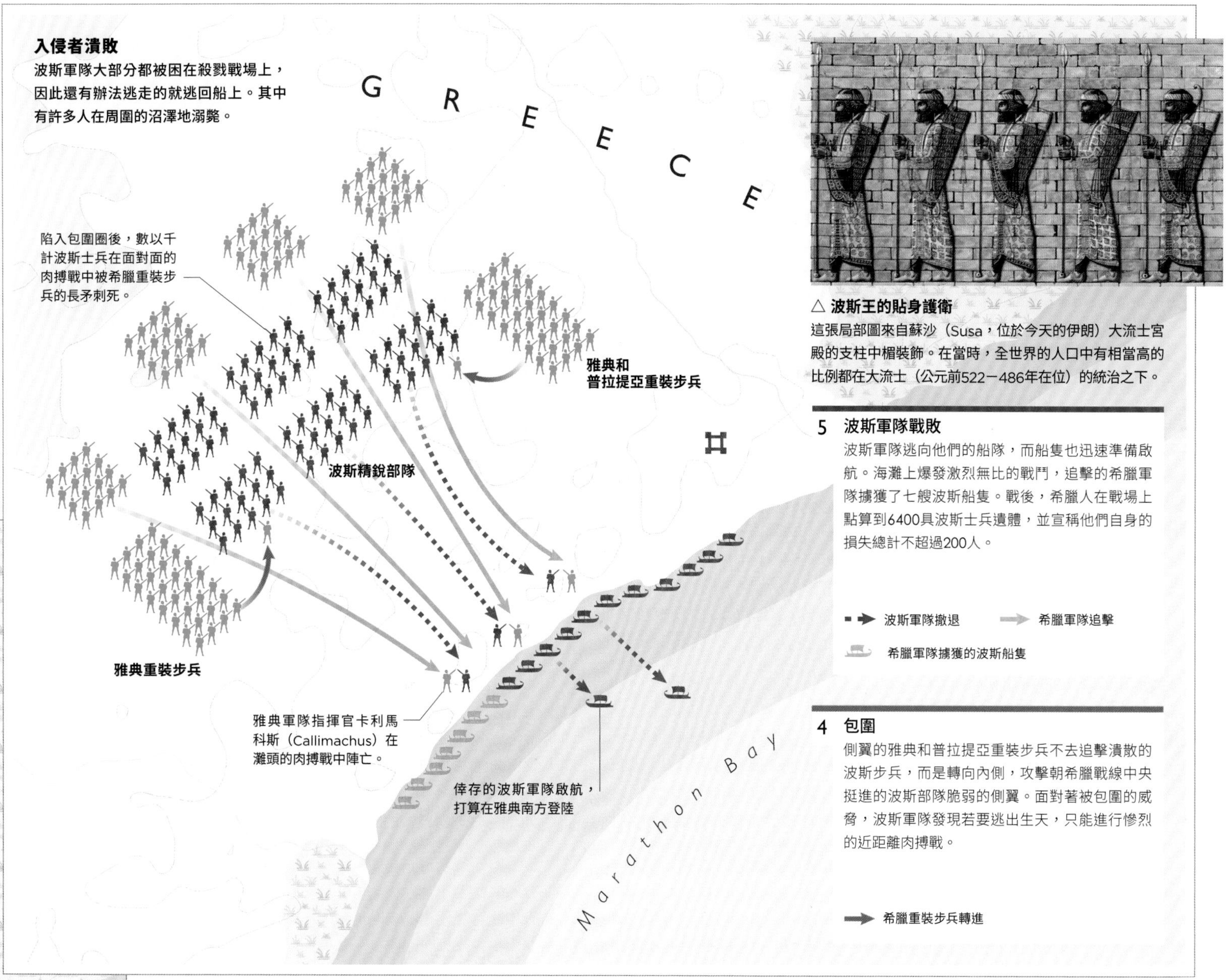
入侵者潰敗
波斯軍隊大部分都被困在殺戮戰場上，因此還有辦法逃走的就逃回船上。其中有許多人在周圍的沼澤地溺斃。
G R E E C E
陷入包圍圈後，數以千計波斯士兵在面對面的肉搏戰中被希臘重裝步兵的長矛刺死。
雅典和
普拉提亞重裝步兵
波斯精銳部隊
雅典重裝步兵
雅典軍隊指揮官卡利馬科斯（Callimachus）在灘頭的肉搏戰中陣亡。
倖存的波斯軍隊啟航，打算在雅典南方登陸
Marathon Bay
5 波斯軍隊戰敗
波斯軍隊逃向他們的船隻，而船隻也迅速準備啟航。海灘上爆發激烈無比的戰鬥，追擊的希臘軍隊擄獲了七艘波斯船隻。戰後，希臘人在戰場上點算到6400具波斯士兵遺體，並宣稱他們自身的損失總計不超過200人。
波斯軍隊撤退
希臘軍隊追擊
希臘軍隊擄獲的波斯船隻
4 包圍
側翼的雅典和普拉提亞重裝步兵不去追擊潰散的波斯步兵，而是轉向內側，攻擊朝希臘戰線中央挺進的波斯部隊脆弱的側翼。面對著被包圍的威脅，波斯軍隊發現若要逃出生天，只能進行慘烈的近距離肉搏戰。
希臘重裝步兵轉進

△ **波斯王的貼身護衛**
這張局部圖來自蘇沙（Susa，位於今天的伊朗）大流士宮殿的支柱中楣裝飾。在當時，全世界的人口中有相當高的比例都在大流士（公元前522－486年在位）的統治之下。

由於受到沼澤地限制，可用的戰場只剩兩條溪流之間一塊平原。

馬拉松

公元前490年，波斯皇帝大流士一世發兵入侵希臘本土，在馬拉松登陸。儘管敵我數量懸殊，希臘城邦雅典的士兵和來自普拉提亞的盟友依然奮勇殺敵，對抗來侵的波斯大軍。

公元前 5 世紀初，逐漸擴張的波斯阿契美尼德帝國控制了從印度北部一路延伸到東南歐的廣袤領土，臣民中也包括位於安納托力亞西部（今日土耳其西部）的愛奧尼亞（Ionian）希臘人。希臘城邦雅典和埃雷特里亞（Eretria）曾支援一場反抗波斯統治的愛奧尼亞叛亂，但在公元前 494 年被皇帝大流士一世（Darius I）鎮壓。大流士決心懲罰雅典人和埃雷特里亞人，這就是波斯在在公元前 490 年入侵希臘的動機。

當乘船的波斯大軍在馬拉松（Marathon）登陸時，包括米太亞德（Miltiades）在內的領導階層指揮雅典人出擊，行軍前往入侵者的登陸地點並對抗他們。希臘人之中，軍國主義色彩最強的斯巴達人（Spartan）也被要求參戰，但他們堅稱因為正在進行神聖儀式，因此無法立即投入戰場。只有小城邦普拉提亞（Plataea）在最後一刻派出部隊支援雅典人。

這場會戰之所以有名，主要是透過希臘史學家希羅多德（Herodotus）的記錄才廣為人知，不過其中有許多細節模糊帶過，有些甚至被神話化了。據說希臘戰勝的消息是由信差菲迪皮德斯（Pheidippides）帶到雅典的，他總共跑了42公里，現代的馬拉松運動就是以此命名。對波斯人來說，這次戰敗只是一場挫折，而不是災難，讓大規模入侵希臘的行動又往後延了十年。

塞摩匹來山口

塞摩匹來的會戰是一場遲滯行動，由少數斯巴達領導的希臘重裝步兵對抗不計其數的波斯帝國入侵大軍。斯巴達人面對數量占壓倒性優勢的敵人，死守一座山口長達三天，直到最後被叛徒出賣才壯烈犧牲。

公元前 480 年，波斯帝國恢復曾在十年前因為大流士一世在馬拉松會戰戰敗（參見第 18-19 頁）而暫時放棄的征服希臘行動。大流士一世的兒子與繼承人薛西斯一世（Xerxes I）從亞洲率領一支大軍，利用由船隻組成的浮橋，越過赫勒斯滂（Hellespont，也就是今日土耳其的達達尼爾海峽〔Dardenelles Strait〕）進入歐洲，並沿著希臘海岸推進，近岸不遠處還有一支大型艦隊伴隨前進（參閱第 22 頁）。通常處於分裂狀態的希臘城邦同意攜手合作，面對這次這共同的威脅。城邦斯巴達派出 300 名由國王雷歐尼達斯（Leonidas）領導的重裝步兵向北前進，封鎖波斯的進軍，而其他城邦也派兵加入斯巴達的行列。由大約 7000 名希臘士兵組成的軍隊在塞摩匹來山口（Thermopylae Pass）布陣，這是一塊位於卡利德羅摩山（Mount Kallidromo）和希臘中部東海岸之間的狹長地帶。他們面對的波斯大軍人數非常多，雖然不清楚確切數字，但據推算超過 10 萬人。

塞摩匹來山口的戰鬥是否明顯拖延了波斯入侵的進度，一直是個值得討論的議題。在衝突結束後，波斯軍隊占領了雅典，一直要到他們的海軍在沙拉米斯（Salamis，參見第 22-23 頁）戰敗，迫使一部分波斯軍隊撤退，其餘的在次年於普拉提亞作戰失敗，他們才真正戰敗。然而，塞摩匹來在希臘和更大範圍的歐洲文化中擁有傳奇性的地位，成為當時歐洲人那號稱的道德優越感的象徵。

> **「好好吃你的早餐，就當作你的晚餐要在另外一個世界吃。」**
>
> 斯巴達國王雷歐尼達斯在會戰前夕對麾下官兵說話

斯巴達重裝步兵

在古代希臘，斯巴達是唯一擁有全職軍人的城邦。斯巴達男性公民把他們的生命奉獻給作戰訓練，會經歷嚴苛的鍛煉和軍事演習，民間工作則由奴隸負責。希臘其他地方的軍人則是兼職民兵，對斯巴達戰士的專業能力十分敬畏。斯巴達人的吃苦耐勞和遵守紀律，就如同在塞摩匹來會戰中所展現出來的，使得他們在陸戰中稱霸希臘城邦，雅典則是海上的霸主。

這個公元前5世紀的杯子上的圖案描繪一名重裝步兵和波斯敵軍戰鬥。

守住山隘

希臘人運用對當地的了解，在卡利德羅摩山降低高度到馬里安灣（Gulf of Malia）的地方作戰。當時的海岸線遠比現在的更靠近山區許多。

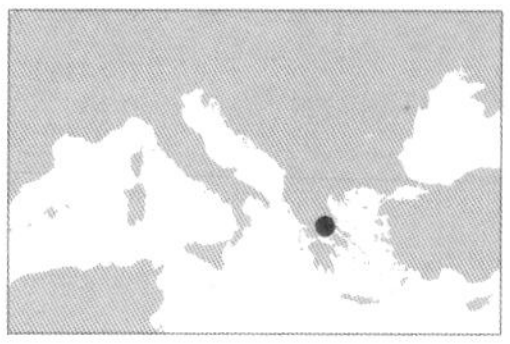

圖例

- 福西安城牆
- 山路
- 波斯軍隊：指揮官、步兵、弓兵、騎兵
- 希臘軍隊：步兵

時間軸

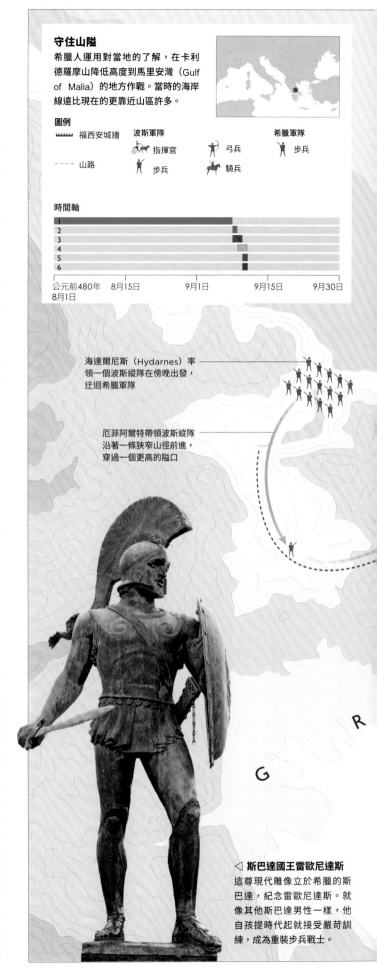

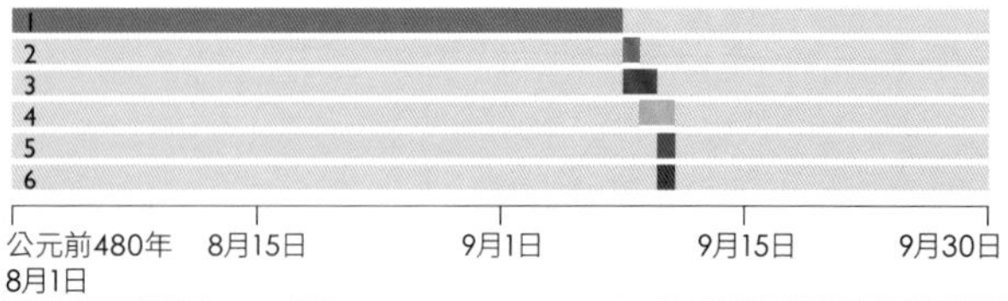
1
2
3
4
5
6
公元前480年 8月1日
8月15日
9月1日
9月15日
9月30日

海達爾尼斯（Hydarnes）率領一個波斯縱隊在傍晚出發，迂迴希臘軍隊
厄菲阿爾特帶領波斯縱隊沿著一條狹窄山徑前進，穿過一個更高的隘口
R
G

◁ **斯巴達國王雷歐尼達斯**
這尊現代雕像立於希臘的斯巴達，紀念雷歐尼達斯。就像其他斯巴達男性一樣，他自孩提時代起就接受嚴苛訓練，成為重裝步兵戰士。

1 準備作戰 公元前480年8月－9月初

希臘人深知波斯大軍的人數一定會遠遠超過他們，所以他們在塞摩匹來山口最窄的地方——也就是中門（Middle Gate）——構築陣地，因此在任何時間雙方都只會有少數的士兵能夠交戰。儘管如此，當他們親眼目睹波斯大軍抵達時，許多希臘指揮官還是要求撤退。

➡ 希臘軍隊構築陣地

2 開打 9月8日

延遲了四天後，薛西斯下令部隊發動正面攻擊。數千名弓兵射出箭幕做為開場，但對有盔甲包覆的重裝步兵來說衝擊不大。接著薛西斯的步兵就蜂擁而上，他們主要由米底人（Mede）和西西亞人（Cissian）組成，但卻闖進福西安城牆（Phocian Wall）前的方陣中，結果慘遭希臘士兵屠戮。薛西斯心有不甘，決定投入他手下的精銳部隊長生軍（Immortal），前往山口作戰。

➡ 波斯軍隊前進　••➡ 波斯軍隊箭幕

3 陷入僵局 9月8－9日

有多達1萬名長生軍發動一波又一波攻擊。雷歐尼達斯輪調手下部隊，依序讓來自不同城邦的部隊輪流上戰場。他不時下令部隊假裝撤退，吸引波斯士兵前進，如此一來希臘軍隊就可發動反擊，痛擊敵軍。薛西斯原本認為他一定可以削弱希臘的抵抗，但波斯軍隊在次日重整旗鼓進攻，卻再次遭擊退，損失慘重。

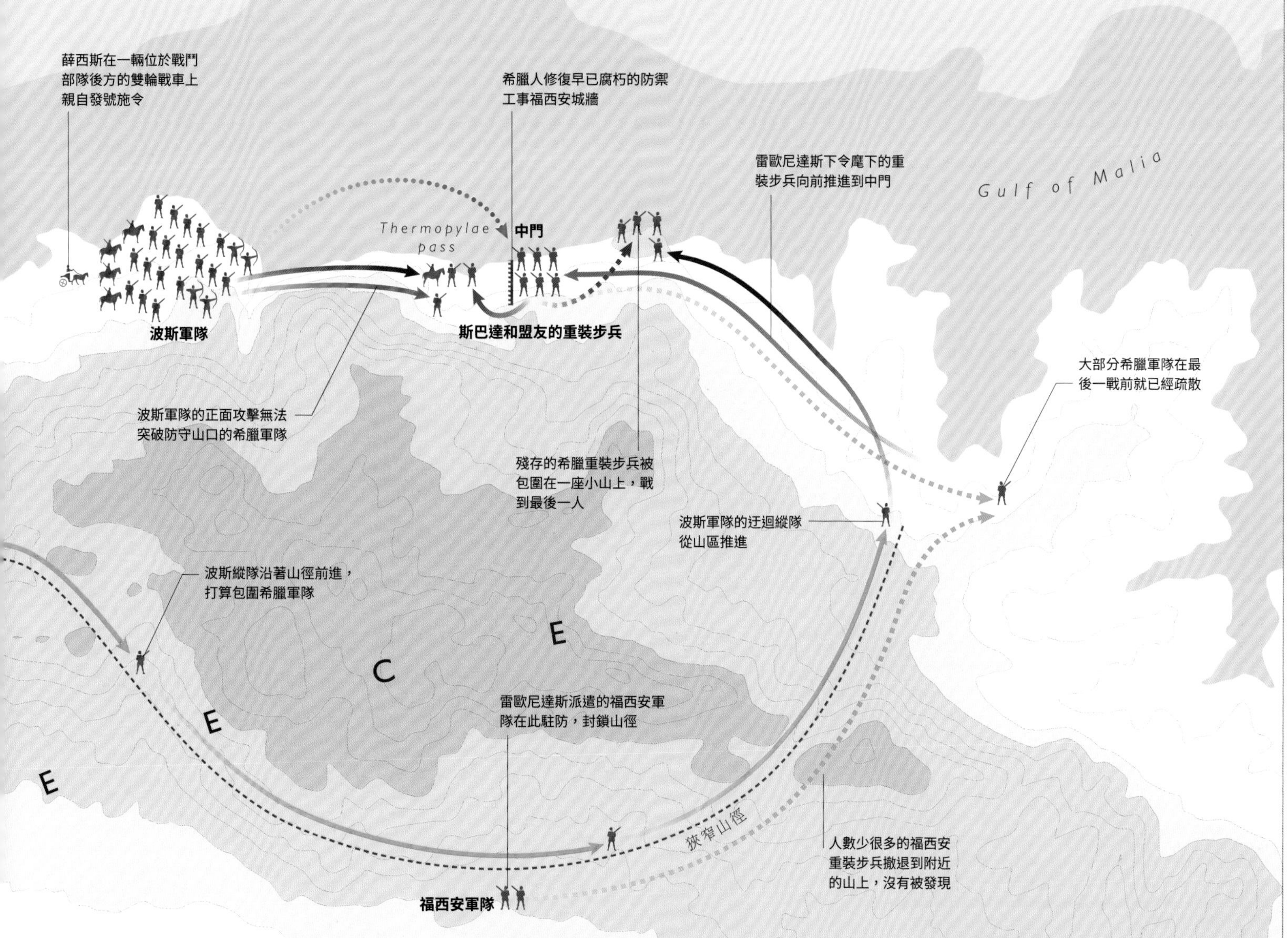

薛西斯在一輛位於戰鬥部隊後方的雙輪戰車上親自發號施令
希臘人修復早已腐朽的防禦工事福西安城牆
雷歐尼達斯下令麾下的重裝步兵向前推進到中門
Gulf of Malia
Thermopylae pass
中門
波斯軍隊
斯巴達和盟友的重裝步兵
大部分希臘軍隊在最後一戰前就已經疏散
波斯軍隊的正面攻擊無法突破防守山口的希臘軍隊
殘存的希臘重裝步兵被包圍在一座小山上，戰到最後一人
波斯軍隊的迂迴縱隊從山區推進
波斯縱隊沿著山徑前進，打算包圍希臘軍隊
E
C
E
E
雷歐尼達斯派遣的福西安軍隊在此駐防，封鎖山徑
狹窄山徑
人數少很多的福西安重裝步兵撤退到附近的山上，沒有被發現
福西安軍隊

6 最後一戰與結局 9月10日

殘存的斯巴達和色斯比耶士兵把雷歐尼達斯的遺體抬到福西安城牆後方的一座山上，接著在那裡和波斯軍隊作戰，直到全員陣亡，只有底比斯人投降。戰鬥結束後，薛西斯把雷歐尼達斯的遺體斬首，並釘在十字架上，以報復他造成的損失。波斯軍隊拆除了福西安城牆，繼續前進。

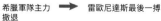

■➡ 斯巴達和色斯比耶士兵的最後一戰

5 雷歐尼達斯之死 9月10日

雷歐尼達斯得知波斯軍隊迂迴到後方的消息，明白這場仗已經輸了。他下令大部分手下撤退，他則和300名斯巴達戰士留守山口。另有700名色斯比耶（Thespian）士兵和400名底比斯士兵支援，由他們來掩護撤退。到了拂曉，他率領部下出戰，在開闊地迎戰波斯軍隊。當薛西斯下令騎兵和輕步兵挺進時，雷歐尼達斯被一支箭射中而戰死。

➡ 希臘軍隊主力撤退　➡ 雷歐尼達斯最後一搏　➡ 波斯軍隊攻擊

4 希臘軍隊遭到背叛 9月9－10日

一個名叫厄菲阿爾特（Ephialte）的當地人出賣了希臘軍隊，給了薛西斯新希望。厄菲阿爾特充當波斯軍隊的嚮導，帶領他們走過一條狹窄山徑，可以穿越山區，直抵希臘軍隊陣地後方。斯巴達國王雷歐尼達斯已經布署1000名福西安士兵防守這條路，但面對多達2萬名波斯軍，福西安的軍隊卻決定不交戰，之後就撤退了。

➡ 波斯軍隊迂迴機動路線　➡ 福西安軍隊撤退

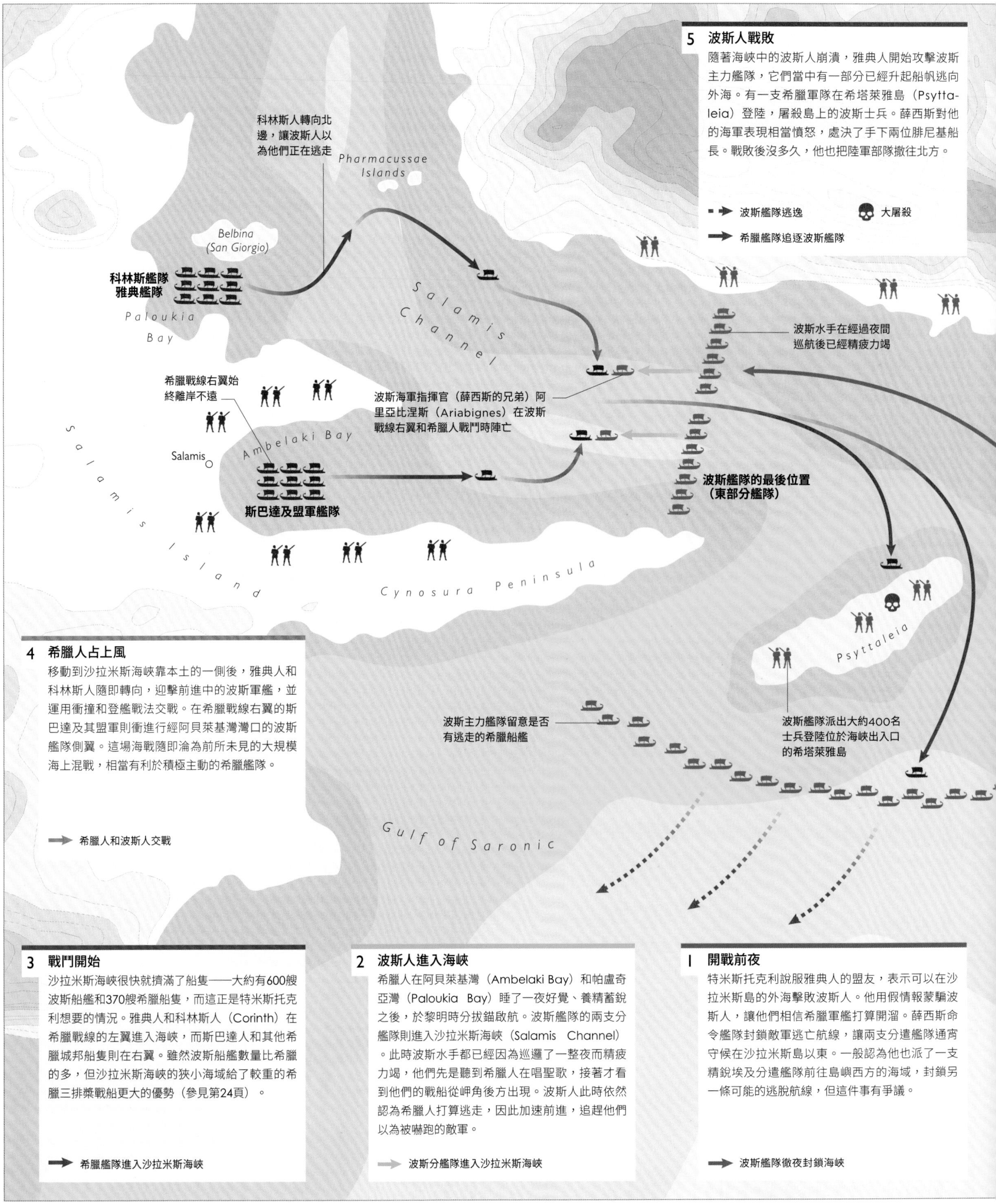
科林斯人轉向北邊，讓波斯人以為他們正在逃走
Pharmacussae Islands
Belbina (San Giorgio)
科林斯艦隊
雅典艦隊
Paloukia Bay
Salamis Channel
波斯水手在經過夜間巡航後已經精疲力竭
希臘戰線右翼始終離岸不遠
波斯海軍指揮官（薛西斯的兄弟）阿里亞比涅斯（Ariabignes）在波斯戰線右翼和希臘人戰鬥時陣亡
Salamis
Ambelaki Bay
斯巴達及盟軍艦隊
波斯艦隊的最後位置（東部分艦隊）
Salamis Island
Cynosura Peninsula
Psyttaleia
波斯主力艦隊留意是否有逃走的希臘船艦
波斯艦隊派出大約400名士兵登陸位於海峽出入口的希塔萊雅島
Gulf of Saronic

5 波斯人戰敗

隨著海峽中的波斯人崩潰，雅典人開始攻擊波斯主力艦隊，它們當中有一部分已經升起船帆逃向外海。有一支希臘軍隊在希塔萊雅島（Psyttaleia）登陸，屠殺島上的波斯士兵。薛西斯對他的海軍表現相當憤怒，處決了手下兩位腓尼基船長。戰敗後沒多久，他也把陸軍部隊撤往北方。

波斯艦隊逃逸　大屠殺

希臘艦隊追逐波斯艦隊

4 希臘人占上風

移動到沙拉米斯海峽靠本土的一側後，雅典人和科林斯人隨即轉向，迎擊前進中的波斯軍艦，並運用衝撞和登艦戰法交戰。在希臘戰線右翼的斯巴達及其盟軍則衝進行經阿貝萊基灣口的波斯艦隊側翼。這場海戰隨即淪為前所未見的大規模海上混戰，相當有利於積極主動的希臘艦隊。

希臘人和波斯人交戰

3 戰鬥開始

沙拉米斯海峽很快就擠滿了船隻——大約有600艘波斯船艦和370艘希臘船隻，而這正是特米斯托克利想要的情況。雅典人和科林斯人（Corinth）在希臘戰線的左翼進入海峽，而斯巴達人和其他希臘城邦船隻則在右翼。雖然波斯船艦數量比希臘的多，但沙拉米斯海峽的狹小海域給了較重的希臘三排槳戰船更大的優勢（參見第24頁）。

希臘艦隊進入沙拉米斯海峽

2 波斯人進入海峽

希臘人在阿貝萊基灣（Ambelaki Bay）和帕盧奇亞灣（Paloukia Bay）睡了一夜好覺、養精蓄銳之後，於黎明時分拔錨啟航。波斯艦隊的兩支分艦隊則進入沙拉米斯海峽（Salamis Channel）。此時波斯水手都已經因為巡邏了一整夜而精疲力竭，他們先是聽到希臘人在唱聖歌，接著才看到他們的戰船從岬角後方出現。波斯人此時依然認為希臘人打算逃走，因此加速前進，追趕他們以為被嚇跑的敵軍。

波斯分艦隊進入沙拉米斯海峽

1 開戰前夜

特米斯托克利說服雅典人的盟友，表示可以在沙拉米斯島的外海擊敗波斯人。他用假情報蒙騙波斯人，讓他們相信希臘軍艦打算開溜。薛西斯命令艦隊封鎖敵軍逃亡航線，讓兩支分遣艦隊通宵守候在沙拉米斯島以東。一般認為他也派了一支精銳埃及分遣艦隊前往島嶼西方的海域，封鎖另一條可能的逃脫航線，但這件事有爭議。

波斯艦隊徹夜封鎖海峽

沙拉米斯

公元前480年在沙拉米斯島外海爆發的大規模海戰，公認是世界歷史的轉捩點。希臘城邦的海軍對抗波斯統治者薛西斯一世率領的入侵部隊，取得決定性勝利，確保了古希臘文明的存續。

公元前 490 年，希臘在馬拉松獲勝（參見第 18-19 頁），是波斯帝國的奇恥大辱。十年後，波斯統治者薛西斯率軍二度入侵希臘，這次他指揮的是龐大許多的陸上和海上兵力。波斯人有能力動員地中海周邊的臣民組成強大海軍，包括腓尼基人、埃及人和愛奧尼亞希臘人等。希臘各城邦預料即將受到攻擊，因此擬定聯合防禦的計畫，但他們之間爭執不休，因此很難真正團結。公元前 482 年，雅典在特米斯托克利（Themistocles）為首的領導階層激勵下，著手一項大規模造船計畫，使這座城市成為希臘首屈一指的海上強權。

薛西斯在公元前 480 年發動入侵行動時，他的陸權力量證明勢不可擋，但沙拉米斯的海戰清楚證明希臘和他們的盟友在海上明顯占優勢。戰後，薛西斯率領一部分軍隊從希臘撤退，留下馬鐸尼斯（Mardonius）指揮其餘的部隊，完成波斯的遠征。然而他在次年戰敗，統治希臘的企圖也煙消雲散。接下來一個世紀是以雅典為中心的希臘文明黃金時期，在哲學、藝術和政治思想方面都達到極高的成就。

△ **特米斯托克利（約公元前524-459年）**
特米斯托克利是偉大的雅典將領和政治家，具備戰略視野，建立了希臘的海上力量，此舉讓希臘可以在沙拉米斯旗開得勝，並且在日後主宰地中海區域。

Mount Aegaleos
薛西斯從可以俯瞰整個海峽的埃加萊奧斯山（Mount Aegaleos）上的制高點觀看這場行動（但確切地點有爭議）
ATTICA
Piraeus
波斯艦隊最早的位置
圖例
希臘
地面部隊
港口
艦隊
波斯
指揮官
艦隊
地面部隊
時間軸
公元前480年9月
公元前480年10月

海軍對決
在沙拉米斯，希臘和波斯艦隊的槳帆船在狹窄的海峽爆發衝突，結果波斯艦隊被士氣高昂許多的敵人迂迴並擊敗。

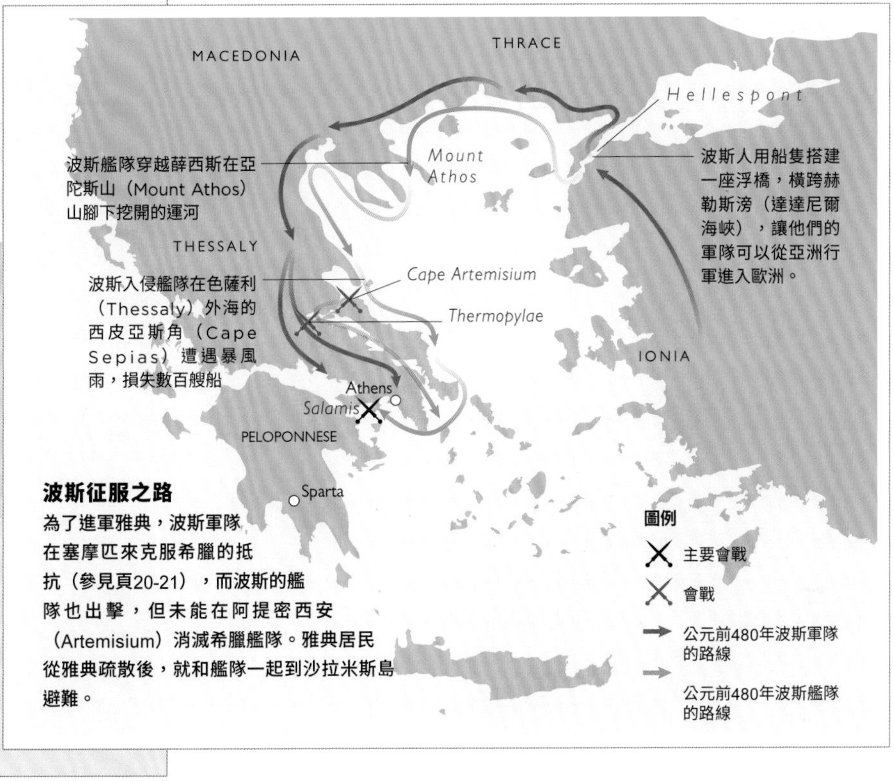
MACEDONIA
THRACE
Hellespont
Mount Athos
波斯艦隊穿越薛西斯在亞陀斯山（Mount Athos）山腳下挖開的運河
波斯人用船隻搭建一座浮橋，橫跨赫勒斯滂（達達尼爾海峽），讓他們的軍隊可以從亞洲行軍進入歐洲。
THESSALY
Cape Artemisium
Thermopylae
波斯入侵艦隊在色薩利（Thessaly）外海的西皮亞斯角（Cape Sepias）遭遇暴風雨，損失數百艘船
IONIA
Athens
Salamis
PELOPONNESE
Sparta
圖例
主要會戰
會戰
公元前480年波斯軍隊的路線
公元前480年波斯艦隊的路線

波斯征服之路
為了進軍雅典，波斯軍隊在塞摩匹來克服希臘的抵抗（參見頁20-21），而波斯的艦隊也出擊，但未能在阿提密西安（Artemisium）消滅希臘艦隊。雅典居民從雅典疏散後，就和艦隊一起到沙拉米斯島避難。

戰爭中的古希臘人

古典時代的希臘城邦發展出獨一無二的陸上和海上戰鬥風格。他們的公民軍人公認是當時最精銳的步兵，非常擅長近距離作戰。

△ **重裝步兵的頭盔**
這頂公元前4世紀的青銅頭盔應該是儀式用的，上面飾有一頭獅鷲，也就是一種半獅半鷲的神話生物。

公元前 5 和 4 世紀的希臘軍隊以裝備厚重盔甲的徒步士兵為核心，稱為重裝步兵。他們戴著青銅頭盔、一套胸甲（保護上半身）和護脛甲（保護雙腿），並手持大塊盾牌，使用長矛做為主要武器。重裝步兵肩並肩排列成緊密的隊形，稱為方陣，通常縱深有八列，每個人的盾牌都覆蓋住左邊鄰兵的暴露側面。

希臘城邦之間經常互相交戰，軍事組織各有不同。在斯巴達，所有男性從幼年開始就要接受嚴苛的訓練，培養成堅強而紀律嚴明的步兵。但在民主的雅典，服兵役是自由男性公民的兼職工作，重裝步兵接受的正式訓練並不多。雅典公民需要自行籌措裝備，但要是太窮買不起裝備的話，可以自願在艦隊裡當划槳手。奴隸則用來充當斥候用的輕步兵，由專業的弓兵、投石兵和標槍兵支援。

所有希臘公民士兵都熱愛自己出身的城邦，因此士氣高昂、積極主動。當希臘城邦互相征戰時，例如在伯羅奔尼撒戰爭（Peloponnesian Wars，公元前 431-404 年）中，雙方都手持盾牌組成方陣，在致命的近距離肉搏戰中相互廝殺。希臘步兵的高素質有口皆碑，他們也接受其他國家招募，成為傭兵，包括波斯在內。

雅典三排槳戰船

雅典的三排槳戰船——例如這張後世繪製的圖——是一種速度快且靈活的戰船，由分坐在三層座位的大約170名划槳手划動航行。它能搭載一小批戰鬥人員，主要依賴船首有青銅包覆的衝角來衝撞敵艦，在敵艦水線以下的部分撞出洞來，使之沉沒。

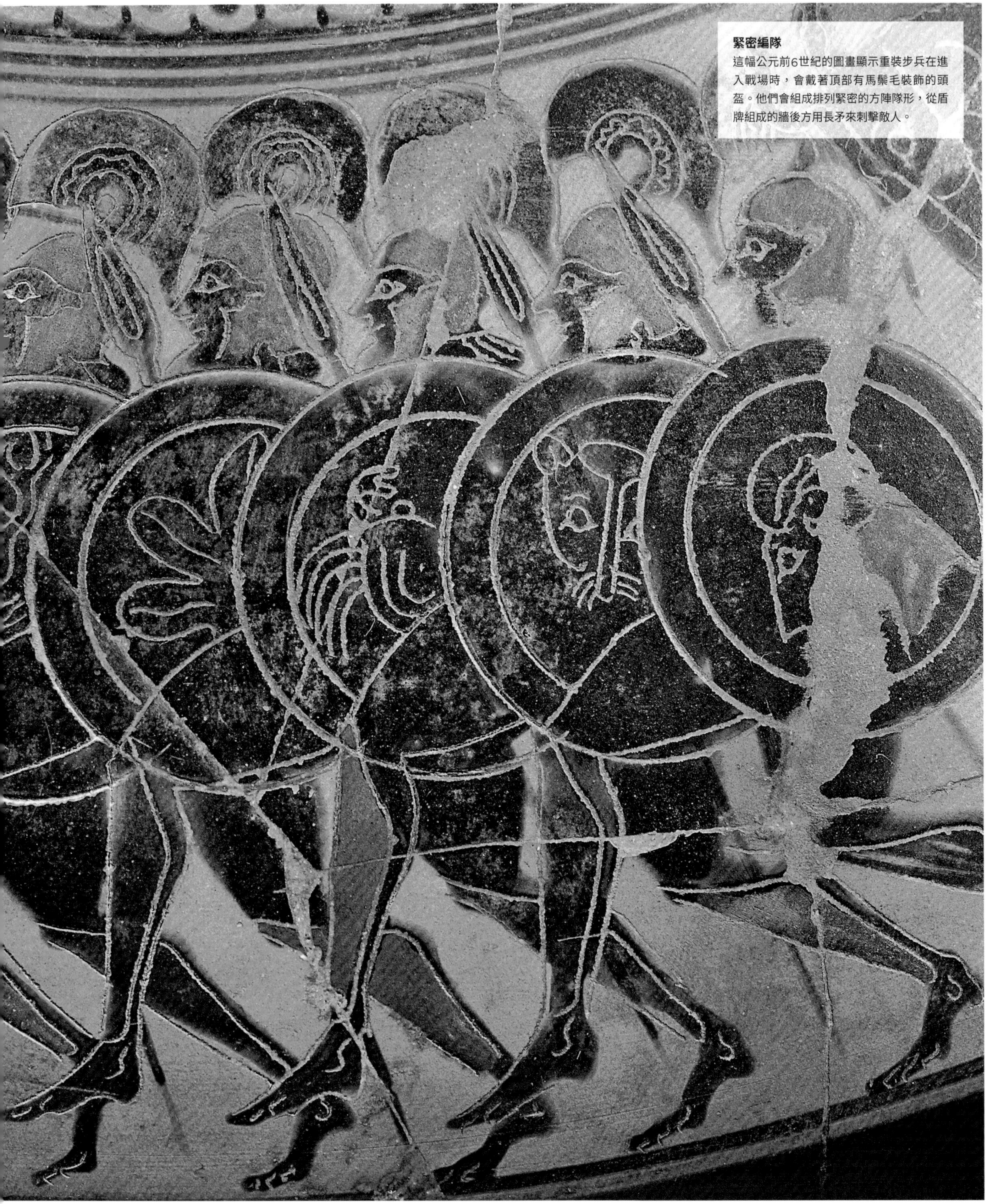

緊密編隊
這幅公元前6世紀的圖畫顯示重裝步兵在進入戰場時，會戴著頂部有馬鬃毛裝飾的頭盔。他們會組成排列緊密的方陣隊形，從盾牌組成的牆後方用長矛來刺擊敵人。

伊蘇斯

伊蘇斯會戰於公元前333年發生在敘利亞北部，是亞歷山大大帝面對波斯帝國優勢兵力的一場重大勝利。這場仗讓他掌握了地中海東部的控制權，進而為入侵波斯本土做好準備。

公元前4世紀時，馬其頓是位於希臘北部邊境的王國。國王腓力二世（Philip II，公元前359－336年在位）統治期間，馬其頓征服了雅典和其他希臘城邦。菲利浦自認握有希臘世界的領導大權，因此計畫進攻希臘的敵人，也就是阿契美尼德統治的波斯帝國。菲利浦的兒子亞歷山大繼承了這項計畫。自從波斯人在公元前5世紀的希波戰爭（Greco-Persian Wars，參見第18-25頁）中戰敗之後，他們又重新控制了安納托力亞的希臘城邦。亞歷山大著手解放這些城市，並引誘波斯皇帝大流士三世（Darius III）打了一場大規模會戰。亞歷山大的軍隊核心是精銳的馬其頓騎兵和步兵——也就是所謂的「夥友」（Companion）－並有馬其頓的鄰國色薩利的騎兵支援。來自城邦的希臘人扮演的角色較不重要，因為有更多希臘人充當傭兵，接受招募在波斯軍隊中作戰。儘管如此，亞歷山大還是自詡為希臘文明大業的十字軍。伊蘇斯（Issus）的勝利並沒有滿足他的野心，反而激發他去幻想更遠大的冒險，最後讓他一路去到了印度。

「在過去，我們馬其頓人世世代代已經接受過各種戰爭和危險堅苦卓絕的砥礪鍛鍊。」

亞歷山大大帝在伊蘇斯對部隊發表演說

馬其頓的亞歷山大
公元前356－323年

這是描繪亞歷山大在伊蘇斯作戰的馬賽克畫。他在20歲時繼承了馬其頓王位，並在希臘城邦間樹立威望，努力實現征服波斯帝國的目標，最後在公元前331年實現。之後他繼續踏上征途，深入中亞和印度北部，最後不幸染病，死於巴比倫，年僅33歲。

亞歷山大侵略亞洲

亞歷山大率領軍隊進入波斯統治的安納托力亞。攻占米利都（Miletus）和哈利卡那索斯（Halicarnassus）後，他穩穩向內陸推進，控制了佛里幾亞（Phrygia）。在此期間，波斯皇帝大流士三世在巴比倫集結了一支大軍，並朝敘利亞前進。亞歷山大渴望獲得決定性勝利，因此在伊蘇斯附近迎戰波斯人。

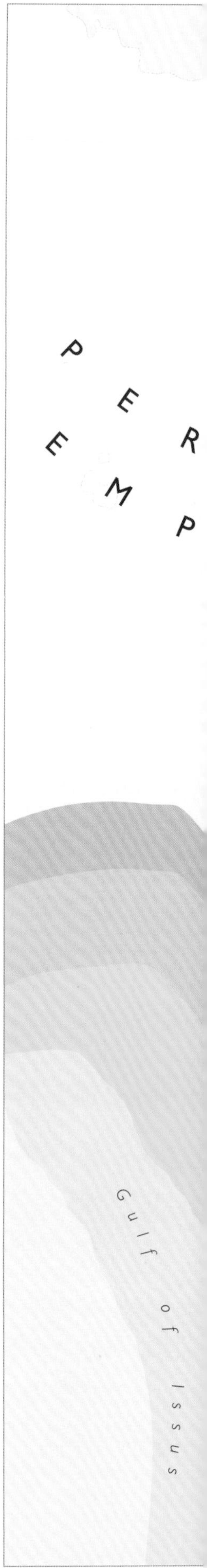

1 兩軍列陣　公元前333年11月5日

敵對的兩軍在位於山區和海域之間的平原相會。由於受到地形侷限，大流士難以發揮他的數量優勢。波斯軍隊在皮納魯斯河（River Pinarus）後方擺出防禦陣形，並用柵欄強化，大流士在後方的一輛雙輪戰車上指揮，並有精銳部隊長生軍護衛。另一方面，亞歷山大在前線指揮，在馬其頓戰線的右翼前方親自率領夥友騎兵。

2 開打

波斯斥候試圖穿過馬其頓的右翼，但被亞歷山大的輕步兵封鎖。在靠海的地方，由帕曼紐（Parmenion）指揮的色薩利騎兵遭到波斯騎兵攻擊，但成功守住。馬其頓方陣部隊在中央渡河，但失去秩序，因此遭到靈活的雇傭希臘重裝步兵痛擊。

➡ 波斯軍隊前進　➡ 馬其頓軍隊前進

3 馬其頓突破

戰況看似對他不利，因此亞歷山大對著波斯戰線左翼發動一波驚天動地的大衝鋒。他一馬當先騎在精銳夥友騎兵的前頭，撼動了波斯的側翼，衝散騎兵和輕步兵。朝內轉向後，夥友騎兵來勢洶洶，威脅著要和大流士本人決戰。

➡ 亞歷山大的騎兵衝鋒

數千名波斯斥候穿越山區的丘陵前進
馬其頓騎兵和精銳步兵的壓倒性衝鋒扭轉了戰局
S I A N
I R E
大流士
亞歷山大
波斯斥候
輕步兵
夥友騎兵
傭僱希臘重裝步兵
配備薩里沙長矛（sarissa）的步兵在馬其頓戰線中央組成密集的方陣隊形
輕武裝的波斯步兵位於傭僱希臘重裝步兵的側翼
Pinarus
帕曼紐的部隊
色薩利騎兵
亞歷山大手下第二號人物帕曼紐負責指揮左翼的騎兵

▷逃命中的大流士

當大流士逃離戰場時，許多官兵也跟著逃跑，當中有些甚至在慌亂中因互相踩踏而喪命。

4 激戰過後

帕曼紐的色薩利騎兵反攻波斯的右翼，雇傭希臘重裝步兵陷入包圍。大流士逃離戰場，並向東穿越山區逃竄，之後還放棄雙輪戰車，改為直接騎馬，以加快逃命速度。亞歷山大則擄獲大流士的財寶，還有他的妻子和孩子。

➡ 夥友騎兵包圍重裝步兵　➡ 色薩利騎兵反攻

大流士逃亡

扭轉乾坤

大流士的軍隊人數遠遠超過亞歷山大率領的大約4萬名士兵，因此他覺得自己已經成功引誘敵軍踏入陷阱。但亞歷山大也充滿信心，認為他麾下能征慣戰的沙場老將在決戰日一定會贏得勝利。

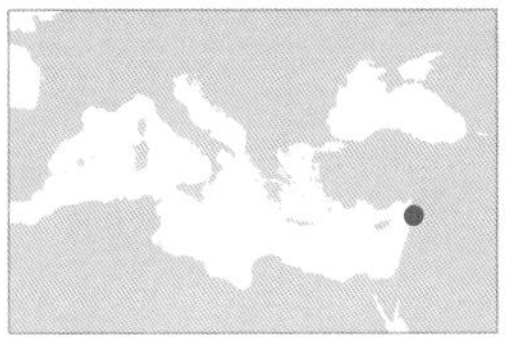

圖例

波斯軍隊

指揮官　部隊　騎兵

馬其頓軍隊

指揮官　部隊　騎兵

時間軸

公元前333年11月5日　公元前333年11月6日

正面衝突

亞歷山大拒絕在夜間進攻，反而選擇在開闊地上進行事先布署好的作戰，對抗人數龐大得多的波斯軍隊。他的信心其來有自。

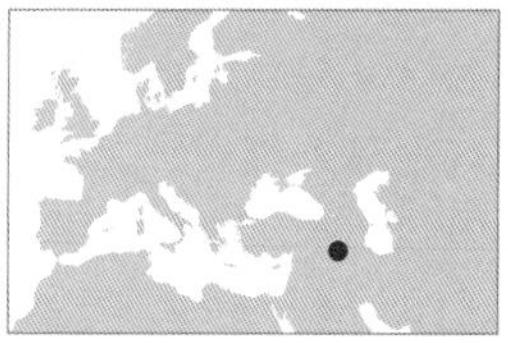

圖例

馬其頓軍隊

步兵

騎兵

後勤輜重隊伍

波斯軍隊

步兵

騎兵

雙輪戰車

時間軸

公元前331年9月29日　　公元前331年10月1日

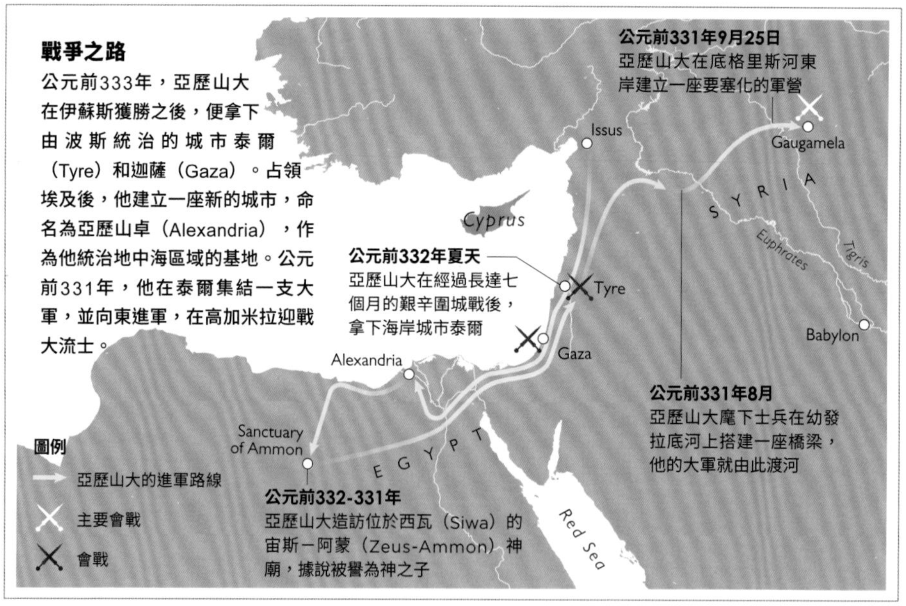

Issus
Cyprus
Tyre
Gaza
Alexandria
Sanctuary of Ammon
EGYPT
Red Sea
SYRIA
Euphrates
Tigris
Gaugamela
Babylon
公元前331年9月25日
亞歷山大在底格里斯河東岸建立一座要塞化的軍營
公元前332年夏天
亞歷山大在經過長達七個月的艱辛圍城戰後，拿下海岸城市泰爾
公元前331年8月
亞歷山大麾下士兵在幼發拉底河上搭建一座橋梁，他的大軍就由此渡河
公元前332-331年
亞歷山大造訪位於西瓦（Siwa）的宙斯—阿蒙（Zeus-Ammon）神廟，據說被譽為神之子
圖例
亞歷山大的進軍路線
主要會戰
會戰

戰爭之路

公元前333年，亞歷山大在伊蘇斯獲勝之後，便拿下由波斯統治的城市泰爾（Tyre）和迦薩（Gaza）。占領埃及後，他建立一座新的城市，命名為亞歷山卓（Alexandria），作為他統治地中海區域的基地。公元前331年，他在泰爾集結一支大軍，並向東進軍，在高加米拉迎戰大流士。

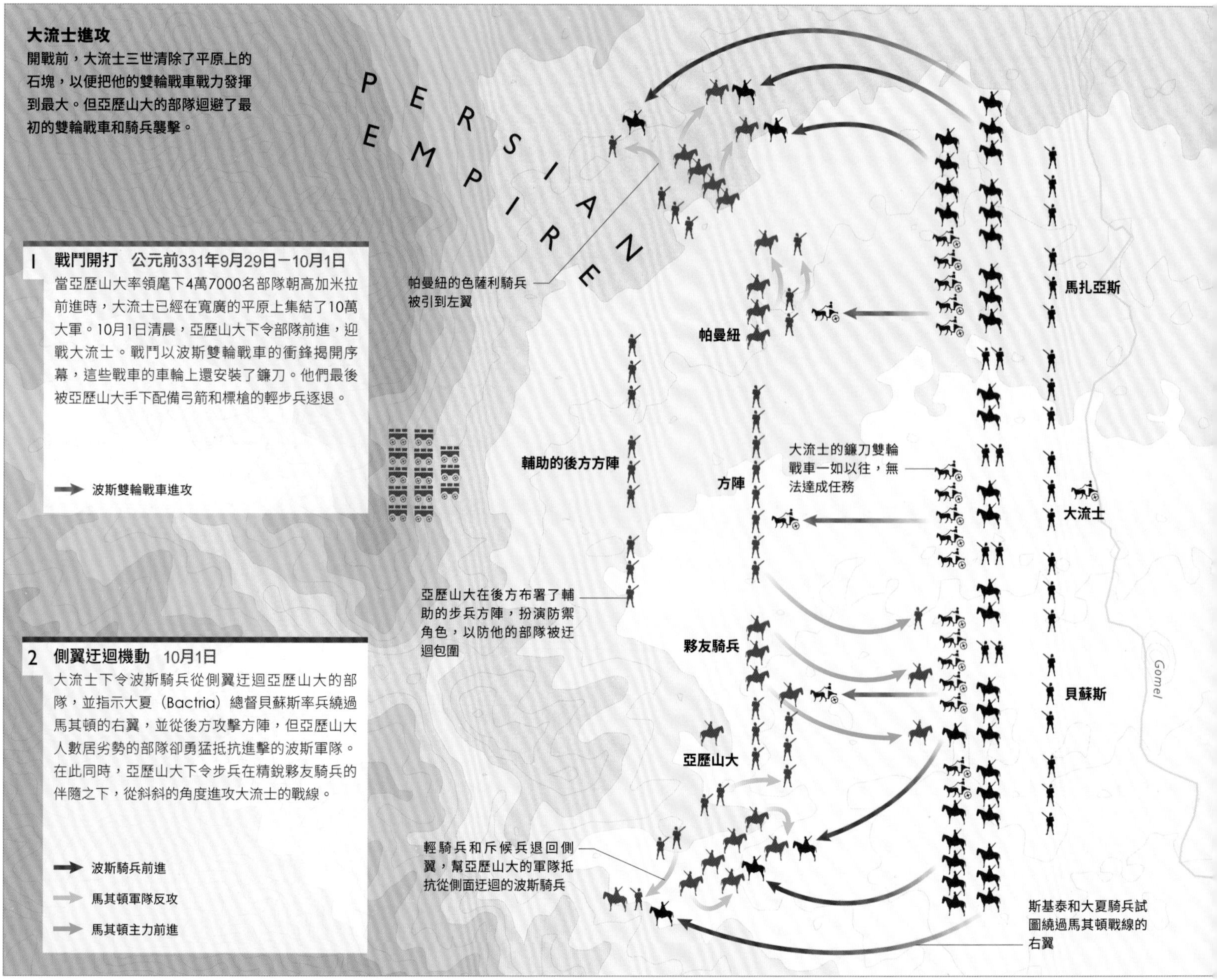

PERSIAN EMPIRE
帕曼紐的色薩利騎兵被引到左翼
帕曼紐
馬扎亞斯
輔助的後方方陣
方陣
大流士的鐮刀雙輪戰車一如以往，無法達成任務
大流士
亞歷山大在後方布署了輔助的步兵方陣，扮演防禦角色，以防他的部隊被迂迴包圍
夥友騎兵
貝蘇斯
亞歷山大
Gomel
輕騎兵和斥候兵退回側翼，幫亞歷山大的軍隊抵抗從側面迂迴的波斯騎兵
斯基泰和大夏騎兵試圖繞過馬其頓戰線的右翼

大流士進攻

開戰前，大流士三世清除了平原上的石塊，以便把他的雙輪戰車戰力發揮到最大。但亞歷山大的部隊迴避了最初的雙輪戰車和騎兵襲擊。

1 戰鬥開打　公元前331年9月29日—10月1日

當亞歷山大率領麾下4萬7000名部隊朝高加米拉前進時，大流士已經在寬廣的平原上集結了10萬大軍。10月1日清晨，亞歷山大下令部隊前進，迎戰大流士。戰鬥以波斯雙輪戰車的衝鋒揭開序幕，這些戰車的車輪上還安裝了鐮刀。他們最後被亞歷山大手下配備弓箭和標槍的輕步兵逐退。

波斯雙輪戰車進攻

2 側翼迂迴機動　10月1日

大流士下令波斯騎兵從側翼迂迴亞歷山大的部隊，並指示大夏（Bactria）總督貝蘇斯率兵繞過馬其頓的右翼，並從後方攻擊方陣，但亞歷山大人數居劣勢的部隊卻勇猛抵抗進擊的波斯軍隊。在此同時，亞歷山大下令步兵在精銳夥友騎兵的伴隨之下，從斜斜的角度進攻大流士的戰線。

波斯騎兵前進

馬其頓軍隊反攻

馬其頓主力前進

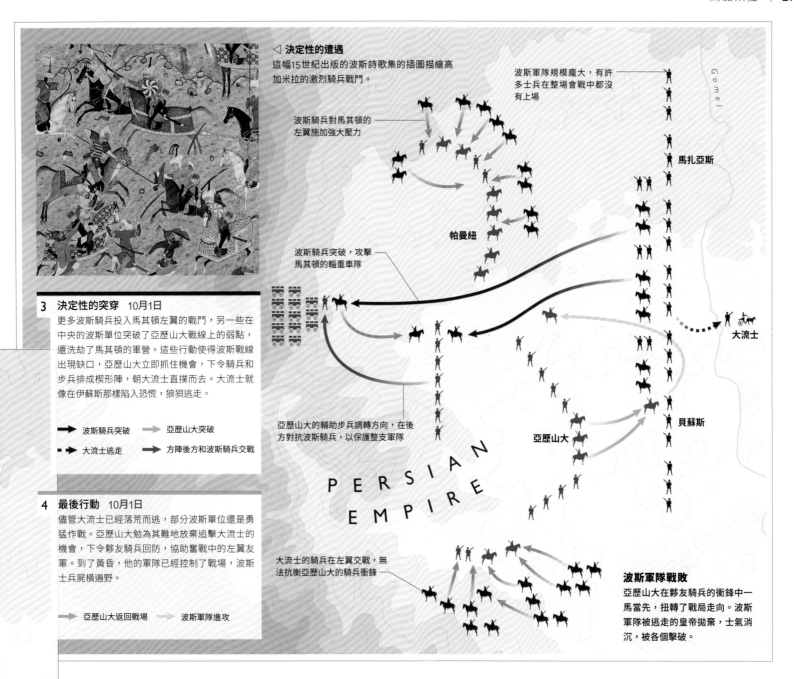

◁ **決定性的遭遇**
這幅15世紀出版的波斯詩歌集的插圖描繪高加米拉的激烈騎兵戰鬥。

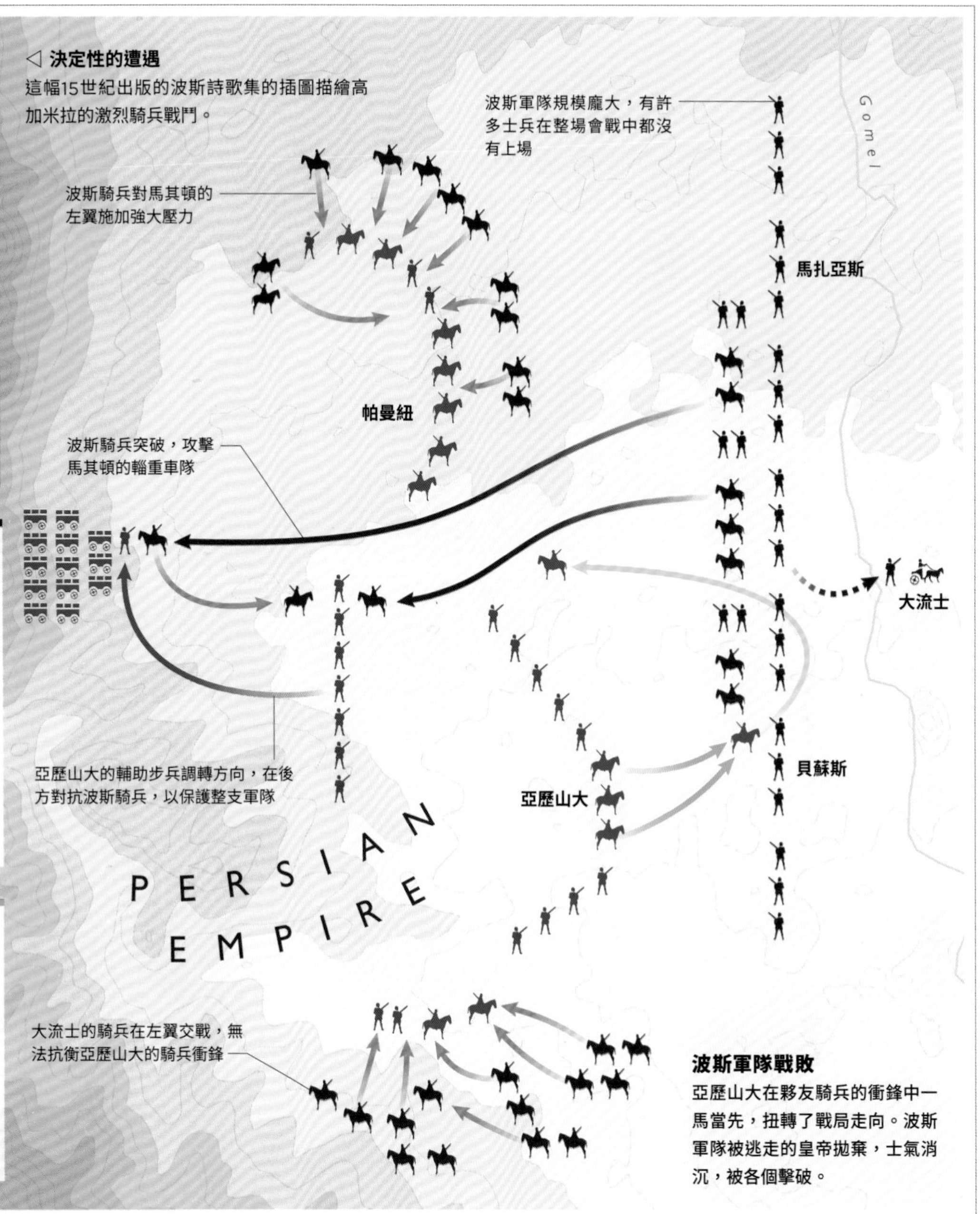
波斯軍隊規模龐大，有許多士兵在整場會戰中都沒有上場
Gomel
波斯騎兵對馬其頓的左翼施加強大壓力
馬扎亞斯
帕曼紐
波斯騎兵突破，攻擊馬其頓的輜重車隊
大流士
亞歷山大的輔助步兵調轉方向，在後方對抗波斯騎兵，以保護整支軍隊
貝蘇斯
亞歷山大
PERSIAN EMPIRE
大流士的騎兵在左翼交戰，無法抗衡亞歷山大的騎兵衝鋒
波斯軍隊戰敗
亞歷山大在夥友騎兵的衝鋒中一馬當先，扭轉了戰局走向。波斯軍隊被逃走的皇帝拋棄，士氣消沉，被各個擊破。

3 決定性的突穿 10月1日
更多波斯騎兵投入馬其頓左翼的戰鬥，另一些在中央的波斯單位突破了亞歷山大戰線上的弱點，還洗劫了馬其頓的軍營。這些行動使得波斯戰線出現缺口，亞歷山大立即抓住機會，下令騎兵和步兵排成楔形陣，朝大流士直撲而去。大流士就像在伊蘇斯那樣陷入恐慌，狼狽逃走。

- 波斯騎兵突破
- 亞歷山大突破
- 大流士逃走
- 方陣後方和波斯騎兵交戰

4 最後行動 10月1日
儘管大流士已經落荒而逃，部分波斯單位還是勇猛作戰。亞歷山大勉為其難地放棄追擊大流士的機會，下令夥友騎兵回防，協助奮戰中的左翼友軍。到了黃昏，他的軍隊已經控制了戰場，波斯士兵屍橫遍野。

- 亞歷山大返回戰場
- 波斯軍隊進攻

高加米拉

高加米拉會戰（Battle of Gaugamela）是馬其頓征服者亞歷山大大帝的重大勝利。這場會戰發生於公元前331年，地點在今日的伊拉克，徹底消滅了一度強大的阿契美尼德波斯帝國，全部納入亞歷山大的版圖。

公元前 333 年，在伊蘇斯擊敗波斯人（參見第 26-27 頁）以及占領埃及（先前就已被波斯人征服）後，亞歷山大就宣稱自己是法老的繼承人，並更加深信自己擁有神聖的血統。他堅信自己在對波斯的作戰中穩居上風，因此拒絕大流士三世慷慨的和平提議，想和波斯人來一場決定性的攤牌。亞歷山大朝東北方行軍，越過幼發拉底河（Euphrates）和底格里斯河（Tigris）的源頭，避開了沿著幼發拉底河的直接路線，因為那樣敵方就容易預測他的行動。在此期間，大流士又從他的亞洲版圖各地集結了一支龐大的軍隊，前往迎戰亞歷山大。為了讓他的大量騎兵得以發揮戰力，他選擇在高加米拉村開戰（位於今日伊拉克庫德斯坦〔Kurdistan〕的杜胡克〔Dohuk〕），結果被擊潰。亞歷山大追擊戰敗的波斯軍隊，占領了巴比倫和名義上的首都波斯波利斯（Persepolis），這座城市則因為火災而毀於一旦。大流士被他手下的總督貝蘇斯（Bessus）殺害之後，亞歷山大宣布繼承波斯帝國的皇冠，並藉由發動更多的戰役，把他的帝國版圖延伸進入中亞和印度北部，直到他在公元前 323 年去世。

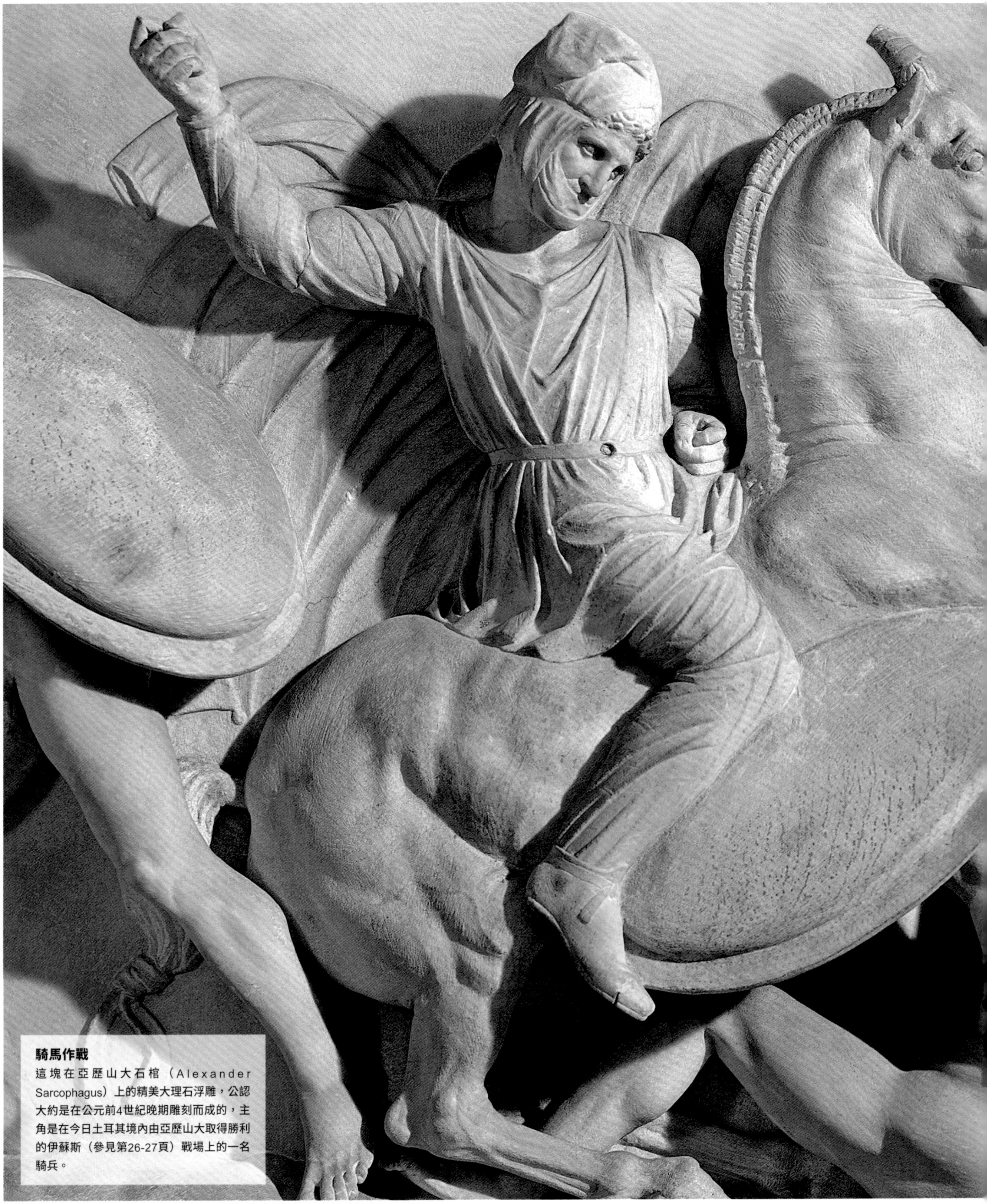

騎馬作戰
這塊在亞歷山大石棺（Alexander Sarcophagus）上的精美大理石浮雕，公認大約是在公元前4世紀晚期雕刻而成的，主角是在今日土耳其境內由亞歷山大取得勝利的伊蘇斯（參見第26-27頁）戰場上的一名騎兵。

亞歷山大的軍隊

馬其頓軍隊的統帥亞歷山大大帝（公元前356-323年）領導史上戰功最彪炳的軍隊之一，征服了幅員遼闊的波斯帝國，作戰的腳步深入中亞和印度北部。

亞歷山大軍隊的力量在於融合了他的家鄉馬其頓還有古希臘城邦的尚武軍事傳統（參見第 22-23 頁）。馬其頓人是堅強的戰士，他們擅騎的上層階級把戰鬥中的個人勇氣和單打獨鬥的無畏實力視為最至高無上的價值。他們從希臘人身上學到紀律嚴明的步兵的重要性——徒步的士兵要團結成人多勢眾的組織而戰鬥。

△ **歌頌傳奇人物**
許多雕刻家都在亞歷山大身故後創作他的雕像。圖中這尊大約是在他於公元前323年去世後兩世紀完成的。

戰鬥編組

亞歷山大從前線領導，一馬當先率領他的夥友騎兵殺進戰鬥之中，這種騎馬的戰隊是由馬其頓的貴族組成。夥友騎兵人數只有幾千人，他們用長矛和一種短而有弧度的科皮斯刀（kopis）戰鬥，一直都是布署在戰線右翼－這裡被認為是榮譽的位置－擔任震撼攻擊武力的角色，朝敵軍陣形的核心衝鋒；從馬其頓的南邊鄰國色薩利招募的騎兵則會布署在左翼，戰線的中央位置則是由受過訓練的專業步兵組成 256 人的方陣占據，全部手持長矛。亞歷山大的軍隊也包括可彈性執行不同任務的徒步士兵，像是精銳的馬其頓持盾衛隊（hypaspist），他們通常和夥友騎兵一樣，屬於右翼打擊部隊的一部分，此外還有各式各樣輕裝備的弓兵和斥候兵。如此多元的混和武力，搭配極富攻擊進取精神和個人魅力的領袖，實戰證明他們在戰場上確實令人畏懼。

馬其頓方陣

馬其頓步兵會排列成緊密的隊形作戰，正面和縱深皆可排列多達16名士兵。方陣中的每一位士兵都配備一支長達6公尺的薩里沙長矛，用雙手持握，後排士兵高舉薩里沙長矛，還可以幫忙擋掉射來的飛箭。

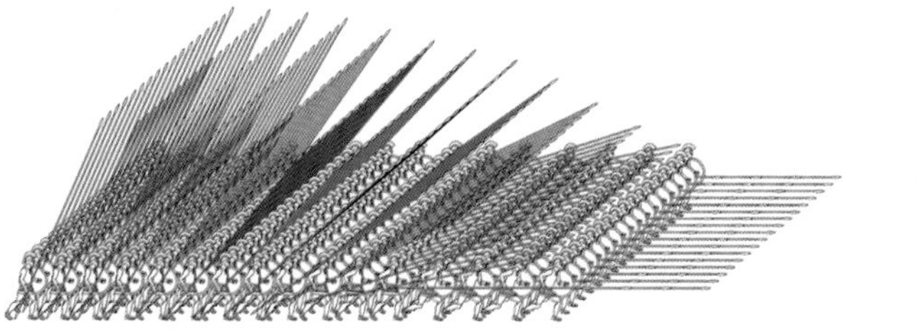

海軍戰術

羅馬海軍絕大部分戰船都是笨重的五排槳戰船，共有五排槳，需要300名划槳手操作。每艘船都配備投石器，可射出石塊或飛鏢，還可搭載超過100名士兵，他們的目標是要進行登艦作戰，擄獲敵方戰船。迦太基人（Carthaginian）的五排槳戰船較輕巧，水手素質也比較好，能在海上靈活移動，伺機用安裝在船首的長衝角來撞沉敵艦。

羅馬五排槳戰船

入侵部隊啟航
羅馬艦隊從羅馬附近的奧斯提亞（Ostia）出發，並在利卡塔（Licata）裝載士兵和馬匹。入侵部隊由執政官曼利烏斯．烏爾索（Manlius Vulso）和阿蒂利烏斯．雷古魯斯（Atilius Regulus）指揮，之後沿著西西里海岸向西進發。迦太基艦隊由哈米爾卡（Hamilcar）和杏蘿（Hanno）指揮，數量和羅馬艦隊差不多，排成一列擋住敵艦的航線。
圖例
主要會戰
迦太基艦隊
羅馬艦隊
迦太基控制區
羅馬控制區
敘拉古控制區
Rome
ITALY
Tyrrhenian Sea
Messana
Lilybaeum
Sicily
Heraclea Minoa
Phintias
Syracuse
Carthage

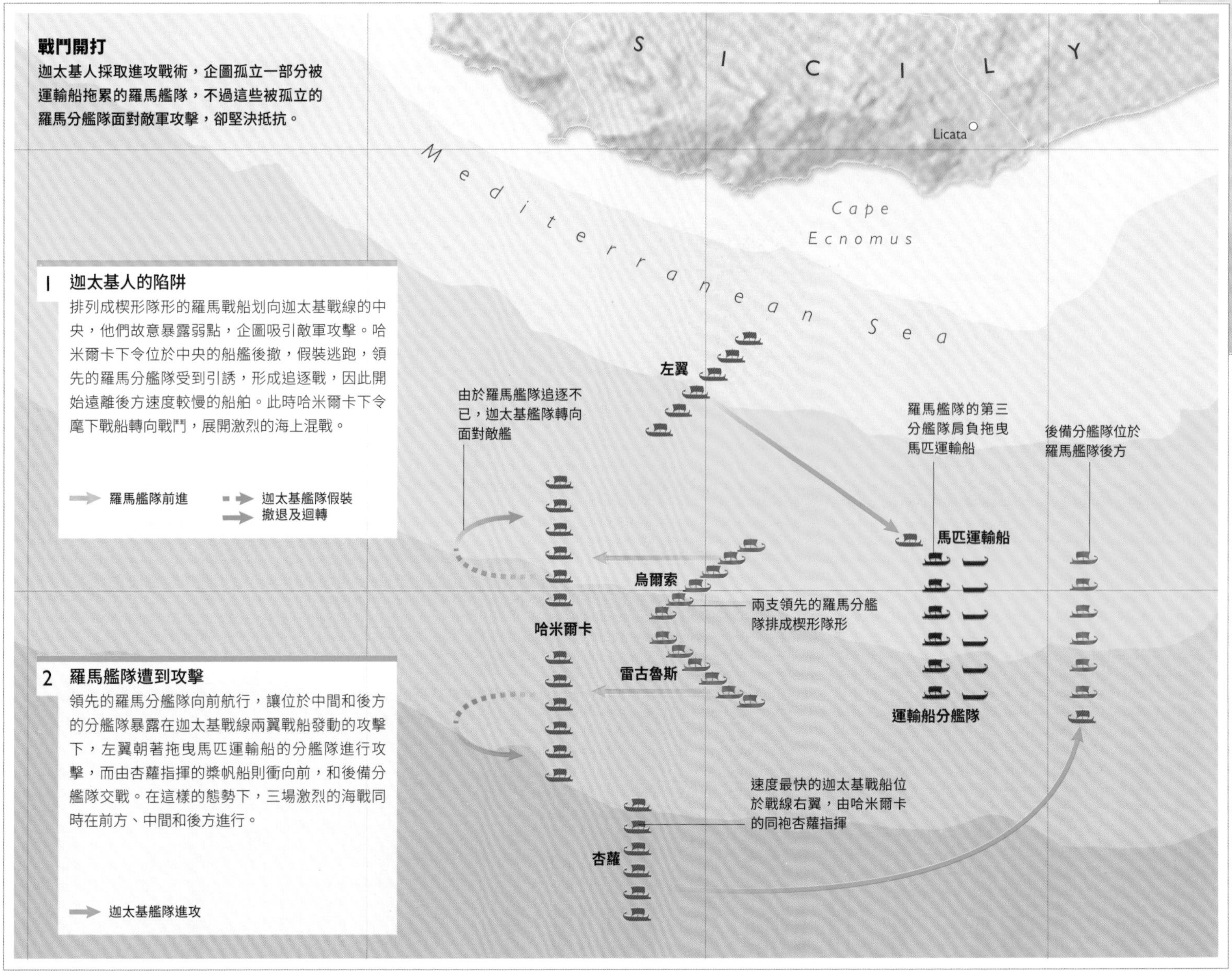

戰鬥開打
迦太基人採取進攻戰術，企圖孤立一部分被運輸船拖累的羅馬艦隊，不過這些被孤立的羅馬分艦隊面對敵軍攻擊，卻堅決抵抗。
SICILY
Licata
Mediterranean Sea
Cape Ecnomus
1 迦太基人的陷阱
排列成楔形隊形的羅馬戰船划向迦太基戰線的中央，他們故意暴露弱點，企圖吸引敵軍攻擊。哈米爾卡下令位於中央的船艦後撤，假裝逃跑，領先的羅馬分艦隊受到引誘，形成追逐戰，因此開始遠離後方速度較慢的船舶。此時哈米爾卡下令麾下戰船轉向戰鬥，展開激烈的海上混戰。
羅馬艦隊前進
迦太基艦隊假裝撤退及迴轉
2 羅馬艦隊遭到攻擊
領先的羅馬分艦隊向前航行，讓位於中間和後方的分艦隊暴露在迦太基戰線兩翼戰船發動的攻擊下，左翼朝著拖曳馬匹運輸船的分艦隊進行攻擊，而由杏蘿指揮的槳帆船則衝向前，和後備分艦隊交戰。在這樣的態勢下，三場激烈的海戰同時在前方、中間和後方進行。
迦太基艦隊進攻
左翼
由於羅馬艦隊追逐不已，迦太基艦隊轉向面對敵艦
羅馬艦隊的第三分艦隊肩負拖曳馬匹運輸船
後備分艦隊位於羅馬艦隊後方
馬匹運輸船
烏爾索
兩支領先的羅馬分艦隊排成楔形隊形
哈米爾卡
雷古魯斯
運輸船分艦隊
速度最快的迦太基戰船位於戰線右翼，由哈米爾卡的同袍杏蘿指揮
杏蘿

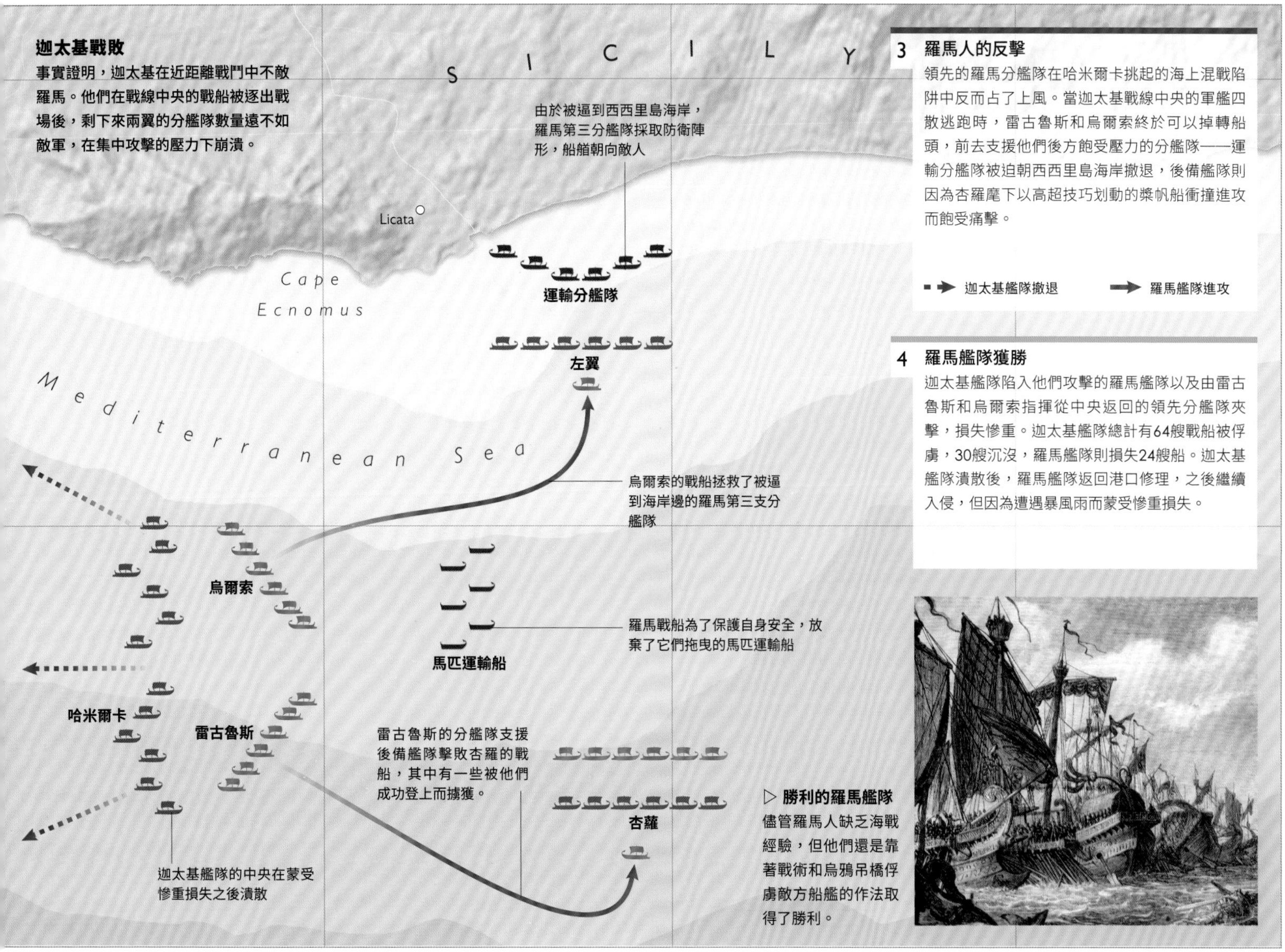
迦太基戰敗
事實證明，迦太基在近距離戰鬥中不敵羅馬。他們在戰線中央的戰船被逐出戰場後，剩下來兩翼的分艦隊數量遠不如敵軍，在集中攻擊的壓力下崩潰。
SICILY
由於被逼到西西里島海岸，羅馬第三分艦隊採取防衛陣形，船艏朝向敵人
Licata
Cape Ecnomus
運輸分艦隊
左翼
Mediterranean Sea
烏爾索的戰船拯救了被逼到海岸邊的羅馬第三支分艦隊
烏爾索
羅馬戰船為了保護自身安全，放棄了它們拖曳的馬匹運輸船
馬匹運輸船
哈米爾卡
雷古魯斯
雷古魯斯的分艦隊支援後備艦隊擊敗杏羅的戰船，其中有一些被他們成功登上而擄獲。
杏蘿
迦太基艦隊的中央在蒙受慘重損失之後潰散
3 羅馬人的反擊
領先的羅馬分艦隊在哈米爾卡挑起的海上混戰陷阱中反而占了上風。當迦太基戰線中央的軍艦四散逃跑時，雷古魯斯和烏爾索終於可以掉轉船頭，前去支援他們後方飽受壓力的分艦隊——運輸分艦隊被迫朝西西里島海岸撤退，後備艦隊則因為杏羅麾下以高超技巧划動的槳帆船衝撞進攻而飽受痛擊。
迦太基艦隊撤退
羅馬艦隊進攻
4 羅馬艦隊獲勝
迦太基艦隊陷入他們攻擊的羅馬艦隊以及由雷古魯斯和烏爾索指揮從中央返回的領先分艦隊夾擊，損失慘重。迦太基艦隊總計有64艘戰船被俘虜，30艘沉沒，羅馬艦隊則損失24艘船。迦太基艦隊潰散後，羅馬艦隊返回港口修理，之後繼續入侵，但因為遭遇暴風雨而蒙受慘重損失。

▷ **勝利的羅馬艦隊**
儘管羅馬人缺乏海戰經驗，但他們還是靠著戰術和烏鴉吊橋俘虜敵方船艦的作法取得了勝利。

埃克諾莫斯角

公元前256年，迦太基和羅馬共和國的艦隊在埃克諾莫斯角爆發海戰，是史上最大規模的海戰之一。雙方投入將近700艘船艦與30萬人，最後由羅馬人勝出，贏得西地中海的全面控制權。

公元前 3 世紀中葉，北非城市迦太基以海上貿易和海軍力量為基礎，在西地中海統治一個帝國。不過它的優勢受到崛起中的羅馬共和國（Roman Republic）挑戰，其透過陸軍的力量贏得了義大利的控制權。在第一次布匿戰爭（First Punic War，公元前 264-241 年）裡，迦太基和羅馬為爭奪西西里島（Sicily）而戰，因為這個地方有非常大的戰略和經濟價值。羅馬人明白了只有陸上優勢還不夠之後，就幾乎從頭開始建立一支海軍。他們自知航海技術絕對比不上迦太基人，因此想出一套辦法，就是讓戰船滿載士兵，並發展出一種帶有尖刺的木製吊橋，稱為烏鴉吊橋（corvus），以便在適當時機抓住敵軍船艦，讓士兵登船戰鬥。

公元前 256 年，由於西西里島的戰事陷入僵局，羅馬人派遣一支軍隊渡海入侵北非，攻擊迦太基。為了把這支入侵部隊擋在埃克諾莫斯角（Cape Ecnomus）外海，迦太基人遭遇空前慘敗。雖然入侵北非的行動是一場失敗，但羅馬人已經贏得海軍優勢，因此最後得以掌控西西里島。

為地中海而戰
迦太基人把所有可動用的海軍力量都投入埃克諾莫斯角，為的就是要攔截羅馬艦隊。由於他們戰敗，這個地區的主控權落入了羅馬手中。

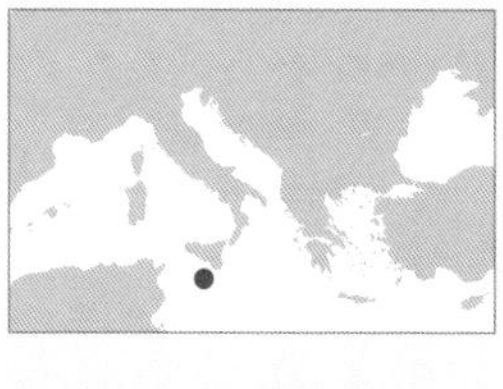

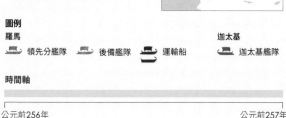

圖例
羅馬 領先分艦隊 後備艦隊 運輸船
迦太基 迦太基艦隊

時間軸
公元前256年 公元前257年

坎尼

第二次布匿戰爭（公元前218-201年）開始時，迦太基將領漢尼拔·巴卡（Hannibal Barca）率領一支軍隊翻越阿爾卑斯山，入侵羅馬共和國的領土。這場入侵行動的最高峰，就是於公元前216年在坎尼（Cannae）殲滅一整個羅馬軍團，是野戰戰術的登峰造極之作。

迦太基在第一次布匿戰爭，（參見第32-33頁）中戰敗，羅馬共和國因此得以牢牢控制義大利和西西里島，但迦太基在北非和西班牙南部依然勢力穩固。公元前221年，年僅26歲的漢尼拔受命指揮駐紮在西班牙的迦太基陸軍，並伺機為在第一次布匿戰爭中戰敗的父親哈米爾卡復仇。公元前219年，漢尼拔攻占和羅馬聯盟的西班牙城市薩貢托（Saguntum），促使羅馬宣戰。漢尼拔揮軍入侵羅馬統治的義大利，並贏得幾場會戰，當中的最高潮就是在坎尼，但他沒有冒險直攻羅馬。羅馬人由包括法比烏斯·馬克西穆斯（Fabius Maximus）在內的執政官領導，拒絕和談，並展開消耗戰，讓漢尼拔無法在戰場獲得進一步勝利。迦太基軍隊在義大利一待就是15年，卻沒有打上任何一場決定性會戰。公元前204年，羅馬派兵入侵北非，迫使迦太基召回漢尼拔的軍隊。公元前202年，迦太基在札馬（Zama）被擊敗，因此被迫求和。公元前182年，漢尼拔在流亡途中自殺，迦太基則在公元前149-146年間的第三次布匿戰爭（Third Punic War）中被羅馬人滅國。

「漢尼拔是傑出的戰術家，坎尼會戰是史上最完美的戰術教範。」

美國歷史學家提奧多·艾羅·道奇（Theodore Ayrault Dodge），1893年

圖例
城鎮
迦太基軍隊
軍營
凱爾特和西班牙步兵
凱爾特和西班牙騎兵
努米底亞騎兵
利比亞人
羅馬部隊
軍營
步兵
羅馬騎兵
盟友騎兵
時間軸
公元前216年8月2日
8月3日
To San Ferdinando
I T A
Cannae

雙重包圍

軍事歷史學家認為坎尼會戰是「雙重包圍」的經典範例，也就是一支軍隊同時從敵軍陣地的兩翼進行迂迴包抄，創造出無法逃脫的陷阱的戰術。

圖例
主要會戰
會戰
漢尼拔進軍路線
公元前218年的迦太基
公元前218年的羅馬及其盟友
公元前218年夏末
漢尼拔渡過隆河（Rhône），擊退高盧部落
公元前218年12月
漢尼拔殲滅一支前往對抗他入侵義大利行動的羅馬軍隊
公元前217年6月21日
前一年漢尼拔在北邊的提希努斯湖（Lake Ticinus）擊敗羅馬人之後，又在特拉西美諾湖伏擊並殲滅一個羅馬軍團。
公元前218年夏天
一支羅馬部隊在馬賽利亞（Massilia）登陸，但未能攔截到迦太基軍隊
公元前218年春天
漢尼拔率領9萬名步兵和1萬2000名騎兵，浩浩蕩蕩開拔
Rhône
Trebia
Massilia
Corsica
Rome
Cannae
ITALY
Ebro
Saguntum
SPAIN
New Carthage
Sardinia
Tyrrhenian Sea
Mediterranean Sea
Sicily
Carthage
AFRICA

漢尼拔的坎尼之路

漢尼拔率領部隊深入敵人領土，朝義大利進軍。他在特雷比亞河（Trebia River）和特拉西美諾湖（Lake Trasimene）打敗羅馬軍隊。當他在坎尼占領一處補給基地時，羅馬派出一支大軍攻打他。

1 布署軍隊，準備作戰　公元前216年8月2日

羅馬和迦太基軍隊在奧菲杜斯河（River Aufidus）旁的平原上紮營。8月2日一早，由執政官埃米利烏斯．包盧斯（Aemilius Paullus）和特倫提烏斯．瓦羅（Terentius Varro）指揮的羅馬軍隊渡河，在河流和南邊山丘之間的狹窄空間中組成戰線。漢尼拔接受挑戰，緊隨其後。

迦太基軍隊排列戰鬥陣形

羅馬軍隊排列戰鬥陣形

2 漢尼拔的新月陣

漢尼拔的部隊是由來自迦太基帝國各地的士兵組成，包括凱爾特人、西班牙部落成員、努米底亞人（Numidian）和利比亞人。雖然他的騎兵相當強大，但步兵人數遠遠不及羅馬人。漢尼拔把他的步兵排列成微彎的新月陣形，希望能引誘大批羅馬步兵攻擊他的中央。他把手下的西班牙步兵和比較可以消耗的凱爾特步兵布署在這個位置。

3 戰鬥開打

雙方先爆發小規模衝突之後，羅馬步兵開始推進。中央的凱爾特及西班牙步兵開始後退，吸引羅馬步兵跟進，而左右兩側的重裝備利比亞步兵則堅守原地。在此期間，哈斯德魯巴（Hasdrubal）的騎兵在左翼對抗羅馬重騎兵時占了上風，打得他們落荒而逃。

羅馬步兵推進

羅馬騎兵逃走

迦太基騎兵前進

凱爾特和西班牙步兵後退

4 羅馬人掉進陷阱

當漢尼拔的利比亞部隊轉向他們的側翼開始進攻時，羅馬步兵就被三面夾殺。當右側的努米底亞騎兵從戰場上追擊羅馬盟友的騎兵時，哈斯德魯巴麾下的騎兵則轉過頭來，從後方攻擊羅馬的步兵。羅馬的步兵部隊被消滅，只有非常少的人死裡逃生。

羅馬軍隊推進

利比亞軍隊推進

努米底亞軍隊推進

凱爾特和西班牙軍隊推進

羅馬軍隊後退

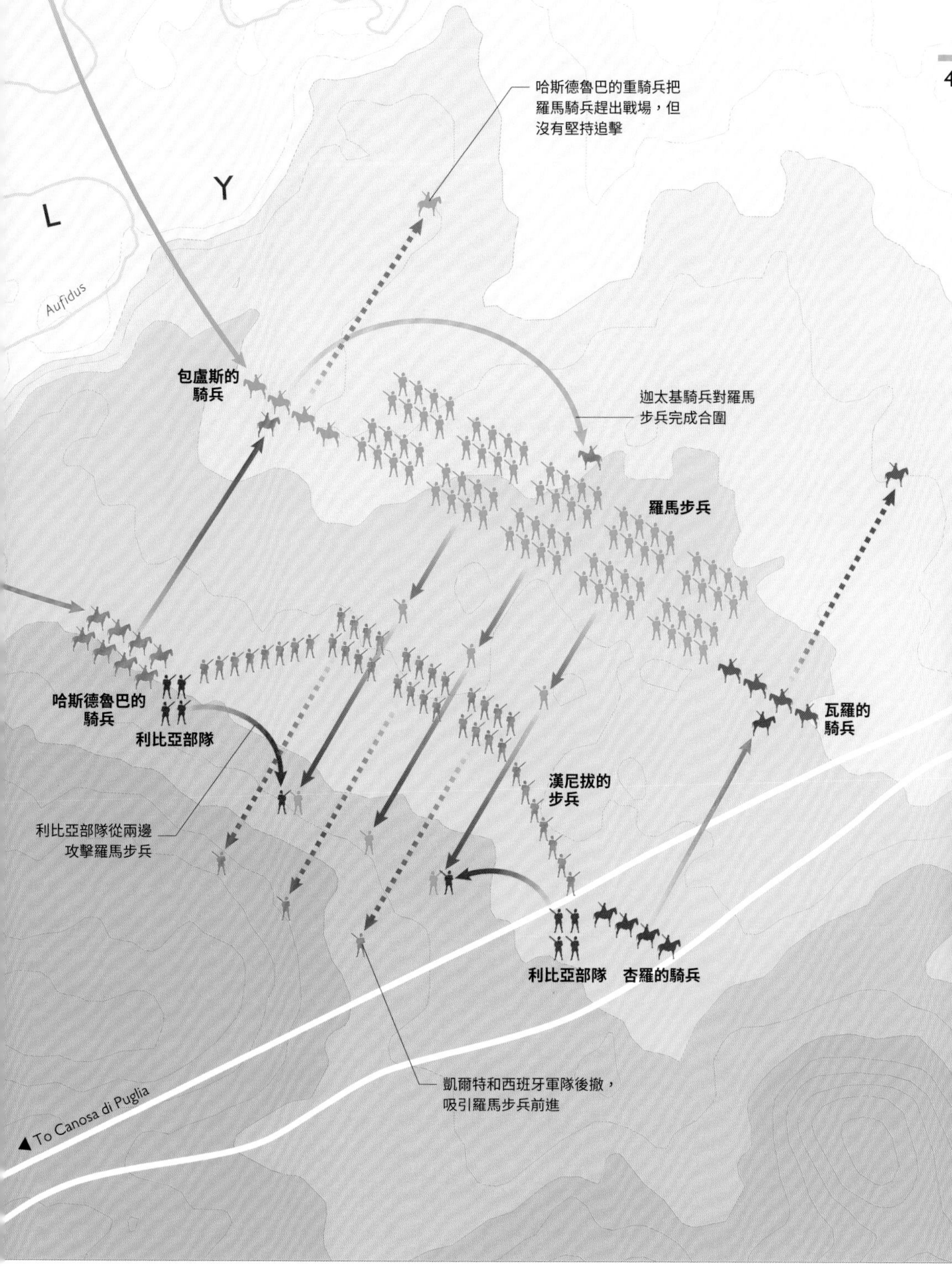
L
Y
Aufidus
哈斯德魯巴的重騎兵把羅馬騎兵趕出戰場，但沒有堅持追擊
包盧斯的騎兵
迦太基騎兵對羅馬步兵完成合圍
羅馬步兵
哈斯德魯巴的騎兵
利比亞部隊
瓦羅的騎兵
漢尼拔的步兵
利比亞部隊從兩邊攻擊羅馬步兵
利比亞部隊
杏羅的騎兵
凱爾特和西班牙軍隊後撤，吸引羅馬步兵前進
To Canosa di Puglia
To Barletta

△ **翻越阿爾卑斯山**

漢尼拔翻越阿爾卑斯山的壯舉讓他在進攻羅馬共和國的路途上可以避開敵方陸軍和海軍部隊的威脅，跟隨他的還有麾下步兵、騎兵、騾子，以及據估計共37隻大象。

阿列夏

公元前52年的阿列夏圍城戰是羅馬將領尤利烏斯·凱撒征服高盧戰役中的最高潮。凱撒包圍並殲滅了一個由維欽托利領導的高盧叛亂部落組成的軍團，還擊退救援兵力。由於凱撒勝利，羅馬在接下來的500年裡成為高盧的主宰。

高盧涵蓋現在的法國、比利時、瑞士和其他鄰近地區，是一些凱爾特人部落的家園。從公元前 58 年開始，尤利烏斯·凱撒（Julius Caesar）在一連串戰役中征服這些部落，但他以殘暴態度對待戰敗的部落，激起了不滿情緒。公元前 53-52 年冬天，阿維爾尼（Arverni）部落的領袖維欽托利（Vercingetorix）贏得其他高盧部落的支持，揭竿起義。凱撒奪取了要塞化的城鎮阿瓦希昆（Avaricum），緩和了補給不足的問題，但他攻擊阿維爾尼的首府日爾戈維亞（Gergovia）時卻被擊退。維欽托利攻擊凱撒行軍中的部隊，但他的騎兵卻被打退。維欽托利騷擾後撤中的羅馬人，但當他發動全面進攻時卻戰敗。之後他撤往位於法國東部位於山丘上的阿列夏（Alesia），那裡有堅強的防禦陣地。

凱撒心裡明白，對躲在這種山丘防禦陣地裡的強大高盧軍隊發動突擊是一件愚蠢的事，尤其是經歷過日爾戈維亞的作戰之後。因此他計畫展開圍城戰，讓高盧人挨餓。軍團士兵用一條 16 公里長的壕溝圍城線把阿列夏包圍起來，並用木材和泥土構築防禦壁壘。在這些工事完成之前，維欽托利就派遣騎士尋求其他高盧部落領袖的援助。凱撒預料到敵軍可能會從後方發動反攻，因此他在第一條包圍圈的外側又修築了第二圈防禦工事，因此他的部隊前後都受到保護。由於高盧部隊有多達 8 萬人，因此食物很快就顯得不足。為了確保補給供應狀況，維欽托利下令老人、婦女和兒童離開，但凱撒拒絕讓這些人通過羅馬防線，就任由他們在兩軍之間活活餓死。到了 9 月下旬，一支龐大的高盧救援部隊抵達阿列夏外圍。雖然羅馬軍隊數量遠不如敵方，但有了防禦工事的加持，他們得以擊退高盧人連續不斷的攻擊。最後高盧人發動孤注一擲的全面進攻，但凱撒不斷激勵手下官兵，成功抵擋攻擊，並派遣雇傭的日耳曼騎兵從敵軍後方攻擊，這場會戰才就此告終。救援部隊被逐退，維欽托利只能投降。

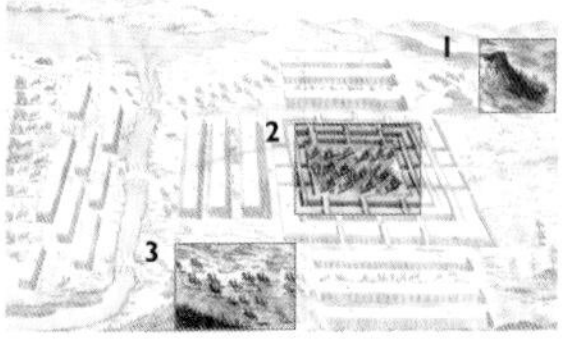

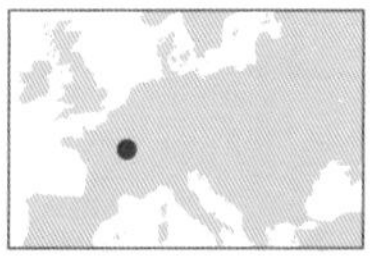

說明

△ **阿列夏的序幕**
這幅18世紀繪製的地圖以老派的工整筆法描繪對凱撒麾下行進中的部隊發動襲擊，但行動失敗的過程。高盧人撤往阿列夏，結果在當地遭到凱撒手下軍隊圍攻。

▽ **日耳曼騎兵**
在這場戰役期間，凱撒有效運用麾下的日耳曼騎兵。如圖，他們正準備反攻高盧騎兵。

最後一戰

高盧人打算在發動突破攻擊的同時，配合外圍援軍展開進攻，擺脫遭到圍攻的困境。他們在雷亞山（Mount Réa）的山腳下發現羅馬軍隊營區的一個弱點，而凱撒看見高盧人威脅到這處陣地時，便親自領導反攻，並下令麾下日耳曼騎兵從後方突襲擊高盧人。救援軍隊潰散逃竄。

圖例

羅馬軍隊
- 羅馬圍攻線
- 羅馬部隊
- 防禦壕溝
- 凱撒的行動
- 羅馬軍營
- 日耳曼騎兵
- 日耳曼反攻

高盧軍隊
- 高盧救援軍隊軍營
- 高盧部隊
- 高盧的行動

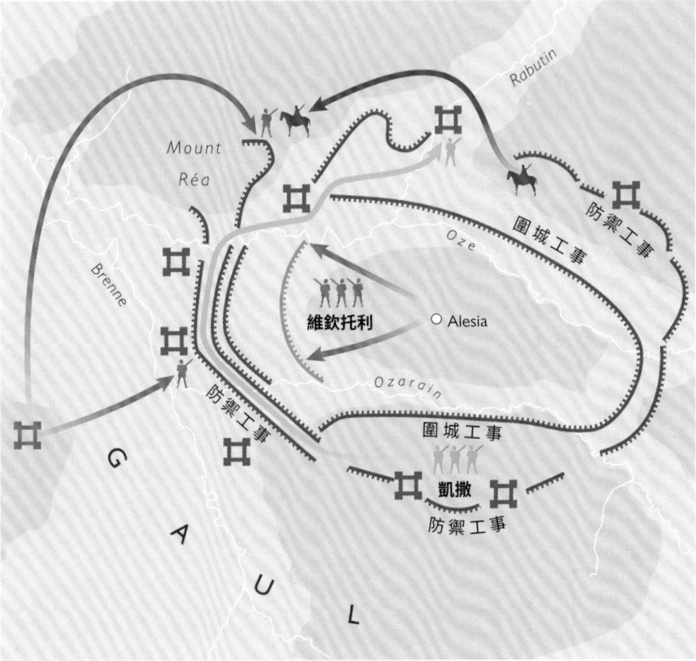

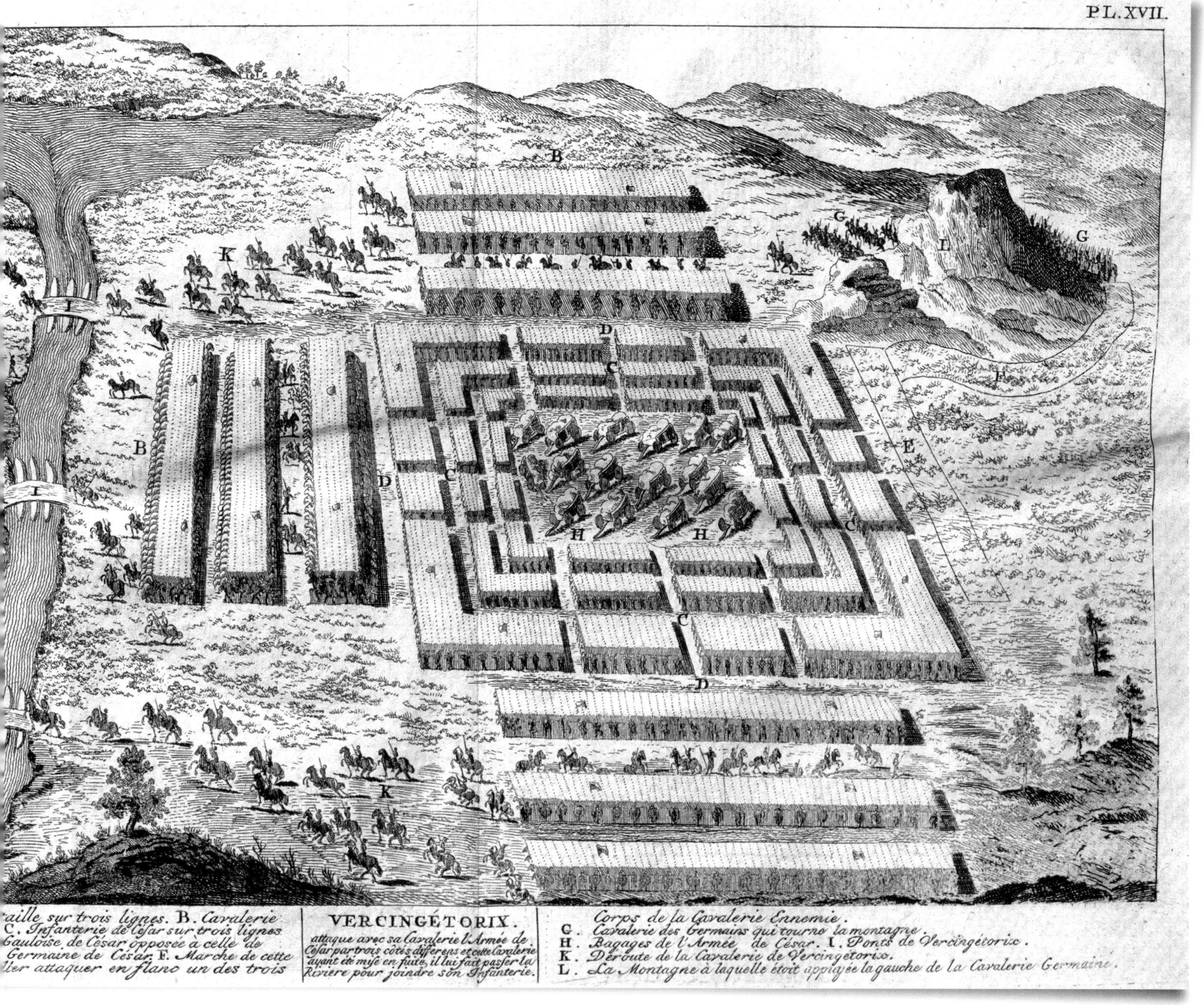
P.L. XVII.
B
G
L
G
K
D
C
F
B
E
D
C
C
H
H
C
D
K
I
I
raille sur trois lignes. B. Cavalerie
C. Infanterie de César sur trois lignes
Gauloise de César opposée à celle de
Germaine de César. F. Marche de cette
ller attaquer en flanc un des trois
VERCINGÉTORIX.
attaque avec sa Cavalerie l'Armée de
César par trois côtés differens et cette Cavalerie
ayant été mise en fuite, il lui fait passer la
Riviere pour joindre son Infanterie.
Corps de la Cavalerie Ennemie.
G. Cavalerie des Germains qui tourne la montagne.
H. Bagages de l'Armée de César. I. Ponts de Vercingétorix.
K. Déroute de la Cavalerie de Vercingétorix.
L. La Montagne à laquelle étoit appuyée la gauche de la Cavalerie Germaine.

2

H
H

3

K

◁ **防禦陣形**

凱撒的軍隊擺出正方形的防禦陣形，輜重車隊位於中央。

△ **高盧人逃竄**

高盧騎兵被羅馬軍隊擊敗，逃回他們的戰線。

圖拉真柱

圖拉真柱（Trajan’s column）於公元113年在羅馬豎立，慶祝皇帝圖拉真（Trajan）在多瑙河（Danube）取得的勝利。圖拉真柱上的雕刻圖案栩栩如生地呈現出羅馬軍隊戰時的生活樣貌，軍團士兵的大部分時間都花在構築城牆、道路和橋梁。

羅馬軍團

古羅馬透過軍隊的力量和效率，創造並維持了世界最偉大的帝國之一。羅馬軍團在戰場上令敵人畏懼，但也是傑出的軍事工程師。

△ **羅馬硬幣**
硬幣上的頭像是羅馬第一任皇帝奧古斯都（Augustus）。他在位期間，軍團士兵每年的薪資為225第納里（denarii）。

羅馬的軍隊編組成軍團，每個軍團大約由 5000 人組成，從公元前 1 世紀開始成為完全職業化的軍隊。軍團士兵絕大部分都是擁有羅馬公民權的男性，簽約服役長達 20 年。軍團士兵通常來自貧窮階級，因為他們會受到定期支付薪資和退伍後獲得耕地等福利吸引。軍團士兵能夠晉升到百夫長，指揮 80 名軍團士兵（一個百人隊）。每個軍團都由十個步兵隊組成，每個步兵隊下轄六個百人隊。不具羅馬公民資格的人擔任的輔助部隊會支援軍團，他們是從帝國的臣民中招募而來的。這些非公民的人還可充任額外的騎兵，負責支援軍團本身配屬的 300 名騎兵。

技巧純熟的部隊

羅馬軍團士兵以紀律嚴明的步兵聞名，表現相當出色。他們裝備兩根重型標槍和一把短劍，並且有大塊盾牌、頭盔和胸甲的良好保護，接受彈性的戰鬥訓練，可隨時變換不同的戰鬥陣形，還可使用各種扭力投石機，從小型的「蠍炮」到體積較大的投射機，還有單臂的野驢炮等。士兵在戰鬥中並非所向無敵——他們尤其容易受到騎馬弓兵的殺傷。但若是作為工兵，他們可就真的沒有對手了。有些他們建造的圍城工事規模無與倫比，其中包括公元 73 年為了奪占馬沙達（Masada）的山區堡壘而修築的支線和斜坡。軍團士兵也負責修築大部分的羅馬道路網，以及一些規模宏大的國境要塞，例如不列顛的哈德良長城（Hadrian’s Wall）。

龜甲陣

龜甲陣（testudo）以拉丁文的烏龜來命名，是羅馬軍團士兵在遭遇投射武器攻擊時會使用的陣形編組。在緊密排列的編隊裡，其中一些人會高舉他們的長盾，組成有保護作用的硬頂，如同龜甲一樣，其他人則在前方和兩側組成盾牆。在面對集結的敵軍弓兵時，龜甲陣格外有效，可以讓軍團士兵通過原本會致命的箭雨而接近敵人。

亞克辛木

公元前31年發生在亞克辛木的海戰，可說是羅馬獨裁者尤利烏斯·凱撒在公元前44年被一群元老院議員暗殺之後，隨之而來的權力鬥爭事件的頂點。在亞克辛木，凱撒的養子屋大維擊敗對手馬克·安東尼和克麗奧佩脫拉，成為羅馬世界唯一的統治者。

公元前 43 年，曾是最受凱撒信任的將領馬克·安東尼（Mark Antony）和凱撒的養子屋大維（Octavian）及政治人物雷比達（Lepidus）組成三人執政同盟（一個政治聯盟），統治整個羅馬共和國。在接下來的十年裡，這個不穩定的聯盟因為他們之間相互敵視而分崩離析。當屋大維在羅馬掌權時，安東尼在地中海東部的富饒之地建立由他支配的基地，並和埃及統治者克麗奧佩脫拉七世（Cleopatra VII）形成政治（還有性）關係。公元前 32 年，安東尼和克麗奧佩脫拉在希臘西海岸的亞克辛木（Actium）集結 19 個軍團和一支大艦隊。安東尼很可能正在計畫入侵義大利，但屋大維卻抓住了先機。這兩個部隊在公元前 31 年夏季正面對決，安東尼和克麗奧佩脫拉最後選擇用海戰來解決問題，萬一失敗的話就直接突圍。他們最後順替逃出，但命運也就此注定。屋大維的部隊控制了地中海東部，安東尼和克麗奧佩脫拉都在公元前 30 年自盡身亡。羅馬順勢統治了埃及，三年後屋大維成為羅馬公認唯一的統治者。

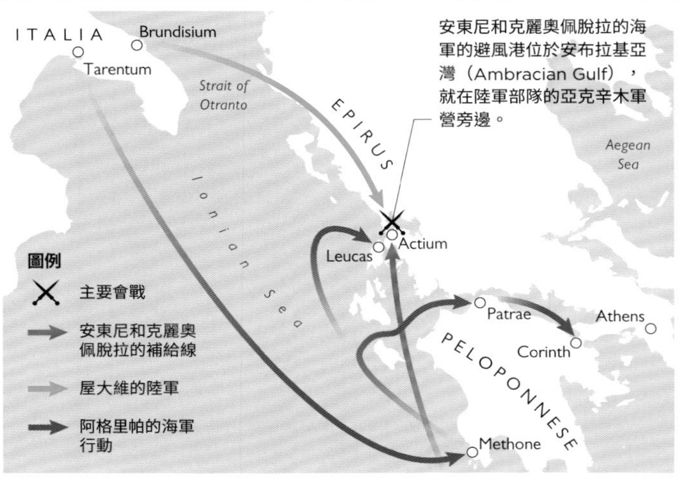

海陸威脅

公元前32年秋天，安東尼和克麗奧佩脫拉在亞克辛木和希臘其他地方集結了陸軍和海軍。公元前31年，屋大維手下擅長攻擊的海軍指揮官馬爾庫斯·維普撒尼烏斯·阿格里帕（Marcus Vipsanius Agrippa）襲擊了希臘海岸上的要地，獲得部分戰果，並企圖擾亂安東尼和克麗奧佩脫拉部隊的海上補給航運線。在此期間，屋大維把一支部隊從義大利載運到伊匹魯斯（Epirus），在亞克辛木對面建立自己的軍營。

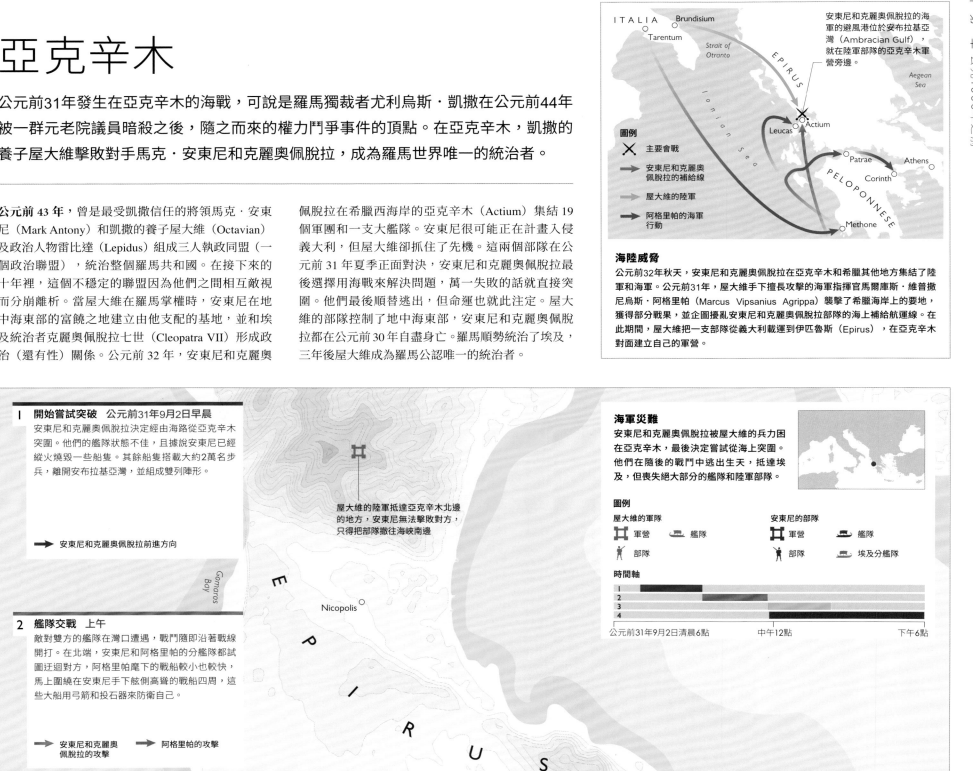

Gomaros Bay
Nicopolis
EPIRUS
屋大維的陸軍抵達亞克辛木北邊的地方，安東尼無法擊敗對方，只得把部隊撤往海峽南邊
安東尼和克麗奧佩脫拉前進方向
安東尼和克麗奧佩脫拉的攻擊
阿格里帕的攻擊
圖例
屋大維的軍隊
軍營
艦隊
部隊
安東尼的部隊
軍營
艦隊
部隊
埃及分艦隊
時間軸
1
2
3
4
公元前31年9月2日清晨6點
中午12點
下午6點

1 開始嘗試突破 公元前31年9月2日早晨

安東尼和克麗奧佩脫拉決定經由海路從亞克辛木突圍。他們的艦隊狀態不佳，且據說安東尼已經縱火燒毀一些船隻。其餘船隻搭載大約2萬名步兵，離開安布拉基亞灣，並組成雙列陣形。

2 艦隊交戰 上午

敵對雙方的艦隊在灣口遭遇，戰鬥隨即沿著戰線開打。在北端，安東尼和阿格里帕的分艦隊都試圖迂迴對方，阿格里帕麾下的戰船較小也較快，馬上圍繞在安東尼手下舷側高聳的戰船四周，這些大船用弓箭和投石器來防衛自己。

海軍災難

安東尼和克麗奧佩脫拉被屋大維的兵力困在亞克辛木，最後決定嘗試從海上突圍。他們在隨後的戰鬥中逃出生天，抵達埃及，但喪失絕大部分的艦隊和陸軍部隊。

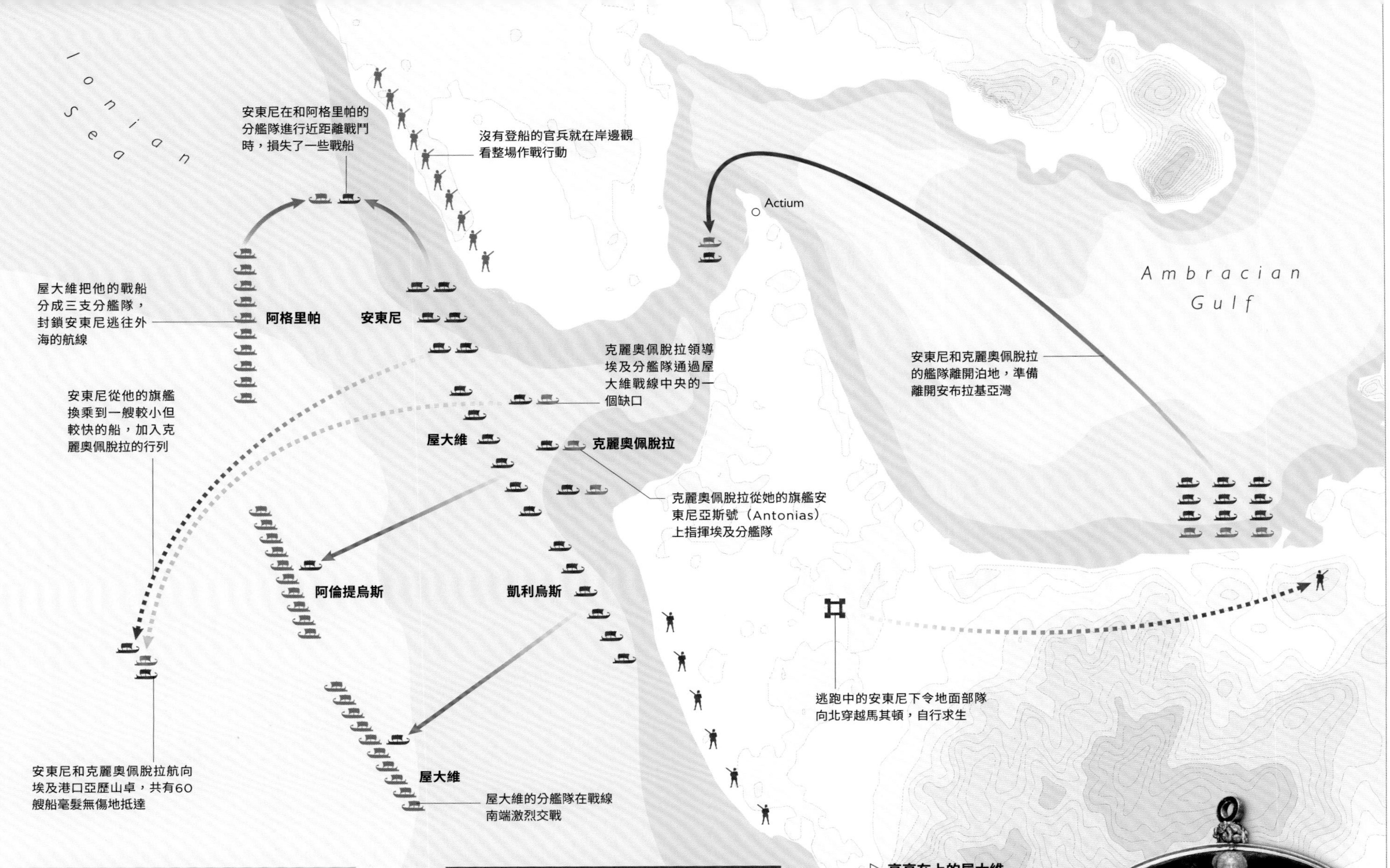

Ionian Sea
Ambracian Gulf
Actium
安東尼在和阿格里帕的分艦隊進行近距離戰鬥時，損失了一些戰船
沒有登船的官兵就在岸邊觀看整場作戰行動
屋大維把他的戰船分成三支分艦隊，封鎖安東尼逃往外海的航線
阿格里帕
安東尼
克麗奧佩脫拉領導埃及分艦隊通過屋大維戰線中央的一個缺口
安東尼和克麗奧佩脫拉的艦隊離開泊地，準備離開安布拉基亞灣
安東尼從他的旗艦換乘到一艘較小但較快的船，加入克麗奧佩脫拉的行列
屋大維
克麗奧佩脫拉
克麗奧佩脫拉從她的旗艦安東尼亞斯號（Antonias）上指揮埃及分艦隊
阿倫提烏斯
凱利烏斯
逃跑中的安東尼下令地面部隊向北穿越馬其頓，自行求生
安東尼和克麗奧佩脫拉航向埃及港口亞歷山卓，共有60艘船毫髮無傷地抵達
屋大維
屋大維的分艦隊在戰線南端激烈交戰

3 克麗奧佩脫拉逃脫　下午

戰鬥逐漸集中到側翼時，戰線中央的戰船愈來愈少。這對克麗奧佩脫拉來說是個機會，可以帶領手下六支強大的埃及分艦隊逃脫，船上還載著她的財寶——是她艦隊和軍隊的重要資金。當風轉向往遠離岸邊的方向吹時，克麗奧佩脫拉下令麾下船艦升起船帆，衝過屋大維的封鎖船隊，航向外海。

克麗奧佩脫拉逃脫

4 安東尼逃脫　下午至晚間

屋大維的艦隊在戰鬥中占上風時，安東尼放棄指揮，改登上一艘較小的船，立即出航加入埃及皇后的行列。他的艦隊有一部分在沒有指揮的狀況下戰鬥到黃昏。到了次日早晨戰鬥結束時，屋大維宣稱俘獲300艘船。

安東尼逃脫

安東尼的地面部隊撤退

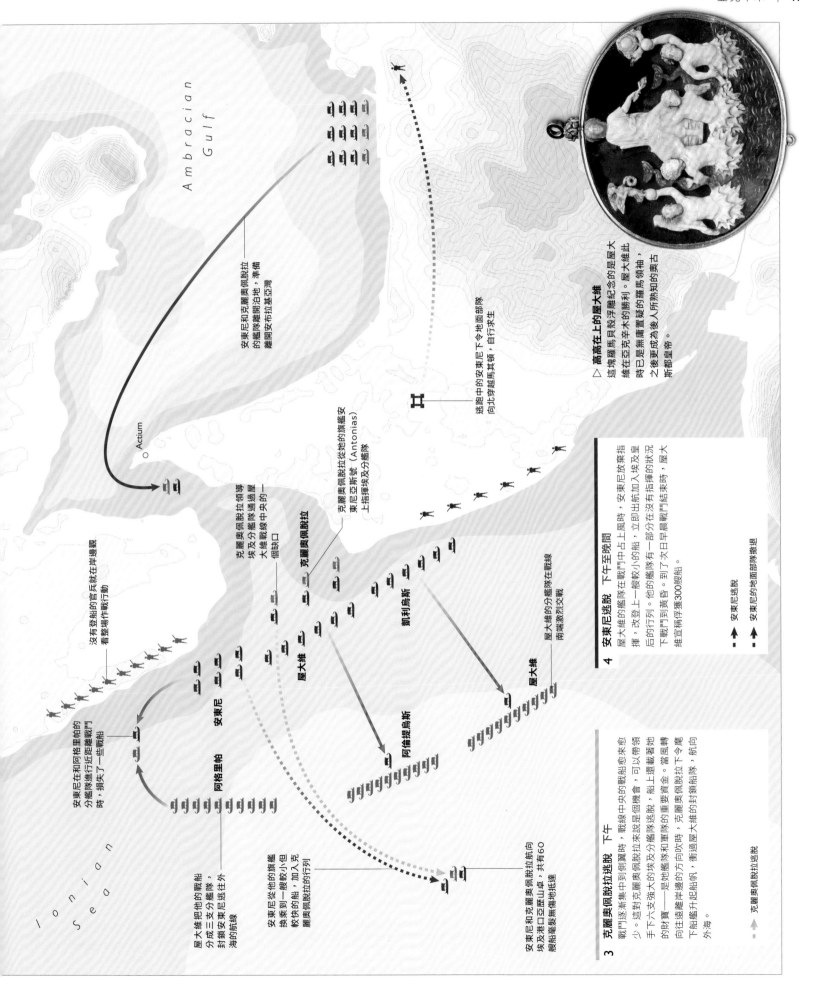

▷ 高高在上的屋大維

這塊羅馬貝殼浮雕紀念的是屋大維在亞克辛木的勝利。屋大維此時已是無庸置疑的羅馬領袖，之後更成為後人所熟知的奧古斯都皇帝。

條頓堡森林

公元9年9月，由幾個羅馬軍團組成的一支軍隊在普布利烏斯．昆克蒂利烏斯．瓦盧斯的領導之下，在薩克森的森林中被日耳曼部落戰士伏擊並殲滅。這場軍事災難使羅馬帝國再也無法把統治疆域擴展到萊茵河以東的日耳曼領域。

公元 1 世紀初，也就是奧古斯都皇帝在位時，羅馬展開了征服日耳曼北部的行動。公元 9 年夏天，普布利烏斯．昆克蒂利烏斯．瓦盧斯總督（Publius Quinctilius Varus）率領一支由三個軍團和騎兵以及當地輔助部隊（為羅馬作戰的日耳曼傭兵）組成的軍隊，在現今的下薩克森（Lower Saxony）奮戰。陪伴在瓦盧斯身邊的是切魯西部落（Cherusci）的首領阿米尼烏斯（Arminius），他是日耳曼人，但備受信賴，並獲得羅馬公民權。不過阿米尼烏斯祕密籌畫了一場叛變，打算聯合其他部落領袖來殲滅瓦盧斯的部隊。當羅馬人向西朝他們的冬季營區行軍時，阿米尼烏斯告知瓦盧斯假訊息，說附近有個地方爆發叛亂。羅馬軍隊立即轉向，前去鎮壓所謂的叛軍，結果卻遭遇埋伏。雖然羅馬很快就幫被屠殺的官兵報了仇，但日耳曼部落得以維持獨立，他們肆無忌憚的襲擊行動最後也成為羅馬帝國崩潰的重要因素。

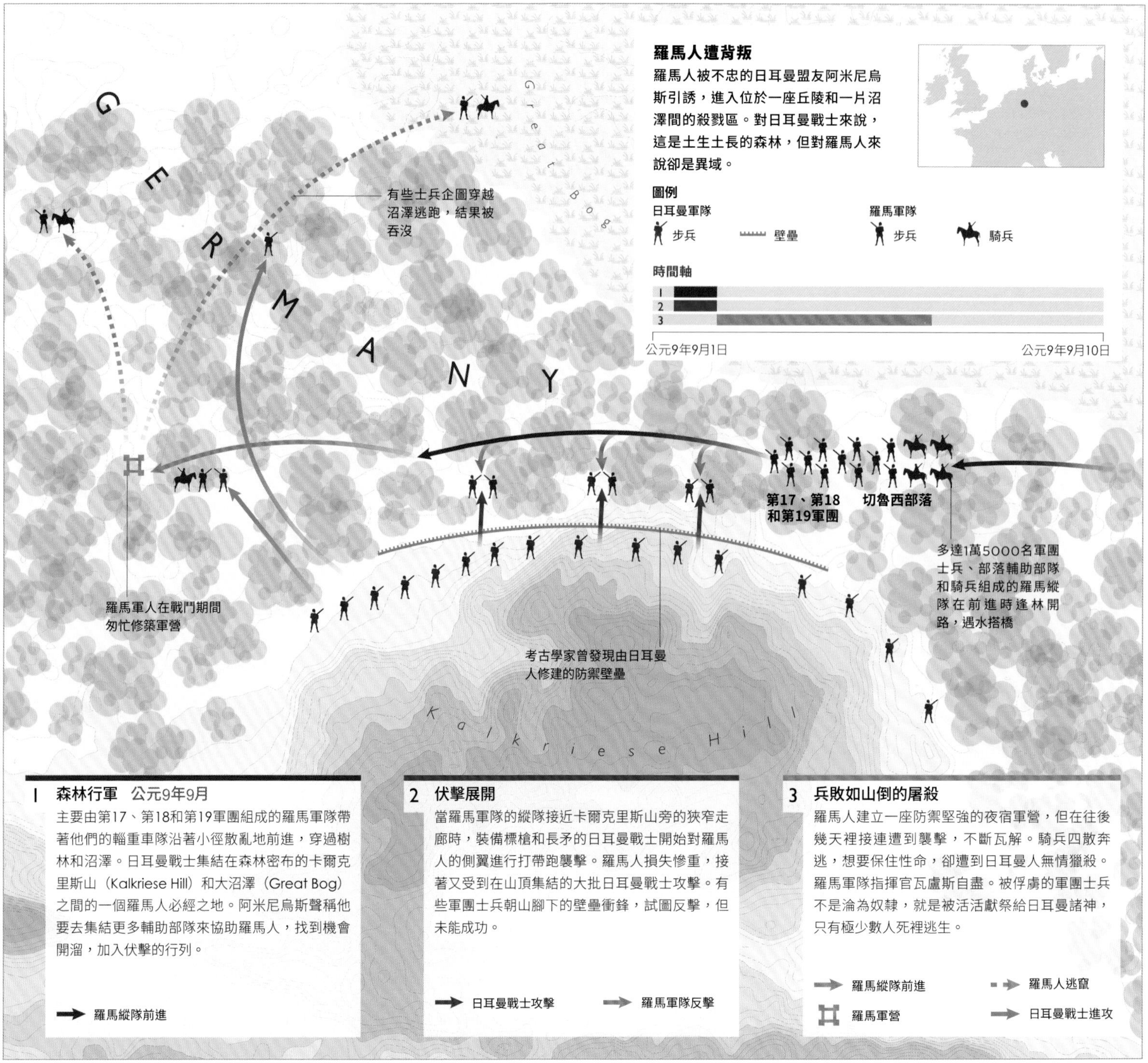
羅馬人遭背叛
羅馬人被不忠的日耳曼盟友阿米尼烏斯引誘，進入位於一座丘陵和一片沼澤間的殺戮區。對日耳曼戰士來說，這是土生土長的森林，但對羅馬人來說卻是異域。
圖例
日耳曼軍隊
步兵
壁壘
羅馬軍隊
步兵
騎兵
時間軸
1
2
3
公元9年9月1日
公元9年9月10日
GERMANY
Great Bog
Kalkriese Hill
有些士兵企圖穿越沼澤逃跑，結果被吞沒
第17、第18和第19軍團
切魯西部落
多達1萬5000名軍團士兵、部落輔助部隊和騎兵組成的羅馬縱隊在前進時逢林開路，遇水搭橋
羅馬軍人在戰鬥期間匆忙修築軍營
考古學家曾發現由日耳曼人修建的防禦壁壘
1 森林行軍 公元9年9月
主要由第17、第18和第19軍團組成的羅馬軍隊帶著他們的輜重車隊沿著小徑散亂地前進，穿過樹林和沼澤。日耳曼戰士集結在森林密布的卡爾克里斯山（Kalkriese Hill）和大沼澤（Great Bog）之間的一個羅馬人必經之地。阿米尼烏斯聲稱他要去集結更多輔助部隊來協助羅馬人，找到機會開溜，加入伏擊的行列。
羅馬縱隊前進
2 伏擊展開
當羅馬軍隊的縱隊接近卡爾克里斯山旁的狹窄走廊時，裝備標槍和長矛的日耳曼戰士開始對羅馬人的側翼進行打帶跑襲擊。羅馬人損失慘重，接著又受到在山頂集結的大批日耳曼戰士攻擊。有些軍團士兵朝山腳下的壁壘衝鋒，試圖反擊，但未能成功。
日耳曼戰士攻擊
羅馬軍隊反擊
3 兵敗如山倒的屠殺
羅馬人建立一座防禦堅強的夜宿軍營，但在往後幾天裡接連遭到襲擊，不斷瓦解。騎兵四散奔逃，想要保住性命，卻遭到日耳曼人無情獵殺。羅馬軍隊指揮官瓦盧斯自盡。被俘虜的軍團士兵不是淪為奴隸，就是被活活獻祭給日耳曼諸神，只有極少數人死裡逃生。
羅馬縱隊前進
羅馬人逃竄
羅馬軍營
日耳曼戰士進攻

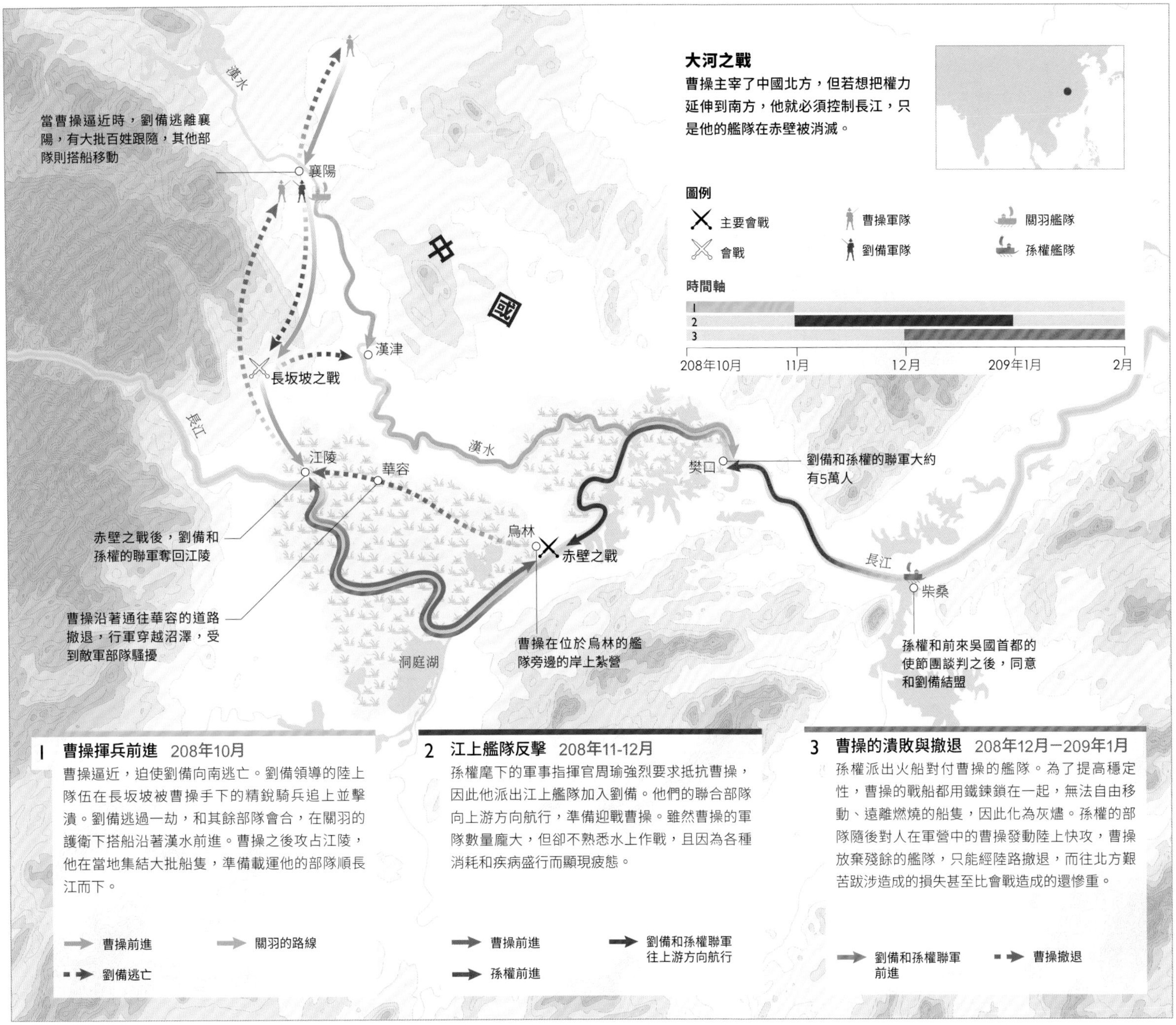
大河之戰
曹操主宰了中國北方，但若想把權力延伸到南方，他就必須控制長江，只是他的艦隊在赤壁被消滅。
圖例
主要會戰
會戰
曹操軍隊
劉備軍隊
關羽艦隊
孫權艦隊
時間軸
1
2
3
208年10月
11月
12月
209年1月
2月
漢水
當曹操逼近時，劉備逃離襄陽，有大批百姓跟隨，其他部隊則搭船移動
襄陽
中國
漢津
長坂坡之戰
長江
漢水
江陵
華容
樊口
劉備和孫權的聯軍大約有5萬人
赤壁之戰後，劉備和孫權的聯軍奪回江陵
烏林
赤壁之戰
長江
柴桑
曹操沿著通往華容的道路撤退，行軍穿越沼澤，受到敵軍部隊騷擾
洞庭湖
曹操在位於烏林的艦隊旁邊的岸上紮營
孫權和前來吳國首都的使節團談判之後，同意和劉備結盟

1 曹操揮兵前進 208年10月

曹操逼近，迫使劉備向南逃亡。劉備領導的陸上隊伍在長坂坡被曹操手下的精銳騎兵追上並擊潰。劉備逃過一劫，和其餘部隊會合，在關羽的護衛下搭船沿著漢水前進。曹操之後攻占江陵，他在當地集結大批船隻，準備載運他的部隊順長江而下。

曹操前進　關羽的路線　劉備逃亡

2 江上艦隊反擊 208年11-12月

孫權麾下的軍事指揮官周瑜強烈要求抵抗曹操，因此他派出江上艦隊加入劉備。他們的聯合部隊向上游方向航行，準備迎戰曹操。雖然曹操的軍隊數量龐大，但卻不熟悉水上作戰，且因為各種消耗和疾病盛行而顯現疲態。

曹操前進　劉備和孫權聯軍往上游方向航行　孫權前進

3 曹操的潰敗與撤退 208年12月－209年1月

孫權派出火船對付曹操的艦隊。為了提高穩定性，曹操的戰船都用鐵鍊鎖在一起，無法自由移動、遠離燃燒的船隻，因此化為灰燼。孫權的部隊隨後對人在軍營中的曹操發動陸上快攻，曹操放棄殘餘的艦隊，只能經陸路撤退，而往北方艱苦跋涉造成的損失甚至比會戰造成的還慘重。

劉備和孫權聯軍前進　曹操撤退

赤壁

漢朝末年中國內戰期間，長江上與周邊地區爆發赤壁之戰，是個決定性的事件。令人畏懼的軍閥曹操被擊敗，他統一中國的願望因此功虧一簣。

公元 184 年，統治中國已將近 400 年之久的漢朝因為一場稱為黃巾之亂的農民起義叛亂而動搖國本。此時的中國諸侯割據，當中勢力最龐大的是冷酷無情的曹操，統治中國北方。208 年，他率領號稱超過 20 萬人的龐大兵力揮軍南下，追擊有許多忠於漢朝的軍民追隨的劉備。劉備由於不敵曹操的部隊，因此和南部地方強人孫權結盟，從柴桑控制大部分長江地區。孫權麾下的軍事指揮官周瑜精心擘畫，在今日武漢附近的赤壁擊敗曹操。又發生了一些戰鬥後，這場會戰的結果就是中國在 220 年形成三國割據的局面：魏國（長江以北）、蜀國（西南方）和吳國（東南方）。

△ **會戰前的曹操**

曹操是一位有造詣的詩人，他在開戰前寫下了《短歌行》。這幅19世紀的日本版畫就描繪了當時的情景。

中國古代的戰爭

在中國，有組織的作戰可以回溯到商朝（約公元前1600-1046年）和周朝（公元前1046–256年）。中國內部的敵對國家之間會打仗，擴張領土時也會。

商朝和周朝的軍隊以搭乘雙輪戰車的貴族為核心，下轄徵召而來的輕武裝農奴，這樣的狀況一直持續到春秋時代（公元前 771-476 年）。弓箭是早期的主流武器。到了戰國時代（公元前 476-221 年），出現了受過訓練的步兵，配備弓箭、戈和弩，搭配雙輪戰車作戰。

騎兵的時代

戰國時代以後，騎兵開始取代雙輪戰車。3 世紀之後的文獻提及了馬用鎧甲的存在，但一般認為，這種東西出現的時間應該比這早了幾個世紀。支援中國騎兵的非中國籍輔助騎兵人數愈來愈多。到了 306 年，晉朝的中央政府因為八王之亂而崩潰，草原部族匈奴和鮮卑就在中國北方建立王國。他們的軍隊打擊主力是有鎧甲的槍騎兵和騎馬弓兵，而這種盛況一直持續到隋朝和唐朝（581-907 年）。

記錄顯示，中國軍隊的規模比同時期的歐洲軍隊更大，且由半獨立的軍級單位構成，戰線延伸的長度以公里計，並有大量野戰防禦工事。國家領導人極少親自參加戰鬥，因為戰敗通常意味著觸怒神明。

◁ **青銅劍**
武器不只可以在戰場上發揮作用，也是配劍主人的身分地位的象徵，例如這把戰國時期的鑄造青銅劍。

兵馬俑

秦朝的第一個皇帝秦始皇在公元前210年9月駕崩後，下葬在一座位於今日西安附近的宏偉陵寢中。陪伴在他身旁長眠的，是成千上萬個兵馬俑組成的龐大軍隊，排列成作戰陣列下葬。考古學家已經發掘出數千個這樣的人偶。兵馬俑讓我們可以難得地瞥見當時中國軍隊的制服和裝備。

唐代陵墓騎兵壁畫
在今日西安附近乾陵的地下墓葬建築中走道和墓穴裡的壁畫，絕大部分自公元700到800年至今依然完好無缺，畫中描繪配戴武器騎乘馬匹的男性，很可能是狩獵時的景象。

泰西封

363年時，羅馬皇帝尤利安御駕親征，討伐美索不達米亞（今日伊拉克）的波斯薩珊王朝（Sassanid）。雖然他在泰西封獲勝，但整場戰爭卻災難連連。尤利安最後戰死，羅馬被迫接受屈辱的條約。但尤利安之死確保了基督教在羅馬帝國的主導地位得以延續。

羅馬帝國和波斯帝國之間曠日持久的衝突在359年再度點燃戰火，波斯統治者沙普爾二世（Shapur II）開始和羅馬競逐亞美尼亞和美索不達米亞北部的控制權。年輕的羅馬皇帝尤利安（Julian）胸懷建功立業的大志，決定發兵反擊，直取沙普爾統治領土的核心地帶。雖然尤利安在泰西封（Ctesiphon）獲勝，但整場戰役最後失敗，他也在撤軍途中遇害身亡。沙普爾為波斯帝國贏得了美索不達米亞，並迫使羅馬帝國承認波斯對亞美尼亞的宗主權。

公元313年，尤利安的前任君王君士坦丁大帝（Constantine）已經讓基督教成為羅馬帝國境內的合法宗教。尤利安想翻轉基督教日益壯大的勢力，振興被視為異教的多神教和新柏拉圖主義。結果他一死，這項任務就畫下了句點，也協助鞏固了基督教作為羅馬帝國正式國教的地位。

尤利安的敗死戰役
羅馬皇帝尤利安是幹練的戰場指揮官，但雖然有嚴密的計畫，他還是未能妥善處理在美索不達米亞的敵方領域裡作戰帶來的後勤挑戰。
圖例
主要會戰
會戰
波斯帝國
羅馬
羅馬帝國
步兵
艦隊
時間軸
2
3
4
363年3月
4月
5月
6月
7月
8月
亞美尼亞
3月 尤利安派遣一部分部隊前去和亞美尼亞的盟友會合，意圖稍後從北邊發動攻擊
Amida
Tigranocerta
Nisibis
Carrhae
Antioch
Callinicum
Euphrates
Nineveh
Arbil
Singara
Tigris
羅馬帝國
波斯帝國
6月27日 尤利安陣亡後，軍團士兵推舉其中一位指揮官約維安繼承皇位
Palmyra
Dura
Anatha
Maranga
Samarra
6月下旬 羅馬部隊向北行軍時，擊退薩珊軍隊的猛烈進攻
Thilutha
Diacira
7月初 新皇帝約維安和薩珊的使節團談判《杜拉和約》（Peace Treaty of Dura）
5月下旬 尤利安的河上艦隊沿著運河，從幼發拉底河航向底格里斯河
Pirisabora
Maizomalcha
Ctesiphon
6月初 尤利安在向東挺進前下令焚毀船隻，以防落入波斯人手中
Babylon
美索不達米亞
Susa

1 戰役揭開序幕 363年3月5日－5月

尤利安在安提阿（Antioch）集結了一支6萬5000人的部隊。3月5日，他下令出發，前往幼發拉底河，一支載運糧食和裝備的艦隊在卡利尼庫姆（Callinicum）待命。尤利安往南推進，以圍城戰法拿下佩里撒博拉（Pirisabora）和麥佐梅耳查（Maizomalcha），但幾乎沒有遇到其他反抗，因為沙普爾的主力部隊已經因為來自亞美尼亞的威脅而被調遣了過去。

尤利安部隊前進路線

派往亞美尼亞的羅馬分遣部隊

2 空洞的勝利 5月29日－6月2日

5月29日，尤利安在泰西封城外和波斯軍隊開打。羅馬軍隊獲勝，只有70人死傷，反觀他們的敵手則有多達2500人死傷。但泰西封的要塞化程度其實遠超預期。在獲勝後五天之內，尤利安就放棄圍攻這座城市。

尤利安渡過底格里斯河的路線

3 尤利安撤退

尤利安下令朝蘇沙行軍，想繼續入侵行動。他原本期望亞美尼亞方面的援軍會前來支援，但他們未能抵達。隨著沙普爾的波斯主力部隊步步進逼，尤利安轉向北邊，朝羅馬領土方向撤退。波斯人縱火焚燒他撤退路線上的穀物，使他的軍隊無法獲得補給，同時還進行騷擾攻擊。

尤利安撤退

4 死亡與結局 6月26日－7月

沙普爾手下一部分部隊在沙馬拉（Samarra）奇襲羅馬軍隊。尤利安還沒穿上全套盔甲就急忙參戰，結果戰死。繼任帝位的約維安（Jovian）領導士氣低迷、因炎熱和飢餓而疾病纏身的部隊撤退。此時的事態發展全繫於沙普爾一念之間。約維安毫無選擇餘地，只能同意締結內容屈辱的合約。

約維安部隊移動路線

▷ **尤利安之死**
這塊16世紀的佛拉芒（Flemish）掛毯描繪在美索不達米亞戰役期間，尤利安皇帝不幸遇害，摔落馬下

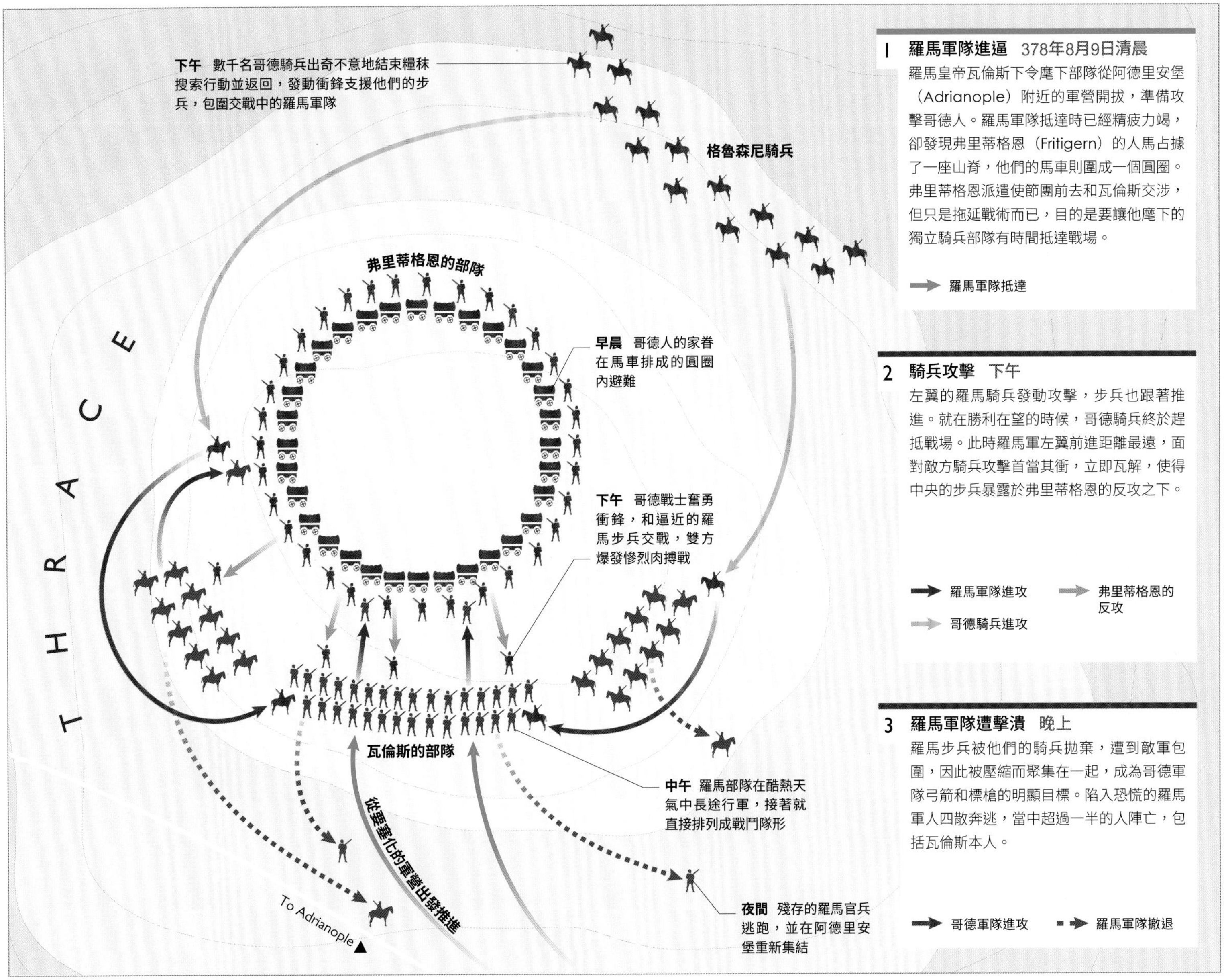
下午 數千名哥德騎兵出奇不意地結束糧秣搜索行動並返回，發動衝鋒支援他們的步兵，包圍交戰中的羅馬軍隊
格魯森尼騎兵
弗里蒂格恩的部隊
早晨 哥德人的家眷在馬車排成的圓圈內避難
下午 哥德戰士奮勇衝鋒，和逼近的羅馬步兵交戰，雙方爆發慘烈肉搏戰
THRACE
瓦倫斯的部隊
從要塞化的軍營出發推進
中午 羅馬部隊在酷熱天氣中長途行軍，接著就直接排列成戰鬥隊形
夜間 殘存的羅馬官兵逃跑，並在阿德里安堡重新集結
To Adrianople
1 羅馬軍隊進逼 378年8月9日清晨
羅馬皇帝瓦倫斯下令麾下部隊從阿德里安堡（Adrianople）附近的軍營開拔，準備攻擊哥德人。羅馬軍隊抵達時已經精疲力竭，卻發現弗里蒂格恩（Fritigern）的人馬占據了一座山脊，他們的馬車則圍成一個圓圈。弗里蒂格恩派遣使節團前去和瓦倫斯交涉，但只是拖延戰術而已，目的是要讓他麾下的獨立騎兵部隊有時間抵達戰場。
羅馬軍隊抵達
2 騎兵攻擊 下午
左翼的羅馬騎兵發動攻擊，步兵也跟著推進。就在勝利在望的時候，哥德騎兵終於趕抵戰場。此時羅馬軍左翼前進距離最遠，面對敵方騎兵攻擊首當其衝，立即瓦解，使得中央的步兵暴露於弗里蒂格恩的反攻之下。
羅馬軍隊進攻
弗里蒂格恩的反攻
哥德騎兵進攻
3 羅馬軍隊遭擊潰 晚上
羅馬步兵被他們的騎兵拋棄，遭到敵軍包圍，因此被壓縮而聚集在一起，成為哥德軍隊弓箭和標槍的明顯目標。陷入恐慌的羅馬軍人四散奔逃，當中超過一半的人陣亡，包括瓦倫斯本人。
哥德軍隊進攻
羅馬軍隊撤退

阿德里安堡

公元378年，由弗里蒂格恩酋長率領的哥德部落戰士在阿德里安堡外擊潰羅馬大軍。這場會戰預告了羅馬帝國的衰敗，後來就可以見到「野蠻人」部落控制羅馬的景象。

羅馬盛世之終結

瓦倫斯對於他征服「野蠻人」的能力過度自信，沒有做好準備和偵察工作就輕率冒進。這場會戰是曾經所向披靡的羅馬步兵逐漸衰弱的另一個階段。

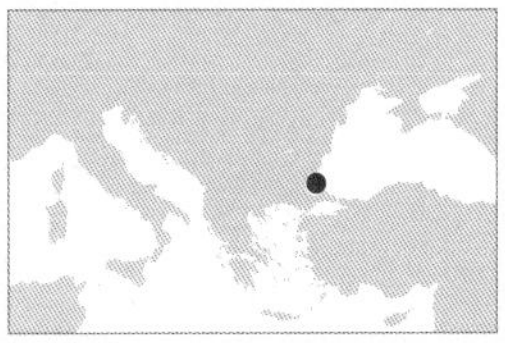

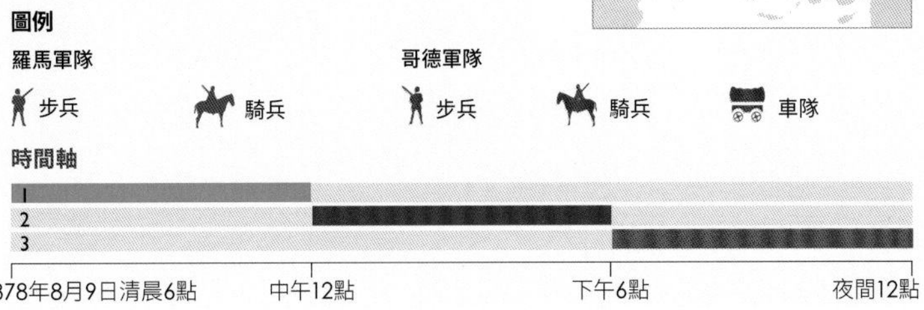
圖例
羅馬軍隊
步兵
騎兵
哥德軍隊
步兵
騎兵
車隊
時間軸
1
2
3
378年8月9日清晨6點
中午12點
下午6點
夜間12點

4 世紀時，羅馬帝國因為被視為「野蠻人」的移民湧入邊界地帶而備感壓力。376 年，一個屬於這類族群的日耳曼泰溫吉（Thervingi）部落獲得許可，得以進入邊界並在色雷斯（Thrace）定居，日後稱為西哥德人（Visigoth）。但泰溫吉部落和另一個哥德部落格魯森尼（Greuthungi）受到當地軍方迫害，最後揭竿起義，隨即威脅到東羅馬帝國的首都君士坦丁堡（Constantinople，之前的拜占庭〔Byzantium〕）。經過長達兩年的交戰後，東羅馬帝國皇帝瓦倫斯（Valens）決定不再等待西羅馬帝國皇帝格拉提安（Gratian）承諾的援軍，御駕親征，想徹底殲滅哥德人來建功立業。戰敗的消息震撼了羅馬人，但後果影響有限。雙方在 382 年簽訂合約，哥德人獲得土地，換換條件是他們要在羅馬軍隊中服役。不過這場會戰預告了之後的災難，也就是西哥德人在 410 年劫掠羅馬。

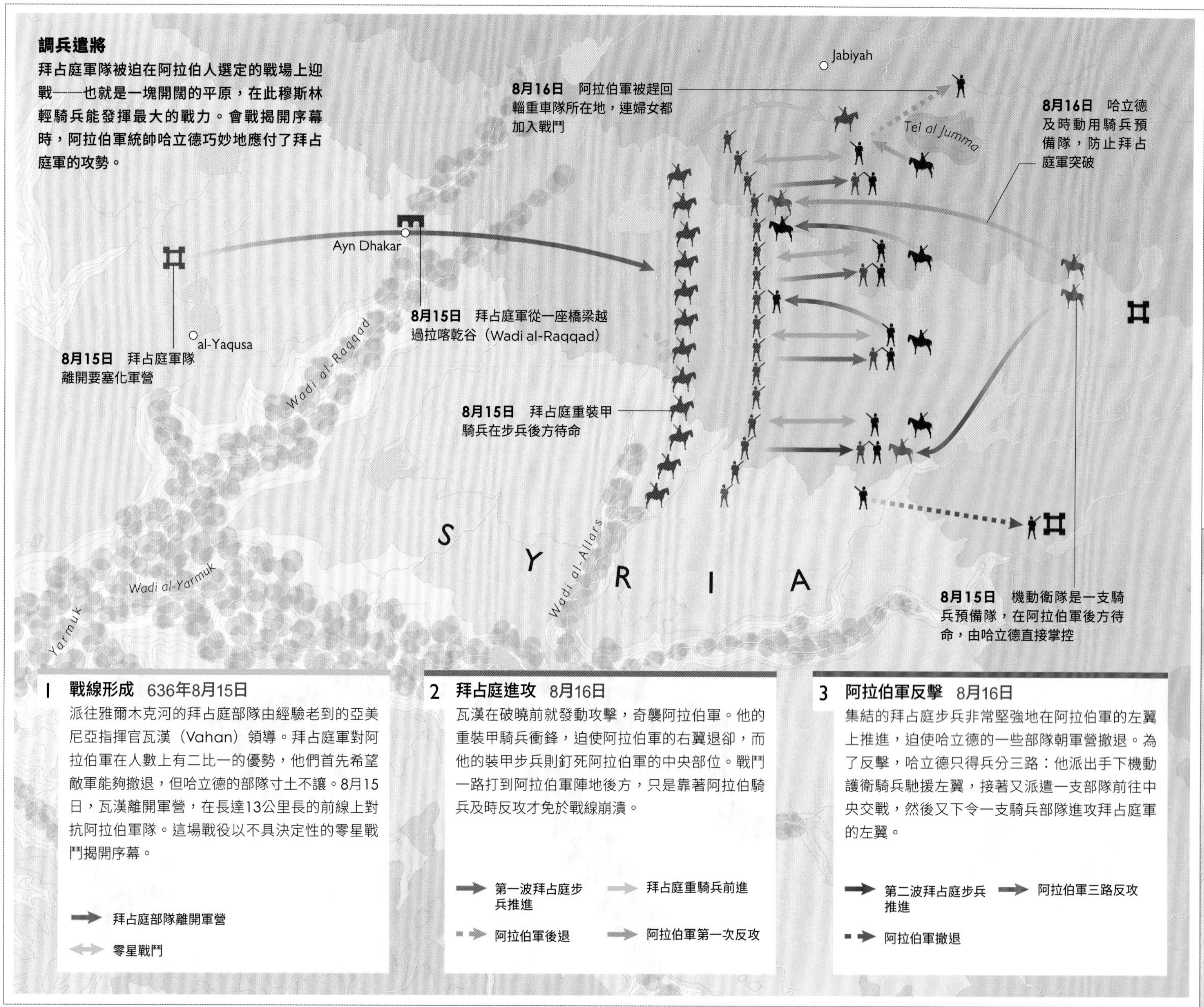
調兵遣將
拜占庭軍隊被迫在阿拉伯人選定的戰場上迎戰——也就是一塊開闊的平原，在此穆斯林輕騎兵能發揮最大的戰力。會戰揭開序幕時，阿拉伯軍統帥哈立德巧妙地應付了拜占庭軍的攻勢。
Jabiyah
8月16日 阿拉伯軍被趕回輜重車隊所在地，連婦女都加入戰鬥
Tel al Jumma
8月16日 哈立德及時動用騎兵預備隊，防止拜占庭軍突破
Ayn Dhakar
8月15日 拜占庭軍從一座橋梁越過拉喀乾谷（Wadi al-Raqqad）
al-Yaqusa
8月15日 拜占庭軍隊離開要塞化軍營
Wadi al-Raqqad
8月15日 拜占庭重裝甲騎兵在步兵後方待命
S Y R I A
Wadi al-Allars
Wadi al-Yarmuk
Yarmuk
8月15日 機動衛隊是一支騎兵預備隊，在阿拉伯軍後方待命，由哈立德直接掌控
1 戰線形成 636年8月15日
派往雅爾木克河的拜占庭部隊由經驗老到的亞美尼亞指揮官瓦漢（Vahan）領導。拜占庭軍對阿拉伯軍在人數上有二比一的優勢，他們首先希望敵軍能夠撤退，但哈立德的部隊寸土不讓。8月15日，瓦漢離開軍營，在長達13公里長的前線上對抗阿拉伯軍隊。這場戰役以不具決定性的零星戰鬥揭開序幕。
拜占庭部隊離開軍營
零星戰鬥
2 拜占庭進攻 8月16日
瓦漢在破曉前就發動攻擊，奇襲阿拉伯軍。他的重裝甲騎兵衝鋒，迫使阿拉伯軍的右翼退卻，而他的裝甲步兵則釘死阿拉伯軍的中央部位。戰鬥一路打到阿拉伯軍陣地後方，只是靠著阿拉伯騎兵及時反攻才免於戰線崩潰。
第一波拜占庭步兵推進
拜占庭重騎兵前進
阿拉伯軍後退
阿拉伯軍第一次反攻
3 阿拉伯軍反擊 8月16日
集結的拜占庭步兵非常堅強地在阿拉伯軍的左翼上推進，迫使哈立德的一些部隊朝軍營撤退。為了反擊，哈立德只得兵分三路：他派出手下機動護衛騎兵馳援左翼，接著又派遣一支部隊前往中央交戰，然後又下令一支騎兵部隊進攻拜占庭軍的左翼。
第二波拜占庭步兵推進
阿拉伯軍三路反攻
阿拉伯軍撤退

雅爾木克河

636年，基督教拜占庭帝國的軍隊在敘利亞吃了敗仗，代表阿拉伯軍隊在新興宗教伊斯蘭教的激勵下已變得更加優越。在接下來的一個世紀裡，從中亞到大西洋，穆斯林軍隊戰無不勝。

公元627年，拜占庭皇帝希拉克略（Heraclius）在尼尼微（Nineveh）和波斯帝國薩珊王朝作戰，取得壓倒性勝利，似乎預告拜占庭主宰中東的時代來臨。然而這些交戰中的帝國沒有注意到的是，阿拉伯部族正在伊斯蘭教的大旗下統一起來，而這個宗教是以先知穆罕默德的教誨為基礎發展而來的。穆罕默德在632年去世後，阿拉伯的軍隊肩負傳播信仰的使命，離開阿拉伯本地。他們由頗具軍事天賦的將領哈立德．本．瓦利德（Khalid ibn al-Walid）領導，在634年從拜占庭手中奪取了大馬士革。面對這樣的挑戰，希拉克略在敘利亞北部的安提阿集結一支大軍。當這支大軍朝南方挺進時，哈立德在雅爾木克河（Yarmuk River）集結他規模較小的部隊，一場激戰一觸即發。

拜占庭在雅爾木克河戰敗，引發了毀滅性的效應。雖然拜占庭帝國又存續了長達八個世紀，但在接下來這段歷史裡，大部分都是它掙扎求生存的記錄。薩珊王朝隨後也於636年在蓋迪希耶（Qadisiyah）慘遭決定性的挫敗。到了750年，倭馬亞哈里發國（Umayyad Caliphate）已經透過阿拉伯軍隊控制了從今日的巴基斯坦一路延伸到伊比利半島的遼闊帝國版圖。

伊斯蘭的擴張

倭馬亞哈里發國在661年建立時，阿拉伯軍隊控制了波斯、黎凡特（Levant）和埃及。他們的征途之後來到君士坦丁堡。北非的柏柏人（Berbers）在改信伊斯蘭教之後入侵伊比利半島，威脅到法蘭克王國（Kingdom of the Franks）。

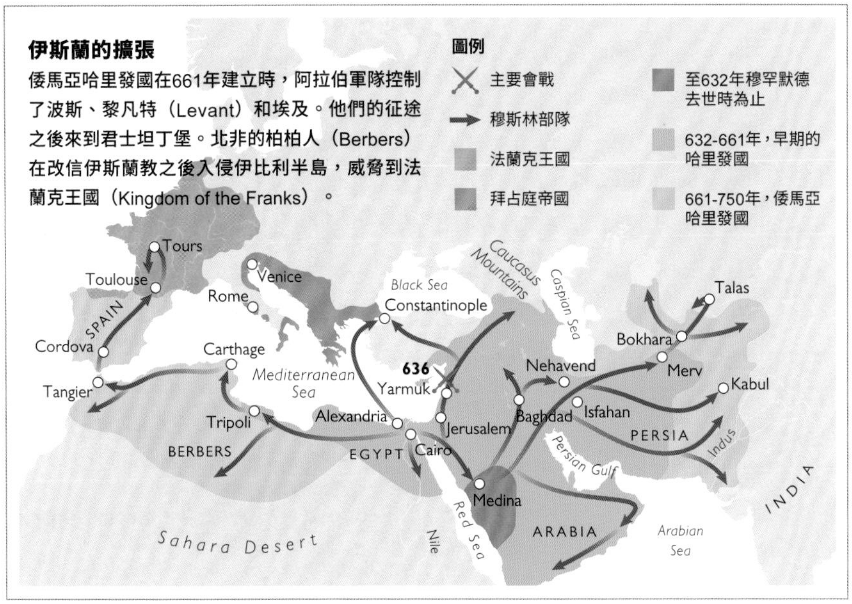

兩軍鏖戰

在雅爾木克河，阿拉伯軍指揮官哈立德．本．瓦利德把拜占庭軍拉進一場他們原本想要避免的戰役。他的戰術技巧和阿拉伯騎兵的素質贏得了這場長達六天的會戰。

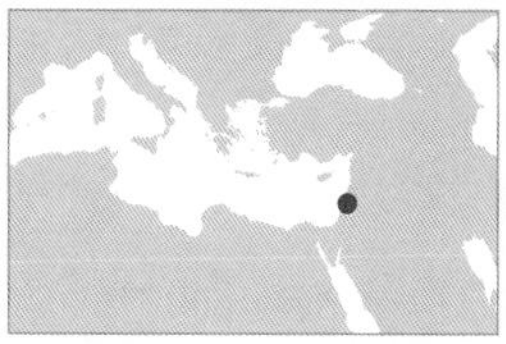

圖例

橋梁

拜占庭：軍營、步兵、騎兵

穆斯林：軍營、步兵、騎兵、騎兵預備隊

時間軸

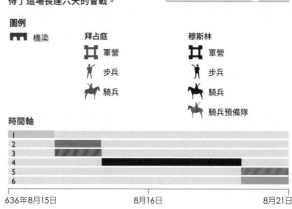

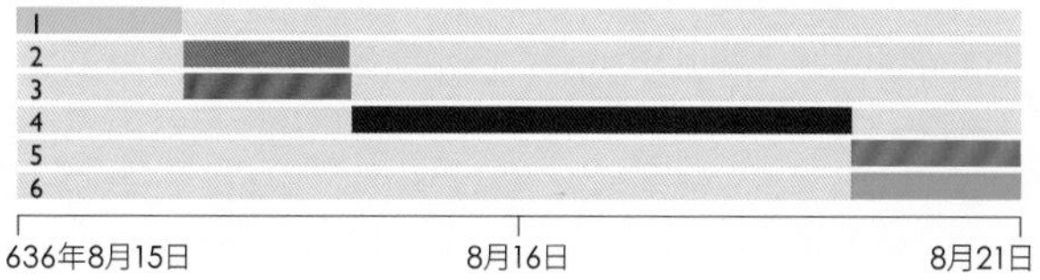

阿拉伯的勝利

拜占庭軍因為一再發動攻擊都失敗而疲憊不堪、士氣渙散，之後阿拉伯軍就集結騎兵發動突擊，一舉擊潰他們。

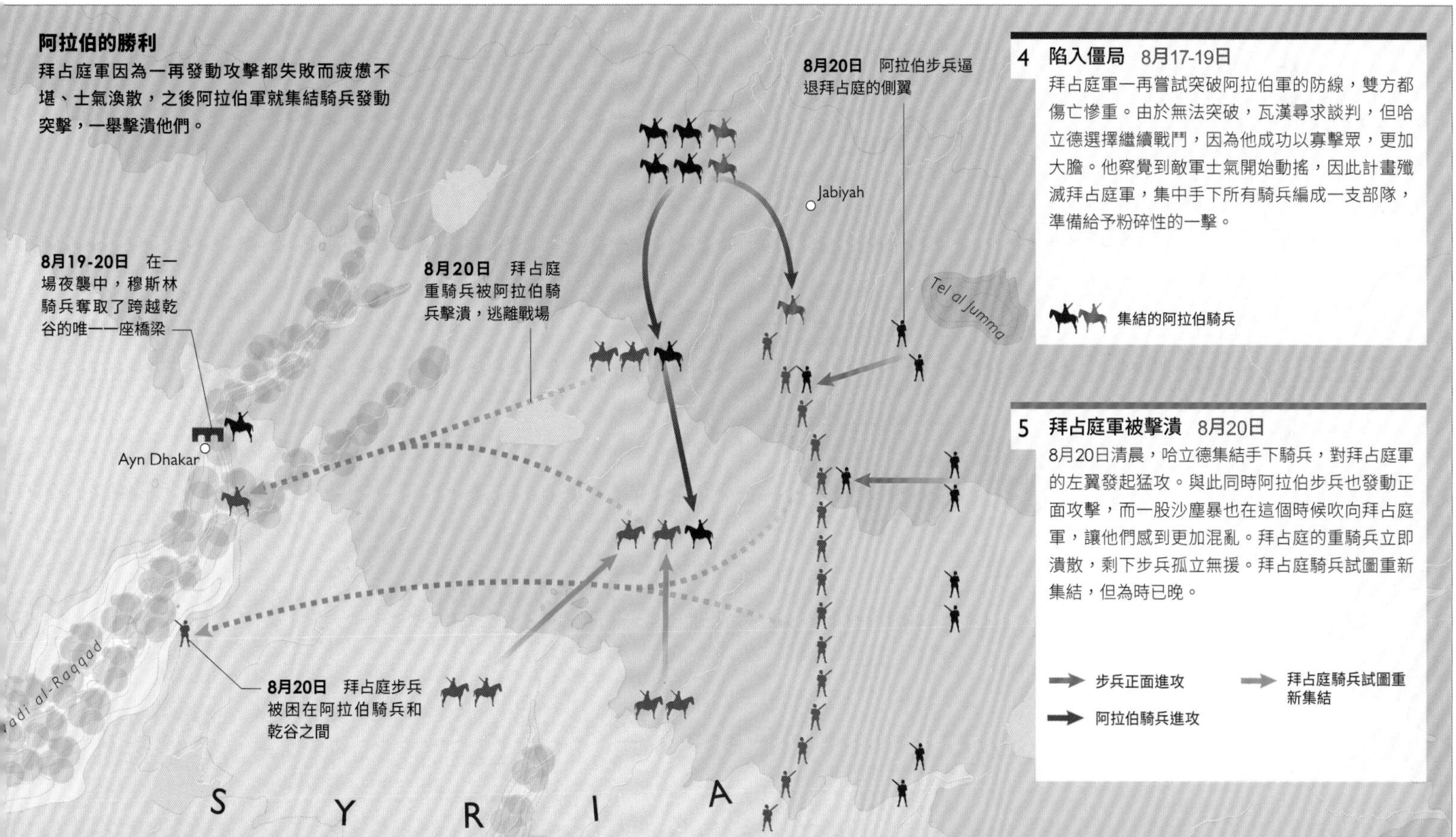
8月20日 阿拉伯步兵逼退拜占庭的側翼
Jabiyah
Tel al Jumma
8月19-20日 在一場夜襲中，穆斯林騎兵奪取了跨越乾谷的唯一一座橋梁
8月20日 拜占庭重騎兵被阿拉伯騎兵擊潰，逃離戰場
Ayn Dhakar
Wadi al-Raqqad
8月20日 拜占庭步兵被困在阿拉伯騎兵和乾谷之間
S Y R I A
Wadi al-Allan
集結的阿拉伯騎兵
步兵正面進攻
阿拉伯騎兵進攻
拜占庭騎兵試圖重新集結
拜占庭步兵逃跑

4 陷入僵局 8月17-19日

拜占庭軍一再嘗試突破阿拉伯軍的防線，雙方都傷亡慘重。由於無法突破，瓦漢尋求談判，但哈立德選擇繼續戰鬥，因為他成功以寡擊眾，更加大膽。他察覺到敵軍士氣開始動搖，因此計畫殲滅拜占庭軍，集中手下所有騎兵編成一支部隊，準備給予粉碎性的一擊。

5 拜占庭軍被擊潰 8月20日

8月20日清晨，哈立德集結手下騎兵，對拜占庭軍的左翼發起猛攻。與此同時阿拉伯步兵也發動正面攻擊，而一股沙塵暴也在這個時候吹向拜占庭軍，讓他們感到更加混亂。拜占庭的重騎兵立即潰散，剩下步兵孤立無援。拜占庭騎兵試圖重新集結，但為時已晚。

6 拜占庭步兵潰逃 8月20日

隨著左翼潰散，許多拜占庭士兵慌忙逃離戰場。此時哈立德的部隊已經控制了跨越拉喀乾谷的唯一一座橋梁，而一些拜占庭士兵就這樣跌進深谷中活活摔死。他們的統帥瓦漢應該是在戰後被追擊過程中戰死的。阿拉伯大軍最遠抵達了大馬士革。

▷ **拜占庭騎兵**

這幅公元6世紀的象牙雕刻描繪拜占庭的騎兵與步兵。穿戴盔甲的騎兵用來突破敵軍戰線，通常配有弓箭、長矛與劍。

土赫

公元732年，發生在法國中部的土赫會戰（Battle of Tours，又稱波瓦提厄〔Poitiers〕）是信奉基督教的法蘭克人對抗倭馬亞哈里發國的勝利。假若法蘭克人戰敗，會有更多西歐地區受伊斯蘭勢力支配。

△ **《偉大的法國編年史》（*Grandes Chroniques de France*）**
這幅15世紀的畫把土赫之役的戰士錯畫成當代騎士的模樣，包括代表法蘭克人的百合花標誌。

公元 711 年，倭馬亞哈里發國的穆斯林軍隊從北非橫渡直布羅陀海峽（Strait of Gibraltar）後，征服了伊比利半島和南法大部分地區。732 年，哥多華（Cordoba）的埃米爾阿卜杜勒．拉赫曼（Abdul Rahman）率領一支部隊向北前進，深入信奉基督教的亞奎丹公國（Duchy of Aquitaine）。亞奎丹的統治者奧多公爵（Duke Odo）不得已逃亡，尋求宿敵法蘭克人的協助，當時法蘭克人由夏爾．馬特爾（Charles Martel）有效領導。馬特爾集結一支軍隊協助奧多，條件是亞奎丹要接受法蘭克的宗主權。阿卜杜勒．拉赫曼很可能是在要去掠奪土赫修道院的路途上遭遇法蘭克的軍隊。他戰敗後就放棄了那一年的作戰，打道回府。雖然這場會戰只是阿拉伯擴張停滯的其中一個插曲，但在保衛西方基督教世界的過程中仍然具有象徵性意義。

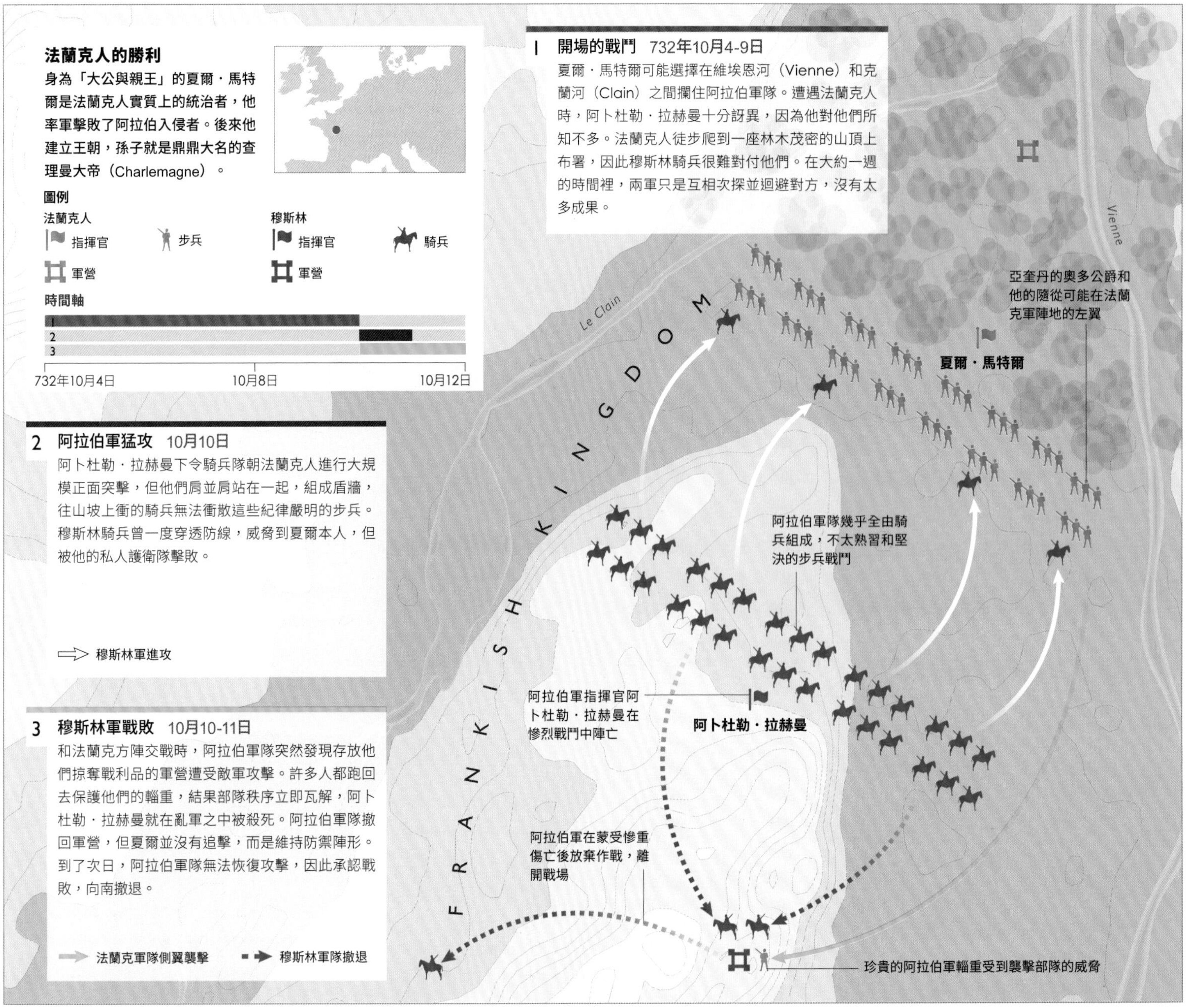
法蘭克人的勝利
身為「大公與親王」的夏爾．馬特爾是法蘭克人實質上的統治者，他率軍擊敗了阿拉伯入侵者。後來他建立王朝，孫子就是鼎鼎大名的查理曼大帝（Charlemagne）。
圖例
法蘭克人
指揮官
步兵
軍營
穆斯林
指揮官
騎兵
軍營
時間軸
1
2
3
732年10月4日
10月8日
10月12日
1 開場的戰鬥 732年10月4-9日
夏爾．馬特爾可能選擇在維埃恩河（Vienne）和克蘭河（Clain）之間攔住阿拉伯軍隊。遭遇法蘭克人時，阿卜杜勒．拉赫曼十分訝異，因為他對他們所知不多。法蘭克人徒步爬到一座林木茂密的山頂上布署，因此穆斯林騎兵很難對付他們。在大約一週的時間裡，兩軍只是互相次探並迴避對方，沒有太多成果。
2 阿拉伯軍猛攻 10月10日
阿卜杜勒．拉赫曼下令騎兵隊朝法蘭克人進行大規模正面突擊，但他們肩並肩站在一起，組成盾牆，往山坡上衝的騎兵無法衝散這些紀律嚴明的步兵。穆斯林騎兵曾一度穿透防線，威脅到夏爾本人，但被他的私人護衛隊擊敗。
穆斯林軍進攻
3 穆斯林軍戰敗 10月10-11日
和法蘭克方陣交戰時，阿拉伯軍隊突然發現存放他們掠奪戰利品的軍營遭受敵軍攻擊。許多人都跑回去保護他們的輜重，結果部隊秩序立即瓦解，阿卜杜勒．拉赫曼就在亂軍之中被殺死。阿拉伯軍隊撤回軍營，但夏爾並沒有追擊，而是維持防禦陣形。到了次日，阿拉伯軍隊無法恢復攻擊，因此承認戰敗，向南撤退。
法蘭克軍隊側翼襲擊
穆斯林軍隊撤退
Le Clain
Vienne
FRANKISH KINGDOM
亞奎丹的奧多公爵和他的隨從可能在法蘭克軍陣地的左翼
夏爾．馬特爾
阿拉伯軍隊幾乎全由騎兵組成，不太熟習和堅決的步兵戰鬥
阿拉伯軍指揮官阿卜杜勒．拉赫曼在慘烈戰鬥中陣亡
阿卜杜勒．拉赫曼
阿拉伯軍在蒙受慘重傷亡後放棄作戰，離開戰場
珍貴的阿拉伯軍輜重受到襲擊部隊的威脅

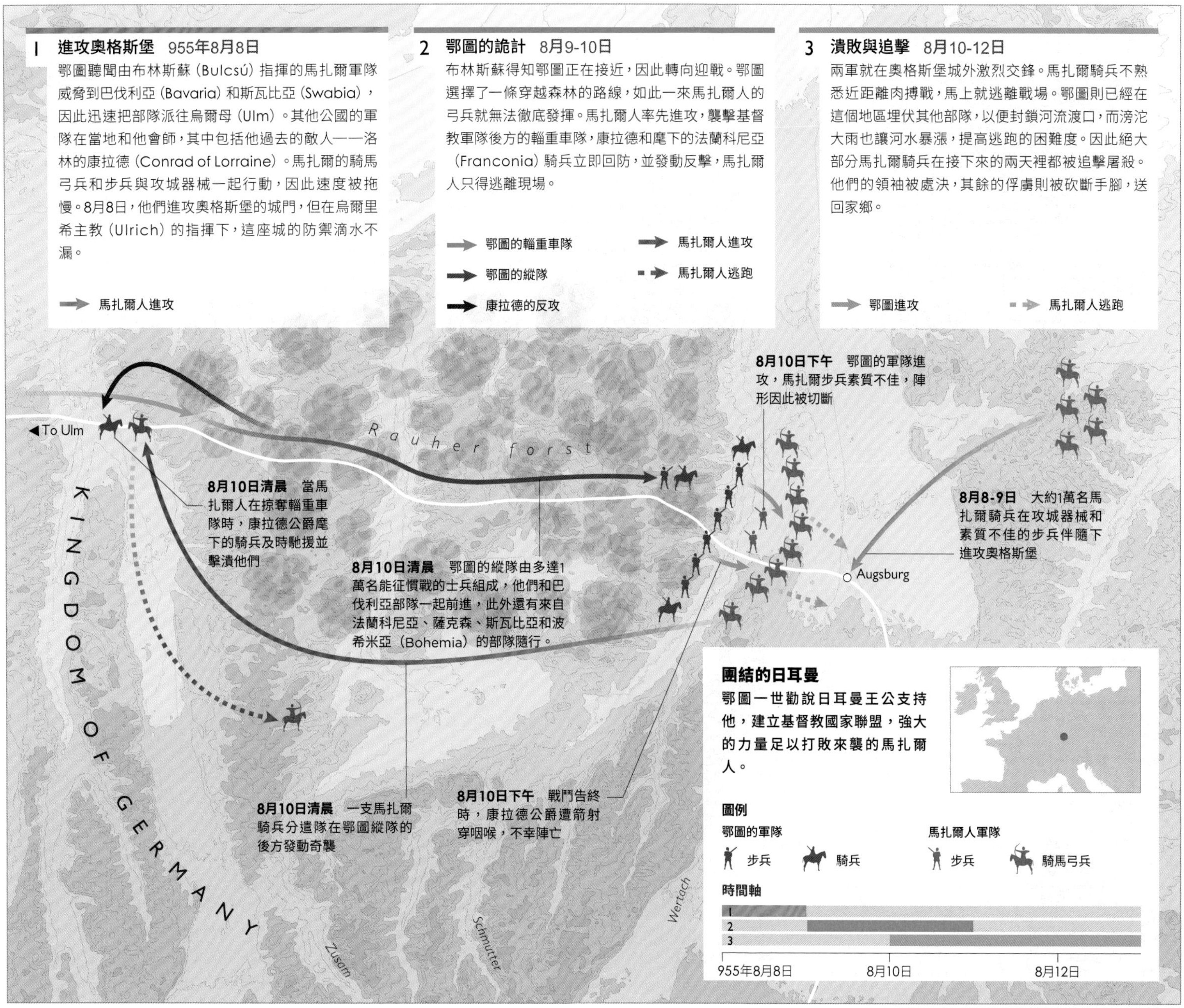
1 進攻奧格斯堡 955年8月8日
鄂圖聽聞由布林斯蘇（Bulcsú）指揮的馬扎爾軍隊威脅到巴伐利亞（Bavaria）和斯瓦比亞（Swabia），因此迅速把部隊派往烏爾母（Ulm）。其他公國的軍隊在當地和他會師，其中包括他過去的敵人——洛林的康拉德（Conrad of Lorraine）。馬扎爾的騎馬弓兵和步兵與攻城器械一起行動，因此速度被拖慢。8月8日，他們進攻奧格斯堡的城門，但在烏爾里希主教（Ulrich）的指揮下，這座城的防禦滴水不漏。
馬扎爾人進攻
2 鄂圖的詭計 8月9-10日
布林斯蘇得知鄂圖正在接近，因此轉向迎戰。鄂圖選擇了一條穿越森林的路線，如此一來馬扎爾人的弓兵就無法徹底發揮。馬扎爾人率先進攻，襲擊基督教軍隊後方的輜重車隊，康拉德和麾下的法蘭科尼亞（Franconia）騎兵立即回防，並發動反擊，馬扎爾人只得逃離現場。
鄂圖的輜重車隊
鄂圖的縱隊
康拉德的反攻
馬扎爾人進攻
馬扎爾人逃跑
3 潰敗與追擊 8月10-12日
兩軍就在奧格斯堡城外激烈交鋒。馬扎爾騎兵不熟悉近距離肉搏戰，馬上就逃離戰場。鄂圖則已經在這個地區埋伏其他部隊，以便封鎖河流渡口，而滂沱大雨也讓河水暴漲，提高逃跑的困難度。因此絕大部分馬扎爾騎兵在接下來的兩天裡都被追擊屠殺。他們的領袖被處決，其餘的俘虜則被砍斷手腳，送回家鄉。
鄂圖進攻
馬扎爾人逃跑
8月10日下午 鄂圖的軍隊進攻，馬扎爾步兵素質不佳，陣形因此被切斷
◀To Ulm
Rauher forst
8月10日清晨 當馬扎爾人在掠奪輜重車隊時，康拉德公爵麾下的騎兵及時馳援並擊潰他們
8月8-9日 大約1萬名馬扎爾騎兵在攻城器械和素質不佳的步兵伴隨下進攻奧格斯堡
Augsburg
8月10日清晨 鄂圖的縱隊由多達1萬名能征慣戰的士兵組成，他們和巴伐利亞部隊一起前進，此外還有來自法蘭科尼亞、薩克森、斯瓦比亞和波希米亞（Bohemia）的部隊隨行。
KINGDOM OF GERMANY
8月10日清晨 一支馬扎爾騎兵分遣隊在鄂圖縱隊的後方發動奇襲
8月10日下午 戰鬥告終時，康拉德公爵遭箭射穿咽喉，不幸陣亡
Zusam
Schmutter
Wertach
團結的日耳曼
鄂圖一世勸說日耳曼王公支持他，建立基督教國家聯盟，強大的力量足以打敗來襲的馬扎爾人。
圖例
鄂圖的軍隊
步兵
騎兵
馬扎爾人軍隊
步兵
騎馬弓兵
時間軸
1
2
3
955年8月8日
8月10日
8月12日

萊希菲爾德

公元955年，日耳曼國王鄂圖一世指揮的軍隊擊敗了令全歐洲都聞風喪膽的游牧民族馬扎爾人（Magyar）騎兵。這場會戰讓鄂圖踏上成為神聖羅馬帝國皇帝之路，最後也導致馬扎爾人建立以基督教立國的匈牙利王國。

馬扎爾人是游牧的草原民族，在大約 900 年時遷居到今日的匈牙利。他們的騎兵反覆橫行於日耳曼和信奉基督教的歐洲其他地區，劫掠城鎮與村莊。加洛林帝國（Carolingian Empire）曾在 8 世紀晚期和 9 世紀初期統一法國、德國和義大利北部等地，但由於帝國分崩離析導致力量分散，因此這些地方無法投入足夠強大的軍隊來擊敗這些四處搜括的騎兵，馬扎爾人因此受惠。936 年，薩克森公爵（Duke of Saxony）鄂圖一世（Otto I）加冕成為日耳曼國王，他的野心就是再度創建查理曼的帝國。954 年，鄂圖為了維護權威，跟叛亂的日耳曼王公戰鬥，但馬扎爾人卻趁機肆無忌憚地襲擊。次年他們又捲土重來，意圖奪占富裕的城市奧格斯堡（Augsburg）。鄂圖勸服日耳曼王公追隨他，終於在萊希菲爾德（Lechfeld）擊潰入侵者，並且進一步把義大利連同日耳曼納入統治版圖。962 年，鄂圖由教宗加冕，成為神聖羅馬皇帝（Holy Roman Emperor）。至於無力再四處劫掠維持生計的馬扎爾人則定居下來，改信基督教，最後在 1001 年建立匈牙利王國。

戰爭指南：公元1000年之前

拉吉圍城戰

公元前701年

亞述人進攻設有城牆的猶大（Judah）城市拉吉（Lachish），是歷史上最早有詳細記錄的圍城戰。身為西亞最強大的軍事強權，亞述宣稱擁有希伯來的猶大王國（Kingdom of Judah）的宗主權。公元前701年，亞述國王辛那赫里布（Sennacherib，公元前705-681年在位）率領一支軍隊前往猶大，懲罰猶大國王希西家（Hezekiah）反抗亞述權威。

尼尼微（位於今日伊拉克）的辛那赫里布宮殿牆壁上所雕刻的帶狀裝飾就展現了亞述人用來對付猶大人的攻城技術。這些雕刻描繪了弓兵和投石兵攻擊城垛上的守軍，而其他士兵則忙著修建土坡，想爬上其中一座城牆。士兵把一輛有輪子、配有衝角的攻城車推上斜坡，想突破堡壘工事，而其他人則攀登梯子，準備突擊城牆。

亞述人攻下這座城市後就展開瘋狂的報復行動。尼尼微的雕刻顯示有許多猶大人遭到刑求並屠殺，城市也被洗劫，居民都淪為俘虜。但辛那赫里布沒能在當年也拿下猶大的首都耶路撒冷。

△ 尼尼微的亞述皇宮帶狀裝飾雕刻描繪攻城作戰的細節

西西里遠征

公元前415-413年

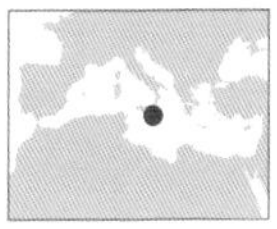

雅典人在公元前415年啟航，展開對西西里島的海上遠征，結果證明是伯羅奔尼撒戰爭（公元前431–404年）的轉捩點。這場戰爭是古希臘兩個最有勢力的城邦雅典和斯巴達為爭奪霸權而進行的曠日持久的衝突。

雅典人把目標放在西西里島的一座城市夕拉庫沙（Syracuse），這座城市和斯巴達同一陣線，並且提供大量穀物給斯巴達作為補給。生性謹慎的雅典指揮官尼西阿斯（Nicias）最後展開一場曠日廢時的圍城戰，而雅典方面也答應給他大批援軍。雅典艦隊占領夕拉庫沙的大港（Grand Harbour），接著士兵就開始搭建一道環形的牆，孤立這座城市。但這道牆從未完工，而斯巴達人也成功增援這座城市的守軍。到了公元前413年，形勢開始逆轉：雅典人開始面對嚴重的補給短缺問題，到了9月更決定要放棄圍城，只是斯巴達人已經消滅了他們的艦隊。尼西阿斯孤注一擲，想撤出地面部隊，但徒勞無功。在敵軍不斷騷擾的狀況下，存活下來的雅典人終於投降。雅典在愛琴海戰鬥長達九年，最後卻因為被封鎖而投降。

長平之戰

公元前262-260年

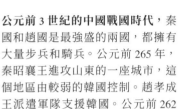

公元前3世紀的中國戰國時代，秦國和趙國是最強盛的兩國，都擁有大量步兵和騎兵。公元前265年，秦昭襄王進攻山東的一座城市，這個地區由較弱的韓國控制。趙孝成王派遣軍隊支援韓國。公元前262年，趙秦兩國的軍隊在位於今日山西省的長平爆發激戰，之後形成僵局。公元前260年，趙孝成王在把小心謹慎的主將廉頗換了成比較躁進的趙括。新任主將領導部隊對秦軍的要塞化陣地發起快攻，但秦軍主將白起運用騎兵包圍前進的趙軍。在經過長達46天的圍攻後，趙軍數次嘗試突破都宣告失敗，只得投降。事後白起屠殺了幾乎所有的投降部隊。在接下來40年內，秦國統一全中國，秦始皇稱帝。

札馬

公元前202年

在今日的突尼西亞爆發的札馬會戰（Battle of Zama）是羅馬共和國和北非城邦迦太基之間進行的第二次布匿戰爭（公元前218-201年）中的最後一次對決。公元前218年，漢尼拔率領迦太基軍隊啟程入侵義大利，之後占領了義大利南部超過十年，但無法讓羅馬屈服。

公元前204年，一支由普布利烏斯·科爾內利烏斯·西庇阿（Publius Cornelius Scipio）指揮的羅馬軍隊在北非登陸，威脅到迦太基。迦太基人情急之下把漢尼拔的軍隊從義大利召回。漢尼拔前往迎戰西庇阿，西庇阿也自信滿滿地出戰。

這場會戰以迦太基的戰象衝鋒揭開序幕，但因為遭到斥候騷擾，這些動物就經由羅馬步兵故意留下的通道被驅離了。接著就展開一場血腥無比的混戰，雙方都死傷慘重。在此期間，羅馬騎兵也驅逐迦太基騎兵，迫使他們遠離戰場。結束追擊後，他們就回過頭來，從後方襲擊並擊潰迦太基步兵。最後漢尼拔的軍隊被殲滅，迦太基只得接受屈辱的和平。漢尼拔被迫流亡，羅馬則往建立帝國的方向邁出了一大步。

△ 這幅17世紀的掛毯描述騎乘戰象的迦太基軍隊朝羅馬人衝鋒

法薩盧斯

公元前48年8月9日

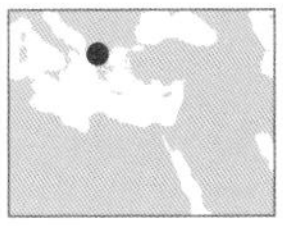

法薩盧斯會戰（Battle of Pharsalus）是羅馬將領尤利烏斯．凱撒在羅馬共和國到達權力頂峰的過程中關鍵的一步。連年對抗高盧（今日法國和比利時）的凱爾特部落並取勝後，凱撒在公元前 49 年率領大軍橫渡魯比孔河（River Rubicon）進入義大利，朝羅馬前進，觸發內戰。當時最位高權重的人物龐培（Pompey）撤往希臘，組建新的軍隊，同時凱撒則在西班牙擊潰他原本的軍隊。

凱撒在次年乘船橫渡亞得里亞海（Adriatic Sea），追擊他的對手。最初在季拉希溫（Dyrrachium）的交鋒當中，龐培還占了上風，但他沒能好好利用他的成功。由於缺乏補給，凱撒行軍前往希臘的色薩利，但他的部隊和龐培相比，處於一對二的劣勢。龐培最後冒險在法薩盧斯（Pharsalus）和凱撒交戰。他計畫用他手下數目較多但無經驗的步兵去釘死凱撒麾下經驗老道的軍團，同時派出比較優異的騎兵進行側翼迂迴，從後方襲擊兵團。但凱撒布署斥候和步兵預備隊來逐退龐培的騎兵，並驅策他的兵團無情進逼，粉碎敵軍步兵主力。龐培逃往埃及，並在當地遭謀殺。凱撒則成為羅馬的獨裁者，之後在公元前 44 年被刺殺。

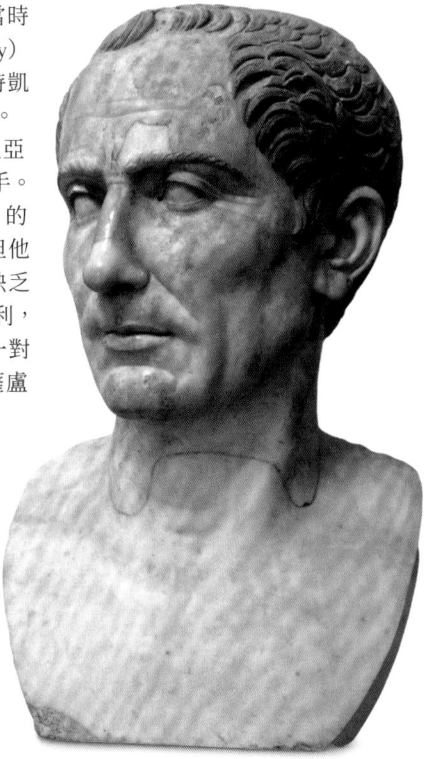

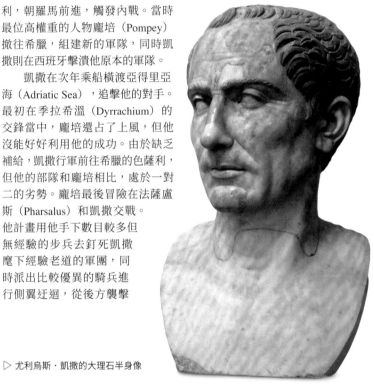

▷ 尤利烏斯．凱撒的大理石半身像

五丈原

234年

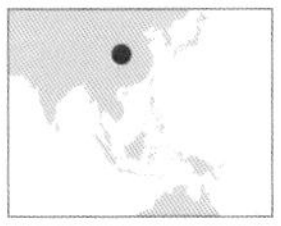

漢朝在 220 年滅亡後，中國分裂成幾個相互交戰的王國，分別是位於西南方的蜀漢、東南方的孫吳和北方的曹魏。聞名遐邇的蜀漢丞相諸葛亮指揮一連串的北伐作戰，討伐曹魏，而在今日陝西省境內的五丈原上爆發的會戰則是他的第五次、也是最後一次北伐作戰的高潮。

大批蜀漢軍隊進抵渭河，但當地已經有大批曹魏軍隊排列成防禦陣形與他們對抗。經過初期的交鋒後，戰事陷入僵局。儘管諸葛亮百般挑釁羞辱，但曹魏皇帝曹叡禁止旗下將領司馬懿出戰。蜀漢軍隊遠離補給基地，因此只得就地耕種，維持糧食供應。雙方僵持了超過 100 天，直到諸葛亮因為連年征戰而筋疲力竭，在軍營中去世，士氣低迷的蜀漢軍隊只得撤軍。但司馬懿擔心諸葛亮去世的消息只是欺敵伎倆，因此沒有在蜀漢撤軍期間追擊。

五丈原之戰被史學家譽為不戰而屈人之兵的典範。但在這場曹魏的不流血勝利後不到三十年，司馬懿的孫子就建立了晉朝。

米爾維安橋

312年10月28日

在羅馬帝國，君士坦丁和馬克森提烏斯（Maxentius）互相爭奪權力。他們在米爾維安橋（Milvian Bridge）爆發的衝突是基督教崛起為世界性宗教的關鍵時刻。306 年，君士坦丁在英格蘭的約克（York）稱帝，而當年馬克森提烏斯也在羅馬稱帝。

312 年，君士坦丁率領軍隊挑戰馬克森提烏斯，但他卻有點出人意料，接受在羅馬附近公開決戰。馬克森提烏斯的部隊背靠台伯河（River Tiber），只能靠著部分損壞的米爾維安橋和用船隻臨時搭成的浮橋渡河。雖然君士坦丁當時還不是基督教徒，但後來的文獻卻表示，他在開戰前夜看到了一幅景象，使他深信他會在基督上帝的庇護下戰鬥，並贏得勝利。

次日爆發的戰鬥相對短暫。君士坦丁的步兵和騎兵發動衝鋒，讓馬克森提烏斯的部隊陷入混亂。他們陷入恐慌，想要渡河撤進城牆內，卻因為橋梁垮塌而溺水，馬克森提烏斯也是其中之一。次日，君士坦丁占領羅馬城，馬克森提烏斯被砍下的頭顱也跟著遊街示眾。君士坦丁後來改信基督教，而基督教也開始從備受打壓的少數宗教轉型成羅馬世界的主要宗教。

圍攻君士坦丁堡

717年7月－718年8月

阿拉伯倭馬亞哈里發國的軍隊圍攻君士坦丁堡失敗，阻止了穆斯林將近一個世紀之久的擴張，並確保信奉基督教的拜占庭帝國可以繼續生存七個世紀。拜占庭首都的保衛作戰是由才剛在 717 年篡奪王位（有阿拉伯人暗助）的皇帝伊蘇里亞的利奧（Leo the Isaurian）領導。阿拉伯軍隊由經驗豐富的將領麥斯萊拉．本．阿布．馬利克（Maslama ibn Abd al-Malik）率領，從海陸兩路圍攻這座城市，一支規模龐大的陸軍從亞洲渡過赫勒斯滂，艦隊則進入博斯普魯斯海峽（Bosphorus）。

然而海軍封鎖行動被配備希臘火的拜占庭船隻癱瘓。這是一種早期的火焰發射武器，且穆斯林船隻面對它的攻擊毫無招架之力。因此在 717-718 年的嚴冬期間，這座城市能夠透過海上運輸獲得充分補給，但阿拉伯的圍城部隊卻面臨嚴重食物短缺、暴露在惡劣天氣中，還受到疾病肆虐摧殘。到了春天，阿拉伯人企圖增援圍攻行動，但因為海陸生力軍都在前往君士坦丁堡的途中遭到拜占庭攔截並擊敗而告吹。基於這個原因，加上保加利亞軍隊在 718 年夏天介入，他們從北邊攻擊阿拉伯人，使麥斯萊拉深信他必須撤退。君士坦丁堡一直要到很久之後的 1453 年才終於落入穆斯林手中（參見第 96 頁）。

△ 一幅12世紀的手稿插畫描繪作戰中的拜占庭戰船用希臘火對付敵艦。

第二章

公元 1000-1500年

從古代帝國的廢墟中誕生的國家，參與的戰爭規模愈來愈大。在這個過程裡，要塞堡壘和圍城戰成為戰爭的主要特色。火藥武器慢慢開始出現，並逐漸嶄露頭角，預告了未來戰場的模樣。

公元1000–1500年

自公元1000年起，騎馬戰士就主宰了戰場，但圍城戰贏得的領土卻比野戰贏得的更多。隨著長弓、長矛和初代火藥武器問世，以步兵為核心的軍隊規模日益膨脹，在更中央集權化的國家裡逐漸成為作戰主力，戰場上的平衡於是發生變化。

△ **攻城器械**
中世紀的扭力投石機能對城堡的守軍造成嚴重傷亡。圖中的這部是複製品，但除非打擊到弱點，否則它們不可能直接打破城堡的城牆。

到了11世紀，絕大多數歐洲國家都以家族式軍隊為核心來保衛自己。這種軍隊由封建系統支撐，貴族會提供國家一定數量的騎馬戰士，搭配徵召而來的農民，換取土地的所有權。雖然騎士在戰鬥中令人望而生畏，但步兵可以像哈斯丁會戰（Battle of Hastings，參見第58-59頁）中那樣排出盾牆，或是立起刺蝟般的長矛，抵抗騎兵進攻。

封建軍隊最多只能出動大約40天左右，且難以直接突擊堅強的要塞堡壘。愈來愈多城市擁有石塊建造的堡壘和城牆，尤其因為這是一種控制新征服領土的手段，例如1066年諾曼人征服英格蘭以後。在圍城戰使用野驢炮（可拋射沉重石塊的投石機）還有可移動的攻城塔、攻城錘之類的攻城器械，是中世紀戰爭的基本要素。但事實證明，封鎖敵方補給線、迫使敵軍因飢餓而不得不屈服，通常更加有效。

▽ **戰爭中的弓兵**
這幅出自《聖奧爾本編年史》（*St Albans Chronicle*）的15世紀彩繪描述英國長弓兵在1415年的亞金科特會戰（Battle of Agincourt）中擊退法國騎士的情景。

歐洲國家在11世紀後期的十字軍東征期間首度體驗到擴張戰爭。他們發現，穆斯林軍隊用騎馬弓兵騷擾十字軍騎士的戰術會抵消鐵甲騎兵衝鋒的壯觀景象所帶來的震撼，為穆斯林軍隊贏得勝利，例如最後導致耶路撒冷再度淪陷的哈丁會戰（Hattin，參見第69頁）。然而，不論是穆斯林還是歐洲基督教國家，都很快就要開始面對更可怕的敵手，也就是蒙古帝國（參見第78-79頁）。蒙古靠著軍事組織、騎馬弓兵和冷血殘酷的作風開闢了遼闊的歐亞大帝國，也一併消滅了穆斯林的阿拔斯哈里發帝國（Abbasid Caliphate）和更東邊的歐洲國家。

步兵的崛起

在歐洲，步兵開始在戰場上展現實力。13世紀末，長弓和弩的普及（參見第84-85頁）讓徒步的士兵具備更強大的攻擊力量，因為如今他們發射的箭矢已經可以穿透騎士身上的鎖鏈甲，從而導致板甲的發展。板甲雖然更強固，但價格昂貴又笨重，無法讓穿著鎧甲的騎兵贏回他

角色轉換

雖然中世紀文學作品的主角是騎士，但步兵卻是軍隊不可或缺的一部分。隨著國家組織變得愈來愈健全，並開始發展新式兵器，軍隊對步兵的依賴不亞於從前占主導地位的騎兵。由於資源增加，國家從事的戰爭規模也愈來愈大，相互敵對的派系和宗族間的內戰也變得日益普遍。

戰爭／政治／科技

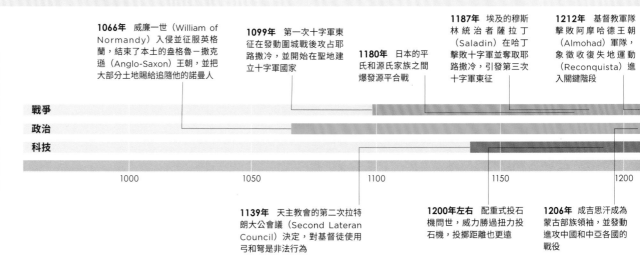

1000　1050　1100　1150　1200

1066年 威廉一世（William of Normandy）入侵並征服英格蘭，結束了本土的盎格魯－撒克遜（Anglo-Saxon）王朝，並把大部分土地賜給追隨他的諾曼人

1099年 第一次十字軍東征在發動圍城戰後攻占耶路撒冷，並開始在聖地建立十字軍國家

1139年 天主教會的第二次拉特朗大公會議（Second Lateran Council）決定，對基督徒使用弓和弩是非法行為

1180年 日本的平氏和源氏家族之間爆發源平合戰

1187年 埃及的穆斯林統治者薩拉丁（Saladin）在哈丁擊敗十字軍並奪取耶路撒冷，引發第三次十字軍東征

1200年左右 配重式投石機問世，威力勝過扭力投石機，投擲距離也更遠

1206年 成吉思汗成為蒙古部族領袖，並發動進攻中國和中亞各國的戰役

1212年 基督教軍隊擊敗阿摩哈德王朝（Almohad）軍隊，象徵收復失地運動（Reconquista）進入關鍵階段

> 「透過主宰萬物的上帝的旨意，戰爭謀略的精華、最耀眼的騎士、還有最上等的戰馬和坐騎，紛紛倒在……法蘭德斯平民百姓和徒步士兵的面前。」
>
> 《根特年鑑》（*The Annals Of Ghent*）描寫柯爾特萊會戰，1302年

△ **加強保護**
這頂輕便盔加大了臉頰防護範圍，後方並有凸緣保護頸部。這種設計在15世紀時受到青睞，弓兵和弩兵也會配戴沒有面罩的版本。

們過去曾經享有的優勢。城鎮自行招募組建的軍隊愈來愈有自信，相信他們現在可以憑藉長矛和長槍來戰勝敵人，例如在柯爾特萊（Courtrai，參見第 98 頁），由法蘭德斯（Flanders）市民組成的部隊就擊敗了法國騎士軍隊。

我們可以在英國和法國之間的百年戰爭（Hundred Years War，1337–1453 年）裡看到混和兵種部隊的新形態，當中由步兵主導。雖然法國人一開始還堅持騎馬衝鋒的老式戰術，英國人卻選擇下馬迎戰，他們的長弓手在克雷西（Crécy，參見第 82-83 頁）和亞金科特（Agincourt，參見第 90-91 頁）讓法國貴族傷亡慘重。

然而，弓箭和長槍才剛在戰鬥中取代長矛和劍，新式火藥武器就開始出現，最後則會取代它們，徹底改變戰爭的樣貌。到了 1130 年，中國宋朝的軍隊已經開發出「火槍」，可以發射以火藥為動力的射彈。這種武器隨即廣泛流傳，更大的版本在圍城戰中派上用場。1326 年以後，火藥武器在歐洲出現，人們在義大利率先使用早期的大砲。到了 1450 年代，鑄鐵砲管和鐵製彈丸的發展所帶來最重要的意義，就是大砲首次有能力摧毀保護城市的城牆。雖然手持火器依然相當粗糙笨重，且在印度和日本之類的地方，戰爭依然是以傳統型態進行，但歐洲的戰場已經開始進入火藥時代了。

▷ **海上戰爭**
在這幅19世紀由歌川國芳創作的繪畫裡，在壇之浦之戰（參見第68頁）中戰敗的日本平氏家族的冤魂企圖襲擊搭載源氏勝利者源義經的船隻，報仇雪恨。

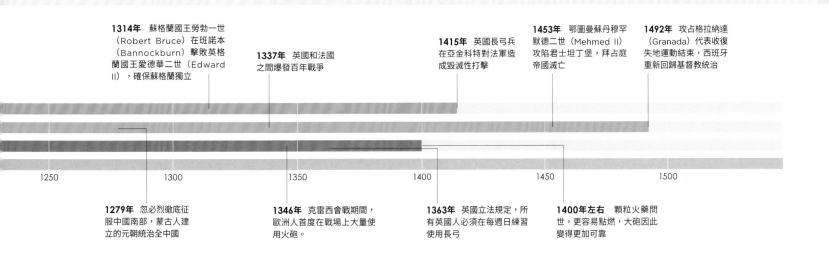

1279年 忽必烈徹底征服中國南部，蒙古人建立的元朝統治全中國

1314年 蘇格蘭國王勞勃一世（Robert Bruce）在班諾本（Bannockburn）擊敗英格蘭國王愛德華二世（Edward II），確保蘇格蘭獨立

1337年 英國和法國之間爆發百年戰爭

1346年 克雷西會戰期間，歐洲人首度在戰場上大量使用火砲。

1363年 英國立法規定，所有英國人必須在每週日練習使用長弓

1400年左右 顆粒火藥問世，更容易點燃，大砲因此變得更加可靠

1415年 英國長弓兵在亞金科特對法軍造成毀滅性打擊

1453年 鄂圖曼蘇丹穆罕默德二世（Mehmed II）攻陷君士坦丁堡，拜占庭帝國滅亡

1492年 攻占格拉納達（Granada）代表收復失地運動結束，西班牙重新回歸基督教統治

1250 1300 1350 1400 1450 1500

哈斯丁

1066年9月下旬，諾曼第公爵威廉率軍橫渡英吉利海峽，以貫徹他統治英格蘭的主張。兩週後，他在哈斯丁附近擊潰一支才剛在北方擊退另一場入侵的盎格魯－撒克遜軍隊。後來英格蘭國王哈洛德陣亡，威廉勝利。

宣信者愛德華（Edward the Confessor）在1066年1月去世，膝下未留子嗣，因此引爆了了英格蘭王位之爭。諾曼第公爵威廉聲稱已故的先王曾承諾由他繼承王位，而挪威國王哈拉爾·哈德拉達（Harald Hardrada）則堅持，他從愛德華之前的歷代丹麥國王那裡繼承了登上王座的權利。結果盎格魯－撒克遜貴族選擇愛德華的姻親哈洛德·戈德溫森（Harold Godwinson）當國王，因此這兩位主張有權繼位的人都計畫入侵，捍衛自身權益。哈德拉達率先攻擊，揮軍在北方登陸，部隊當中包括和哈洛德失和的兄弟托斯提格（Tostig）。剛開始，哈德拉達在富爾福德（Fulford）面對當地的盎格魯－撒克遜貴族時雖然旗開得勝，但他卻在9月25日於斯坦福橋（Stamford Bridge）陣亡，挪威帶來的威脅因此結束。

哈洛德率領部隊朝南方急行軍，以繼續防備迫在眉睫的諾曼人入侵，但卻得知諾曼軍隊已經趁他離開時在南方海岸登陸。他於10月14日在哈斯丁會戰中陣亡（跟他一起犧牲的還有他的兄弟利奧夫溫〔Leofwine〕和吉爾斯〔Gyrth〕，吉爾斯可能是他的繼承者），英格蘭因此群龍無首。剩下的人嘗試以顯貴者埃德加（Edgar the Aetheling）為中心重整旗鼓，但卻因為他年紀太小、還無法統治而失敗。之後威廉就緩緩朝倫敦進軍，以凱旋之姿進城，並在聖誕節當天加冕。

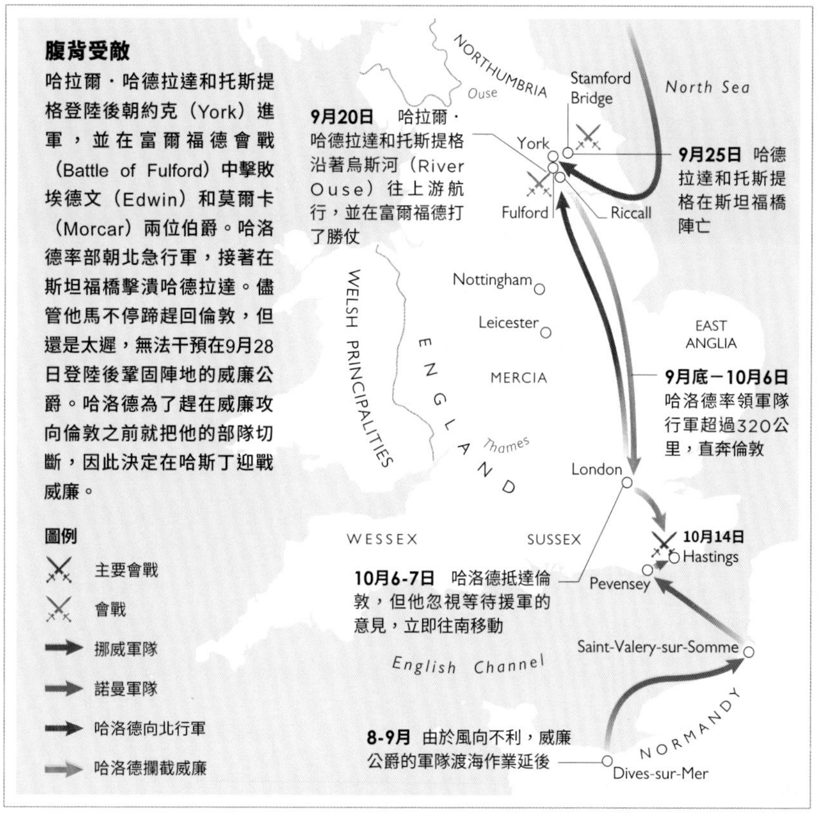
腹背受敵
哈拉爾·哈德拉達和托斯提格登陸後朝約克（York）進軍，並在富爾福德會戰（Battle of Fulford）中擊敗埃德文（Edwin）和莫爾卡（Morcar）兩位伯爵。哈洛德率部朝北急行軍，接著在斯坦福橋擊潰哈德拉達。儘管他馬不停蹄趕回倫敦，但還是太遲，無法干預在9月28日登陸後鞏固陣地的威廉公爵。哈洛德為了趕在威廉攻向倫敦之前就把他的部隊切斷，因此決定在哈斯丁迎戰威廉。
圖例
主要會戰
會戰
挪威軍隊
諾曼軍隊
哈洛德向北行軍
哈洛德攔截威廉
NORTHUMBRIA
Ouse
Stamford Bridge
North Sea
9月20日 哈拉爾·哈德拉達和托斯提格沿著烏斯河（River Ouse）往上游航行，並在富爾福德打了勝仗
York
9月25日 哈德拉達和托斯提格在斯坦福橋陣亡
Fulford
Riccall
WELSH PRINCIPALITIES
Nottingham
Leicester
EAST ANGLIA
ENGLAND
MERCIA
9月底－10月6日 哈洛德率領軍隊行軍超過320公里，直奔倫敦
Thames
London
WESSEX
SUSSEX
10月14日 Hastings
10月6-7日 哈洛德抵達倫敦，但他忽視等待援軍的意見，立即往南移動
Pevensey
Saint-Valery-sur-Somme
English Channel
NORMANDY
8-9月 由於風向不利，威廉公爵的軍隊渡海作業延後
Dives-sur-Mer

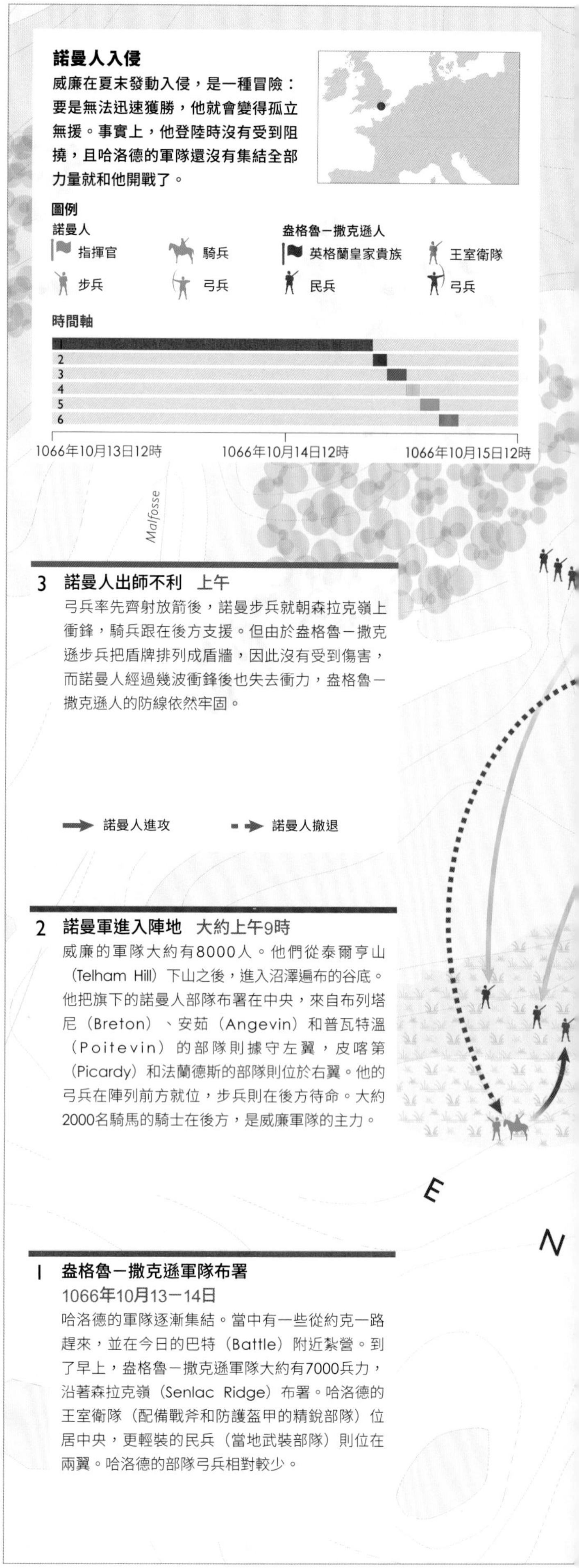
諾曼人入侵
威廉在夏末發動入侵，是一種冒險：要是無法迅速獲勝，他就會變得孤立無援。事實上，他登陸時沒有受到阻撓，且哈洛德的軍隊還沒有集結全部力量就和他開戰了。
圖例
諾曼人
指揮官
騎兵
步兵
弓兵
盎格魯－撒克遜人
英格蘭皇家貴族
王室衛隊
民兵
弓兵
時間軸
1
2
3
4
5
6
1066年10月13日12時
1066年10月14日12時
1066年10月15日12時
Malfosse
3 諾曼人出師不利 上午
弓兵率先齊射放箭後，諾曼步兵就朝森拉克嶺上衝鋒，騎兵跟在後方支援。但由於盎格魯－撒克遜步兵把盾牌排列成盾牆，因此沒有受到傷害，而諾曼人經過幾波衝鋒後也失去衝力，盎格魯－撒克遜人的防線依然牢固。
諾曼人進攻
諾曼人撤退
2 諾曼軍進入陣地 大約上午9時
威廉的軍隊大約有8000人。他們從泰爾亨山（Telham Hill）下山之後，進入沼澤遍布的谷底。他把旗下的諾曼人部隊布署在中央，來自布列塔尼（Breton）、安茹（Angevin）和普瓦特溫（Poitevin）的部隊則據守左翼，皮喀第（Picardy）和法蘭德斯的部隊則位於右翼。他的弓兵在陣列前方就位，步兵則在後方待命。大約2000名騎馬的騎士在後方，是威廉軍隊的主力。
E
N
1 盎格魯－撒克遜軍隊布署
1066年10月13－14日
哈洛德的軍隊逐漸集結。當中有一些從約克一路趕來，並在今日的巴特（Battle）附近紮營。到了早上，盎格魯－撒克遜軍隊大約有7000兵力，沿著森拉克嶺（Senlac Ridge）布署。哈洛德的王室衛隊（配備戰斧和防護盔甲的精銳部隊）位居中央，更輕裝的民兵（當地武裝部隊）則位在兩翼。哈洛德的部隊弓兵相對較少。

4 布列塔尼部隊逃竄 接近中午

諾曼人反覆進攻，但都被擋下。在戰鬥過程中，一群布列塔尼部隊曾一度誤認威廉已經戰死，因此往山下逃竄。一些盎格魯－撒克遜士兵衝出盾牆追擊，但威廉重新集結這些布列塔尼部隊，回過頭來反擊追兵，並切斷他們的後路。

諾曼人撤退　盎格魯－撒克遜人進攻
諾曼人進攻

5 諾曼人佯裝撤退 下午稍早

看見布列塔尼部隊成功之後，威廉下令部隊佯裝撤退，以吸引更多盎格魯－撒克遜士兵進攻，因此盾牆愈來愈不牢靠。但哈洛德依然堅守在山嶺上，諾曼人還是無法把他趕出去。到了此時，雙方都已經因為激烈戰鬥而精疲力竭。

諾曼人進攻　諾曼人佯裝撤退

6 盎格魯－撒克遜人潰敗 下午稍晚

隨著天色變暗，諾曼軍隊再度大量放箭，並繼續衝鋒，開始有了更多戰果。盎格魯－撒克遜人的死傷當中包括哈洛德和他的兄弟。儘管失去指揮中樞，盎格魯－撒克遜部隊還是繼續戰鬥了一陣子，但接著就士氣崩潰，開始四處竄逃。諾曼人就在後方追擊，截斷他們的退路。

盎格魯－撒克遜人撤退

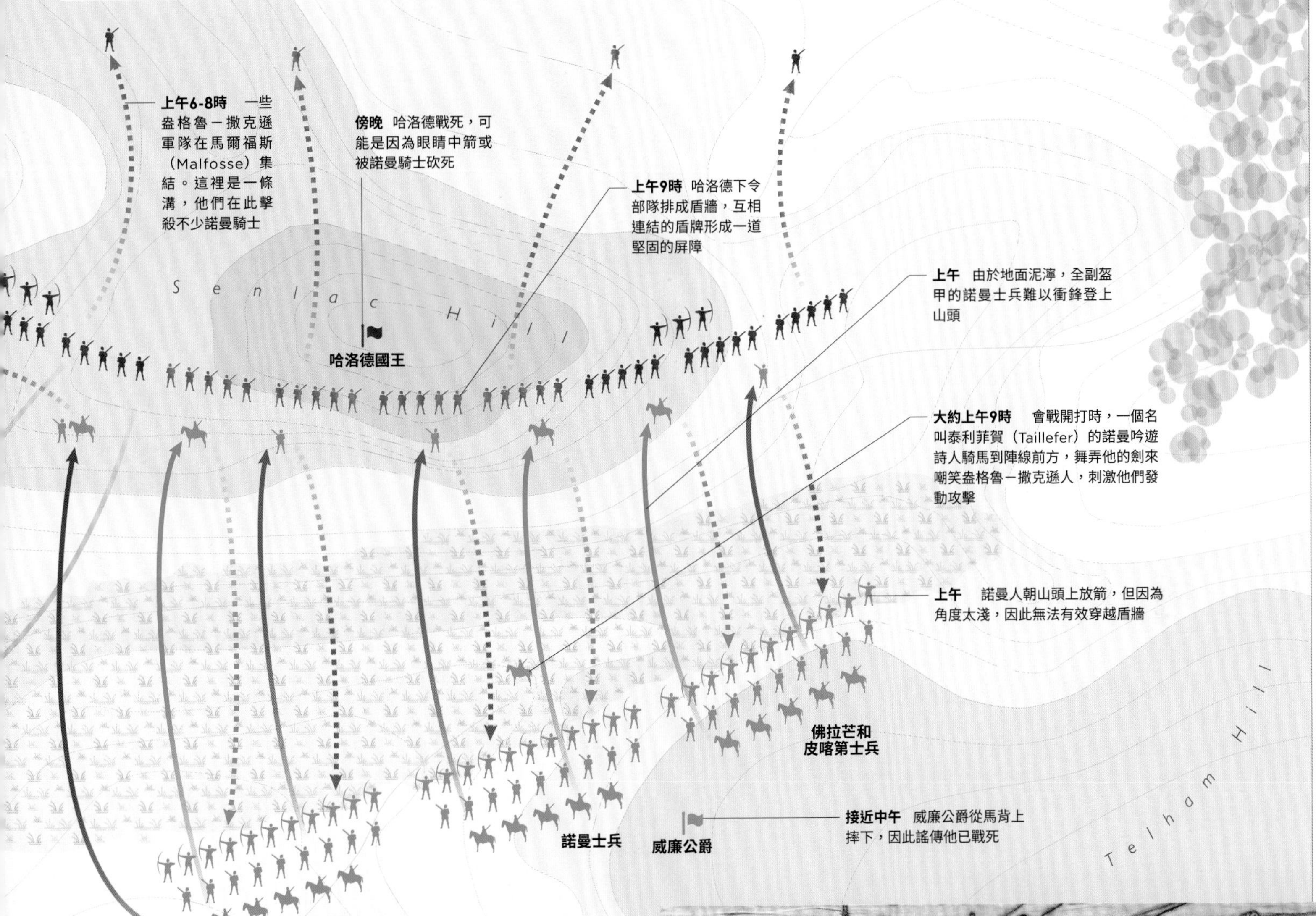

上午6-8時 一些盎格魯－撒克遜軍隊在馬爾福斯（Malfosse）集結。這裡是一條溝，他們在此擊殺不少諾曼騎士
傍晚 哈洛德戰死，可能是因為眼睛中箭或被諾曼騎士砍死
上午9時 哈洛德下令部隊排成盾牆，互相連結的盾牌形成一道堅固的屏障
Senlac Hill
哈洛德國王
上午 由於地面泥濘，全副盔甲的諾曼士兵難以衝鋒登上山頭
大約上午9時 會戰開打時，一個名叫泰利菲賀（Taillefer）的諾曼吟遊詩人騎馬到陣線前方，舞弄他的劍來嘲笑盎格魯－撒克遜人，刺激他們發動攻擊
上午 諾曼人朝山頭上放箭，但因為角度太淺，因此無法有效穿越盾牆
佛拉芒和皮喀第士兵
Telham Hill
接近中午 威廉公爵從馬背上摔下，因此謠傳他已戰死
諾曼士兵
威廉公爵
布列塔尼、安茹和普瓦特溫士兵
G L A N D
Aston Brook

▷ **貝葉掛毯（Bayeux Tapestry）**
這塊掛毯是在亞麻布上用羊毛線刺繡而成的，製作時間約在11世紀後期，圖案描繪1066年諾曼人征服英格蘭的相關事件。

諾曼人

公元911年，法國的查理三世（Charles III）把諾曼第的土地賞賜給維京人羅洛（Rollo）和他的手下。他們遵循法國習俗，結果變成諾曼人，之後成為中世紀歐洲的重要角色。

△ **戰鬥頭盔**
這是一頂附有護鼻的典型諾曼頭盔，時間約在12-13世紀。類似的頭盔在西歐和中歐相當普遍。

在盎格魯－撒克遜人的世界，諾曼人經常和諾曼征服英格蘭（Norman Conquest）、哈斯丁會戰（參見第58-59頁）、中世紀英格蘭王國的建立以及英格蘭國王主張擁有法國部分領土等說法一同出現。然而他們在義大利南部和黎凡特（Levant，今日西亞）等地也很活躍。

擴大視野

諾曼人繼續吸收了基督教和法語，以及法國人偏好的騎馬戰鬥。諾曼騎士不論是為統治者服務，還是擔任傭兵，都成為歐洲戰場上的常見的人物。有諾曼人受雇成為拜占庭帝國、教宗和當地倫巴底（Lombard）國家的傭兵，來到地中海區域。在羅伯特．吉斯卡爾（Robert Guiscard，約1015-85年）的領導下，他們建立了龐大的帝國，在最高峰時版圖涵蓋義大利南部、西西里島、一部分北非還有希臘和阿爾巴尼亞的西海岸。吉斯卡爾之子、塔蘭托的博希蒙德（Bohemond of Taranto）參加了第一次十字軍東征（1096-99年），在敘利亞自封安提阿公國。

儘管諾曼人讓人聞風喪膽、征服了許多土地，但他們的力量並不是依靠更優越的武器、用之不竭的人力或創新的戰術。反之，他們的成功是源自他們的勇猛、幹勁和野心，他們堅持修建的城堡，以及諾曼王族的精明狡猾，懂得妥善利用他們征服並統治的土地上既有的權力結構。

◁ **橫渡海峽**
這份11世紀的法文手稿描述維京人在919年乘船進攻布列塔尼。他們穿著厚重的甲冑，手持風箏形盾牌。在畫家的生存年代，入侵英格蘭的諾曼人也是如此穿著。

▷ **兩軍衝突**
這幅15世紀的畫作描繪哈斯丁會戰的情景。雖然這場會戰發生在11世紀，但這幅畫中呈現的武器、鎧甲和軍隊種類比較貼近畫家的年代而不是會戰的年代，甚至連撒克遜人當中都錯誤地出現騎士。

曼齊克爾特

1071年，拜占庭帝國皇帝羅曼努斯四世·戴奧真尼斯（Romanos IV Diogenes）御駕親征，反擊騷擾帝國東部邊境的塞爾柱土耳其人（Seljuq Turk），結果不幸戰敗，在曼齊克爾特（Manzikert）被俘。經過這場會戰，塞爾柱土耳其人占領了安納托力亞（Anatolia）大部分地區。

在10世紀和11世紀初期經歷了一場軍事復興後，拜占庭帝國鞏固了東部邊境，但連續幾位懦弱的皇帝都動搖了他們在那裡的根本。同一時間，源於鹹海（Aral Sea）附近的穆斯林王朝塞爾柱土耳其人逐漸成為安納托力亞強而有力的新威脅。1068年，羅曼努斯·戴奧真尼斯成為皇帝，展開一系列改革，強化積弱不振的拜占庭軍隊。他揮軍接連進攻亞美尼亞和敘利亞，但沒有取得決定性戰果，之後在1069年和塞爾柱土耳其人締結條約。

1071年，雙方談判條約內容更新期間，羅曼努斯奇襲塞爾柱土耳其蘇丹阿爾普·阿爾斯蘭（Alp Arslan），行軍穿越安納托力亞，攻取塞爾柱土耳其人占據的領土。抵達凡湖（Lake Van）時，他把包括令人聞風喪膽的瓦蘭吉衛隊（Varangian Guard）在內的一半兵力撥交給麾下將領約瑟夫·塔卡尼歐特斯（Joseph Tarchaneiotes），用來攻占位於吉拉特（Khilat）的堡壘，而他本人則奪取了土耳其軍隊據守的曼齊克爾特。

阿爾普·阿爾斯蘭得知拜占庭發動突擊的消息後，立刻朝曼齊克爾特行軍，對抗羅曼努斯。由於手邊少了一半兵力，羅曼努斯兵敗被俘。雖然蘇丹一個星期之後就釋放了他，但這已經對他的權威造成傷害，他因此被昔日盟友杜基斯（Doukids）罷黜。之後安納托力亞境內發生長達十年的內戰，大部分土地都被塞爾柱土耳其人占領。

「**我若不是達成目標，就是成為烈士上天堂。**」

阿爾普·阿爾斯蘭在曼齊克爾特會戰前說

拜占庭帝國

羅馬帝國通行希臘語的東部省分撐過了公元5世紀的野蠻人入侵，成為拜占庭帝國，首都在君士坦丁堡。雖然它在7世紀時因為阿拉伯人進攻而失去北非，但還是從斯拉夫入侵者手中奪回大部分巴爾幹半島的土地。新興的穆斯林強權——先是塞爾柱，接著是鄂圖曼——占領了大片拜占庭領土，而君士坦丁堡則在1453年被鄂圖曼蘇丹穆罕默德二世攻陷。

11世紀的象牙板雕刻描繪耶穌基督為羅曼努斯四世加冕。

△ **拜占庭軍隊**
羅曼努斯的軍隊由拜占庭本國軍隊組成，再以傭兵和盟友加強，包括諾曼人、突厥人、保加利亞人、亞美尼亞人和瓦蘭吉衛隊。

率先行動 1071年8月23-24日
羅曼努斯在短暫的圍城戰之後，輕鬆收復了土耳其人占領的曼齊克爾特，並派出手下將領布萊顏尼歐斯（Bryennios）執行偵察任務。他遭遇塞爾柱部隊後便被迫倉皇撤退。羅曼努斯之後派出另一支部隊，由亞美尼亞將軍巴西列克斯（Basiliakes）率領，目標是刺探塞爾柱軍隊的實力，但卻不幸被殲滅。

- 塞爾柱衛戍部隊戰敗
- 拜占庭部隊偵察
- 和塞爾柱部隊爆發小規模衝突
- 拜占庭部隊撤退

8月23日 拜占庭軍隊奪回曼齊克爾特，駐守在要塞中的塞爾柱衛戍部隊投降

拜占庭和塞爾柱的戰爭

土耳其的游牧族群塞爾柱人從1048年開始襲擾拜占庭帝國，當時他們攻擊特拉布宗（Trebizond）附近的地區。在阿爾普·阿爾斯蘭蘇丹的領導下，他們的攻擊力道愈來愈強，阿爾斯蘭甚至在1064年奪取了亞美尼亞首都阿尼（Ani）。1067-69年間，他攻占了幾座位於安納托力亞的拜占庭重要城鎮，且儘管一開始曾被逼退，卻還是促使羅曼努斯發動曼齊克爾特會戰。

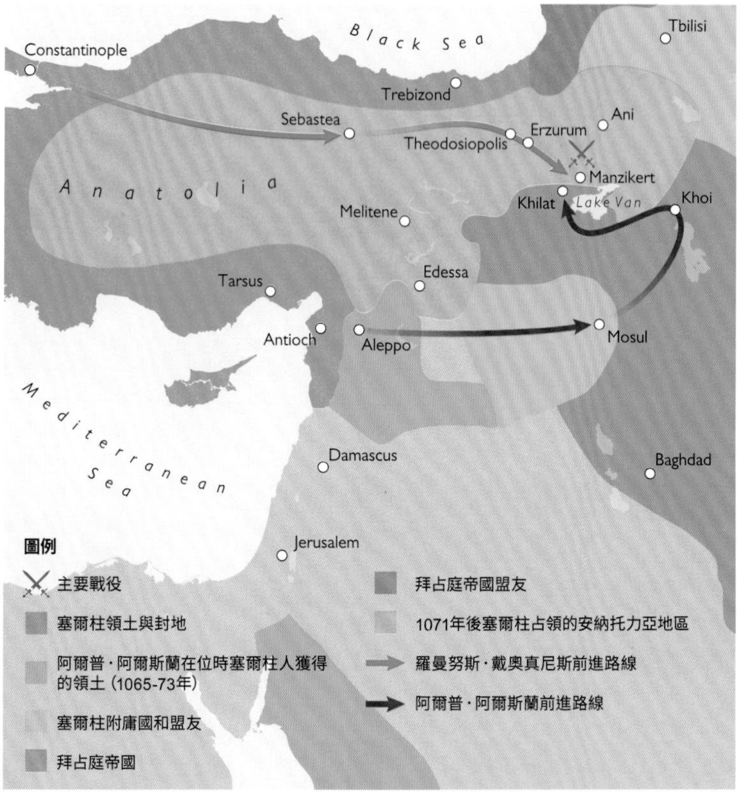

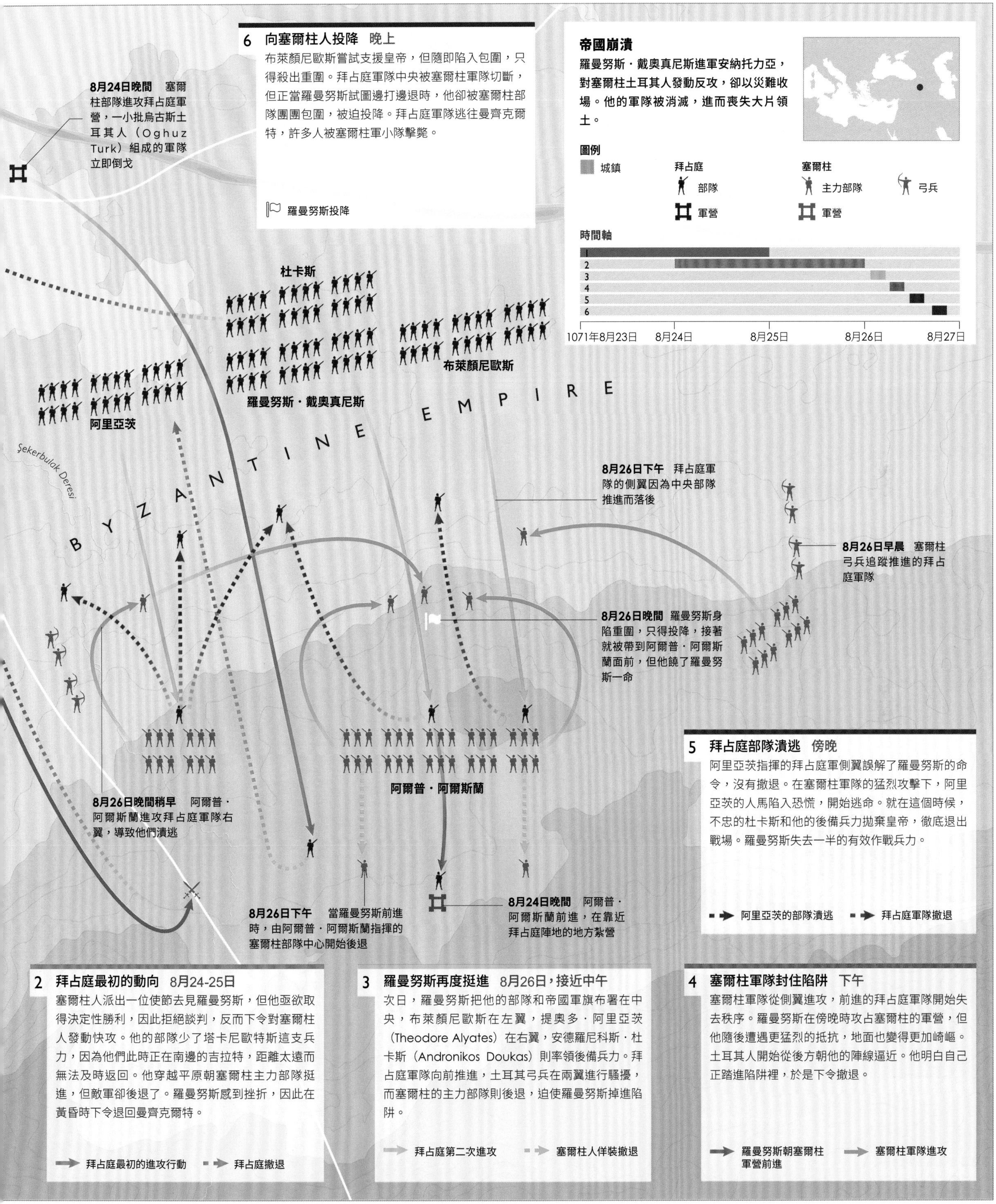
8月24日晚間　塞爾柱部隊進攻拜占庭軍營，一小批烏古斯土耳其人（Oghuz Turk）組成的軍隊立即倒戈
羅曼努斯投降
杜卡斯
布萊顏尼歐斯
羅曼努斯・戴奧真尼斯
阿里亞茨
BYZANTINE EMPIRE
Şekerbulak Deresi
8月26日下午　拜占庭軍隊的側翼因為中央部隊推進而落後
8月26日早晨　塞爾柱弓兵追蹤推進的拜占庭軍隊
8月26日晚間　羅曼努斯身陷重圍，只得投降，接著就被帶到阿爾普・阿爾斯蘭面前，但他饒了羅曼努斯一命
阿爾普・阿爾斯蘭
8月26日晚間稍早　阿爾普・阿爾斯蘭進攻拜占庭軍隊右翼，導致他們潰逃
8月26日下午　當羅曼努斯前進時，由阿爾普・阿爾斯蘭指揮的塞爾柱部隊中心開始後退
8月24日晚間　阿爾普・阿爾斯蘭前進，在靠近拜占庭陣地的地方紮營
1
2
3
4
5
6
1071年8月23日
8月24日
8月25日
8月26日
8月27日

帝國崩潰

羅曼努斯・戴奧真尼斯進軍安納托力亞，對塞爾柱土耳其人發動反攻，卻以災難收場。他的軍隊被消滅，進而喪失大片領土。

圖例

城鎮

拜占庭　部隊　軍營

塞爾柱　主力部隊　弓兵　軍營

時間軸

6 向塞爾柱人投降　晚上

布萊顏尼歐斯嘗試支援皇帝，但隨即陷入包圍，只得殺出重圍。拜占庭軍隊中央被塞爾柱軍隊切斷，但正當羅曼努斯試圖邊打邊退時，他卻被塞爾柱部隊團團包圍，被迫投降。拜占庭軍隊逃往曼齊克爾特，許多人被塞爾柱軍小隊擊斃。

羅曼努斯投降

5 拜占庭部隊潰逃　傍晚

阿里亞茨指揮的拜占庭軍側翼誤解了羅曼努斯的命令，沒有撤退。在塞爾柱軍隊的猛烈攻擊下，阿里亞茨的人馬陷入恐慌，開始逃命。就在這個時候，不忠的杜卡斯和他的後備兵力拋棄皇帝，徹底退出戰場。羅曼努斯失去一半的有效作戰兵力。

阿里亞茨的部隊潰逃　拜占庭軍隊撤退

2 拜占庭最初的動向　8月24-25日

塞爾柱人派出一位使節去見羅曼努斯，但他亟欲取得決定性勝利，因此拒絕談判，反而下令對塞爾柱人發動快攻。他的部隊少了塔卡尼歐特斯這支兵力，因為他們此時正在南邊的吉拉特，距離太遠而無法及時返回。他穿越平原朝塞爾柱主力部隊挺進，但敵軍卻後退了。羅曼努斯感到挫折，因此在黃昏時下令退回曼齊克爾特。

拜占庭最初的進攻行動　拜占庭撤退

3 羅曼努斯再度挺進　8月26日，接近中午

次日，羅曼努斯把他的部隊和帝國軍旗布署在中央，布萊顏尼歐斯在左翼，提奧多・阿里亞茨（Theodore Alyates）在右翼，安德羅尼科斯・杜卡斯（Andronikos Doukas）則率領後備兵力。拜占庭軍隊向前推進，土耳其弓兵在兩翼進行騷擾，而塞爾柱的主力部隊則後退，迫使羅曼努斯掉進陷阱。

拜占庭第二次進攻　塞爾柱人佯裝撤退

4 塞爾柱軍隊封住陷阱　下午

塞爾柱軍隊從側翼進攻，前進的拜占庭軍隊開始失去秩序。羅曼努斯在傍晚時攻占塞爾柱的軍營，但他隨後遭遇更猛烈的抵抗，地面也變得更加崎嶇。土耳其人開始從後方朝他的陣線逼近。他明白自己正踏進陷阱裡，於是下令撤退。

羅曼努斯朝塞爾柱軍營前進　塞爾柱軍隊進攻

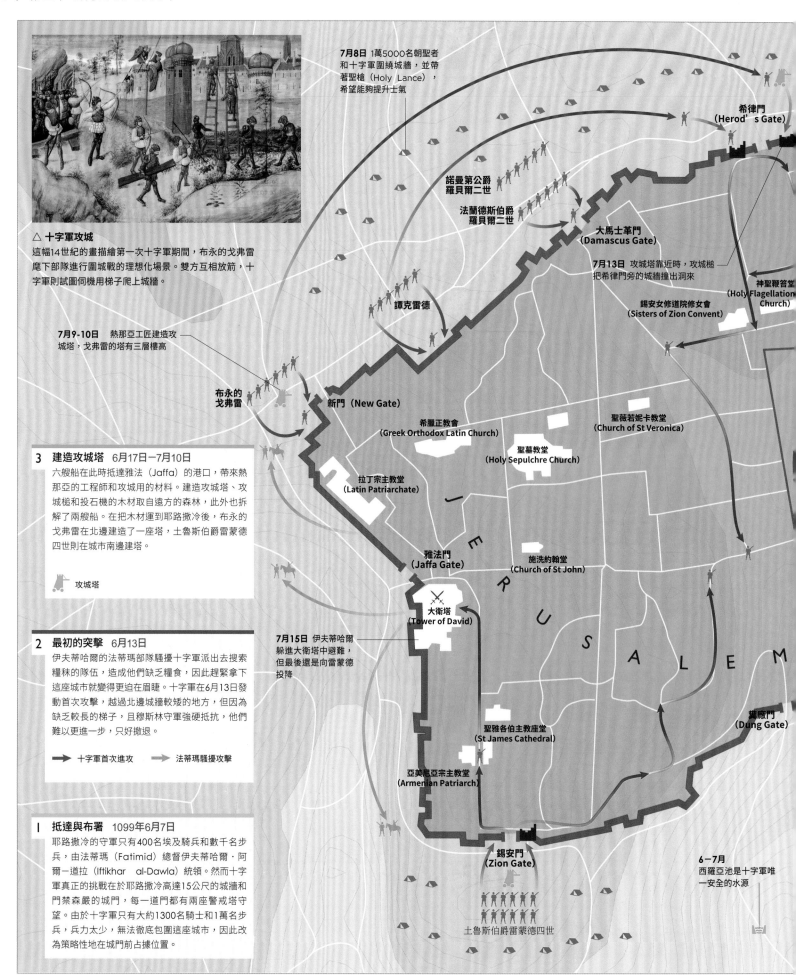

△ **十字軍攻城**

這幅14世紀的畫描繪第一次十字軍期間，布永的戈弗雷麾下部隊進行圍城戰的理想化場景。雙方互相放箭，十字軍則試圖伺機用梯子爬上城牆。

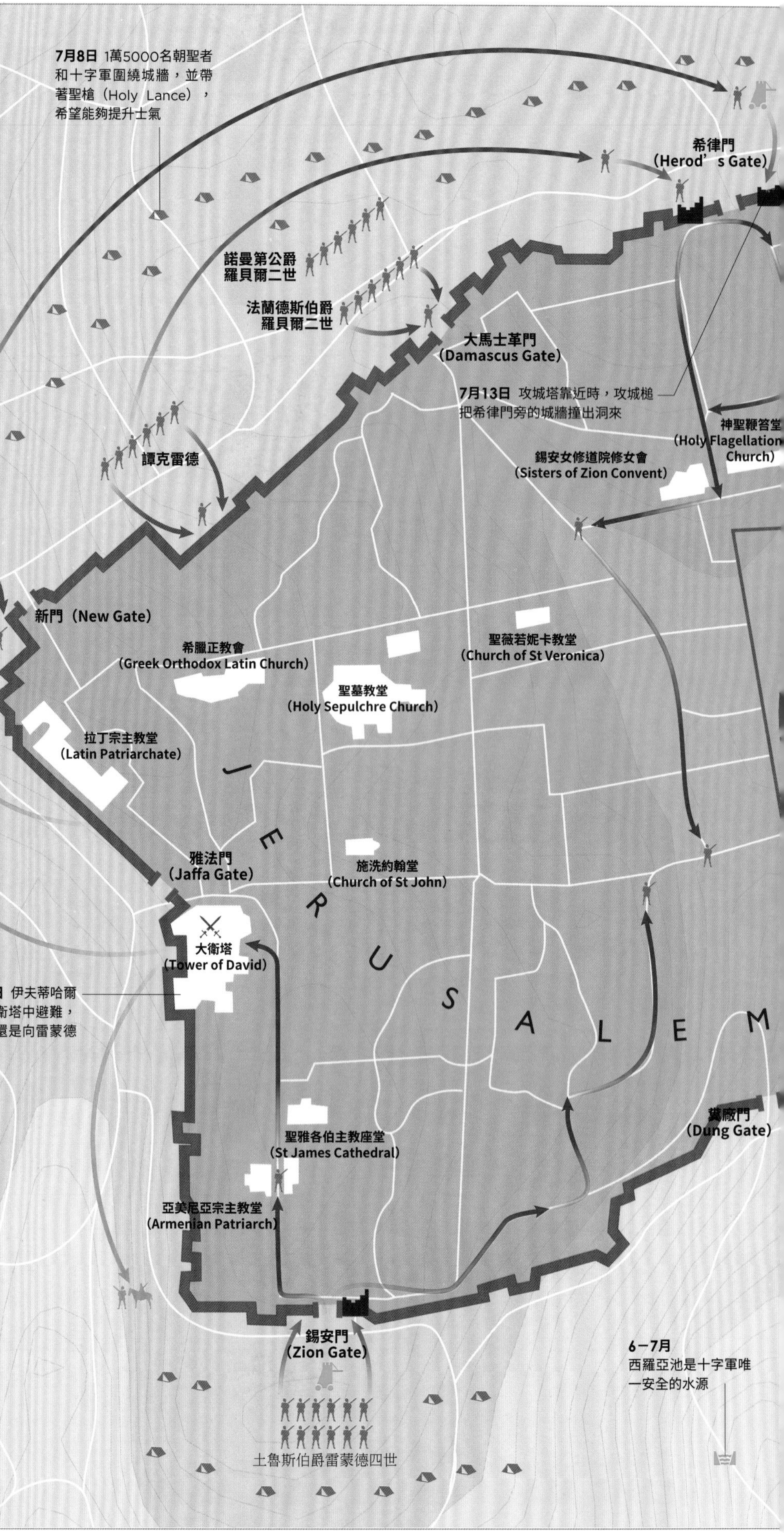
7月8日 1萬5000名朝聖者和十字軍圍繞城牆，並帶著聖槍（Holy Lance），希望能夠提升士氣
希律門（Herod's Gate）
諾曼第公爵羅貝爾二世
法蘭德斯伯爵羅貝爾二世
大馬士革門（Damascus Gate）
7月13日 攻城塔靠近時，攻城槌把希律門旁的城牆撞出洞來
神聖鞭笞堂（Holy Flagellation Church）
錫安女修道院修女會（Sisters of Zion Convent）
譚克雷德
7月9-10日 熱那亞工匠建造攻城塔，戈弗雷的塔有三層樓高
布永的戈弗雷
新門（New Gate）
希臘正教會（Greek Orthodox Latin Church）
聖薇若妮卡教堂（Church of St Veronica）
聖墓教堂（Holy Sepulchre Church）
拉丁宗主教堂（Latin Patriarchate）
JERUSALEM
雅法門（Jaffa Gate）
施洗約翰堂（Church of St John）
大衛塔（Tower of David）
7月15日 伊夫蒂哈爾躲進大衛塔中避難，但最後還是向雷蒙德投降
糞廠門（Dung Gate）
聖雅各伯主教座堂（St James Cathedral）
亞美尼亞宗主教堂（Armenian Patriarch）
錫安門（Zion Gate）
土魯斯伯爵雷蒙德四世
6-7月 西羅亞池是十字軍唯一安全的水源

3 建造攻城塔 6月17日－7月10日

六艘船在此時抵達雅法（Jaffa）的港口，帶來熱那亞的工程師和攻城用的材料。建造攻城塔、攻城槌和投石機的木材取自遠方的森林，此外也拆解了兩艘船。在把木材運到耶路撒冷後，布永的戈弗雷在北邊建造了一座塔，土魯斯伯爵雷蒙德四世則在城市南邊建塔。

攻城塔

2 最初的突擊 6月13日

伊夫蒂哈爾的法蒂瑪部隊騷擾十字軍派出去搜索糧秣的隊伍，造成他們缺乏糧食，因此趕緊拿下這座城市就變得更迫在眉睫。十字軍在6月13日發動首次攻擊，越過北邊城牆較矮的地方，但因為缺乏較長的梯子，且穆斯林守軍強硬抵抗，他們難以更進一步，只好撤退。

十字軍首次進攻　法蒂瑪騷擾攻擊

1 抵達與布署 1099年6月7日

耶路撒冷的守軍只有400名埃及騎兵和數千名步兵，由法蒂瑪（Fatimid）總督伊夫蒂哈爾．阿爾－道拉（Iftikhar al-Dawla）統領。然而十字軍真正的挑戰在於耶路撒冷高達15公尺的城牆和門禁森嚴的城門，每一道門都有兩座警戒塔守望。由於十字軍只有大約1300名騎士和1萬名步兵，兵力太少，無法徹底包圍這座城市，因此改為策略性地在城門前占據位置。

圍攻耶路撒冷

第一次十字軍東征時，參與的部隊在1096年離開家鄉，目標是從穆斯林統治者手中奪回聖城耶路撒冷。他們花了將近三年才達成這個目標。這支軍隊雖然疲憊且缺乏補給，卻還是成功攻破城牆，但他們隨後屠殺守軍，永遠玷汙了十字軍的名聲。

1095 年，拜占庭皇帝阿萊克修斯．科穆寧（Alexios Komnenos）請求外界協助，趕走壓迫帝國邊境的穆斯林塞爾柱土耳其人。教宗烏爾班二世（Urban II）做出回應，呼籲組成十字軍，從穆斯林手中解放耶路撒冷。成千上萬名騎士響應號召，由布永的戈弗雷（Godfrey of Bouillon）、塔蘭托的博希蒙德和土魯斯伯爵雷蒙德四世（Count Raymond of Toulouse）等人領導，於 1097 年 4 月在君士坦丁堡集結。他們從那裡出發，展開一場橫越安納托力亞的艱苦旅程。塞爾柱人的攻擊讓他們失去不少人馬，圍攻安提阿曠日廢時，加上需要分兵駐守攻占的城鎮，都讓他們的人力逐漸枯竭。等到他們在 1099 年 6 月抵達耶路撒冷的時候，早已筋疲力竭、士氣低落，戈弗雷害怕這場遠征行動會就此瓦解。然而他們在最後孤注一擲的努力下，終於成功攻破城牆。之後戈弗雷獲選為耶路撒冷國王（King of Jerusalem），並在 1099 年 8 月徹底擊潰一支奉命奪回這座城市的埃及軍隊，把以安提阿、的黎波里（Tripoli）、埃德薩（Edessa）和耶路撒冷為根據地的四個十字軍國家聯合起來。一直要到將近兩個世紀之後，穆斯林統治者才又把他們趕走。

4 攻城塔靠近城門 7月11-12日

完工的攻城塔依靠車輪緩緩朝城牆靠近，城內守軍則不斷放出箭雨反擊，其中有些箭的箭簇還點了火。伊夫蒂哈爾集中兵力對抗意料之中的攻擊，布永的戈弗雷發現這個狀況後，在次日下令拆卸攻城塔，和大型攻城投石機一起往東邊移動。

➡ 戈弗雷和譚克雷德（Tancred）的行動

5 十字軍突擊 7月13-14日

在城市北邊，十字軍把攻城塔推到更逼近希律門（Herod's Gate）的地方，並在7月14日夜間發動攻擊。攻城塔被裝有希臘火（一種類似凝固汽油彈的物質）的射彈擊中，因此曾短暫撤退。在南邊，雷蒙德把他的塔移到離城牆更近的地方，但守軍殊死抵抗，他的部隊無法突破進城。

➡ 十字軍的最後攻擊

6 進入城內 7月15日

到了次日早晨，十字軍終於抵達城牆，並搭了一座橋，讓攻城塔可以連接城牆。他們一擁而上，打退守軍。穆斯林守軍在阿克薩清真寺（al-Aqsa Mosque）和大衛塔（Tower of David）進行最後一波頑抗，之後才投降。十字軍屠殺了絕大部分守軍和數千平民，並在城內大肆搜刮劫掠各種財寶。

在城牆上打出的缺口　穆斯林守軍最後抵抗

➡ 十字軍進攻

被圍攻的城市

十字軍缺乏補給，無法長時間圍城，人員也不夠，無法長時間封鎖耶路撒冷四處綿延的城牆。他們唯一的希望就是用攻城器械在城牆上打出缺口，再進入城內。

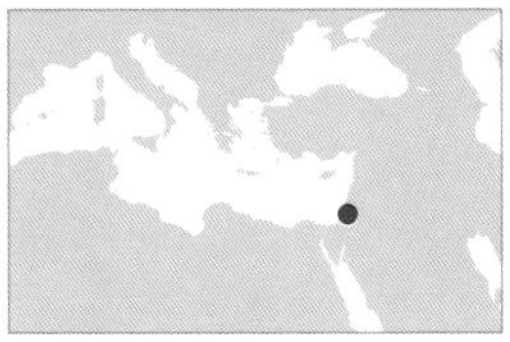

圖例

建築　西羅亞池

十字軍部隊：步兵、軍營

法蒂瑪部隊：步兵、騎兵

時間軸

十字軍東征路線

十字軍部隊在君士坦丁堡集結。他們在多里來昂（Dorylaeum）擊退塞爾柱人後就向東進攻，並在漫長的圍城戰後奪取安提阿。他們最後在1099年6月抵達耶路撒冷。

雷涅諾

神聖羅馬帝國皇帝腓特烈一世為了使義大利北部城鎮臣服而發動戰爭，結果於1176年在米蘭（Milan）附近的雷涅諾陷入危機。義大利步兵在這裡頑抗腓特烈麾下的騎士，瓦解他們的衝鋒，重重打擊了這位皇帝的野心。

日耳曼國王、神聖羅馬帝國皇帝腓特烈一世（Frederick Barbarossa，綽號「紅鬍子」，1155-1190年在位）多年來一直想重新控制義大利北部的城邦（並從那裡取得錢財）。1154年，他展開六次遠征當中的第一次，目標是把這些城市重新納入帝國版圖，防止它們落入羅馬教廷的勢力範圍。1167年，在教宗亞歷山大三世（Alexander III）的支持下，這些城市組成聯盟，稱為倫巴底同盟（Lombard League）。此舉促使腓特烈一世在1174年第五度入侵義大利，但這場戰役最後卻是在雷涅諾（Legnano）以慘敗收場。

他雖然旗開得勝，奪取蘇沙（Susa）和阿斯提（Asti），但1175年4月圍攻亞力山德（Alessandria）卻鎩羽而歸，而他的行動也因為談判失敗、請求日耳曼派兵增援無果而陷入泥淖。最後到了1176年5月，一支大約只有2000名兵力（主要由騎士組成）的部隊終於越過阿爾卑斯山。腓特烈一世騎馬帶領麾下騎士往北與他們會合，並把他們帶回他在米蘭附近帕維亞（Pavia）的基地。

但腓特烈一世不知道的是，倫巴底同盟已經在雷涅諾附近集結部隊和軍旗戰車（carroccio）。在接下來的對抗中，腓特烈一世吃了敗仗，差點喪命。他被迫和亞歷山大三世簽署條約，最終承認義大利北部城市的自治權。義大利步兵面對帝國騎士不僅贏得聞名遐邇的勝利，也確保了獨立自主的未來。

> 「人民不該為君主制定法律，而是服從君主的命令。」
>
> 神聖羅馬帝國皇帝腓特烈一世

軍旗戰車

12世紀時，米蘭率先採用軍旗戰車。這是一種大型的木造運貨馬車，義大利北部城市用它來載運象徵城市的標誌進入戰場，例如戰旗。軍旗戰車由公牛拖曳，也會載運十字架、祭壇和神父一起慶祝彌撒，此外還有稱為馬蒂內拉（martinella）的鐘和小號手伴隨，以便對戰場上的倫巴底部隊發號施令。軍旗戰車可以發揮部隊集結點的作用，萬一被敵方俘獲，會被視為難堪至極的屈辱，因此它的防禦格外嚴密。

這幅19世紀的繪畫描繪雷涅諾會戰中保衛軍旗戰車的場景。

倫巴底的勝利
倫巴底同盟的步兵展現出城市民兵在面對騎士能夠達成的戰果。腓特烈一世遭遇倫巴底步兵和騎兵的夾攻，屈辱地戰敗。
圖例
倫巴底同盟部隊
騎兵
弓兵
步兵
帝國部隊
騎兵
時間軸
1
2
3
4
5
6
1176年5月29日凌晨4時
上午10時
下午4時
1 米蘭騎兵進攻帝國部隊
1176年5月29日破曉時分
米蘭人的步兵在雷涅諾和博爾薩諾（Borsano）之間的戰略要地圍繞著軍旗戰車就定位，700名米蘭騎兵在這個位置的前方遭遇腓特烈一世的前鋒部隊。米蘭人不理會這一小股帝國部隊，但腓特烈一世此時便已察覺到倫巴底同盟部隊的出現。
倫巴底前鋒部隊
帝國前鋒部隊
往博爾薩諾
下午稍早 倫巴底部隊抵達，米蘭騎兵加入他們的行列
半身像聖骨盒
這個鎏金的腓特烈一世半身像是12世紀時在亞琛（Aachen）製作的，當作聖骨盒使用。

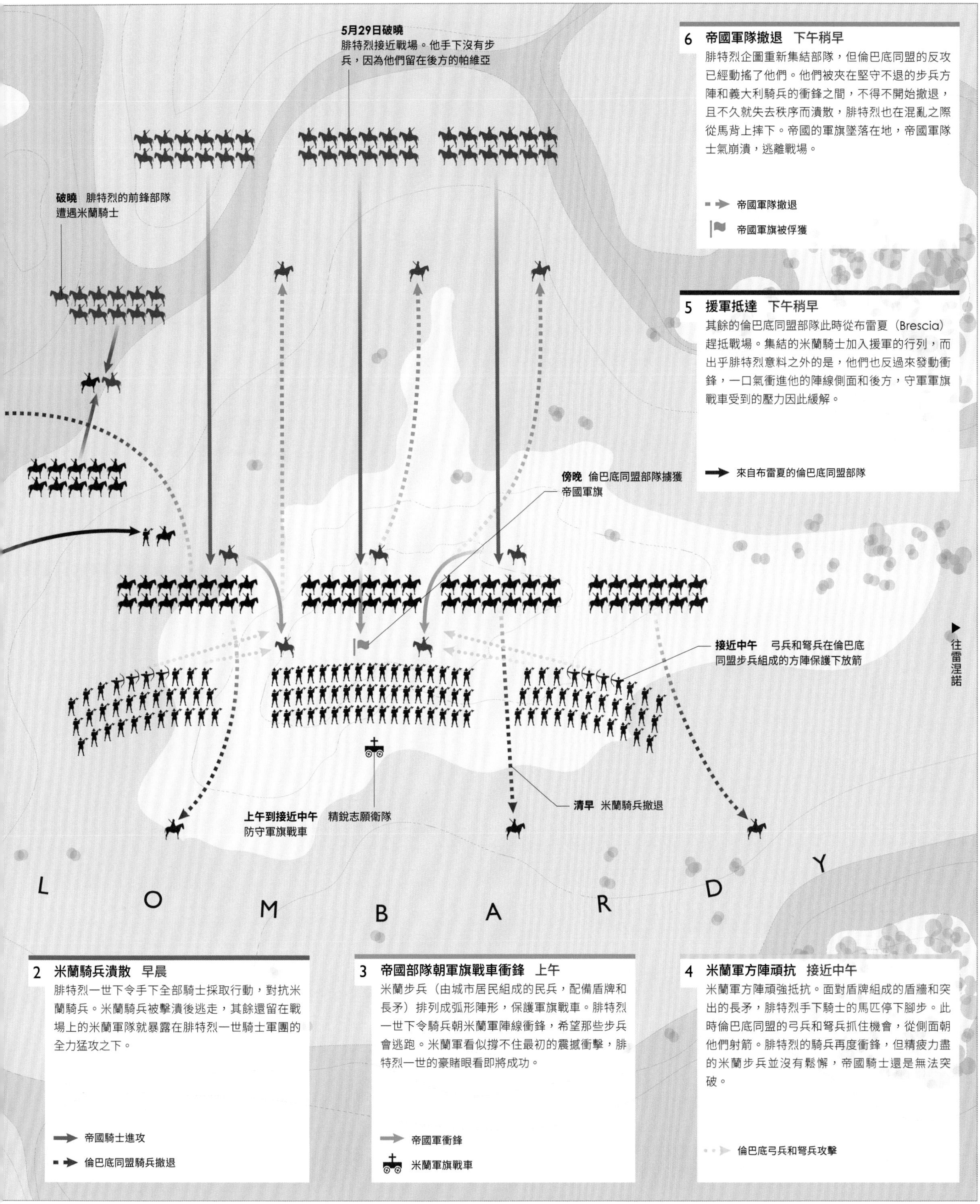
5月29日破曉
腓特烈接近戰場。他手下沒有步兵，因為他們留在後方的帕維亞
破曉 腓特烈的前鋒部隊遭遇米蘭騎士
傍晚 倫巴底同盟部隊擄獲帝國軍旗
接近中午 弓兵和弩兵在倫巴底同盟步兵組成的方陣保護下放箭
上午到接近中午 防守軍旗戰車
精銳志願衛隊
清早 米蘭騎兵撤退
往雷涅諾
LOMBARDY

2 米蘭騎兵潰散 早晨

腓特烈一世下令手下全部騎士採取行動，對抗米蘭騎兵。米蘭騎兵被擊潰後逃走，其餘還留在戰場上的米蘭軍隊就暴露在腓特烈一世騎士軍團的全力猛攻之下。

- 帝國騎士進攻
- 倫巴底同盟騎兵撤退

3 帝國部隊朝軍旗戰車衝鋒 上午

米蘭步兵（由城市居民組成的民兵，配備盾牌和長矛）排列成弧形陣形，保護軍旗戰車。腓特烈一世下令騎兵朝米蘭軍陣線衝鋒，希望那些步兵會逃跑。米蘭軍看似撐不住最初的震撼衝擊，腓特烈一世的豪賭眼看即將成功。

- 帝國軍衝鋒
- 米蘭軍旗戰車

4 米蘭軍方陣頑抗 接近中午

米蘭軍方陣頑強抵抗。面對盾牌組成的盾牆和突出的長矛，腓特烈手下騎士的馬匹停下腳步。此時倫巴底同盟的弓兵和弩兵抓住機會，從側面朝他們射箭。腓特烈的騎兵再度衝鋒，但精疲力盡的米蘭步兵並沒有鬆懈，帝國騎士還是無法突破。

- 倫巴底弓兵和弩兵攻擊

5 援軍抵達 下午稍早

其餘的倫巴底同盟部隊此時從布雷夏（Brescia）趕抵戰場。集結的米蘭騎士加入援軍的行列，而出乎腓特烈意料之外的是，他們也反過來發動衝鋒，一口氣衝進他的陣線側面和後方，守軍軍旗戰車受到的壓力因此緩解。

- 來自布雷夏的倫巴底同盟部隊

6 帝國軍隊撤退 下午稍早

腓特烈企圖重新集結部隊，但倫巴底同盟的反攻已經動搖了他們。他們被夾在堅守不退的步兵方陣和義大利騎兵的衝鋒之間，不得不開始撤退，且不久就失去秩序而潰散，腓特烈也在混亂之際從馬背上摔下。帝國的軍旗墜落在地，帝國軍隊士氣崩潰，逃離戰場。

- 帝國軍隊撤退
- 帝國軍旗被俘獲

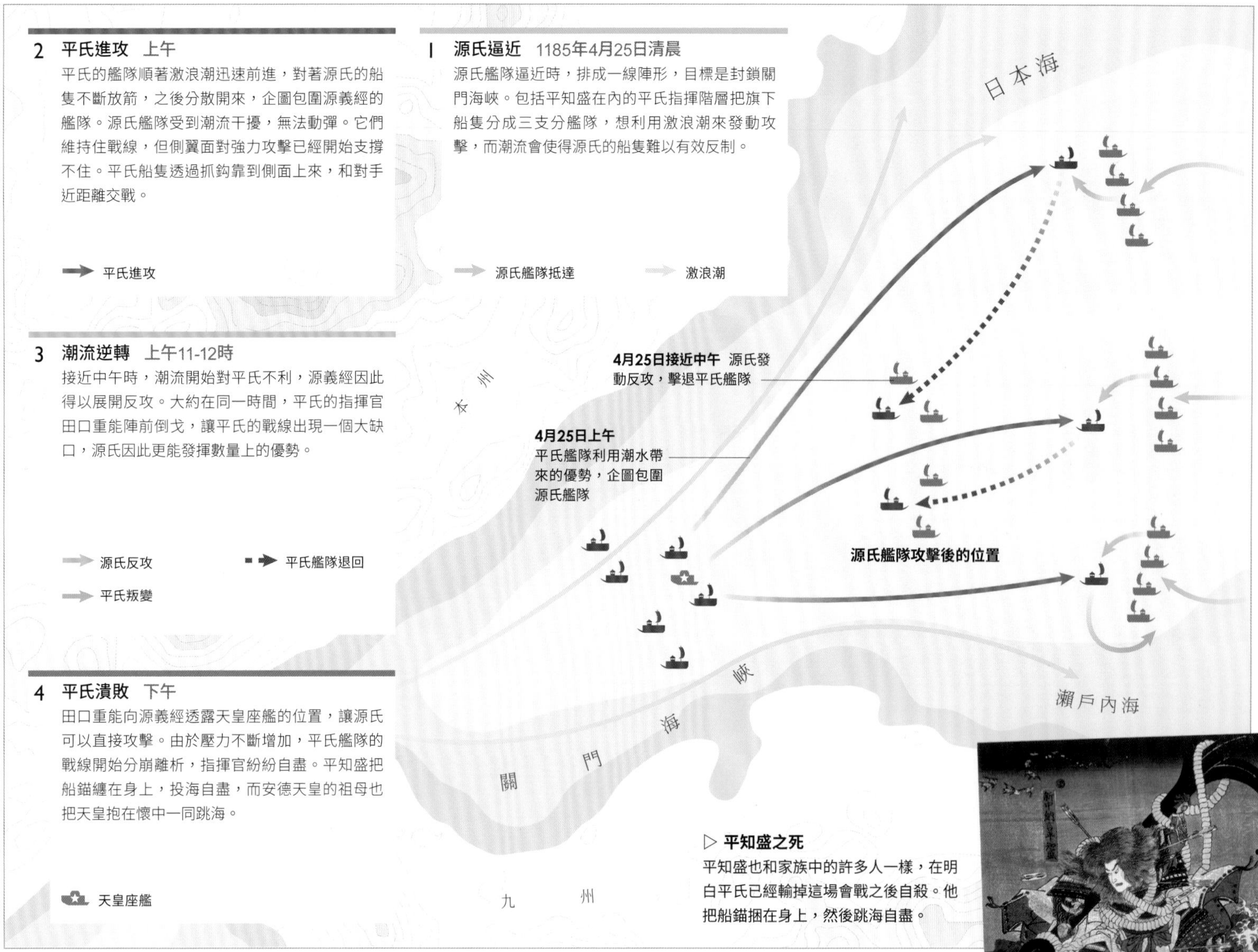
2 平氏進攻 上午
平氏的艦隊順著激浪潮迅速前進，對著源氏的船隻不斷放箭，之後分散開來，企圖包圍源義經的艦隊。源氏艦隊受到潮流干擾，無法動彈。它們維持住戰線，但側翼面對強力攻擊已經開始支撐不住。平氏船隻透過抓鉤靠到側面上來，和對手近距離交戰。
平氏進攻
1 源氏逼近 1185年4月25日清晨
源氏艦隊逼近時，排成一線陣形，目標是封鎖關門海峽。包括平知盛在內的平氏指揮階層把旗下船隻分成三支分艦隊，想利用激浪潮來發動攻擊，而潮流會使得源氏的船隻難以有效反制。
源氏艦隊抵達
激浪潮
日本海
3 潮流逆轉 上午11-12時
接近中午時，潮流開始對平氏不利，源義經因此得以展開反攻。大約在同一時間，平氏的指揮官田口重能陣前倒戈，讓平氏的戰線出現一個大缺口，源氏因此更能發揮數量上的優勢。
源氏反攻
平氏艦隊退回
平氏叛變
本州
4月25日接近中午 源氏發動反攻，擊退平氏艦隊
4月25日上午
平氏艦隊利用潮水帶來的優勢，企圖包圍源氏艦隊
源氏艦隊攻擊後的位置
4 平氏潰敗 下午
田口重能向源義經透露天皇座艦的位置，讓源氏可以直接攻擊。由於壓力不斷增加，平氏艦隊的戰線開始分崩離析，指揮官紛紛自盡。平知盛把船錨纏在身上，投海自盡，而安德天皇的祖母也把天皇抱在懷中一同跳海。
天皇座艦
關門海峽
瀨戶內海
九州

▷ **平知盛之死**
平知盛也和家族中的許多人一樣，在明白平氏已經輸掉這場會戰之後自殺。他把船錨捆在身上，然後跳海自盡。

壇之浦

敵對的平氏和源氏家族之間爆發殘酷內戰，最後在1185年4月的壇之浦海戰畫下句點。平氏的艦隊在關門海峽慘敗，源賴朝因而得以統治全日本。

1180 年，日本的源氏家族想把當時盤踞在帝國首都京都的競爭對手平氏家族趕走，日本因此陷入內戰。三年後，源氏終於成功趕走平氏，平氏帶著五歲大的安德天皇逃往日本西部。源義經和他的堂兄弟源義仲不和，造成源氏分裂，平氏因此得以短暫喘息。但源義經於 1184 年初在宇治獲勝，因此能夠重新統合家族。他往南追擊平氏，於 1184 年 3 月突擊平氏在一之谷的堡壘，迫使他們乘船出逃。平氏的艦隊在陸地上沒有安全無虞的港口，他們因此非常容易受到源氏艦隊的追殺，最後不幸在狹窄的關門海峽壇之浦被追上。平氏遭遇空前慘敗，艦隊被殲滅，年幼的天皇和資深將領都遇害。1185 年，源義經的同父異母兄長源賴朝成為日本實質上的統治者，之後更成為鎌倉幕府（1192–1333 年）的第一任將軍。

海峽上的決戰
關門海峽把日本本土兩個主要島嶼分隔開來，海流強勁，平氏希望能利用潮汐力量獲得優勢。

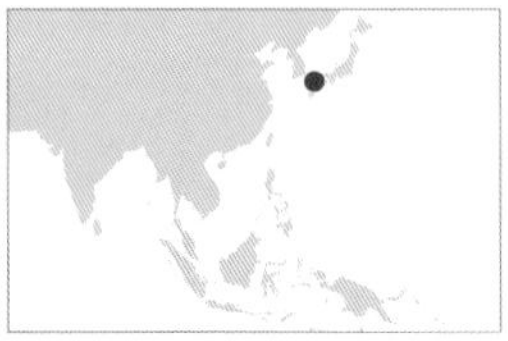

圖例
平氏艦隊　源氏艦隊

時間軸

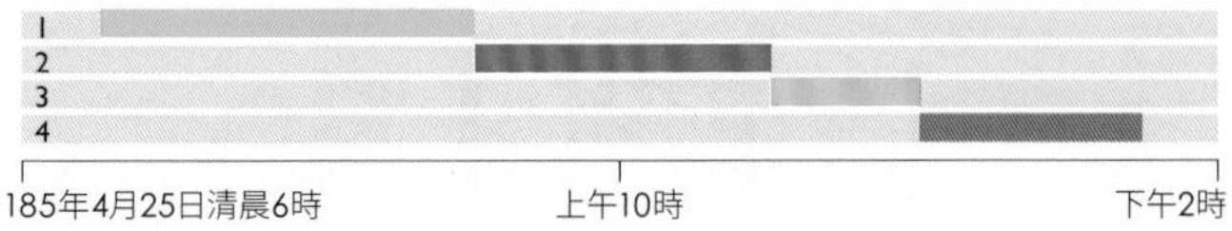
1
2
3
4
1185年4月25日清晨6時
上午10時
下午2時

哈丁

1187年7月，耶路撒冷國王呂西尼昂的居伊想要解救正被薩拉丁圍攻的太比里亞斯堡壘。結果他的軍隊在哈丁附近一塊乾燥的平原上被埃宥比王朝的軍隊包圍殲滅。幾個月之後，薩拉丁的大軍就開進耶路撒冷。

巴勒斯坦的十字軍國家在1180年代開始陷入衰退。沒有什麼新兵從歐洲前來，且新任耶路撒冷國王——呂西尼昂的居伊（Guy de Lusignan）——也是經歷了一場凶險的奪位之爭，才在1186年登上王位。而前陣子與埃及埃宥比（Ayyubid）蘇丹薩拉丁達成的休戰，也在1187年初破裂，原因是居伊的盟友夏提永的雷納德（Raynald of Châtillon）搶劫了一支從埃及前往敘利亞的穆斯林商隊。為了報復，薩拉丁在7月2日圍攻位於太比里亞斯（Tiberias）的堡壘，目標是引誘十字軍前來解圍。為了反擊，居伊在太比里亞斯西方30公里處的司芙利亞（Sephoria）集結十字軍領主，但卻忽視原地堅守、等待薩拉丁前來挑戰的建議，反而選擇跨越毫無水源的平原，導致部隊兩天後在哈丁遭到殲滅，對居伊和他的王國來說都是慘痛打擊。十字軍的堡壘一個接著一個淪陷——阿克雷（Acre）、太比里亞斯、凱撒里亞（Caesarea）、雅法，接著聖城耶路撒冷也在1187年10月2日被占領。由於衝擊實在太大，因此出現發動第三次十字軍重新解放的呼聲。

沙漠遭遇戰

居伊不顧盟友的忠告，率領十字軍跨越沙漠迎戰薩拉丁。他們筋疲力竭，飲水短缺，對薩拉丁的部隊來說非常容易對付。

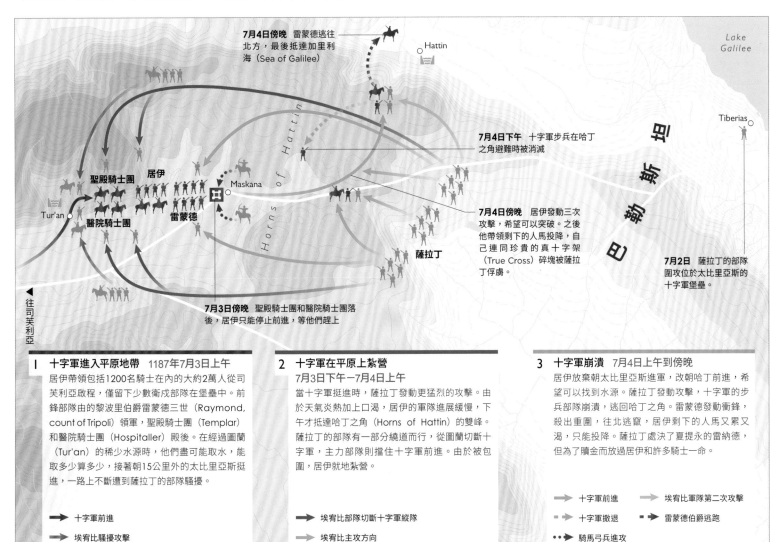

圖例

- 十字軍步兵
- 十字軍騎兵
- 十字軍軍營
- 泉水
- 埃宥比步兵
- 埃宥比騎馬弓兵
- 埃宥比騎兵

時間軸

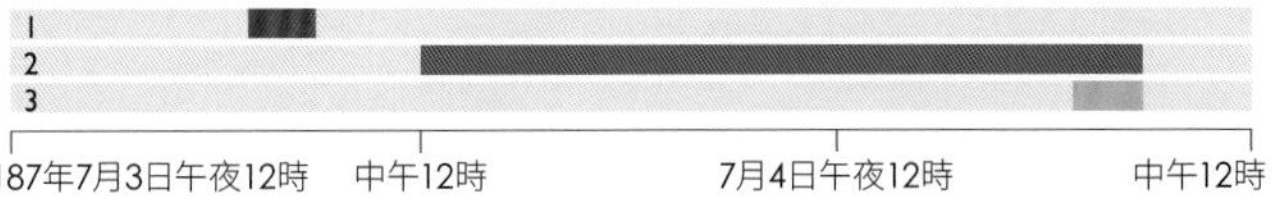

1
2
3
1187年7月3日午夜12時
中午12時
7月4日午夜12時
中午12時

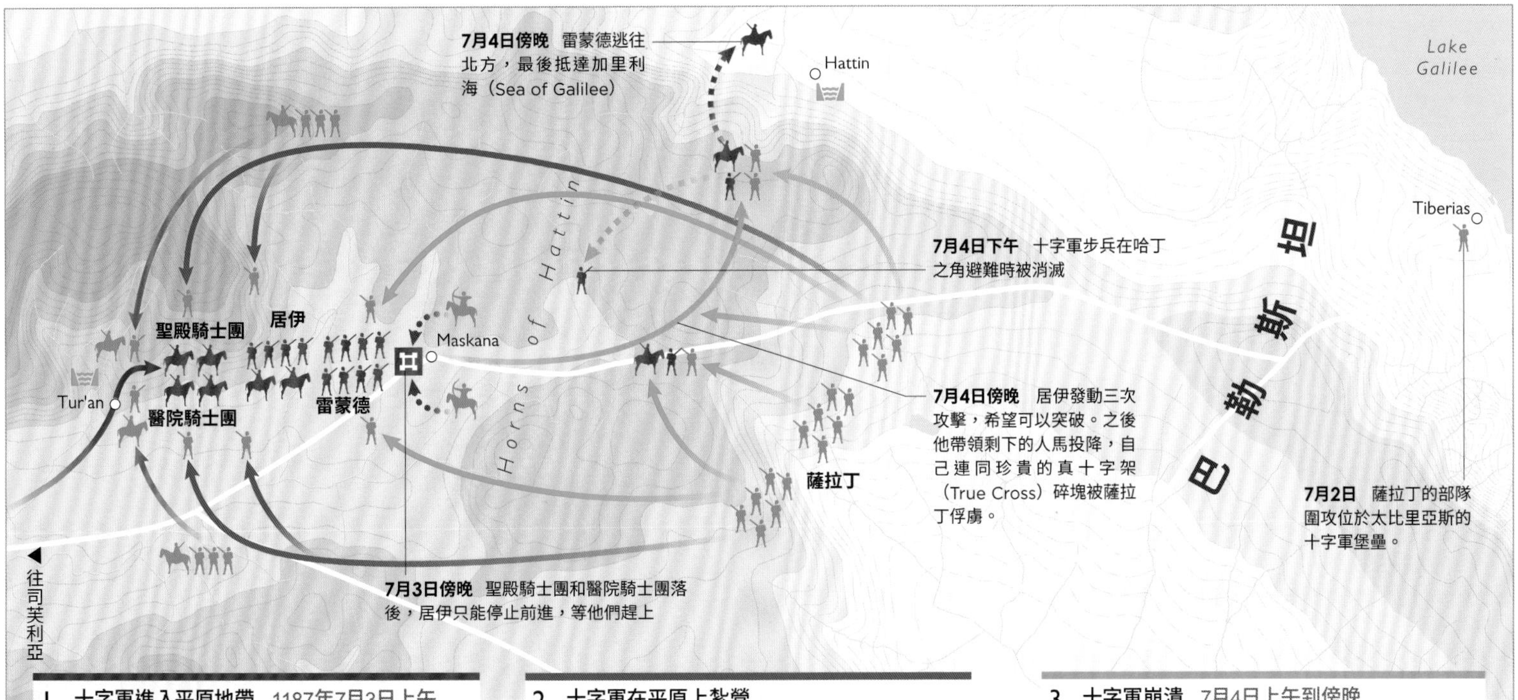

7月4日傍晚 雷蒙德逃往北方，最後抵達加里利海（Sea of Galilee）
Hattin
Lake Galilee
Tiberias
7月4日下午 十字軍步兵在哈丁之角避難時被消滅
Horns of Hattin
聖殿騎士團
居伊
Maskana
Tur'an
醫院騎士團
雷蒙德
薩拉丁
巴勒斯坦
7月4日傍晚 居伊發動三次攻擊，希望可以突破。之後他帶領剩下的人馬投降，自己連同珍貴的真十字架（True Cross）碎塊被薩拉丁俘虜。
7月2日 薩拉丁的部隊圍攻位於太比里亞斯的十字軍堡壘。
7月3日傍晚 聖殿騎士團和醫院騎士團落後，居伊只能停止前進，等他們趕上
◀往司芙利亞

1 十字軍進入平原地帶 1187年7月3日上午

居伊帶領包括1200名騎士在內的大約2萬人從司芙利亞啟程，僅留下少數衛戍部隊在堡壘中。前鋒部隊由的黎波里伯爵雷蒙德三世（Raymond, count of Tripoli）領軍，聖殿騎士團（Templar）和醫院騎士團（Hospitaller）殿後。在經過圖蘭（Tur'an）的稀少水源時，他們盡可能取水，能取多少算多少，接著朝15公里外的太比里亞斯挺進，一路上不斷遭到薩拉丁的部隊騷擾。

- 十字軍前進
- 埃宥比騷擾攻擊

2 十字軍在平原上紮營
7月3日下午—7月4日上午

當十字軍挺進時，薩拉丁發動更猛烈的攻擊。由於天氣炎熱加上口渴，居伊的軍隊進展緩慢，下午才抵達哈丁之角（Horns of Hattin）的雙峰。薩拉丁的部隊有一部分繞道而行，從圖蘭切斷十字軍，主力部隊則擋住十字軍前進。由於被包圍，居伊就地紮營。

- 埃宥比部隊切斷十字軍縱隊
- 埃宥比主攻方向

3 十字軍崩潰 7月4日上午到傍晚

居伊放棄朝太比里亞斯進軍，改朝哈丁前進，希望可以找到水源。薩拉丁發動攻擊，十字軍的步兵部隊崩潰，逃回哈丁之角。雷蒙德發動衝鋒，殺出重圍，往北逃竄，居伊剩下的人馬又累又渴，只能投降。薩拉丁處決了夏提永的雷納德，但為了贖金而放過居伊和許多騎士一命。

- 十字軍前進
- 十字軍撤退
- 騎馬弓兵進攻
- 埃宥比軍隊第二次攻擊
- 雷蒙德伯爵逃跑

阿爾蘇夫

薩拉丁在1187年拿下耶路撒冷後，對信奉基督教的歐洲人來說似乎所向無敵。四年後，英格蘭國王理察一世因為參加第三次十字軍東征而來到聖地，目標是光復這座城市。十字軍在阿爾蘇夫痛擊薩拉丁的部隊，證明他絕非無法擊敗。

穆斯林埃宥比王朝領袖薩拉丁在1187年攻占耶路撒冷，這個消息在基督教歐洲引起震撼與憤怒。它直接導致第三次十字軍東征（1189-92年），目標是奪回聖城、光復聖地。

十字軍一開始舉步維艱：1190年6月，率領日耳曼軍隊的皇帝腓特烈一世在橫跨安納托力亞時不幸溺斃。由腓力二世（Philip II）領導的法國十字軍從1189年開始圍攻十字軍第一批目標中的阿克雷，但戰事進度卻陷入停頓。一直要到英格蘭國王理察一世（Richard I，外號「獅心」（Lionheart））抵達，才加速對這座城市的最後突擊，並在1191年7月12日成功占領。菲利浦、雷奧波德（Leopold）和許多法國及日耳曼十字軍一起回國，而十字軍犯下的屠殺戰俘的暴行更加觸怒薩拉丁。

理察繼續向南挺進，想拿下雅法當作基地，從那裡進攻耶路撒冷。當這兩支大軍終於在阿爾蘇夫（Arsuf）遭遇時，這是他們首次在戰場上發揮全力正面衝突。理察的勝利等於是報了四年前薩拉丁在哈丁戰勝（參見第69頁）的仇，不過徹底的勝利依然遙不可及。根據1192年9月簽署的條約，基督徒將再度獲准前往耶路撒冷，但這座城市還是由穆斯林掌控。

> 「他們異口同聲地喊出戰鬥的口號……然後衝了出去，發動一波猛烈的衝鋒。」
>
> 巴哈丁（Baha-al-Din）描寫十字軍，12世紀左右

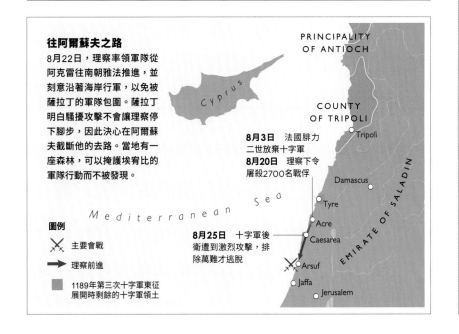

往阿爾蘇夫之路

8月22日，理察率領軍隊從阿克雷往南朝雅法推進，並刻意沿著海岸行軍，以免被薩拉丁的軍隊包圍。薩拉丁明白騷擾攻擊不會讓理察停下腳步，因此決心在阿爾蘇夫截斷他的去路。當地有一座森林，可以掩護埃宥比的軍隊行動而不被發現。

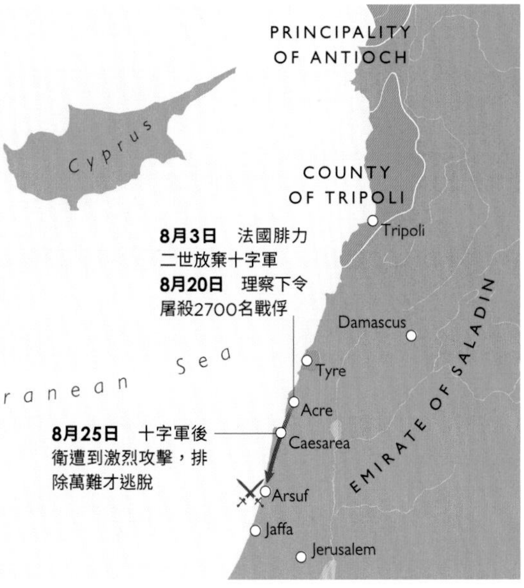
PRINCIPALITY OF ANTIOCH
Cyprus
COUNTY OF TRIPOLI
Tripoli
8月3日 法國腓力二世放棄十字軍
8月20日 理察下令屠殺2700名戰俘
Damascus
Mediterranean Sea
Tyre
Acre
Caesarea
8月25日 十字軍後衛遭到激烈攻擊，排除萬難才逃脫
Arsuf
Jaffa
Jerusalem
EMIRATE OF SALADIN

圖例
- 主要會戰
- 理察前進
- 1189年第三次十字軍東征展開時剩餘的十字軍領土

在森林和大海之間

十字軍持續向南挺進時，薩拉丁準備指揮埃宥比部隊，在阿爾蘇夫的森林和地中海之間的狹窄平原上對抗他們。

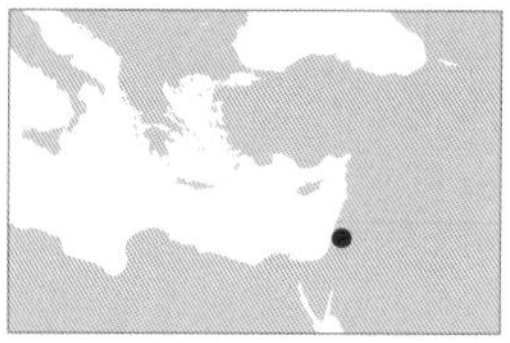

圖例
- 城鎮

十字軍
- 步兵
- 騎兵
- 弩兵
- 普瓦特溫部隊
- 聖殿騎士團
- 安茹部隊
- 英格蘭和諾曼部隊
- 醫院騎士團
- 輜重車隊

埃宥比軍
- 軍營
- 騎兵
- 弓兵和斥候

時間軸

Mediterranean Sea

1 雙方準備會戰 1191年9月7日清晨

斥候回報埃宥比軍隊出現在森林中。理察把麾下大約1萬2000人排列成防禦陣形，聖殿騎士團擔任前鋒，普瓦特溫、英格蘭和諾曼部隊位於中央，醫院騎士團負責殿後，每一群都由騎士和保護他們的步兵單位組成。

→ 十字軍抵達

2 薩拉丁發動騷擾攻擊 上午9-11時

十字軍移動到阿爾蘇夫的平原上，希望可以抵達9.7公里外的城鎮，薩拉丁趁機發動一連串騷擾攻擊。埃宥比的徒步弓兵接連射出箭矢，而騎馬弓兵則趁機逼近，射出更多箭，之後趁亂逃走，希望能引誘一些十字軍脫離隊伍，再加以分割包圍。

→ 埃宥比軍騷擾攻擊

3 十字軍左翼崩潰 上午11時－下午2時

十字軍堅守戰線，因此薩拉丁在理察的大軍後方對醫院騎士團發動更加猛烈的攻擊。當他們接近時，埃宥比部隊開始被理察麾下的弩兵殺傷。醫院騎士團團長加尼葉·德納布呂（Garnier de Nablus）請求理察准許他攻擊，但這位英國國王堅持要十字軍維持陣形，直到敵軍耗盡精力。

→ 埃宥比軍進攻

▷ **理察與薩拉丁**
在這幅維多利亞時代描述第三次十字軍東征的繪圖中，理察一世國王和薩拉丁蘇丹挺身戰鬥。

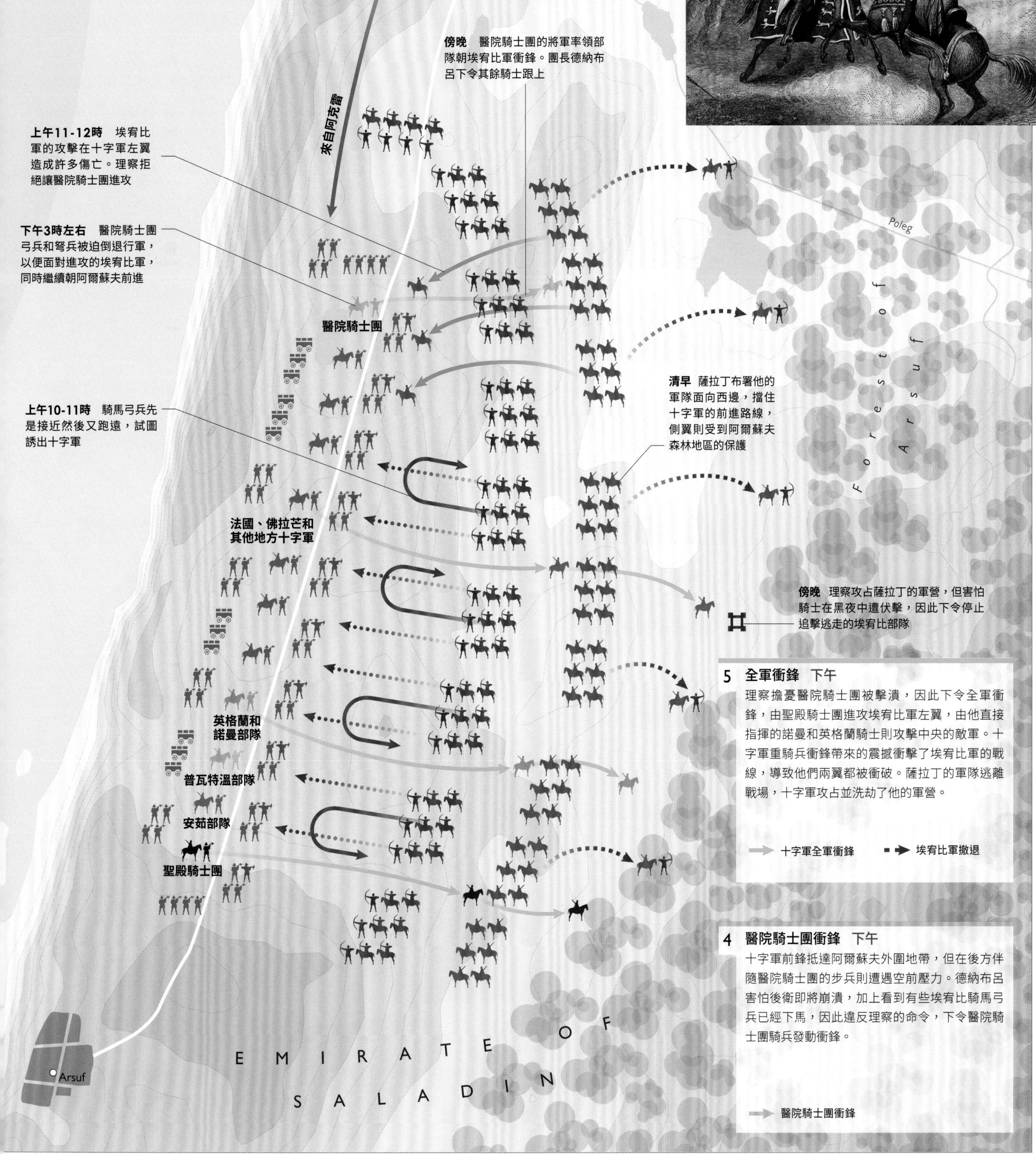

來自阿克雷
上午11-12時 埃宥比軍的攻擊在十字軍左翼造成許多傷亡。理察拒絕讓醫院騎士團進攻
下午3時左右 醫院騎士團弓兵和弩兵被迫倒退行軍，以便面對進攻的埃宥比軍，同時繼續朝阿爾蘇夫前進
傍晚 醫院騎士團的將軍率領部隊朝埃宥比軍衝鋒。團長德納布呂下令其餘騎士跟上
醫院騎士團
上午10-11時 騎馬弓兵先是接近然後又跑遠，試圖誘出十字軍
清早 薩拉丁布署他的軍隊面向西邊，擋住十字軍的前進路線，側翼則受到阿爾蘇夫森林地區的保護
法國、佛拉芒和其他地方十字軍
傍晚 理察攻占薩拉丁的軍營，但害怕騎士在黑夜中遭伏擊，因此下令停止追擊逃走的埃宥比部隊
英格蘭和諾曼部隊
普瓦特溫部隊
安茹部隊
聖殿騎士團
Poleg
Forest of Arsuf
EMIRATE OF SALADIN
Arsuf
十字軍全軍衝鋒
埃宥比軍撤退
醫院騎士團衝鋒

5 全軍衝鋒 下午

理察擔憂醫院騎士團被擊潰，因此下令全軍衝鋒，由聖殿騎士團進攻埃宥比軍左翼，由他直接指揮的諾曼和英格蘭騎士則攻擊中央的敵軍。十字軍重騎兵衝鋒帶來的震撼衝擊了埃宥比軍的戰線，導致他們兩翼都被衝破。薩拉丁的軍隊逃離戰場，十字軍攻占並洗劫了他的軍營。

4 醫院騎士團衝鋒 下午

十字軍前鋒抵達阿爾蘇夫外圍地帶，但在後方伴隨醫院騎士團的步兵則遭遇空前壓力。德納布呂害怕後衛即將崩潰，加上看到有些埃宥比騎馬弓兵已經下馬，因此違反理察的命令，下令醫院騎士團騎兵發動衝鋒。

十字軍與薩拉森人

十字軍從西歐入侵穆斯林掌控的地中海東部，讓基督教的盔甲騎士與靈活的穆斯林輕騎兵這兩種南轅北轍的戰鬥風格在戰場上短兵相接。

1095-1492 年間抵抗十字軍的穆斯林軍隊被基督徒稱為薩拉森人（Saracen），絕大多數來自中亞。他們是快如閃電的騎馬戰士，靈活機動，擅長刺探。薩拉森騎兵通常配備複合弓，避免近距離戰鬥，直到敵人已經精疲力盡。只有到了這個時候，他們才會逼近上來，給予最後一擊。十字軍騎士穿戴厚重盔甲，機動性遠遠不如薩拉森人。騎士偏好騎兵衝鋒以及肉搏戰，他們認為這種作戰方式是至高無上的英勇展現。另一方面，穆斯林軍隊則喜歡佯裝逃跑來欺騙敵人。

文化衝突

十字軍也學到一部分薩拉森人的戰術。他們布署步兵來保護騎馬騎士，熱那亞的弩兵（參見第 84-85 頁）則用來對抗薩拉森的弓兵。他們厚重的盔甲不適合炎熱氣候，但可抵擋射來的箭矢，而他們也會組織類似聖殿騎士團之類的宗教性戰鬥團體，強化騎士的神祕氣息。薩拉森人也運用穿戴鎧甲的騎兵搭配輕裝騎馬弓兵。這樣的結果造就出一種不對稱的平衡，勝負則是由將領的領導統御和其他因素決定。

◁ **偏好的武器**
雙刃劍是基督教騎士的標準配備，不論用來刺擊還是砍劈都是相當有效的武器。

理察一世

1157-99年

理察一世外號獅心理察，繼承英格蘭王位還不到一年就啟程前往巴勒斯坦參加第三次十字軍東征（1189-92年）。他在阿爾蘇夫（參見第70-71頁）和雅法（1192年）與薩拉森人的蘇丹薩拉丁交戰時，表現出極為出色的戰術技巧和勇氣，但還是沒能收回他的首要目標耶路撒冷。他在1194年回到英格蘭，五年後在法國一場圍城戰中陣亡。

擊退敵人
這幅12世紀的插圖手稿描繪第一次十字軍東征期間（1096-99年），穆斯林戰士在一場圍城戰中和基督教騎士交鋒。本圖中可以看到薩拉森弓兵對著攀上城牆的重裝十字軍放箭。

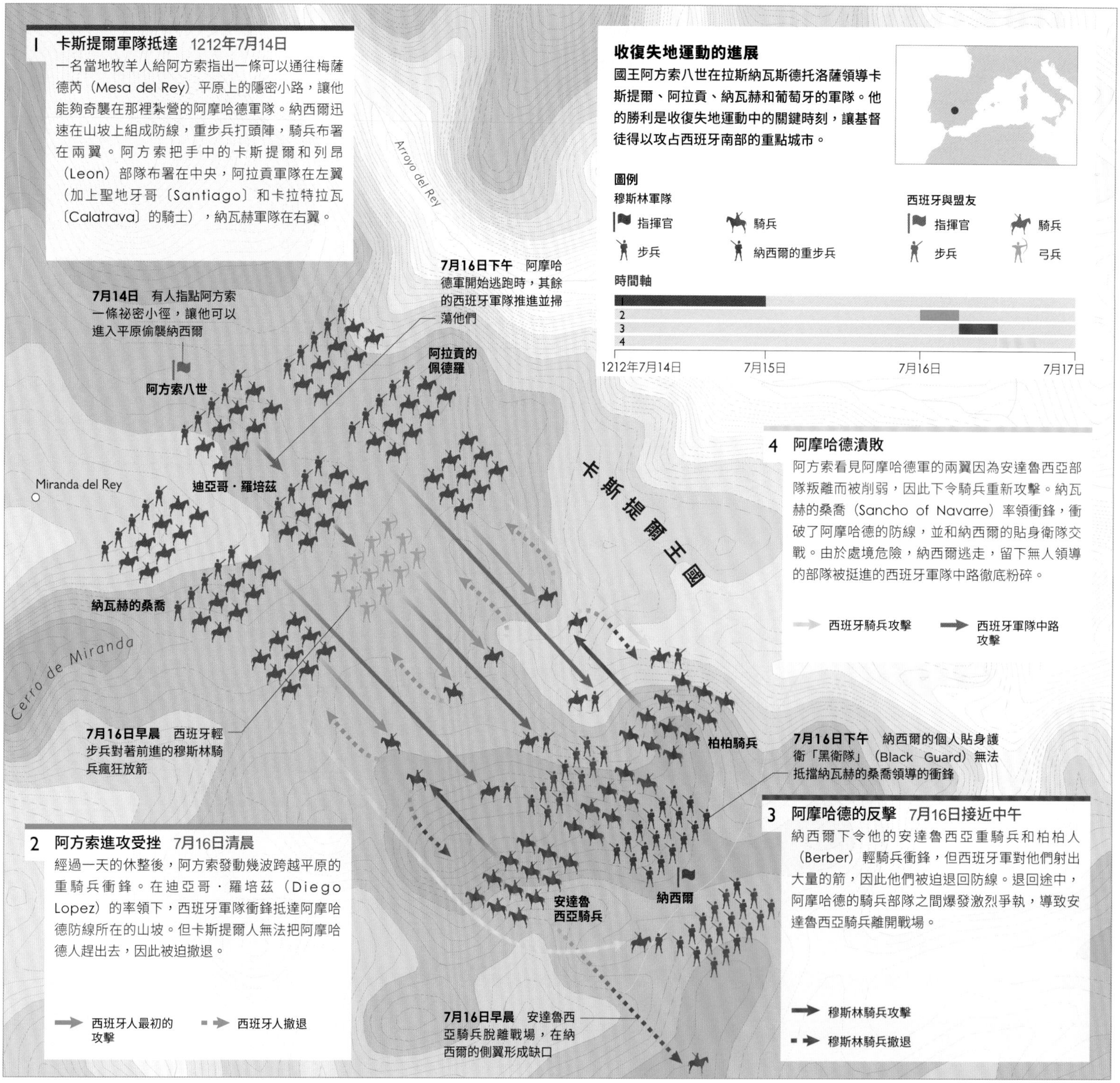
1 卡斯提爾軍隊抵達 1212年7月14日
一名當地牧羊人給阿方索指出一條可以通往梅薩德芮（Mesa del Rey）平原上的隱密小路，讓他能夠奇襲在那裡紮營的阿摩哈德軍隊。納西爾迅速在山坡上組成防線，重步兵打頭陣，騎兵布署在兩翼。阿方索把手中的卡斯提爾和列昂（Leon）部隊布署在中央，阿拉貢軍隊在左翼（加上聖地牙哥〔Santiago〕和卡拉特拉瓦〔Calatrava〕的騎士），納瓦赫軍隊在右翼。
收復失地運動的進展
國王阿方索八世在拉斯納瓦斯德托洛薩領導卡斯提爾、阿拉貢、納瓦赫和葡萄牙的軍隊。他的勝利是收復失地運動中的關鍵時刻，讓基督徒得以攻占西班牙南部的重點城市。
圖例
穆斯林軍隊
指揮官
騎兵
步兵
納西爾的重步兵
西班牙與盟友
指揮官
騎兵
步兵
弓兵
時間軸
1
2
3
4
1212年7月14日
7月15日
7月16日
7月17日
Arroyo del Rey
7月16日下午 阿摩哈德軍開始逃跑時，其餘的西班牙軍隊推進並掃蕩他們
7月14日 有人指點阿方索一條祕密小徑，讓他可以進入平原偷襲納西爾
阿拉貢的佩德羅
阿方索八世
4 阿摩哈德潰敗
阿方索看見阿摩哈德軍的兩翼因為安達魯西亞部隊叛離而被削弱，因此下令騎兵重新攻擊。納瓦赫的桑喬（Sancho of Navarre）率領衝鋒，衝破了阿摩哈德的防線，並和納西爾的貼身衛隊交戰。由於處境危險，納西爾逃走，留下無人領導的部隊被挺進的西班牙軍隊中路徹底粉碎。
卡斯提爾王國
Miranda del Rey
迪亞哥・羅培茲
納瓦赫的桑喬
西班牙騎兵攻擊
西班牙軍隊中路攻擊
Cerro de Miranda
7月16日早晨 西班牙輕步兵對著前進的穆斯林騎兵瘋狂放箭
柏柏騎兵
7月16日下午 納西爾的個人貼身護衛「黑衛隊」（Black Guard）無法抵擋納瓦赫的桑喬領導的衝鋒
3 阿摩哈德的反擊 7月16日接近中午
納西爾下令他的安達魯西亞重騎兵和柏柏人（Berber）輕騎兵衝鋒，但西班牙軍對他們射出大量的箭，因此他們被迫退回防線。退回途中，阿摩哈德的騎兵部隊之間爆發激烈爭執，導致安達魯西亞騎兵離開戰場。
2 阿方索進攻受挫 7月16日清晨
經過一天的休整後，阿方索發動幾波跨越平原的重騎兵衝鋒。在迪亞哥・羅培茲（Diego Lopez）的率領下，西班牙軍隊衝鋒抵達阿摩哈德防線所在的山坡。但卡斯提爾人無法把阿摩哈德人趕出去，因此被迫撤退。
納西爾
安達魯西亞騎兵
西班牙人最初的攻擊
西班牙人撤退
7月16日早晨 安達魯西亞騎兵脫離戰場，在納西爾的側翼形成缺口
穆斯林騎兵攻擊
穆斯林騎兵撤退

拉斯納瓦斯德托洛薩

1212年，在安達魯西亞（Andalusia）的平原上，一個由多位基督教國王組成的聯盟發動了一場孤注一擲的衝鋒，徹底擊垮由哈里發納西爾領導的穆斯林大軍。這場勝利代表了基督徒在西班牙的收復失地運動的轉捩點。

統治西班牙南部的阿爾摩拉維王朝（Almoravid）在 1140 年代垮台後，當地就陷入混亂無序的狀態，因此卡斯提爾（Castile）國王阿方索八世（Alfonso VIII，1158-1214 年在位）統治期間，基督徒對穆斯林酋長國的鬥爭有了新的進展。阿方索向南推進，卻受到阿摩哈德王朝（一個來自摩洛哥的新穆斯林政權）阻撓。1211 年，阿摩哈德王朝的哈里發穆罕默德・納西爾（Muhammad al-Nasir）從塞維爾（Seville）揮軍北上，攻克關鍵要塞沙瓦提厄拉（Salvatierra）。次年春季，阿方索向南行軍，迎戰納西爾，跟他同行的還有阿拉貢（Aragon）與納瓦赫（Navarre）的國王，以及葡萄牙和法國的盟友。阿方索一直按兵不動直到 7 月，才在拉斯納瓦斯・德・托洛薩（Las Navas de Tolosa）奇襲納西爾。阿摩哈德王朝戰敗，基督徒快速攻城掠地，最後阿方索的孫子、卡斯提爾的斐迪南三世（Ferdinand III）在 1236 年奪取哥多華，接著又在 1248 年占領阿摩哈德王朝的首都塞維爾。

米黑

1213年9月，身為騎士的法國貴族賽門・德・孟福爾領導十字軍，在法國西南部對抗異教徒卡特里派，結果在要塞城市米黑遭遇了人數有壓倒性優勢的阿拉貢和土魯斯聯軍。他出奇不意地大膽出擊，徹底擊潰阿拉貢軍隊，殺死他們的國王，對卡特里派給予致命痛擊。

12 世紀時，公認屬於異教的基督教支派卡特里派（Catharism，又稱為阿爾比派 Albigensianism）在法國西南地區盛行。這個教派受到當地貴族支持，他們藉由它來主張自身的獨立地位，脫離北方掌控。1208 年，教宗依諾森三世（Innocent III）宣布組織十字軍，討伐卡特里派，稱為阿爾比十字軍（Albigensian Crusade）。在賽門・德・孟福爾（Simon de Montfort）的領導下，許多騎士集結起來，加入這場作戰。十字軍連續攻陷了幾座堡壘，並開始擊潰卡特里派，但在土魯斯伯爵雷蒙德六世（Count Raymond VI of Toulouse）變節投靠卡特里派後遭遇較強抵抗，此外他還得到阿拉貢國王彼得二世（Peter II）的支持。雷蒙德和彼得在米黑（Muret）戰敗，但卡特里派卻沒有被徹底消滅，直到1229年法國國王路易八世（Louis VIII）介入，雙方才同意和平條件。之後經過 1244 年發生在蒙特塞居（Montségur）的大屠殺，卡特里派才在法國一蹶不振。

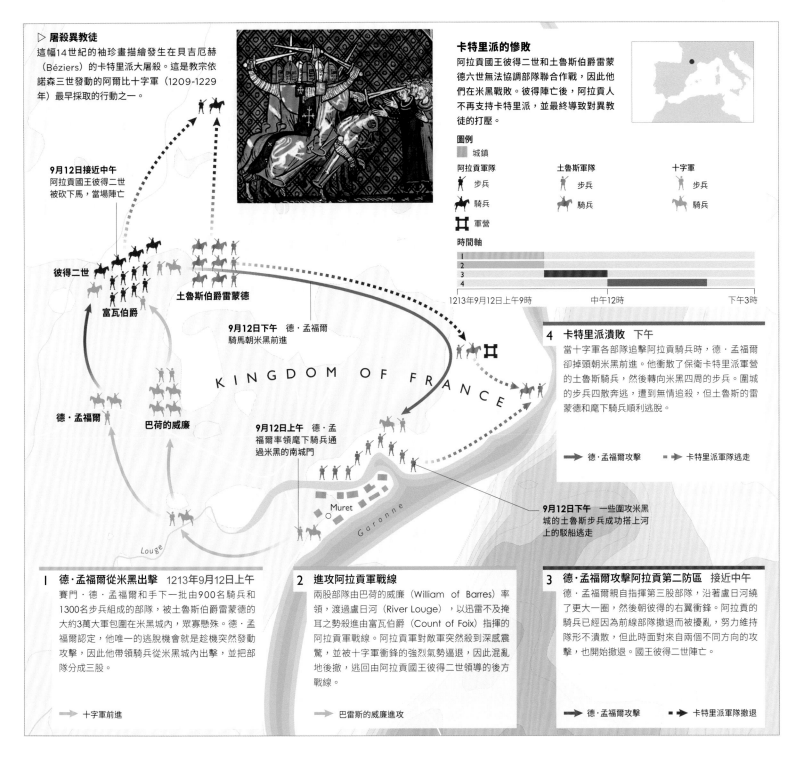

▷ **屠殺異教徒**
這幅14世紀的袖珍畫描繪發生在貝吉厄赫（Béziers）的卡特里派大屠殺。這是教宗依諾森三世發動的阿爾比十字軍（1209-1229年）最早採取的行動之一。

卡特里派的慘敗
阿拉貢國王彼得二世和土魯斯伯爵雷蒙德六世無法協調部隊聯合作戰，因此他們在米黑戰敗。彼得陣亡後，阿拉貢人不再支持卡特里派，並最終導致對異教徒的打壓。

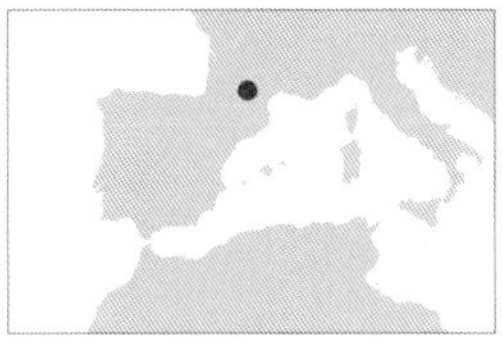

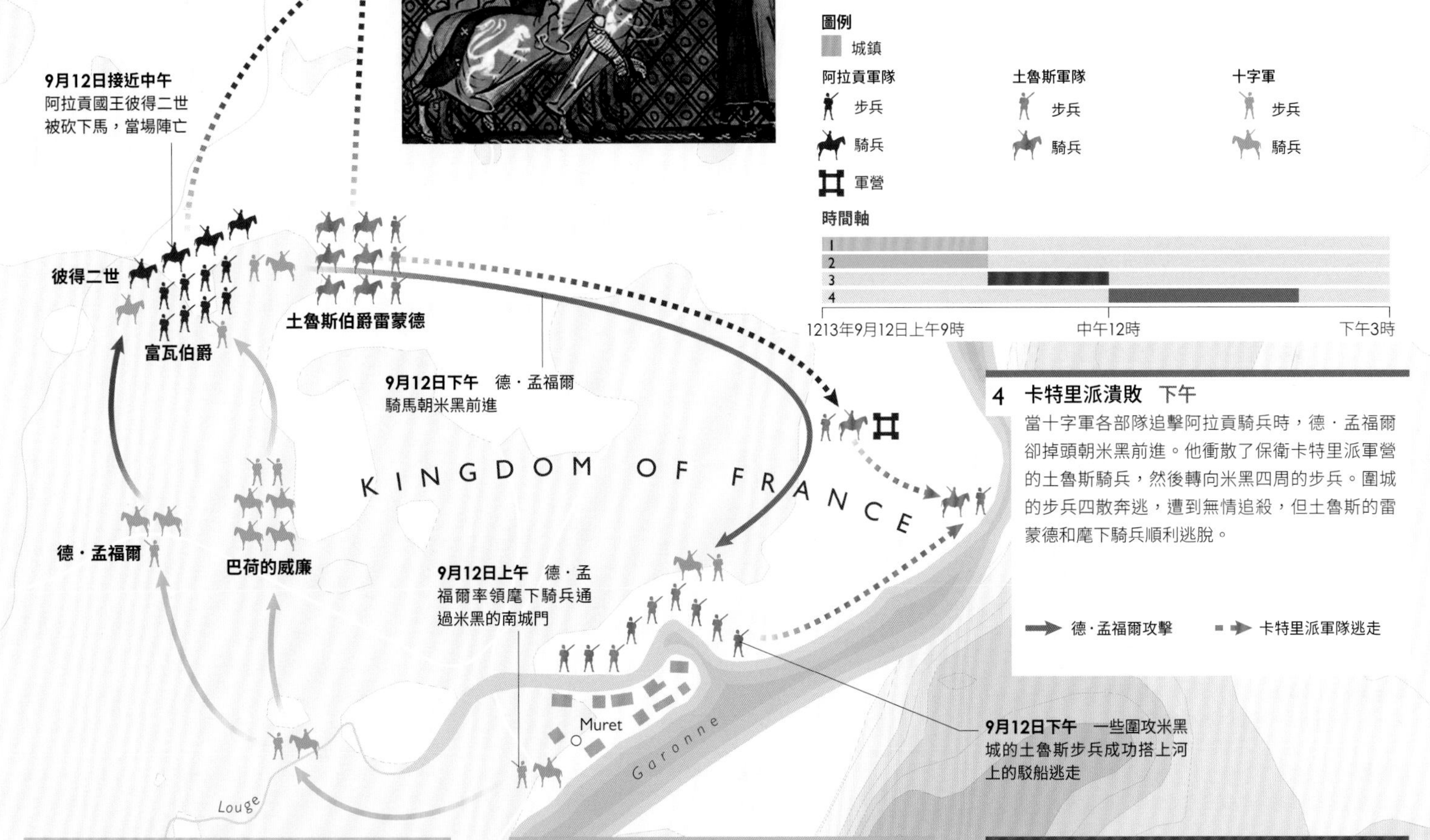
圖例
城鎮
阿拉貢軍隊
步兵
騎兵
土魯斯軍隊
步兵
騎兵
十字軍
步兵
騎兵
軍營
時間軸
1
2
3
4
1213年9月12日上午9時
中午12時
下午3時
9月12日接近中午
阿拉貢國王彼得二世被砍下馬，當場陣亡
彼得二世
富瓦伯爵
土魯斯伯爵雷蒙德
9月12日下午 德・孟福爾騎馬朝米黑前進
KINGDOM OF FRANCE
德・孟福爾
巴荷的威廉
9月12日上午 德・孟福爾率領麾下騎兵通過米黑的南城門
Muret
Garonne
Louge
9月12日下午 一些圍攻米黑城的土魯斯步兵成功搭上河上的駁船逃走

1 德・孟福爾從米黑出擊 1213年9月12日上午
賽門・德・孟福爾和手下一批由900名騎兵和1300名步兵組成的部隊，被土魯斯伯爵雷蒙德的大約3萬大軍包圍在米黑城內，眾寡懸殊。德・孟福爾認定，他唯一的逃脫機會就是趁機突然發動攻擊，因此他帶領騎兵從米黑城內出擊，並把部隊分成三股。

十字軍前進

2 進攻阿拉貢軍戰線
兩股部隊由巴荷的威廉（William of Barres）率領，渡過盧日河（River Louge），以迅雷不及掩耳之勢殺進由富瓦伯爵（Count of Foix）指揮的阿拉貢軍戰線。阿拉貢軍對敵軍突然殺到深感震驚，並被十字軍衝鋒的強烈氣勢逼退，因此混亂地後撤，逃回由阿拉貢國王彼得二世領導的後方戰線。

巴雷斯的威廉進攻

3 德・孟福爾攻擊阿拉貢第二防區 接近中午
德・孟福爾親自指揮第三股部隊，沿著盧日河繞了更大一圈，然後朝彼得的右翼衝鋒。阿拉貢的騎兵已經因為前線部隊撤退而被擾亂，努力維持隊形不潰散，但此時面對來自兩個不同方向的攻擊，也開始撤退。國王彼得二世陣亡。

德・孟福爾攻擊　卡特里派軍隊撤退

4 卡特里派潰敗 下午
當十字軍各部隊追擊阿拉貢騎兵時，德・孟福爾卻掉頭朝米黑前進。他衝散了保衛卡特里派軍營的土魯斯兵，然後轉向米黑四周的步兵。圍城的步兵四散奔逃，遭到無情追殺，但土魯斯的雷蒙德和麾下騎兵順利逃脫。

德・孟福爾攻擊　卡特里派軍隊逃走

利格尼次

1241年4月，西利西亞的亨利二世公爵在利格尼次城外面對入侵的蒙古大軍。結果他的軍隊被騎馬游牧民族的經典的假撤退戰術愚弄，被分割成小單位然後殲滅，公爵也一起遇害。不過蒙古人就在即將征服波蘭和匈牙利的時候突然鳴金收兵，讓歐洲免於更徹底的毀滅。

1223年，成吉思汗（參見第78頁）入侵俄羅斯。他的騎兵擊敗了居住在黑海沿岸大草原上的一支突厥民族庫曼人（Cuman），而當時匈牙利國王貝拉四世（Bela IV）准許他們進入匈牙利避難，並改信基督教。

蒙古人的新領袖窩闊台於1237年再度入侵俄羅斯。他要求庫曼人返回原本的家園，但遭貝拉國王拒絕，所以在1241年以此為藉口入侵匈牙利。橫掃俄羅斯後，蒙古大軍一分為二：拔都和速不臺直接進攻匈牙利，由拜荅兒和合丹指揮的牽制行動則往北進攻波蘭，阻止匈牙利人和波蘭人合作。蒙古人先是蹂躪波蘭北部，然後調頭向南，在1241年3月洗劫並縱火焚燒波蘭首都克拉考（Cracow）。西利西亞（Silesia）亨利二世公爵（Duke Henry II）所轄的3萬名部隊是當時波蘭境內最後一支有能力阻擋蒙古人的部隊。他決定發動攻擊，但卻不曉得由波希米亞的溫瑟斯勞斯（Wenceslas of Bohemia）率領的5萬大軍就在只要行軍兩天就可支援的地方。

4月9日，亨利的部隊在利格尼次（Liegnitz）被擊潰，兩天後蒙古大軍又在穆希（Mohi）粉碎匈牙利部隊。不過到了12月，窩闊台去世的消息傳來，引發蒙古領袖之間的權力鬥爭。他們把部隊撤回蒙古，波蘭和匈牙利才因此得救。

蒙古入侵

由於擔憂敵人會迅速獲得增援，亨利二世的軍隊在利格尼次迎戰蒙古人。蒙古人憑藉更優異的戰術和機動性擊敗了他們。

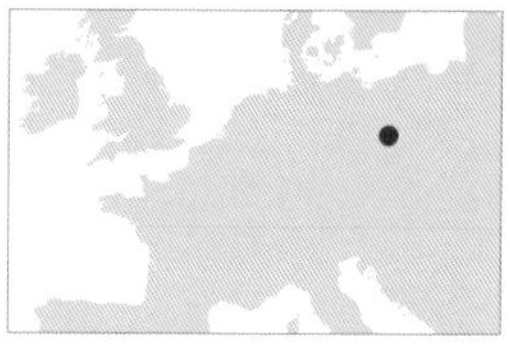

圖例

波蘭軍隊：指揮官、步兵、騎兵

蒙古軍隊：指揮官、輕騎兵、重騎兵

時間軸

1241年4月9日 — 4月10日

△ 蒙古人的優勢

這幅細部圖出自一份14世紀的西利西亞法典，描繪利格尼次之役的一幕，圖中靈活的騎馬弓兵與重裝的日耳曼與波蘭騎兵對峙。

蒙古西征（1237-42年）

蒙古在1237年下半年展開第二次入侵歐洲的行動。他們首先奇襲了俄羅斯各公國，以迅雷不及掩耳的速度洗劫了夫拉迪米（Vladimir）、莫斯科和特維爾（Tve）等城市。到了1241年初，拔都（蒙古帝國西邊欽察汗國領袖）派遣他的大軍穿越基輔（Kiev），並跨越喀爾巴阡山脈（Carpathians）。這支軍隊在加里西亞（Galicia）分開，其中一翼往北進入波蘭，最後在利格尼次迎戰西利西亞的亨利二世公爵，另一翼則往南前進，在穆希會戰（Battle of Mohi）消滅匈牙利軍隊。這場蒙古西征的戰役最後變成利格尼次的勝利者合丹沿著達爾馬提亞海岸追擊匈牙利國王貝拉四世，然後穿越保加利亞，直到1242年由拔都領導的蒙古大軍返鄉才結束。

圖例

- 主要會戰
- 1237-38年冬季，蒙古人入侵
- 1241年蒙古人入侵
- 1242年合丹的作戰
- 蒙古軍隊返鄉路線

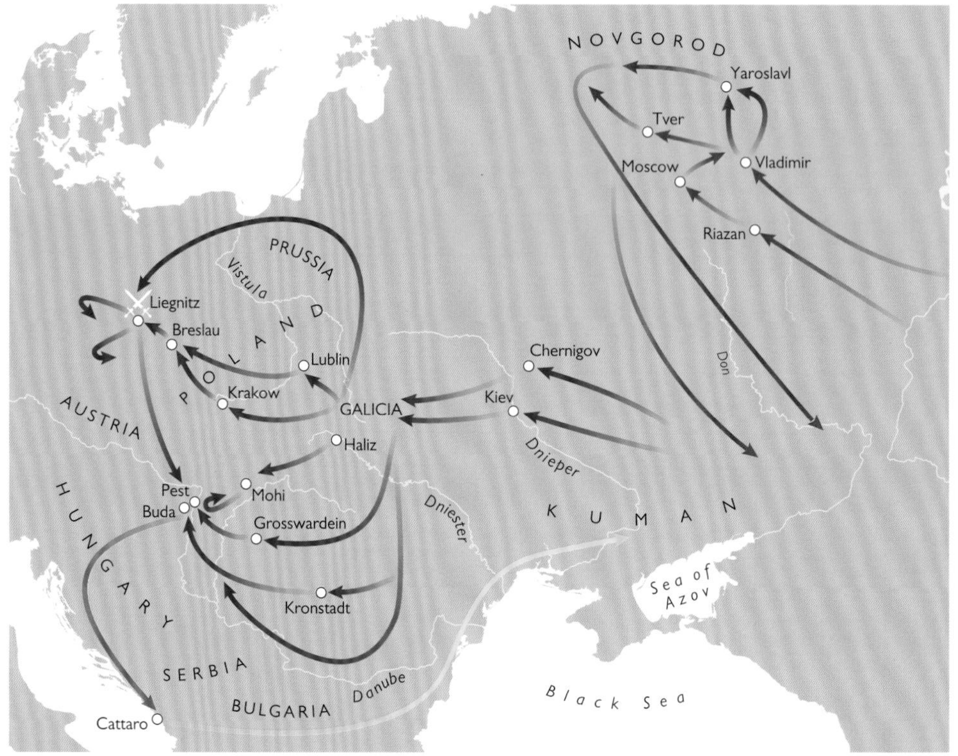

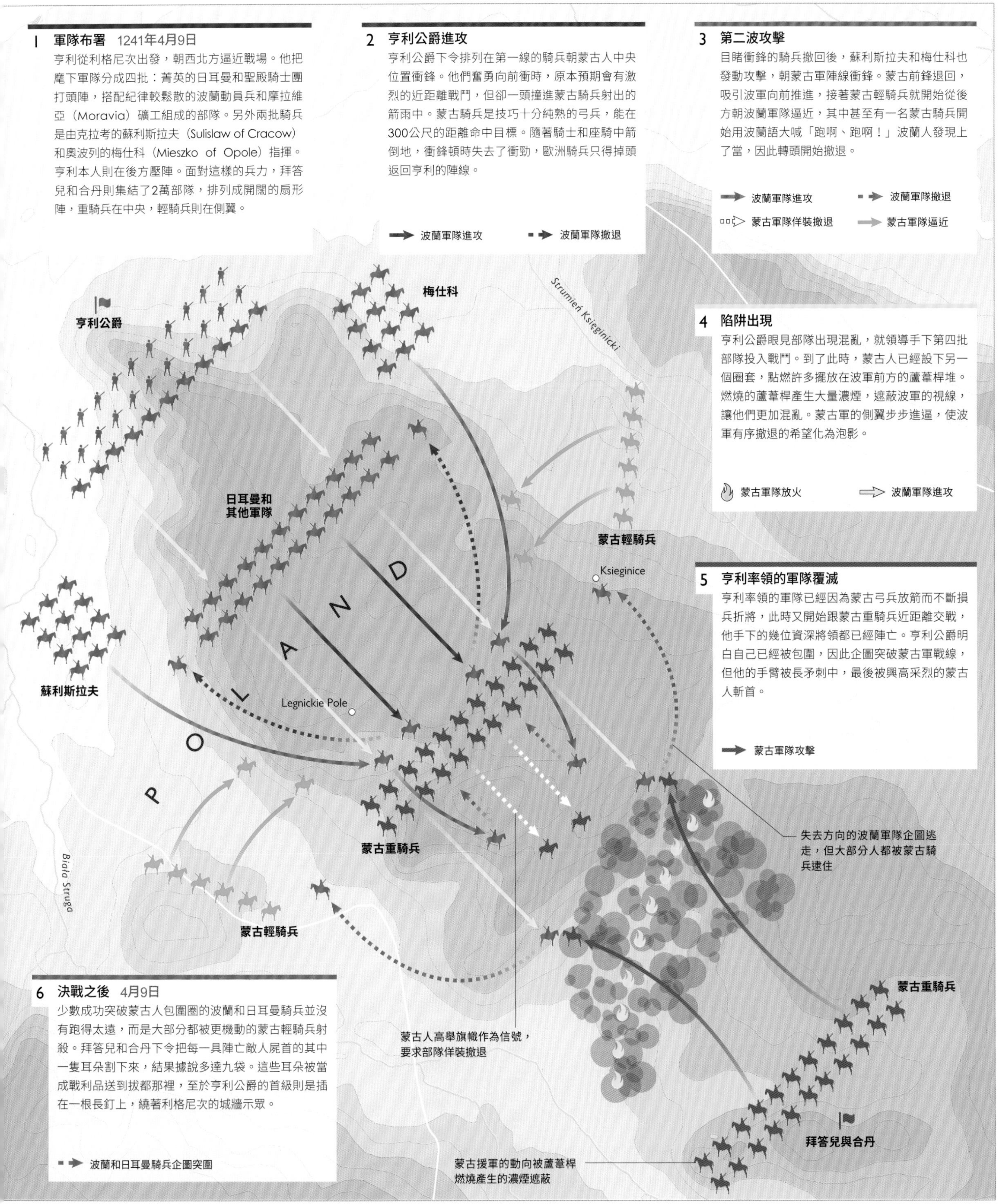
亨利公爵
梅仕科
Strumień Księginicki
日耳曼和其他軍隊
POLAND
蒙古輕騎兵
Ksieginice
蘇利斯拉夫
Legnickie Pole
蒙古重騎兵
Biała Struga
蒙古輕騎兵
失去方向的波蘭軍隊企圖逃走，但大部分人都被蒙古騎兵逮住
蒙古人高舉旗幟作為信號，要求部隊佯裝撤退
蒙古重騎兵
拜答兒與合丹
蒙古援軍的動向被蘆葦桿燃燒產生的濃煙遮蔽

1 軍隊布署 1241年4月9日

亨利從利格尼次出發，朝西北方逼近戰場。他把麾下軍隊分成四批：菁英的日耳曼和聖殿騎士團打頭陣，搭配紀律較鬆散的波蘭動員兵和摩拉維亞（Moravia）礦工組成的部隊。另外兩批騎兵是由克拉考的蘇利斯拉夫（Sulislaw of Cracow）和奧波列的梅仕科（Mieszko of Opole）指揮。亨利本人則在後方壓陣。面對這樣的兵力，拜答兒和合丹則集結了2萬部隊，排列成開闊的扇形陣，重騎兵在中央，輕騎兵則在側翼。

2 亨利公爵進攻

亨利公爵下令排列在第一線的騎兵朝蒙古人中央位置衝鋒。他們奮勇向前衝時，原本預期會有激烈的近距離戰鬥，但卻一頭撞進蒙古騎兵射出的箭雨中。蒙古騎兵是技巧十分純熟的弓兵，能在300公尺的距離命中目標。隨著騎士和座騎中箭倒地，衝鋒頓時失去了衝勁，歐洲騎兵只得掉頭返回亨利的陣線。

波蘭軍隊進攻　波蘭軍隊撤退

3 第二波攻擊

目睹衝鋒的騎兵撤回後，蘇利斯拉夫和梅仕科也發動攻擊，朝蒙古軍陣線衝鋒。蒙古前鋒退回，吸引波軍向前推進，接著蒙古輕騎兵就開始從後方朝波蘭軍隊逼近，其中甚至有一名蒙古騎兵開始用波蘭語大喊「跑啊、跑啊！」波蘭人發現上了當，因此轉頭開始撤退。

波蘭軍隊進攻　波蘭軍隊撤退
蒙古軍隊佯裝撤退　蒙古軍隊逼近

4 陷阱出現

亨利公爵眼見部隊出現混亂，就領導手下第四批部隊投入戰鬥。到了此時，蒙古人已經設下另一個圈套，點燃許多擺放在波軍前方的蘆葦桿堆。燃燒的蘆葦桿產生大量濃煙，遮蔽波軍的視線，讓他們更加混亂。蒙古軍的側翼步步進逼，使波軍有序撤退的希望化為泡影。

蒙古軍隊放火　波蘭軍隊進攻

5 亨利率領的軍隊覆滅

亨利率領的軍隊已經因為蒙古弓兵放箭而不斷損兵折將，此時又開始跟蒙古重騎兵近距離交戰，他手下的幾位資深將領都已經陣亡。亨利公爵明白自己已經被包圍，因此企圖突破蒙古軍戰線，但他的手臂被長矛刺中，最後被興高采烈的蒙古人斬首。

蒙古軍隊攻擊

6 決戰之後 4月9日

少數成功突破蒙古人包圍圈的波蘭和日耳曼騎兵並沒有跑得太遠，而是大部分都被更機動的蒙古輕騎兵射殺。拜答兒和合丹下令把每一具陣亡敵人屍首的其中一隻耳朵割下來，結果據說多達九袋。這些耳朵被當成戰利品送到拔都那裡，至於亨利公爵的首級則是插在一根長釘上，繞著利格尼次的城牆示眾。

波蘭和日耳曼騎兵企圖突圍

蒙古帝國

1206年，蒙古部落領袖鐵木真採用了成吉思汗這個名號，統一了中亞大草原上的各個蒙古部落。幾個世紀以來，這些部落雖然曾經臣服於中國、掠奪中國、干涉中國、甚至擔任中國的傭兵，他們卻締造出一個跨越兩個世紀的大帝國。

13 世紀初，中國分裂成南方的宋朝和北方的大金。成吉思汗先是和宋朝結盟，對付大金和他們的傀儡西夏。之後他向西發展，征服了裡海的花剌子模，並於 1223 年在卡爾卡河（Kalka River）擊敗俄羅斯聯軍。成吉思汗在 1227 年去世，但蒙古的擴張並沒有跟著結束。當宋朝企圖從被擊敗的大金手中奪回先前的首都時，蒙古回過頭來對付他們，完成征服中國的霸業。此外蒙古軍隊也繼續西征，幾乎所向披靡，帝國的版圖在 1294 年達到最大，從黃海一路延伸到多瑙河（Danube）。

蒙古軍隊本質上是一支騎兵部隊，結合盔甲厚重的槍騎兵和數量更多、穿著較輕便鎧甲的騎兵，配備複合弓。蒙古人擅長機動作戰，精通戰術，因此比當時的其他軍隊更優越。雖然蒙古軍隊主要由部落戰士組成，但也會有地方輔助部隊。在 1274 和 1281 年間入侵日本的蒙古部隊中，就有當時中國跟朝鮮的部隊。

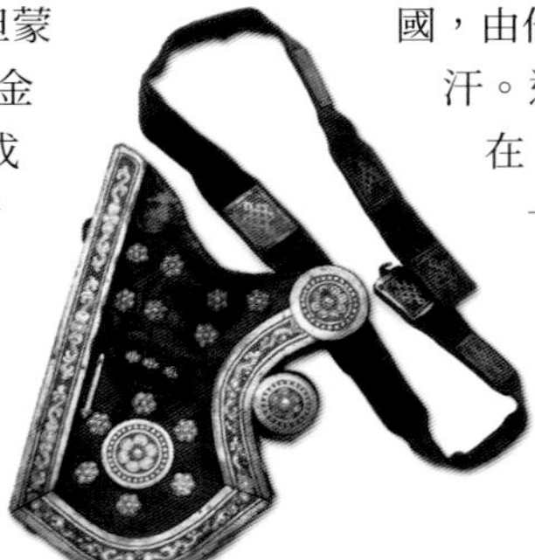

◁ **中亞箭袋**
這個有華麗裝飾的中亞箭袋很可能起源於蒙古，設計來讓蒙古的騎馬弓兵攜帶他們的箭。他們使用這類裝備長達好幾世紀，現存的箭袋年代可以回溯到清朝（1644-1912年）。

成吉思汗去世後，四處擴張的帝國就分成了幾個較小的汗國，由他的四個兒子統治，並由三子窩闊台繼承父親成為大汗。這個大汗的傳統一直持續到成吉思汗的孫子忽必烈在 1294 年去世時為止。各個汗國漸行漸遠，但影響力一直發揮到 15 世紀。

鐵木真‧博爾濟金
大約1162－1227年

鐵木真‧博爾濟金是一個小部落的首領之子， 以「成吉思汗」的名號更為人所知。經過多年時間，他逐漸為自己建立起驍勇戰士與高明外交家的名聲。他帶領一支令人聞風喪膽的軍隊，展開一場超過20年的征戰，最後把整個亞洲乾草原與附近區域都納入他的統治之下。

兩軍交鋒
這張14世紀插畫的複製品描繪成吉思汗的大軍圍攻一座西夏城堡。蒙古人從中國人那裡學到攻城戰法，使用巨型投石機向城垛投擲燃燒彈。

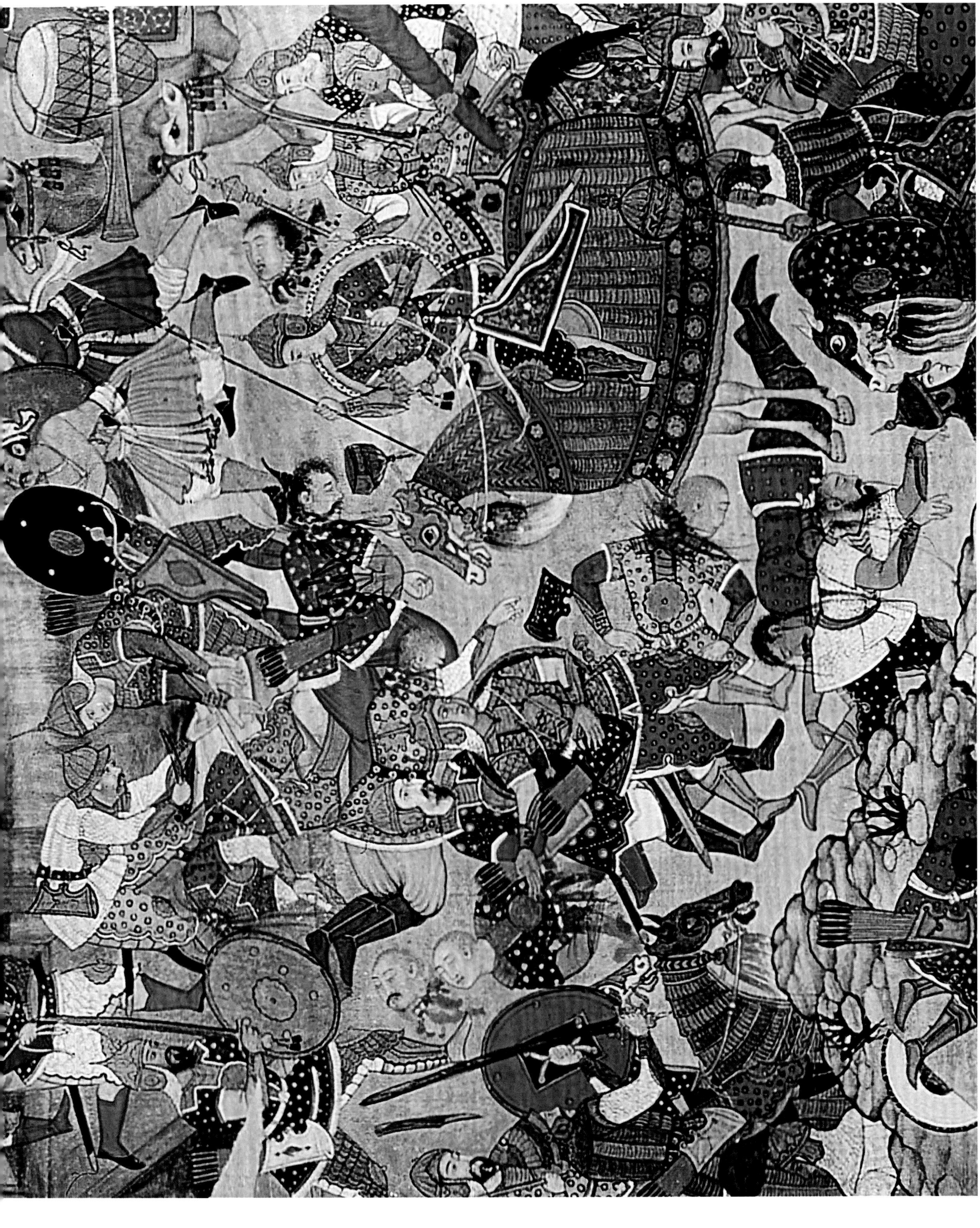

派普斯湖

條頓騎士向東進軍，進入諾夫哥羅大公國，最後在1242年4月於派普斯湖結冰的湖面上停下腳步。亞歷山大．涅夫斯基大公在這裡擊敗入侵者，阻擋了天主教十字軍的狂熱浪潮，保存了東正教文化。

1198 年，教宗依諾森三世重申前任教宗組成十字軍討伐波羅的海東部異教徒的主張，是一連串強迫他們改信基督教的漫長戰役的開端。條頓騎士在 1240 攻占波羅的海地區後，就繼續進攻諾夫哥羅大公國（Novgorod Republic，一個位於俄羅斯北部的東正教國家），並奪取了普斯科夫（Pskov）。到了次年，先前曾因為和貴族之間關係緊張而被諾夫哥羅人放逐、年僅 20 歲的亞歷山大．涅夫斯基大公（Alexander Nevsky）奪回這座城。條頓騎士由采邑主教多爾帕特的赫曼（Hermann of Dorpat）領軍，在 1942 年 3 月恢復攻擊，朝諾夫哥羅挺進。亞歷山大率軍出動，前往截擊，引誘十字軍來到派普斯湖（Lake Peipus）冰凍的湖面上，也就是今日俄羅斯和愛沙尼亞的邊界。他在那裡戰勝，阻擋了條頓騎士併吞諾夫哥羅的野心，但他們在普魯士和立陶宛的作戰還是持續到 15 世紀初期。

◁ **冰上之戰**
在這幅16世紀描繪這場會戰的畫作中，亞歷山大．涅夫斯基高舉寶劍，對抗條頓騎士。

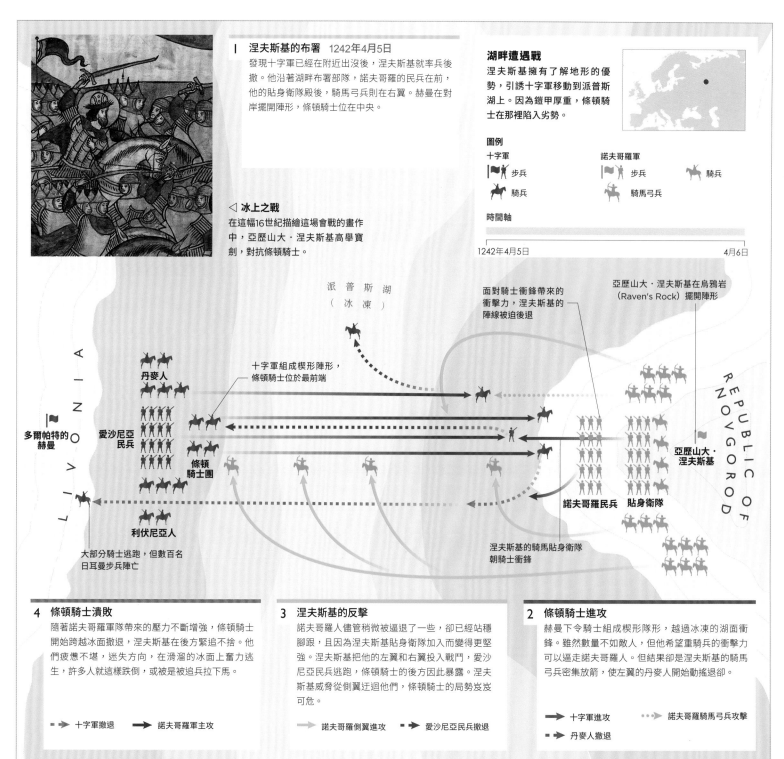

1 涅夫斯基的布署 1242年4月5日
發現十字軍已經在附近出沒後，涅夫斯基就率兵後撤。他沿著湖畔布署部隊，諾夫哥羅的民兵在前，他的貼身衛隊殿後，騎馬弓兵則在右翼。赫曼在對岸擺開陣形，條頓騎士位在中央。

湖畔遭遇戰
涅夫斯基擁有了解地形的優勢，引誘十字軍移動到派普斯湖上。因為鎧甲厚重，條頓騎士在那裡陷入劣勢。

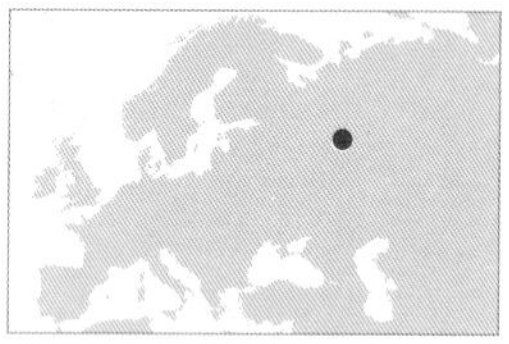

圖例
十字軍：步兵、騎兵
諾夫哥羅軍：步兵、騎兵、騎馬弓兵

時間軸
1242年4月5日 — 4月6日

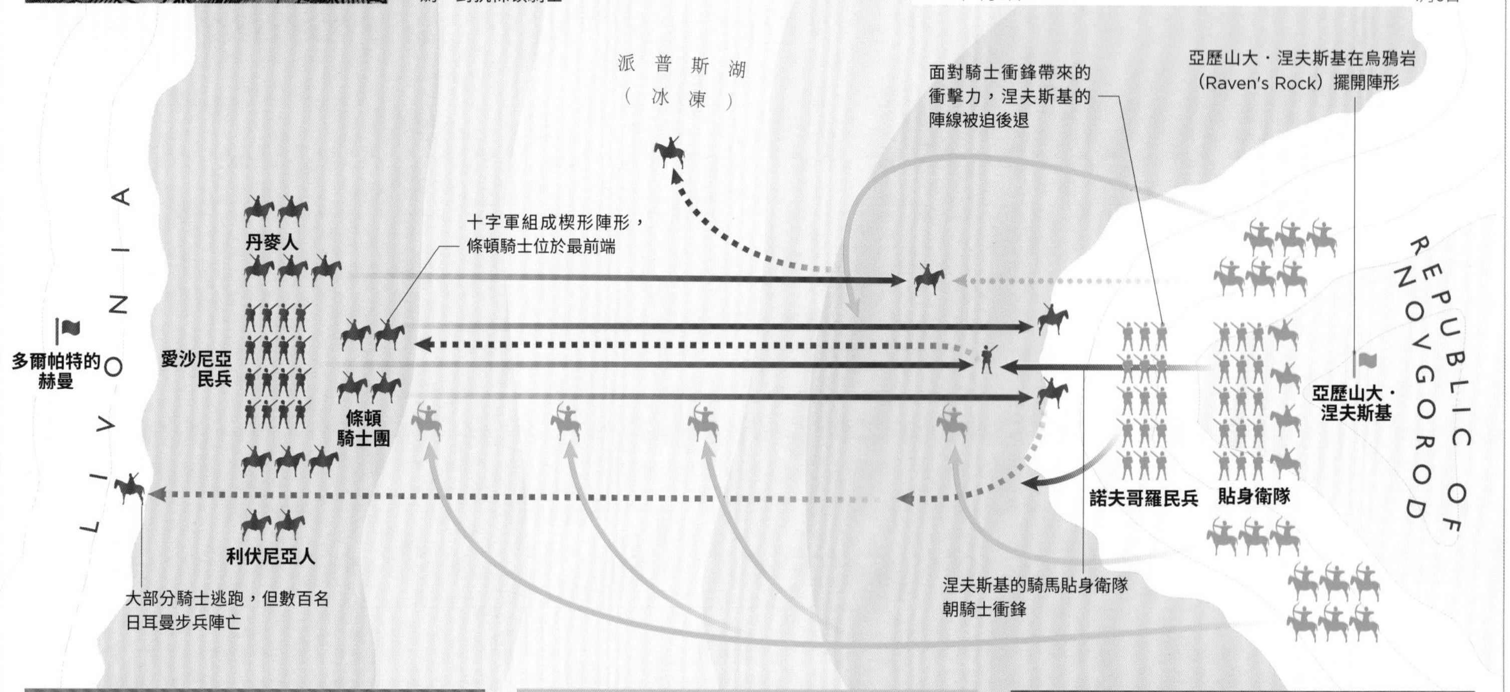

派普斯湖
（冰凍）
十字軍組成楔形陣形，
條頓騎士位於最前端
面對騎士衝鋒帶來的
衝擊力，涅夫斯基的
陣線被迫後退
亞歷山大．涅夫斯基在烏鴉岩
（Raven's Rock）擺開陣形
LIVONIA
REPUBLIC OF NOVGOROD
丹麥人
多爾帕特的
赫曼
愛沙尼亞
民兵
條頓
騎士團
利伏尼亞人
諾夫哥羅民兵
貼身衛隊
亞歷山大．
涅夫斯基
大部分騎士逃跑，但數百名
日耳曼步兵陣亡
涅夫斯基的騎馬貼身衛隊
朝騎士衝鋒

2 條頓騎士進攻
赫曼下令騎士組成楔形隊形，越過冰凍的湖面衝鋒。雖然數量不如敵人，但他希望重騎兵的衝擊力可以逼走諾夫哥羅人。但結果卻是涅夫斯基的騎馬弓兵密集放箭，使左翼的丹麥人開始動搖退卻。

十字軍進攻　諾夫哥羅騎馬弓兵攻擊　丹麥人撤退

3 涅夫斯基的反擊
諾夫哥羅人儘管稍微被逼退了一些，卻已經站穩腳跟，且因為涅夫斯基貼身衛隊加入而變得更堅強。涅夫斯基把他的左翼和右翼投入戰鬥，愛沙尼亞民兵逃跑，條頓騎士的後方因此暴露。涅夫斯基威脅從側翼迂迴他們，條頓騎士的局勢岌岌可危。

諾夫哥羅側翼進攻　愛沙尼亞民兵撤退

4 條頓騎士潰敗
隨著諾夫哥羅軍隊帶來的壓力不斷增強，條頓騎士開始跨越冰面撤退，涅夫斯基在後方緊追不捨。他們疲憊不堪，迷失方向，在滑溜的冰面上奮力逃生，許多人就這樣跌倒，或被是被追兵拉下馬。

十字軍撤退　諾夫哥羅軍主攻

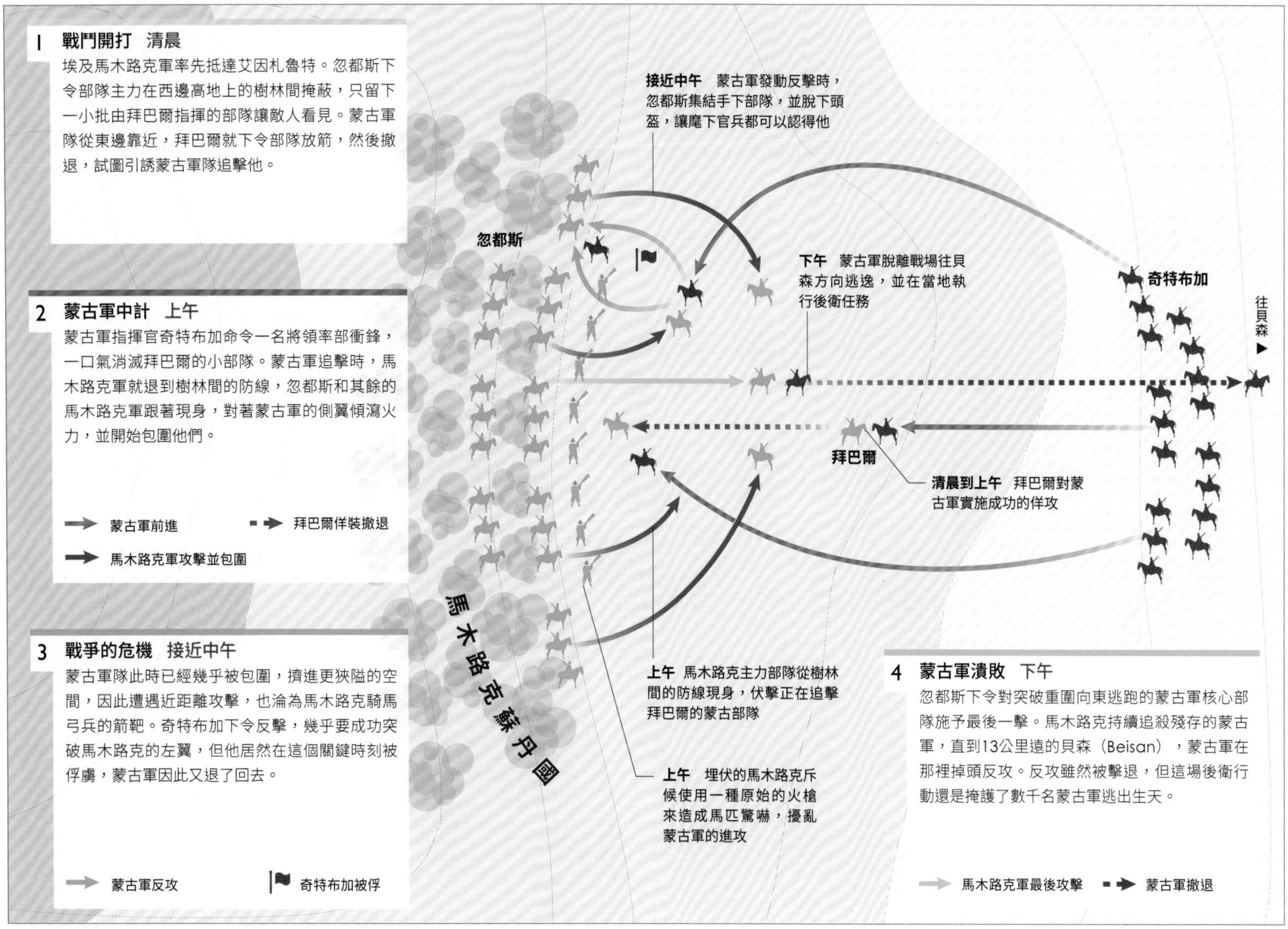
1 戰鬥開打 清晨
埃及馬木路克軍率先抵達艾因札魯特。忽都斯下令部隊主力在西邊高地上的樹林間掩蔽，只留下一小批由拜巴爾指揮的部隊讓敵人看見。蒙古軍隊從東邊靠近，拜巴爾就下令部隊放箭，然後撤退，試圖引誘蒙古軍隊追擊他。
2 蒙古軍中計 上午
蒙古軍指揮官奇特布加命令一名將領率部衝鋒，一口氣消滅拜巴爾的小部隊。蒙古軍追擊時，馬木路克軍就退到樹林間的防線，忽都斯和其餘的馬木路克軍跟著現身，對著蒙古軍的側翼傾瀉火力，並開始包圍他們。
蒙古軍前進
拜巴爾佯裝撤退
馬木路克軍攻擊並包圍
3 戰爭的危機 接近中午
蒙古軍隊此時已經幾乎被包圍，擠進更狹隘的空間，因此遭遇近距離攻擊，也淪為馬木路克騎馬弓兵的箭靶。奇特布加下令反擊，幾乎要成功突破馬木路克的左翼，但他居然在這個關鍵時刻被俘虜，蒙古軍因此又退了回去。
蒙古軍反攻
奇特布加被俘
接近中午 蒙古軍發動反擊時，忽都斯集結手下部隊，並脫下頭盔，讓麾下官兵都可以認得他
忽都斯
下午 蒙古軍脫離戰場往貝森方向逃逸，並在當地執行後衛任務
奇特布加
往貝森
拜巴爾
清晨到上午 拜巴爾對蒙古軍實施成功的佯攻
馬木路克蘇丹國
上午 馬木路克主力部隊從樹林間的防線現身，伏擊正在追擊拜巴爾的蒙古部隊
上午 埋伏的馬木路克斥候使用一種原始的火槍來造成馬匹驚嚇，擾亂蒙古軍的進攻
4 蒙古軍潰敗 下午
忽都斯下令對突破重圍向東逃跑的蒙古軍核心部隊施予最後一擊。馬木路克持續追殺殘存的蒙古軍，直到13公里遠的貝森（Beisan），蒙古軍在那裡掉頭反攻。反攻雖然被擊退，但這場後衛行動還是掩護了數千名蒙古軍逃出生天。
馬木路克軍最後攻擊
蒙古軍撤退

艾因札魯特

在短短50多年的時間裡，蒙古人建立了遼闊的大帝國，主宰大部分亞洲。1260年，他們看似所向無敵的大軍在耶路撒冷以北大約90公里處的艾因札魯特吃了敗仗。一支埃及馬木路克軍隊成功伏擊蒙古大軍，把他們分割消滅。

1256年，蒙古人已經征服了大部分亞洲和東歐。那一年，蒙古大汗蒙哥派出他的兄弟旭烈兀發動作戰，目標是中東和馬木路克（Mamluk）統治的埃及。他統領的大軍攻下一座又一座堡壘，並在1258年2月突擊巴格達（Baghdad），阿拔斯哈里發帝國因此垮台。1260年，他派遣特使前往晉見馬木路克的蘇丹忽都斯（Qutuz），要求埃及投降，結果忽都斯拒絕，並將使者處斬。不過就在此時，旭烈兀收到蒙哥逝世的消息，需要召集各首領，選出新一任大汗。此時旭烈兀必須專注處理這件事情（加上他明白中東的牧草地太少，沒辦法餵養他的馬匹），因此撤回大部分軍隊，留守的部隊由奇特布加將軍指揮。忽都斯得知此一消息後，就和麾下將領拜巴爾（Baybars）一起向北前進，準備對抗蒙古人。

在隨後發生於艾因札魯特（Ain Jalut）的戰鬥中，蒙古軍隊戰敗，破壞了他們原本所向無敵的名聲，權力的平衡也轉而對埃及的馬木路克有利。他們立即轉守為攻，奪取了大馬士革和阿勒坡（Aleppo）。

致命的伏擊

馬木路克軍隊運用打帶跑戰術挑釁蒙古部隊，誘使他們開戰。馬木路克將領拜巴爾熟悉當地地形，因此可以設下致命圈套。忽都斯之後被刺殺，由拜巴爾接替他的位子。

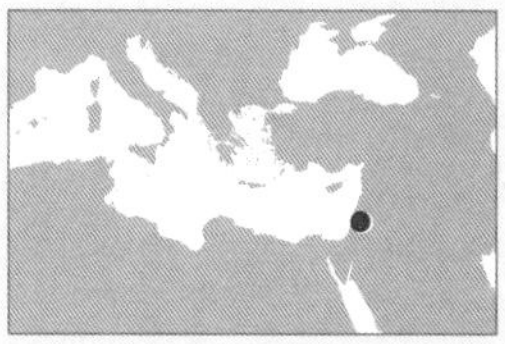

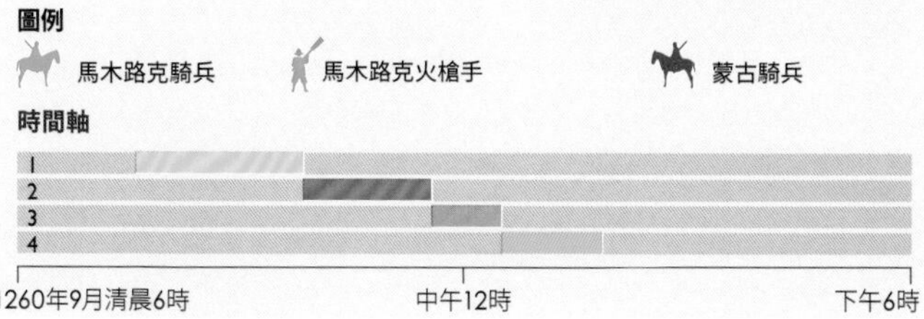
圖例
馬木路克騎兵
馬木路克火槍手
蒙古騎兵
時間軸
1
2
3
4
1260年9月清晨6時
中午12時
下午6時

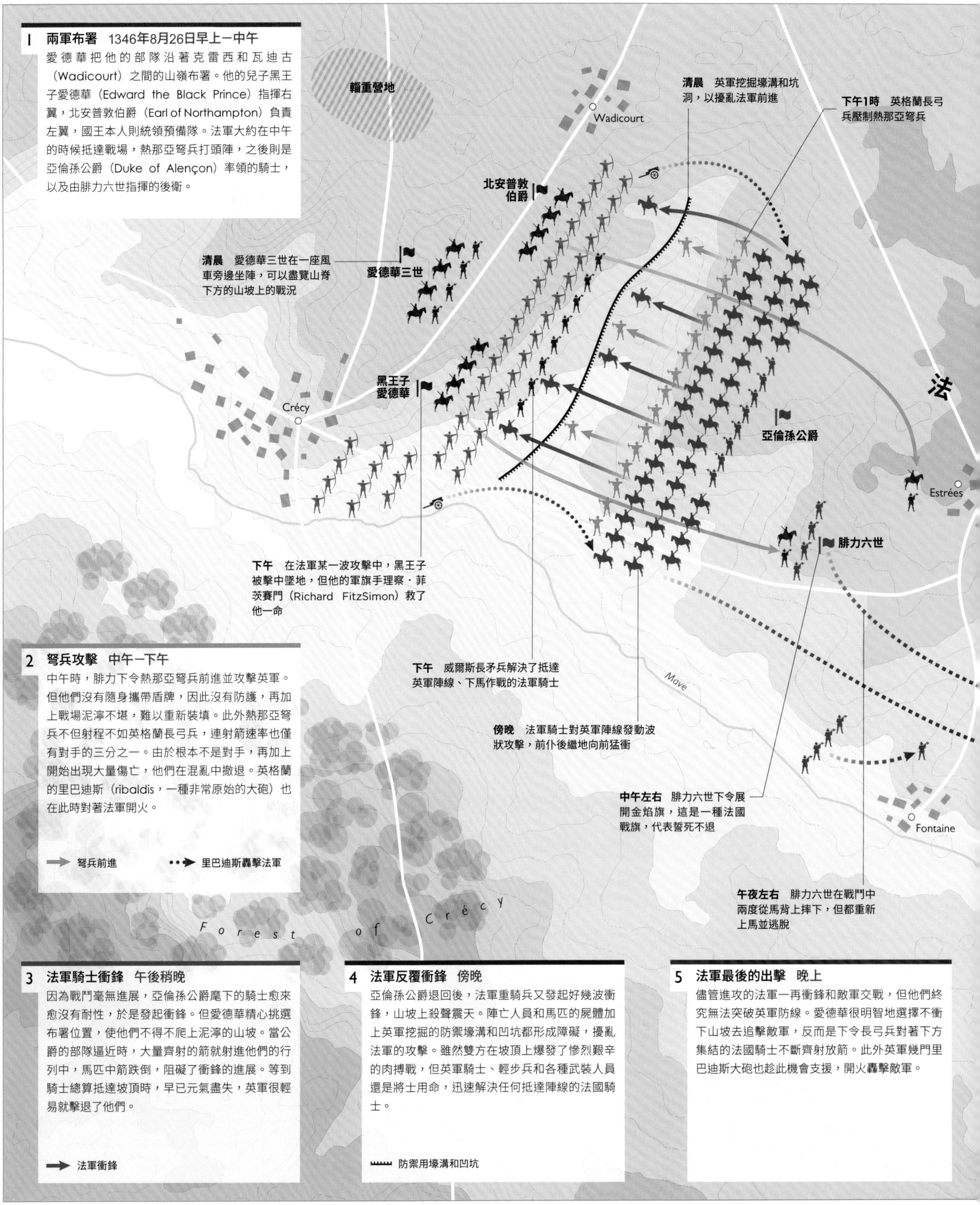
輜重營地
Wadicourt
清晨　英軍挖掘壕溝和坑洞，以擾亂法軍前進
下午1時　英格蘭長弓兵壓制熱那亞弩兵
北安普敦伯爵
清晨　愛德華三世在一座風車旁邊坐陣，可以盡覽山脊下方的山坡上的戰況
愛德華三世
黑王子愛德華
Crécy
法
亞倫孫公爵
Estrées
腓力六世
下午　在法軍某一波攻擊中，黑王子被擊中墜地，但他的軍旗手理察・菲茨賽門（Richard FitzSimon）救了他一命
下午　威爾斯長矛兵解決了抵達英軍陣線、下馬作戰的法軍騎士
Maye
傍晚　法軍騎士對英軍陣線發動波狀攻擊，前仆後繼地向前猛衝
中午左右　腓力六世下令展開金焰旗，這是一種法國戰旗，代表誓死不退
Fontaine
午夜左右　腓力六世在戰鬥中兩度從馬背上摔下，但都重新上馬並逃脫
Forest of Crécy

1　兩軍布署　1346年8月26日早上－中午

愛德華把他的部隊沿著克雷西和瓦迪古（Wadicourt）之間的山嶺布署。他的兒子黑王子愛德華（Edward the Black Prince）指揮右翼，北安普敦伯爵（Earl of Northampton）負責左翼，國王本人則統領預備隊。法軍大約在中午的時候抵達戰場，熱那亞弩兵打頭陣，之後則是亞倫孫公爵（Duke of Alençon）率領的騎士，以及由腓力六世指揮的後衛。

2　弩兵攻擊　中午－下午

中午時，腓力下令熱那亞弩兵前進並攻擊英軍。但他們沒有隨身攜帶盾牌，因此沒有防護，再加上戰場泥濘不堪，難以重新裝填。此外熱那亞弩兵不但射程不如英格蘭長弓兵，連射箭速率也僅有對手的三分之一。由於根本不是對手，再加上開始出現大量傷亡，他們在混亂中撤退。英格蘭的里巴迪斯（ribaldis，一種非常原始的大砲）也在此時對著法軍開火。

弩兵前進　里巴迪斯轟擊法軍

3　法軍騎士衝鋒　午後稍晚

因為戰鬥毫無進展，亞倫孫公爵麾下的騎士愈來愈沒有耐性，於是發起衝鋒。但愛德華精心挑選布署位置，使他們不得不爬上泥濘的山坡。當公爵的部隊逼近時，大量齊射的箭就射進他們的行列中，馬匹中箭跌倒，阻礙了衝鋒的進展。等到騎士總算抵達坡頂時，早已元氣盡失，英軍很輕易就擊退了他們。

法軍衝鋒

4　法軍反覆衝鋒　傍晚

亞倫孫公爵退回後，法軍重騎兵又發起好幾波衝鋒，山坡上殺聲震天。陣亡人員和馬匹的屍體加上英軍挖掘的防禦壕溝和凹坑都形成障礙，擾亂法軍的攻擊。雖然雙方在坡頂上爆發了慘烈艱辛的肉搏戰，但英軍騎士、輕步兵和各種武裝人員還是將士用命，迅速解決任何抵達陣線的法國騎士。

防禦用壕溝和凹坑

5　法軍最後的出擊　晚上

儘管進攻的法軍一再衝鋒和敵軍交戰，但他們終究無法突破英軍防線。愛德華很明智地選擇不衝下山坡去追擊敵軍，反而是下令長弓兵對著下方集結的法國騎士不斷齊射放箭。此外英軍幾門里巴迪斯大砲也趁此機會支援，開火轟擊敵軍。

△ **騎士的殞落**
這張1477年的佛拉芒手稿插圖描繪發生在克雷西的激烈戰鬥。這場會戰傳達出騎士在戰場上用處來愈少的信號，並象徵英格蘭崛起成為世界重要強權。

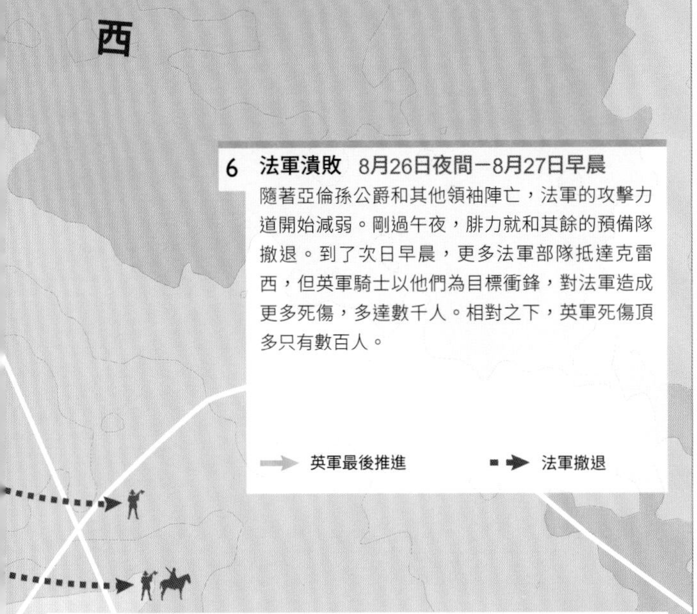

6 法軍潰敗 8月26日夜間－8月27日早晨
隨著亞倫孫公爵和其他領袖陣亡，法軍的攻擊力道開始減弱。剛過午夜，腓力就和其餘的預備隊撤退。到了次日早晨，更多法軍部隊抵達克雷西，但英軍騎士以他們為目標衝鋒，對法軍造成更多死傷，多達數千人。相對之下，英軍死傷頂多只有數百人。

→ 英軍最後推進　　▪▸ 法軍撤退

弓箭的勝利
愛德華三世在克雷西的勝利是百年戰爭中的轉捩點。它讓英格蘭可以在加來周圍建立安全的基地，並且鞏固了長弓作為戰場上關鍵武器的地位。

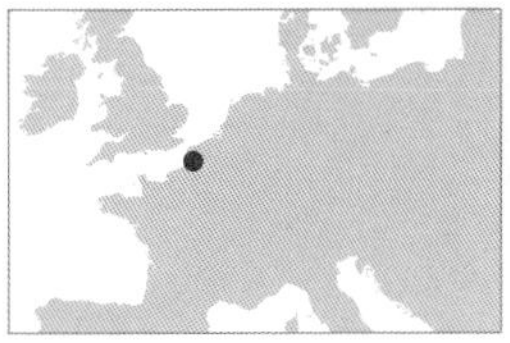

圖例
城鎮
英格蘭軍
指揮官
長弓兵
步兵
騎兵
砲兵
輜重營地
法軍
指揮官
熱那亞弩兵
步兵
騎兵

時間軸

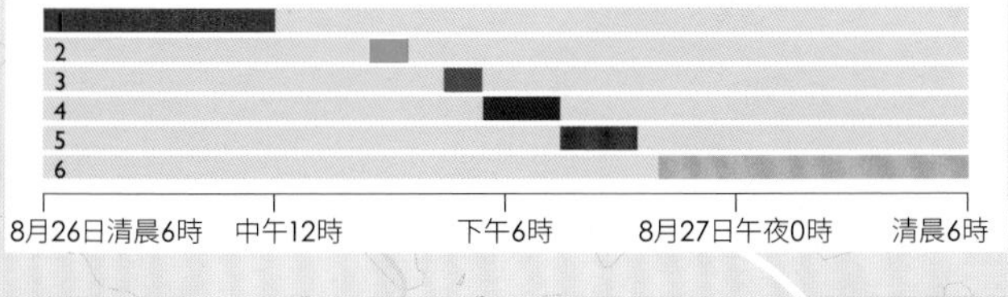
1
2
3
4
5
6
8月26日清晨6時
中午12時
下午6時
8月27日午夜0時
清晨6時

克雷西

1346年8月，英格蘭在克雷西戰勝法國。獲勝的一大原因就是長弓，它是一種能夠迅速發射的武器，造成腓力六世（Philip VI）手下法國騎士死傷慘重。這場會戰讓英格蘭國王愛德華三世在百年戰爭——英法兩國之間漫長且斷斷續續的武裝衝突——的初期階段得以主宰法國。

愛德華三世為了爭奪法國王位，在1337年對法國開戰。儘管愛德華三世的海軍於1340年在斯勒伊斯（Sluys）獲勝，但他的作戰卻沒有決定性戰果，直到1346年7月他率領1萬5000人在諾曼第登陸。愛德華打算在法國北部進行騎行劫掠（chevauchée），也就是透過掠奪、焚燒和搶劫等手段來恐嚇當地，他因此攻打許多城鎮。然而當他來到巴黎附近時，一支正在逼近中的法國軍隊迫使他轉向北方，他的部隊幾乎被包圍在索母河（Somme）南邊一塊荒蕪的土地上。8月24日，愛德華被迫從白淺灘（Blanchetaque）渡河。只有這樣，他才能轉過頭來，在克雷西（Crécy）他選擇的地形上對抗法軍。

腓力誤以為他的部隊擁有數量上優勢（至少是英格蘭的兩倍）就能打贏。但這場會戰卻造成數千名法國騎士和數十名貴族喪生，還讓愛德華得以率領部隊朝加來（Calais）長驅直入，並在1347年占領。

> 「當諾曼人的驕傲主宰局勢時，獅子便成為戰場的霸主。」

法蘭西斯·特納·帕爾格雷夫（Francis Turner Palgrave）《克雷西》，1881年

克雷西戰役
1346年7月12日，愛德華三世在聖瓦阿斯拉烏蓋（St-Vaast La Hougue）登陸，法國人措手不及，因此他一開始得以在毫無阻礙的狀況下騎行劫掠作戰。當愛德華朝巴黎進軍時，腓力六世集結一支兵力，迫使英格蘭軍轉向北方，法軍則已經封鎖索母河上的所有渡口。突破封鎖後，愛德華在克雷西迎戰腓力。

圖例
主要會戰
愛德華三世的路線
9月4日 Calais
8月31日 Neufchâtel
8月30日 St Josse
8月25-26日 Crécy
8月24日 Blanquetaque
Pont Remy
Somme
8月23日 Acheux
8月20日 Poix
英吉利海峽
7月12日 St-Vaast La Hougue
7月18日 Valognes
F R A N C E
Rouen
Douve
8月7日 Elbeuf
Seine
8月9日 Vernon
7月22日 St Lô
7月31日 Argences
Vire
Orne
Touques
Risle
Eure
8月13日 Poissy
Paris

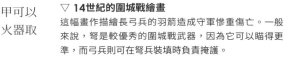

騎士與弓兵

騎士文學時常讚頌穿著全套鎧甲的騎士，因此他們在中世紀歐洲的身分地位往往高於其他戰士。然而在戰場上，配備長弓或弩的弓箭手往往能夠輕鬆擊敗這些軍事和社會菁英。

△ **克雷西會戰中的弓兵**
在克雷西會戰（Battle of Crécy，參見第82-83頁）中，熱那亞弩兵和威爾斯及英格蘭長弓兵激戰。他們的交戰距離比尚．傅洛薩（Jean Froissart）的《大事記》（*Chronicles*）一書中所描繪的還要更遠。對決的結果顯示出長弓的優越，弩兵則因為泥濘以及缺乏盾牌和箭而屈居下風。

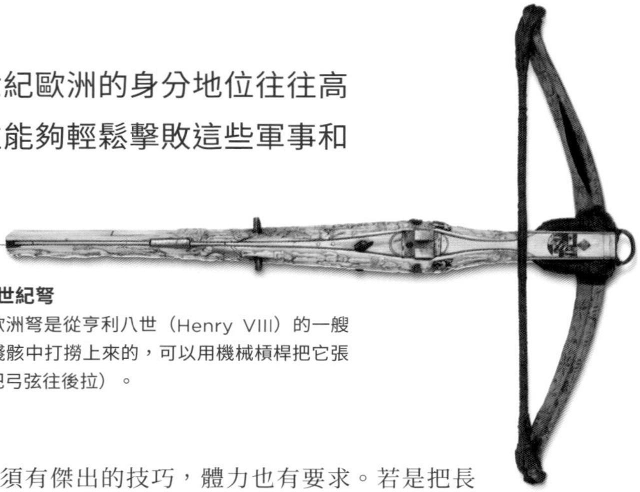

△ **中世紀弩**
這把歐洲弩是從亨利八世（Henry VIII）的一艘軍艦殘骸中打撈上來的，可以用機械槓桿把它張開（把弓弦往後拉）。

騎士配備長槍、劍、鎚矛和戰斧，不但可以騎馬打仗，也可徒步戰鬥，且把作戰視為對個人勇氣以及近距離遭遇旗鼓相當對手時展現力量的考驗。相對地，弓兵大部分情況都是遠距離作戰，對騎士的這種戰爭概念來說是個直接的威脅，因此任何被敵軍騎士俘虜的弓兵都很可能會受到慘無人道的對待。雖然中世紀有幾位教宗要求禁止在作戰中使用弓箭，但在戰場上沒什麼效果。

作戰時，不論是使用長弓還是弩，傳統上弓兵都會率先登場攻擊，以便為騎兵衝鋒做準備。許多技巧最純熟的弩兵都來自義大利熱那亞，而威爾斯與英格蘭長弓兵則是英格蘭軍隊中最令人畏懼的部隊。弩在防禦的時候效果不是那麼好，因為它的裝填速度慢，不過用起來不需要太多技巧。長弓的射箭速度較快，但弓兵必須有傑出的技巧，體力也有要求。若是把長弓兵排列成緊密隊形，對著衝鋒的敵軍騎士放箭，長弓帶來的衝擊會造成類似機槍火力的效果，因為每位長弓兵每分鐘至少可以發射六支箭。如果騎士身上穿戴的頭盔和盔甲可以保護他們不被箭所傷，長弓兵就會瞄準馬匹。16 世紀時，火器取代了弓箭，讓騎士和弓兵主宰戰場的時代畫下句點。

▽ **14世紀的圍城戰繪畫**
這幅畫作描繪長弓兵的羽箭造成守軍慘重傷亡。一般來說，弩是較優秀的圍城戰武器，因為它可以瞄得更準，而弓兵則可在弩兵裝填時負責掩護。

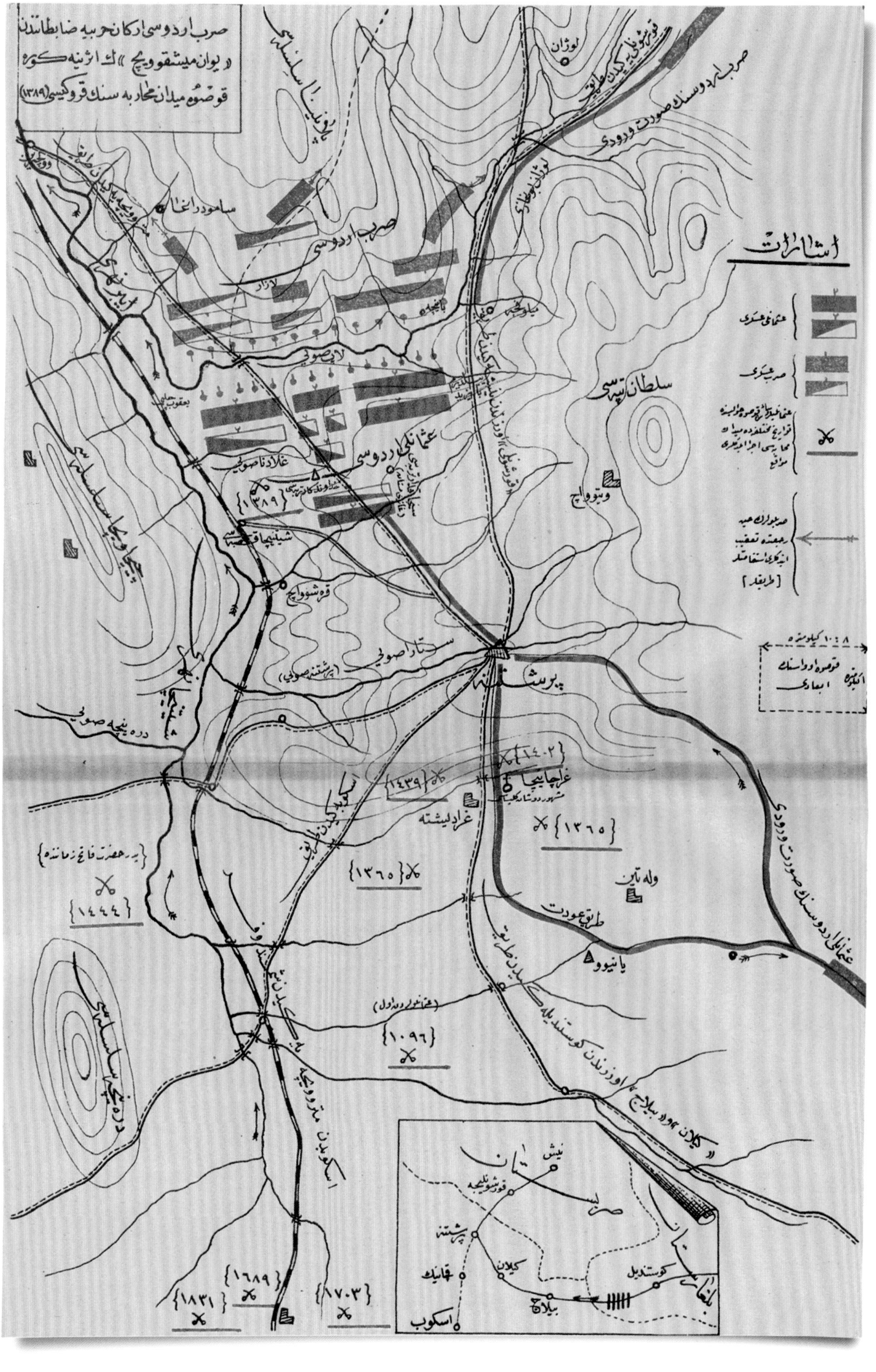
صرب اردوسی ارکان حربیه ضابطاندن
«یوان میشقوویچ» ك اثرینه کوره
قوصوه میدان محاربه سنك قروکیسی (١٣٨٩)
اشارات

科索沃波耶

這場鄂圖曼蘇丹穆拉德一世和塞爾維亞大公拉扎爾在1389年爆發的衝突，最後以兩位領袖都戰死沙場畫下句點。塞爾維亞方面損失過於巨大，國力嚴重削弱，最後在1459年喪失獨立地位，被鄂圖曼帝國併吞。

蘇丹穆拉德一世（Murad I）在巴爾幹半島上穩定擴張鄂圖曼帝國的領土。他在 1389 年春天集結一支多達 4 萬人的大軍，離開保加利亞後經由索菲亞（Sofia）進入科索沃（Kosovo）南部。6 月 15 日，塞爾維亞的最大公國統治者拉扎爾．赫雷別利亞諾維奇大公（Lazar Hrebeljanović）在盧布河（River Lub）北岸集結部隊（顯然數量遠遠比不上穆拉德一世的大軍），準備應付鄂圖曼的威脅。

雖然對塞爾維亞軍來說，這場會戰以騎兵衝鋒揭開序幕，看似大有可為，但鄂圖曼軍的反擊相當猛烈。他們的行動因為拉扎爾戰死而告終，而布蘭科維奇也因為逃離戰場而被控叛國。在這場會戰中，穆拉德被一名塞爾維亞貴族殺害，也使鄂圖曼的勝利蒙塵。但繼任的蘇丹巴耶濟德（Bayezid）卻娶了拉扎爾的女兒，並讓他的兒子史蒂芬．拉扎列維奇（Stefan Lazarević）登上王位，以作為鄂圖曼帝國的附庸，從而鞏固了勝利。鄂圖曼帝國蠶食併吞塞爾維亞，在 1392 年占領史高比耶（Skopje），最後在 1459 年讓塞爾維亞徹底失去獨立地位。

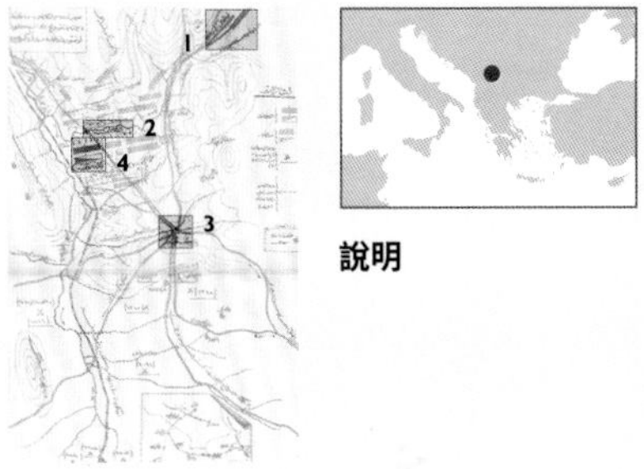

說明

「順境出善人，逆境造英雄。」

塞爾維亞戲劇《高山花環》（*The Mountain Wreath*），1847年

◁ 罕見的鄂圖曼地圖
這張地圖取自1908年由大維齊爾（Grand Vizier）艾哈邁德．穆赫塔爾帕夏（Ahmed Muhtar Pasha）出版的鄂圖曼軍用地圖集，呈現出科索沃波耶（Kosovo Polje）附近的丘陵地形，以及兩軍朝戰場前進的狀況。

▽ 拉扎爾挺進
拉扎爾從聯軍的集結地點尼士（Niš）朝西南方前進，他們當中包括武克．布蘭科維奇（Vuk Brankovi）、一支由波士尼亞國王特維科一世（Tvrtko I）派出的波士尼亞部隊、還有一小群克羅埃西亞騎士、醫院騎士團和阿爾巴尼亞部隊。

1

2

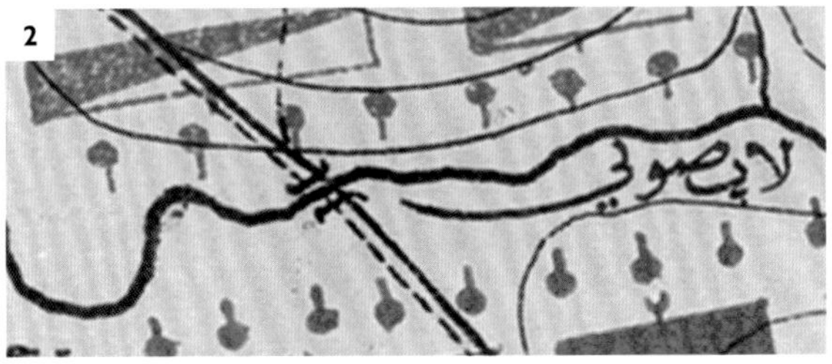

△ 河岸防禦
拉扎爾率領的聯軍以盧布河為防線。拉扎爾把布蘭科維奇和塞爾維亞主力部隊布署在右翼，他自己則在中央率領步兵，伏拉特科．武科維奇（Vlatko Vukovic）則在左翼指揮波士尼亞盟軍。

▽ 面對敵軍
穆拉德在6月14日抵達普里斯提納（Pristina），帶領的4萬大軍中包括精銳的土耳其禁衛軍和徵召自歐洲的軍隊。他們從那裏出發，開始朝科索沃挺進，迎戰拉扎爾的部隊。

3

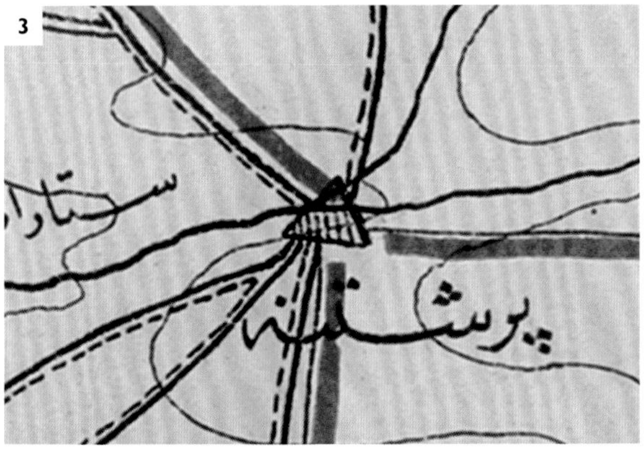

4

◁ 鄂圖曼軍左翼
雅庫布指揮的左翼由安納托力亞（亞洲）騎兵組成。面對塞爾維亞騎兵最初破壞力十足的衝鋒，雅庫布成功反擊，但後來他哥哥巴耶濟德繼承王位之後就把他殺了。

混亂的戰場
在鄂圖曼軍的左翼，雅庫布（Yakub）擋住了布蘭科維奇的突擊。在此期間，巴耶濟德卻和波士尼亞部隊陷入苦戰。到了這個時候，由於寡不敵眾，一部分塞爾維亞主力部隊退回，暴露了拉扎爾的位置，他和許多塞爾維亞貴族在最後一搏中戰死。

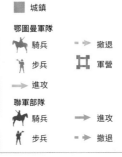

圖例
城鎮
鄂圖曼軍隊
騎兵　撤退
步兵　軍營
進攻
聯軍部隊
騎兵　進攻
步兵　撤退

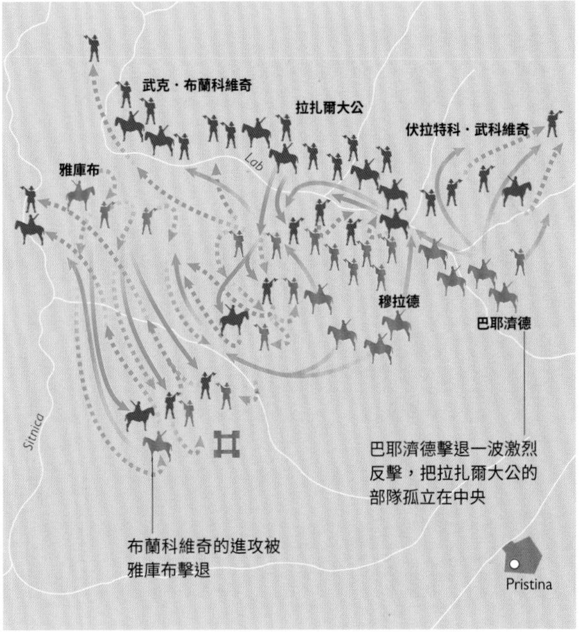

上午9時 條頓騎士的大砲只開了兩砲，砲手就被衝到砲陣地的韃靼騎兵殺死
上午10時 立陶宛軍和韃靼軍撤退後，三個俄羅斯旗隊和一些波軍騎兵守住右翼
Stebark
(Tannenberg)
上午9時 條頓騎士往後移動，以便和波軍交戰
上午10時 九個旗隊的條頓騎士離開戰場，追擊立陶宛軍
馮・容寧根
Grunwald
維陶塔斯
國
王
蘭
波
雅蓋沃
Lake Lubien
Lodwigowo
Ulnowo
上午11時 馮・容寧根率部發動一波衝鋒，幾乎要擄獲克拉科夫（Krakow）的皇家紋章旗
上午6時 波軍騎兵和克拉科夫皇家紋章旗在中央組成陣形
上午8時 馮・容寧根派人送了兩把劍給雅蓋沃，挑釁他發動攻擊

騎士的優勢

在這場會戰的初期階段，條頓騎士占上風。他們憑藉衝擊的力量將敵軍逼退，但有一部分騎士脫離隊伍，追擊韃靼人，削弱了他們的防線。

1 大軍抵達

1410年7月14日晚間—7月15日清晨6時

波蘭—立陶宛軍隊在開戰前一晚抵達，條頓騎士團則在次日清晨6時左右開抵戰場，馮・容寧根大團長在後方指揮15個旗隊（每隊約200人），在他前方的是附庸部隊和騎士團的砲兵。

2 開戰延遲 7月15日上午6—9時

雅蓋沃在波蘭軍營附近的教堂帳篷內祈禱作戰成功，因此使得開戰時間延後。為了嘲笑對方，馮・容寧根送了兩把劍過去，鼓勵他戰鬥，但波蘭部隊一直要到接近中午才出現，在路德維希斯多夫（Ludwigsdorf）附近組成左翼。維陶塔斯的立陶宛部隊在他們右邊，韃靼軍則組成右翼。

3 韃靼人衝鋒 上午9-10時

維陶塔斯命令韃靼軍朝騎士團的左翼衝鋒，他麾下的立陶宛輕騎兵則緊隨其後。當韃靼人突破敵軍第一列時，第二列的騎士發動反擊，韃靼軍因此逃離。共有四個旗隊的騎士展開追擊，把他們逐出戰場。

韃靼軍和立陶宛軍前進
韃靼軍撤退，騎士追擊
條頓騎兵反擊

4 騎士團挺進 上午10—11時

立陶宛輕騎兵被迫退回，後撤到樹林中。一些條頓騎士脫離陣線，緊追不捨，結果遭到波軍後備部隊消滅。在此期間，馮・容寧根下令全體部隊朝波軍部隊挺進，導致中央出現激烈的混戰場面。

立陶宛軍退回
波軍抵抗
條頓部隊前進

5 波軍集結 上午11—12時

條頓騎士團在兩軍中央的混戰裡逐漸占上風，直到雅蓋沃下令他的騎兵後備部隊前進。而他也布署第三列部隊，以馳援中央的戰局，並強化右翼。波軍戰況開始好轉，迫使攻打波軍左翼的條頓騎士後退，但因為雅蓋沃投入了最後的預備隊，他的處境依然危險。

波軍騎兵和第三列部隊推進

條頓騎士團的擴張

條頓騎士團在波羅的海西部區域建立據點，並透過十字軍在普魯士、立陶宛和愛沙尼亞擴張。原本的立陶宛大公雅蓋沃和波蘭女王在1386年結婚，改變了這個地區的權力平衡，威脅到騎士團。

圖例
主要會戰
條頓騎士團的城堡
大團長駐地

騎士的末日

條頓騎士團的軍事力量主要是依靠重騎兵。騎士團在格倫瓦德喪失如此大批部隊，進而危及其防禦領土的能力。他們被迫依賴昂貴的傭兵，反而導致國家最後步上衰弱和破產之路。

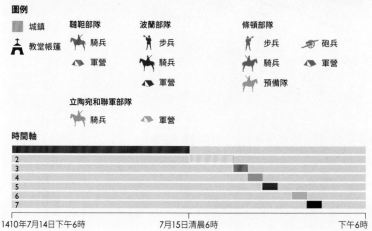

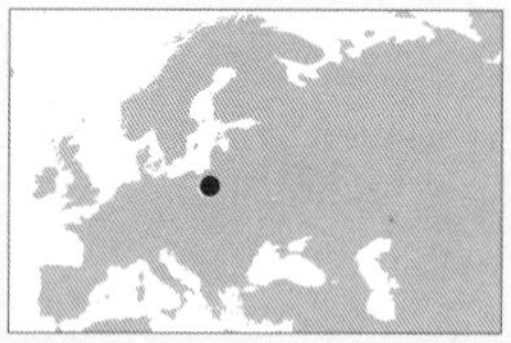

圖例

城鎮
教堂帳篷

韃靼部隊：騎兵、軍營

波蘭部隊：步兵、騎兵、軍營

條頓部隊：步兵、砲兵、騎兵、軍營、預備隊

立陶宛和聯軍部隊：騎兵、軍營

時間軸

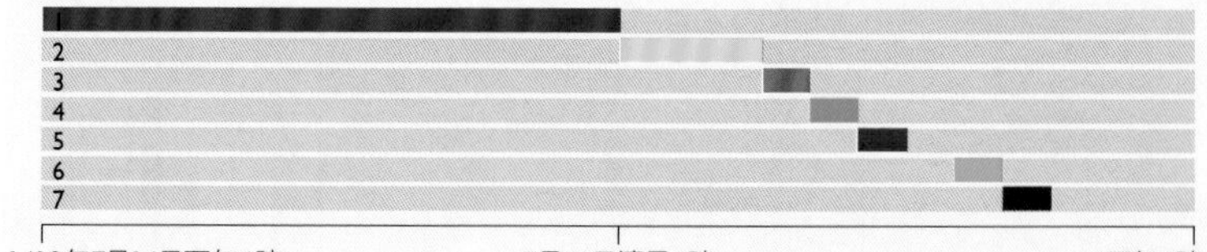

格倫瓦德

1410年，十字軍國家條頓騎士團企圖在格倫瓦德抵擋波蘭人與立陶宛人入侵（也稱為坦能堡會戰〔Battle of Tannenberg〕）。結果條頓騎士團被包圍殲滅，他們對波羅的海西部的掌控就此結束。

經過多年的緊張關係後，條頓騎士團和波蘭－立陶宛之間的衝突在1409年爆發，原因是波蘭國王瓦迪斯瓦夫．雅蓋沃（Wladyslaw Jagiello）支持先前屬於波蘭的薩莫吉希亞（Samogitia）地區起兵反叛條頓騎士團。由於戰鬥沒有結果，波希米亞和匈牙利的國王居中斡旋休戰，但交戰各方卻利用短暫和平的期間招兵買馬。瓦迪斯瓦夫的堂兄立陶宛大公維陶塔斯（Vytautas）贏得韃靼人（Tatars）、俄羅斯人和摩爾達維亞人（Moldavian）支持，而條頓騎士團（Teutonic Order）大團長烏爾里希．馮．容寧根（Ulrich von Jungingen）則在西歐招募騎士。

雅蓋沃向北對薩莫吉希亞發動佯攻，並朝西進入波美拉尼亞（Pomerania），聯合他和維陶塔斯的部隊，以隱藏把騎士團總部所在地馬連堡（Marienburg）做為目標的超大規模主攻。雅蓋沃手下4萬名部隊在1410年7月2日橫渡維斯杜拉河（Vistula River），而馮．容寧根卻犯下分散兵力的錯誤，朝通往馬連堡路上的最後一處障礙德爾文察河（Drewenz River）快馬加鞭挺進，因此迫使他的對手向東朝格倫瓦德（Grunwald）前進。

條頓騎士團在格倫瓦德戰敗，幾乎可說是徹底滅團，只有少數條頓部隊殺出重圍，逃回馬連堡。但因為雅蓋沃沒有趁勝追擊，新任大團長海因里希．馮．普勞恩（Heinrich von Plauen）因此有了時間，可以穩固馬連堡的防務並集結援軍。雅蓋沃撤退，並且在1411年2月簽《署托倫和約》（Peace of Torun），但他只獲得一部分騎士團的領土。但儘管如此，條頓騎士團已不再是一支強大的部隊，並且漸漸失去在政治影響力。

△ **條頓騎士團盾牌**
條頓騎士團是一個軍事修會，1192年時在聖地的阿克雷成立，目的是保護基督教朝聖者。

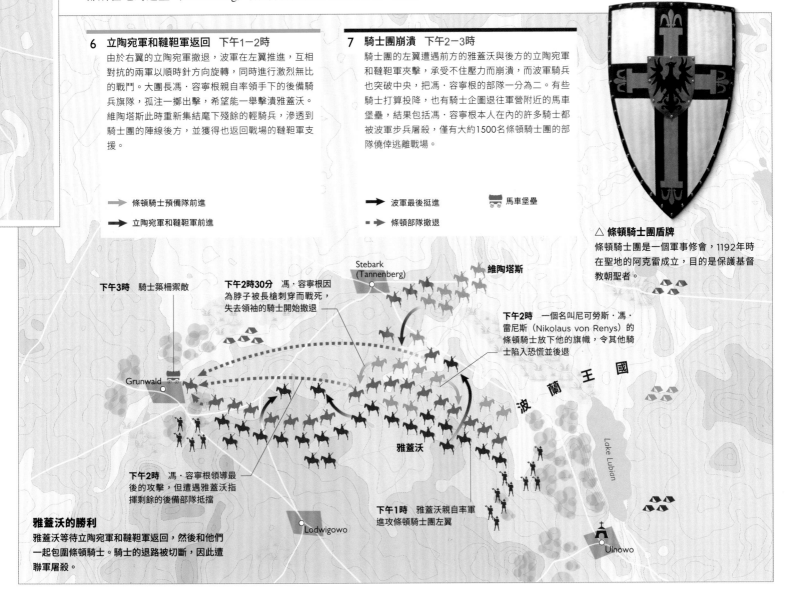

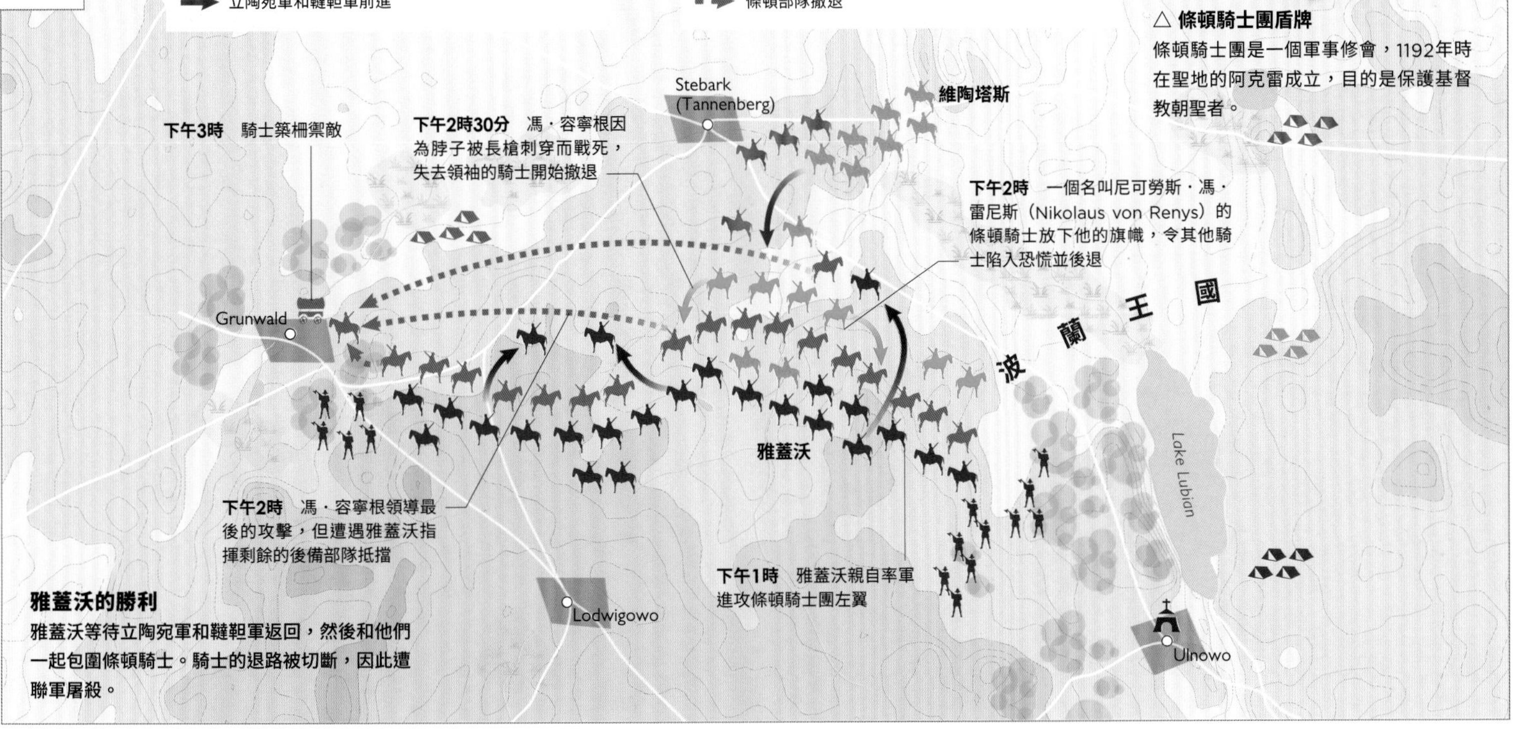
6 立陶宛軍和韃靼軍返回 下午1－2時
由於右翼的立陶宛軍撤退，波軍在左翼推進，互相對抗的兩軍以順時針方向旋轉，同時進行激烈無比的戰鬥。大團長馮．容寧根親自率領手下的後備騎兵旗隊，孤注一擲出擊，希望能一舉擊潰雅蓋沃。維陶塔斯此時重新集結麾下殘餘的輕騎兵，滲透到騎士團的陣線後方，並獲得也返回戰場的韃靼軍支援。
7 騎士團崩潰 下午2－3時
騎士團的左翼遭遇前方的雅蓋沃與後方的立陶宛軍和韃靼軍夾擊，承受不住壓力而崩潰，而波軍騎兵也突破中央，把馮．容寧根的部隊一分為二。有些騎士打算投降，也有騎士企圖退往軍營附近的馬車堡壘，結果包括馮．容寧根本人在內的許多騎士都被波軍步兵屠殺，僅有大約1500名條頓騎士團的部隊僥倖逃離戰場。
條頓騎士預備隊前進
立陶宛軍和韃靼軍前進
波軍最後挺進
條頓部隊撤退
馬車堡壘
Stebark (Tannenberg)
維陶塔斯
下午3時 騎士築柵禦敵
下午2時30分 馮．容寧根因為脖子被長槍刺穿而戰死，失去領袖的騎士開始撤退
下午2時 一個名叫尼可勞斯．馮．雷尼斯（Nikolaus von Renys）的條頓騎士放下他的旗幟，令其他騎士陷入恐慌並後退
Grunwald
波 蘭 王 國
雅蓋沃
Lake Lubian
下午2時 馮．容寧根領導最後的攻擊，但遭遇雅蓋沃指揮剩餘的後備部隊抵擋
下午1時 雅蓋沃親自率軍進攻條頓騎士團左翼
Lodwigowo
Ulnowo
雅蓋沃的勝利
雅蓋沃等待立陶宛軍和韃靼軍返回，然後和他們一起包圍條頓騎士。騎士的退路被切斷，因此遭聯軍屠殺。

亞金科特

1415年夏天，英格蘭國王亨利五世為了爭奪法國王位而入侵法國。兩個月之後，他給予法軍毀滅性打擊。由於被厚重的泥濘和狹窄的原野阻礙，成千上萬法國士兵在英格蘭長弓射出的箭雨中陣亡。

英格蘭國王亨利五世（Henry V）的曾祖父愛德華三世主張自己有權繼承法國王位，因此在1337年挑起了英格蘭和法國之間的百年戰爭，而亨利五世也是如此。1414年，他打斷了兩國間維持了長達25年的休戰協議，要求法國承認他對亞奎丹、諾曼第（Normandy）和其他法國境內英格蘭領地的權利，並允許他和法國國王查理六世（Charles VI）的女兒凱瑟琳（Catherine）結婚。

法國方面拒絕後，亨利立即集結一支大約1萬2000人的部隊，在1415年8月登陸法國北部的阿夫勒（Harfleur）。圍攻這座城市曠日廢時，隨著冬天逐漸降臨，亨利決定與其返回英格蘭，不如轉向前往英格蘭占據的加來。這個延遲的狀況使得由王室統帥夏爾·德·阿爾貝（Charles d'Albret）領導的法軍得以集結部隊，阻擋英軍渡過索母河，並逼迫他們往南行軍超過100公里，以尋找無人把守的淺灘。儘管阿爾貝在部隊機動方面已經占有優勢（且兵力規模更龐大），但法軍卻在亞金科特遭到空前慘敗。法軍領導階層死傷慘重，查理六世在1420年被迫同意簽署《特華條約》（Treaty of Troyes），同意亨利迎娶凱瑟琳，並承認他是法國王位的繼承人。

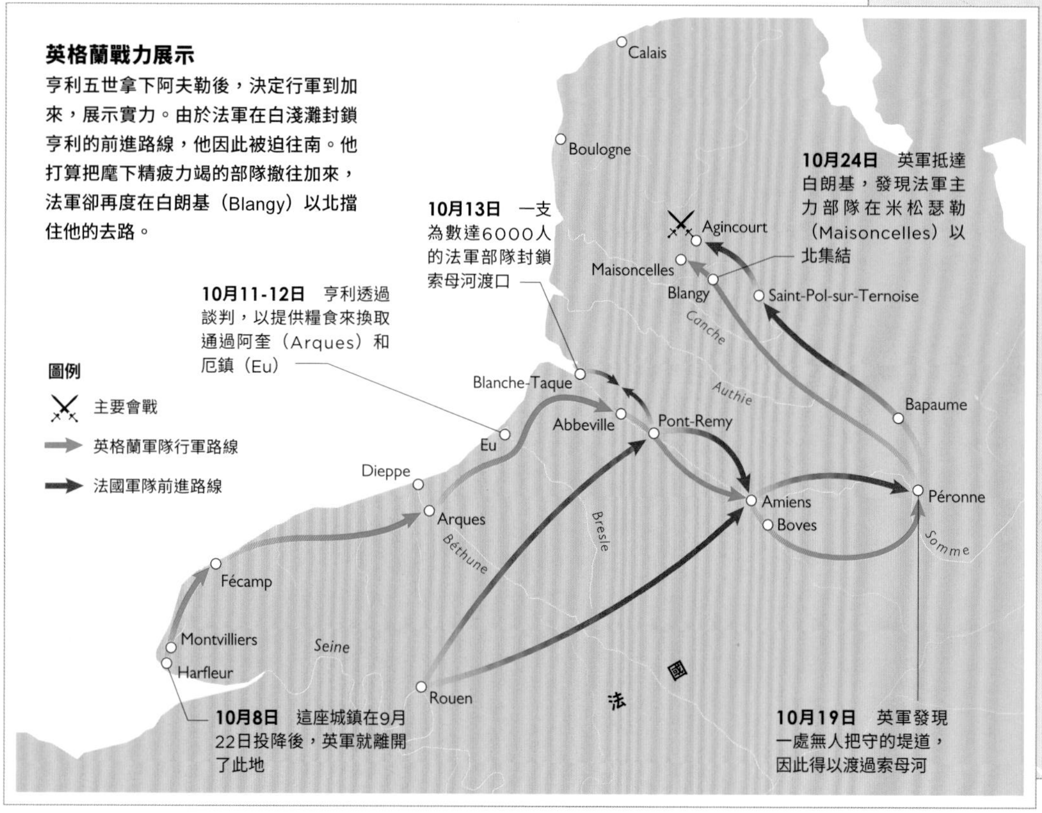
英格蘭戰力展示
亨利五世拿下阿夫勒後，決定行軍到加來，展示實力。由於法軍在白淺灘封鎖亨利的前進路線，他因此被迫往南。他打算把麾下精疲力竭的部隊撤往加來，法軍卻再度在白朗基（Blangy）以北擋住他的去路。
10月11-12日 亨利透過談判，以提供糧食來換取通過阿奎（Arques）和厄鎮（Eu）
10月13日 一支為數達6000人的法軍部隊封鎖索母河渡口
10月24日 英軍抵達白朗基，發現法軍主力部隊在米松瑟勒（Maisoncelles）以北集結
10月8日 這座城鎮在9月22日投降後，英軍就離開了此地
10月19日 英軍發現一處無人把守的堤道，因此得以渡過索母河
圖例
主要會戰
英格蘭軍隊行軍路線
法國軍隊前進路線
Calais
Boulogne
Agincourt
Maisoncelles
Blangy
Saint-Pol-sur-Ternoise
Canche
Authie
Blanche-Taque
Abbeville
Pont-Remy
Bapaume
Eu
Dieppe
Arques
Béthune
Bresle
Amiens
Boves
Péronne
Somme
Fécamp
Montvilliers
Seine
Harfleur
Rouen
法 國

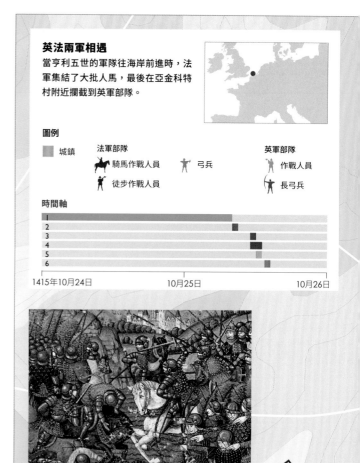

英法兩軍相遇

當亨利五世的軍隊往海岸前進時，法軍集結了大批人馬，最後在亞金科特村附近攔截到英軍部隊。

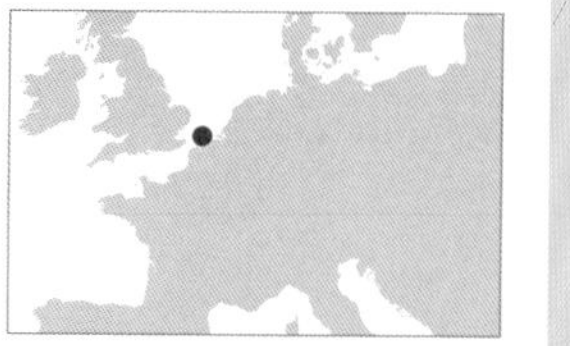

圖例

城鎮　法軍部隊：騎馬作戰人員、徒步作戰人員、弓兵　英軍部隊：作戰人員、長弓兵

時間軸

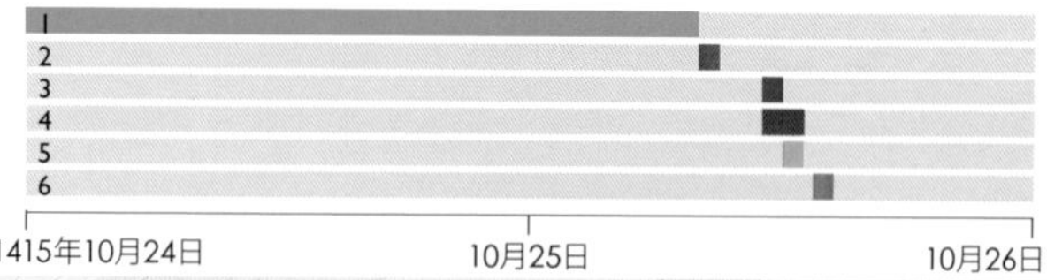
1
2
3
4
5
6
1415年10月24日
10月25日
10月26日

△ **拚死殺敵**
在這幅15世紀手稿的袖珍畫裡，英軍攻擊潰不成軍的法軍。

1 雙方軍隊布署
10月24日－10月25日上午8時

雙方軍隊在10月24日抵達亞金科特村附近。次日上午稍早，英軍排成一列布署，亨利在中央，他的堂兄弟約克公爵愛德華（Edward Duke of York）在右側，卡莫伊斯男爵（Baron Camoys）在左側；法軍則把部隊安排成三個「梯隊」，絕大部分貴族打頭陣，弓兵和弩兵則在第二線。

→ 英軍前進

2 長弓兵準備 上午8時

亨利把長弓兵布署在兩翼。他們把削尖的木樁斜插在地面上，以防止敵方騎兵靠近，並搭建弓兵掩體，讓他們可以從掩體把齊發的箭射到遠達200公尺的距離。弓兵就位後，軍隊就靜待敵軍出擊。

//// 成排的木樁

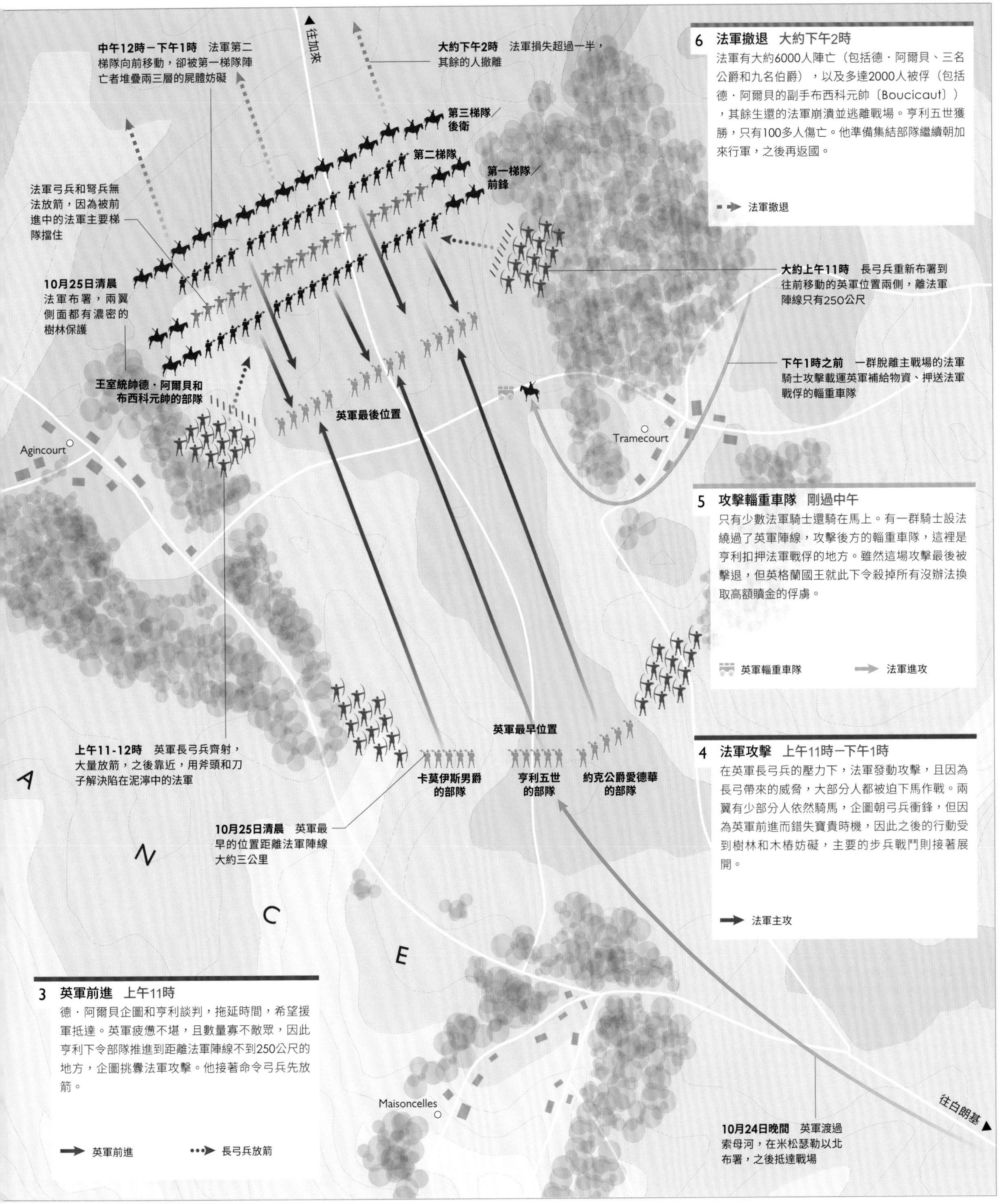

往加來
中午12時－下午1時　法軍第二梯隊向前移動，卻被第一梯隊陣亡者堆疊兩三層的屍體妨礙
大約下午2時　法軍損失超過一半，其餘的人撤離
第三梯隊／後衛
第二梯隊
第一梯隊／前鋒
法軍弓兵和弩兵無法放箭，因為被前進中的法軍主要梯隊擋住
10月25日清晨　法軍布署，兩翼側面都有濃密的樹林保護
大約上午11時　長弓兵重新布署到往前移動的英軍位置兩側，離法軍陣線只有250公尺
下午1時之前　一群脫離主戰場的法軍騎士攻擊載運英軍補給物資、押送法軍戰俘的輜重車隊
王室統帥德．阿爾貝和布西科元帥的部隊
英軍最後位置
Agincourt
Tramecourt
英軍最早位置
上午11-12時　英軍長弓兵齊射，大量放箭，之後靠近，用斧頭和刀子解決陷在泥濘中的法軍
卡莫伊斯男爵的部隊
亨利五世的部隊
約克公爵愛德華的部隊
10月25日清晨　英軍最早的位置距離法軍陣線大約三公里
A
N
C
E
Maisoncelles
往白朗基
10月24日晚間　英軍渡過索母河，在米松瑟勒以北布署，之後抵達戰場

6　法軍撤退　大約下午2時

法軍有大約6000人陣亡（包括德．阿爾貝、三名公爵和九名伯爵），以及多達2000人被俘（包括德．阿爾貝的副手布西科元帥〔Boucicaut〕），其餘生還的法軍崩潰並逃離戰場。亨利五世獲勝，只有100多人傷亡。他準備集結部隊繼續朝加來行軍，之後再返國。

法軍撤退

5　攻擊輜重車隊　剛過中午

只有少數法軍騎士還騎在馬上。有一群騎士設法繞過了英軍陣線，攻擊後方的輜重車隊，這裡是亨利扣押法軍戰俘的地方。雖然這場攻擊最後被擊退，但英格蘭國王就此下令殺掉所有沒辦法換取高額贖金的俘虜。

英軍輜重車隊　法軍進攻

4　法軍攻擊　上午11時－下午1時

在英軍長弓兵的壓力下，法軍發動攻擊，且因為長弓帶來的威脅，大部分人都被迫下馬作戰。兩翼有少部分人依然騎馬，企圖朝弓兵衝鋒，但因為英軍前進而錯失寶貴時機，因此之後的行動受到樹林和木樁妨礙，主要的步兵戰鬥則接著展開。

法軍主攻

3　英軍前進　上午11時

德．阿爾貝企圖和亨利談判，拖延時間，希望援軍抵達。英軍疲憊不堪，且數量寡不敵眾，因此亨利下令部隊推進到距離法軍陣線不到250公尺的地方，企圖挑釁法軍攻擊。他接著命令弓兵先放箭。

英軍前進　長弓兵放箭

圍攻奧略昂

1428－29年，法軍成功防守奧略昂，是英法百年戰爭中的轉捩點，也是英國人看似即將贏得戰爭的關鍵時刻。法軍之所以勝利是因為聖女貞德參戰，鼓舞了士氣。

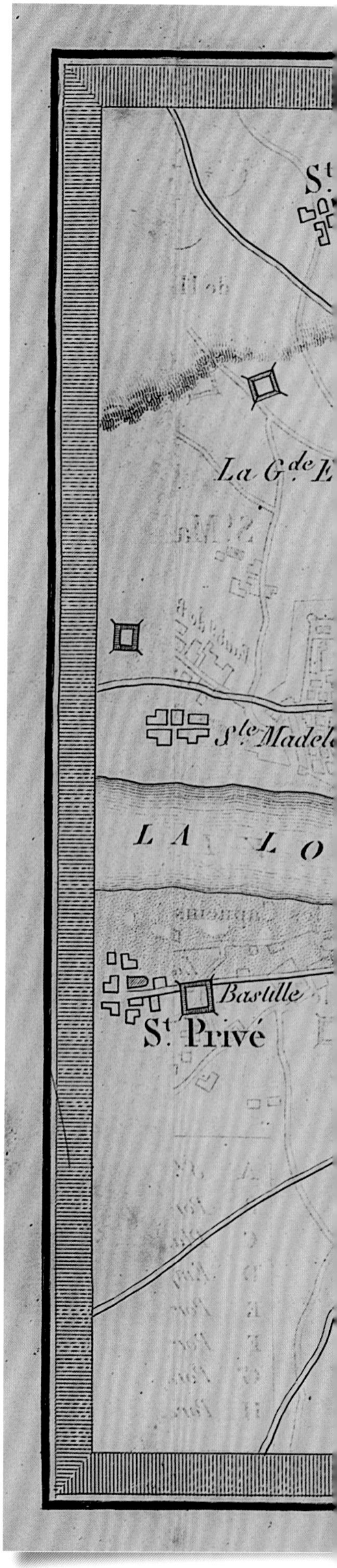
Bastille
St. Privé

▷ **被圍攻的城市**
這張由19世紀法國製圖師阿里斯蒂・米歇爾・佩羅（Aristide Michel Perrot）繪製的奧略昂圍攻圖，最早是出現在1839年出版的勃艮第公爵（Dukes of Bourgogne）歷史中。圖中，這座城牆環繞的小城市被零星的英軍據點包圍。

當《特華條約》在1420年簽署時，英格蘭國王獲得承認，是法國王位的繼承人，而英格蘭人和他們的盟友已經控制巴黎和漢斯（Reims）。不過抵抗依然持續，1428年時，索茲斯柏立伯爵（Earl of Salisbury）率軍攻打奧略昂（Orléans），這是羅亞爾河（River Loire）畔一座具有戰略價值的城市。

10月12日，英軍計畫從跨越羅亞爾河的橋梁上突擊這座城市，而橋梁本身則有堅固的橋頭堡圖雷勒堡（Les Tourelles）守衛。然而等到英軍在10月24日攻占圖雷勒堡時，守軍已經把橋梁破壞到無法使用。兩天後，索茲斯柏立伯爵受到致命重傷，指揮權轉移給薩弗克伯爵（Earl of Suffolk）。他放棄突擊的戰法，開始構築堡壘和各種防禦工事，準備長期圍攻。薩弗克沒有足夠部隊可實施徹底封鎖，但等到新的一年來臨時，城內的居民已經開始挨餓了。到了2月，一名17歲的農村少女貞德（Joan of Arc）展開旅程，前往位於希農（Chinon）的皇太子宮殿。她自稱受到神的啟發，勸說高層領袖讓她率領軍隊嘗試解奧略昂之圍。不論是透過她對士氣帶來的影響，還是因為戰術的緣故，她都成功了（參見下述），並為把英格蘭人逐出法國奠定了基礎。

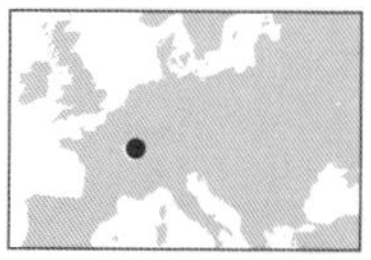

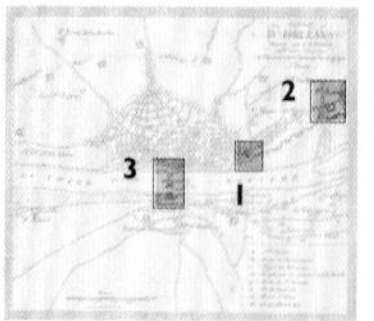

說明

1. 聖女貞德和法軍部隊在4月29日帶著補給進城。
2. 5月4日，聖盧成為第一個被法軍攻陷的英軍據點。
3. 5月7日，法軍迫使英軍離開圖雷勒堡。

「上帝對英格蘭人到底是愛是恨，我一無所知，但我明白他們遲早都會被趕出法國……」

聖女貞德受審時的記錄，1431年

奧略昂解圍

1429年4月29日，聖女貞德在500名士兵護衛下，帶著重要補給物資從東邊偷偷穿越英軍防線，進入奧略昂。她受到城內軍民熱烈歡迎，要求採取行動，但法軍指揮官尚・德・迪努瓦（Jean de Dunois）先是找了援軍，才在5月4日拿下位於聖盧（St Loup）的英軍據點。兩天後，法軍由聖女貞德打頭陣，渡河攻擊城市南邊英軍的要塞化陣地，經過一番激戰後於5月6日攻陷奧古斯丁堡（Augustines），接著在次日又攻克圖雷勒堡。英軍在5月8日放棄圍城。

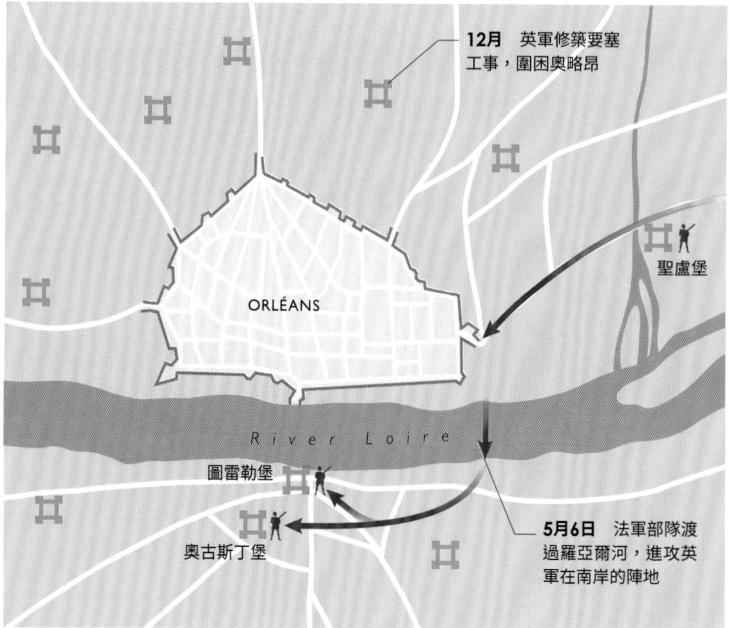
12月 英軍修築要塞工事，圍困奧略昂
聖盧堡
ORLÉANS
River Loire
圖雷勒堡
奧古斯丁堡
5月6日 法軍部隊渡過羅亞爾河，進攻英軍在南岸的陣地
圖例
英軍要塞
法軍前進
法軍進攻

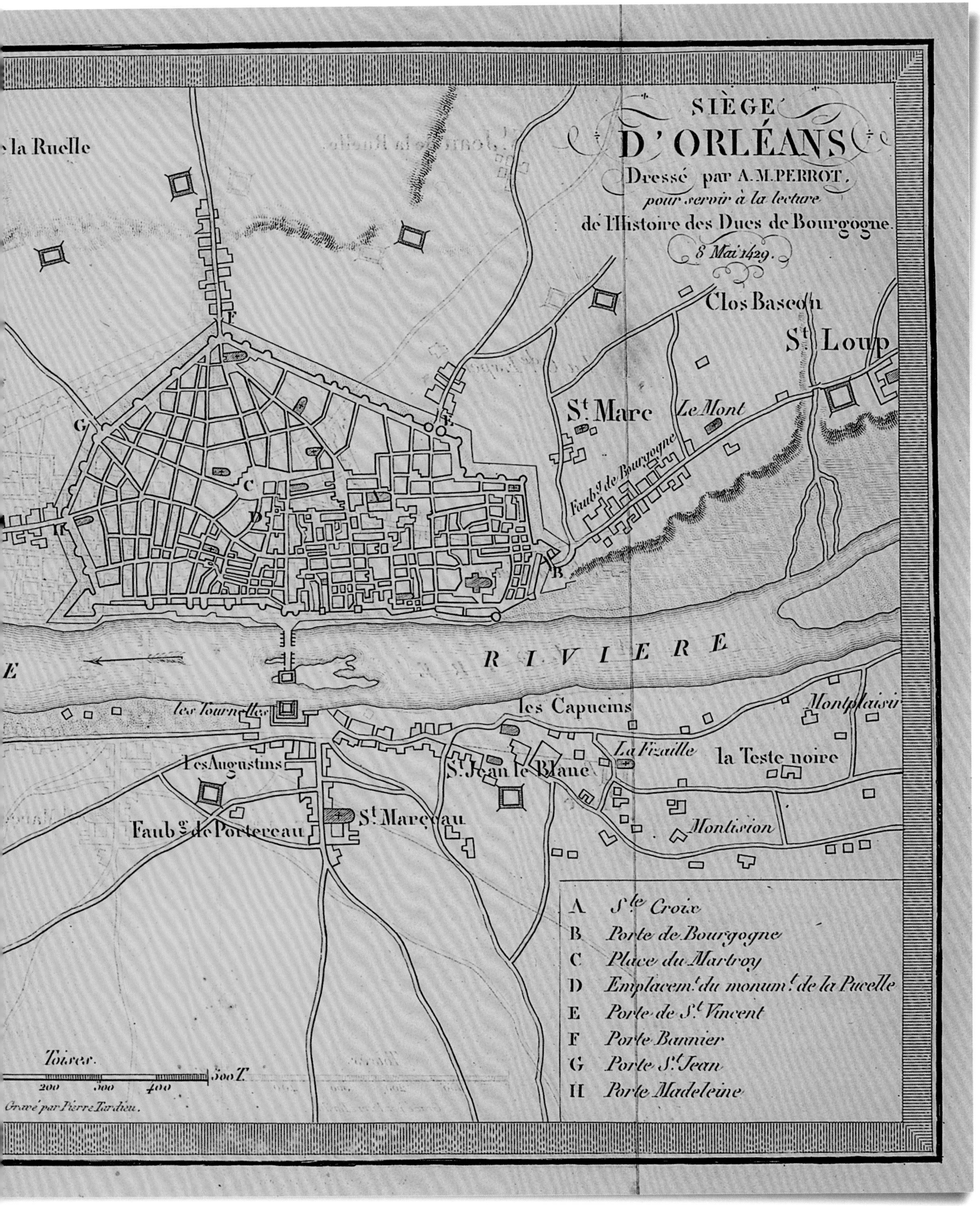
SIÈGE
D'ORLÉANS
Dressé par A.M.PERROT,
pour servir à la lecture
de l'Histoire des Ducs de Bourgogne.
8 Mai 1429.
Clos Bascon
St. Loup
St. Marc
Le Mont
Faub.g de Bourgogne
la Ruelle
RIVIERE
les Tournelles
les Capucins
Montplaisir
La Fizaille
la Teste noire
Les Augustins
St. Jean le Blanc
Faub.g de Portereau
St. Marceau
Montision
A St.e Croix
B Porte de Bourgogne
C Place du Martroy
D Emplacem.t du monum.t de la Pucelle
E Porte de St. Vincent
F Porte Bannier
G Porte St. Jean
H Porte Madeleine
Toises.
200 300 400 500 T.
Gravé par Pierre Tardieu.

圍攻錫蓋特堡（Szigetvár），1566年
鄂圖曼土耳其、波斯薩法維（Safavid）和印度蒙兀兒（Mughal）使用滑膛槍和火砲，因此被稱為「火藥帝國」。這幅畫描繪鄂圖曼帝國用大砲圍攻匈牙利城市的情景。

火藥武器

早在10世紀，中國就有人使用火藥武器。之後它逐漸發展，到了1500年，這種武器帶來的衝擊已經改變了亞洲和歐洲各地野戰及圍城戰中運用的戰術。

到了13世紀，關於各式火藥武器——炸彈、火箭和燃燒裝置——的知識已經傳播到歐洲。到了1346年，英國軍隊就已開始在戰場上使用小型加農砲。自14世紀晚期起，幾個歐洲帝國競相生產威力強大的攻城武器。這種笨重的大砲稱為射石砲，對付中世紀城市和城堡的石造城牆格外有效。鄂圖曼土耳其的軍隊採用這種射石砲，在1453年擊破了君士坦丁堡過去公認堅不可摧的城牆。同樣也是1453年，在卡斯提容（Castillon），法國大砲擊殺了衝鋒的英軍騎士。手持火器花了更久的時間發展，火繩槍和後來的滑膛槍儘管既不可靠、又不精準，卻還是在16世紀初開始取代弓箭。

△ 迴旋砲
15世紀時，歐洲的船隻開始安裝火砲，剛開始是小型火砲，例如圖中這種可以旋轉的款式。

戰術的變化

由於騎士容易受到火砲和滑膛槍火力的殺傷，因此逐漸進化成輕裝的騎兵，揮舞手槍和刀劍。為了對抗攻城火砲，新一代堡壘也在歐洲各地應運而生。這些新式堡壘外形呈現星狀，輪廓低矮、牆體厚實，防禦土牆可有效抵擋火砲彈丸，還設有防禦火砲專用的平台。

△ 14世紀的火槍
這種火槍由中國人發明，是在長矛上安裝填充火藥的管子，只能發射一次，而且射程很短。圖中是歐洲使用的款式，但歐洲的戰爭中很少有人使用。

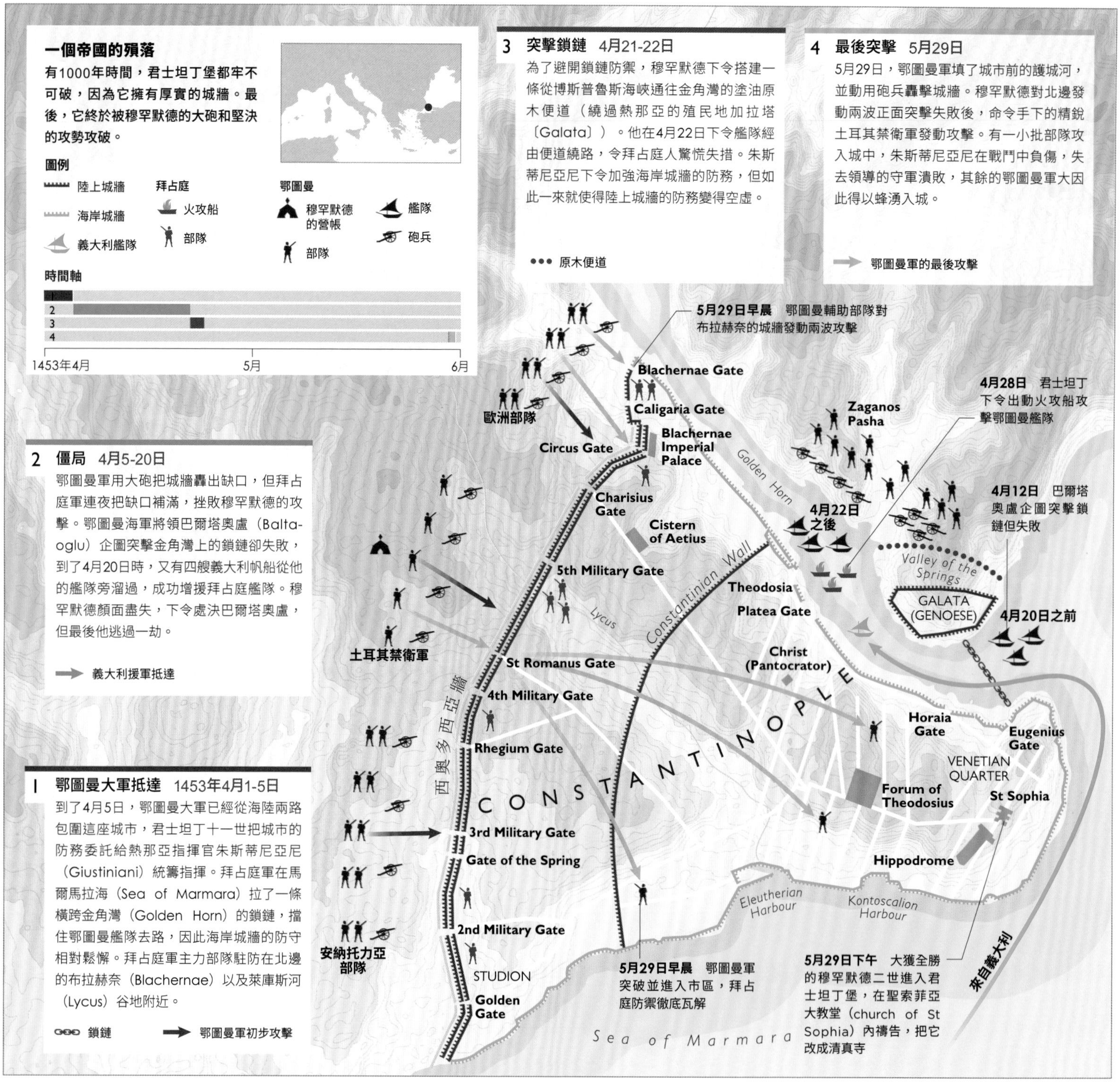
一個帝國的殞落
有1000年時間，君士坦丁堡都牢不可破，因為它擁有厚實的城牆。最後，它終於被穆罕默德的大砲和堅決的攻勢攻破。
圖例
陸上城牆
海岸城牆
義大利艦隊
拜占庭
火攻船
部隊
鄂圖曼
穆罕默德的營帳
部隊
艦隊
砲兵
時間軸
1
2
3
4
1453年4月
5月
6月
3 突擊鎖鏈 4月21-22日
為了避開鎖鏈防禦，穆罕默德下令搭建一條從博斯普魯斯海峽通往金角灣的塗油原木便道（繞過熱那亞的殖民地加拉塔〔Galata〕）。他在4月22日下令艦隊經由便道繞路，令拜占庭人驚慌失措。朱斯蒂尼亞尼下令加強海岸城牆的防務，但如此一來就使得陸上城牆的防務變得空虛。
原木便道
4 最後突擊 5月29日
5月29日，鄂圖曼軍填了城市前的護城河，並動用砲兵轟擊城牆。穆罕默德對北邊發動兩波正面突擊失敗後，命令手下的精銳土耳其禁衛軍發動攻擊。有一小批部隊攻入城中，朱斯蒂尼亞尼在戰鬥中負傷，失去領導的守軍潰敗，其餘的鄂圖曼軍大因此得以蜂湧入城。
鄂圖曼軍的最後攻擊
5月29日早晨 鄂圖曼輔助部隊對布拉赫奈的城牆發動兩波攻擊
Blachernae Gate
Caligaria Gate
Blachernae Imperial Palace
歐洲部隊
Circus Gate
Zaganos Pasha
4月28日 君士坦丁下令出動火攻船攻擊鄂圖曼艦隊
Golden Horn
Charisius Gate
4月22日之後
4月12日 巴爾塔奧盧企圖突擊鎖鏈但失敗
Cistern of Aetius
Constantinian Wall
Valley of the Springs
5th Military Gate
Theodosia
GALATA (GENOESE)
Lycus
Platea Gate
4月20日之前
土耳其禁衛軍
Christ (Pantocrator)
St Romanus Gate
4th Military Gate
西奧多西亞牆
CONSTANTINOPLE
Horaia Gate
Eugenius Gate
Rhegium Gate
VENETIAN QUARTER
Forum of Theodosius
St Sophia
3rd Military Gate
Gate of the Spring
Hippodrome
Eleutherian Harbour
Kontoscalion Harbour
2nd Military Gate
安納托力亞部隊
STUDION
Golden Gate
5月29日早晨 鄂圖曼軍突破並進入市區，拜占庭防禦徹底瓦解
5月29日下午 大獲全勝的穆罕默德二世進入君士坦丁堡，在聖索菲亞大教堂（church of St Sophia）內禱告，把它改成清真寺
來自義大利
Sea of Marmara
2 僵局 4月5-20日
鄂圖曼軍用大砲把城牆轟出缺口，但拜占庭軍連夜把缺口補滿，挫敗穆罕默德的攻擊。鄂圖曼海軍將領巴爾塔奧盧（Baltaoglu）企圖突擊金角灣上的鎖鏈卻失敗，到了4月20日時，又有四艘義大利帆船從他的艦隊旁溜過，成功增援拜占庭艦隊。穆罕默德顏面盡失，下令處決巴爾塔奧盧，但最後他逃過一劫。
義大利援軍抵達
1 鄂圖曼大軍抵達 1453年4月1-5日
到了4月5日，鄂圖曼大軍已經從海陸兩路包圍這座城市，君士坦丁十一世把城市的防務委託給熱那亞指揮官朱斯蒂尼亞尼（Giustiniani）統籌指揮。拜占庭軍在馬爾馬拉海（Sea of Marmara）拉了一條橫跨金角灣（Golden Horn）的鎖鏈，擋住鄂圖曼艦隊去路，因此海岸城牆的防守相對鬆懈。拜占庭軍主力部隊駐防在北邊的布拉赫奈（Blachernae）以及萊庫斯河（Lycus）谷地附近。
鎖鏈
鄂圖曼軍初步攻擊

君士坦丁堡陷落

1453年，鄂圖曼蘇丹穆罕默德二世展開行動，目標是攻占拜占庭帝國首都君士坦丁堡。它堅固雄偉的城牆抵擋穆罕默德的砲兵轟擊長達數星期之久，最後才在5月29日陷落，拜占庭帝國就此終結。

1451 年，蘇丹穆罕默德二世登上了鄂圖曼帝國的王位。他的目標是奪取君士坦丁堡，因此他在博斯普魯斯海峽上修建一座堡壘，掐住通往拜占庭首都的海上航線入口，並打造出 100 艘船組成的艦隊，以及 8 萬人的大軍。這批軍隊配備大口徑的匈牙利大砲，朝著這座城牆圍繞的城市挺進。

拜占庭皇帝君士坦丁十一世（Constantine XI）向西歐基督教國家請求軍事援助，但大多數人都置之不理，他只召集到大約 8000 名本國守軍。只有屹立不搖抵擋攻擊超過千年的城牆能帶來希望。但即使如此，穆罕默德在 1453 年 5 月 29 日發動突擊時，終究還是擋不住。之後君士坦丁堡成為鄂圖曼帝國的首都，而穆罕默德和他的繼任者則繼續行動，征服整個巴爾幹地區，在 1529 年兵臨維也納城下。

征服格拉納達

西班牙各王國收復伊比利半島上穆斯林領土的行動，在13世紀時因為格拉納達酋長國的頑強抵抗而陷入僵局。阿拉貢的斐迪南和卡斯提爾的伊莎貝拉發動戰爭，最後在1492年攻克格拉納達，並驅逐穆斯林居民。

西班牙的基督教統治階層期盼，收復失地運動可以在拉斯納瓦斯．德．托洛薩擊敗阿摩哈德王朝之後完成，但事實證明這個想法太過天真。雖然哥多華（Córdoba）和塞維爾分別在1236年和1248年收復，但基督教軍隊向南進軍時，開始碰上愈來愈多麻煩。穆斯林軍隊在他們僅存的領土上集中抵抗，也就是奈斯爾王朝（Nasrid）的格拉納達酋長國（Emirate of Granada）。

卡斯提爾的伊莎貝拉（Isabella of Castile）和阿拉貢的斐迪南二世（Ferdinand II of Aragon）在1469年成婚，改變了權力平衡。他們的王國合併之後展現的力量，帶來比奈斯爾王朝更大的影響力，因為它已經在蘇丹布阿卜迪勒（Boabdil）、他的父親阿布哈桑．阿里（Abū al-Hasan Alī）和叔叔阿札哈爾（al-Zaghal）之間的權力鬥爭中四分五裂。1483年，布阿卜迪勒被卡斯提爾俘虜。他後來獲釋，但條件是必須幫助西班牙人征服並占領阿札哈爾控制的格拉納達其他地方。由於奈斯爾已經嚴重分裂，無法有效協調並抵抗敵方進攻，因此格拉納達最後在1492年淪陷。後來布阿卜迪勒獲准帶著支持者離開，宗教自由也獲得保證。

收復失地運動的結束

西班牙境內最後一個穆斯林統治的酋長國分裂，因此卡斯提爾和阿拉貢在1482年發起的長達十年的漫長戰役中得以奪回大部分城鎮，首都格拉納達則在1492年陷落。

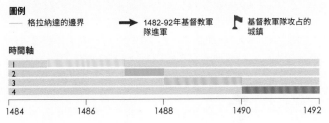

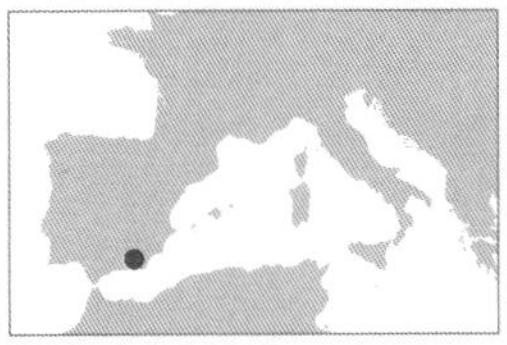

圖例

格拉納達的邊界
1482-92年基督教軍隊進軍
基督教軍隊攻占的城鎮

時間軸

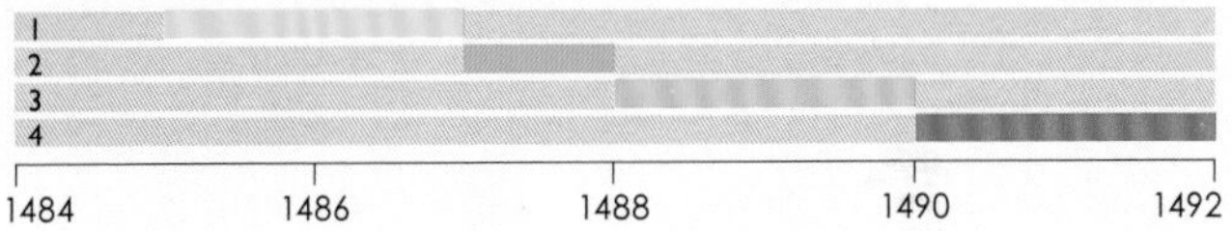

1
2
3
4
1484
1486
1488
1490
1492

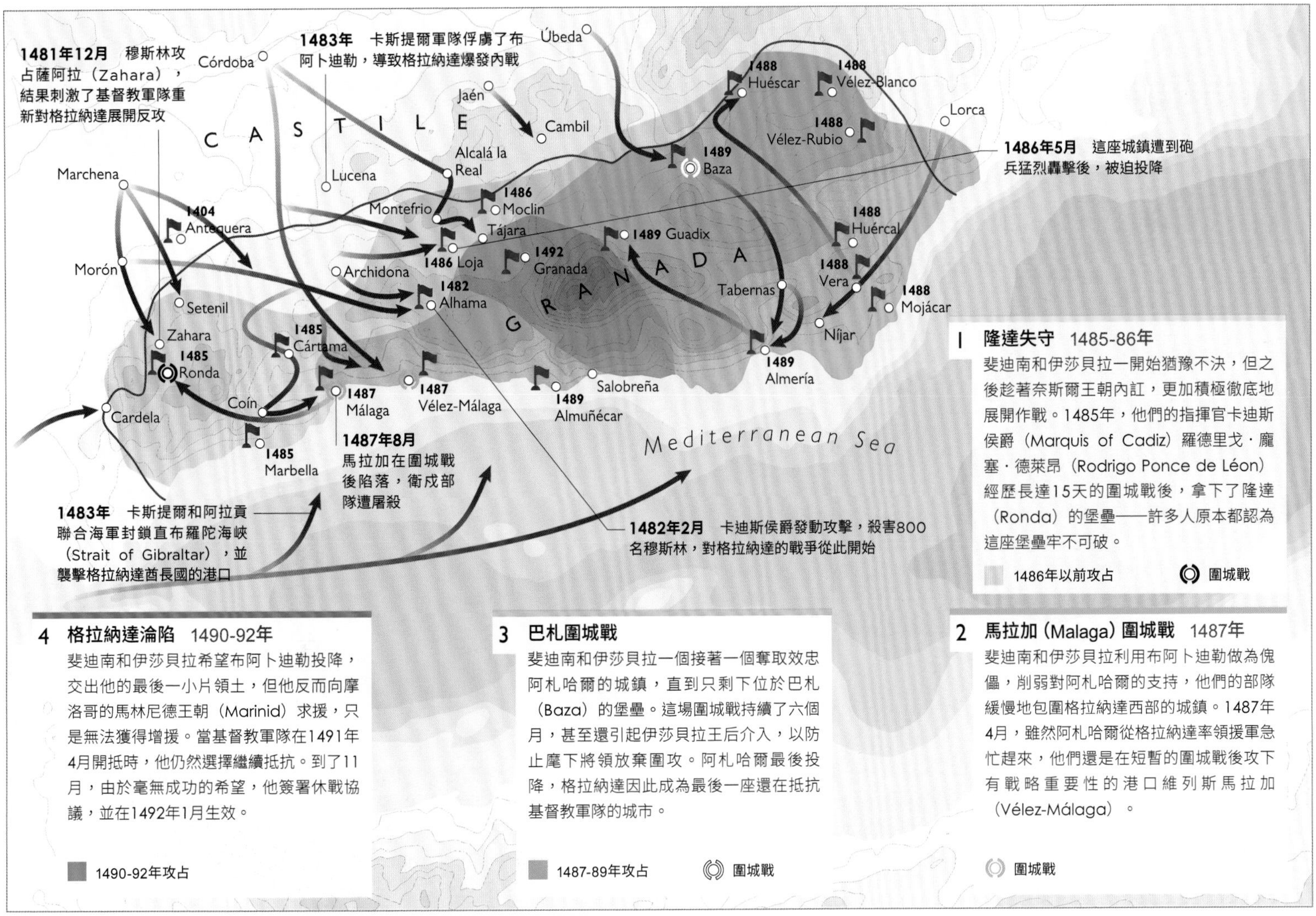

1481年12月 穆斯林攻占薩阿拉（Zahara），結果刺激了基督教軍隊重新對格拉納達展開反攻
1483年 卡斯提爾軍隊俘虜了布阿卜迪勒，導致格拉納達爆發內戰
Córdoba
Úbeda
Jaén
Cambil
Lorca
C A S T I L E
Marchena
Lucena
Alcalá la Real
1488 Huéscar
1488 Vélez-Blanco
1488 Vélez-Rubio
1489 Baza
1486年5月 這座城鎮遭到砲兵猛烈轟擊後，被迫投降
1404 Antequera
Montefrío
1486 Moclín
Tájara
1489 Guadix
1488 Huércal
Morón
Archidona
1486 Loja
1492 Granada
G R A N A D A
1488 Vera
Tabernas
1488 Mojácar
Setenil
1482 Alhama
Níjar
Zahara
1485 Ronda
1485 Cártama
1489 Almería
Coín
1487 Málaga
1487 Vélez-Málaga
Salobreña
1489 Almuñécar
Cardela
1485 Marbella
1487年8月 馬拉加在圍城戰後陷落，衛戍部隊遭屠殺
Mediterranean Sea
1483年 卡斯提爾和阿拉貢聯合海軍封鎖直布羅陀海峽（Strait of Gibraltar），並襲擊格拉納達酋長國的港口
1482年2月 卡迪斯侯爵發動攻擊，殺害800名穆斯林，對格拉納達的戰爭從此開始
1 隆達失守 1485-86年
斐迪南和伊莎貝拉一開始猶豫不決，但之後趁著奈斯爾王朝內訌，更加積極徹底地展開作戰。1485年，他們的指揮官卡迪斯侯爵（Marquis of Cadiz）羅德里戈．龐塞．德萊昂（Rodrigo Ponce de Léon）經歷長達15天的圍城戰後，拿下了隆達（Ronda）的堡壘——許多人原本都認為這座堡壘牢不可破。
1486年以前攻占
圍城戰
4 格拉納達淪陷 1490-92年
斐迪南和伊莎貝拉希望布阿卜迪勒投降，交出他的最後一小片領土，但他反而向摩洛哥的馬林尼德王朝（Marinid）求援，只是無法獲得增援。當基督教軍隊在1491年4月開抵時，他仍然選擇繼續抵抗。到了11月，由於毫無成功的希望，他簽署休戰協議，並在1492年1月生效。
1490-92年攻占
3 巴札圍城戰
斐迪南和伊莎貝拉一個接著一個奪取效忠阿札哈爾的城鎮，直到只剩下位於巴札（Baza）的堡壘。這場圍城戰持續了六個月，甚至還引起伊莎貝拉王后介入，以防止麾下將領放棄圍攻。阿札哈爾最後投降，格拉納達因此成為最後一座還在抵抗基督教軍隊的城市。
1487-89年攻占
圍城戰
2 馬拉加（Malaga）圍城戰 1487年
斐迪南和伊莎貝拉利用布阿卜迪勒做為傀儡，削弱對阿札哈爾的支持，他們的部隊緩慢地包圍格拉納達西部的城鎮。1487年4月，雖然阿札哈爾從格拉納達率領援軍急忙趕來，他們還是在短暫的圍城戰後攻下有戰略重要性的港口維列斯馬拉加（Vélez-Málaga）。
圍城戰

戰爭指南：公元1000-1500年

曼蘇拉

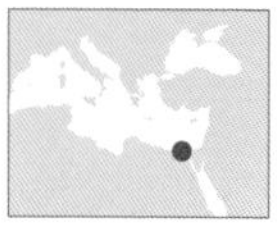

1250年2月8-11日

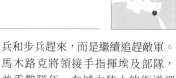

曼蘇拉（Al-Mansurah）是第七次十字軍（1248-54年）中的一場關鍵會戰，是基督教世界最後一次嘗試從穆斯林手中奪回巴勒斯坦。本次十字軍由法國國王路易九世（Louis IX）領軍，直接進攻埃及，也就是控制耶路撒冷的穆斯林埃宥比王朝大本營。十字軍占領埃及港口丹米艾塔（Damietta）後，就向南朝開羅行軍。他們持續推進，直到抵達曼蘇拉附近的一條運河，遭遇在河對岸駐紮的埃宥比軍隊才停止。

數百名隸屬於聖殿騎士團的精銳騎士由路易的弟弟、阿托瓦的羅貝爾（Robert of Artois）領軍，和一支由索茲斯柏立的威廉（William of Salisbury）率領的英格蘭部隊渡過了運河，奇襲穆斯林的陣地，會戰就此開打。埃及部隊立即陷入慌亂，逃回城內，不過騎士沒有等待路易帶著弩兵和步兵趕來，而是繼續追趕敵軍。馬木路克將領接手指揮埃及部隊，並重整隊伍，在城內狹小的街道裡設下陷阱伏擊敵軍。十字軍被來自四面八方的敵軍圍攻，死傷慘重，阿托瓦的羅貝爾和索茲斯柏立的威廉與大部分聖殿騎士團的騎士一同陣亡。

路易手上剩餘的主力部隊擊退敵軍反覆衝殺，但卻表現自大，堅持不撤退，埃及部隊進而奪取並摧毀幾艘十字軍的補給船隻。路易的部隊由於缺乏糧食，且有許多人感染疾病，最後不得不在4月嘗試往丹米艾塔撤退。但他們卻在半路上遭擊敗並被俘虜，許多騎士戰死，路易本人則在付出高額贖金後獲釋。

▷ 這幅15世紀手稿中的圖畫描繪穆斯林軍隊屠殺十字軍

「我將殺進你的王國……我意已決，絕不改變。」

路易九世對埃及蘇丹宣戰

襄陽

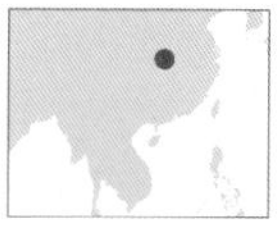

1268-73年

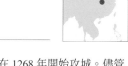

襄陽位於今日中國的湖北省。長達五年的襄陽圍城戰，是蒙古征服中國過程中的決定性戰役。到了1260年時，蒙古人已經控制中國北方，他們的領袖忽必烈已經建立元朝，但人口更多、更富裕的中國南部仍由本土政權宋朝統治。就地理上而言，由於這個區域有大量河川流經，加上城池堅固，因此蒙古大草原騎兵慣用的傳統戰鬥技術在此並不適用（參見第78頁）。忽必烈確認漢水畔的襄陽城是通往南方的關鍵門戶，因此在1268年開始攻城。儘管蒙古人完全沒有水軍作戰的經驗，但忽必烈依然集結了一支由5000艘船隻組成的船隊，封鎖河面。他把波斯的工程師帶來此地，建造攻城器械，包括威力強大的配重式投石機，而原始的燒夷彈和火藥武器都對雙方軍隊造成壓力。

在多次嘗試解圍的救援行動失敗後，襄陽城在1273年3月投降，宋朝在六年後滅亡，忽必烈因此成為中國唯一的統治者。

柯爾特萊

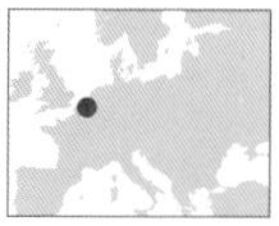

1302年7月11日

這場會戰又叫黃金馬刺會戰（Battle of the Golden Spurs），是中世紀時發生在佛拉芒城市柯爾特萊（Courtrai，又稱科特里克〔Kortrijk〕，位於今日比利時）城外的一場遭遇戰，這場會戰以佛拉芒的普通徒步士兵戰勝法國騎士而聞名。佛拉芒人為了反對法國國王腓力四世（Philip IV）占領他們的領土，因此憤而起義。1302年夏天，一支佛拉芒部隊圍攻法軍控制的柯爾特萊城堡。腓力派出一批部隊，由阿托瓦伯爵羅貝爾二世（Count Robert II of Artois）領軍，鎮壓這場叛亂。兩支部隊在數量上大約相等，各有1萬人左右，但佛拉芒部隊主要是由當地居民組成的民兵，幾乎所有人都只靠雙腳步行，而法軍則包括大約2500身穿鎧甲的騎兵。佛拉芒人在沼澤地的溪流和溝渠後方擺開陣勢，當法軍騎兵衝鋒時，坐騎就陷入泥淖、掉進溝渠。佛拉芒士兵揮舞著長矛和稱為日安棒（goedendag）的帶刺棍棒蜂擁而上，造成極大的傷亡，大約有1000名法國貴族和騎士命喪沙場，羅貝爾也是其中之一。後來獲勝的佛拉芒人在戰場上收集到大約500對馬刺，這場會戰因此而得名。

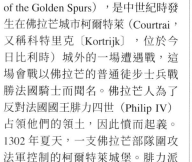

波瓦提厄

1356年9月19日

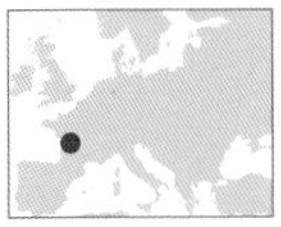

波瓦提厄會戰（Battle of Poitiers）是法國在百年戰爭中對抗英格蘭的一場慘重失敗。外號黑王子的威爾斯親王愛德華率領數千名士兵，從英格蘭統治的亞奎丹出發，襲擊法國中部。法國國王約翰二世（Jean II）率領人數占優勢的部隊，在波瓦提厄城外攔截到襲擊方。英格蘭人沒辦法拋棄好不容易劫掠到手的財寶並迴避，因此決定利用當地適合防禦的地形（尤其是有一條道路穿過的濃密的樹籬通往南邊），正面迎戰法軍。

9月19日，愛德華集結部隊投入作戰。他的騎士下馬徒步戰鬥，長弓兵則在側翼。法軍騎士騎馬發動第一波攻擊，但他們的坐騎卻被愛德華手下長弓兵射出的箭命中而倒地。第二波攻擊則由身為約翰二世繼承人的太子親自領軍，徒步進攻，和英格蘭人爆發慘烈的近距離戰鬥。最後隨著約翰二世本人也下場參戰，愛德華命令麾下部隊衝鋒，大約200名擔任預備隊的英格蘭騎士騎馬出擊，從後方攻擊法軍。在緊接而來的狂暴殺戮中，約翰二世和許多法國貴則都被俘虜，他之後被關押在英格蘭，直到法方在1360年同意付出相當於300萬金幣的贖金，才讓他平安返回。

安卡拉

1402年7月20日

安卡拉會戰（Battle of Ankara）是兩位傑出軍事指揮官之間的對決：鄂圖曼蘇丹巴耶濟德一世（Bayezid I）和突厥－蒙古戰士帖木兒。帖木兒以中亞的撒馬爾罕（Samarkand）為根據地，征服了從德里到大馬士革的大片亞洲領土，因為四處燒殺擄掠而惡名昭彰。1402年，他入侵鄂圖曼帝國在安那托力亞（今日土耳其）的領土。巴耶濟德率領部隊向東行軍，準備對抗入侵者，但帖木兒運用謀略，在鄂圖曼軍隊的後方轉向，占領他們先前的營地。

巴耶濟德手下官兵筋疲力竭，而帖木兒把附近的溪流改道，讓他們缺乏飲水。帖木兒的草原騎兵配備複合弓，迅速打倒了行動緩慢的土耳其軍隊。儘管巴耶濟德手下的塞爾維亞諸侯奮勇作戰，但許多其他盟友還是變節投靠帖木兒。巴耶濟德雖然在一批騎兵的護衛下逃離戰場，但最後還是被俘，並在第二年關押期間去世，不過有關他被囚禁在籠子裡的傳說相當可疑。

帖木兒在1405年朝中國進軍的途中去世，他短命的帝國迅速分崩離析，爆發內戰。雖然鄂圖曼帝國也陷入慘烈內戰直到1413年，不過就在後來的蘇丹穆罕默德二世（參見第96頁）和蘇萊曼一世（Suleiman I，參見第112-17頁）等人任內，再度達到新的巔峰狀態。

▽ 一幅16世紀的畫描繪被帖木兒關押的巴耶濟德一世。

尼科波利斯

1396年9月25日

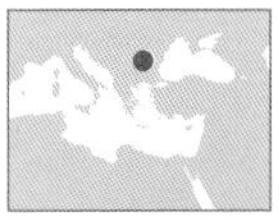

△ 騎馬的鄂圖曼土耳其人在尼科波利斯會戰中攻擊基督教軍隊騎士

1396年，基督教軍隊在今日保加利亞北部的尼科波爾（Nikopol）吃了一場大敗仗，鄂圖曼土耳其人因此得以走上締造世界上最偉大帝國的道路。入侵東南歐後，鄂圖曼蘇丹巴耶濟德一世威脅要進攻信奉基督教的匈牙利王國。

為了對應這個威脅，匈牙利國王西吉斯蒙德（Sigismund）集結了一支國際十字軍，當中包括法國和醫院騎士團的騎士，圍攻鄂圖曼軍隊在尼科波利斯（Nicopolis）的據點。巴耶濟德親率部隊北上，打算解圍，當中包括自1389年科索沃會戰（參見第86-87頁）成為鄂圖曼封建藩屬的塞爾維亞騎士。他的抵達讓騎士感到驚訝，因此匆忙準備投入戰鬥。基督教聯軍的困擾在於指揮架構紊亂，加上對當下情勢爆發爭執，因此在尚未得知鄂圖曼軍隊兵力規模和布署的狀況下就貿然進攻。巴耶濟德手下軍隊紀律嚴明，撐過了基督教騎士的衝鋒，接著發動威力十足的反擊。他獲勝的同時也毫不留情，除了那些值得換取贖金或適合當奴隸的人以外，所有抓到的俘虜全都被殺掉。

博斯沃思原野

1485年8月22日

英格蘭國王理察三世（Richard III）在英格蘭米德蘭（Midland）的博斯沃思原野（Bosworth Field）戰敗，讓都鐸（Tudor）家族登上了英格蘭的王位。在玫瑰戰爭（Wars of the Roses）中，約克王室和蘭開斯特（Lancaster）王室爭奪權力長達30年。1471年，約克王室在圖克斯柏立（Tewkesbury）獲勝後，看似即將凱旋而歸，但不得人心的國王理察三世卻製造出一個機會，讓流亡的蘭開斯特王室亨利．都鐸（Henry Tudor）也可以爭奪王位。亨利從法國搭船返回，在威爾斯（Wales）的密爾福港（Milford Haven）上岸，並朝英格蘭進軍，沿路號召支持者，理察則在列斯特夏（Leicestershire）的博斯沃思集市（Market Bosworth）附近攔截他。

雙方都投入數千人作戰。雖然理察三世的兵力較多，但他們的忠誠度卻不怎麼高。在他們打得如火如荼時，理察三世率領麾下騎士大膽攻擊亨利和他的軍隊，但就在這個當下，戰力堅強的史坦利（Stanley）部隊卻陣前倒戈，攻擊理察三世，他因此身陷重圍而戰死。亨利奪得權力，成為英格蘭都鐸王朝的第一任君王。

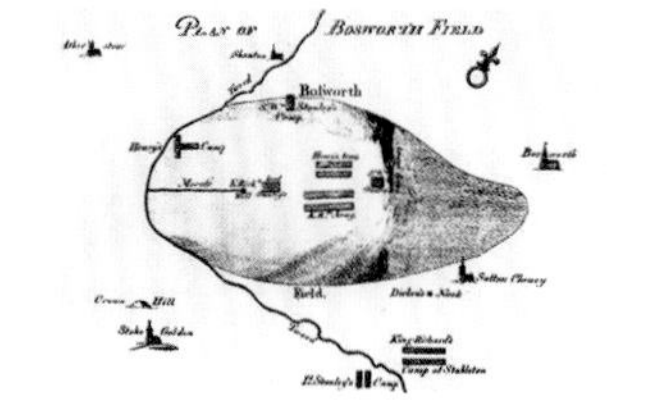

△ 兩軍在博斯沃思原野布署的示意圖

第三章

公元 1500-1700年

早期的火藥武器不斷進步，軍隊也變得更有組織且更加專業。世界各地都爆發宗教戰爭和繼承戰爭，軍艦則朝大型戰列艦路線發展，火力大幅增強。

△ **厚重的保護**
16世紀印度的蒙兀兒騎兵會戴上這種鏈甲頭盔——這個時候騎馬的戰士依然是戰場上的重要力量。

公元1500－1700年

16和17世紀的戰爭有不少變化，因為火藥使戰場變得更致命。在亞洲，各國為了擴張領土，投入比以往更大規模的軍隊。至於在歐洲，宗教和王朝戰爭則是交給更專業化的軍隊。

在公元 1500 年以前，戰鬥主要是交由小規模的封建徵召軍隊和騎士部隊進行。但是過了 200 年以後，開始有動輒成千上萬穿制服的士兵組成職業化軍隊，經過軍事演習的訓練，投入更大規模的戰鬥。這些軍隊都配備火槍和野戰砲。

火藥的引進協助觸發了這些變化。可以手持的各式滑膛槍變得更加普及，在義大利戰爭（Italian Wars）的戰事中可以看到它們扮演的角色愈來愈吃重，像是 1503 年在且里紐拉（Cerignola）、1522 年在比可卡（Bicocca）的戰鬥。開火射擊機制也逐漸改良，從火繩進步到簧輪再到燧發，射擊速率與射程也漸漸改善。這幾項進步結合起來，讓穿著盔甲、配備長矛而非火器的傳統騎兵顯得笨重累贅，步兵則開始和只穿著輕便盔甲或不穿盔甲、手持刀劍和手槍的騎兵並肩作戰，進而主宰戰場。火砲也在同一時間不斷進化。在 15 世紀，它們要破壞城牆還有點力不從心，但到了 1600 年，野戰砲的口徑不斷增大，除了最堅不可摧的防務以外，對任何東西都可以造成威脅。為了反制，像法國的塞巴斯蒂安．勒普雷斯特．德．沃邦（Sébastien Le Prestre de Vauban）和他的荷蘭籍競爭對手門諾．范．科霍恩（Menno van Coehoorn）這樣的專業工程師開始著手改良要塞的設計，並提倡新的圍城戰技術（參見第 148-49 頁）。

> 「戰爭不可避免，只是被推遲，以便為他人謀取利益。」
>
> 尼可洛．馬基維利，《君主論》，1513年

作戰在這個時候又回到以前的機動戰——這在過去是在比較小的軍隊之間進行，而以步兵為導向的新式軍隊又變得更加龐大。這些大型部隊需要更複雜的組織編制和訓練，標誌章記和制服則成為軍旅生活的一大特色。荷蘭將領拿索的毛里斯（Maurice of Nassau）在 1590 年代開始正式的軍事演習活動。

◁ **海峽遭遇戰**
這幅大約創作於1620年的圖畫描繪1588年時，西班牙無敵艦隊和伊莉莎白一世（Elizabeth I）的艦隊在英吉利海峽交戰（參閱第120-21頁）的情景。這場海戰是16世紀歐洲北部規模最空前的海戰，並引發海軍軍備競賽。

全新發展

火藥軍備領域的科技發展腳步加快，促使歐洲發生軍事革命。隨著作戰成本提高，各國都發展出可以徵收到更高稅賦的能力，接著就強化它們發動戰爭的本錢，導致衝突進一步發生。歐洲以外的國家也採用火藥武器。這有時讓他們能夠抵抗歐洲侵略者，有時也可協助他們擴張領土，或是引發內戰。

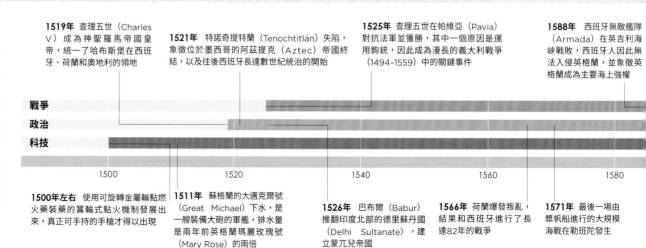

戰爭｜政治｜科技

1500　1520　1540　1560　1580

1500年左右 使用可旋轉金屬輪點燃火藥裝藥的簧輪式點火機制發展出來，真正可手持的手槍才得以出現

1511年 蘇格蘭的大邁克爾號（Great Michael）下水，是一艘裝備大砲的軍艦，排水量是兩年前英格蘭瑪麗玫瑰號（Mary Rose）的兩倍

1519年 查理五世（Charles V）成為神聖羅馬帝國皇帝，統一了哈布斯堡在西班牙、荷蘭和奧地利的領地

1521年 特諾奇提特蘭（Tenochtitlán）失陷，象徵位於墨西哥的阿茲提克（Aztec）帝國終結，以及往後西班牙長達數世紀統治的開始

1525年 查理五世在帕維亞（Pavia）對抗法軍並獲勝，其中一個原因是運用鉤銃，因此成為漫長的義大利戰爭（1494-1559）中的關鍵事件

1526年 巴布爾（Babur）推翻印度北部的德里蘇丹國（Delhi Sultanate），建立蒙兀兒帝國

1566年 荷蘭爆發叛亂，結果和西班牙進行了長達82年的戰爭

1571年 最後一場由槳帆船進行的大規模海戰在勒班陀發生

1588年 西班牙無敵艦隊（Armada）在英吉利海峽戰敗，西班牙人因此無法入侵英格蘭，並象徵英格蘭成為主要海上強權

▷ **第一槍**
1620年，火槍兵和持手槍的騎兵在三十年戰爭的第一場大規模會戰白山會戰（Battle of the White Mountain，參見第128頁）的戰場上大放異彩。

◁ **失敗的國王**
為了籌措戰爭資金，英格蘭國王查理一世不與國會諮商就企圖提高徵稅，結果導致內戰，他也在1649年被處決。

變動的戰爭之道

這樣的軍隊會導致開支大增，從而使國家改變治理方式，權力更往中央集中，更能打仗的國家也因此更頻繁地作戰。歐洲因為天主教和新教各教派之間的一連串宗教戰爭而分崩離析，並在三十年戰爭（Thirty Years War，1618-48 年）期間達到頂點，總計在這場戰爭中有多達 800 萬軍人和平民死於非命。後來宗教性質的戰爭逐漸消退，但歐洲又變成王朝之間大規模衝突的場域，例如像法國路易十四（Louis XIV）這樣的專制君主征討哈布斯堡王朝（Habsburg）統治的西班牙及荷蘭。非歐洲的強權國家也打更大規模的戰爭。土耳其的鄂圖曼帝國、伊朗的薩法維帝國和印度的蒙兀兒帝國都不再依賴封建騎兵，而開始統一招募軍隊，他們主要效忠統治者。日本則發展出專屬於他們的軍事文化，主要是以大名和他們的武士家臣為基礎，進行一連串內戰，直到德川幕府自 1603 年起重新統一日本。

海上的戰爭也經歷了同樣劇烈的轉變。歐洲和亞洲的戰船自 14 世紀起就搭載少量小型火砲，主要用來殺傷人員，但從大約 1500 年起，歐洲國家的海軍就布署愈來愈多重型火砲，改變了海戰的方式。在勒班陀（Lepanto）之類的海戰中，划槳手隊伍操控槳帆船互相交戰，但這種船逐漸被戰列艦取代，它們的火砲透過鉸接砲門朝舷側開火射擊。拓展航海版圖的國家，像是英格蘭、荷蘭和法國，都砸下重金擴張海軍，把它們的敵對競爭延伸到大西洋各海域和印度洋的海上衝突。就跟在陸地上一樣，只有最富裕、最有組織的國家才能夠在軍費日益高漲的世界中透過軍事來競爭。

1590年左右 紙包彈藥變得更加普及，槍口裝填火器的裝填因此變得更加簡便，能提升開火速率

1600年 德川家族在關原獲勝，是日本重新統一的關鍵階段

1603年 經歷長達150年的內戰後，德川家康統一日本，開啟德川幕府時代

1615年左右 第一種「真正的」燧發開火機制研發出來，改善了槍枝的效率和可靠度

1632年 瑞典國王古斯塔夫·阿道夫（Gustavus Adolphus）御駕親征，在呂岑會戰（Battle of Lützen）中對抗神聖羅馬帝國軍隊，結果陣亡

1643年 法國國王路易十四登基，在位長達72年，法國國力在這段期間達到巔峰

1645年 查理一世（Charles I）的保皇派對抗議會派，結果在內斯比（Naseby）戰敗，導致英格蘭內戰（English Civil War）第一階段結束

1655-1703年 沃邦在法國修建一連串的堡壘，目的是適應劃時代長射程火器和重型火砲的出現

1660年 經過長達18年的內戰和共和統治後，英格蘭恢復君主制度

1683年 鄂圖曼軍隊在圍攻維也納時戰敗，他們在巴爾幹的擴張達到極限

1600 1620 1640 1660 1680 1700

1 展開圍攻 1521年4月下旬－6月22日

科爾特斯在成千上萬來自特斯科科（Texcoco）、查爾科（Chalco）和特拉克斯卡拉的戰士伴隨下，於四月下旬進抵科約阿坎（Coyoacán）。他兵分三路，以掩護所有通往特諾奇提特蘭的堤道，阿爾瓦拉多（Alvarado）前往塔庫巴（Tacuba），德奧利德（de Olid）留守科約阿坎，德桑多瓦爾（de Sandoval）則朝伊斯塔帕拉帕（Iztapalapa）。他們建立陣地，並阻止補給進入城市。

2 湖上的作戰 6月1日－6月10日

科爾特斯在特拉克斯卡拉建造13艘雙桅帆船（輕型船隻）後，就把它們帶到湖邊，隨後開始攔截載運補給的阿茲提克獨木舟。雙方隨後爆發一場激戰，阿茲提克人出動了1000艘獨木舟，不過最後由西班牙人獲勝，拿下伊斯塔帕拉帕和位於特佩萊科（Tepeleco）的防禦陣地。阿茲提克人用防禦樁刺穿雙桅帆船，並擄獲兩艘。

3 進攻失敗 1521年6月10－23日

西班牙人沿著堤道發動一連串攻擊，但都被阿茲提克人擊退。6月15日，科爾特斯下令部隊縱火焚燒他們已經進入的郊區，以削弱抵抗。在6月下旬激烈的拉鋸戰中，有數十名西班牙士兵（差一點就包括科爾特斯本人）被俘虜，並且在大神廟（Templo Mayor）活生生被獻祭。

4 把特諾奇提特蘭夷為平地

1521年6月30日－7月31日

科爾特斯暫停作戰，以便勸說之前的盟友重回他的陣營。從7月中旬開始，他指揮突擊，殺進特諾奇提特蘭，以及北邊的姊妹城市特拉特洛爾科（Tlatelolco），大市場和特拉特洛爾科的神廟都被阿爾瓦拉多放火燒毀。在南邊，西班牙人逐步推進，控制了島上大多數地方。

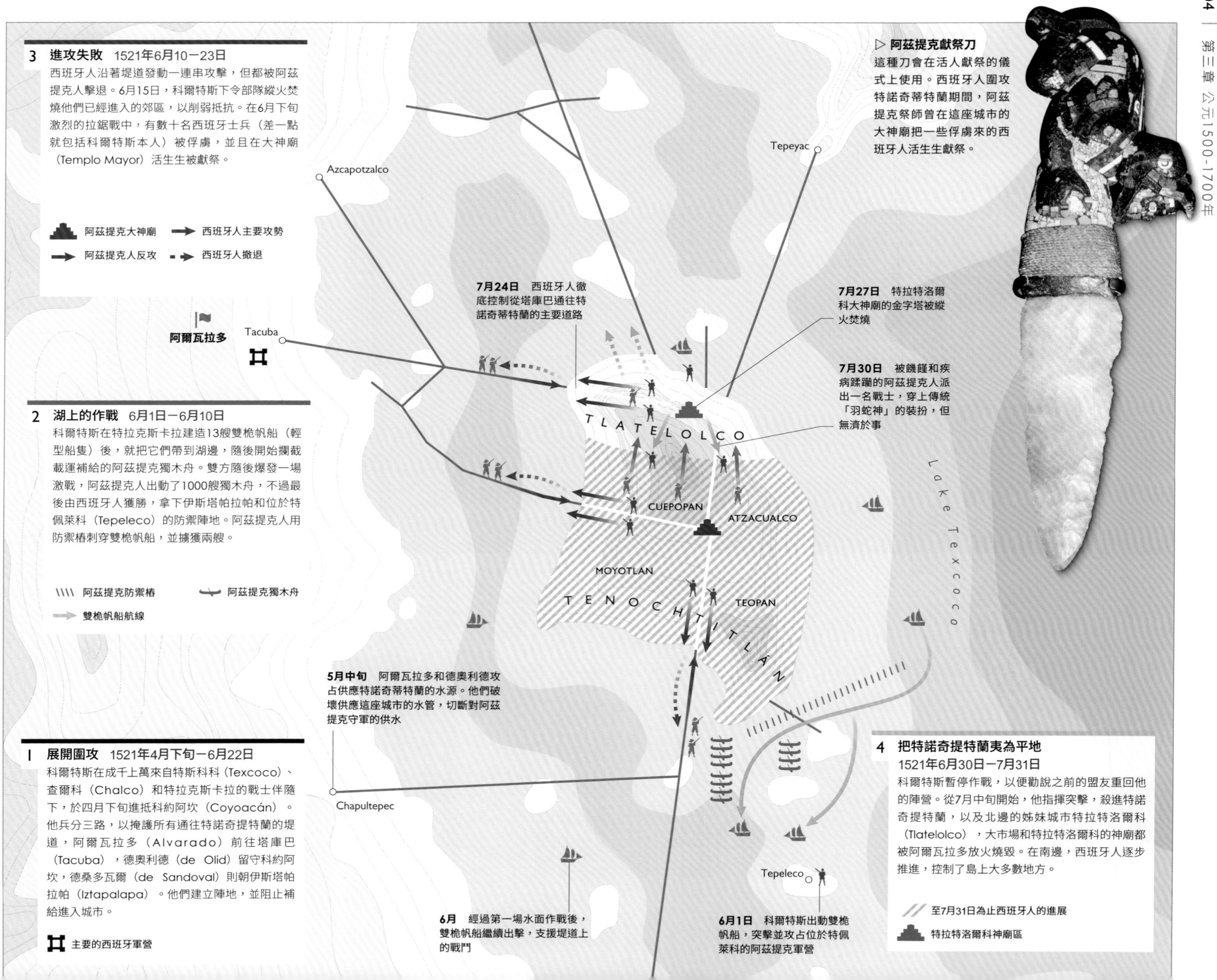

阿茲提克大神廟
西班牙人主要攻勢
阿茲提克人反攻
西班牙人撤退
阿爾瓦拉多
主要的西班牙軍營
阿茲提克防禦樁
阿茲提克獨木舟
雙桅帆船航線
至7月31日為止西班牙人的進展
特拉特洛爾科神廟區
Azcapotzalco
Tacuba
Tepeyac
Chapultepec
Tepeleco
Lake Texcoco
TLATELOLCO
TENOCHTITLAN
CUEPOPAN
ATZACUALCO
MOYOTLAN
TEOPAN
7月24日 西班牙人徹底控制從塔庫巴通往特諾奇蒂特蘭的主要道路
7月27日 特拉特洛爾科大神廟的金字塔被縱火焚燒
7月30日 被饑饉和疾病蹂躪的阿茲提克人派出一名戰士，穿上傳統「羽蛇神」的裝扮，但無濟於事
5月中旬 阿爾瓦拉多和德奧利德攻占供應特諾奇蒂特蘭的水源。他們破壞供應這座城市的水管，切斷對阿茲提克守軍的供水
6月 經過第一場水面作戰後，雙桅帆船繼續出擊，支援堤道上的戰鬥
6月1日 科爾特斯出動雙桅帆船，突擊並攻占位於特佩萊科的阿茲提克軍營

▷ **阿茲提克獻祭刀**

這種刀會在活人獻祭的儀式上使用。西班牙人圍攻特諾奇蒂特蘭期間，阿茲提克祭師曾在這座城市的大神廟把一些俘虜來的西班牙人活生生獻祭。

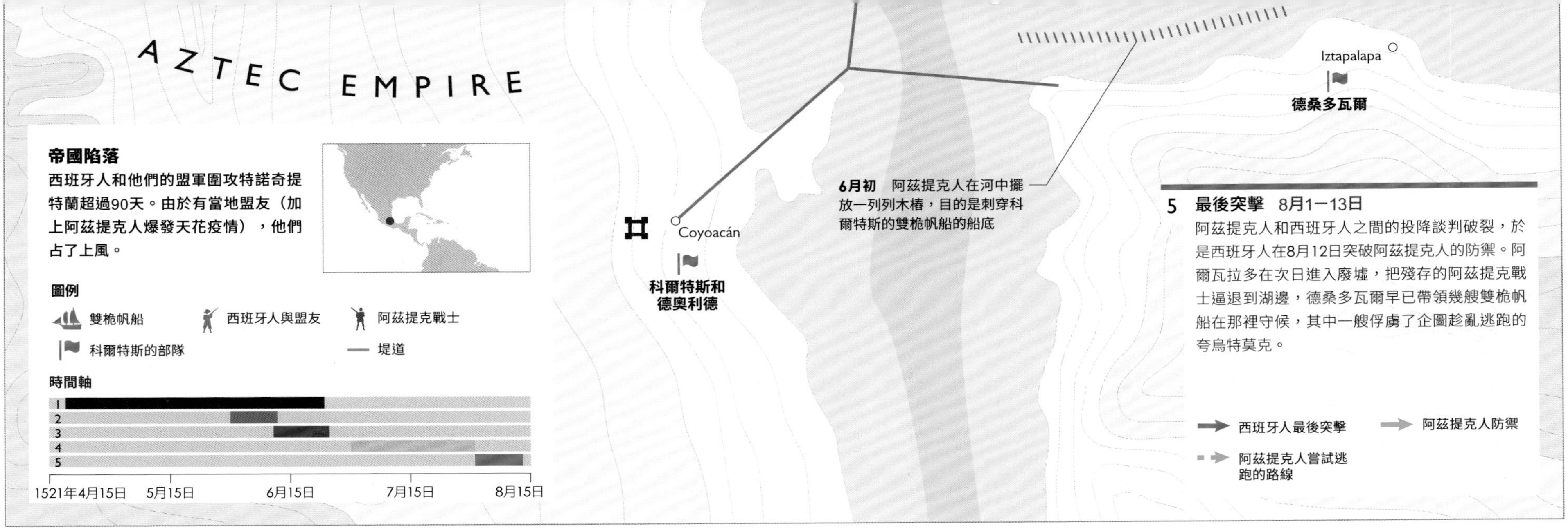
AZTEC EMPIRE
帝國陷落
西班牙人和他們的盟軍圍攻特諾奇提特蘭超過90天。由於有當地盟友（加上阿茲提克人爆發天花疫情），他們占了上風。
圖例
雙桅帆船
西班牙人與盟友
阿茲提克戰士
科爾特斯的部隊
堤道
時間軸
1
2
3
4
5
1521年4月15日
5月15日
6月15日
7月15日
8月15日
Coyoacán
科爾特斯和德奧利德
6月初　阿茲提克人在河中擺放一列列木樁，目的是刺穿科爾特斯的雙桅帆船的船底
Iztapalapa
德桑多瓦爾
5　最後突擊　8月1－13日
阿茲提克人和西班牙人之間的投降談判破裂，於是西班牙人在8月12日突破阿茲提克人的防禦。阿爾瓦拉多在次日進入廢墟，把殘存的阿茲提克戰士逼退到湖邊，德桑多瓦爾早已帶領幾艘雙桅帆船在那裡守候，其中一艘俘虜了企圖趁亂逃跑的夸烏特莫克。
西班牙人最後突擊
阿茲提克人防禦
阿茲提克人嘗試逃跑的路線

圍攻特諾奇蒂特蘭

1519年，埃爾南·科爾特斯入侵墨西哥，最後圍攻了阿茲提克首都特諾奇提特蘭長達三個月。儘管面臨激烈抵抗，但西班牙人和他們的當地土著盟友還是在1521年8月奪下了最後據點，導致阿茲提克帝國崩潰。

1519 年 4 月，征服者埃爾南·科爾特斯（Hernán Cortés，參見第 106-107 頁）在今日的聖胡安德烏魯阿（San Juan de Ulúa）附近登陸，阿茲提克皇帝蒙特祖瑪二世（Moctezuma II）小心翼翼地做出了平和的回應。雖然科爾特斯麾下部隊只有 600 多人一點，但他很快就在不滿阿茲提克統治的當地人中找到盟友，並朝阿茲提克首都特諾奇提特蘭進軍，在 11 月 8 日進入。雖然雙方關係一開始相當友好，但不久就惡化了。科爾特斯把蒙特祖瑪二世軟禁，企圖控制整個帝國，結果策略失敗，一場反西班牙人的起義就此爆發，蒙特祖瑪二世也在當中不幸遇害。1520 年 6 月 30 日，科爾特斯被趕出特諾奇提特蘭，損失龐大。西班牙軍隊逃往特拉克斯卡拉（Tlaxcala），並花了將近十個月的時間來重建土著聯盟，接著重返特諾奇提特蘭，此時的阿茲提克已經爆發天花疫情。

圍城戰曠日費時，從 1521 年 5 月打到 8 月，且這座城市位在一座島上，要直接攻擊更加困難。但當時它已瀕臨毀滅，加上新皇帝夸烏特莫克（Cuauhtémoc）被俘，大部分阿茲提克貴族不是死亡或是被處決，抵抗西班牙人的力量分崩離析。這座城市陷落後，西班牙人在接下來的 300 年裡就得以控制先前阿茲提克帝國掌握的土地，以及富庶的資源。

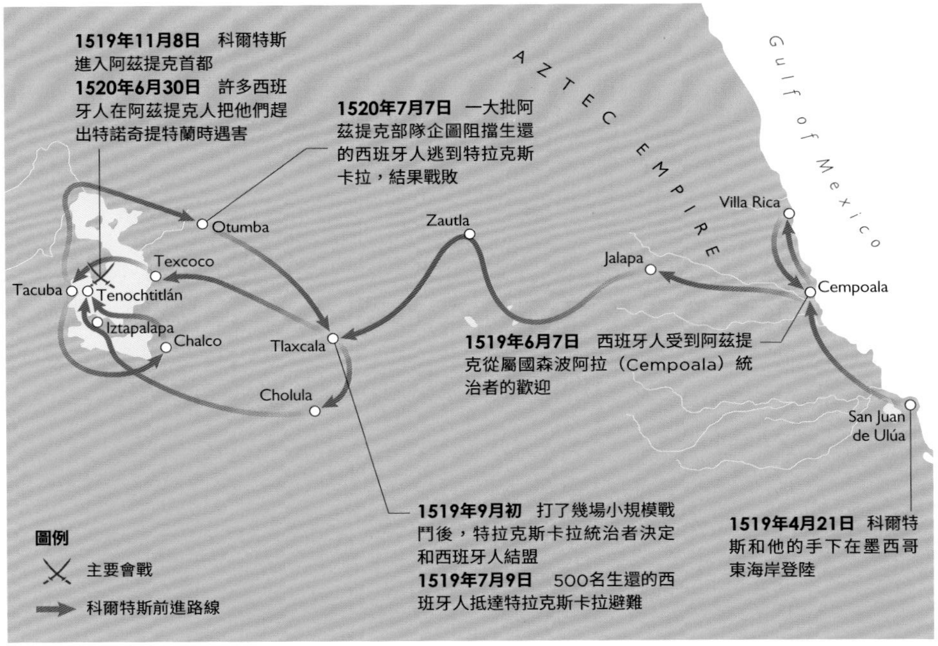
1519年11月8日　科爾特斯進入阿茲提克首都
1520年6月30日　許多西班牙人在阿茲提克人把他們趕出特諾奇提特蘭時遇害
1520年7月7日　一大批阿茲提克部隊企圖阻擋生還的西班牙人逃到特拉克斯卡拉，結果戰敗
AZTEC EMPIRE
Gulf of Mexico
Otumba
Zautla
Villa Rica
Jalapa
Cempoala
Texcoco
Tacuba
Tenochtitlán
Iztapalapa
Chalco
Tlaxcala
Cholula
San Juan de Ulúa
1519年6月7日　西班牙人受到阿茲提克從屬國森波阿拉（Cempoala）統治者的歡迎
1519年9月初　打了幾場小規模戰鬥後，特拉克斯卡拉統治者決定和西班牙人結盟
1519年7月9日　500名生還的西班牙人抵達特拉克斯卡拉避難
1519年4月21日　科爾特斯和他的手下在墨西哥東海岸登陸
圖例
主要會戰
科爾特斯前進路線

進軍特諾奇提特蘭
科爾特斯在1519年4月登陸後就發揮幹練的手腕，在阿茲提克的臣民間建立聯盟。特拉克斯卡拉（阿茲提克的長期競爭對手）加入聯盟，使西班牙人成為強大的威脅，有助他們在11月成功進入特諾奇提特蘭。科爾特斯的部隊在八個月後被趕出去，千鈞一髮之際沿著城市的堤道逃出，之後又在奧通巴（Otumba）的開闊地上遭遇較無經驗的阿茲提克軍隊伏擊，靠著西班牙騎兵奮勇殺敵才逃出生天。

挑夫

在這幅16世紀由特奧多雷・德・布里（Theodore de Bry）創作的繪畫中，可以看到西班牙征服者壓榨當地原住民，強迫他們背負行李和裝備。

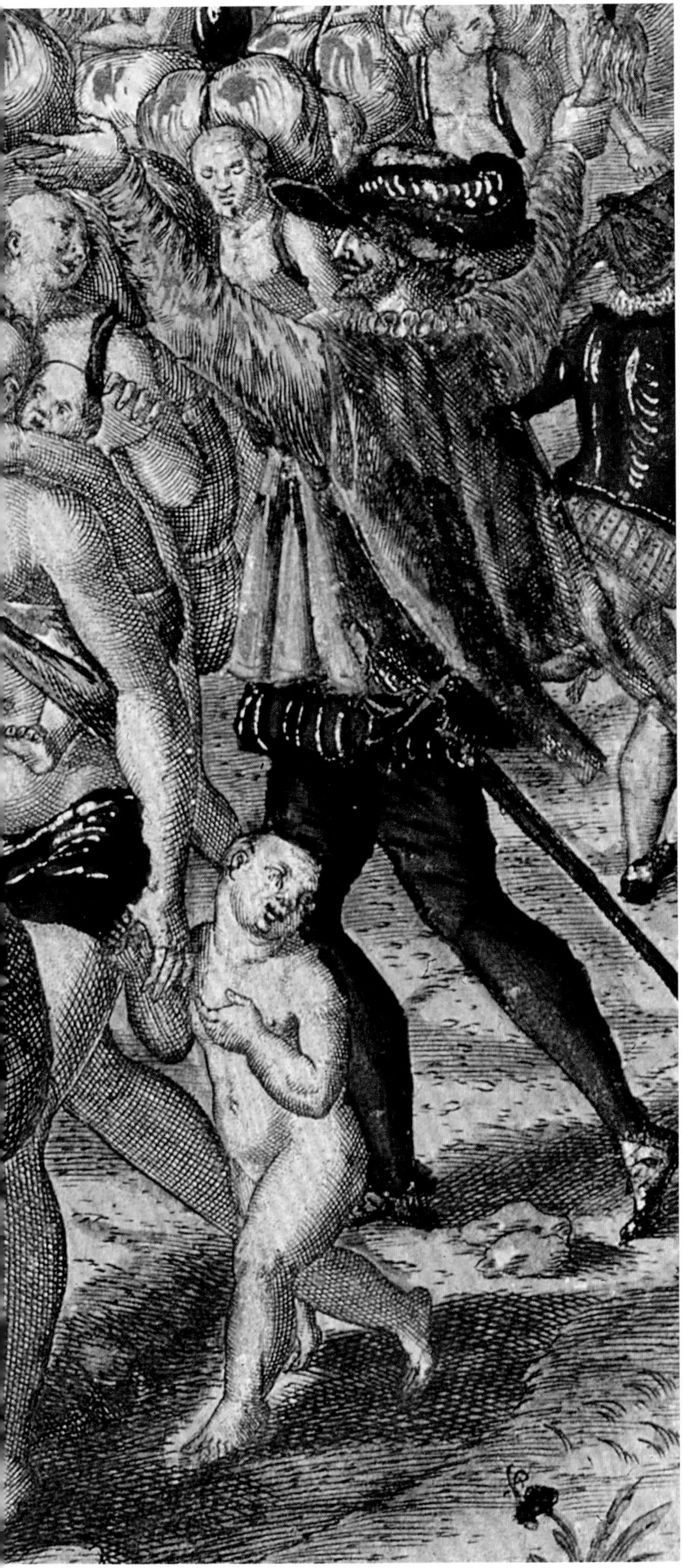

西班牙征服者

16世紀，一批又一批西班牙貴族、士兵和形形色色的探險家在新世界展開無數探險，西班牙因此征服了美洲大部分區域。

△ **有效的武器**
這種石牙棒（macuahuitl）是在木棍的邊緣加上黑曜石刃製成，是阿茲提克人使用的主要武器之一。

有很長一段時間，西班牙人征服美洲的故事四處流傳，內容多半是這樣的神話：入侵的士兵帶著較優越的兵器，輕輕鬆鬆就顛覆了龐大但原始的原住民帝國。這些征服者（conquistador）帶著馬匹、鋼製刀劍、鎧甲、長矛和弩前來，甚至還有一些鉤銃和輕型大砲——全都是當時的美洲人從沒聽過的東西。但事實上，雖然他們面對的某些軍隊確實只配備了基本的石製武器，但還有其他編制更龐大、訓練有素的軍隊，屬於複雜先進的文明。

狡猾的入侵者

西班牙軍人埃爾南．科爾特斯在 1519 － 21 年之所以能成功征服墨西哥，主要是因為他妥善運用當地聯盟與狡詐的外交手段，而不是依靠先進的武器（參閱第 104-105 頁）。科爾特斯當時對抗的阿茲提克帝國不但樹敵無數，臣民也騷動不安，且他還因為西班牙人帶來天花而意外地占了便宜。但在某些情況下，例如法蘭西斯科．皮薩羅（Francisco Pizarro）只憑著一支小小的部隊就在 1532-33 年間征服印加帝國（Inca Empire）時，西班牙的科技和組織優勢確實在取勝的過程中扮演了較清晰的角色。

不過科技上的優勢並未能保護征服者免於氣候、疾病、飢餓和口渴，許多探險都是因為這些因素而失敗的。很多時候，征服者都是利用了本地人之間既有的分歧，才贏得持久的勝利，重塑了美洲大陸的面貌。

△ **阿茲提克人迎接科爾特斯**
這幅16世紀由道明會（Dominican）傳教士迭戈．杜蘭（Diego Durán）創作的圖畫，描繪阿茲提克統治者蒙特祖瑪二世歡迎埃爾南．科爾特斯和他的軍隊。圖中可以看到阿茲提克人穿著棉質斗篷，而身著鎧甲的西班牙人則手持武器。

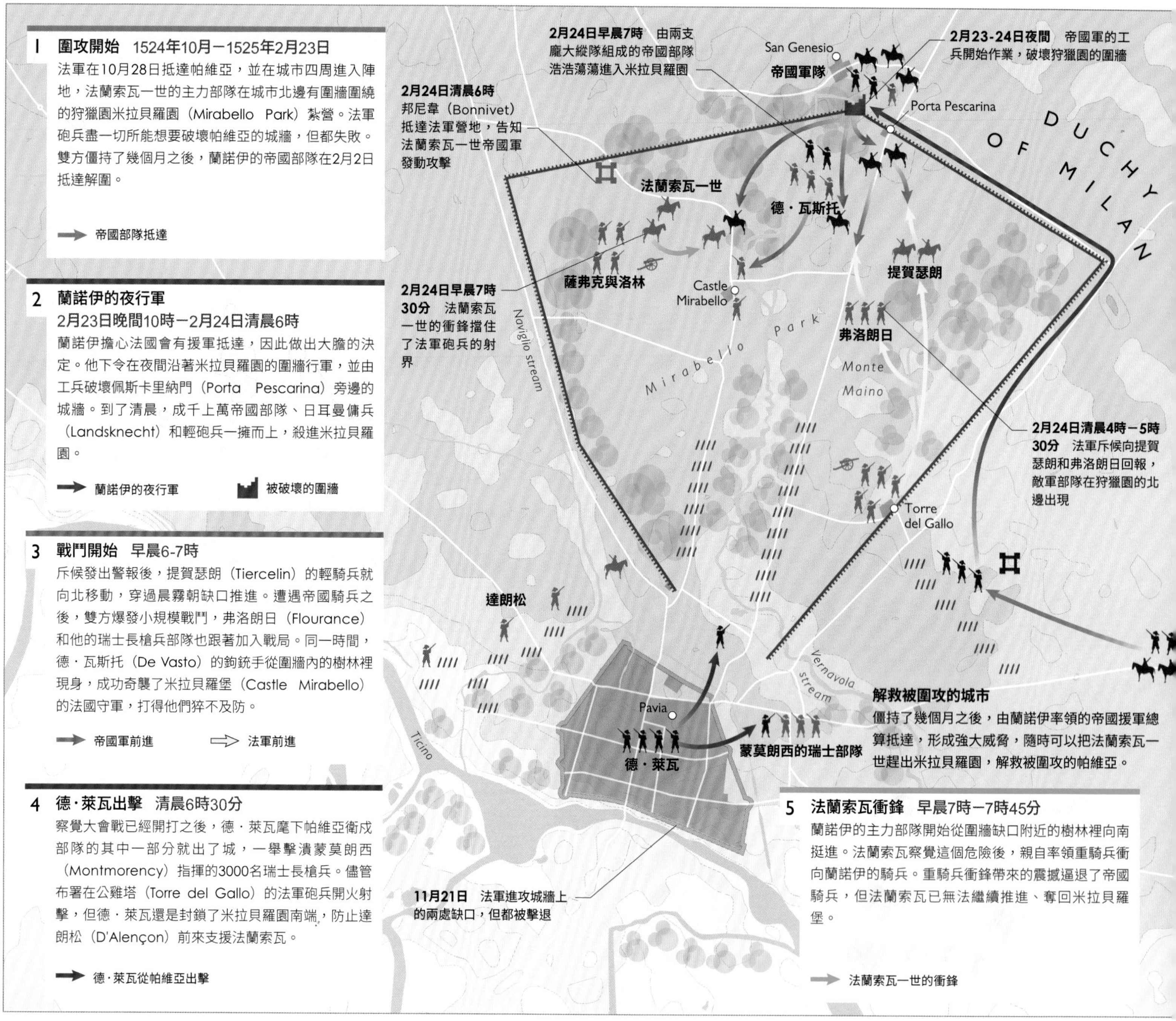
1 圍攻開始 1524年10月—1525年2月23日
法軍在10月28日抵達帕維亞，並在城市四周進入陣地，法蘭索瓦一世的主力部隊在城市北邊有圍牆圍繞的狩獵園米拉貝羅園（Mirabello Park）紮營。法軍砲兵盡一切所能想要破壞帕維亞的城牆，但都失敗。雙方僵持了幾個月之後，蘭諾伊的帝國部隊在2月2日抵達解圍。
帝國部隊抵達
2 蘭諾伊的夜行軍
2月23日晚間10時—2月24日清晨6時
蘭諾伊擔心法國會有援軍抵達，因此做出大膽的決定。他下令在夜間沿著米拉貝羅園的圍牆行軍，並由工兵破壞佩斯卡里納門（Porta Pescarina）旁邊的城牆。到了清晨，成千上萬帝國部隊、日耳曼傭兵（Landsknecht）和輕砲兵一擁而上，殺進米拉貝羅園。
蘭諾伊的夜行軍
被破壞的圍牆
3 戰鬥開始 早晨6-7時
斥候發出警報後，提賀瑟朗（Tiercelin）的輕騎兵就向北移動，穿過晨霧朝缺口推進。遭遇帝國騎兵之後，雙方爆發小規模戰鬥，弗洛朗日（Flourance）和他的瑞士長槍兵部隊也跟著加入戰局。同一時間，德．瓦斯托（De Vasto）的鉤銃手從圍牆內的樹林裡現身，成功奇襲了米拉貝羅堡（Castle Mirabello）的法國守軍，打得他們猝不及防。
帝國軍前進
法軍前進
4 德．萊瓦出擊 清晨6時30分
察覺大會戰已經開打之後，德．萊瓦麾下帕維亞衛戍部隊的其中一部分就出了城，一舉擊潰蒙莫朗西（Montmorency）指揮的3000名瑞士長槍兵。儘管布署在公雞塔（Torre del Gallo）的法軍砲兵開火射擊，但德．萊瓦還是封鎖了米拉貝羅園南端，防止達朗松（D'Alençon）前來支援法蘭索瓦。
德．萊瓦從帕維亞出擊
2月24日早晨7時 由兩支龐大縱隊組成的帝國部隊浩浩蕩蕩進入米拉貝羅園
San Genesio
帝國軍隊
2月23-24日夜間 帝國軍的工兵開始作業，破壞狩獵園的圍牆
Porta Pescarina
DUCHY OF MILAN
2月24日清晨6時
邦尼韋（Bonnivet）抵達法軍營地，告知法蘭索瓦一世帝國軍發動攻擊
法蘭索瓦一世
德．瓦斯托
薩弗克與洛林
Castle Mirabello
提賀瑟朗
2月24日早晨7時30分 法蘭索瓦一世的衝鋒擋住了法軍砲兵的射界
Naviglio stream
Mirabello Park
弗洛朗日
Monte Maino
2月24日清晨4時—5時30分 法軍斥候向提賀瑟朗和弗洛朗日回報，敵軍部隊在狩獵園的北邊出現
Torre del Gallo
達朗松
Vernavola stream
Pavia
Ticino
德．萊瓦
蒙莫朗西的瑞士部隊
解救被圍攻的城市
僵持了幾個月之後，由蘭諾伊率領的帝國援軍總算抵達，形成強大威脅，隨時可以把法蘭索瓦一世趕出米拉貝羅園，解救被圍攻的帕維亞。
11月21日 法軍進攻城牆上的兩處缺口，但都被擊退
5 法蘭索瓦衝鋒 早晨7時—7時45分
蘭諾伊的主力部隊開始從圍牆缺口附近的樹林裡向南挺進。法蘭索瓦察覺這個危險後，親自率領重騎兵衝向蘭諾伊的騎兵。重騎兵衝鋒帶來的震撼逼退了帝國騎兵，但法蘭索瓦已無法繼續推進、奪回米拉貝羅堡。
法蘭索瓦一世的衝鋒

帕維亞

法國的法蘭索瓦一世企圖從哈布斯堡王朝手中奪取義大利北部的控制權。1525年，神聖羅馬帝國軍隊夜行軍，在帕維亞把他打了個措手不及。法蘭索瓦一世的美夢就此破滅，他的軍隊在史上第一場由火藥武器主宰的會戰中潰不成軍。

法國想要主宰義大利北部的野心點燃了 1494 到 1559 年的義大利戰爭。1524 年 9 月，哈布斯堡王朝的帝國部隊圍攻馬賽（Marseilles）失敗後，被迫退回義大利。到了 1524 年 10 月，法蘭索瓦一世（Francis I）展開攻勢，首先以 4 萬大軍攻下米蘭（Milan），接著追擊由夏爾．德．蘭諾伊（Charles de Lannoy）指揮的帝國主力部隊。接著他停了下來，開始圍攻具有戰略重要地位的城鎮帕維亞，這個地方由安東尼奧．德．萊瓦（Antonio de Leyva）指揮的傭兵駐守。然而圍城戰陷入僵局，蘭諾伊因此得以重整部隊、獲得增援，並在帝國部隊於 2 月初抵達時從側翼迂迴敵軍。法蘭索瓦一世被俘虜監禁，還被迫簽下條約，放棄法國在義大利的一切權利。他一獲釋就馬上撕毀這份條約，並重新打造一個新的反哈布斯堡聯盟，當中包括英格蘭國王亨利八世。義大利戰爭斷斷續續地打到1559年。

法蘭索瓦一世戰敗

法蘭索瓦一世入侵義大利北部，在帕維亞停下腳步。由於圍城戰曠日廢時，帝國援軍得以及時抵達，解救衛戍部隊。在經歷奇襲般的夜間行軍之後，他們突破圍牆環繞的狩獵園，法軍主力部隊就駐紮在其中。他們充分運用混亂帶來的優勢，達成擊潰法軍的目標。

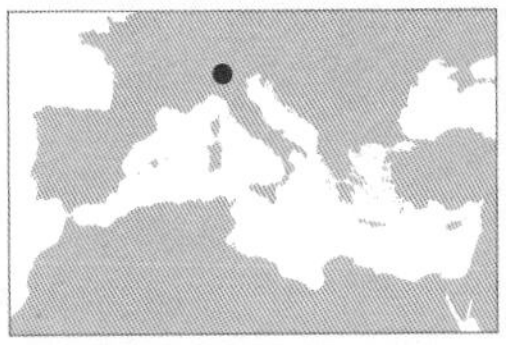

圖例

米拉貝羅園圍牆　　//// 泥土防禦工事　　城鎮

法軍

軍營　步兵　騎兵　砲兵

帝國軍

軍營　步兵　騎兵　鉤銃兵

時間軸

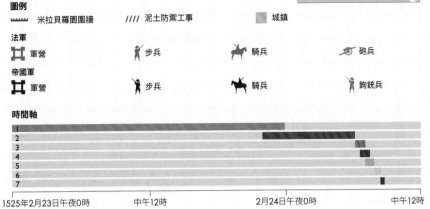

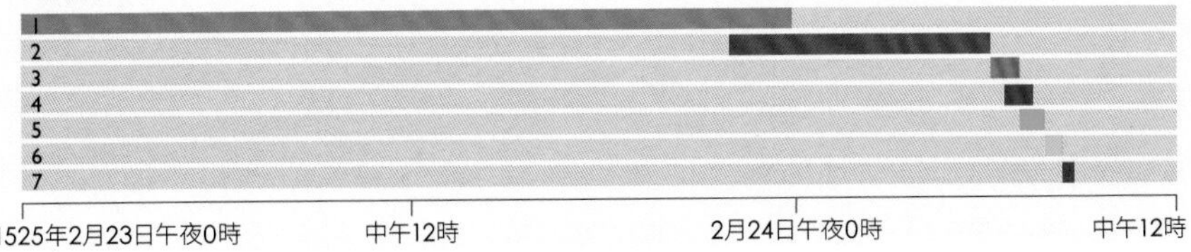

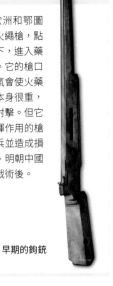

鉤銃

15世紀，鉤銃開始在歐洲和鄂圖曼帝國出現。它是一種火繩槍，點燃的火繩可透過扳機降下，進入藥池，點燃火藥引發爆炸。它的槍口裝填步驟十分繁瑣，溼氣會使火藥潮溼而無法點燃，而槍本身很重，必須依靠外部支撐才能射擊。但它們是第一種在戰場上發揮作用的槍枝，能夠擾亂騎兵和步兵並造成損失，尤其是在鄂圖曼人、明朝中國人和荷蘭人發展出齊射戰術後。

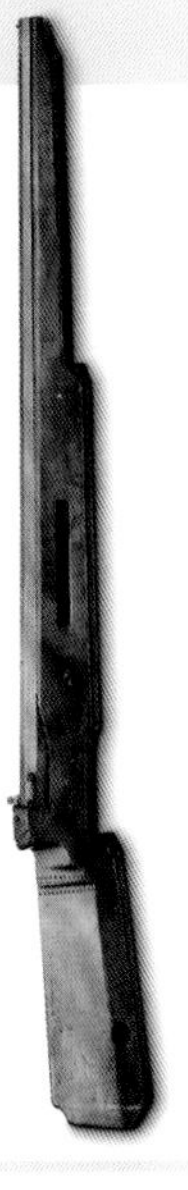

早期的鉤銃

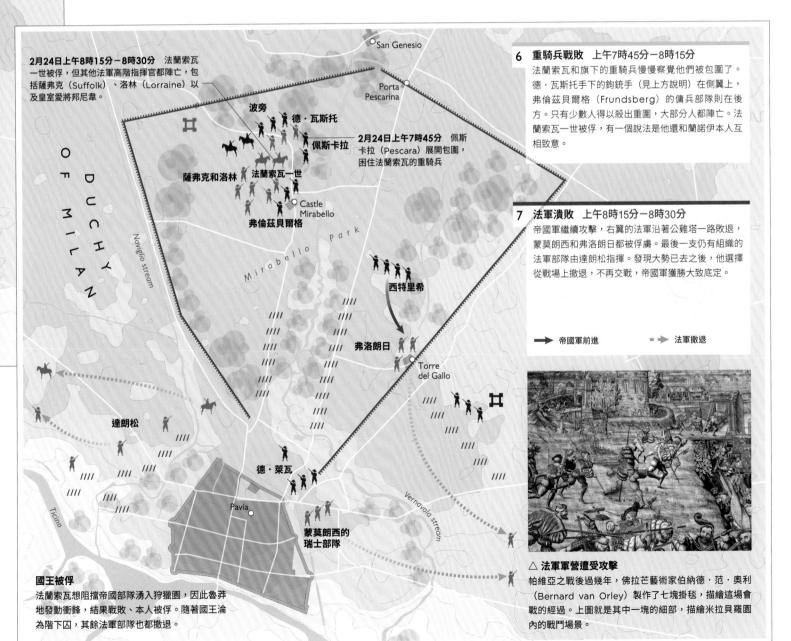

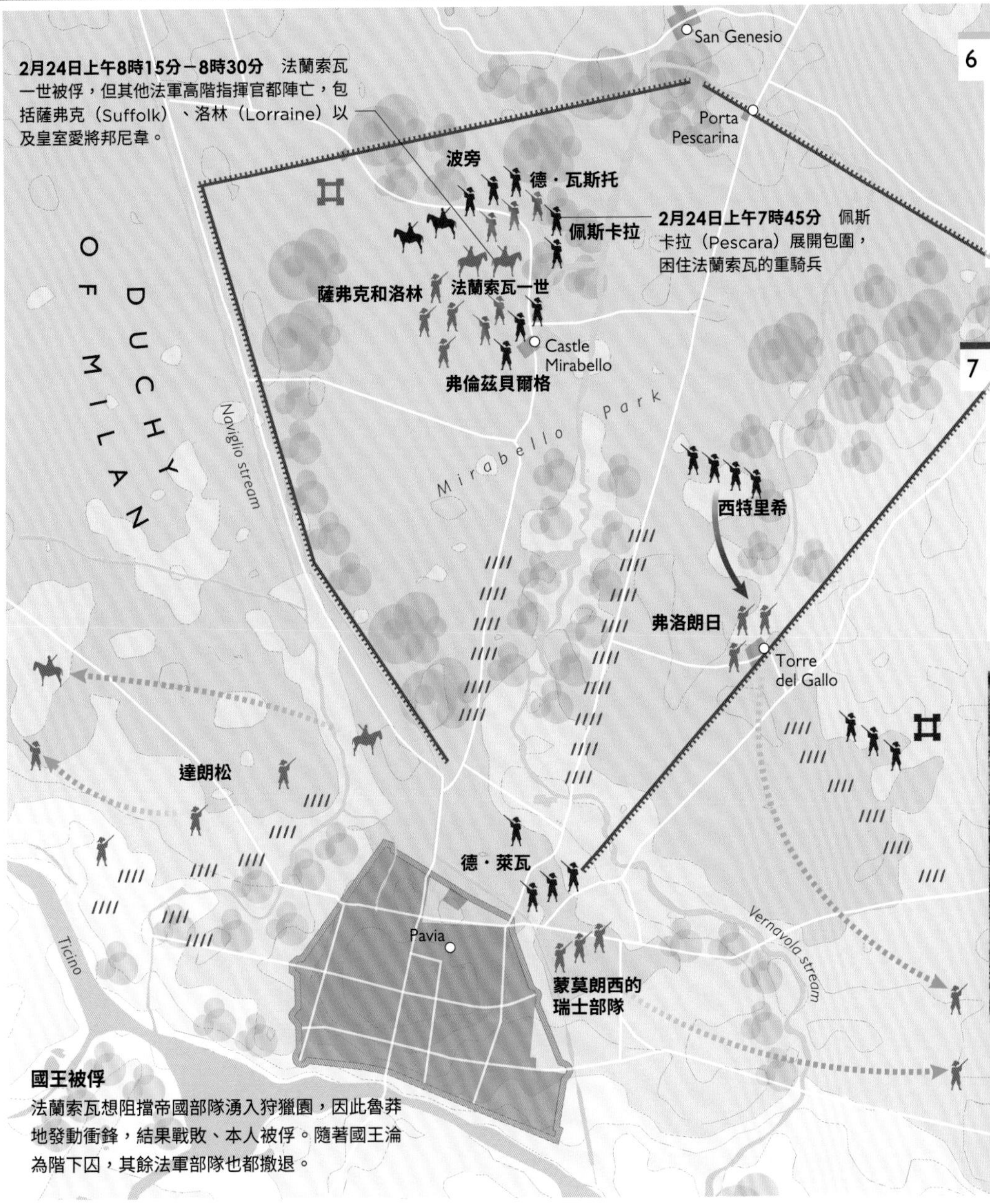

國王被俘

法蘭索瓦想阻擋帝國部隊湧入狩獵園，因此魯莽地發動衝鋒，結果戰敗、本人被俘。隨著國王淪為階下囚，其餘法軍部隊也都撤退。

6　重騎兵戰敗　上午7時45分－8時15分

法蘭索瓦和旗下的重騎兵慢慢察覺他們被包圍了。德・瓦斯托手下的鉤銃手（見上方說明）在側翼上，弗倫茲貝爾格（Frundsberg）的傭兵部隊則在後方。只有少數人得以殺出重圍，大部分人都陣亡。法蘭索瓦一世被俘，有一個說法是他還和蘭諾伊本人互相致意。

7　法軍潰敗　上午8時15分－8時30分

帝國軍繼續攻擊，右翼的法軍沿著公雞塔一路敗退，蒙莫朗西和弗洛朗日都被俘虜。最後一支仍有組織的法軍部隊由達朗松指揮。發現大勢已去之後，他選擇從戰場上撤退，不再交戰，帝國軍獲勝大致底定。

帝國軍前進　　法軍撤退

△ 法軍軍營遭受攻擊

帕維亞之戰後過幾年，佛拉芒藝術家伯納德・范・奧利（Bernard van Orley）製作了七塊掛毯，描繪這場會戰的經過。上圖就是其中一塊的細部，描繪米拉貝羅園內的戰鬥場景。

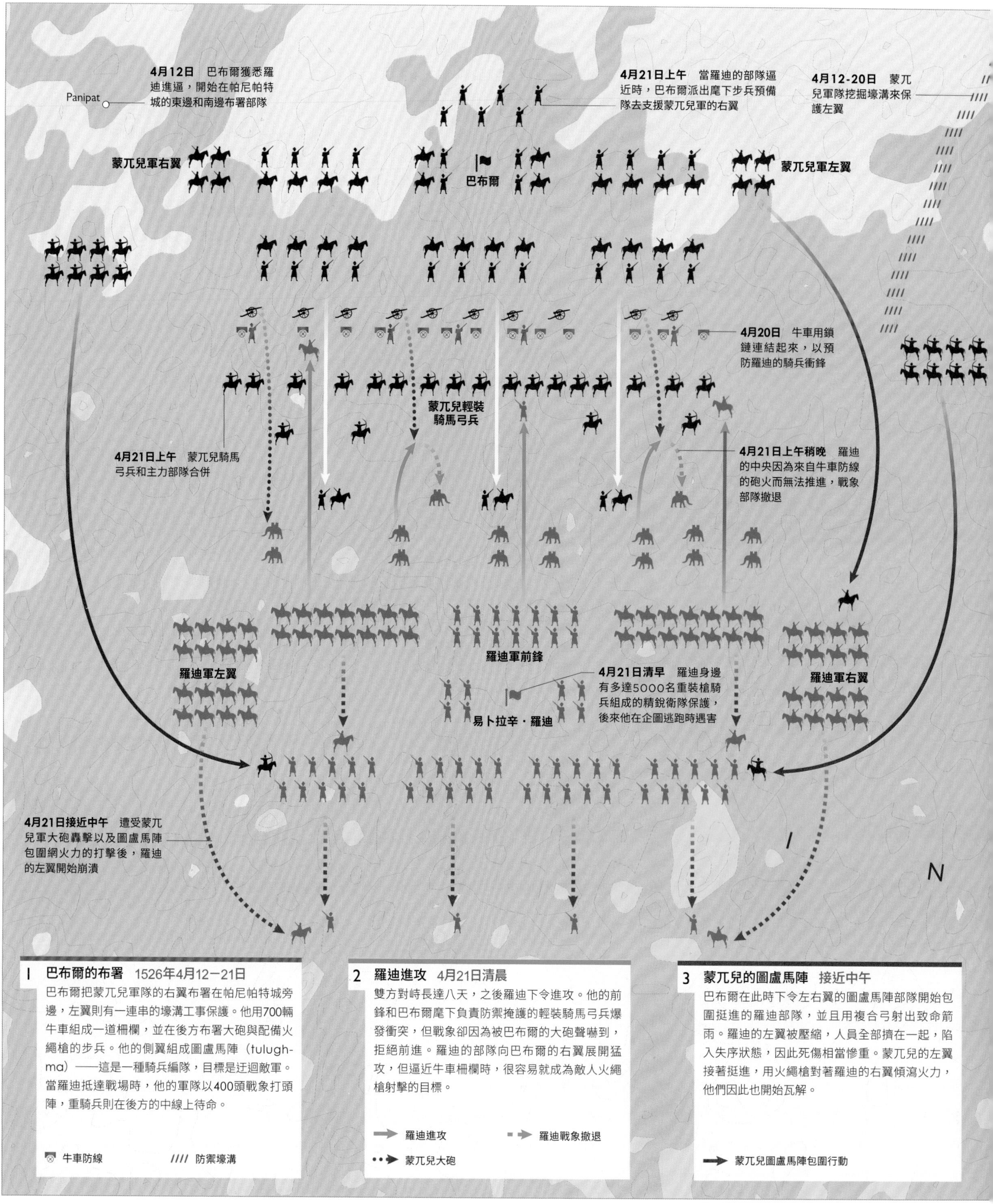
4月12日 巴布爾獲悉羅迪進逼，開始在帕尼帕特城的東邊和南邊布署部隊
Panipat
4月21日上午 當羅迪的部隊逼近時，巴布爾派出麾下步兵預備隊去支援蒙兀兒軍的右翼
4月12-20日 蒙兀兒軍隊挖掘壕溝來保護左翼
蒙兀兒軍右翼
巴布爾
蒙兀兒軍左翼
4月20日 牛車用鎖鏈連結起來，以預防羅迪的騎兵衝鋒
蒙兀兒輕裝騎馬弓兵
4月21日上午 蒙兀兒騎馬弓兵和主力部隊合併
4月21日上午稍晚 羅迪的中央因為來自牛車防線的砲火而無法推進，戰象部隊撤退
羅迪軍前鋒
羅迪軍左翼
羅迪軍右翼
4月21日清早 羅迪身邊有多達5000名重裝槍騎兵組成的精銳衛隊保護，後來他在企圖逃跑時遇害
易卜拉辛・羅迪
4月21日接近中午 遭受蒙兀兒軍大砲轟擊以及圖盧馬陣包圍網火力的打擊後，羅迪的左翼開始崩潰
N

1 巴布爾的布署 1526年4月12－21日

巴布爾把蒙兀兒軍隊的右翼布署在帕尼帕特城旁邊，左翼則有一連串的壕溝工事保護。他用700輛牛車組成一道柵欄，並在後方布署大砲與配備火繩槍的步兵。他的側翼組成圖盧馬陣（tulugh-ma）——這是一種騎兵編隊，目標是迂迴敵軍。當羅迪抵達戰場時，他的軍隊以400頭戰象打頭陣，重騎兵則在後方的中線上待命。

牛車防線　//// 防禦壕溝

2 羅迪進攻 4月21日清晨

雙方對峙長達八天，之後羅迪下令進攻。他的前鋒和巴布爾麾下負責防禦掩護的輕裝騎馬弓兵爆發衝突，但戰象卻因為被巴布爾的大砲聲嚇到，拒絕前進。羅迪的部隊向巴布爾的右翼展開猛攻，但逼近牛車柵欄時，很容易就成為敵人火繩槍射擊的目標。

羅迪進攻　羅迪戰象撤退
蒙兀兒大砲

3 蒙兀兒的圖盧馬陣 接近中午

巴布爾在此時下令左右翼的圖盧馬陣部隊開始包圍挺進的羅迪部隊，並且用複合弓射出致命箭雨。羅迪的左翼被壓縮，人員全部擠在一起，陷入失序狀態，因此死傷相當慘重。蒙兀兒的左翼接著挺進，用火繩槍對著羅迪的右翼傾瀉火力，他們因此也開始瓦解。

蒙兀兒圖盧馬陣包圍行動

巴布爾的睿智

易卜拉辛・羅迪的軍隊號稱擁有數百隻戰象，卻無法與巴布爾的蒙兀兒軍隊相提並論，因為他們配備火砲和火槍手。

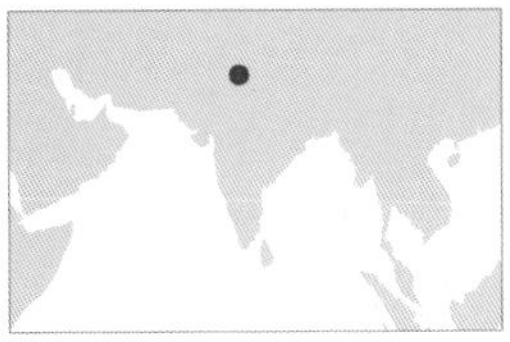

圖例

蒙兀兒軍

 統帥　　 騎兵

步兵　　騎馬弓兵

火繩槍兵　　火砲

羅迪軍

統帥

騎兵

步兵

 戰象

時間軸

```
2
3
4
```
1526年4月12日　4月14日　4月16日　4月18日　4月20日　4月22日

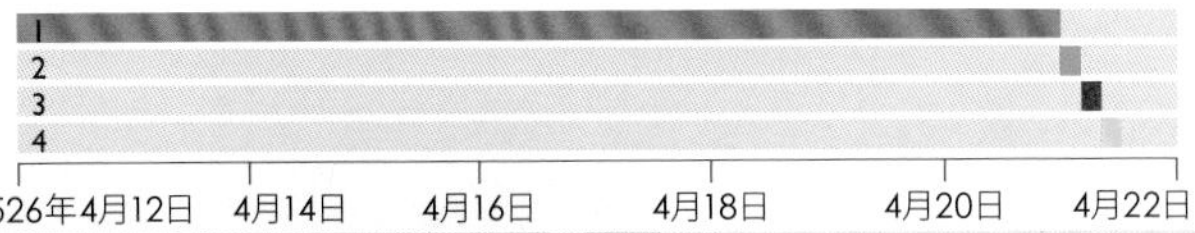

△ **火藥對戰象**

羅迪太晚發動攻擊，讓巴布爾有時間構築防禦工事，並布署大砲和火槍兵。羅迪的戰象不敵巴布爾的火力和戰場堡壘。

4　羅迪潰敗　中午

蒙兀兒的中央部隊在這個時候開始前進，攻擊失去組織的敵軍部隊。羅迪為求脫身，企圖發動一波騎兵衝鋒，但他在蒙兀兒軍戰線殺出血路的過程中當場陣亡。失去領導人的羅迪軍徹底崩潰，而尚未被包圍的後備部隊也當場瓦解，四散奔逃。羅迪軍蒙受1萬5000人傷亡，是蒙兀兒軍隊傷亡人數的四倍。

⇒ 蒙兀兒軍二度前進　　▪▶ 羅迪軍隊撤退

帕尼帕特

1526年4月，中亞軍閥巴布爾憑藉著戰術上的聰明才智，加上妥善運用火藥武器，在帕尼帕特和德里的蘇丹易卜拉辛・羅迪作戰，獲得驚人的勝利。他再接再厲，征服印度北部大部分地區，建立了在接下來三個世紀裡統治的蒙兀兒帝國。

巴布爾是蒙古領袖，成吉思汗（參見第78頁）和帖木兒的後裔，在1494年成為費爾干納（Fergana，位於今日烏茲別克）的統治者。他開始拓展帝國，在1504年攻占喀布爾（Kabul），但他的野心遠不止於此。自1519年起，他派遣多支隊伍，深入由德里蘇丹易卜拉辛・羅迪（Ibrahim Lodi）統治的旁遮普（Punjab），進行探險掠襲行動。羅迪對他手下的貴族控制力相當弱，當中有些人甚至和巴布爾合作，想要推翻他。

發現這個良機後，巴布爾就組建了一支1萬人的部隊，並訓練他們使用鄂圖曼土耳其火藥武器。1525年11月，這支軍隊攻進旁遮普，奪取西亞爾科特（Sialkot）和安巴拉（Ambala），更加接近羅迪的首都。1526年4月2日，巴布爾在雅木納河（Yamuna River）附近擊退羅迪部隊的反攻，但事後卻得知蘇丹為數達10萬人的主力部隊正在逼近。他在德里北方85公里處的帕尼帕特（Panipat）停止前建，準備迎敵。

巴布爾發揮戰術天分，把遊牧民族的機動力和現代化武器結合起來，震撼了數量遠勝過自己的敵軍。羅迪戰死，德里蘇丹國因此迅速瓦解。短短五年內，巴布爾就成為印度北部的主宰，雖然他的兒子胡馬雍（Humayun）在1540年被罷黜，但在他孫子阿克巴（Akbar，1556-1605年在位）統治下，巴布爾建立的蒙兀兒帝國勢力達到極盛，並擴展到印度中部。

蒙兀兒帝國

巴布爾原本只打算把旁遮普兼併進他以喀布爾為根據地的帝國，但他在帕尼帕特獲得意料之外的決定性勝利，因此可以把勢力範圍擴展到南方。雖然巴布爾的兒子胡馬雍失去了帝國，但他的孫子阿克巴發動了一連串戰役，奪回了核心領土，並讓蒙兀兒帝國的控制力往更南邊延伸，直到柏拉爾（Berar）一帶。他的繼承人又發動多場征服行動，到了蒙兀兒帝國第六任皇帝奧朗則布（Aurangzeb）在1707年駕崩時，這塊次大陸只有南端和幾塊歐洲國家的飛地不在蒙兀兒的掌控中。

1556年10月 阿克巴的部隊在德里戰敗，要到一個月後才成功拿下這座城市

1686年 奧朗則布的軍隊經過長達18個月的圍城戰後，攻下畢查浦（Bijapur）

圖例

◢◤ 巴布爾的阿富汗王國

■ 到1539年為止巴布爾的征服範圍

■ 1556年時阿克巴統治的蒙兀兒帝國

■ 1605年時的征服範圍

□ 1707年時的征服範圍

⚑ 獲得的區域（附年代）

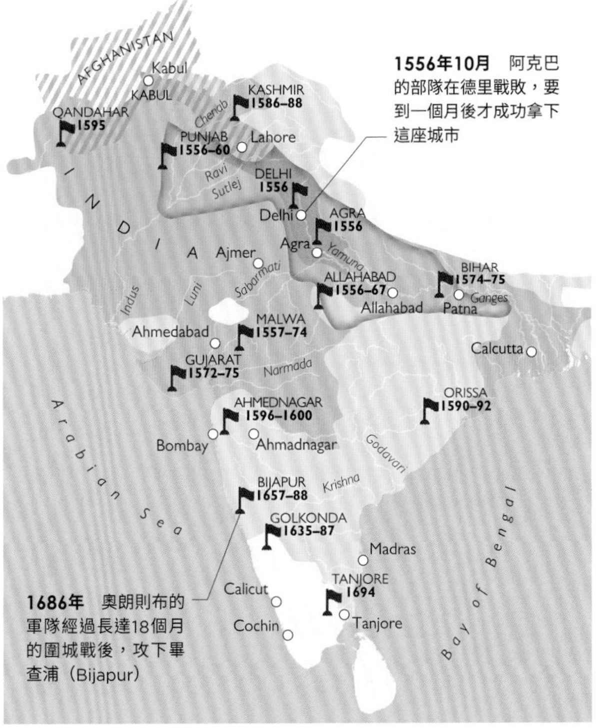

鄂圖曼人的收穫

鄂圖曼人在1453年攻占君士坦丁堡後又繼續進攻巴爾幹半島。此時鄂圖曼人和奧地利哈布斯堡王朝之間只隔著匈牙利王國。繼莫哈赤之後，蘇萊曼於1529年圍攻維也納，並在1541年併吞了匈牙利的大塊領土。這是鄂圖曼帝國在巴爾幹半島擴張的巔峰。

圖例

- 主要會戰
- 1512年的鄂圖曼帝國與附庸國
- 1639年的鄂圖曼帝國與附庸國
- 奧地利哈布斯堡王朝領土
- 西班牙哈布斯堡王朝領土
- 公元1600年左右的國界
- 鄂圖曼人戰勝
- 鄂圖曼人戰敗

土耳其禁衛軍

土耳其禁衛軍是鄂圖曼軍隊中的菁英步兵，在這張圖中，他們正接受蘇丹檢閱。他們出生時是基督徒，卻被當成穆斯林養大，並從小接受戰士訓練。由於擅長使用火器，他們叱吒戰場。但由於薪水高又常造反，他們終於在1807年被解散。

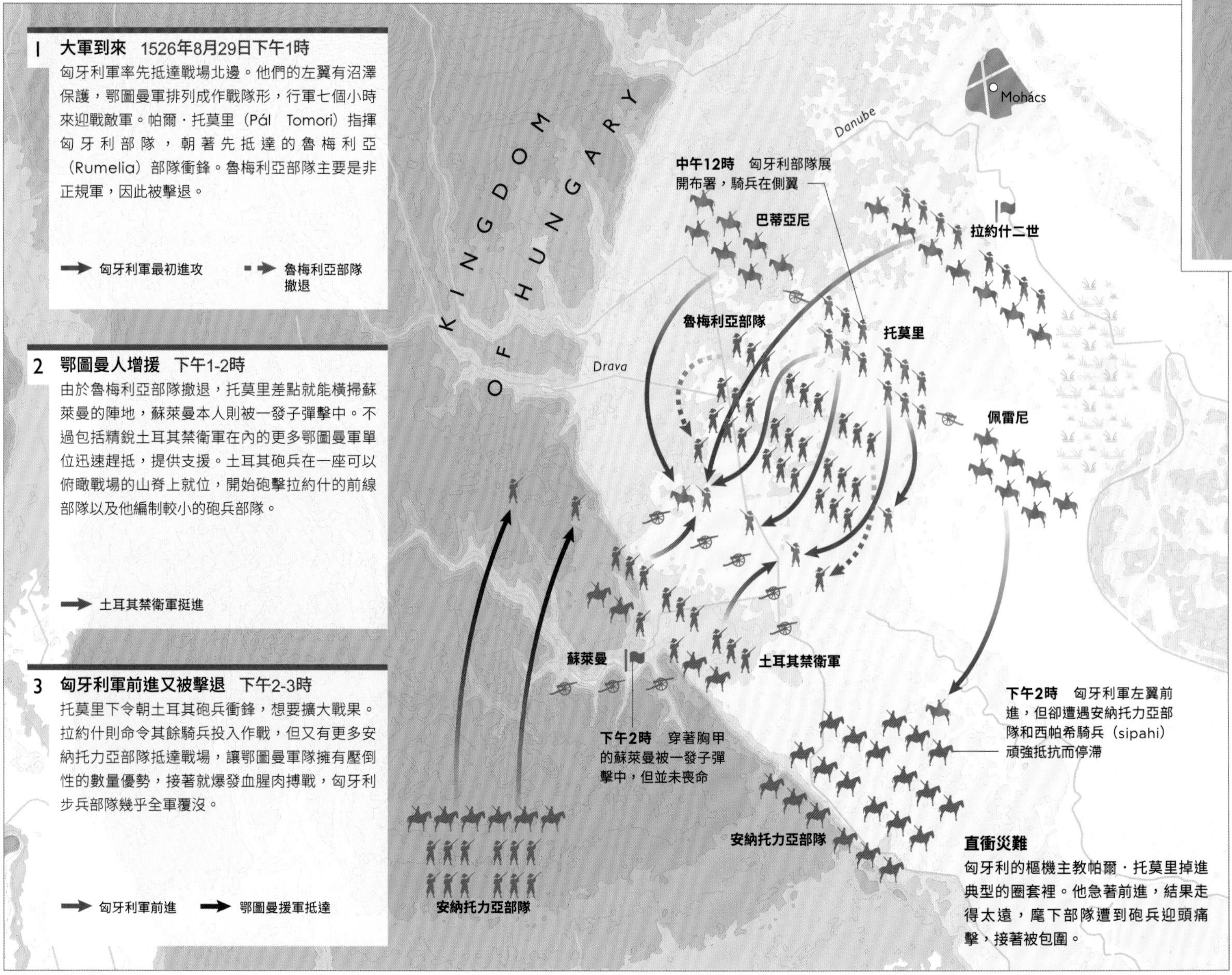

KINGDOM OF HUNGARY
Mohács
Danube
Drava
中午12時　匈牙利部隊展開布署，騎兵在側翼
巴蒂亞尼
拉約什二世
魯梅利亞部隊
托莫里
佩雷尼
蘇萊曼
土耳其禁衛軍
下午2時　穿著胸甲的蘇萊曼被一發子彈擊中，但並未喪命
下午2時　匈牙利軍左翼前進，但卻遭遇安納托力亞部隊和西帕希騎兵（sipahi）頑強抵抗而停滯
安納托力亞部隊
安納托力亞部隊

1　大軍到來　1526年8月29日下午1時

匈牙利軍率先抵達戰場北邊。他們的左翼有沼澤保護，鄂圖曼軍排列成作戰隊形，行軍七個小時來迎戰敵軍。帕爾．托莫里（Pál Tomori）指揮匈牙利部隊，朝著先抵達的魯梅利亞（Rumelia）部隊衝鋒。魯梅利亞部隊主要是非正規軍，因此被擊退。

- 匈牙利軍最初進攻
- 魯梅利亞部隊撤退

2　鄂圖曼人增援　下午1-2時

由於魯梅利亞部隊撤退，托莫里差點就能橫掃蘇萊曼的陣地，蘇萊曼本人則被一發子彈擊中。不過包括精銳土耳其禁衛軍在內的更多鄂圖曼軍單位迅速趕抵，提供支援。土耳其砲兵在一座可以俯瞰戰場的山脊上就位，開始砲擊拉約什的前線部隊以及他編制較小的砲兵部隊。

- 土耳其禁衛軍挺進

3　匈牙利軍前進又被擊退　下午2-3時

托莫里下令朝土耳其砲兵衝鋒，想要擴大戰果。拉約什則命令其餘騎兵投入作戰，但又有更多安納托力亞部隊抵達戰場，讓鄂圖曼軍隊擁有壓倒性的數量優勢，接著就爆發血腥肉搏戰，匈牙利步兵部隊幾乎全軍覆沒。

- 匈牙利軍前進
- 鄂圖曼援軍抵達

直衝災難

匈牙利的樞機主教帕爾．托莫里掉進典型的圈套裡。他急著前進，結果走得太遠，麾下部隊遭到砲兵迎頭痛擊，接著被包圍。

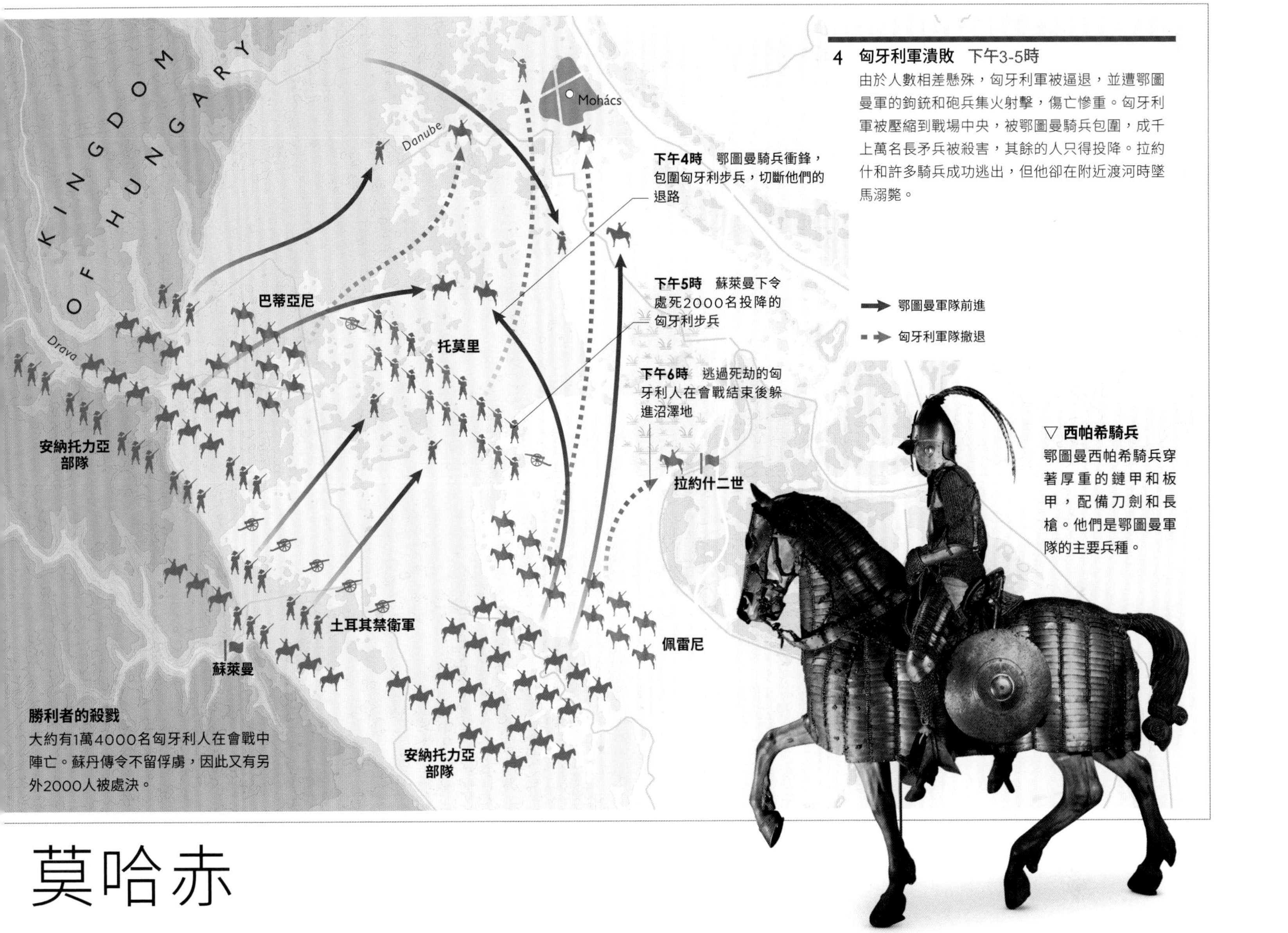

4 匈牙利軍潰敗 下午3-5時

由於人數相差懸殊，匈牙利軍被逼退，並遭鄂圖曼軍的鉤銃和砲兵集火射擊，傷亡慘重。匈牙利軍被壓縮到戰場中央，被鄂圖曼騎兵包圍，成千上萬名長矛兵被殺害，其餘的人只得投降。拉約什和許多騎兵成功逃出，但他卻在附近渡河時墜馬溺斃。

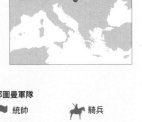

▽ 西帕希騎兵

鄂圖曼西帕希騎兵穿著厚重的鏈甲和板甲，配備刀劍和長槍。他們是鄂圖曼軍隊的主要兵種。

莫哈赤

1526年，拉約什二世領導的匈牙利軍隊在莫哈赤被鄂圖曼蘇丹蘇萊曼一世擊敗，對他的王國而言是場大災難。由於拉約什戰死，他的軍隊分崩離析，匈牙利迅速地被鄂圖曼人踏平，不再是獨立國家。

自從鄂圖曼人在1354年占領加利波利（Gallipoli）之後，就開始在巴爾幹半島上穩定擴張。到了1520年代，他們已經開始侵占匈牙利的邊境。1514年，匈牙利因為遭遇規模空前的農民叛亂而被削弱，加上國王烏拉斯洛二世（Vladislaus II）和強大的權貴勢力發生內鬥，所以當拉約什二世（Louis II）在1516年即位時，匈牙利的處境岌岌可危。

1521年，蘇萊曼攻占在戰略上有重要地位的城市貝爾格來德（Belgrade），它是前往匈牙利的中繼站。四年後，他和法國的法蘭索瓦一世結盟，有效扼殺了匈牙利和這個西方國家結盟的可能性。到了次年4月，他從君士坦丁堡派出5萬大軍，拉約什則試圖從心不甘情不願的匈牙利貴族之間召集起一支軍隊。拉約什不確定蘇萊曼會朝哪裡進攻，因此他先退回首都布達（Buda），之後再前往莫哈赤（Mohács），迎向他的戰敗與死亡。

蘇萊曼推遲了朝布達進軍的時間，沒有充分利用他的勝利。另一方面，匈牙利分崩離析，落入不同的王國手中——東部由匈牙利貴族約翰．札波利亞（Jan Zapolya）統治，西部和克羅埃西亞則由神聖羅馬帝國皇帝斐迪南一世（Ferdinand I）統治。1541年，札波利亞的王國有一部分落入鄂圖曼人手中，而匈牙利要一直到1918年才再度成為獨立國家。

被粉碎的匈牙利

蘇萊曼出乎意料的決定性勝利導致匈牙利君主政體迅速垮台，並為土耳其和哈布斯堡王朝在匈牙利的霸權奠定了基礎。

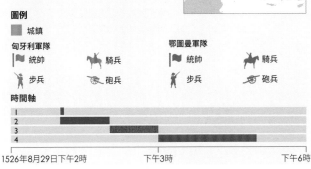

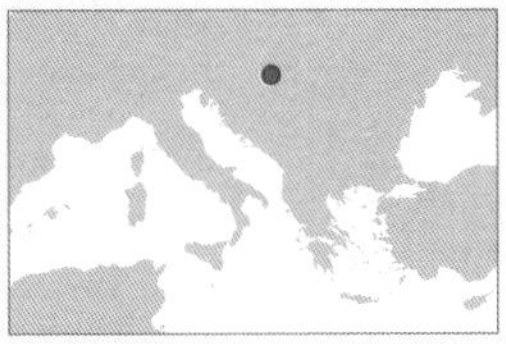

圖例

城鎮

匈牙利軍隊：統帥、騎兵、步兵、砲兵

鄂圖曼軍隊：統帥、騎兵、步兵、砲兵

時間軸

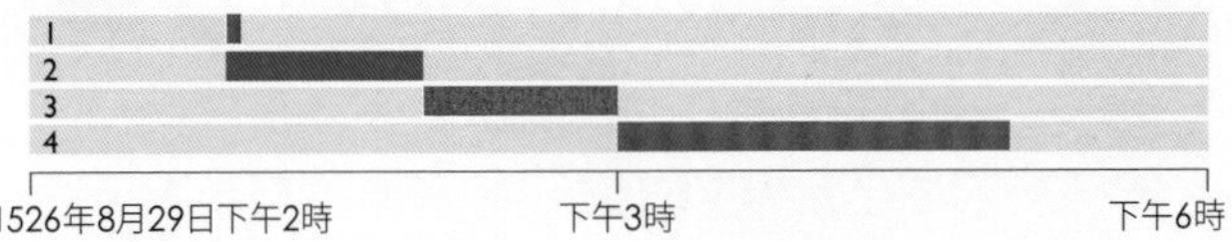

全副武裝
這幅16世紀的畫描繪鄂圖曼蘇丹塞利姆二世（Selim II，1524-74年）的軍隊。左邊的是攜帶火槍的土耳其禁衛軍，右邊則是使用盾牌和長槍的騎兵。

鄂圖曼軍隊

鄂圖曼帝國好幾個世紀以來都在歐洲和地中海區域扮演重要角色，他們的軍隊是令人畏懼的專業化戰鬥部隊，從14到18世紀多次展現出優異的軍事戰術能力。

△ **技能與工藝**
這把17世紀的匕首擁有平直的刀身和精雕細琢的象牙刀柄，展現出鄂圖曼工匠的高超技藝。

鄂圖曼軍隊是由三個部分組成的龐大武力。屬於核心的中央軍由國家控制、給薪和訓練。在17世紀，這支部隊規模達數萬人，主要以步兵為主，當中包括蘇丹的精銳步兵衛隊土耳其禁衛軍。這些部隊通常是長期服役的專業軍人，剛開始是土耳其中世紀傳統中徵召而來的奴隸士兵，之後演變成志願服役的人。支援這批中央軍的則是封建貴族手下及地方招募的部隊，人數更多，主要以輕騎兵為主，也包括步兵，但他們的訓練通常不足、裝備也不夠，且缺乏戰鬥動機。其餘的則由來自附庸國的輔助部隊組成，不論是信仰伊斯蘭教還是基督教，都參加過特定的遠征作戰。他們不只素質上有差異，構成的人種也有差異，韃靼人、馬木路克人和其他來自東方的部隊經常伴隨鄂圖曼軍隊，但來自其他附庸國的人則不常見。塞爾維亞騎士在1396年的尼科波利斯會戰（Battle of Nicopolis，參見第97頁）中和鄂圖曼軍隊並肩作戰，而在1683年第二次維也納圍城戰期間，埃莫里克．特克歷（Emeric Thököly）手下2萬信奉天主教的軍隊則和鄂圖曼軍隊一同奮戰。

訓練有素的部隊

鄂圖曼的中央軍訓練最佳，裝備也最齊全。騎兵偏愛傳統武器，比歐洲對手使用的更輕盈。鄂圖曼的砲兵表現卓越，且布署的數量也經常比歐洲國家的軍隊要多。

蘇萊曼一世 1494-1566年

蘇萊曼一世有個更響亮的稱號：蘇萊曼大帝（Suleiman the Magnificent，1520-66年在位），鄂圖曼帝國在他的領導下，國勢達到鼎盛。他在位期間時常御駕親征，打過多場戰役，當中值得注意的包括貝爾格來德（1521年）、羅得島（Rhodes，1522年）和匈牙利的莫哈赤（1526年，參見第112-13頁）。然而他的軍隊1529年在維也納吃了敗仗，接著是馬爾他之圍（參見第116-17頁），鄂圖曼人因此難以把觸角伸向西歐。到了他駕崩的時候，東南歐大部分地區、北非沿海和中東地區都已在鄂圖曼的控制之下。

圍攻馬爾他

1565年，鄂圖曼蘇丹蘇萊曼大帝想從醫院騎士團手中奪取馬爾他，卻遭遇猛烈抵抗。德・瓦萊特大團長和他手下的騎士奮勇保衛一條堡壘防線將近四個月之久，直到一支救援艦隊逼迫圍攻的鄂圖曼軍隊撤退。

到了 16 世紀中葉，鄂圖曼帝國已經蠢蠢欲動，想要突穿到地中海西部。其中一個阻礙就是地中海上的島嶼馬爾他（Malta）。自 1530 年起，這座島嶼便成為信奉基督教的軍事修會醫院騎士團的據點，他們在 1522 年喪失了在羅得島上的最後一處基地，並反抗鄂圖曼人支持的海盜（私掠船）對基督教航運船隻進行的襲擊。1551 年，海盜德拉古特（Dragut）響應行動，掠奪了哥卓島（Gozo），但沒能拿下馬爾他的主島。1560 年，基督教軍隊遠征位於的黎波里的海盜基地，卻在吉爾巴島（Djerba）被擊敗，所以蘇萊曼下令進攻馬爾他、粉碎騎士的抵抗只是早晚的事。

醫院騎士團大團長尚・德・瓦萊特（Jean de Valette）做好十足準備，加強島上的防禦。當這場攻擊終於在 1565 年 5 月發生時，他可以堅守夠長的時間，讓救援艦隊得以前來驅逐鄂圖曼的遠征軍。這場勝利大大提升了基督教世界的士氣，促成新的聯盟成立，到了 1571 年，終於能夠在勒班陀擊潰鄂圖曼海軍（參見第 118-19 頁）。

> 「人們所謂的主權就是世俗的紛爭與連綿的戰爭。」
>
> 蘇萊曼大帝創作的詩，約16世紀

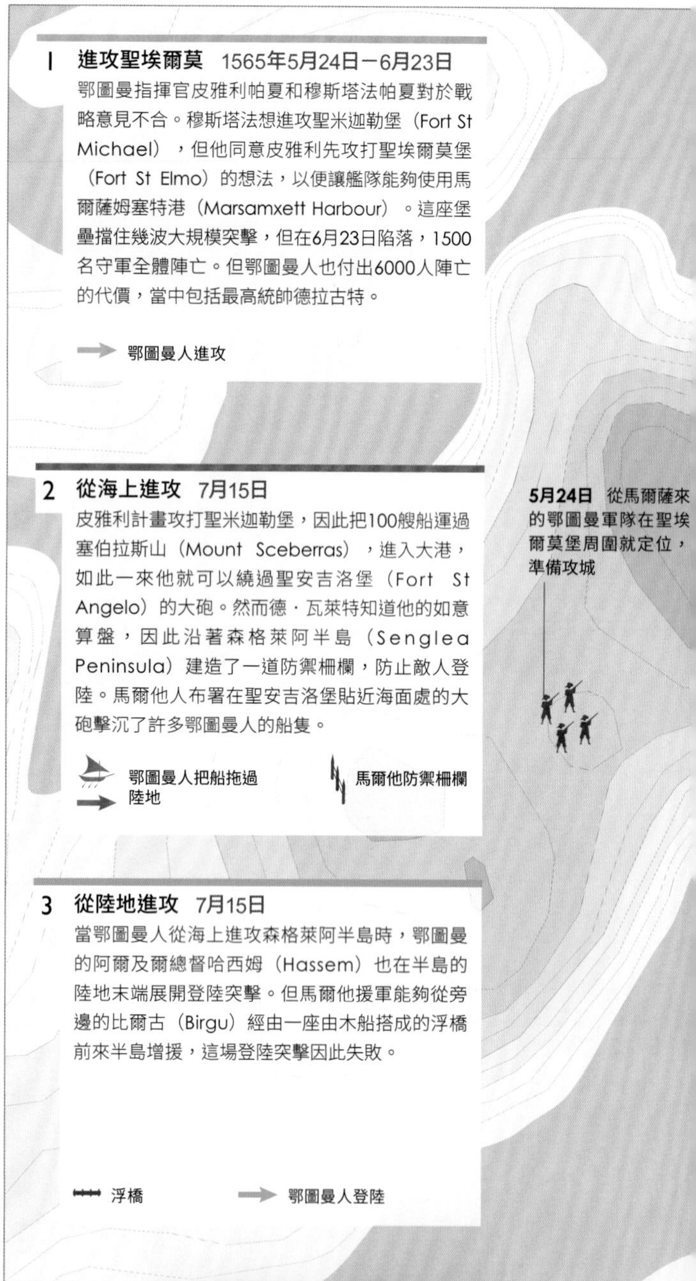

5月24日 從馬爾薩來的鄂圖曼軍隊在聖埃爾莫堡周圍就定位，準備攻城
Corradino Heights

1 進攻聖埃爾莫 1565年5月24日－6月23日

鄂圖曼指揮官皮雅利帕夏和穆斯塔法帕夏對於戰略意見不合。穆斯塔法想進攻聖米迦勒堡（Fort St Michael），但他同意皮雅利先攻打聖埃爾莫堡（Fort St Elmo）的想法，以便讓艦隊能夠使用馬爾薩姆塞特港（Marsamxett Harbour）。這座堡壘擋住幾波大規模突擊，但在6月23日陷落，1500名守軍全體陣亡。但鄂圖曼人也付出6000人陣亡的代價，當中包括最高統帥德拉古特。

鄂圖曼人進攻

2 從海上進攻 7月15日

皮雅利計畫攻打聖米迦勒堡，因此把100艘船運過塞伯拉斯山（Mount Sceberras），進入大港，如此一來他就可以繞過聖安吉洛堡（Fort St Angelo）的大砲。然而德・瓦萊特知道他的如意算盤，因此沿著森格萊阿半島（Senglea Peninsula）建造了一道防禦柵欄，防止敵人登陸。馬爾他人布署在聖安吉洛堡貼近海面處的大砲擊沉了許多鄂圖曼人的船隻。

鄂圖曼人把船拖過陸地
馬爾他防禦柵欄

3 從陸地進攻 7月15日

當鄂圖曼人從海上進攻森格萊阿半島時，鄂圖曼的阿爾及爾總督哈西姆（Hassem）也在半島的陸地末端展開登陸突擊。但馬爾他援軍能夠從旁邊的比爾古（Birgu）經由一座由木船搭成的浮橋前來半島增援，這場登陸突擊因此失敗。

浮橋
鄂圖曼人登陸

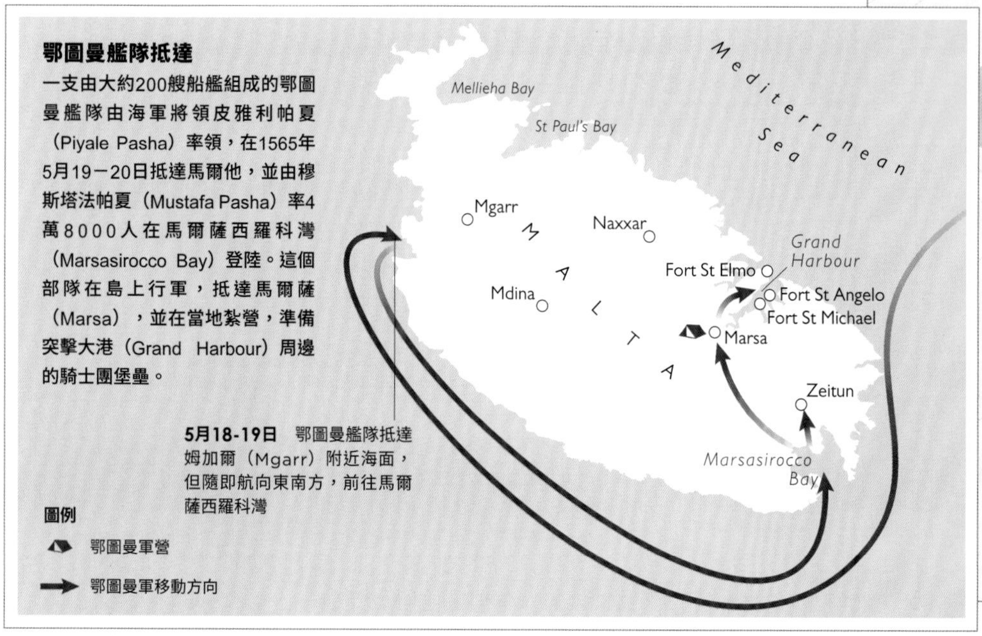

Mediterranean Sea
Mellieha Bay
St Paul's Bay
Mgarr
Naxxar
MALTA
Mdina
Fort St Elmo
Grand Harbour
Fort St Angelo
Fort St Michael
Marsa
Zeitun
Marsasirocco Bay

鄂圖曼艦隊抵達

一支由大約200艘船艦組成的鄂圖曼艦隊由海軍將領皮雅利帕夏（Piyale Pasha）率領，在1565年5月19－20日抵達馬爾他，並由穆斯塔法帕夏（Mustafa Pasha）率4萬8000人在馬爾薩西羅科灣（Marsasirocco Bay）登陸。這個部隊在島上行軍，抵達馬爾薩（Marsa），並在當地紮營，準備突擊大港（Grand Harbour）周邊的騎士團堡壘。

5月18-19日 鄂圖曼艦隊抵達姆加爾（Mgarr）附近海面，但隨即航向東南方，前往馬爾薩西羅科灣

圖例
鄂圖曼軍營
鄂圖曼軍移動方向

△ 鄂圖曼艦隊抵達

這幅來自伊斯坦堡（Istanbul）的17世紀微縮畫描繪了鄂圖曼艦隊在馬爾他作戰。鄂圖曼艦隊抵達後，許多馬爾他島民就前往島上有城牆的城市內避難。

大軍壓境

鄂圖曼人若想把勢力範圍擴展到地中海西部，攻占馬爾他就是至關重要的一步。騎士出乎意料的頑強抵抗贏得了時間，讓救援艦隊得以及時抵達，驅逐鄂圖曼入侵者。

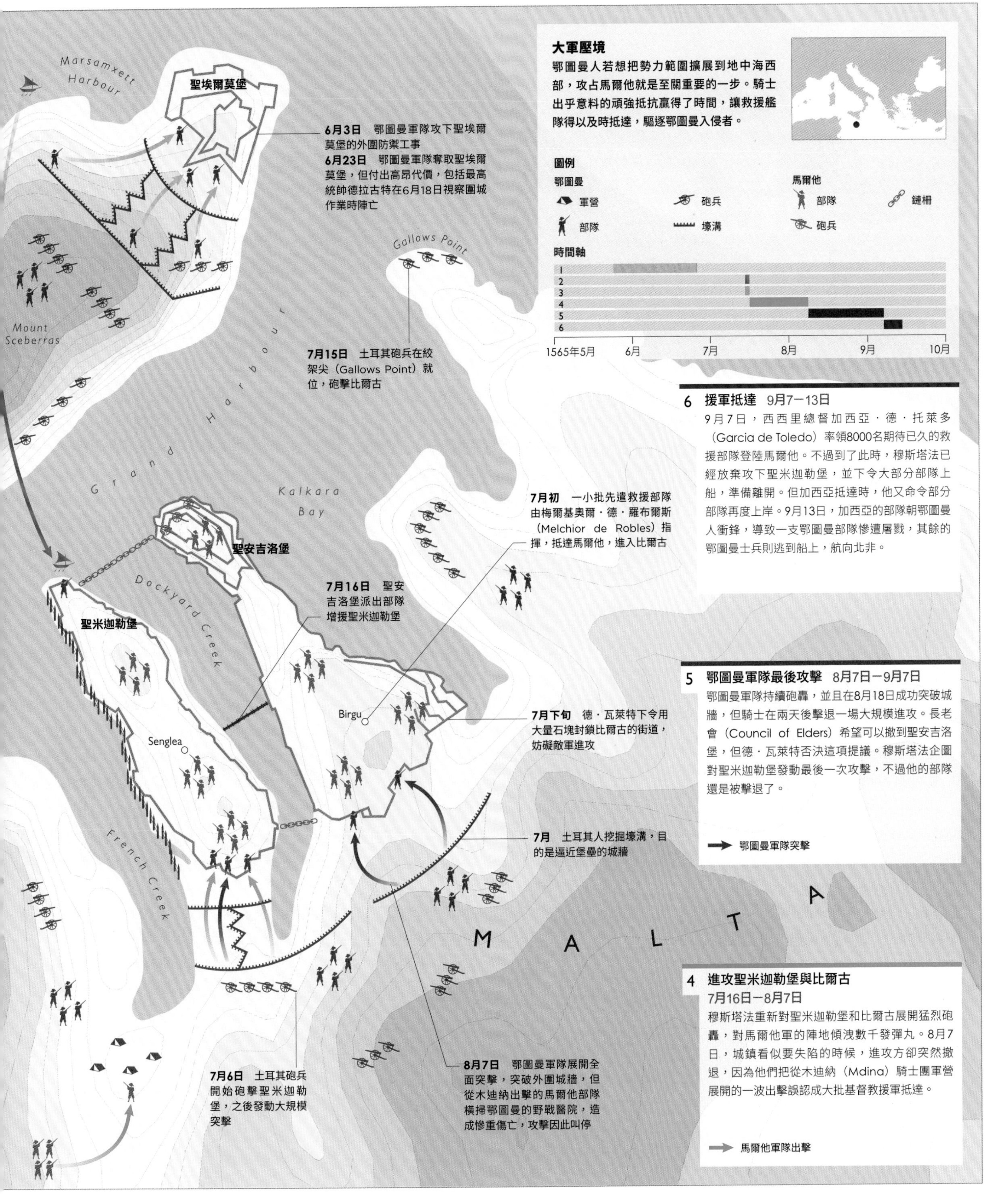

圖例
鄂圖曼
軍營
部隊
砲兵
壕溝
馬爾他
部隊
砲兵
鏈柵
時間軸
1
2
3
4
5
6
1565年5月
6月
7月
8月
9月
10月
Marsamxett Harbour
聖埃爾莫堡
6月3日　鄂圖曼軍隊攻下聖埃爾莫堡的外圍防禦工事
6月23日　鄂圖曼軍隊奪取聖埃爾莫堡，但付出高昂代價，包括最高統帥德拉古特在6月18日視察圍城作業時陣亡
Gallows Point
Mount Sceberras
7月15日　土耳其砲兵在絞架尖（Gallows Point）就位，砲擊比爾古
Grand Harbour
Kalkara Bay
7月初　一小批先遣救援部隊由梅爾基奧爾·德·羅布爾斯（Melchior de Robles）指揮，抵達馬爾他，進入比爾古
聖安吉洛堡
Dockyard Creek
7月16日　聖安吉洛堡派出部隊增援聖米迦勒堡
聖米迦勒堡
Birgu
Senglea
7月下旬　德·瓦萊特下令用大量石塊封鎖比爾古的街道，妨礙敵軍進攻
7月　土耳其人挖掘壕溝，目的是逼近堡壘的城牆
French Creek
M A L T A
7月6日　土耳其砲兵開始砲擊聖米迦勒堡，之後發動大規模突擊
8月7日　鄂圖曼軍隊展開全面突擊，突破外圍城牆，但從木迪納出擊的馬爾他部隊橫掃鄂圖曼的野戰醫院，造成慘重傷亡，攻擊因此叫停

6 援軍抵達 9月7－13日

9月7日，西西里總督加西亞·德·托萊多（Garcia de Toledo）率領8000名期待已久的救援部隊登陸馬爾他。不過到了此時，穆斯塔法已經放棄攻下聖米迦勒堡，並下令大部分部隊上船，準備離開。但加西亞抵達時，他又命令部分部隊再度上岸。9月13日，加西亞的部隊朝鄂圖曼人衝鋒，導致一支鄂圖曼部隊慘遭屠戮，其餘的鄂圖曼士兵則逃到船上，航向北非。

5 鄂圖曼軍隊最後攻擊 8月7日－9月7日

鄂圖曼軍隊持續砲轟，並且在8月18日成功突破城牆，但騎士在兩天後擊退一場大規模進攻。長老會（Council of Elders）希望可以撤到聖安吉洛堡，但德·瓦萊特否決這項提議。穆斯塔法企圖對聖米迦勒堡發動最後一次攻擊，不過他的部隊還是被擊退了。

➡ 鄂圖曼軍隊突擊

4 進攻聖米迦勒堡與比爾古 7月16日－8月7日

穆斯塔法重新對聖米迦勒堡和比爾古展開猛烈砲轟，對馬爾他軍的陣地傾洩數千發彈丸。8月7日，城鎮看似要失陷的時候，進攻方卻突然撤退，因為他們把從木迪納（Mdina）騎士團軍營展開的一波出擊誤認成大批基督教援軍抵達。

➡ 馬爾他軍隊出擊

△ **艦隊編隊**
這塊全彩金色浮雕木刻畫由雅格布・安曼・馮・約斯（Jacopo Amman von Jost）在16世紀創作，描繪勒班陀海戰開打時的景象，清楚呈現出基督教和鄂圖曼艦隊的新月陣形、巨大的加萊賽戰船火砲發射時噴發出的濃煙，以及在近距離激戰的艦隊側翼。

▷ **城邦的力量**
在這塊木刻畫的角落裡，威尼斯和勝利的象徵正俯瞰著戰場。威尼斯共和國以飛獅為標誌，而勝利則是以女性的形象呈現。

1

2

◁ **重火力**
威尼斯的加萊賽戰船體積龐大，配備重武裝的大型槳帆船同時由風帆和划槳推進。這些相當笨重的船布署在基督教艦隊整條戰線上，目的是在近距離對敵軍船艦開火。

▷ **聖克魯斯的後備艦隊**
由西班牙聖克魯斯侯爵指揮的後備艦隊填補了中央和右翼多利亞艦隊之間的危險缺口，是基督教艦隊獲得最終勝利的關鍵。

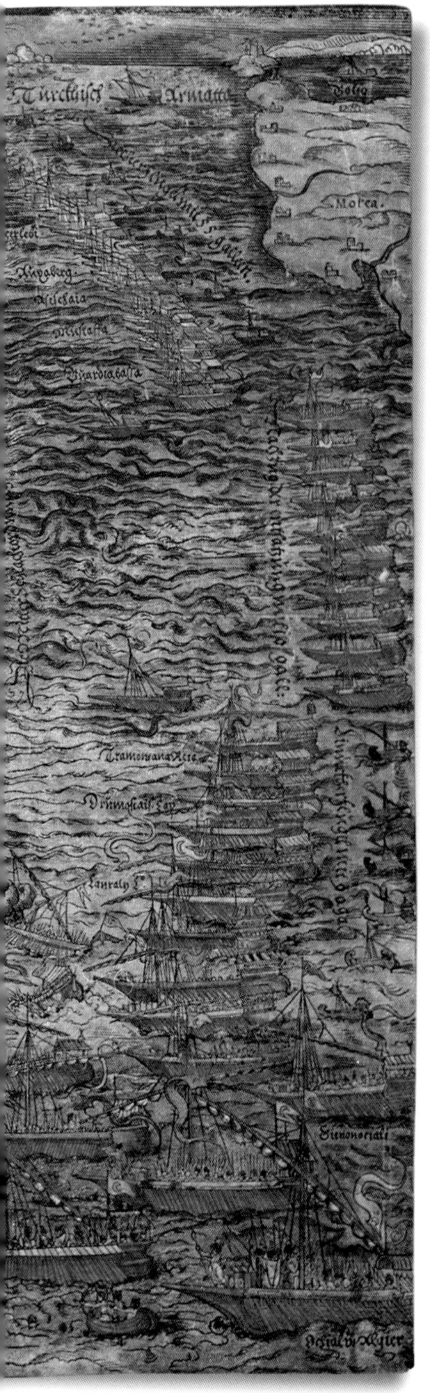

勒班陀

奧地利的唐·胡安領導基督徒艦隊，對抗阿里帕夏率領的鄂圖曼土耳其艦隊。這是西方世界最後一場以划船的方式進行的大規模海戰，破除了鄂圖曼軍隊所向無敵的迷思。雖然他們迅速重建了艦隊，但隨即因為歐洲全新的海軍科技而相形見拙。

1570年，鄂圖曼帝國和威尼斯共和國（Republic of Venice）之間爆發第四次鄂圖曼－威尼斯戰爭（Fourth Ottoman-Venetian War，又叫賽普勒斯戰爭），鄂圖曼土耳其人入侵威尼斯控制的賽普勒斯。到了1571年，教宗出面組織基督教國家，成立神聖同盟（Holy League）。當年9月16日，唐·胡安（Don John）率領一支神聖同盟的龐大艦隊，從西西里啟航，前往救援賽普勒斯（此時賽普勒斯已經失守）。

10月7日，唐·胡安在勒班陀附近遭遇阿里帕夏（Ali Pasha）指揮的土耳其艦隊，雙方都排列成新月陣形。土耳其艦隊數量占上風，共有超過220艘大型槳帆船與56艘小型快速槳帆船，但基督教艦隊武裝較佳、紀律也較嚴明。唐·胡安擁有6萬名士兵及槳手，超過200艘大型槳帆船，每一艘都在船首安裝一門大砲，還有其他較小的火砲，此外他還有六艘配備44門砲的威尼斯加萊賽戰船。雙方艦隊遭遇後，便貼近對方開始交戰，整個洋面瞬間變成戰場，巴巴里戈（Barbarigo）和蘇魯克（Suluk）陣亡，阿里帕夏的旗艦蘇丹娜號（Sultana）被擄獲，阿里帕夏也跟著陣亡。兩個小時後，基督教艦隊已經俘虜117艘大槳帆船和20艘小槳帆船，擊毀50艘其他船隻，並抓獲1萬名戰俘，此外也解救數千名信奉基督教的船上奴隸。土耳其將領當中，只有烏盧克·阿里（Uluch Ali）逃過一劫，帶領相當於原本總兵力六分之一的部隊返回君士坦丁堡。這場海戰阻止了鄂圖曼帝國在這個區域的擴張，並且破壞了他們海軍原本令人畏懼的名聲。

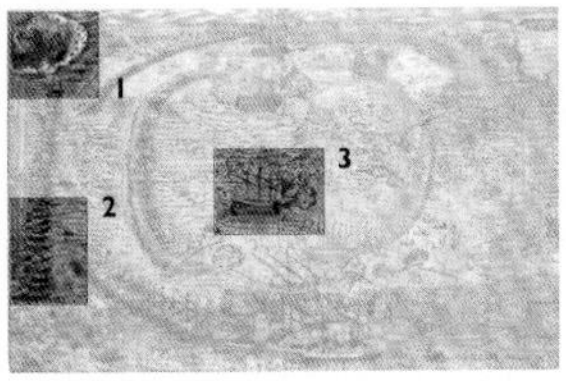

說明

> 「……和以往任何時候在海軍火砲射擊中看到的相比，加萊賽戰船的重砲彈藥破壞力更強大……」
>
> 愛德華·雪佛·克芮西（Edward Shepherd Creasy）描述勒班陀海戰，《鄂圖曼土耳其的歷史》（*History of the Ottoman Turks*），1878年

3

海上混戰

在土耳其的右翼，蘇魯克的大槳帆船划過基督教艦隊戰線末端，巴巴里戈把他的船首轉朝向海岸，接著展開近距離戰鬥，直到聖克魯斯（Santa Cruz）的後備艦隊前來協助，蘇魯克才撤退。在中央，阿里帕夏的槳帆船和唐·胡安指揮的艦隊接戰。在土耳其的左翼，烏盧克·阿里把多利亞（Doria）的分艦隊吸引到南邊，然後趁機攻擊基督教艦隊戰線中的缺口。雙方爆發激烈戰鬥，但當聖克魯斯的後備艦隊投入戰場後，土耳其的中央戰線就崩潰了。

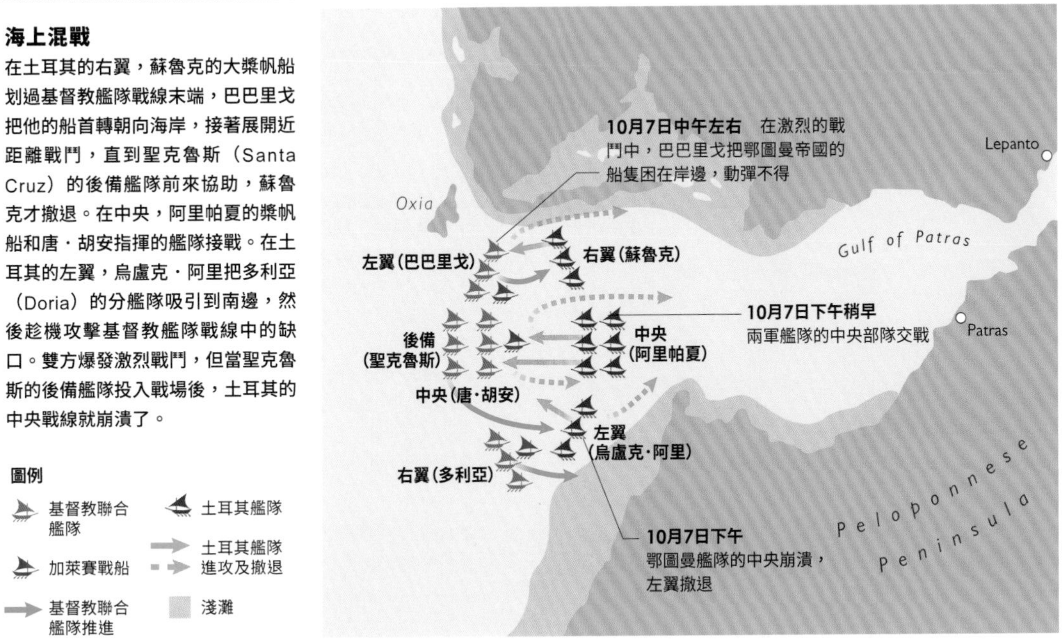
10月7日中午左右 在激烈的戰鬥中，巴巴里戈把鄂圖曼帝國的船隻困在岸邊，動彈不得
Lepanto
Oxia
Gulf of Patras
左翼（巴巴里戈）
右翼（蘇魯克）
10月7日下午稍早
兩軍艦隊的中央部隊交戰
Patras
後備（聖克魯斯）
中央（阿里帕夏）
中央（唐·胡安）
左翼（烏盧克·阿里）
右翼（多利亞）
10月7日下午
鄂圖曼艦隊的中央崩潰，左翼撤退
Peloponnese Peninsula
圖例
基督教聯合艦隊
土耳其艦隊
加萊賽戰船
土耳其艦隊進攻及撤退
基督教聯合艦隊推進
淺灘

Cardiff
Bristol
Bath
London
Thames
Bristol Channel
ENGLAND
Southampton
Portsmouth
The Owers
Isle of Wight
Weymouth
Portland Bill
Exeter
Tor Bay
Plymouth
Fowey
Truro
Start Point
Dodman Point
The Lizard
Scilly Isles
Eddystone
English Channel
Cherbourg
Bay of la Hogue
Ushant
Brest
從里斯本出發
7月30日 英格蘭艦隊有將近70艘船駛離普利茅斯，它們的速度和機動性令西班牙人大吃一驚
8月2日 雙方艦隊在波特蘭外海交戰
8月4日 英格蘭艦隊迫使無敵艦隊遠離懷特島，無敵艦隊因此轉往加來
7月29日 無敵艦隊通過康瓦耳的利札岬（Lizard Point）
7月31日 英格蘭艦隊攻擊無敵艦隊。西班牙人放棄羅沙略號（Rosario）和聖薩爾瓦多號（San Salvador），它們連同船上珍貴的火藥一起被繳獲
7月25日 無敵艦隊通過阿善特島（Ushant），接著轉向東方，進入英吉利海峽

1 無敵艦隊集結 1588年5月30日－7月25日

5月30日，無敵艦隊從里斯本啟航，向北航行。這支艦隊由美迪納西多尼亞公爵率領，他之所以能雀屏中選，比較多是因為他對國王忠誠，而不是因為他的軍旅經驗。儘管如此，他還是很審慎地做好作戰準備。他的艦隊有大約130艘船、8000名水手和1萬8000名士兵，只有不到30艘船是軍艦。就如同英格蘭艦隊一樣，其餘的都是商船或較小的船隻，建造時並不講求航速。無敵艦隊緩緩橫越比斯開灣（Bay of Biscay），航向英吉利海峽。

無敵艦隊航線

2 首度交鋒 7月26－31日

無敵艦隊在康瓦耳（Cornwall）外海現蹤的消息，透過海岸烽火台系統傳遞到普利茅斯（Plymouth），由愛芬罕的霍華德爵士（Lord Howard of Effingham）指揮的英格蘭艦隊已經在當地待命。7月31日破曉，英格蘭艦隊和無敵艦隊在愛迪斯敦岩（Eddystone Rocks）首度交鋒。英格蘭的船隻速度更快、機動力更高，從遠距離外砲擊無敵艦隊，但他們的砲火無法破壞西班牙船艦的堅固船身。

無敵艦隊航線
英格蘭艦隊追擊
首度交鋒

3 海峽衝突 8月2－4日

無敵艦隊繼續沿著海峽前進，英格蘭艦隊則在後方窮追不捨，雙方在波特蘭比爾（Portland Bill）的海岸外以及懷特島（Isle of Wight）交戰。大帆船船體龐大，依靠在近距離捕抓、登船並和敵人戰鬥的方式作戰，因此無法靠近英格蘭的船隻，這些戰鬥也因此沒有分出勝負。

無敵艦隊航線
英格蘭艦隊追擊
南部海岸外的戰鬥

5 卡夫令海戰 8月7－8日

當散開的無敵艦隊企圖重新集合時，英格蘭艦隊趁機逼近，並在近距離從上風處開砲，對西班牙船艦造成嚴重破壞。許多船失去了錨，有些船傾斜了，還有一些船損失了船帆和索具。聖羅倫佐號（San Lorenzo）被俘虜，聖菲利佩號（San Felipe）和聖馬提歐號（San Mateo）則擱淺。經過長達九個小時的激戰後，雙方的彈藥都開始不足，英格蘭艦隊停止攻擊，西班牙艦隊則撤退。

卡夫令海戰
無敵艦隊逃跑
船隻擱淺

4 加來的火船 8月6－7日

無敵艦隊在8月6日抵達加來，但美迪納西多尼亞公爵發現帕爾馬公爵的部隊尚未在敦克爾克（Dunkirk）集結。這座港口已經被荷蘭私掠船封鎖，因此無敵艦隊被迫在外海下錨，以免在淺水區遭到襲擊。8月6－7日夜間，英格蘭派出八艘火船，順著潮流往無敵艦隊的方向漂過去。西班牙人擱下了火船，之後切斷錨索，接著紊亂地散開。

無敵艦隊航線
英格蘭艦隊追擊
火船攻擊

西班牙無敵艦隊

1588年，西班牙國王菲利浦二世派出一支規模空前龐大的無敵艦隊入侵英格蘭，打算推翻伊莉莎白一世女王。無敵艦隊在穿越英吉利海峽途中一路受到英格蘭軍艦襲擾，最後在從卡夫令海戰逃跑，之後又遇上暴風，全軍覆沒。

1585 年，西班牙的天主教國王菲利浦二世（Philip II）和英格蘭的新教女王伊莉莎白一世之間的競爭關係變成了一場祕而不宣的戰爭。稍早之前，菲利浦曾因為和伊莉莎白同父異母的姊姊、去世時無子嗣的瑪麗一世女王（Mary I）結婚而成為英格蘭的共同君主。此外，菲利浦對於伊莉莎白資助西屬尼德蘭（Spanish Netherland）的新教徒叛軍感到憤怒，而且英格蘭的私掠船還襲擊西班牙船艦。

1587 年春季，菲利浦開始組建「偉大且最幸運的海軍」，打算憑藉這支艦隊罷黜伊莉莎白一世。這個計畫因為英格蘭襲擊卡迪斯（Cadiz）而延遲，一直要到 1588 年 5 月底，大約 130 艘船艦總算才從里斯本出航。無敵艦隊（Armada）的計畫是向東航行，穿越英吉利海峽，然後和西屬尼德蘭帕爾馬公爵（Duke of Parma）集結的 3 萬大軍會師，之後再入侵英格蘭。然而，無敵艦隊在海峽中遭遇英格蘭艦隊，無法和公爵的部隊會師，最後在卡夫令海戰（Battle of Gravelines）中潰散。無敵艦隊重新整隊後，向北逃往大西洋，最後遭遇暴風而覆沒。

海峽較量

西班牙投注了無數資源打造並裝備這支無敵艦隊。這支艦隊在戰鬥及暴風中的失敗，被詮釋成英格蘭新教路線的勝利。

圖例
英格蘭
港口
西班牙艦隊
英格蘭艦隊
時間軸
1
2
3
4
5
1588年5月15日
6月15日
7月15日
8月15日
North Sea
Margate
Rochester
Dover
Rye
Calais
Ostend
Dunkirk
Boulogne
Dieppe
Somme
FRANCE
8月7–8日 英國人在卡夫令海戰中擊潰無敵艦隊
8月8日 無敵艦隊向北逃逸，許多船隻在返回西班牙途中沉沒
8月7日 英格蘭人弄來了八艘老船，滿載著易燃物質，點燃後順流飄往位於加來的無敵艦隊，稱為「地獄燃燒者」（Hell Burners）

△ 冒險穿越

西班牙艦隊在比斯開灣航行時，因遭遇惡劣天候而延誤。英格蘭人因此有更多時間強化防禦，並讓傳遞警告信號的烽火台做好準備。

無敵艦隊潰逃

美迪納西多尼亞公爵（Duke of Medina Sidonia）認為沿著海峽逃亡不可行，因此決定轉向北方，繞過蘇格蘭和愛爾蘭返回西班牙。英格蘭艦隊一直追逐無敵艦隊到福斯灣（Firth of Forth），才打道回府。在接下來的幾個星期裡，數十艘西班牙船艦在蘇格蘭和愛爾蘭海岸發生船難，且有數百名水手在愛爾蘭被沖上岸後遇害。無敵艦隊只有大約一半的船艦幸運返回西班牙。

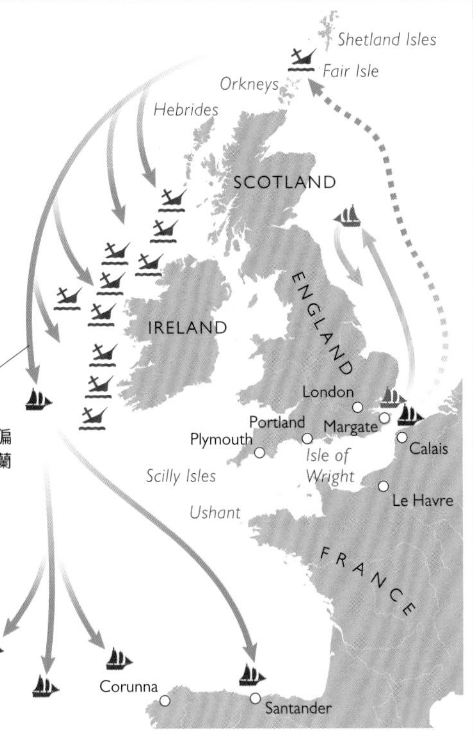
Shetland Isles
Fair Isle
Orkneys
Hebrides
SCOTLAND
IRELAND
ENGLAND
London
Margate
Portland
Plymouth
Calais
Isle of Wright
Scilly Isles
Le Havre
Ushant
FRANCE
Corunna
Santander
1588年8–9月
許多西班牙船隻被強風吹得偏離了航線，在蘇格蘭和愛爾蘭的西部海岸發生船難
圖例
英格蘭艦隊
西班牙艦隊
西班牙艦隊逃亡航線
英格蘭艦隊追擊
船難

斯海弗寧恩海戰（Battle of Scheveningen，1653年）
在這幅17世紀的畫中，英格蘭和荷蘭的艦隊都使用配備齊全索具的大帆船，船上配備大口徑的舷側火砲。荷蘭艦隊旗艦布雷德羅德號（Brederode，左邊）正對著英格蘭船艦開火，它配備了超過50門火砲。

槳帆船與大帆船

在15到17世紀之間，海上作戰不僅在戰術、科技和目標上持續演進，歐洲國家海軍在全球的影響所及範圍也不斷擴大。

△ **桿彈**
這種砲彈是設計用來破壞船帆和索具，左右兩半會在飛行的途中展開並翻滾。

16 世紀初，以帆和槳為動力、船身光滑的槳帆船是主要的軍艦，由數量較少的改裝商船支援。這個時代是槳帆船作戰的巔峰，尤其是基督教國家在地中海互相爭戰或對抗鄂圖曼帝國時，艦隊有時候會集結數百艘船隻，在戰鬥期間反覆爆發衝突。1571 年的勒班陀海戰（參見第 118-19 頁）裡，數百艘槳帆船並列排成一線，且戰鬥主要是在近距離進行，可說是這類海戰的縮影。

大帆船的出現

同一時間，特別是在地中海以外的地方，改裝的遠洋商船演化為專門建造的軍艦。它們稱為大帆船，以風帆為動力，並搭載多門火砲，更適合遠距離航行，也更能適應嚴苛的海象。槳帆船的戰鬥通常離不開衝撞、登船，但重武裝的大帆船則是使用大砲從一段距離之外開火，比較不那麼依靠登船行動。到了 17 世紀結束時，它們已經變成軍艦的主流船型。

槳帆船在受到保護的沿岸水域仍繼續使用了一段時間，並且直到 19 世紀初期依然在波羅的海的俄羅斯及瑞典海軍服役。不過大帆船擁有更優越的火力和續航力，使得它們在大洋上愈來愈重要，最明顯的例子就是在勒班陀海戰過後僅僅 17 年，它們就在 1588 年的西班牙無敵艦隊之役（參見第 120-21 頁）中扮演主要角色。

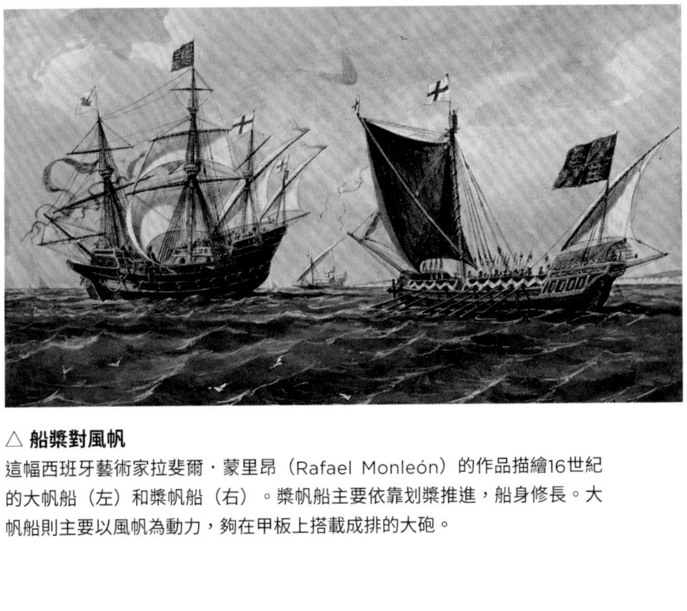

△ **船槳對風帆**
這幅西班牙藝術家拉斐爾．蒙里昂（Rafael Monleón）的作品描繪16世紀的大帆船（左）和槳帆船（右）。槳帆船主要依靠划槳推進，船身修長。大帆船則主要以風帆為動力，夠在甲板上搭載成排的大砲。

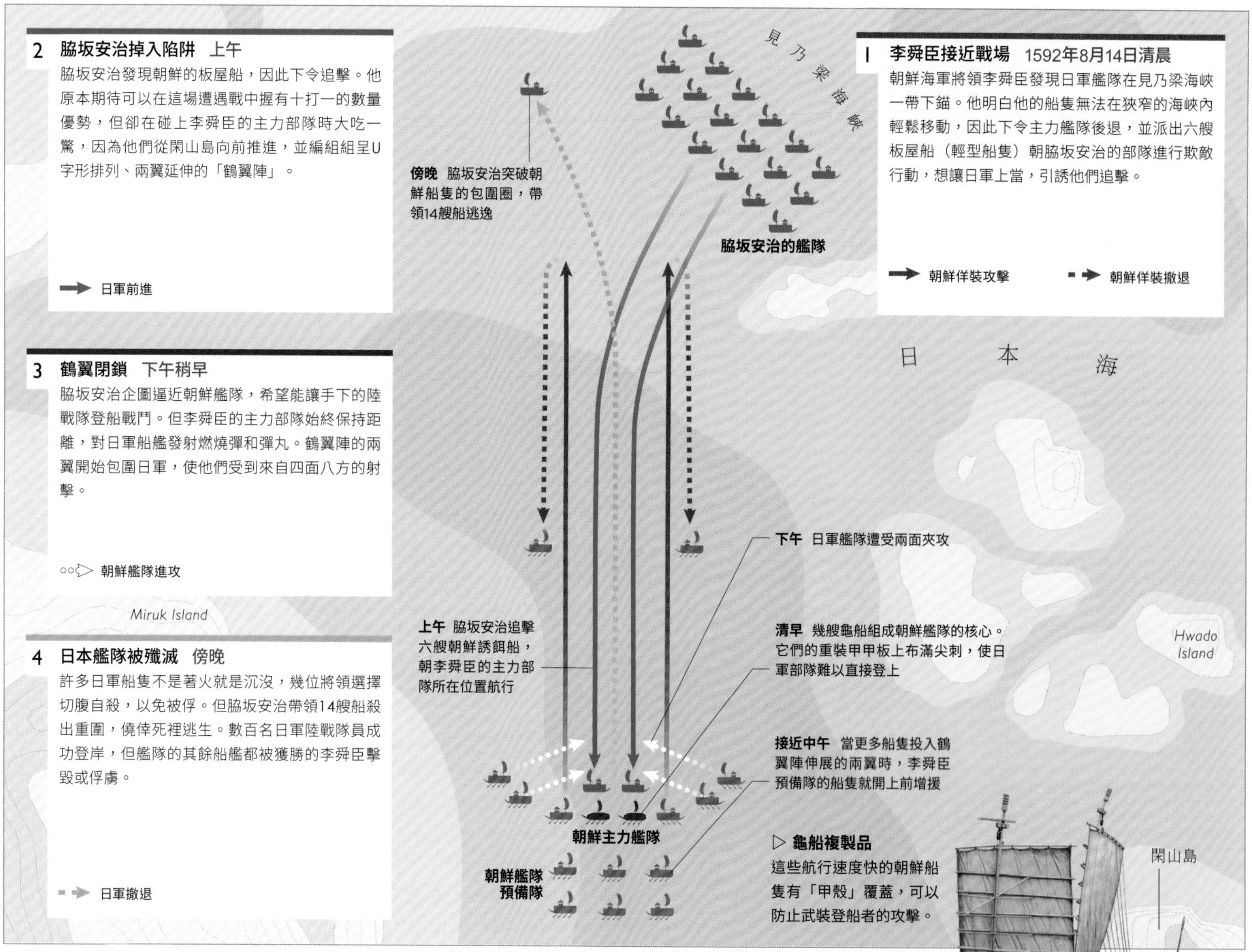

1 李舜臣接近戰場 1592年8月14日清晨
朝鮮海軍將領李舜臣發現日軍艦隊在見乃梁海峽一帶下錨。他明白他的船隻無法在狹窄的海峽內輕鬆移動，因此下令主力艦隊後退，並派出六艘板屋船（輕型船隻）朝脇坂安治的部隊進行欺敵行動，想讓日軍上當，引誘他們追擊。
朝鮮佯裝攻擊
朝鮮佯裝撤退
2 脇坂安治掉入陷阱 上午
脇坂安治發現朝鮮的板屋船，因此下令追擊。他原本期待可以在這場遭遇戰中握有十打一的數量優勢，但卻在碰上李舜臣的主力部隊時大吃一驚，因為他們從閑山島向前推進，並編組組呈U字形排列、兩翼延伸的「鶴翼陣」。
日軍前進
3 鶴翼閉鎖 下午稍早
脇坂安治企圖逼近朝鮮艦隊，希望能讓手下的陸戰隊登船戰鬥。但李舜臣的主力部隊始終保持距離，對日軍船艦發射燃燒彈和彈丸。鶴翼陣的兩翼開始包圍日軍，使他們受到來自四面八方的射擊。
朝鮮艦隊進攻
4 日本艦隊被殲滅 傍晚
許多日軍船隻不是著火就是沉沒，幾位將領選擇切腹自殺，以免被俘。但脇坂安治帶領14艘船殺出重圍，僥倖死裡逃生。數百名日軍陸戰隊員成功登岸，但艦隊的其餘船艦都被獲勝的李舜臣擊毀或俘虜。
日軍撤退
見乃梁海峽
脇坂安治的艦隊
傍晚 脇坂安治突破朝鮮船隻的包圍圈，帶領14艘船逃逸
日本海
下午 日軍艦隊遭受兩面夾攻
Miruk Island
上午 脇坂安治追擊六艘朝鮮誘餌船，朝李舜臣的主力部隊所在位置航行
清早 幾艘龜船組成朝鮮艦隊的核心。它們的重裝甲甲板上布滿尖刺，使日軍部隊難以直接登上
Hwado Island
接近中午 當更多船隻投入鶴翼陣伸展的兩翼時，李舜臣預備隊的船隻就開上前增援
朝鮮主力艦隊
朝鮮艦隊預備隊
閑山島

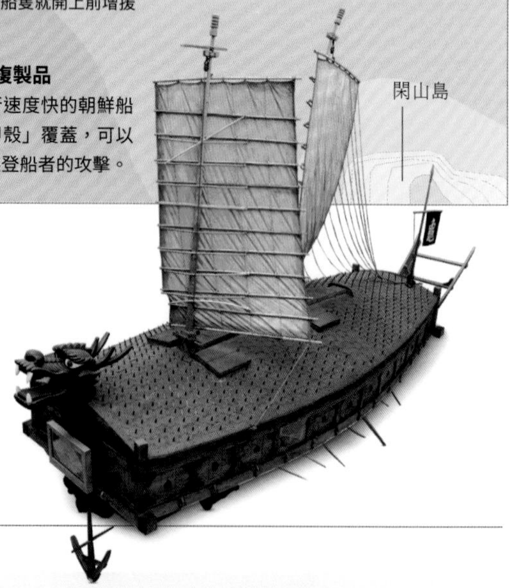

▷ **龜船複製品**
這些航行速度快的朝鮮船隻有「甲殼」覆蓋，可以防止武裝登船者的攻擊。

閑山島

在閑山島外海，朝鮮海軍將領李舜臣率軍抵抗日本武將豐臣秀吉發動的占領朝鮮行動。他引誘日軍進入陷阱，之後憑著裝甲船殲滅敵軍艦隊。

到了 1592 年時，日本武將豐臣秀吉已經幾乎重新統一了日本。他身為實質上的國家領導人，採取了攻擊性的對外政策，希望能夠征服明朝的中國，因此他占領了朝鮮大部分地區，以作為他的軍隊前往中國的通道。

不過朝鮮的艦隊依然完整無損，重砲和擁有裝甲的「龜船」對於較輕的日本船隻來說尤其是個威脅。豐臣秀吉要求另一位武將脇坂安治對付朝鮮海軍將領李舜臣和他指揮的艦隊。脇坂安治沒有等待援軍讓他擁有更明顯的優勢，就率領大約 75 艘船艦啟航。

1592 年 8 月 14 日，朝鮮艦隊在閑山島附近海面遭遇日軍，並徹底擊敗他們。雖然日軍在這場海戰過後繼續進逼，但明朝支援朝鮮，促使豐臣秀吉在 1594 年 5 月同意停火，雙方都撤出朝鮮半島。

海軍戰略

李舜臣有技巧地引誘日軍艦隊進入閑山島附近的開闊水域。他麾下的船艦加以包圍，並充分利用日軍缺乏火砲從遠距離攻擊的弱點，同時也讓對方無法登船戰鬥。

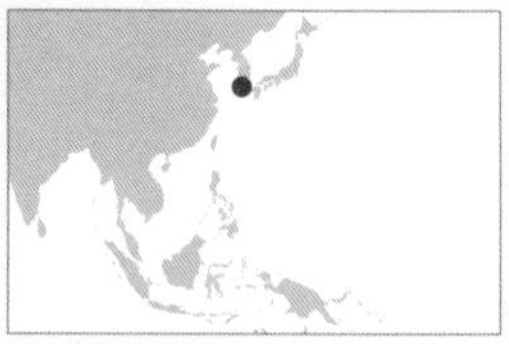

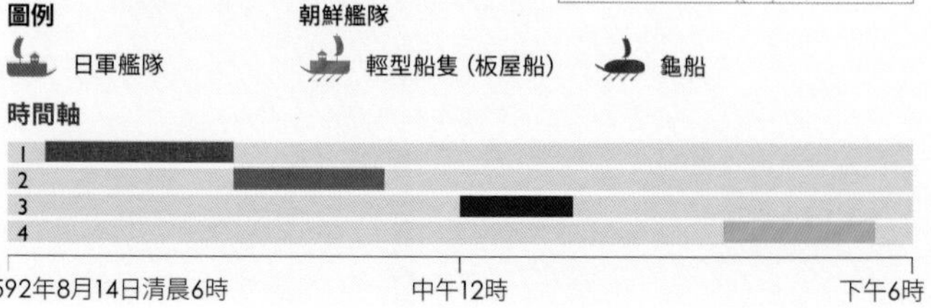

圖例
日軍艦隊
朝鮮艦隊
輕型船隻（板屋船）
龜船
時間軸
1
2
3
4
1592年8月14日清晨6時
中午12時
下午6時

關原

日本將軍德川家康稱霸日本的野心遭到由石田三成領導的聯盟反抗。1600年10月，他率領的西軍和德川家康的東軍在關原一決死戰。石田三成手下的重點部隊叛變，讓德川家康的部隊贏得壓倒性勝利，也讓他能夠建立德川幕府。

豐臣秀吉（參見第124頁）在1598年去世，這意味著他的助手德川家康此時就成為日本最重要的軍閥。德川家康漠視豐臣秀吉之子豐臣秀賴的攝政，開始鞏固他的統治。不過他遭遇反對力量，這些反對派集結在效忠豐臣秀賴的石田三成身邊。為了準備應付即將到來的衝突，雙方都急著在帝都京都的四周搶占戰略要衝。石田三成的西軍攻占伏見城和大垣城，但東軍則奪取了岐阜城，此舉促使石田三成在重新在關原村附近布署防禦陣地，最後就在10月21日於此地對抗東軍。德川家康的決定性勝利動搖了西軍聯盟。

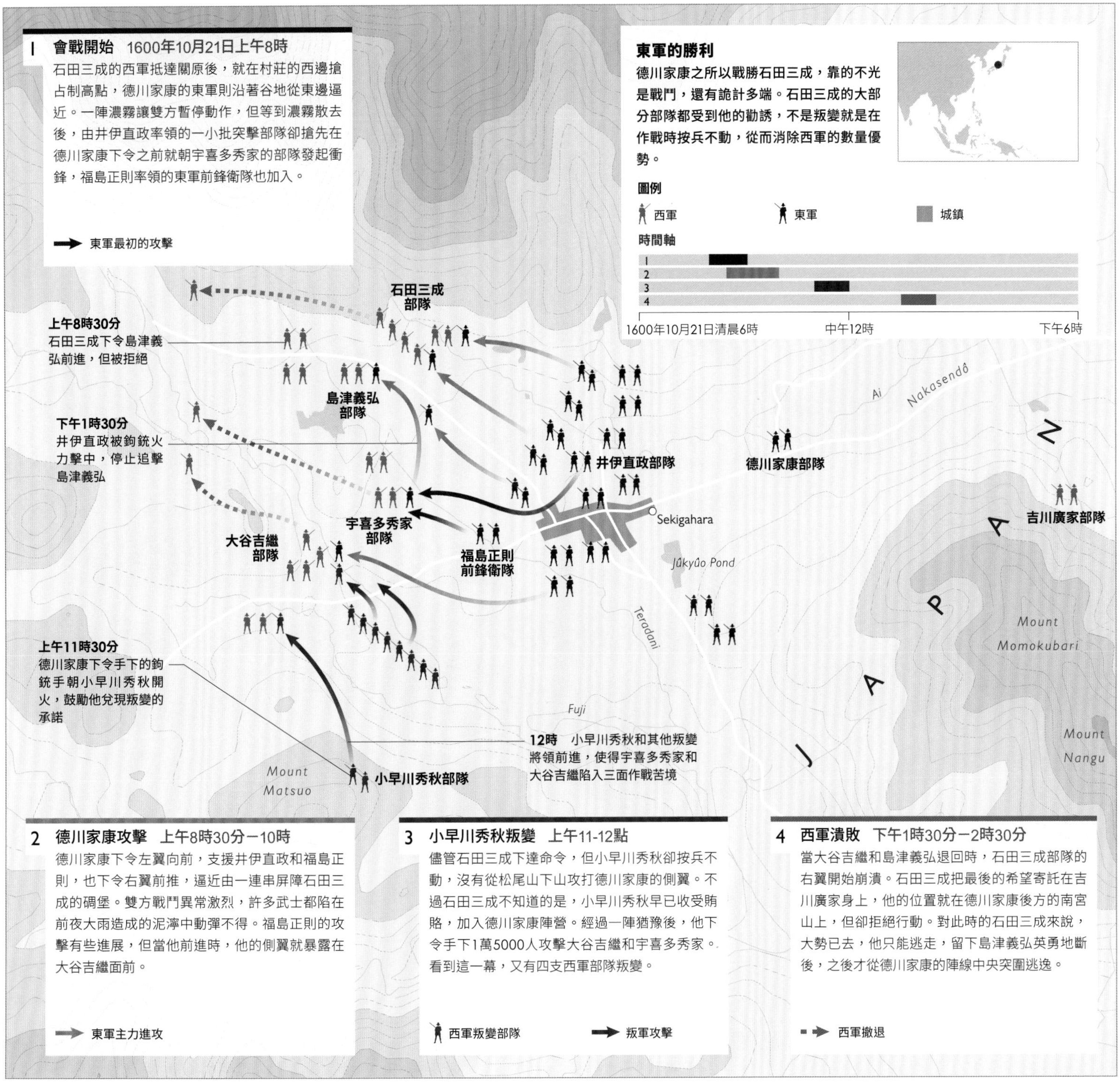
1 會戰開始 1600年10月21日上午8時
石田三成的西軍抵達關原後，就在村莊的西邊搶占制高點，德川家康的東軍則沿著谷地從東邊逼近。一陣濃霧讓雙方暫停動作，但等到濃霧散去後，由井伊直政率領的一小批突擊部隊卻搶先在德川家康下令之前就朝宇喜多秀家的部隊發起衝鋒，福島正則率領的東軍前鋒衛隊也加入。
東軍最初的攻擊
東軍的勝利
德川家康之所以戰勝石田三成，靠的不光是戰鬥，還有詭計多端。石田三成的大部分部隊都受到他的勸誘，不是叛變就是在作戰時按兵不動，從而消除西軍的數量優勢。
圖例
西軍
東軍
城鎮
時間軸
1
2
3
4
1600年10月21日清晨6時
中午12時
下午6時
石田三成部隊
上午8時30分
石田三成下令島津義弘前進，但被拒絕
島津義弘部隊
下午1時30分
井伊直政被鉤銃火力擊中，停止追擊島津義弘
宇喜多秀家部隊
大谷吉繼部隊
福島正則前鋒衛隊
井伊直政部隊
德川家康部隊
吉川廣家部隊
Sekigahara
Jûkyûo Pond
Ai
Nakasendô
Teradani
Fuji
JAPAN
Mount Momokubari
Mount Nangu
Mount Matsuo
上午11時30分
德川家康下令手下的鉤銃手朝小早川秀秋開火，鼓勵他兌現叛變的承諾
12時 小早川秀秋和其他叛變將領前進，使得宇喜多秀家和大谷吉繼陷入三面作戰苦境
小早川秀秋部隊
2 德川家康攻擊 上午8時30分－10時
德川家康下令左翼向前，支援井伊直政和福島正則，也下令右翼前推，逼近由一連串屏障石田三成的碉堡。雙方戰鬥異常激烈，許多武士都陷在前夜大雨造成的泥濘中動彈不得。福島正則的攻擊有些進展，但當他前進時，他的側翼就暴露在大谷吉繼面前。
東軍主力進攻
3 小早川秀秋叛變 上午11-12點
儘管石田三成下達命令，但小早川秀秋卻按兵不動，沒有從松尾山下山攻打德川家康的側翼。不過石田三成不知道的是，小早川秀秋早已收受賄賂，加入德川家康陣營。經過一陣猶豫後，他下令手下1萬5000人攻擊大谷吉繼和宇喜多秀家。看到這一幕，又有四支西軍部隊叛變。
西軍叛變部隊
叛軍攻擊
4 西軍潰敗 下午1時30分－2時30分
當大谷吉繼和島津義弘退回時，石田三成部隊的右翼開始崩潰。石田三成把最後的希望寄託在吉川廣家身上，他的位置就在德川家康後方的南宮山上，但卻拒絕行動。對此時的石田三成來說，大勢已去，他只能逃走，留下島津義弘英勇地斷後，之後才從德川家康的陣線中央突圍逃逸。
西軍撤退

武士傳奇
這幅19世紀的木區描繪源義經（左）前往北海道，受到屬下的歡迎。由於源義經在源平合戰中表現英勇，因此被認為是日本最偉大的武士之一。

武士與將軍

隨著中世紀日本的權力更迭，一種新的戰士社會階級隨之進化，形成軍人和警察的混和體——也就是武士。他們在12世紀時成為日本軍事和政治的重要角色。

△ **首選兵器**
這把日本刀是江戶時代（1603－1868年）武士的配備。

在 8 世紀末，唐朝中國入侵日本的恐慌慢慢消退以後，日本皇室小而美的軍事武力就讓位了。取而代之的是一群新的私人專業軍事人員，稱為武士，大多數是受雇處理內部動亂和執行警察治安的工作。

武士配備弓箭和刀劍，騎馬作戰，並在必要的時候為皇室和國家效命。相對地，他們也收取金錢或轉讓的土地作為酬勞。這套系統在源平合戰（參見第 68 頁）、13 世紀蒙古兩次入侵、以及兩個皇室相互對立——也就是 1336 年到 1392 年的南北朝期間——相當盛行。

權力更迭

由於應仁之亂（1467–77 年）和中央官僚體系衰落，一種新的權力結構就在日本的戰國時代興起。幕府成為強而有力的國家機關，武士之間為了掌控而彼此爭鬥。稱為大名的氏族領袖擁有私人隨從，他們直接控製農村，人數也不斷增長。後來他們之間開始為爭奪田地所有權而戰，而不是接受中央當局動員。此一趨勢隨著葡萄牙鉤銃（參見第 95 頁）在 1543 年引進而加速，地方軍閥因此可以更輕易地投入大批部隊，所需訓練又比弓兵要少。將軍和主要的武士階級持續統治日本，直到 19 世紀中期。

日本的封建體系

在中世紀絕大多數時間裡，皇室對封地和頭銜都有絕對的控制權，武士可以透過服役來獲得土地封賞，但這些是無法世襲的，因此最早的幕府將軍是皇室的代理人，而非自治領主。一直要到15-16世紀，像上杉謙信（1530-78年，右）這樣的武士領主才能夠獨立控制特定地方，治理的同時也負責保護。

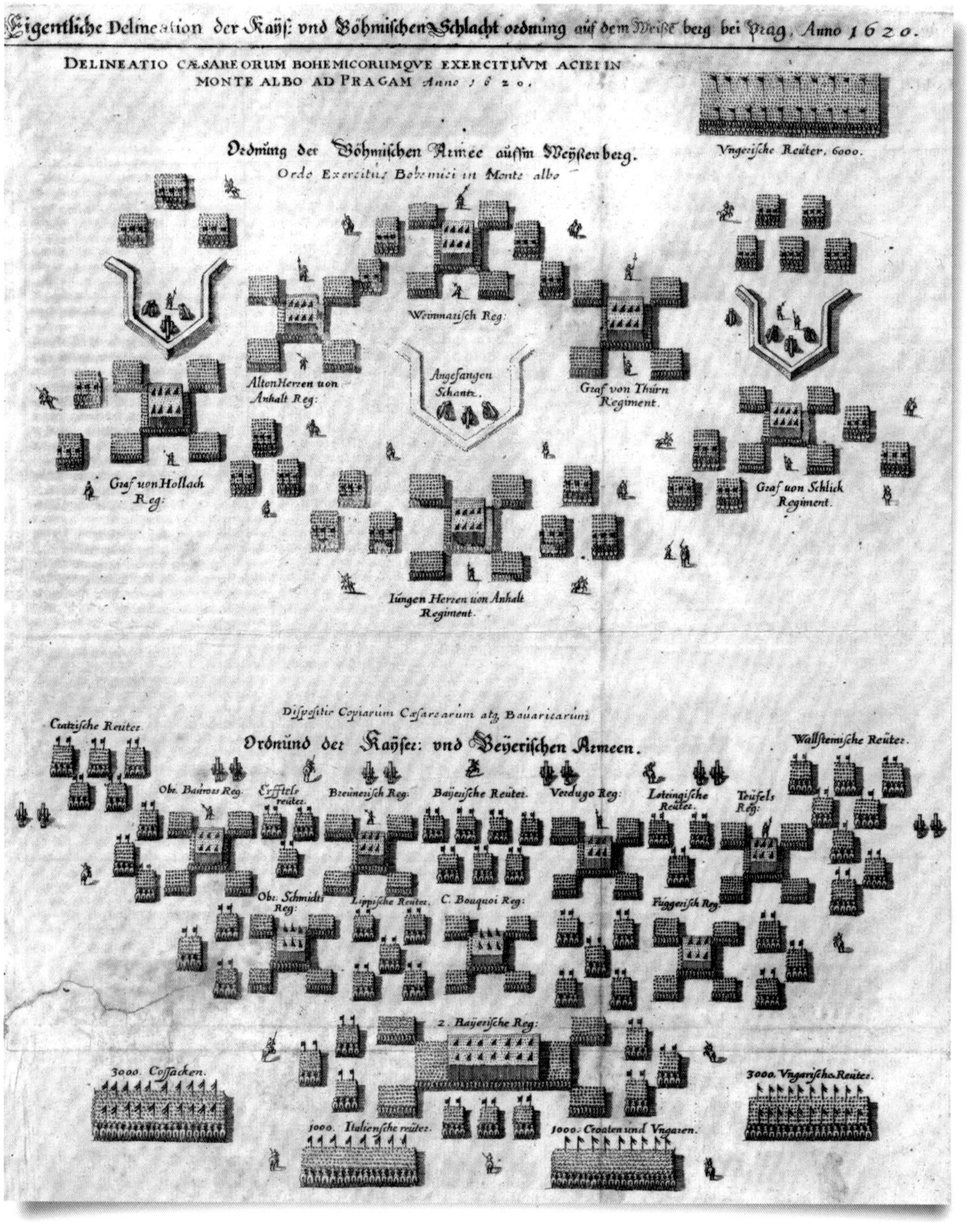

△ **「使徒」**天主教聯盟（Catholic League）擁有12門重砲，外號就叫「12使徒」（12 Apostles）。它們在中午12時15分對四周開砲，是部隊前進的信號。

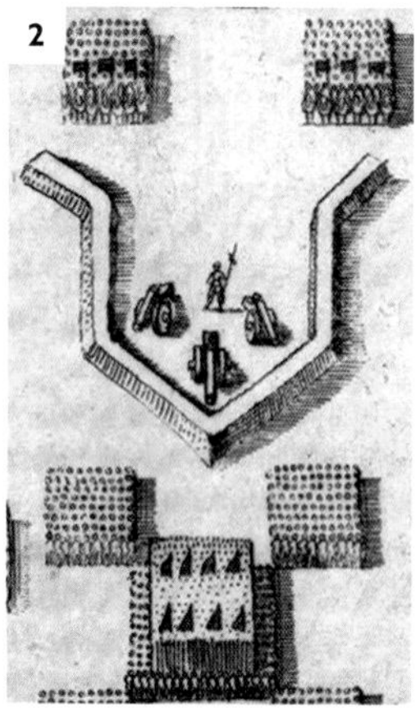

◁ **防禦工事** 波西米亞軍隊在台地的山坡上挖掘陣地固守，有一部分獲得布拉格星辰宮（Star Palace）城牆的保護。

▽ **西班牙大方陣** 天主教部隊的步兵組成西班牙大方陣（Tercio），這種陣形可由多達3000名步兵組成，手持長槍的士兵在中央，火槍兵則集結在方陣四角上的小方陣裡。

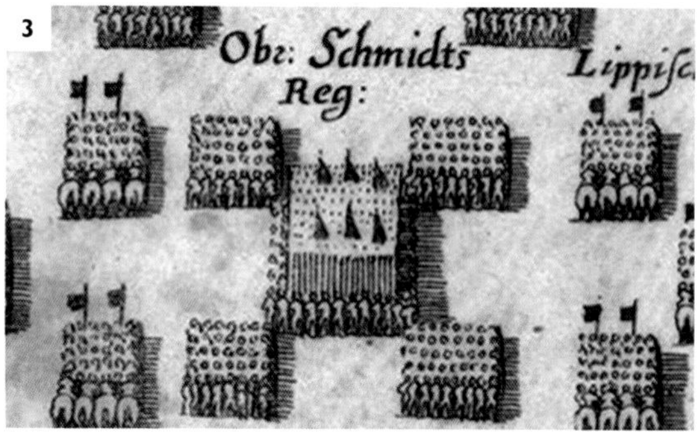

◁ **最初陣勢**
這張1662年的作戰計畫圖出自《歐洲劇院》（*Theatrum Europaeum*），這是一套多達21卷的德語區歷史鉅著。它顯示波西米亞軍隊（上）和帝國軍（下）在會戰開打時的陣勢。

白山

1620年11月8日，也就是在三十年戰爭（1618–48）期間，哈布斯堡神聖羅馬帝國在波西米亞的布拉格附近的白山對新教聯盟（Protestant Union）首度取得重大勝利。波西米亞軍隊潰敗，波西米亞叛亂被徹底瓦解。

1617年，奧地利哈布斯堡的斐迪南加冕成為波西米亞國王，他立即取消新教臣民的宗教自由，因而導致波西米亞叛亂（Bohemian Revolt，1618-20年）。到了1620年，此時已經成為神聖羅馬帝國皇帝的斐迪南下定決心平定這場叛亂。到了11月，他的帝國軍就已經把波西米亞軍隊逼退到布拉格外圍。

11月8日早晨，人數愈來愈少的波西米亞軍隊在通往布拉格路上的低矮台地白山（White Mountain）集結，面對大約2萬5000名帝國軍士兵。在右方，天主教士兵挺進，掃蕩新教騎兵，並朝其餘瓦解的敵軍衝鋒。波西米亞軍隊的側翼崩潰後，騎兵就朝帝國軍的步兵衝鋒，但隨即被迫撤退，而波西米亞步兵只齊射了一次，便也開始朝布拉格方向逃竄，這場會戰在不到兩個小時內就結束。

波西米亞軍隊在白山潰敗後，波西米亞叛亂也跟著結束。布拉格陷落，波西米亞也再次被神聖羅馬帝國併吞。新教徒得等到布萊登菲爾德會戰（Battle of Breitenfeld，參見第130-31頁），才迎來他們在三十年戰爭中的第一場重大勝利。

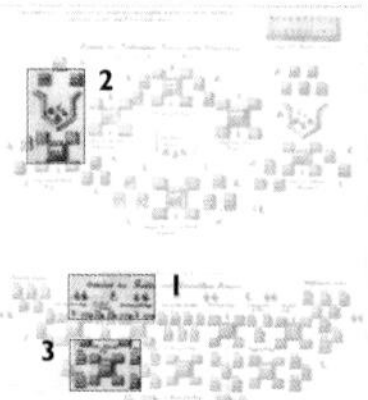

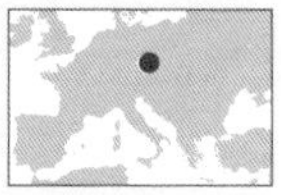

說明

圍攻布瑞達

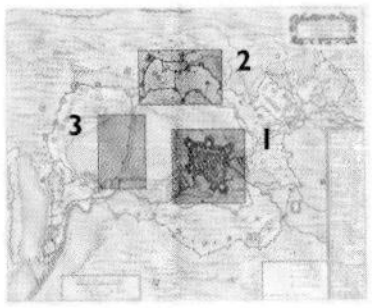

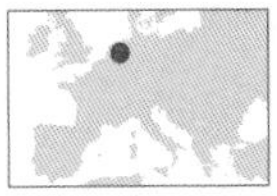

在荷蘭為擺脫西班牙統治而爭取獨立的八十年戰爭（1568–1648年）中，布瑞達圍城戰長達九個月，堪稱西班牙最偉大的勝利。西班牙軍隊龐大無比的攻城工事是軍事工程領域的驚奇，吸引來自歐洲各地人士參觀。

1566年，低地國家起義反抗他們的統治者，也就是西班牙國王菲利浦二世，展開所謂的荷蘭叛亂（Dutch Revolt），最終演變成八十年戰爭（Eighty Years War）。1581年，尼德蘭的七省聯合共和國（United Provinces）宣布脫離西班牙的統治獨立。1624年，西班牙軍隊圍攻位於這個國家南方邊界上的關鍵要塞布瑞達（Breda）。

西班牙將領安布羅喬·斯皮諾拉（Ambrogio Spinola）親率大軍包圍布瑞達，目標是透過切斷糧食供應來迫使他們屈服。不到一個月裡，他的人馬在這座城市四周建造了錯綜複雜的攻城工事，雙方都使用河流和排水設備讓田野淹水，或是排乾可航行的運河，以便取得戰術優勢。斯皮諾拉粉碎了兩次突破圍城的企圖，之後布瑞達總督拿索的賈斯汀（Justin of Nassau）才在1625年6月5日投降，數千名荷蘭守軍中有超過一半死亡。雖然這場圍城戰有助於恢復西班牙軍隊的聲譽，但西班牙的國力資源已經過度消耗。布瑞達在1637年又被奪回，西班牙在1648年被迫承認荷蘭獨立。

說明

1. 布瑞達的稜堡要塞擁有六座大型角堡——這種較小的要塞是設計用來減緩敵軍攻擊速度。
2. 斯皮諾拉的包圍圈由圍繞布瑞達的壕溝、碉堡、臨時堡壘構成。
3. 黑堤（Black Dyke）是西班牙人修築的堤道，用來越過洪水氾濫的低地。

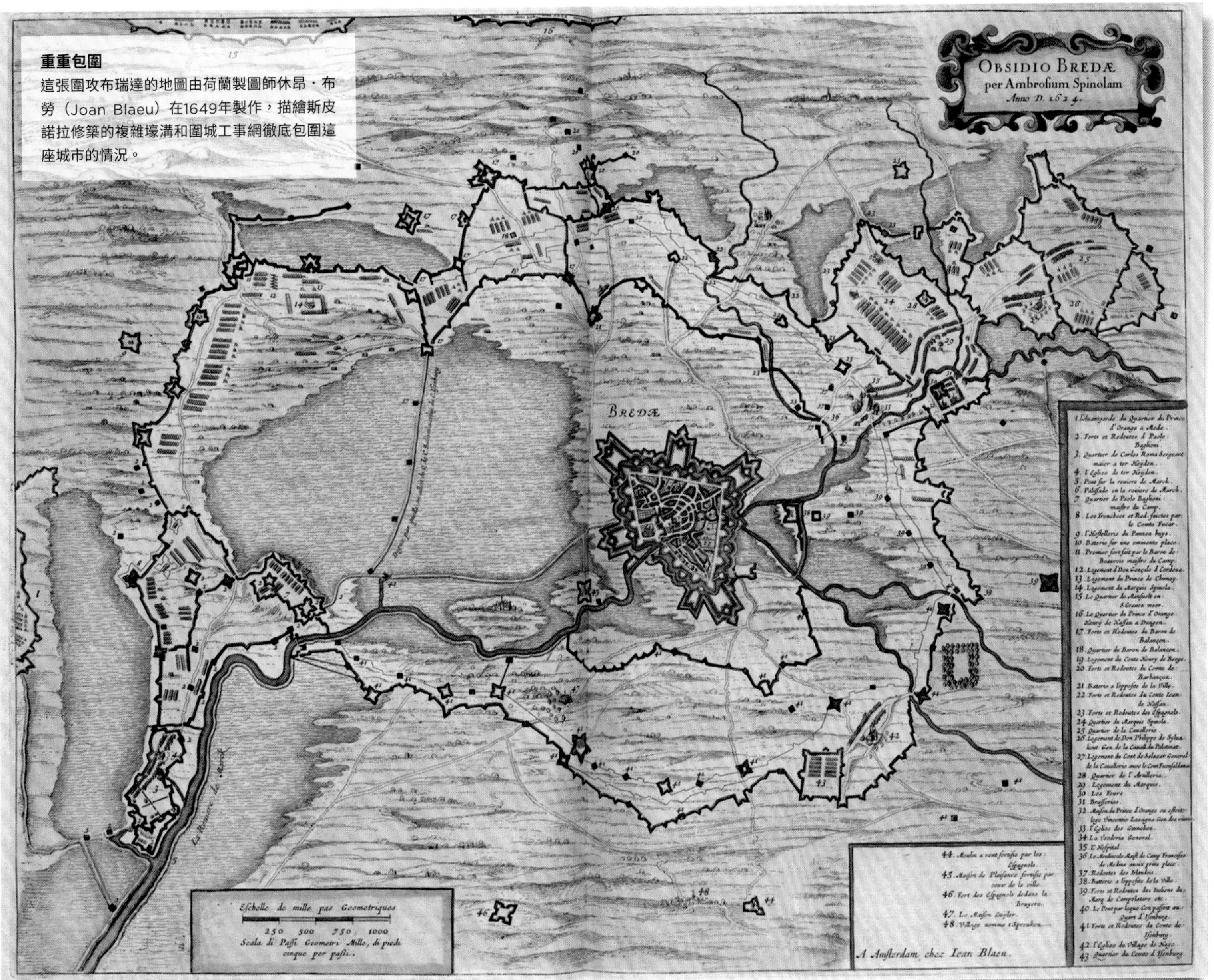

重重包圍

這張圍攻布瑞達的地圖由荷蘭製圖師休昂·布勞（Joan Blaeu）在1649年製作，描繪斯皮諾拉修築的複雜壕溝和圍城工事網徹底包圍這座城市的情況。

布萊登菲爾德

1631年，瑞典國王古斯塔夫·阿道夫在布萊登菲爾德對抗帝國天主教軍隊，在作戰中展現戰術天才，名留青史。他殲滅了採用更傳統陣形的對手，並在三十年戰爭中再度將新教發揚光大。

1618年，新教徒在波希米亞發動叛亂，對抗神聖羅馬帝國皇帝馬蒂亞斯（Matthias，1612-19年在位）和之後的斐迪南二世（1619–37年在位）重新強迫信仰天主教的行動，三十年戰爭由此爆發。戰火隨即蔓延，西班牙、法國和日耳曼王公組成的反對聯盟紛紛捲入。到了1630年，隨著帝國天主教軍隊的指揮官蒂利（Tilly）出征，企圖肅清最後一批仍然支持新教的日耳曼王公，新教陣營因而受到壓力。然而，瑞典統治者古斯塔夫·阿道夫介入，改變了權力平衡。古斯塔夫勸誘薩克森（Saxony）選帝侯約翰·葛歐格（Johann Georg）加入聯盟，並利用1631年5月帝國部隊對馬格德堡（Magdeburg）的血腥劫掠來吸引更多盟友。蒂利察覺危險後，便揮軍入侵薩克森，但還沒有機會和援軍於耶拿（Jena）會師之前，他的3萬5000人大軍就在萊比錫（Leipzig）西北方的布萊登菲爾德（Breitenfeld）遭遇古斯塔夫。古斯塔夫的靈活變通能力和麾下部隊紀律嚴明，為他贏得了一場輝煌的勝利。他之後又贏得不少勝利，使得新教陣營好運連連。不過到了1632年，古斯塔夫在呂岑（Lützen）陣亡，戰爭則繼續拖延，一直進行到1648年。

1 雙方布署

1631年9月17日上午9時－中午12時

古斯塔夫把他統領的4萬2000名士兵布署在洛伯巴赫河（Loberbach River）以南和波德維茨村（Podelwitz）四周，約翰·葛歐格的薩克森部隊則在左側，主力瑞士騎兵則在右側，並且把麾下步兵排列成較薄的六列橫隊隊形。反之，蒂利集結了17組西班牙大方陣——類似方陣的步兵單位，龐大笨重——作為核心，由帕本海姆（Pappenheim）和福爾斯騰貝爾格（Furstenberg）指揮的騎兵則位於側翼。

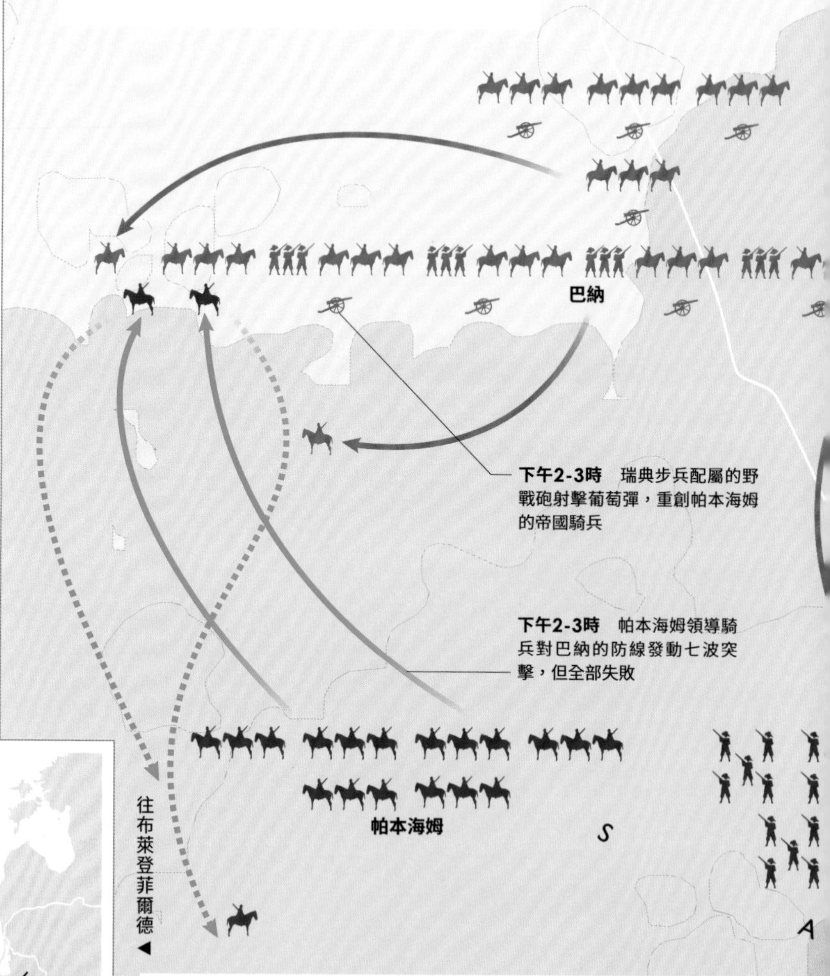
Loberbach
巴納
下午2-3時 瑞典步兵配屬的野戰砲射擊葡萄彈，重創帕本海姆的帝國騎兵
下午2-3時 帕本海姆領導騎兵對巴納的防線發動七波突擊，但全部失敗
往布萊登菲爾德
帕本海姆

靈活的戰術

古斯塔夫·阿道夫在布萊登菲爾德獲勝，主要是因為他的部隊機動力較好，且他有能力在戰場上迅速調整戰術。這場勝利在三十年戰爭中拯救了新教陣營。

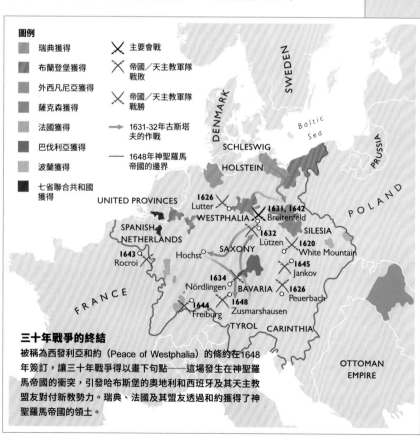

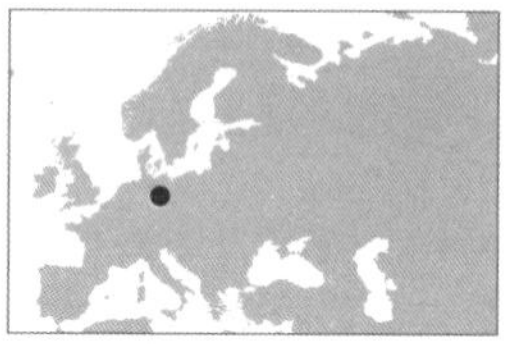

圖例

瑞典：指揮官、騎兵、步兵、砲兵

帝國：指揮官、騎兵、步兵、砲兵

時間軸

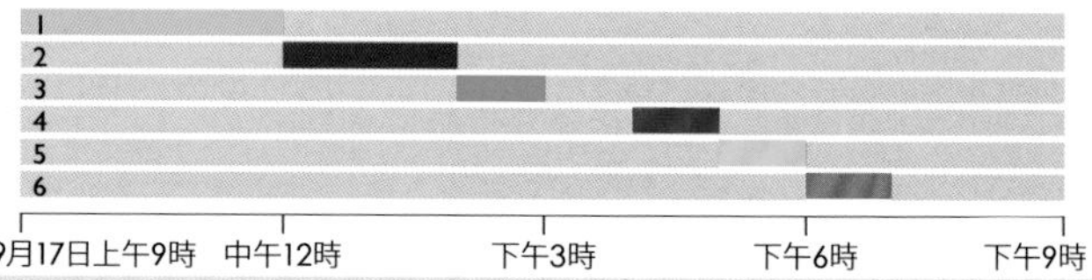

圖例
瑞典獲得
布蘭登堡獲得
外西凡尼亞獲得
薩克森獲得
法國獲得
巴伐利亞獲得
波蘭獲得
七省聯合共和國獲得
主要會戰
帝國／天主教軍隊戰敗
帝國／天主教軍隊戰勝
1631-32年古斯塔夫的作戰
1648年神聖羅馬帝國的邊界
SWEDEN
DENMARK
Baltic Sea
PRUSSIA
SCHLESWIG
HOLSTEIN
UNITED PROVINCES
1626 Lutter
1631, 1642 Breitenfeld
WESTPHALIA
POLAND
SPANISH NETHERLANDS
1632 Lützen
SILESIA
SAXONY
1620 White Mountain
1643 Rocroi
Hochst
1645 Jankov
1634 Nördlingen
BAVARIA
1626 Peuerbach
FRANCE
1644 Freiburg
1648 Zusmarshausen
TYROL
CARINTHIA
OTTOMAN EMPIRE

三十年戰爭的終結

被稱為西發利亞和約（Peace of Westphalia）的條約在1648年簽訂，讓三十年戰爭得以畫下句點——這場發生在神聖羅馬帝國的衝突，引發哈布斯堡的奧地利和西班牙及其天主教盟友對付新教勢力。瑞典、法國及其盟友透過和約獲得了神聖羅馬帝國的領土。

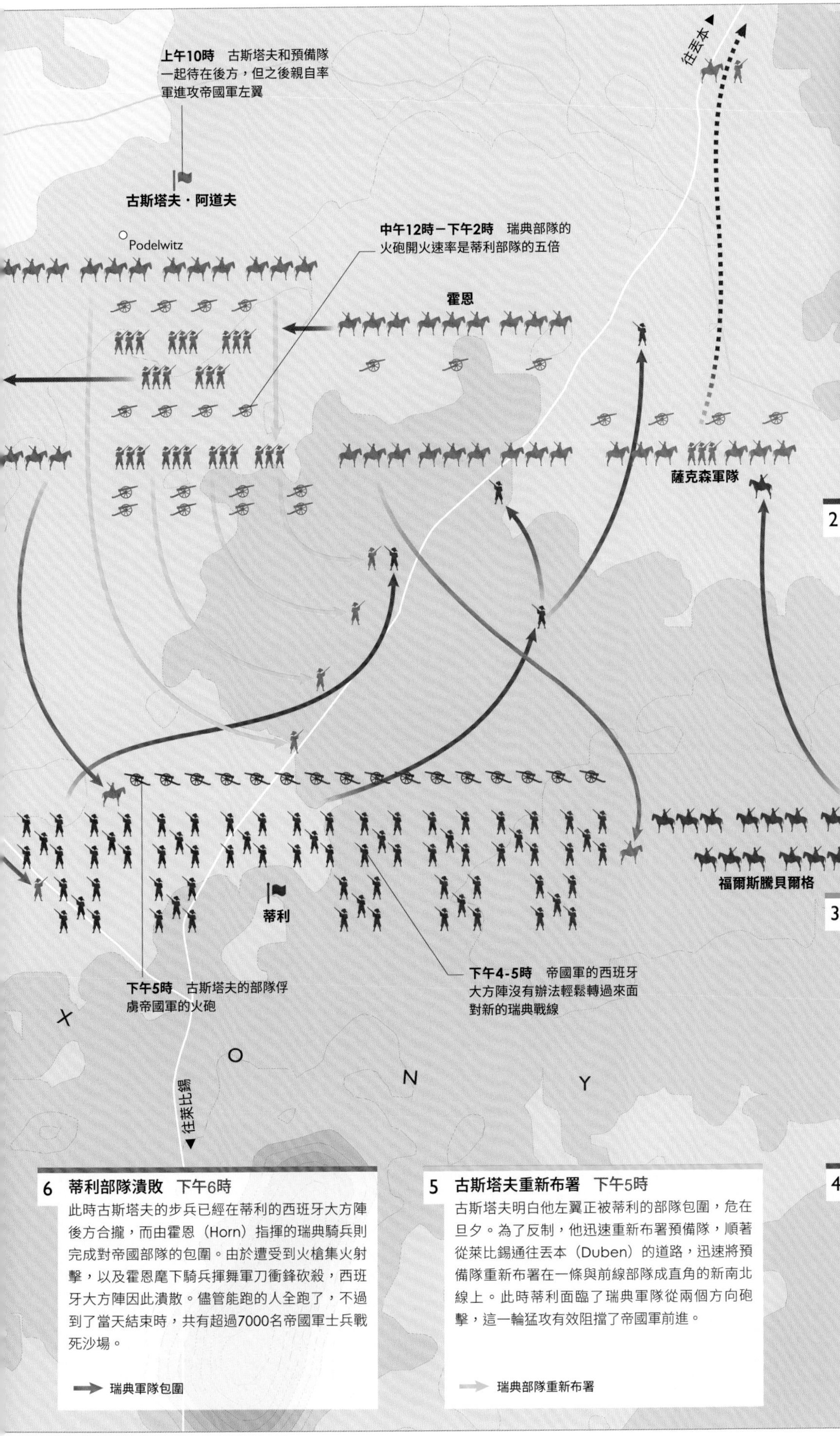
上午10時 古斯塔夫和預備隊一起待在後方，但之後親自率軍進攻帝國軍左翼
古斯塔夫・阿道夫
Podelwitz
中午12時－下午2時 瑞典部隊的火砲開火速率是蒂利部隊的五倍
霍恩
往丟本
薩克森軍隊
福爾斯騰貝爾格
蒂利
下午5時 古斯塔夫的部隊俘虜帝國軍的火砲
下午4-5時 帝國軍的西班牙大方陣沒有辦法輕鬆轉過來面對新的瑞典戰線
X
O
N
Y
往萊比錫

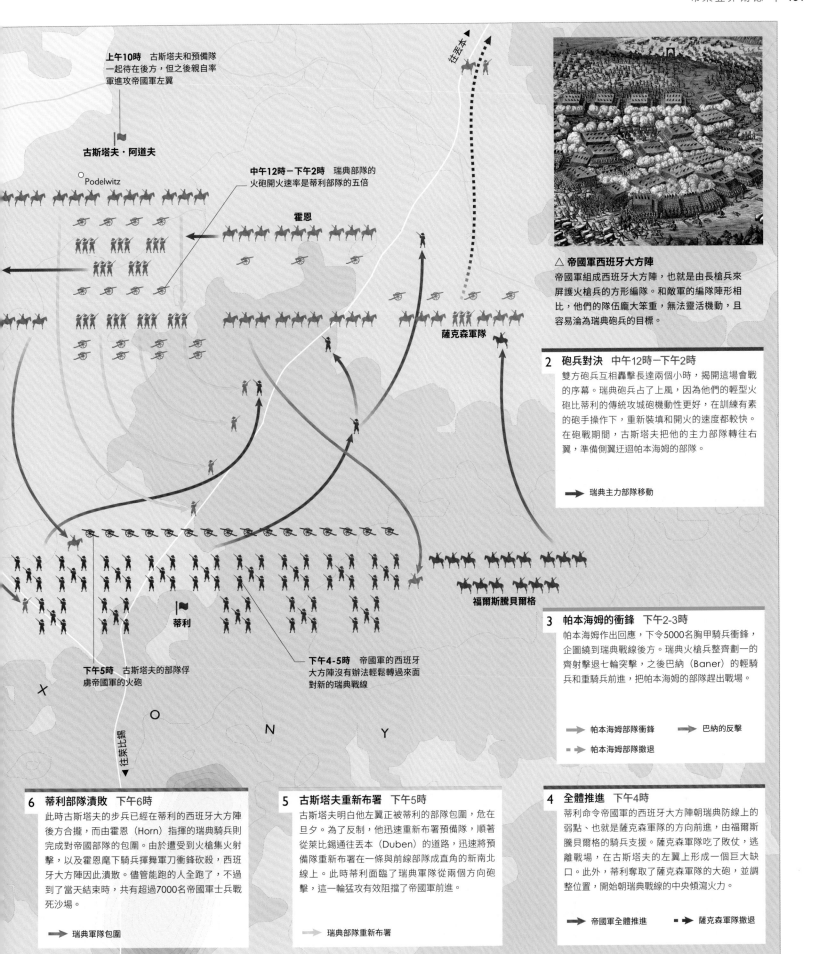

△ **帝國軍西班牙大方陣**
帝國軍組成西班牙大方陣，也就是由長槍兵來屏護火槍兵的方形編隊。和敵軍的編隊陣形相比，他們的隊伍龐大笨重，無法靈活機動，且容易淪為瑞典砲兵的目標。

2 砲兵對決 中午12時─下午2時

雙方砲兵互相轟擊長達兩個小時，揭開這場會戰的序幕。瑞典砲兵占了上風，因為他們的輕型火砲比蒂利的傳統攻城砲機動性更好，在訓練有素的砲手操作下，重新裝填和開火的速度都較快。在砲戰期間，古斯塔夫把他的主力部隊轉往右翼，準備側翼迂迴帕本海姆的部隊。

瑞典主力部隊移動

3 帕本海姆的衝鋒 下午2-3時

帕本海姆作出回應，下令5000名胸甲騎兵衝鋒，企圖繞到瑞典戰線後方。瑞典火槍兵整齊劃一的齊射擊退七輪突擊，之後巴納（Baner）的輕騎兵和重騎兵前進，把帕本海姆的部隊趕出戰場。

帕本海姆部隊衝鋒　巴納的反擊　帕本海姆部隊撤退

4 全體推進 下午4時

蒂利命令帝國軍的西班牙大方陣朝瑞典防線上的弱點、也就是薩克森軍隊的方向前進，由福爾斯騰貝爾格的騎兵支援。薩克森軍隊吃了敗仗，逃離戰場，在古斯塔夫的左翼上形成一個巨大缺口。此外，蒂利奪取了薩克森軍隊的大砲，並調整位置，開始朝瑞典戰線的中央傾瀉火力。

帝國軍全體推進　薩克森軍隊撤退

5 古斯塔夫重新布署 下午5時

古斯塔夫明白他左翼正被蒂利的部隊包圍，危在旦夕。為了反制，他迅速重新布署預備隊，順著從萊比錫通往丟本（Duben）的道路，迅速將預備隊重新布署在一條與前線部隊成直角的新南北線上。此時蒂利面臨了瑞典軍隊從兩個方向砲擊，這一輪猛攻有效阻擋了帝國軍前進。

瑞典部隊重新布署

6 蒂利部隊潰敗 下午6時

此時古斯塔夫的步兵已經在蒂利的西班牙大方陣後方合攏，而由霍恩（Horn）指揮的瑞典騎兵則完成對帝國部隊的包圍。由於遭受到火槍集火射擊，以及霍恩麾下騎兵揮舞軍刀衝鋒砍殺，西班牙大方陣因此潰散。儘管能跑的人全跑了，不過到了當天結束時，共有超過7000名帝國軍士兵戰死沙場。

瑞典軍隊包圍

長槍與火槍作戰

從1500年代開始到17世紀晚期，長槍兵和火槍兵的身影是歐洲戰場上最典型的特色。如何把這兩個兵種聯合作戰的效益發揮到最大，就是當時的軍事戰術專家所要面臨的挑戰。

儘管初期的火藥武器並不可靠，把鉤銃和火繩槍配發給大量集結的步兵，還是象徵著大膽邁進的一步。反之，長槍雖是較原始的武器，但依然保有能夠對抗騎兵的效益。自 1470 年代起，瑞士人已經證實密集編隊的長槍兵在戰鬥中的效益，不但適合防禦，也可以用在攻擊（時常被形容為「長槍推進」）。而把火槍兵加進隊伍中，就創造出 16 世紀的主流戰鬥編隊，像是西班牙大方陣。騎兵過去雖是許多部隊的菁英兵種，但卻已不再是戰場上的主力。

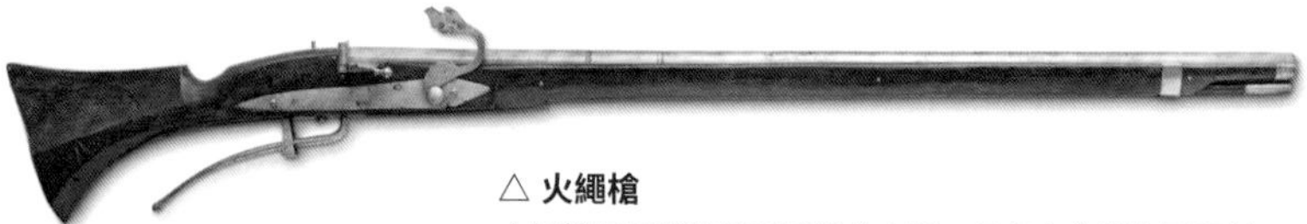

△ 火繩槍
火繩槍是不精準且不可靠的火器，只有在依照指示齊射時才能發揮最大效益。這把日耳曼火繩槍大約是1580年左右的產品。

最初，火槍兵是為了要協助長槍兵，布署人數相對較少。但到了 17 世紀，軍隊指揮官愈發察覺，集結的火槍兵訓練有素的齊射相當具有潛力。到了英格蘭內戰（1642–51）時，火槍的數量經常以二比一的比例超過長槍，而操作火器的部隊則以專屬隊形編組，安排在長槍兵的側翼，而配備手槍和刀劍的騎馬騎兵執行的衝鋒，也重新發揮了戰力。到了 1700 年左右，安裝套管式刺刀的燧發槍陸續引進，長槍因此開始過時。

日耳曼傭兵

日耳曼傭兵（Landsknecht）最早在1486-87年間出現，原本是一群接受徵募為神聖羅馬帝國服役的傭兵。他們主要由長槍兵組成，但也包括火器部隊和使用雙手劍和戟的精銳軍人。日耳曼傭兵不論是否在作戰都惡名昭彰，五顏六色的破爛服裝反映出他們趾高氣昂、毫無紀律的作風。他們在1494–1559年的義大利戰爭和1562–98年的法國宗教戰爭（French Wars of Religion）中扮演重要角色。

戰鬥隊形
八十年戰爭是一場荷蘭人和西班牙人從1568年打到1648年的戰爭。這幅由彼得．斯納耶斯（Pieter Snayers）創作的繪畫以戰場景象為主題，描繪由火槍兵圍繞的緊密長槍兵方陣正在抵禦配備手槍的騎兵隊攻擊。

內斯比

英格蘭內戰（1642-51年）發生在議會派（國會統治的支持者）和保皇派（查理一世專制統治的支持者）之間。1645年6月14日，議會派的新模範軍在內斯比戰勝保皇派軍隊，後來證明是這場衝突中的轉捩點。

1642 年，英格蘭國王查理一世和英格蘭的國會之間爆發內戰。1645 年 5 月，當國會的新模範軍（New Model Army，一支當時剛組建的軍隊，由職業軍人組成）總司令湯馬斯．費爾法克斯爵士（Thomas Fairfax）率軍圍攻保皇黨控制的城市牛津（Oxford）時，戰火已經蹂躪英格蘭長達三年。保皇派的指揮官萊茵河的魯珀特親王（Prince Rupert of the Rhine）立即反制，拿下北邊 99 公里以外的議會派據點列斯特（Leicester）。費爾法克斯率領約 1 萬 4000 士兵從牛津出發行軍，於 6 月 12 日在列斯特以南 42 公里處發現保皇派部隊的行蹤。保皇派由於只有 9000 人，因此撤退，之後決定在 6 月 14 日於內斯比（Naseby）村附近進行抵抗。

儘管雙方部隊人數有相當的差距，但議會派的勝利也並非唾手可得。魯珀特親王是一名老練的軍人，相較之下新模範軍較無作戰經驗。然而魯珀特親王卻犯下兩個嚴重錯誤，首先是他因為急於和敵軍交戰，放棄了一處絕佳的防禦陣地，因此把選擇戰場的權利拱手讓給費爾法克斯和他的副手奧立佛．克倫威爾（Oliver Cromwell）。再者，會戰開打沒多久，他就率領騎兵追逐敵軍騎兵，讓步兵在關鍵時刻孤立無援。議會派隨後獲得的勝利極為徹底：5000 名保皇派官兵被俘，國王損失許多有經驗的軍官，議會派因此在戰爭中贏得決定性優勢。

> 「坎沃斯伯爵（Earl of Carnwath）牽著國王座騎的轡繩......說，你願意赴死嗎？」
>
> 國王祕書愛德華．沃克爵士（Edward Walker），約17世紀

奧立佛．克倫威爾

1599–1658年

英格蘭軍事和政治領導人奧立佛．克倫威爾最為人稱道的事蹟，就是他把英格蘭變成共和體制，並領導英格蘭共和國（Commonwealth of England）。他在1628年擔任國會議員，並且在國會和國王間的鬥爭中支持國會。當戰爭爆發時，他協助組建一批強大的職業化軍隊，為議會派作戰。克倫威爾也是無師自通的軍人，從零開始協助組織編練新模範軍。自1653年起直到他去世五年以後，他一直是護國公（Lord Protector），也就是英格蘭共和國的國家元首。他去世之後，君主政體恢復，查理二世（Charles II）當上國王。

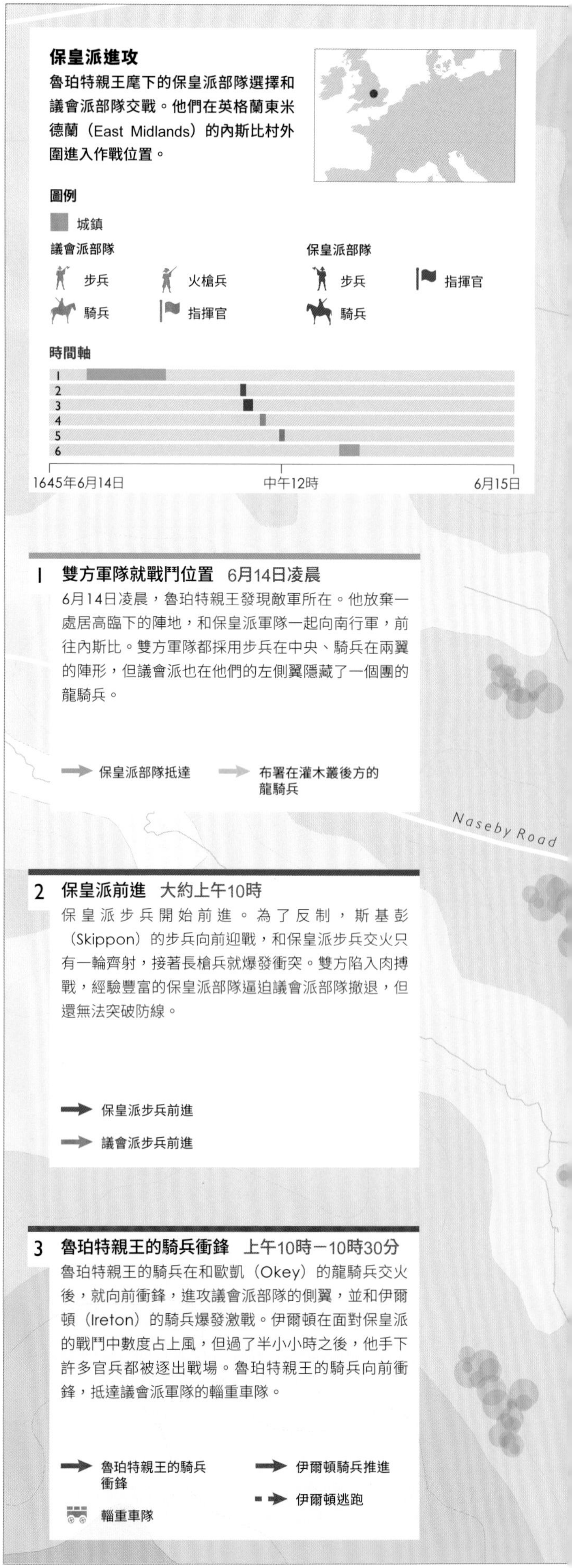
圖例
城鎮
議會派部隊
步兵
火槍兵
騎兵
指揮官
保皇派部隊
步兵
指揮官
騎兵
時間軸
1
2
3
4
5
6
1645年6月14日
中午12時
6月15日
Naseby Road

保皇派進攻

鲁珀特親王麾下的保皇派部隊選擇和議會派部隊交戰。他們在英格蘭東米德蘭（East Midlands）的內斯比村外圍進入作戰位置。

1 雙方軍隊就戰鬥位置 6月14日凌晨

6月14日凌晨，魯珀特親王發現敵軍所在。他放棄一處居高臨下的陣地，和保皇派軍隊一起向南行軍，前往內斯比。雙方軍隊都採用步兵在中央、騎兵在兩翼的陣形，但議會派也在他們的左側翼隱藏了一個團的龍騎兵。

保皇派部隊抵達
布署在灌木叢後方的龍騎兵

2 保皇派前進 大約上午10時

保皇派步兵開始前進。為了反制，斯基彭（Skippon）的步兵向前迎戰，和保皇派步兵交火只有一輪齊射，接著長槍兵就爆發衝突。雙方陷入肉搏戰，經驗豐富的保皇派部隊逼迫議會派部隊撤退，但還無法突破防線。

保皇派步兵前進
議會派步兵前進

3 魯珀特親王的騎兵衝鋒 上午10時－10時30分

魯珀特親王的騎兵在和歐凱（Okey）的龍騎兵交火後，就向前衝鋒，進攻議會派部隊的側翼，並和伊爾頓（Ireton）的騎兵爆發激戰。伊爾頓在面對保皇派的戰鬥中數度占上風，但過了半小小時之後，他手下許多官兵都被逐出戰場。魯珀特親王的騎兵向前衝鋒，抵達議會派軍隊的輜重車隊。

魯珀特親王的騎兵衝鋒
伊爾頓騎兵推進
伊爾頓逃跑
輜重車隊

6 國王逃跑 下午

魯珀特親王總算和國王會合，他當時正企圖重整蘭代爾的騎兵。費爾法克斯把麾下騎兵和步兵排好隊形，打算對殘餘的保皇派分子發動最後一波突擊，但最後並沒有執行。歐凱的龍騎兵用火槍齊射一輪後，國王的部隊逃離戰場，議會派部隊緊追在後，儘管保皇派企圖重新集結，但只是蒙受更慘重的傷亡，連跟著部隊一起行動的女性都無法倖免。

保皇派撤退

▷ **保皇派騎兵**
在這幅18世紀描繪戰鬥的畫作中，保皇派騎兵正準備出戰。

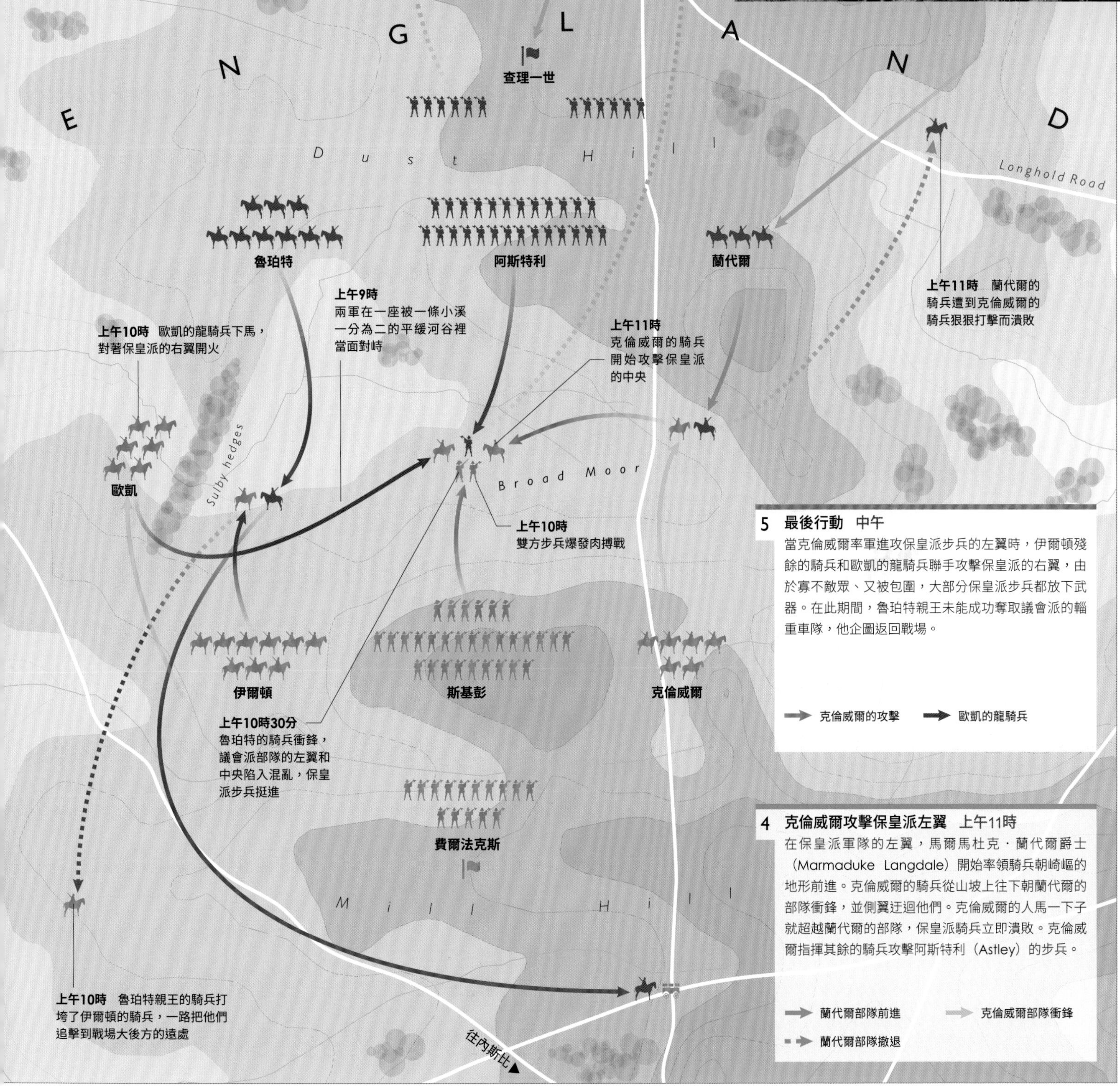
Sibbertoft
下午 由於麾下殘餘部隊混亂無序地逃離戰場，國王查理也跟著撤退
E N G L A N D
查理一世
Dust Hill
Longhold Road
魯珀特
阿斯特利
蘭代爾
上午11時 蘭代爾的騎兵遭到克倫威爾的騎兵狠狠打擊而潰敗
上午9時 兩軍在一座被一條小溪一分為二的平緩河谷裡當面對峙
上午10時 歐凱的龍騎兵下馬，對著保皇派的右翼開火
上午11時 克倫威爾的騎兵開始攻擊保皇派的中央
歐凱
Sulby hedges
Broad Moor
上午10時 雙方步兵爆發肉搏戰
伊爾頓
斯基彭
克倫威爾
上午10時30分 魯珀特的騎兵衝鋒，議會派部隊的左翼和中央陷入混亂，保皇派步兵挺進
費爾法克斯
Mill Hill
上午10時 魯珀特親王的騎兵打垮了伊爾頓的騎兵，一路把他們追擊到戰場大後方的遠處
往內斯比

5 最後行動 中午

當克倫威爾率軍進攻保皇派步兵的左翼時，伊爾頓殘餘的騎兵和歐凱的龍騎兵聯手攻擊保皇派的右翼，由於寡不敵眾、又被包圍，大部分保皇派步兵都放下武器。在此期間，魯珀特親王未能成功奪取議會派的輜重車隊，他企圖返回戰場。

克倫威爾的攻擊　歐凱的龍騎兵

4 克倫威爾攻擊保皇派左翼 上午11時

在保皇派軍隊的左翼，馬爾馬杜克．蘭代爾爵士（Marmaduke Langdale）開始率領騎兵朝崎嶇的地形前進。克倫威爾的騎兵從山坡上往下朝蘭代爾的部隊衝鋒，並側翼迂迴他們。克倫威爾的人馬一下子就超越蘭代爾的部隊，保皇派騎兵立即潰敗。克倫威爾指揮其餘的騎兵攻擊阿斯特利（Astley）的步兵。

蘭代爾部隊前進　克倫威爾部隊衝鋒
蘭代爾部隊撤退

圍攻維也納

▷ **解救圍城**
在這幅描繪維也納之戰的當代荷蘭雕版畫中，可以看到鄂圖曼土耳其部隊的軍營圍繞保護維也納的星形要塞，在前景中還可見到許多土耳其人用來運輸輜重的駱駝。

1683年9月12日，約翰三世・索別斯基（John III Sobieski）率軍解救被鄂圖曼土耳其人圍攻的維也納。據說索別斯基決定進行史上規模最空前的騎兵衝鋒，從而獲得勝利，預告鄂圖曼人再也不能主宰東歐區域。

自 1664 年起，匈牙利境內哈布斯堡和鄂圖曼的邊界就平靜下來。1681 年，當伊姆雷・托科雷（Imre Thokoly）率領匈牙利新教徒和其他人起義，反叛信奉羅馬天主教的哈布斯堡王朝時，他們請求大維齊爾卡拉・穆斯塔法帕夏（Kara Mustafa Pasha）支援，於是他率兵超過 10 萬人前來助戰。1683 年 7 月 14 日，他率軍圍攻哈布斯堡的首都維也納。這座城市防禦周全，擁有加固的城牆、衛戍部隊增強，其郊區被夷為平地，因此無法供來襲的敵軍躲藏。土耳其砲兵對城牆發揮不了太大作用，但不久之後，維也納城內的糧食供給逐漸不足，疾病也肆虐雙方軍隊。

9 月 11 日，索別斯基和洛林的查理（Charles of Lorraine）帶領約 8 萬名日耳曼和波蘭士兵抵達，在索別斯基指揮下，他們在維也納北邊和西北邊集結。9 月 12 日早上，這批軍隊掃蕩了土耳其部隊的營地，卡拉・穆斯塔法在圍攻維也納的同時還得分兵出來應付此突發狀況，但索別斯基率領大約 1 萬 8000 名騎兵衝鋒，土耳其人的抵抗立即崩潰。由於受到來自四面八方的攻擊，包括維也納衛戍部隊在內，土耳其軍隊逃之夭夭。索別斯基的勝利為收復匈牙利奠定基礎，也象徵土耳其在歐洲的擴張結束。

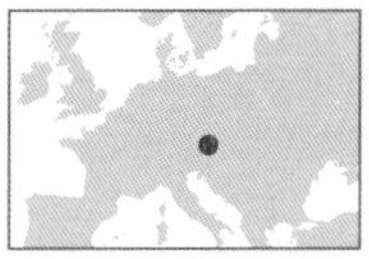

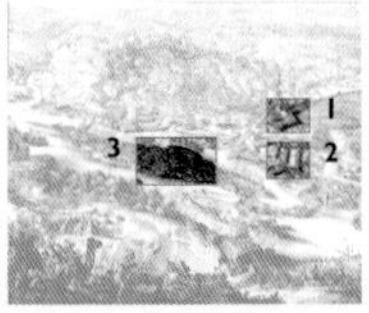

說明

1. 面對土耳其人砲擊以及布雷爆破，星形要塞堅守住足夠久的時間。
2. 土耳其人修建了規模龐大的圍城工事，包括能夠讓突擊小隊接近城牆的壕溝。
3. 土耳其部隊拿下利奧波德城（Leopoldstadt），但是其橋梁已經被破壞，河水流速太快且太深，因此無法用來進攻城市。

「今天我們要拯救的，不是只有一座城市，而是整個基督教世界。」

約翰三世・索別斯基，引述自《土耳其人圍攻維也納》（*The Sieges Of Vienna By The Turks*，1879年）

戰鬥順序

9月12日早上，聯軍左翼由洛林的查理率領的部隊，在卡倫山（Kahlenberg）東端的崎嶇地形上緩慢但穩定地推進，逼退土耳其人。在此期間，鄂圖曼的土耳其禁衛軍和西帕希騎兵激烈地朝城市進攻。到了下午稍晚，索別斯基的部隊在聯軍右側的開闊地上排列整齊，當查理在左翼往前推的時候，索別斯基就下令展開大規模騎兵衝鋒，粉碎土耳其部隊的防線。

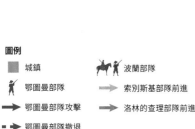

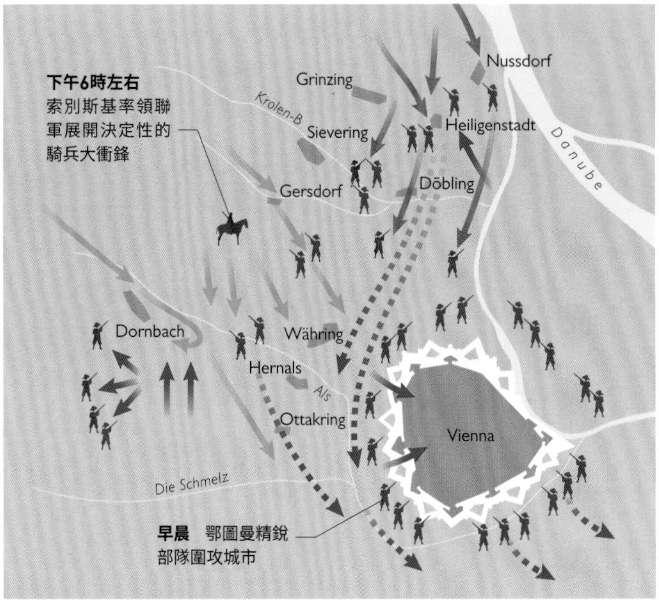

下午6時左右
索別斯基率領聯軍展開決定性的騎兵大衝鋒
Grinzing
Nussdorf
Krolen-B
Sievering
Heiligenstadt
Danube
Gersdorf
Döbling
Dornbach
Währing
Hernals
Als
Ottakring
Vienna
Die Schmelz
早晨 鄂圖曼精銳部隊圍攻城市

圖例

- 城鎮
- 鄂圖曼部隊
- 鄂圖曼部隊攻擊
- 鄂圖曼部隊撤退
- 波蘭部隊
- 索別斯基部隊前進
- 洛林的查理部隊前進

Amstelodami apud Nicolaum Visscher
cum Privil: Ordin: General:

戰爭指南：公元1500-1700年

馬里尼亞諾

1515年9月13-14日

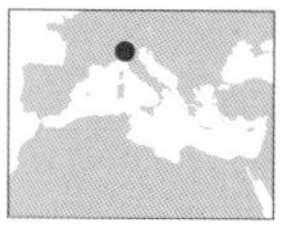

1494 年到 1559 年之間，法國、西班牙和義大利諸城邦為了爭奪義大利控制權而打了一連串戰爭，戰火波及歐洲大部分地區。1515 年，衝突集中在當時正由舊瑞士邦聯（Old Swiss Confederacy，一個位於神聖羅馬帝國境內獨立小國家組成的鬆散聯邦）控制的米蘭公國（Duchy of Milan）一帶。法國國王法蘭索瓦一世率領陸軍部隊，帶著 72 門大砲越過阿爾卑斯山，準備奪回米蘭。9 月 13 日，雙方在米蘭東南方的馬里尼亞諾村（Marignano，今天的梅萊尼亞諾（Melegnano））遭遇。法軍人數大約 3 萬人，遠超過瑞士方面僅有約 2 萬人左右，但他們無法取得勝利；次日，法軍大砲持續猛轟號稱歐洲素質最佳、持續挺進的瑞士步兵，一直要到威尼斯部隊前來增援法軍之後，瑞士部隊才撤退。法軍的勝利使法蘭索瓦一世重新控制米蘭公國，1516 年 11 月 29 日，法國和瑞士在夫里堡（Fribourg）簽訂永久和平條約（Perpetual Peace Treaty），迎接雙方在接下來數百年的緊密合作。

△ 16世紀描繪馬里尼亞諾會戰的墨水筆畫作

里達尼亞

1517年1月22日

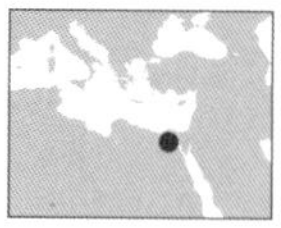

鄂圖曼人征服君士坦丁堡（參見第 96 頁）後就持續擴張。蘇丹塞利姆一世（Selim I）向南推進，攻擊統治埃及還有麥加、麥地那和耶路撒冷等聖城的馬木路克蘇丹國。1516 年，塞利姆一世的軍隊在敘利亞的達比克草原（Marj Dabik）擊敗馬木路克軍隊後，就朝埃及的開羅繼續挺進。

馬木路克蘇丹圖曼貝伊二世（Tuman Bay II）和手下部隊在開羅城外的里達尼亞（Ridaniya）掘壕固守，雙方在 1 月 22 日爆發衝突。鄂圖曼主力部隊攻擊馬木路克部隊，另派一支騎兵部隊進攻他們的側翼，不過圖曼貝伊帶著一小批人馬殺到塞利姆的帳篷所在，殺了鄂圖曼帝國的大維齊爾哈德姆．錫南帕夏（Hadım Sinan Pasha），但圖曼貝伊的部隊最後還是潰敗。當圖曼貝伊沿著尼羅河（Nile）逃亡時，塞利姆攻下開羅，並俘虜了馬木路克蘇丹國第 17 任、也是最後一任哈里發穆塔瓦基勒三世（Al-Mutawakkil III）。圖曼貝伊繼續對鄂圖曼勢力展開游擊作戰，直到他在 1517 年 4 月被捕獲，然後被吊死。塞利姆之後把整個馬木路克蘇丹國兼併進鄂圖曼帝國。

凱比爾堡

1578年8月4日

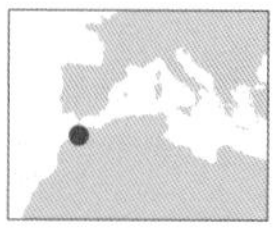

1578 年，葡萄牙國王塞巴斯蒂安一世（Sebastian I）入侵摩洛哥，協助被叔叔阿布．馬利克一世（Abd Al-Malik I）罷黜的蘇丹阿布．阿布達拉．穆罕默德二世（Abu Abdallah Mohammed II）奪回政權。6 月 24 日，塞巴斯蒂安率領將近 2 萬名官兵和數量頗多的火砲，從法魯（Algarve）出發，前往摩洛哥；他在丹吉爾（Tangiers）登陸後，阿布達拉率領 6000 名摩爾人（Moorish）部隊前來會師。

他們向內陸挺進，8 月 4 日時在凱比爾堡（Ksar el-Kebir）附近的瓦迪馬哈辛（Wadi al-Makhāzin）和阿布．馬利克率領的軍隊遭遇，後者兵力多出不少。阿布．馬利克下令部隊組成廣正面陣形，1 萬名騎兵布署在兩翼，摩爾人責在中央。雙方使用火槍和大砲交火數輪之後，都開始前進，葡萄牙部隊的側翼因為蘇丹騎兵包圍而崩潰。經過四個小時的戰鬥後，塞巴斯蒂安和阿布．阿布達拉的軍隊被擊潰，包括塞巴斯蒂安本人和許多葡萄牙貴族在內大約有 8000 人戰死，幾乎所有殘餘的人都被俘虜。這場會戰讓葡萄牙的阿維斯王朝（Aviz，1385-1580 年）畫下句點，而葡萄牙也被併入西班牙費利佩王朝（Philippine）領導的伊比利聯盟（Iberian Union）長達 60 年。

庫特拉

1587年10月20日

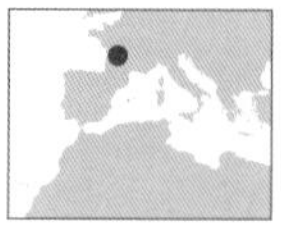

在 1562 年和 1598 年之間，法國受到羅馬天主教和新教改革派胡格諾派（Huguenot）之間的戰爭嚴重破壞。1585 年 7 月 18 日，法國國王亨利三世（Henry III）心不甘情不願地頒發命令，放逐國內所有新教徒，實際上等於是跟新教徒、還有新教徒名義上的領袖、也就是胡格諾派的法國王位繼承人納瓦赫的亨利（Henry of Navarre）宣戰。西班牙的菲利浦二世支援由洛林的亨利（Henry of Lorraine）領導的天主教聯盟，煽動了這場錯綜複雜的衝突，稱為「三亨利之戰」（War of the Three Henrys）。1587 年 10 月 20 日，納瓦赫的亨利在法國西南部亞奎丹區域的庫特拉（Coutras）迎戰皇室軍隊的指揮官喬尤斯公爵（Duke of Joyeuse），喬尤斯把砲兵布署在錯誤的位置，並且浪費掉第一波騎兵衝鋒；在此期間，納瓦赫的亨利巧妙運用砲兵，並集結安插在騎兵隊中的火槍兵部隊做為支援，結果皇室的部隊被新教勢力輕騎兵的衝鋒打敗，喬尤斯被俘虜，之後被斬首。這場會戰是新教勢力在戰爭中的第一場重大勝利。亨利三世去世後，納瓦赫的亨利在 1589 年登上王位，但他為了保有王位，只得在 1593 年改信天主教。

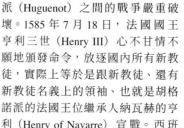

鳴梁

1597年9月16日

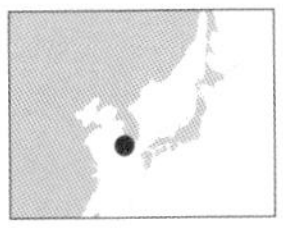

在日後被稱為「鳴梁奇蹟」的會戰裡，海軍將領李舜臣率領朝鮮王國的海軍，擊敗企圖控制黃海的日本海軍。當年稍早時，朝鮮艦隊已經在漆川梁被日本海軍重創，因此據說李舜臣手頭上僅能動用 13 艘板屋船（透過風帆和划槳驅動，配備火砲的船隻），卻要面對數量多達十倍的日軍船艦。

具備戰術天才的李舜臣善用他對當地情況的了解來提高勝率。他先是在烏良抵抗日軍，接著就撤往鳴梁海峽，當地強勁的海流每三個小時就會改變方向。當日軍艦隊進入海峽後，它們就被帶往黃海的方向，直直地朝有李舜臣艦隊埋伏的狹窄水道航行，之後遭到猛烈砲轟和火箭的攻擊。等到海流改變方向的時候，日軍艦隊早已陷入混亂，日軍在這場海戰裡大約損失 30 艘船隻和許多軍官，艦隊指揮官藤堂高虎也負傷。

呂岑

1632年11月16日

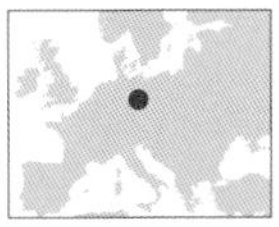

瑞典國王古斯塔夫·阿道夫在布萊登菲爾德（參見第 130-31 頁）獲勝後，繼續率領新教聯盟和瑞典的聯軍部隊前往南邊的巴伐利亞（位於德國南部），最後在當地被阿爾布雷希特·馮·瓦倫許坦（Albrecht von Wallenstein）指揮的神聖羅馬帝國天主教軍隊擊退。1632 年 9 月，瓦倫許坦的軍隊入侵薩克森，雙方在 11 月 16 日於呂岑激戰。兩軍人數約略相同，各有 2 萬人左右，他們各自穿越霧氣朝對方前進。瑞典部隊一開始打得不錯，右翼順利推進，帕本海姆伯爵率領帝國援軍抵達，但他卻被彈丸擊中而陣亡。到了下午稍早，當古斯塔夫·阿道夫率領騎兵朝激戰不休的側翼衝鋒時，卻和部下分開，結果他身中數槍和刀傷，被發現的時候已經從馬上墜下，瑞典部隊其餘戰線則被帝國軍的中央和右翼擊退。他們怒火攻心，決心要為國王復仇，經過一番艱苦血戰後擄獲了帝國軍的大砲，而瓦倫許坦在夜幕的掩護下撤退。這場會戰是三十年戰爭（1618–48 年）期間最重要的會戰之一，並且解除了天主教勢力對薩克森的威脅。不過，由於「北方雄獅」（Lion of the North）古斯塔夫·阿道夫陣亡，新教陣營損失一位最有才幹的領袖，瑞典也失去引領它崛起成為歐洲強權之一的國王。

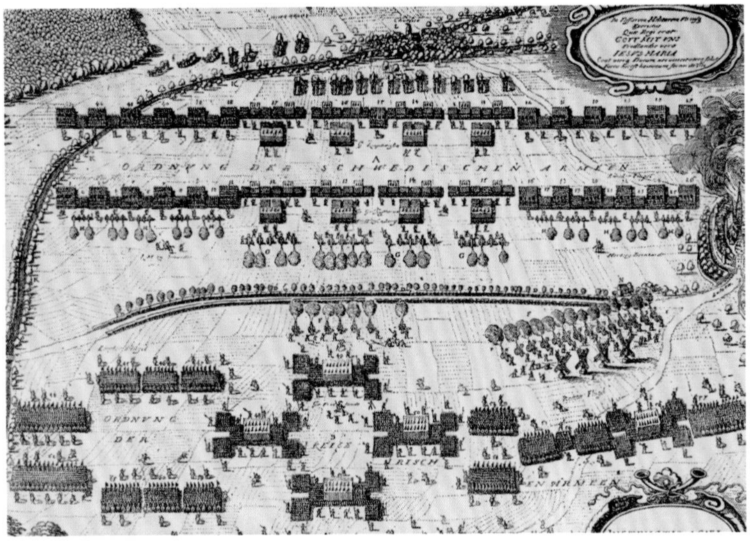

◁ 這幅圖畫顯示新教瑞典軍隊在呂岑面對神聖羅馬帝國天主教軍隊的配置

索爾灣

1672年6月7日

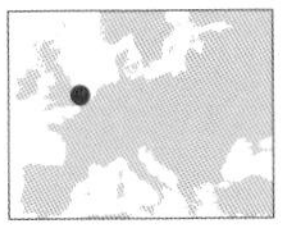

1672 年 4 月，英國國王查理二世對荷蘭共和國宣戰。到了 1672 年 6 月，英法聯合艦隊錨泊在東英格蘭薩弗克（Suffolk）海岸的紹斯沃德灣（Southwold Bay，又稱為索爾灣（Solebay）），由約克公爵（Duke of York）指揮。荷蘭艦隊在 6 月 7 日拂曉趁著順風發動奇襲，聯軍艦隊在倉促間準備應戰，並想方設法奮力出海。

不確定是主動做出慎重決定或出於是誤解，指揮法軍艦隊的埃斯特雷伯爵（Comte d'Estrées）率領 30 艘法軍艦船向南航行，只在遠距離交戰，而大部分荷軍艦隊則集中全力攻擊 60 艘英軍船艦。三明治伯爵（Earl of Sandwich）的旗艦皇家詹姆士號（Royal James）的舷側遭到敵艦在零距離集火射擊，之後又被一艘火船攻擊。戰鬥在日出時結束，雙方艦隊都損失許多官兵，也有多艘船艦受創。雖然雙方沒有在索爾灣分出勝負，但索爾灣海戰（Battle of Solebay）依然終結了英法聯合封鎖荷蘭的作戰計畫。

△ 在海戰中燃燒的皇家詹姆士號

波因河

1690年7月1日

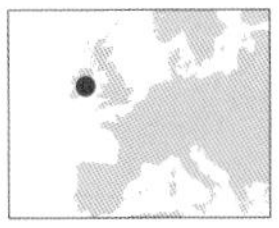

在 1688 年的光榮革命（Glorious Revolution）期間，信奉天主教的英格蘭和愛爾蘭國王詹姆士二世（James II）被信奉新教的外甥兼女婿、稱為奧蘭治的威廉（William of Orange）的威廉三世（William III）罷黜。詹姆士決心奪回王位，在 1689 年率領一批裝備不足的部隊登陸愛爾蘭，他們由法軍和英格蘭、蘇格蘭及愛爾蘭志願兵組成。他迅速控制愛爾蘭大部分地區，並朝都柏林進軍。1690 年 6 月，威廉在阿爾斯特（Ulster）登陸，並率領約 3 萬 6000 人向南推進，當中包括來自荷蘭和丹麥的職業軍人，配備在當時屬於先進的燧發槍。

1690 年 7 月 1 日，雙方軍隊在都柏林以北 48 公里處的波因河（River Boyne）岸邊遭遇。威廉派出三分之一的部隊在拉夫格蘭奇（Roughgrange）渡河，打算進行側翼迂迴。詹姆士派出一半兵力迎擊，但這兩支部隊卻根本沒有交手，因為他們在整場戰鬥中都被充滿沼澤的峽谷隔開。在此期間，威廉的精銳荷蘭藍衛隊（Dutch Blue Guards）在奧德布里奇灘（Oldbridge ford）擊退詹姆士的步兵。詹姆士的騎兵成功阻擋對方，直到威廉的騎兵渡河，迫使詹姆士派撤退。詹姆士逃往法國，留下他麾下大部分依然完整的部隊進行孤注一擲的後衛作戰。戰後，都柏林和沃特福（Waterford）隨即投降，到了 1691 年底，愛爾蘭南部所有地方也都被征服。這場會戰象徵愛爾蘭社會、政治和經濟等各層面開始被新教徒少數派主導。

△ 紀念這場會戰的獎章

第四章

公元 1700-1900年

科技在戰場上變得愈來愈重要，職業化和徵兵制也一樣。真正的全球戰爭最早在歐洲、印度和美洲爆發開來，而工業時代也為火力帶來巨大的革新。

△ **帝國紋章**
這塊鍍銀的擲彈兵帽徽片上有沙皇彼得三世（Peter III）的紋章。他的祖父彼得大帝（Peter the Great）在1700年左右把俄國變成了令人敬畏的軍事強權。

公元1700—1900年

在18和19世紀，人類的作戰方式激烈轉變。職業化的陸軍和海軍在全球各地作戰，而成千上萬的徵召動員軍人則集結起來激烈戰鬥。新科技和資源運用的重要性變得跟戰鬥精神不相上下。

到了1700年，歐洲各強權國家依然埋首於已長達數世紀的王朝衝突。雖然在西班牙王位繼承戰爭（War of the Spanish Succession）期間，馬爾博羅公爵（Duke of Marlborough）於1714年打敗法軍時所領導的英國－奧地利聯軍，和之前的軍隊相比規模大上不少，而公爵本人也是個軍事天才。但一般來說，他當時運用的科技和戰術卻和之前的差不多。

七年戰爭（Seven Years War，1756–63年）標誌著轉變的到來。這場戰爭一開始只是奧地利和普魯士針對西利西亞（位於今日中歐）的領土糾紛，但之後卻不斷加劇，成為第一場真正的全球衝突，不但英國和法國本身涉入，還包括他們在北美洲和印度的殖民地。普魯士的腓特烈大帝把他下規模日增的部隊鍛鍊成令人畏懼的戰鬥力量，他的重步兵經常進行戰場快速機動演習，能夠擊敗較不常演習的對手，再加上國王本身在戰術領域天縱英才，因此1757年才能夠在洛伊滕（Leuthen，參見第151頁）贏得令人瞠目結舌的勝利。

> 「現在，砲兵比起以往任何時候都是步兵更加不可或缺的夥伴。」
>
> 科爾瑪・馮・德・戈爾茨將軍（Colmar Von Der Goltz），1883年

▷ **注定失敗的衝鋒**
英國畫家伊莉莎白・湯普森（Elizabeth Thompson）在她的19世紀畫作〈永遠的蘇格蘭〉（Scotland Forever）中描繪皇家蘇格蘭灰騎兵團（Royal Scots Greys）在滑鐵盧戰場衝鋒的景象。這個騎兵團衝垮了一支法軍步兵部隊，但卻被法軍騎兵預備隊重創。

在北美，美國殖民地為了政治權利和不公平的稅賦而反抗英國當局，過程顯示接受訓練實施傳統機動方式的大型軍隊成效不彰。美國人憑藉對當地的了解和善於運用小規模戰鬥戰術及步槍，在1783年打贏獨立戰爭（War of Independence）。他們也開創出新形態的軍隊架構，主要由公民軍人組成。法國人在1789年的革命後也學到這一套，並加以改善。法國陸軍在五年之內成為多達百萬人的強大武力，並且開始聘用愈來愈多專業領導人才來取代老派貴族軍官。這樣龐大的部隊需要新的戰術和組織，拿破崙・波拿巴（Napoleon Bonaparte）在義大利首度指揮軍隊作戰，就清楚展現格外傑出優異的領導能力，他在那裡打贏了馬倫哥（Marengo）等勝仗，並提出這些戰術，還簡化了軍事後勤事務。拿破崙也在他的軍隊內部發展出

變動的時代

在1700年到1900年間，戰爭的範圍、成本和傷亡不斷爬升。軍隊的規模、職業化程度和新式槍械問世都使得戰爭變得更加致命，用兵的成本更加高昂，取得更多人力資源、資金和科技，以及建立全球同盟的能力，都變成取得軍事成功的先決條件。因為這種轉變帶來的結果，奮力反抗歐洲殖民統治的非歐洲國家便處於明顯劣勢。

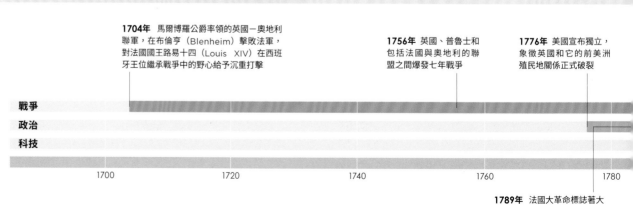

1704年 馬爾博羅公爵率領的英國－奧地利聯軍，在布倫亨（Blenheim）擊敗法軍，對法國國王路易十四（Louis XIV）在西班牙王位繼承戰爭中的野心給予沉重打擊

1756年 英國、普魯士和包括法國與奧地利的聯盟之間爆發七年戰爭

1776年 美國宣布獨立，象徵英國和它的前美洲殖民地關係正式破裂

戰爭
政治
科技

1700 1720 1740 1760 1780

1789年 法國大革命標誌著大革命戰爭和拿破崙戰爭展開

◁ **決定性的發明**
在美國出生的英國發明家海勒姆·馬克沁（Hiram Maxim）操作馬克沁機槍，這是一款在1884年問世的早期機槍。它的射速相當快，能夠賦予小部隊強大的殺傷火力。

「軍」這個單位，作為較小的獨立編組，並積極運用側翼迂迴戰術，從後方消滅對手。他堅持部隊要靠搜索糧秣維生，以降低對傳統補給線的依賴。這些組織上和戰略上的創新為拿破崙帶來幾次驚人成功，直到對抗他的聯盟總算可以和他匹敵並翻轉局勢，導致他在 1814 年垮台，以及最後兵敗滑鐵盧（Waterloo，參見第 178-79 頁）。

戰爭的工業化

到了 19 世紀中期，大量徵召兵員結合逐漸成長的工業化現象，促成最早真正的現代化軍隊誕生。聯邦（Union）和邦聯（Confederate）軍隊在南北戰爭（American Civil War，1861-65 年）中因為奴隸問題而互相對抗，他們都採用像是鐵路和電報之類的科技。他們也接收新式槍械，像是有凹槽膛線的步槍，發射米尼彈（minié，供有膛線火槍發射的子彈），不但射程更遠，也更加致命，此舉使得步兵衝鋒已經形同自殺，像是邦聯軍在蓋茨堡會戰（Battle of Gettysburg，參見第 186-87 頁）中的最後一搏。在這種新環境裡，非歐洲國家的軍隊奮力地抵抗擁有先進科技的歐洲入侵者，即使是面對戰術上處於弱勢的對手，獲得的勝利也寥寥可數，像是 1879 年祖魯人（Zulu）在伊散德爾瓦納（Isandlwana）戰勝英軍（參見第 193 頁），不過在大多數狀況下，他們的命運就跟在蘇丹恩圖曼（Omdurman，參見第 195 頁）的馬赫迪（Mahdist）戰士一樣，當他們朝英軍衝鋒時，就被馬克沁（Maxim）機槍徹底擊垮。在戰爭中，未來屬於能夠把較優越科技結合有效戰術及戰略領導的一方。

△ **最後進擊**
在蓋茨堡會戰（參見第186-87頁）中，當喬治·皮克特將軍（George Pickett）率領邦聯軍步兵奮力朝公墓嶺（Cemetery Ridge）山頂挺進時，聯邦軍隊拚命抵抗。這場衝鋒造成邦聯軍數千人傷亡，象徵李將軍入侵北方的行動必敗無疑。

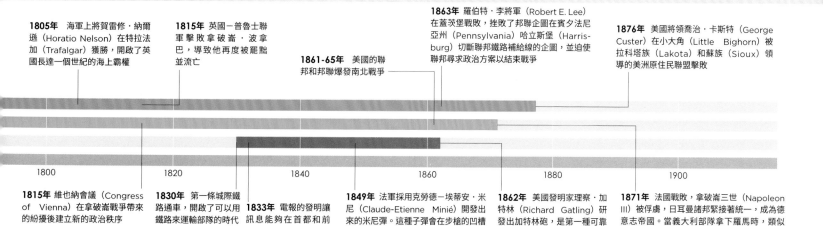

1805年 海軍上將賀雷修·納爾遜（Horatio Nelson）在特拉法加（Trafalgar）獲勝，開啟了英國長達一個世紀的海上霸權

1815年 英國－普魯士聯軍擊敗拿破崙·波拿巴，導致他再度被罷黜並流亡

1815年 維也納會議（Congress of Vienna）在拿破崙戰爭帶來的紛擾後建立新的政治秩序

1830年 第一條城際鐵路通車，開啟了可以用鐵路來運輸部隊的時代

1833年 電報的發明讓訊息能夠在首都和前線之間迅速傳遞

1849年 法軍採用克勞德－埃蒂安·米尼（Claude-Etienne Minié）開發出來的米尼彈。這種子彈會在步槍的凹槽膛線槍管中擴張，並且易於裝填，還可以提升槍枝射程

1861-65年 美國的聯邦和邦聯爆發南北戰爭

1862年 美國發明家理察·加特林（Richard Gatling）研發出加特林砲，是第一種可靠的機槍，可以快速發射子彈

1863年 羅伯特·李將軍（Robert E. Lee）在蓋茨堡戰敗，挫敗了邦聯企圖在賓夕法尼亞州（Pennsylvania）哈立斯堡（Harrisburg）切斷聯邦鐵路補給線的企圖，並迫使聯邦尋求政治方案以結束戰爭

1871年 法國戰敗，拿破崙三世（Napoleon III）被俘虜，日耳曼諸邦緊接著統一，成為德意志帝國。當義大利部隊拿下羅馬時，類似的統一進程也在義大利發生

1876年 美國將領喬治·卡斯特（George Custer）在小大角（Little Bighorn）被拉科塔族（Lakota）和蘇族（Sioux）領導的美洲原住民聯盟擊敗

1800 1820 1840 1860 1880 1900

布倫亨

在法國和大同盟之間進行的西班牙王位繼承戰爭中（1701—14年），布倫亨之役是遏制法國最初斬獲的關鍵。馬爾博羅公爵從荷蘭往多瑙河進軍，經歷血腥但決定性的連續進攻後，在1704年8月13日領導大同盟軍隊獲得勝利。

1700 年，西班牙哈布斯堡國王查理二世駕崩，把王位傳給腓力，也就是波旁王朝（Bourbon）的法國國王路易十四的孫子。這樣的繼承引發歐洲兩大王室的對立，最後在 1701 年爆發戰爭。戰爭的一方是法國及其盟友，包括巴伐利亞，另一方是所謂的大同盟（Grand Alliance），由神聖羅馬帝國、英國和尼德蘭七省聯合共和國組成。

1704 年，一支法國－巴伐利亞聯軍朝維亞納前進，威脅要消滅奧地利哈布斯堡王朝，瓦解大同盟；為了減輕奧地利的壓力，英軍指揮官馬爾博羅公爵從低地國家率軍出擊，路上還有其他同盟軍隊加入，僅花費五週時間就抵達。大同盟部隊在多瑙河（Danube）河岸的布倫亨附近建立陣地，讓敵軍部隊大吃一驚。法國－巴伐利亞聯軍由巴伐利亞選帝侯、馬桑元帥（Marsin）和塔拉赫元帥（Tallard）指揮，在開闊的平原上展開布署，他們占領防禦嚴密的盧欽根（Lutzingen）、上格勞（Oberglau）及布倫亨之間的長條狀高地。8 月 13 日，馬爾博羅公爵經過慘烈戰鬥後，把敵軍釘死在三座村落中，之後又發動主攻，一口氣突破位於中央的塔拉赫部隊，為大同盟帶來輝煌的勝利。

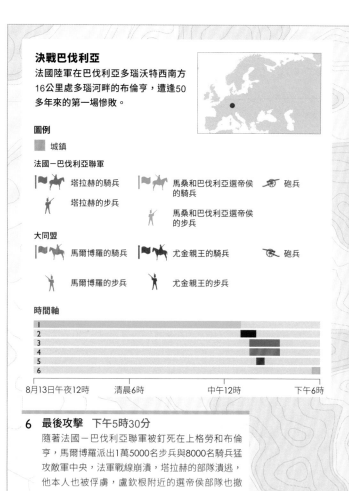

決戰巴伐利亞

法國陸軍在巴伐利亞多瑙沃特西南方16公里處多瑙河畔的布倫亨，遭逢50多年來的第一場慘敗。

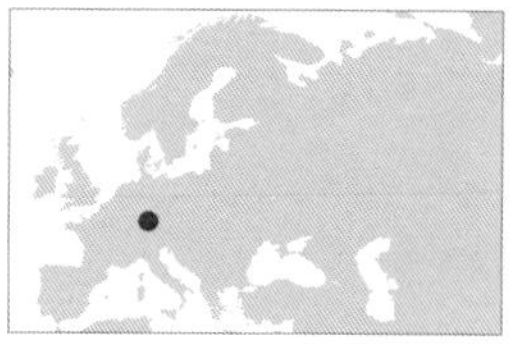

圖例

城鎮

法國－巴伐利亞聯軍

塔拉赫的騎兵　馬桑和巴伐利亞選帝侯的騎兵　砲兵

塔拉赫的步兵　馬桑和巴伐利亞選帝侯的步兵

大同盟

馬爾博羅的騎兵　尤金親王的騎兵　砲兵

馬爾博羅的步兵　尤金親王的步兵

時間軸

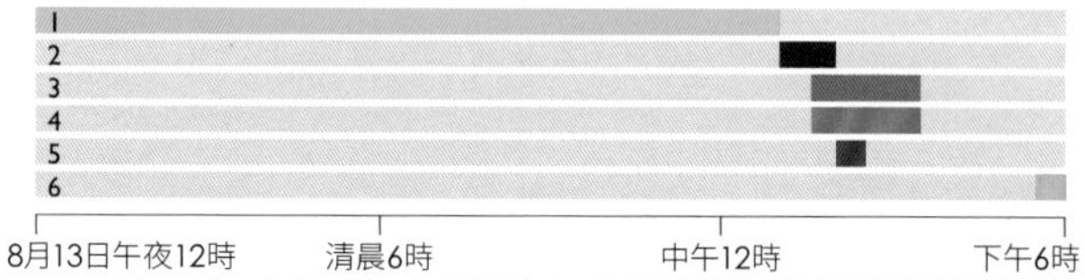
1
2
3
4
5
6
8月13日午夜12時
清晨6時
中午12時
下午6時

6 最後攻擊 下午5時30分
隨著法國－巴伐利亞聯軍被釘死在上格勞和布倫亨，馬爾博羅派出1萬5000名步兵與8000名騎兵猛攻敵軍中央，法軍戰線崩潰，塔拉赫的部隊潰逃，他本人也被俘虜，盧欽根附近的選帝侯部隊也撤退。

大同盟軍隊突破　法國－巴伐利亞聯軍撤退

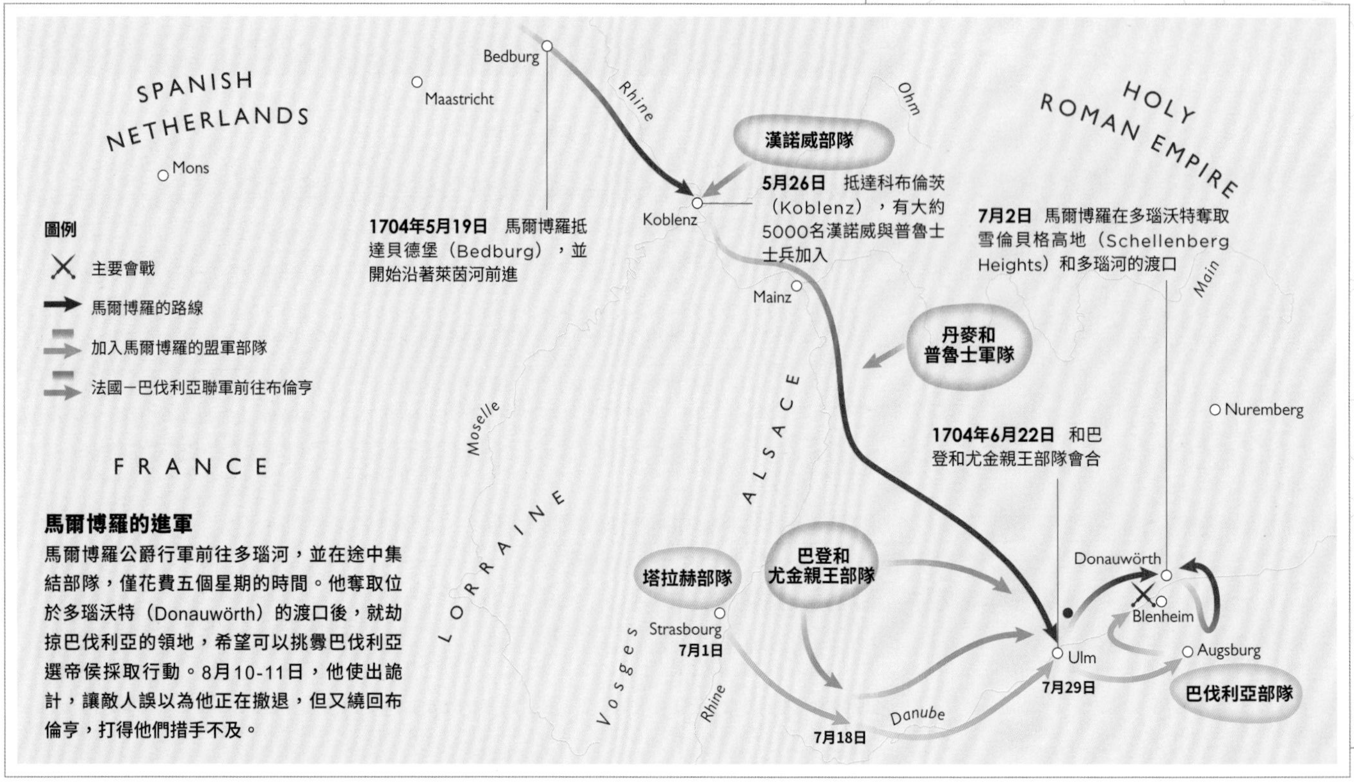
SPANISH NETHERLANDS
Maastricht
Mons
Bedburg
Rhine
Ohm
HOLY ROMAN EMPIRE
漢諾威部隊
5月26日 抵達科布倫茨（Koblenz），有大約5000名漢諾威與普魯士士兵加入
Koblenz
1704年5月19日 馬爾博羅抵達貝德堡（Bedburg），並開始沿著萊茵河前進
7月2日 馬爾博羅在多瑙沃特奪取雪倫貝格高地（Schellenberg Heights）和多瑙河的渡口
Main
Mainz
丹麥和普魯士軍隊
圖例
主要會戰
馬爾博羅的路線
加入馬爾博羅的盟軍部隊
法國－巴伐利亞聯軍前往布倫亨
Moselle
Nuremberg
1704年6月22日 和巴登和尤金親王部隊會合
FRANCE
ALSACE
LORRAINE
塔拉赫部隊
巴登和尤金親王部隊
Donauwörth
Blenheim
Strasbourg
7月1日
Vosges
Rhine
Ulm
Augsburg
7月29日
巴伐利亞部隊
7月18日
Danube

馬爾博羅的進軍
馬爾博羅公爵行軍前往多瑙河，並在途中集結部隊，僅花費五個星期的時間。他奪取位於多瑙沃特（Donauwörth）的渡口後，就劫掠巴伐利亞的領地，希望可以挑釁巴伐利亞選帝侯採取行動。8月10-11日，他使出詭計，讓敵人誤以為他正在撤退，但又繞回布倫亨，打得他們措手不及。

1 軍隊布署 1704年8月13日午夜12時－下午1時

在8月12日夜裡，馬爾博羅忙著讓手下部隊進入陣地，他麾下有3萬6000人，面對塔拉赫元帥集中防守上格勞和布倫亨兩座村鎮的3萬3000人。在馬爾博羅的右側，由薩瓦（Savoy）的尤金親王（Prince Eugène）率領的1萬6000名帝國軍隊則面對馬桑和巴伐利亞選帝侯的2萬3000名部隊。

2 最初進攻 下午1時

馬爾博羅下令前進。在左翼，卡茲勳爵（Cutts）率領手下英軍朝布倫亨挺進，許多人在試圖攀爬路障時陣亡。在右翼，尤金親王率領的帝國部隊朝盧欽根前進，和馬桑與巴伐利亞選帝侯的部隊相比，明顯寡不敵眾，因此被擊退三次。

同盟進攻　法國－巴伐利亞聯軍反擊衝鋒
同盟撤退　法國－巴伐利亞聯軍撤退

3 戰術錯誤 下午

同盟不停進攻布倫亨，促使法國－巴伐利亞聯軍從中央抽出七個營的兵力和11個後備營投入村中增援。結果村內塞滿部隊，有多達1萬2000人，但當中央急需部隊的時候，這些人卻沒有辦法迅速返回原來的位置。

法國－巴伐利亞聯軍增援

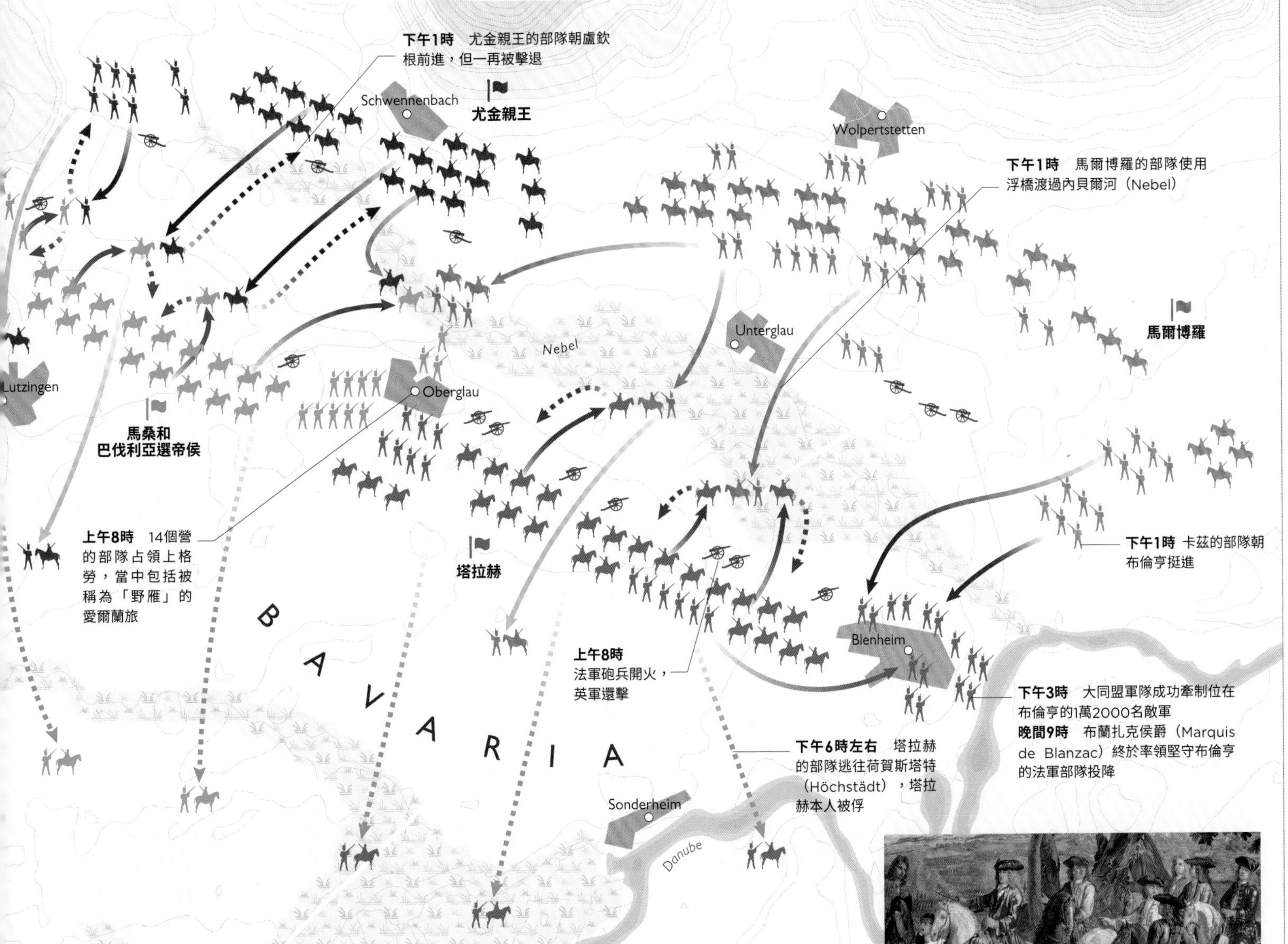

下午1時 尤金親王的部隊朝盧欽根前進，但一再被擊退
Schwennenbach
尤金親王
Wolpertstetten
下午1時 馬爾博羅的部隊使用浮橋渡過內貝爾河（Nebel）
Unterglau
馬爾博羅
Nebel
Lutzingen
Oberglau
馬桑和巴伐利亞選帝侯
上午8時 14個營的部隊占領上格勞，當中包括被稱為「野雁」的愛爾蘭旅
塔拉赫
下午1時 卡茲的部隊朝布倫亨挺進
BAVARIA
Blenheim
上午8時 法軍砲兵開火，英軍還擊
下午3時 大同盟軍隊成功牽制位在布倫亨的1萬2000名敵軍
晚間9時 布蘭扎克侯爵（Marquis de Blanzac）終於率領堅守布倫亨的法軍部隊投降
下午6時左右 塔拉赫的部隊逃往荷賀斯塔特（Höchstädt），塔拉赫本人被俘
Sonderheim
Danube

△ **勝利者的宮殿**
由於戰勝敵軍，馬爾博羅公爵獲得了位於牛津郡（Oxfordshire）的土地作為獎賞，並在這裡修建布倫亨宮（Blenheim Palace）。這幅描繪公爵的掛毯就掛在這座宮殿裡。

5 在上格勞的尤金親王 下午2時30分

在上格勞，馬爾博羅正和由布蘭維爾侯爵（Marquis de Blainville）率領的部隊陷入激戰（當中包括令人畏懼的愛爾蘭「野雁」〔Wild Geese〕戰士¬）。下午2時30分左右，馬桑從側翼派出60個法軍騎兵連，尤金親王立即下令發動反攻，衝散法軍。大同盟軍的步兵和砲兵在此時推進，把馬桑的部隊趕進上格勞。

馬桑的騎兵衝鋒　尤金的反攻

4 重騎兵潰敗 下午

由於布倫亨和盧欽根不斷遭受攻擊，馬爾博羅派出18個營的步兵和72個騎兵連猛攻法軍中央。同盟軍推進時，法軍精銳的重騎兵（Gendarme）衝下山坡，和馬爾博羅的龍騎兵交戰，但龍騎兵發動衝鋒後，重騎兵就恐慌逃竄。

馬爾博羅前進　重騎兵衝鋒
重騎兵撤退

俄羅斯的崛起

查理十二世從位於波蘭格羅德諾（Grodno）的基地出發進攻俄國。瑞典人在波爾塔瓦戰敗後，喪失對帝國的控制，而俄國的彼得大帝則開始掌控了波蘭和波羅的海區域的領土。

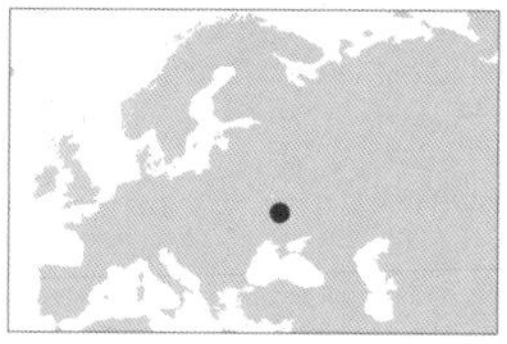

圖例

城鎮

瑞典部隊	俄國部隊	
指揮官	步兵	臨時堡壘
步兵	騎兵	要塞
騎兵	砲兵	

時間軸

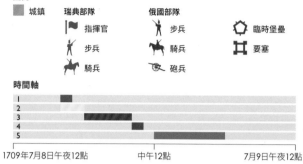

1709年7月8日午夜12點　　中午12點　　7月9日午夜12點

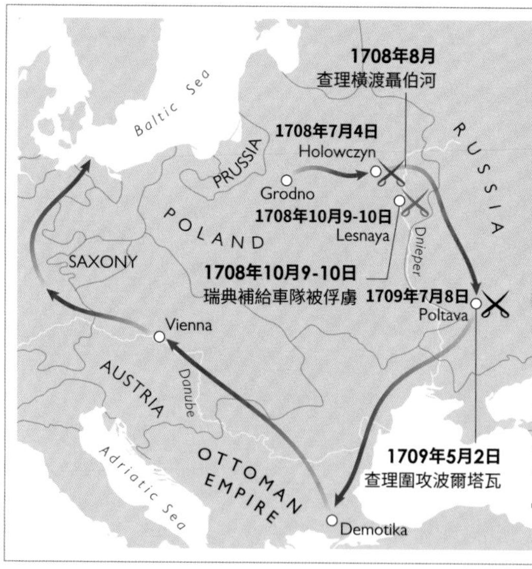

查理入侵俄國

查理在1708年進入俄國境內後就往南推進，以便和盟友會師。他在利斯納亞會戰（Battle of Lesnaya）中喪失補給車隊，因此在波爾塔瓦面對彼得的軍隊時，他的官兵早已因為漫長寒冷的行軍而疲憊不堪、飢腸轆轆。

1708年8月　查理橫渡聶伯河

1708年7月4日　Holowczyn

1708年10月9-10日　Lesnaya

1708年10月9-10日　瑞典補給車隊被俘虜

1709年7月8日　Poltava

1709年5月2日　查理圍攻波爾塔瓦

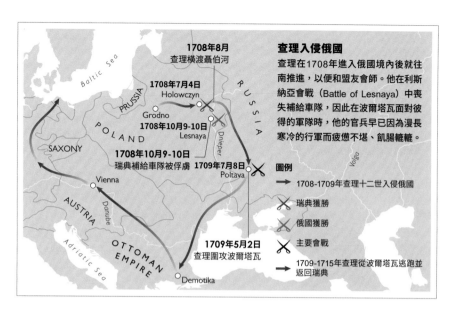

圖例

→　1708-1709年查理十二世入侵俄國

✂　瑞典獲勝

✂　俄國獲勝

✂　主要會戰

→　1709-1715年查理從波爾塔瓦逃跑並返回瑞典

瑞典的挫敗

6月20日，查理被一枚流彈擊中，因此把戰場上的指揮權交給卡爾·古斯塔夫·雷恩斯賀爾德元帥（Carl Gustav Rehnskiöld）。在稍早的突擊行動裡，他麾下的步兵在穿越俄軍外圍防線的苦戰中損失數百人。

清晨5時　當瑞典騎兵和步兵推進時，俄軍騎兵後退

清晨5時　雷恩斯賀爾德的步兵穿越堡壘防線，開始在北邊的平原集結整隊

門希科夫

7月8日早晨　俄軍有要塞和砲兵的嚴密保護

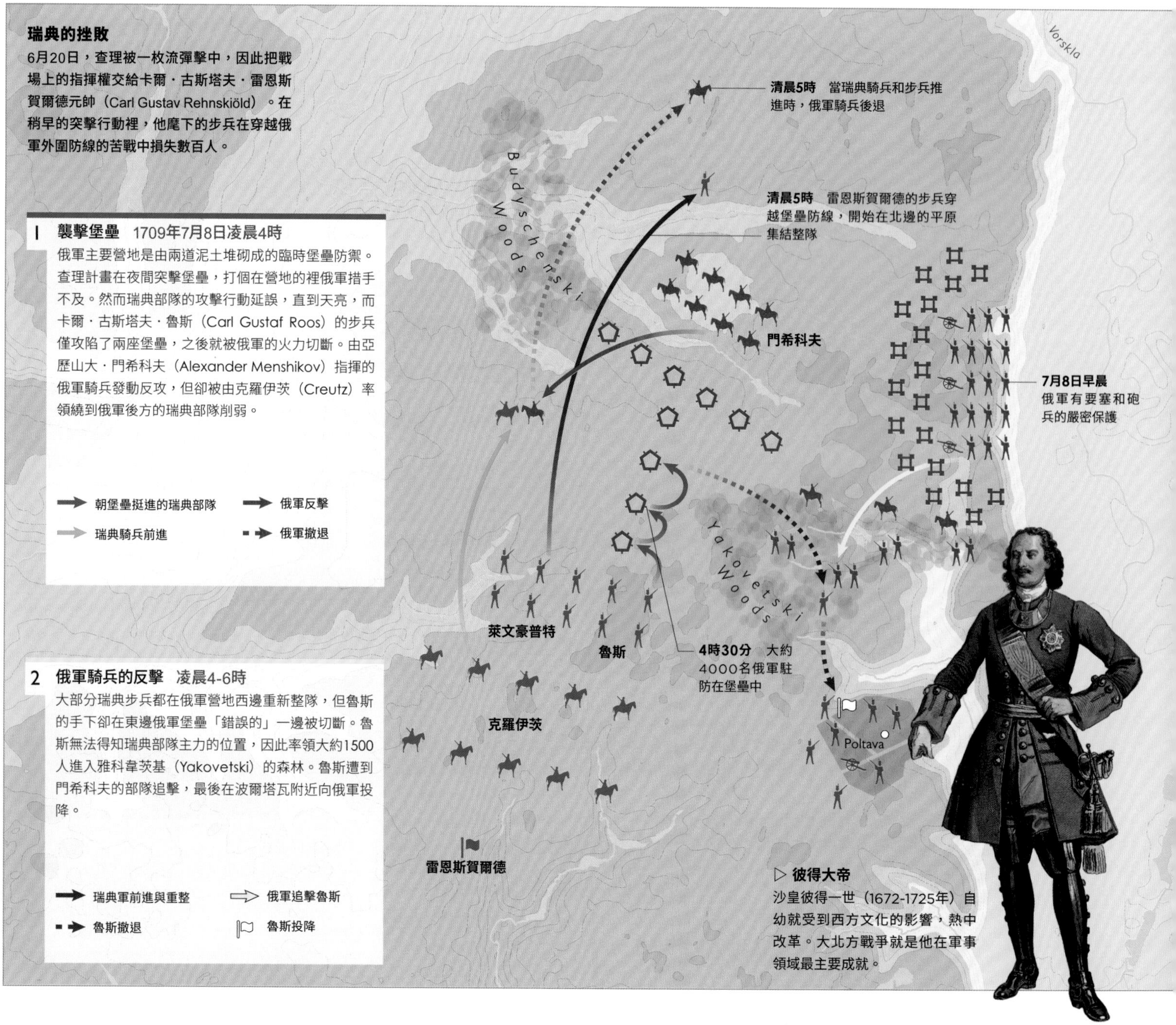

1　襲擊堡壘　1709年7月8日凌晨4時

俄軍主要營地是由兩道泥土堆砌成的臨時堡壘防禦。查理計畫在夜間突擊堡壘，打個在營地的裡俄軍措手不及。然而瑞典部隊的攻擊行動延誤，直到天亮，而卡爾·古斯塔夫·魯斯（Carl Gustaf Roos）的步兵僅攻陷了兩座堡壘，之後就被俄軍的火力切斷。由亞歷山大·門希科夫（Alexander Menshikov）指揮的俄軍騎兵發動反攻，但卻被由克羅伊茨（Creutz）率領繞到俄軍後方的瑞典部隊削弱。

→　朝堡壘挺進的瑞典部隊

→　俄軍反擊

→　瑞典騎兵前進

⇢　俄軍撤退

萊文豪普特

魯斯

4時30分　大約4000名俄軍駐防在堡壘中

2　俄軍騎兵的反擊　凌晨4-6時

大部分瑞典步兵都在俄軍營地西邊重新整隊，但魯斯的手下卻在東邊俄軍堡壘「錯誤的」一邊被切斷。魯斯無法得知瑞典部隊主力的位置，因此率領大約1500人進入雅科韋茨基（Yakovetski）的森林。魯斯遭到門希科夫的部隊追擊，最後在波爾塔瓦附近向俄軍投降。

→　瑞典軍前進與重整

⇨　俄軍追擊魯斯

⇢　魯斯撤退

⚑　魯斯投降

克羅伊茨

雷恩斯賀爾德

Poltava

▷ **彼得大帝**

沙皇彼得一世（1672-1725年）自幼就受到西方文化的影響，熱中改革。大北方戰爭就是他在軍事領域最主要成就。

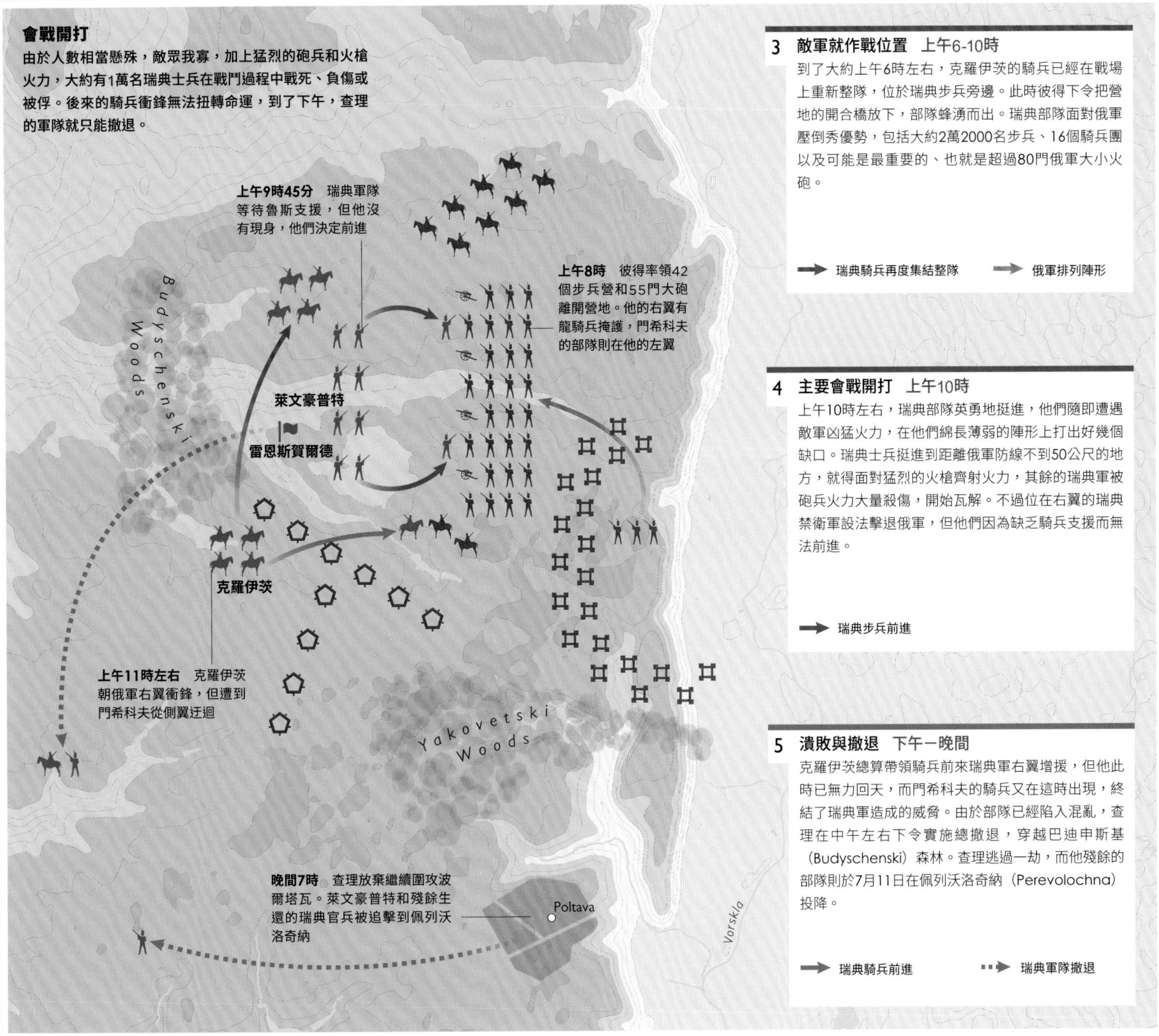
會戰開打
由於人數相當懸殊，敵眾我寡，加上猛烈的砲兵和火槍火力，大約有1萬名瑞典士兵在戰鬥過程中戰死、負傷或被俘。後來的騎兵衝鋒無法扭轉命運，到了下午，查理的軍隊就只能撤退。
上午9時45分 瑞典軍隊等待魯斯支援，但他沒有現身，他們決定前進
上午8時 彼得率領42個步兵營和55門大砲離開營地。他的右翼有龍騎兵掩護，門希科夫的部隊則在他的左翼
Budyschenski Woods
萊文豪普特
雷恩斯賀爾德
克羅伊茨
上午11時左右 克羅伊茨朝俄軍右翼衝鋒，但遭到門希科夫從側翼迂迴
Yakovetski Woods
晚間7時 查理放棄繼續圍攻波爾塔瓦。萊文豪普特和殘餘生還的瑞典官兵被追擊到佩列沃洛奇納
Poltava
Vorskla
3 敵軍就作戰位置 上午6-10時
到了大約上午6時左右，克羅伊茨的騎兵已經在戰場上重新整隊，位於瑞典步兵旁邊。此時彼得下令把營地的開合橋放下，部隊蜂湧而出。瑞典部隊面對俄軍壓倒秀優勢，包括大約2萬2000名步兵、16個騎兵團以及可能是最重要的、也就是超過80門俄軍大小火砲。
瑞典騎兵再度集結整隊
俄軍排列陣形
4 主要會戰開打 上午10時
上午10時左右，瑞典部隊英勇地挺進，他們隨即遭遇敵軍凶猛火力，在他們綿長薄弱的陣形上打出好幾個缺口。瑞典士兵挺進到距離俄軍防線不到50公尺的地方，就得面對猛烈的火槍齊射火力，其餘的瑞典軍被砲兵火力大量殺傷，開始瓦解。不過位在右翼的瑞典禁衛軍設法擊退俄軍，但他們因為缺乏騎兵支援而無法前進。
瑞典步兵前進
5 潰敗與撤退 下午－晚間
克羅伊茨總算帶領騎兵前來瑞典軍右翼增援，但他此時已無力回天，而門希科夫的騎兵又在這時出現，終結了瑞典軍造成的威脅。由於部隊已經陷入混亂，查理在中午左右下令實施總撤退，穿越巴迪申斯基（Budyschenski）森林。查理逃過一劫，而他殘餘的部隊則於7月11日在佩列沃洛奇納（Perevolochna）投降。
瑞典騎兵前進
瑞典軍隊撤退

波爾塔瓦

1709年7月，彼得大帝和俄羅斯軍隊在今日烏克蘭境內的波爾塔瓦擊敗瑞典國王查理十二世率領的瑞典軍隊。彼得的勝利象徵著俄國在東北歐的霸權崛起，以及原本的強權瑞典帝國開始衰弱。

大北方戰爭（Great Northern War，1700–21 年）是波蘭－薩克森、俄羅斯和丹麥為了瓦解稱霸波羅的海區域長達一世紀的瑞典帝國而展開。不過到了 1709 年，卻變成兩位野心勃勃的領袖之間的較量：瑞典天賦異稟的將領查理十二世（Charles XII）和正在改造俄國成為現代化國家的彼得一世（Peter I）。查理的軍隊在 1708 年入侵俄國，經過在冰天雪地裡的艱苦行軍後，他們抵達要塞城市波爾塔瓦（Poltava，位於哥薩克酋長國〔Cossack Hetmanate〕），並加以圍攻。彼得急於突破圍城、擊敗瑞典軍，因此在一處由十座臨時堡壘保護的營地中布署大約 4 萬士兵（對抗超過 2 萬 5000 人）。瑞典軍計畫進行一場大膽的夜間急行軍奇襲，不過最後失敗，進攻的步兵有三分之一在臨時堡壘中受困，其餘的則被數量占壓倒性優勢的俄軍徹底擊潰。

圍城戰的進步

在歐洲各地，富有新創精神的工程師在建築和戰術領域都有重要發展，要塞的設計和圍城戰進行的方式都在17世紀末期進入新時代。

△ **圍城戰的歲月**
法國國王路易十四在法國邊界地帶建了好幾座要塞。沃邦打過大約40場圍城戰，當中有一半，國王都親臨戰場督戰。

自 11 世紀開始，圍城戰就成為歐洲戰爭中的主要特色。由於城堡普及，圍城戰的次數開始超過雙方激戰。火砲在 15 世紀引進，使城堡的設計發生革命性的變化，導致「星形要塞」的研發——也就是外觀呈多邊形的要塞，在每個角都設有突出的堡壘。這樣的設計可以抵禦大砲火力。

到了 17 世紀初，要塞的結構變得更複雜，並在星形要塞的設計中添加三角堡之類的外圍工事（參見下圖）。它的結構也變得更低，並使用泥土，可以更有效抵擋大砲火力。到了法國路易十四在位（1643-1715 年）的時候，圍城戰已經成為戰事衝突中的焦點。國王的首席工程師塞巴斯蒂安．勒普雷斯特．德．沃邦（日後受封侯爵）對要塞設計和圍城戰帶來的影響十分巨大。他透過科學途徑，改良工程戰法，融合威力愈來愈強大的火砲。沃邦也修建要塞和要塞化城市，並沿著法國的東北方邊境修築兩道堡壘防線。

為了進行圍城戰，武器裝備也跟著演進，當中包括可以把會爆炸的砲彈拋射越過城牆、或是射進圍城壕溝裡的迫擊砲，以及由士兵當中的新銳兵種擲彈兵負責投擲的榴彈。

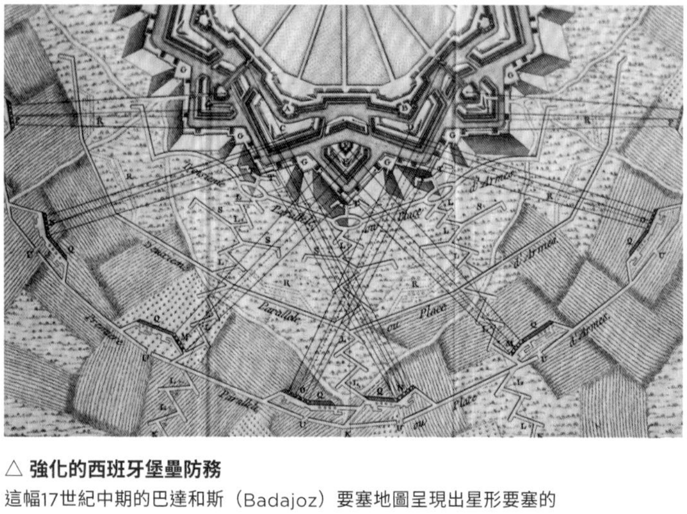

△ **強化的西班牙堡壘防務**
這幅17世紀中期的巴達和斯（Badajoz）要塞地圖呈現出星形要塞的改善措施。楔形的稜堡或外圍工事統稱為「三角堡」或「半月堡」，面對砲火可提供戰術優勢。

路易十四的突擊，1673年
在這幅17世紀時由佛拉芒畫家亞當・弗蘭斯・范・德・莫伊倫（Adam Frans van der Meulen）創作的繪畫哩，描述這位國王圍攻要塞城市馬斯垂克（Maastricht）的景象。法國陸軍在一個月內克服荷軍防務，並且在這場戰爭中導入沃邦改良的攻城平行壕。

普拉西

1757年6月23日，憑藉著詭詐和好運，英國東印度公司才得以在孟加拉的普拉西戰勝有法國大砲支援的納瓦布。這場會戰有助英國人確保他們在印度的主導權。

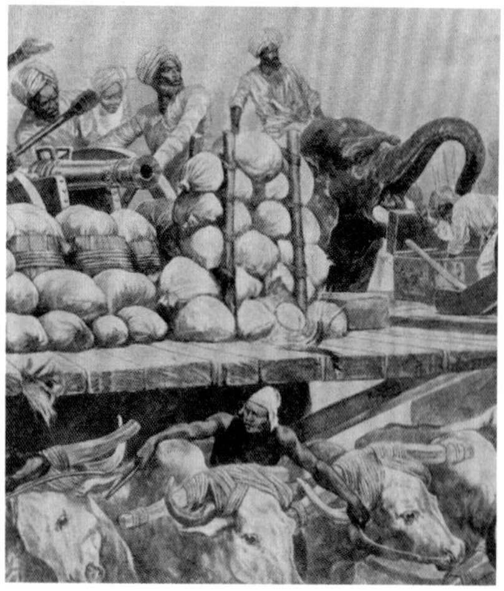

△ **納瓦布的砲兵**
孟加拉的大砲組（包括砲手、彈丸和火藥）都搭載在巨大的平台上，由50頭公牛拉著前進，有時還有大象協助。

1750 年代，法國、荷蘭和英國公司競爭孟加拉的貿易權利。孟加拉的納瓦布（Nawab，統治者之意）西拉傑．烏德．達烏拉（Siraj-ud-Daula）憎惡英國東印度公司（British East India Company, EIC）的貿易手段和殖民野心，因此在 1756 年 6 月派出一支大軍，攻占英國在加爾各答（Calcutta）的貿易據點。由羅伯特．克萊夫上校（Robert Clive）指揮的英國東印度公司援軍在 1757 年 1 月奪回這座城市。

但此刻英國和法國的七年戰爭（參見第 142 頁）正打得如火如荼，因此克萊夫決定攻占昌德納哥（Chandernagore）的法國貿易據點，結果促使納瓦布和法國人結盟，想趕走英國人。在 6 月 23 日於普拉西（Plassey）爆發的會戰裡，英軍雖寡不敵眾，但包括首領米爾．賈法爾（Mir Jafar）在內的部分孟加拉部隊指揮官卻暗中答應不出戰，再加上敵軍缺乏可用的火藥，因此幫助克萊夫打贏了這場仗。

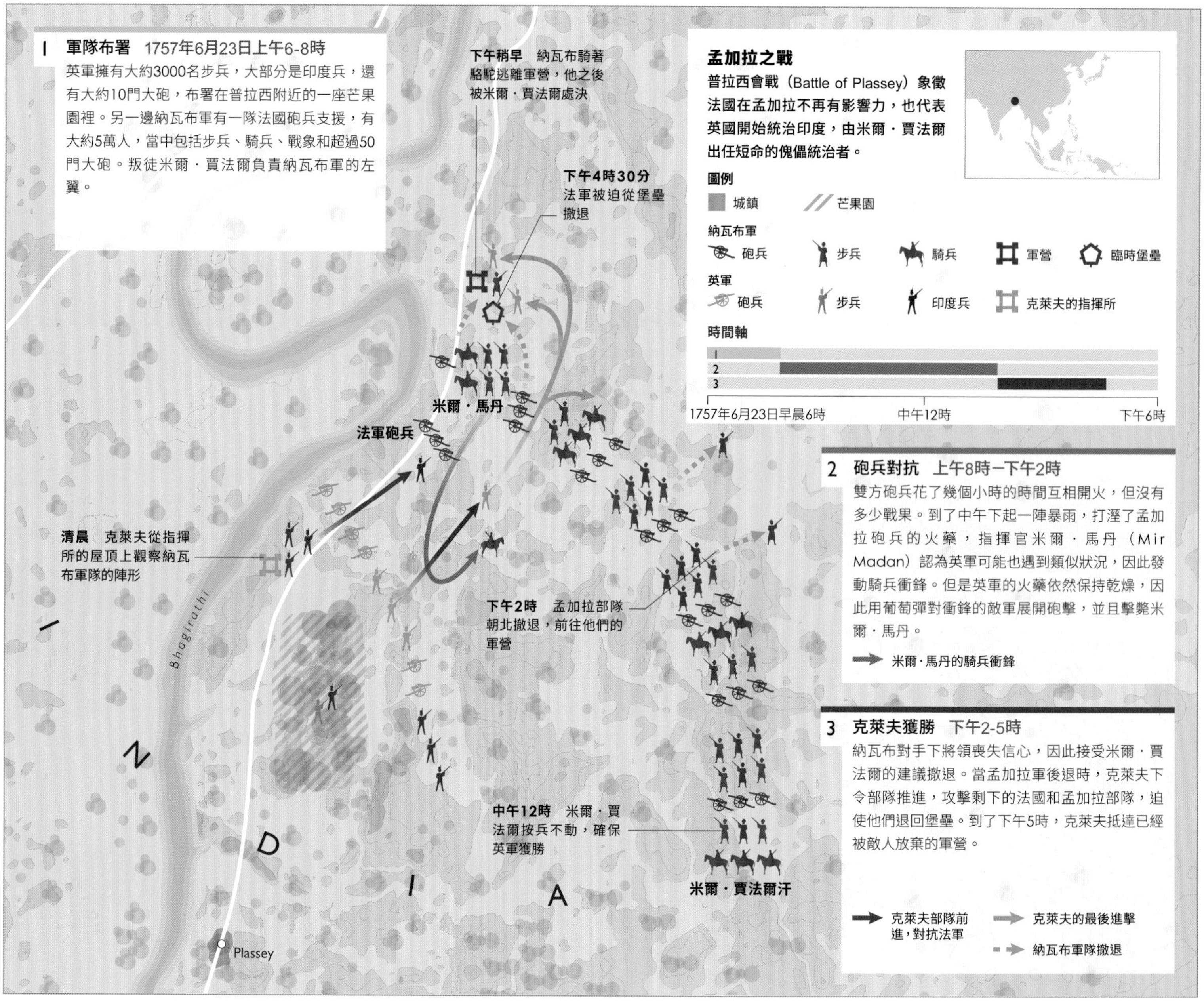
1 軍隊布署 1757年6月23日上午6-8時
英軍擁有大約3000名步兵，大部分是印度兵，還有大約10門大砲，布署在普拉西附近的一座芒果園裡。另一邊納瓦布軍有一隊法國砲兵支援，有大約5萬人，當中包括步兵、騎兵、戰象和超過50門大砲。叛徒米爾．賈法爾負責納瓦布軍的左翼。
下午稍早 納瓦布騎著駱駝逃離軍營，他之後被米爾．賈法爾處決
下午4時30分 法軍被迫從堡壘撤退
米爾．馬丹
法軍砲兵
清晨 克萊夫從指揮所的屋頂上觀察納瓦布軍隊的陣形
下午2時 孟加拉部隊朝北撤退，前往他們的軍營
Bhagirathi
I N D I A
中午12時 米爾．賈法爾按兵不動，確保英軍獲勝
米爾．賈法爾汗
Plassey
孟加拉之戰
普拉西會戰（Battle of Plassey）象徵法國在孟加拉不再有影響力，也代表英國開始統治印度，由米爾．賈法爾出任短命的傀儡統治者。
圖例
城鎮
芒果園
納瓦布軍
砲兵
步兵
騎兵
軍營
臨時堡壘
英軍
砲兵
步兵
印度兵
克萊夫的指揮所
時間軸
1
2
3
1757年6月23日早晨6時
中午12時
下午6時
2 砲兵對抗 上午8時—下午2時
雙方砲兵花了幾個小時的時間互相開火，但沒有多少戰果。到了中午下起一陣暴雨，打溼了孟加拉砲兵的火藥，指揮官米爾．馬丹（Mir Madan）認為英軍可能也遇到類似狀況，因此發動騎兵衝鋒。但是英軍的火藥依然保持乾燥，因此用葡萄彈對衝鋒的敵軍展開砲擊，並且擊斃米爾．馬丹。
米爾．馬丹的騎兵衝鋒
3 克萊夫獲勝 下午2-5時
納瓦布對手下將領喪失信心，因此接受米爾．賈法爾的建議撤退。當孟加拉軍後退時，克萊夫下令部隊推進，攻擊剩下的法國和孟加拉部隊，迫使他們退回堡壘。到了下午5時，克萊夫抵達已經被敵人放棄的軍營。
克萊夫部隊前進，對抗法軍
克萊夫的最後進擊
納瓦布軍隊撤退

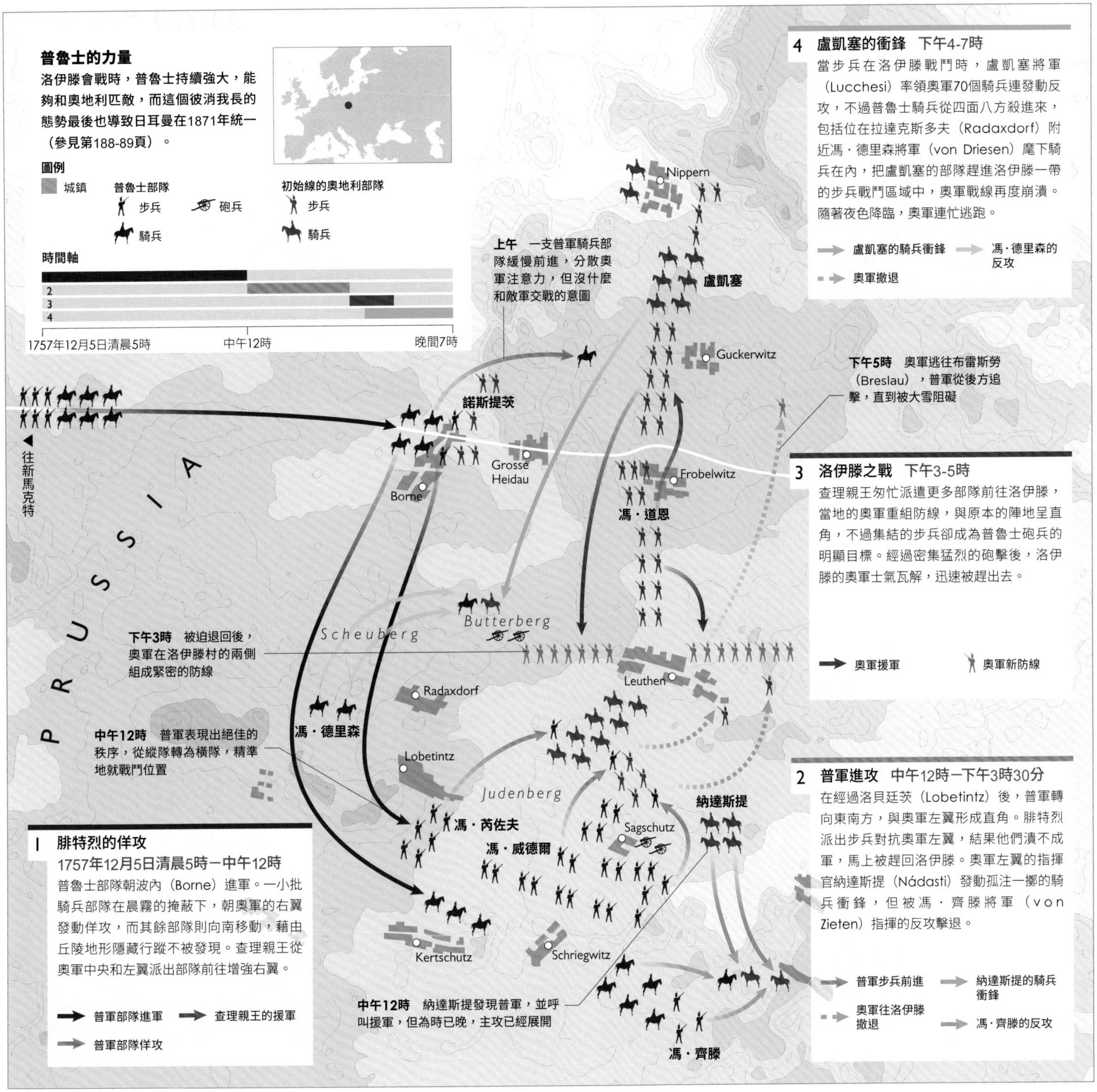
普魯士的力量
洛伊滕會戰時，普魯士持續強大，能夠和奧地利匹敵，而這個彼消我長的態勢最後也導致日耳曼在1871年統一（參見第188-89頁）。
圖例
城鎮
普魯士部隊
步兵
砲兵
騎兵
初始線的奧地利部隊
步兵
騎兵
時間軸
2
3
4
1757年12月5日清晨5時
中午12時
晚間7時
4 盧凱塞的衝鋒　下午4-7時
當步兵在洛伊滕戰鬥時，盧凱塞將軍（Lucchesi）率領奧軍70個騎兵連發動反攻，不過普魯士騎兵從四面八方殺進來，包括位在拉達克斯多夫（Radaxdorf）附近馮．德里森將軍（von Driesen）麾下騎兵在內，把盧凱塞的部隊趕進洛伊滕一帶的步兵戰鬥區域中，奧軍戰線再度崩潰。隨著夜色降臨，奧軍連忙逃跑。
盧凱塞的騎兵衝鋒
馮．德里森的反攻
奧軍撤退
Nippern
盧凱塞
上午　一支普軍騎兵部隊緩慢前進，分散奧軍注意力，但沒什麼和敵軍交戰的意圖
Guckerwitz
下午5時　奧軍逃往布雷斯勞（Breslau），普軍從後方追擊，直到被大雪阻礙
諾斯提茨
往新馬克特
Grosse Heidau
Borne
Frobelwitz
馮．道恩
3 洛伊滕之戰　下午3-5時
查理親王匆忙派遣更多部隊前往洛伊滕，當地的奧軍重組防線，與原本的陣地呈直角，不過集結的步兵卻成為普魯士砲兵的明顯目標。經過密集猛烈的砲擊後，洛伊滕的奧軍士氣瓦解，迅速被趕出去。
PRUSSIA
Butterberg
Scheuberg
下午3時　被迫退回後，奧軍在洛伊滕村的兩側組成緊密的防線
奧軍援軍
奧軍新防線
Leuthen
Radaxdorf
馮．德里森
中午12時　普軍表現出絕佳的秩序，從縱隊轉為橫隊，精準地就戰鬥位置
Lobetintz
Judenberg
納達斯提
2 普軍進攻　中午12時－下午3時30分
在經過洛貝廷茨（Lobetintz）後，普軍轉向東南方，與奧軍左翼形成直角。腓特烈派出步兵對抗奧軍左翼，結果他們潰不成軍，馬上被趕回洛伊滕。奧軍左翼的指揮官納達斯提（Nádasti）發動孤注一擲的騎兵衝鋒，但被馮．齊滕將軍（von Zieten）指揮的反攻擊退。
馮．芮佐夫
Sagschutz
馮．威德爾
1 腓特烈的佯攻
1757年12月5日清晨5時－中午12時
普魯士部隊朝波內（Borne）進軍。一小批騎兵部隊在晨霧的掩蔽下，朝奧軍的右翼發動佯攻，而其餘部隊則向南移動，藉由丘陵地形隱藏行蹤不被發現。查理親王從奧軍中央和左翼派出部隊前往增強右翼。
普軍部隊進軍
查理親王的援軍
普軍部隊佯攻
Kertschutz
Schriegwitz
中午12時　納達斯提發現普軍，並呼叫援軍，但為時已晚，主攻已經展開
普軍步兵前進
納達斯提的騎兵衝鋒
奧軍往洛伊滕撤退
馮．齊滕的反攻
馮．齊滕

洛伊滕

1757年的洛伊滕會戰（Battle of Leuthen）是七年戰爭的關鍵會戰之一。普魯士的腓特烈二世面對擁有充分數量優勢的奧地利軍隊作戰並獲勝，而他大膽地實施側翼迂迴運動，他也因此獲得歐洲第一流軍事指揮官的赫赫威名。

在歐洲，七年戰爭（參見第 142 頁）的主要衝突，集中在法國和奧地利哈布斯堡帝國企圖遏制腓特烈二世（Frederick II）領導的普魯士擴張行動。1757 年下半年，腓特烈暫時擱置法國，轉過頭來對抗已經奪回西利西亞的奧地利。12 月 5 日，洛林的查理親王（Prince Charles of Lorraine）和馮．道恩伯爵（Count von Daun）率領超過 6 萬帝國大軍集結在洛伊滕（在今日的波蘭境內盧提尼亞〔Lutynia〕），準備迎戰腓特烈。規模龐大的奧地利軍隊展開後有 8 公里寬，面對著由腓特烈指揮、布署在一排低丘上的大約 3 萬 5000 士兵。腓特烈先是向奧軍的右翼發動佯攻，之後就藉著山丘的掩蔽效果越過敵軍陣線，攻擊奧軍的左翼，如此大膽無懼的行動需要官兵遵守極為嚴格的紀律。雙方的傷亡都十分慘重，但腓特烈的戰術獲得回報，奧軍大敗。

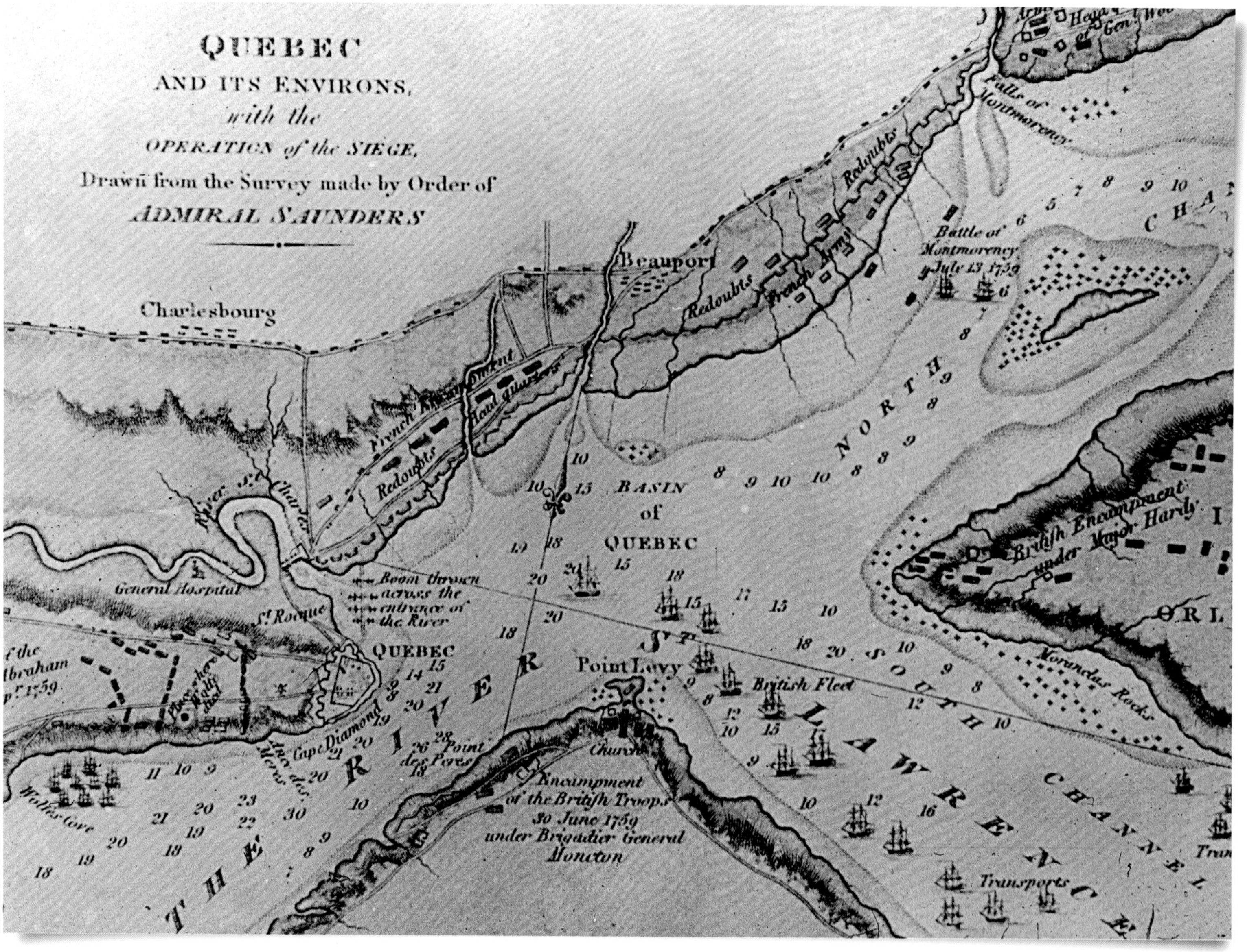

△ **圍攻魁北克**
這張地圖以英軍艦隊指揮官下令進行調查的結果繪製，顯示法軍在魁北克圍城戰期間的防禦措施，當中包括聖查理斯河（St Charles River）的水柵封鎖線及海岸堡壘。

亞伯拉罕平原

在英法北美戰爭（French and Indian War，1754-63年）的這場關鍵戰役裡，由詹姆士．沃爾夫少將率領的英軍部隊奇襲了魁北克的法軍，經過三個月的圍攻後奪下該城。這場戰役為英國控制加拿大奠定了基礎。

1759 年 6 月，也就是英國和法國開始為爭奪北美洲控制權而開戰的五年以後，英軍少將詹姆士．沃爾夫（James Wolfe）率領部隊，著聖羅倫斯河（St Lawrence River）前進，進攻法國自 1534 年起就宣稱擁有主權的殖民地新法蘭西（New France）首都魁北克（Quebec）。沃爾夫在魁北克對面的奧爾良島（Île d'Orléans）建立基地，圍攻魁北克。7 月 31 日，他企圖登陸波泊（Beauport），但被擊退，且英軍營地在這個時候也疾病盛行。到了 9 月，沃爾夫已經沒有時間，因為冬季即將來臨，冰雪到時必定會迫使他選擇撤退。沃爾夫做出豪賭，在魁北克以西上游處的安索奧福隆（L'Anse-au-Foulon）登陸，這是一處位於高 54 公尺的魁北克岬底部的小海灣。9 月 12 日，在夜色的掩護下，威廉．豪上校（William Howe）和 24 名志願隊員攀登上峭壁，制服法國守軍，並控制了這個地點。到了早晨，超過 4000 名英軍士兵集結在亞伯拉罕平原（Plains of Abraham）上，由德．蒙卡爾姆侯爵（Marquis de Montcalm）領導的法軍從魁北克出發，準備驅逐威脅到他們通往蒙特婁（Montreal）的補給線的英軍。蒙卡爾姆和沃爾夫都傷重而亡，但法軍卻被火槍隊近距離開火擊退，魁北克則在 9 月 18 日投降。

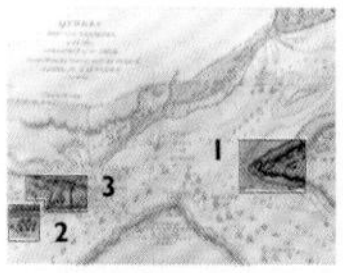

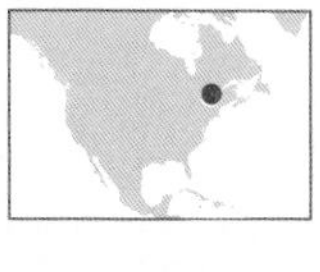

說明

1. 沃爾夫從奧爾良島圍攻魁北克（1759年6月28日—9月18日）。
2. 一小批英軍部隊攀登位於安索奧福隆的峭壁，並控制道路。
3. 英軍趴下以躲避砲火，之後在零距離連放兩輪火槍齊射。

邦克山

在美國獨立戰爭（1775-83年）的第一場大型會戰裡，英軍想要把一群愛國民兵從波士頓（Boston）附近查爾斯頓的兩座山丘上趕出去，但卻蒙受慘重損失。這場行動只是更加堅定愛國民兵讓英國的美洲殖民地獨立的決心。

英國和他們的美洲殖民地之間因為稅務、自治、貿易、領土擴張和其他諸多事務而關係緊張，歧見不斷加深，最後導致美國獨立戰爭（American Revolutionary War）在1775年4月爆發。愛國民兵（想要獨立）和效忠派人士（支持英國政權）在麻州（Massachusetts）的列辛頓（Lexington）和康科德（Concord）爆發幾場小規模衝突後，叛軍民兵開始圍攻波士頓。到了1775年6月17日，1萬5000名美國愛國民兵包圍大約6000英軍，他們才剛占領查爾斯頓（Charlestown）半島，可俯瞰波士頓的英軍陣地。英軍總司令湯瑪斯·蓋奇（Thomas Gage）命令曾在1759年攀登魁北克峭壁的威廉·豪將軍領導英軍打這場戰爭中的首場大型會戰。在砲擊過後，英軍部隊在半島上登陸，但總共進攻三次才擊退愛國民兵，英軍有超過1000人陣亡或負傷，愛國民兵則只傷亡450人而已。英軍到頭來只是獲得一場空洞的勝利，卻讓愛國民兵振奮，因為他們發現自己完全能夠與英國訓練有素、威名赫赫的紅衣步兵匹敵。

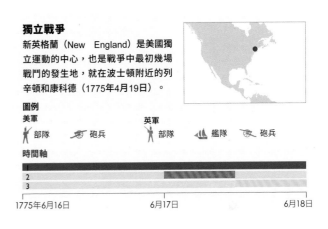

獨立戰爭

新英格蘭（New England）是美國獨立運動的中心，也是戰爭中最初幾場戰鬥的發生地，就在波士頓附近的列辛頓和康科德（1775年4月19日）。

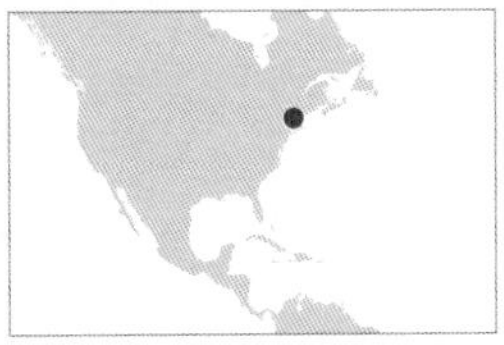

圖例

美軍：部隊　砲兵

英軍：部隊　艦隊　砲兵

時間軸

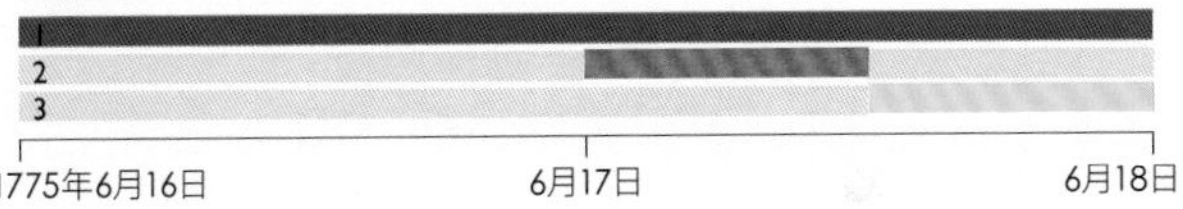
1
2
3
1775年6月16日
6月17日
6月18日

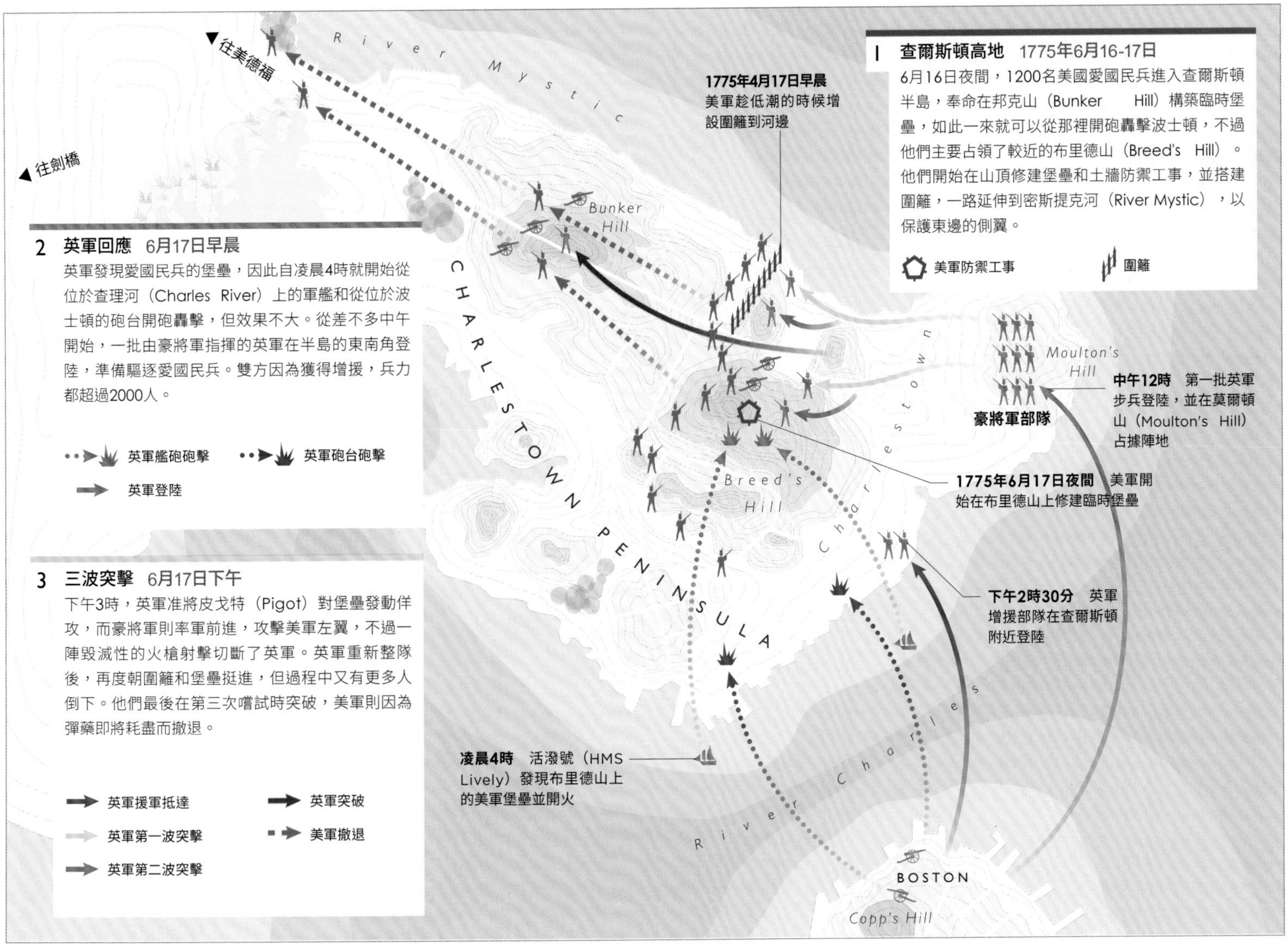
往美德福
往劍橋
River Mystic
Bunker Hill
Breed's Hill
Moulton's Hill
CHARLESTOWN PENINSULA
Charlestown
River Charles
BOSTON
Copp's Hill
1 查爾斯頓高地 1775年6月16-17日
6月16日夜間，1200名美國愛國民兵進入查爾斯頓半島，奉命在邦克山（Bunker Hill）構築臨時堡壘，如此一來就可以從那裡開砲轟擊波士頓，不過他們主要占領了較近的布里德山（Breed's Hill）。他們開始在山頂修建堡壘和土牆防禦工事，並搭建圍籬，一路延伸到密斯提克河（River Mystic），以保護東邊的側翼。
美軍防禦工事
圍籬
1775年4月17日早晨 美軍趁低潮的時候增設圍籬到河邊
2 英軍回應 6月17日早晨
英軍發現愛國民兵的堡壘，因此自凌晨4時就開始從位於查理河（Charles River）上的軍艦和從位於波士頓的砲台開砲轟擊，但效果不大。從差不多中午開始，一批由豪將軍指揮的英軍在半島的東南角登陸，準備驅逐愛國民兵。雙方因為獲得增援，兵力都超過2000人。
英軍艦砲砲擊
英軍砲台砲擊
英軍登陸
豪將軍部隊
中午12時 第一批英軍步兵登陸，並在莫爾頓山（Moulton's Hill）占據陣地
1775年6月17日夜間 美軍開始在布里德山上修建臨時堡壘
下午2時30分 英軍增援部隊在查爾斯頓附近登陸
3 三波突擊 6月17日下午
下午3時，英軍准將皮戈特（Pigot）對堡壘發動佯攻，而豪將軍則率軍前進，攻擊美軍左翼，不過一陣毀滅性的火槍射擊切斷了英軍。英軍重新整隊後，再度朝圍籬和堡壘挺進，但過程中又有更多人倒下。他們最後在第三次嘗試時突破，美軍則因為彈藥即將耗盡而撤退。
凌晨4時 活潑號（HMS Lively）發現布里德山上的美軍堡壘並開火
英軍援軍抵達
英軍第一波突擊
英軍第二波突擊
英軍突破
美軍撤退

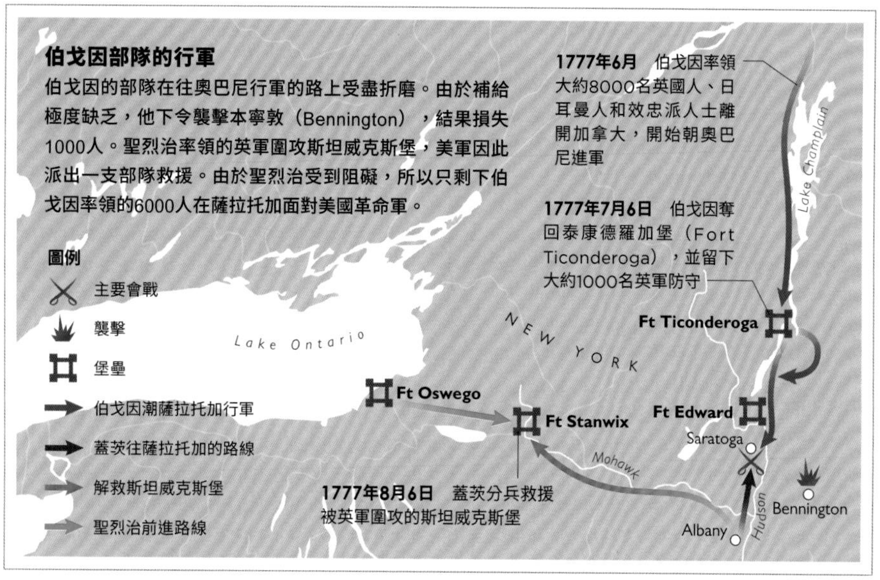
伯戈因部隊的行軍
伯戈因的部隊在往奧巴尼行軍的路上受盡折磨。由於補給極度缺乏，他下令襲擊本寧敦（Bennington），結果損失1000人。聖烈治率領的英軍圍攻斯坦威克斯堡，美軍因此派出一支部隊救援。由於聖烈治受到阻礙，所以只剩下伯戈因率領的6000人在薩拉托加面對美國革命軍。
圖例
主要會戰
襲擊
堡壘
伯戈因潮薩拉托加行軍
蓋茨往薩拉托加的路線
解救斯坦威克斯堡
聖烈治前進路線
1777年6月 伯戈因率領大約8000名英國人、日耳曼人和效忠派人士離開加拿大，開始朝奧巴尼進軍
1777年7月6日 伯戈因奪回泰康德羅加堡（Fort Ticonderoga），並留下大約1000名英軍防守
1777年8月6日 蓋茨分兵救援被英軍圍攻的斯坦威克斯堡
Lake Ontario
NEW YORK
Lake Champlain
Ft Ticonderoga
Ft Oswego
Ft Stanwix
Ft Edward
Saratoga
Mohawk
Hudson
Bennington
Albany

薩拉托加之役

這場在薩拉托加進行的戰役象徵英國在1777年企圖控制哈德遜河（Hudson River）河谷的作戰終結。這座河谷位於美國東岸的紐約北方，具備重要的戰略意義。

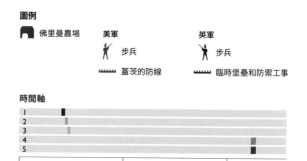

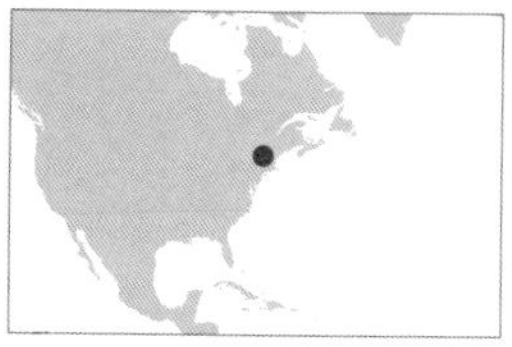

圖例

佛里曼農場

美軍
步兵
蓋茨的防線

英軍
步兵
臨時堡壘和防禦工事

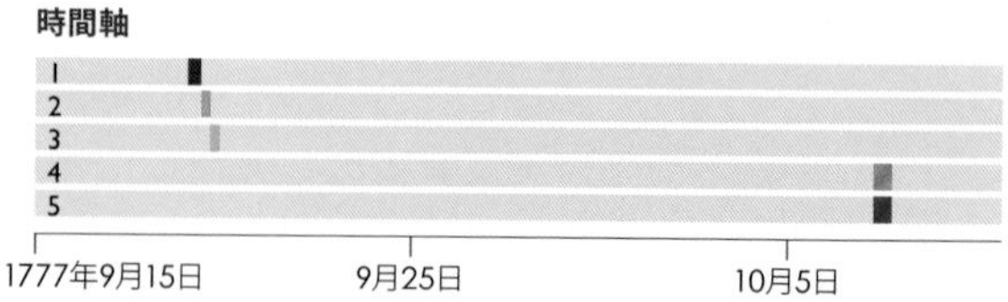

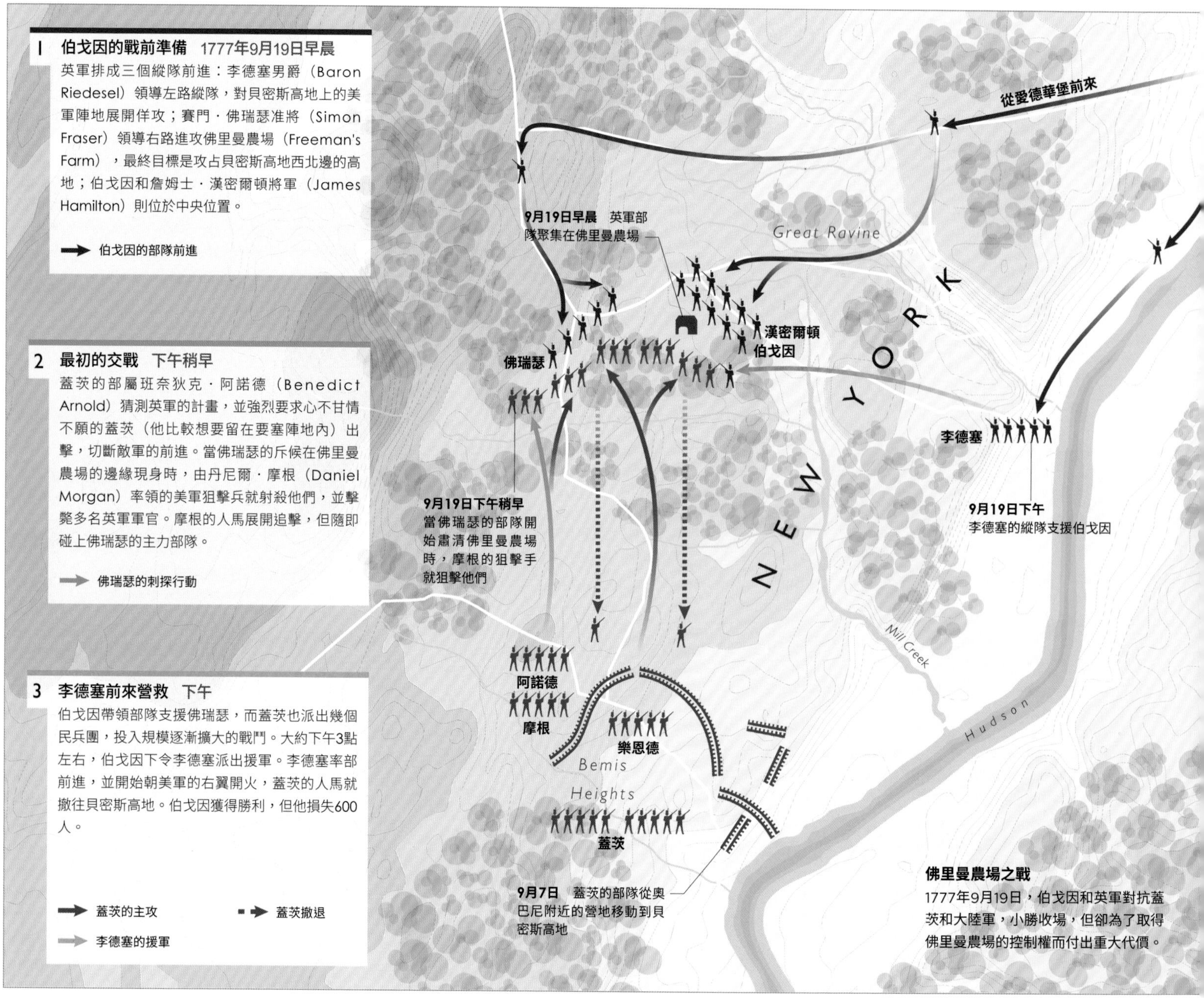
1 伯戈因的戰前準備 1777年9月19日早晨
英軍排成三個縱隊前進：李德塞男爵（Baron Riedesel）領導左路縱隊，對貝密斯高地上的美軍陣地展開佯攻；賽門．佛瑞瑟准將（Simon Fraser）領導右路進攻佛里曼農場（Freeman's Farm），最終目標是攻占貝密斯高地西北邊的高地；伯戈因和詹姆士．漢密爾頓將軍（James Hamilton）則位於中央位置。
伯戈因的部隊前進
2 最初的交戰 下午稍早
蓋茨的部屬班奈狄克．阿諾德（Benedict Arnold）猜測英軍的計畫，並強烈要求心不甘情不願的蓋茨（他比較想要留在要塞陣地內）出擊，切斷敵軍的前進。當佛瑞瑟的斥候在佛里曼農場的邊緣現身時，由丹尼爾．摩根（Daniel Morgan）率領的美軍狙擊兵就射殺他們，並擊斃多名英軍軍官。摩根的人馬展開追擊，但隨即碰上佛瑞瑟的主力部隊。
佛瑞瑟的刺探行動
3 李德塞前來營救 下午
伯戈因帶領部隊支援佛瑞瑟，而蓋茨也派出幾個民兵團，投入規模逐漸擴大的戰鬥。大約下午3點左右，伯戈因下令李德塞派出援軍。李德塞率部前進，並開始朝美軍的右翼開火，蓋茨的人馬就撤往貝密斯高地。伯戈因獲得勝利，但他損失600人。
蓋茨的主攻
蓋茨撤退
李德塞的援軍
從愛德華堡前來
9月19日早晨 英軍部隊聚集在佛里曼農場
Great Ravine
漢密爾頓
伯戈因
佛瑞瑟
NEW YORK
李德塞
9月19日下午 李德塞的縱隊支援伯戈因
9月19日下午稍早 當佛瑞瑟的部隊開始肅清佛里曼農場時，摩根的狙擊手就狙擊他們
Mill Creek
阿諾德
摩根
樂恩德
Bemis
Heights
蓋茨
Hudson
9月7日 蓋茨的部隊從奧巴尼附近的營地移動到貝密斯高地

佛里曼農場之戰
1777年9月19日，伯戈因和英軍對抗蓋茨和大陸軍，小勝收場，但卻為了取得佛里曼農場的控制權而付出重大代價。

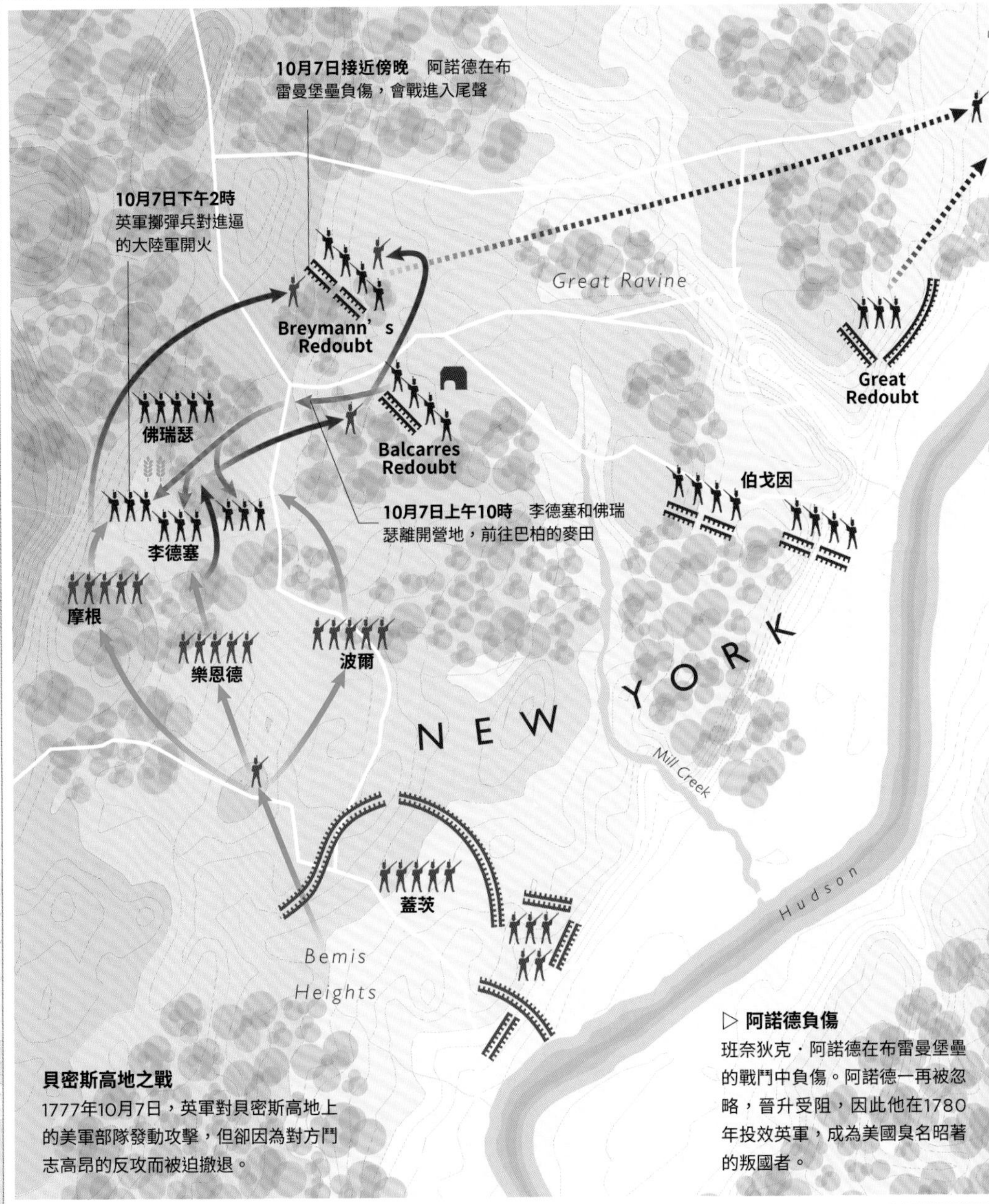
10月7日接近傍晚　阿諾德在布雷曼堡壘負傷，會戰進入尾聲
10月7日下午2時
英軍擲彈兵對進逼的大陸軍開火
Great Ravine
Breymann's Redoubt
佛瑞瑟
Balcarres Redoubt
Great Redoubt
伯戈因
10月7日上午10時　李德塞和佛瑞瑟離開營地，前往巴柏的麥田
李德塞
摩根
樂恩德
波爾
NEW YORK
Mill Creek
Hudson
蓋茨
Bemis Heights
4　伯戈因的戰前準備　1777年10月7日下午
伯戈因指派李德塞和佛瑞瑟進攻美軍的西側翼。他們把火砲拖進樹林裡後，就出現在巴柏（Barber）的麥田裡。蓋茨兵分三路進攻英軍，摩根的步槍兵在左，樂恩德將軍（Learned）在中，波爾（Poor）則在右。英軍側翼立即潰敗。
李德塞和佛瑞瑟部隊推進
巴柏的麥田
蓋茨部隊進攻
5　阿諾德挺過難關　下午
急於和英軍戰鬥的阿諾德（儘管蓋茨不想理他）率軍發動衝鋒，突破伯戈因戰線的中央。英軍撤退回到他們的堡壘，但他們在那裡又受到阿諾德和摩根的攻擊。布雷曼堡（Breymann Redoubt）的防守瓦解，英軍有全面潰敗的風險。由於佛瑞瑟戰死，他的部隊士氣崩壞，英軍撤退，最後在10月17日向蓋茨投降。
阿諾德的突破
英軍撤退

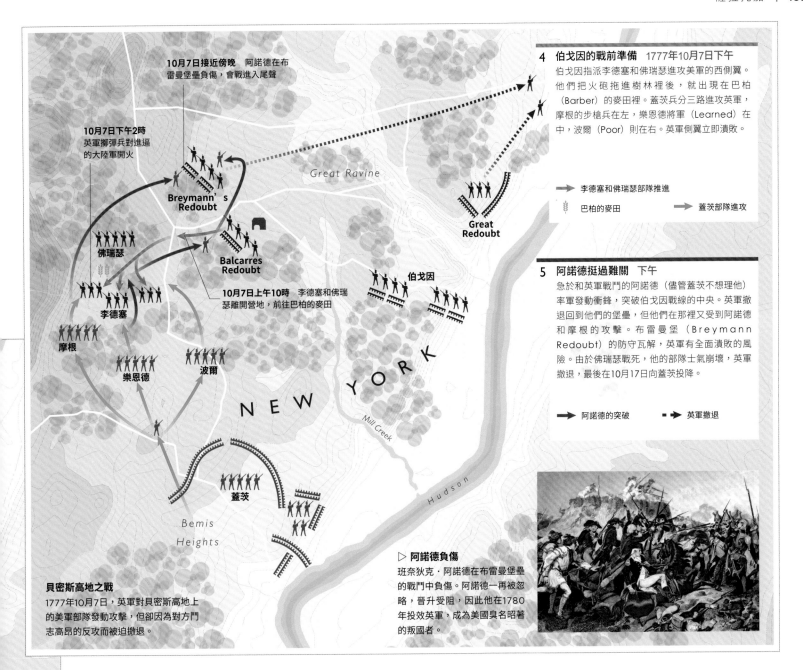

貝密斯高地之戰
1777年10月7日，英軍對貝密斯高地上的美軍部隊發動攻擊，但卻因為對方鬥志高昂的反攻而被迫撤退。

▷ **阿諾德負傷**
班奈狄克·阿諾德在布雷曼堡壘的戰鬥中負傷。阿諾德一再被忽略，晉升受阻，因此他在1780年投效英軍，成為美國臭名昭著的叛國者。

薩拉托加

1777年，在薩拉托加（Saratoga）附近進行的兩場會戰象徵著美國獨立戰爭的轉振點。大約6000名英軍及其盟軍士兵被俘，美國大陸軍（Continental Army）士氣大振，也促使法國加入戰局，對抗英國。

1777 年，也就是美國獨立戰爭（1775-83 年）爆發兩年後，英國方面擬定了一套永久平息叛亂的計畫。三支軍隊將會在港口城市奧巴尼（Albany）會師，並把新英格蘭殖民地－英國當局認為是叛亂的核心－從更效忠英國政府的中部和南部殖民地分離出來。約翰·伯戈因將軍（John Burgoyne）的部隊從加拿大向南進發，並和從西邊趕來巴里·聖烈治上校（Barry St Leger）率領的小部隊會師，第三支部隊則由威廉·豪將軍指揮，從紐約市（New York City）向北推進，從三個方向壓迫防守的美軍。

不過聖烈治朝奧巴尼的進展因為美軍在斯坦威克斯堡（Fort Stanwix）激烈抵抗而延遲，豪將軍則轉向進攻費城（Philadelphia），如此一來伯戈因就得獨自面對賀雷修·蓋茨將軍（Horatio Gates），他的大陸軍部隊規模較龐大且不斷增多，且他們已經占領通往奧巴尼道路上的貝密斯高地（Bemis Heights）。雙方的第一波交戰持續了幾個小時，美軍後退，但伯戈因損失了數百人。10 月 7 日，伯戈因企圖進攻美軍在貝密斯高地的陣地，但馬上被打敗，又損失數百人，他只得撤退，最後在 10 月 17 日投降。

圍攻約克鎮，1781年
這幅圖畫描繪美國獨立戰爭決定性勝利尾聲，也就是英軍在約克鎮（Yorktown）投降。法美軍隊和海軍用計包圍了由查爾斯·康沃利斯將軍（Charles Cornwallis）率領的英軍。

美國的軍隊

1775年4月，北美殖民地的叛軍和英軍爆發衝突。6月14日，第二次大陸會議（Second Continental Congress）批准建立大陸軍，以便和英軍作戰。

之所以會建立大陸軍，是因為他們認為一支受過訓練的軍隊（而不是公民組成的民兵）才可以讓殖民地有機會和英軍一戰。這支軍隊的第一批部隊是在波士頓圍城戰（Siege of Boston，1775 年 4 月－ 1776 年 3 月）期間就已經投入戰鬥的義勇兵，不久之後志願人員也紛紛入伍。但一直要到 1777 年，他們才算認真展開建軍的行動。

△ 有軍隊標誌的背包
如圖，大陸軍士兵使用的背包通常會繡上所屬團和連的番號，本圖中的背包為複製品。

大陸軍從一開始就處於劣勢，因為他們缺乏訓練，也沒有裝備、資金和制服，最初的戰場表現結果也是好壞參半。他們在紐約被擊敗，但在 1776 年的波士頓圍城戰獲勝。他們也在 1776 年時於特倫頓（Trenton）和普林斯頓（Princeton）小勝敵軍，但次年又在白蘭地（Brandywine）和日耳曼鎮（Germantown）戰敗。他們的第一場重大勝利是在薩拉托加（參見第 154-55 頁），並在 1778 年於蒙茅斯法院大樓（Monmouth Court House）的會戰裡占了上風，但在 1780 年時於康登（Camden）再次戰敗。

這支軍隊問題多多，但還是受到一些外國觀察家稱讚。他們的訓練、領導統御和裝備也隨著時間改進，但速度快慢不一，且國會資金也因為政治上意見不合或缺乏資源而無法穩定提供。最後，大陸軍能夠成功推翻英國當局，與其說是靠他們自己，更不如說更要歸功於法國和西班牙的介入。1783 年，13 個殖民地獨立後，國會的第一個法案就是解散大部分大陸軍。

喬治・華盛頓 1732－99年

在英法北美戰爭（1754－63年）期間，喬治・華盛頓（George Washington）擔任低階指揮職務，之後辭職並投身政界。大陸軍成立後，國會指派他出任總司令。他有優異的行政管理能力，也擅長教育訓練，在獨立戰爭期間美軍取得勝利的過程中扮演關鍵角色。1789 年，他成為美國正式建國後的第一任總統。

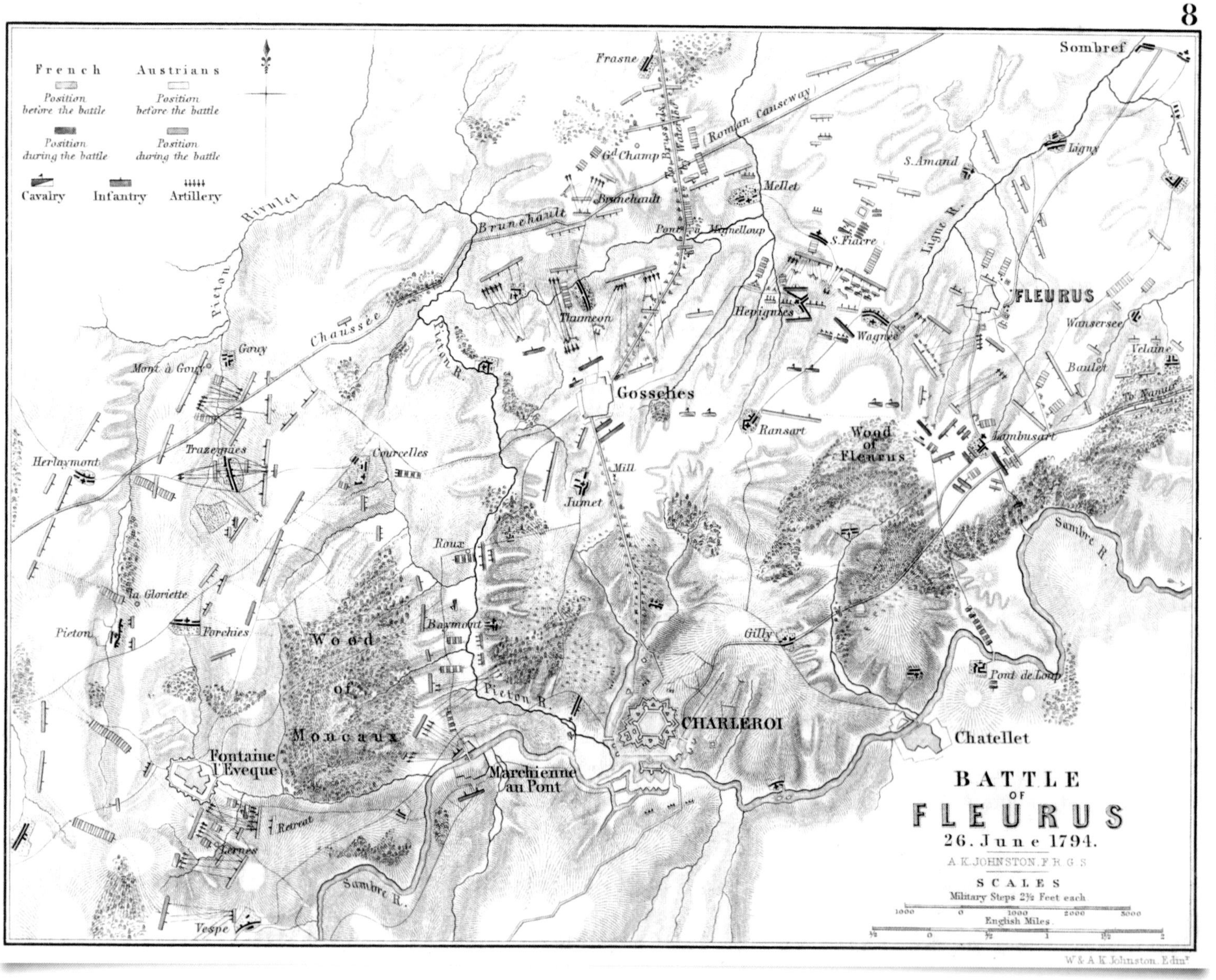

△ **1848年繪製的夫勒休斯會戰地圖**
這場會戰在1794年進行，位置在夏勒華的郊區，松布耳河（River Sambre）以北，也就是今日的比利時境內。它是法國革命戰爭時第一次反法同盟期間的關鍵會戰。

夫勒休斯

夫勒休斯會戰（Battle of Fleurus）最值得注意的就是軍隊首次在作戰中使用觀測用熱氣球，讓法國革命軍在對抗第一次反法同盟（1792-97年）時獲得最重要的勝利，因此能夠奪取比利時和荷蘭共和國。

1789 年法國大革命後，法國的共和政府遭到歐洲君主國家攻擊，因為他們害怕法國的理念會四處傳播。自 1793 年開始，法國人透過大量徵兵的手段，編組成龐大軍隊。1794 年 6 月 12 日，法軍將領朱爾當（Jourdan）和大約 7 萬名部隊圍攻夏勒華（Charleroi），到了 6 月 25 日，薩克森－科堡（Coburg）約西亞斯親王（Prince Josias）和大約 5 萬名奧地利及荷軍官兵抵達，打算排除圍城。不過約西亞斯親王來得太遲，無法救援夏勒華，因此他在 6 月 26 日布署五個縱隊，進攻圍繞城市呈弧形排列的法軍陣線，前衛部隊位於東北方的夫勒休斯（Fleurus）。由於觀測熱氣球進取者號（L'Entreprenant）不斷發出報告，讓朱爾當可以持續掌握奧軍動向。法軍的左右翼在剛開始時被擊退，但他們和中路有守住，直到朱爾當重新布署部隊。經過長達 15 小時的血腥戰鬥後，約西亞斯親王喪失作戰意志，奧軍撤退。對法國人來說，這場會戰是戰略勝利，使他們得以展開攻勢，兼併奧屬尼德蘭。

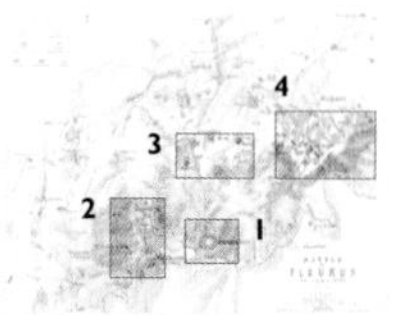

說明

1. 當奧軍部隊抵達準備解圍的時候，夏勒華在6月25日向朱爾當將軍投降。
2. 法軍左翼控制了法軍渡過松布耳河的逃離路線。
3. 位於朱美（Jumet）和朗薩爾（Ransart）的法軍預備隊增強了左右翼。
4. 奧軍占領隆布薩賀（Lambusart），但遭法軍援軍奪回。

金字塔會戰

1798年7月21日，在埃及金字塔附近的恩巴貝，拿破崙·波拿巴將軍領導的法軍透過創意運用大規模師級步兵方陣，戰勝了埃及的馬木路克軍隊。

1798 年 5 月，備受革命政府信賴的拿破崙將軍率領大約 30 艘軍艦和分成 400 艘運輸船的幾個師部隊，啟程前往埃及，展開入侵。他的目標是要獲取新的利益來源，同時封鎖英國經由紅海（Red Sea）通往印度的貿易路線。7 月 1 日，他率軍在埃及登陸，次日便拿下亞歷山卓，接著沿著尼羅河西岸一路往南，在 7 月 21 日於恩巴貝（Embabeh）迎戰馬木路克的酋長穆拉德·貝（Murad Bey）。在那天下午，6000 名馬木路克騎兵朝 2 萬 5000 名法軍衝鋒。法軍組成五個大型師級方戰，砲兵位於外圍，步兵則排列成六人縱深的隊形，保護位於中央的騎兵和輜重隊伍。方陣擊退了敵軍多次衝鋒，之後邦（Bon）指揮的師突襲恩巴貝（Embabeh），擊潰馬木路克駐軍，許多埃及士兵在試著橫渡尼羅河逃亡時溺斃。馬木路克軍隊後來放棄開羅，被拿破崙占領，但不到兩週之後，英軍就在尼羅河河口海戰（Battle of the Nile）殲滅了法軍艦隊。

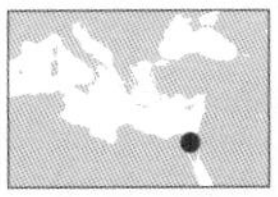

說明

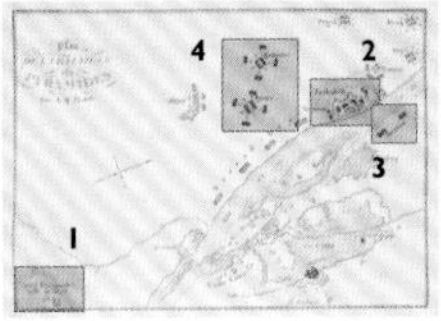

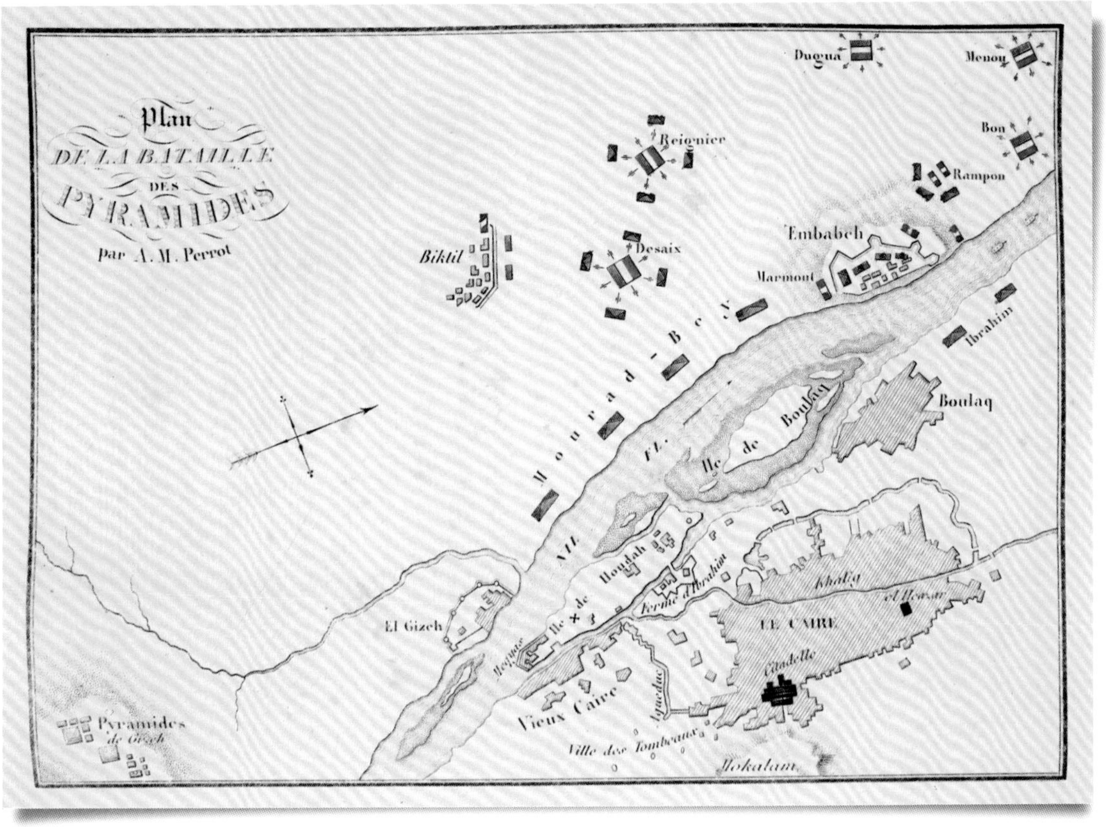

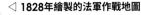

◁ **1828年繪製的法軍作戰地圖**
金字塔會戰（Battle of the Pyramids）發生在恩巴貝，位於尼羅河西岸，距離開羅6公里，距離吉薩（Giza）的金字塔則有15公里。

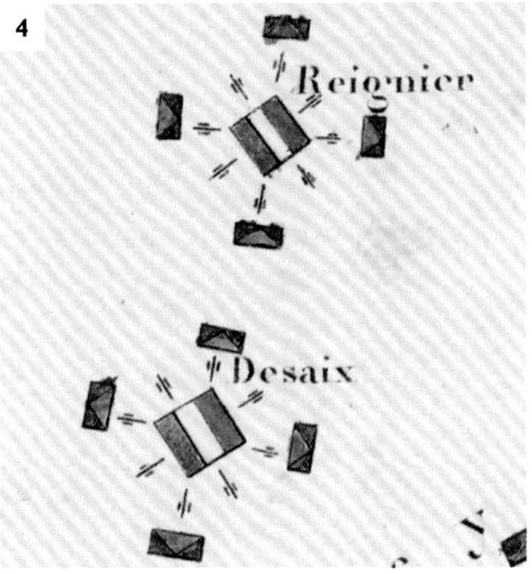

△ **集中的步兵和火砲**
拿破崙的大步兵方陣證明對付馬木路克的騎兵格外有效。這可說是拿破崙唯一的重大戰術創新。

▽ **埃及預備隊**
當時和穆拉德共同統治埃及的易卜拉辛·貝（Ibrahim Bey）統領第二支埃及部隊，但卻留在東岸，沒有參與會戰。

△ **地標附近的會戰**
這場會戰以金字塔為名，不過實際發生在遠一點的地方，但描繪這場會戰的畫作時常會畫上此知名地標。

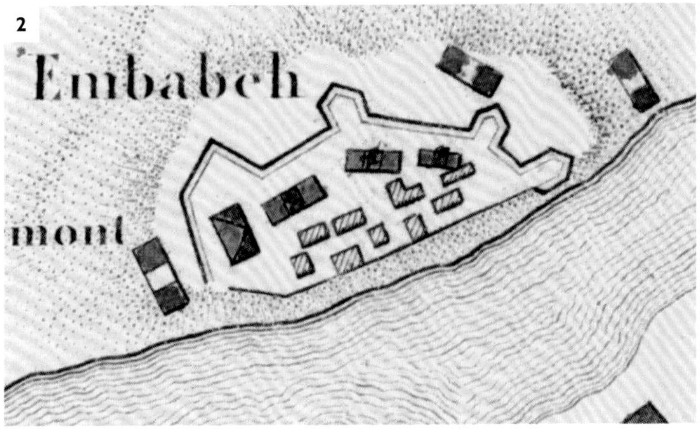

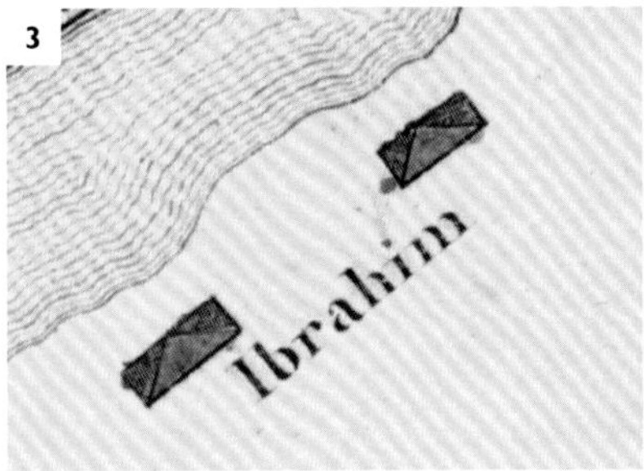

◁ **戰略目標**
恩巴貝（今日的因巴巴〔Imbaba〕）是上尼羅河三角洲的重要市集城鎮，法軍在作戰期間突襲此地。

往馬倫哥之路

1800年5月初，拿破崙祕密率軍通過大聖伯納山口進入義大利，此外還有更多法軍從更北邊的地方越過阿爾卑斯山。法軍向南推進，奪取米蘭、帕維亞、皮亞辰札（Piacenza）和斯特拉台拉（Stradella），並切斷東邊沿著波河（Po River）的奧軍主要補給線。不過奧軍將領歐特（Ott）透過圍城戰法，在6月4日拿下熱那亞（Genoa）之後，更多奧軍部隊就可轉用於對抗拿破崙的威脅，歐特因此下令他們朝亞力山德前進。

圖例

主要會戰

法軍部隊 指揮官 法軍前進

奧軍部隊 指揮官 奧軍動向

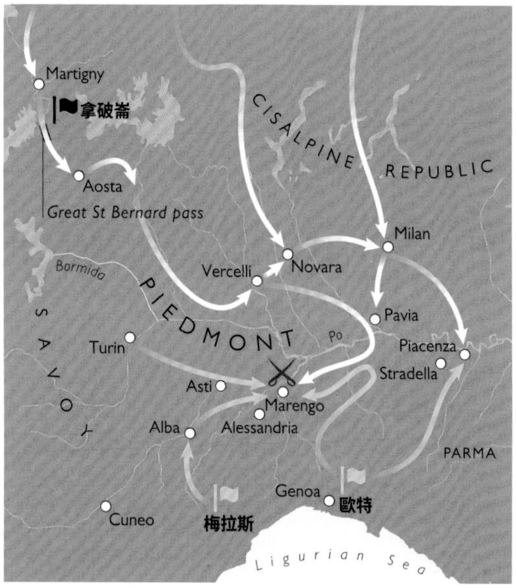
Martigny
拿破崙
CISALPINE REPUBLIC
Aosta
Great St Bernard pass
Milan
Bormida
Vercelli
Novara
PIEDMONT
Pavia
SAVOY
Turin
Po
Piacenza
Stradella
Asti
Marengo
Alessandria
Alba
PARMA
Genoa
歐特
Cuneo
梅拉斯
Ligurian Sea

義大利的衝突

拿破倫在亞力山德城外馬倫哥的平原上獲勝還不到一天，奧地利當局就同意從義大利西北部撤退，並終止在義大利的軍事作戰行動。

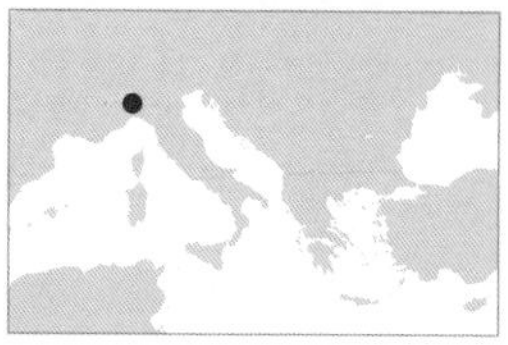

圖例

城鎮

奧軍部隊：指揮官、騎兵、步兵

法軍部隊：指揮官、騎兵、步兵、砲兵

時間軸

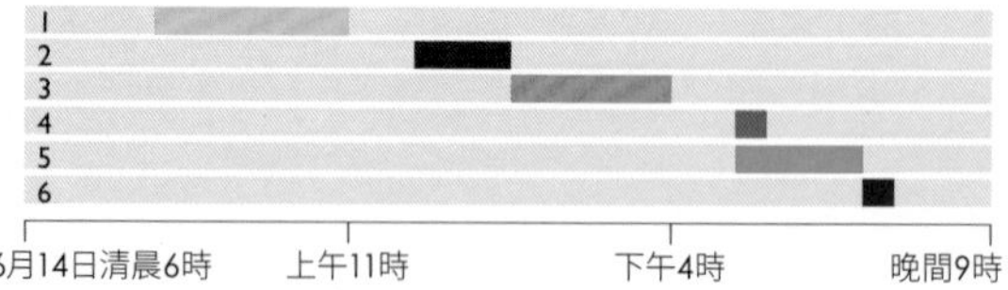
1
2
3
4
5
6
6月14日清晨6時
上午11時
下午4時
晚間9時

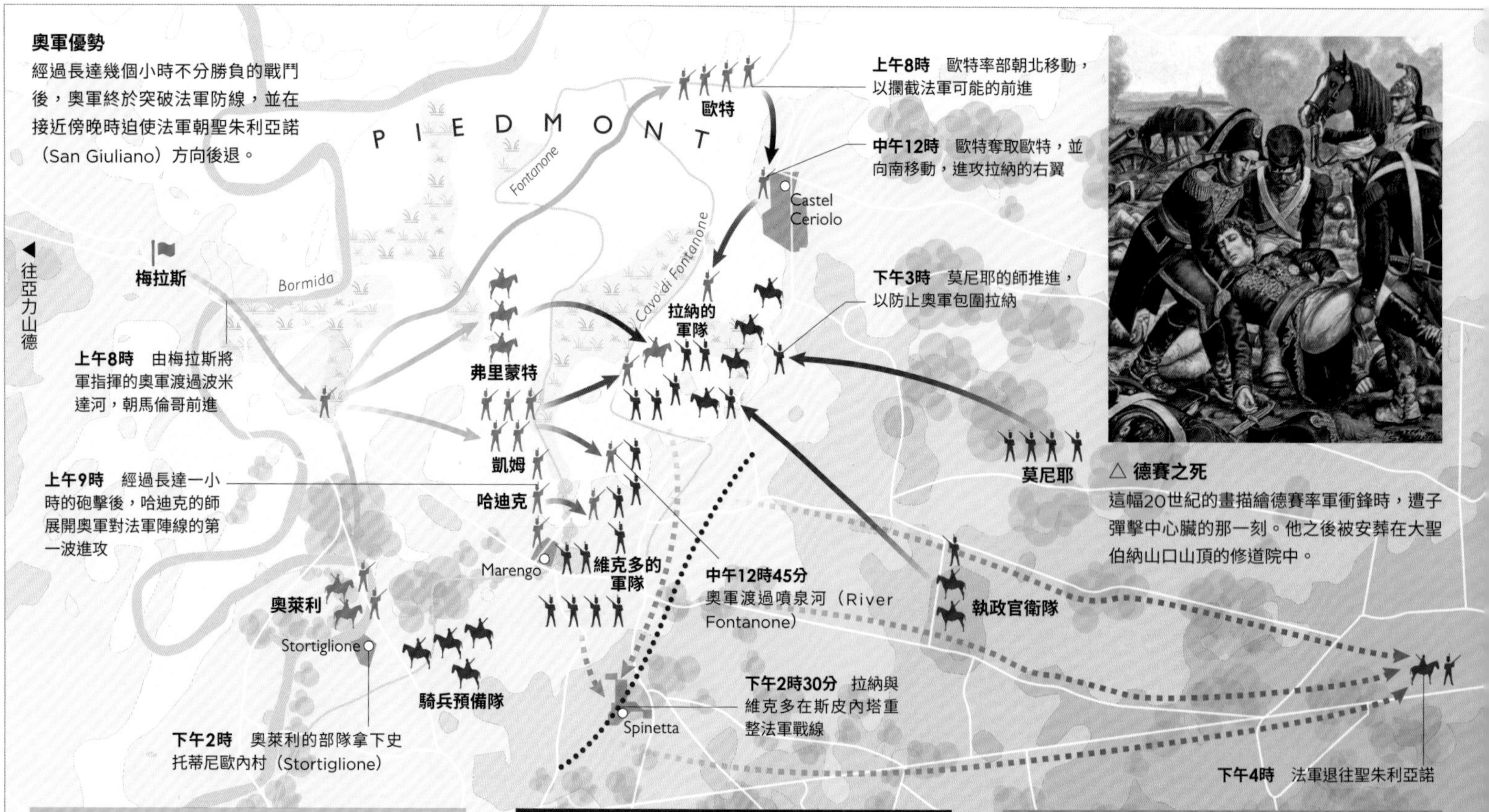
奧軍優勢
經過長達幾個小時不分勝負的戰鬥後，奧軍終於突破法軍防線，並在接近傍晚時迫使法軍朝聖朱利亞諾（San Giuliano）方向後退。
PIEDMONT
Fontanone
歐特
上午8時 歐特率部朝北移動，以攔截法軍可能的前進
中午12時 歐特奪取歐特，並向南移動，進攻拉納的右翼
Castel Ceriolo
Cavo di Fontanone
◀往亞力山德
梅拉斯
Bormida
上午8時 由梅拉斯將軍指揮的奧軍渡過波米達河，朝馬倫哥前進
拉納的軍隊
下午3時 莫尼耶的師推進，以防止奧軍包圍拉納
弗里蒙特
凱姆
莫尼耶
哈迪克
上午9時 經過長達一小時的砲擊後，哈迪克的師展開奧軍對法軍陣線的第一波進攻
Marengo
維克多的軍隊
中午12時45分 奧軍渡過噴泉河（River Fontanone）
執政官衛隊
奧萊利
Stortiglione
騎兵預備隊
下午2時30分 拉納與維克多在斯皮內塔重整法軍戰線
Spinetta
下午2時 奧萊利的部隊拿下史托蒂尼歐內村（Stortiglione）
下午4時 法軍退往聖朱利亞諾

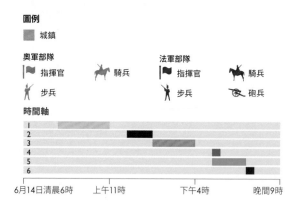

△ **德賽之死**
這幅20世紀的畫描繪德賽率軍衝鋒時，遭子彈擊中心臟的那一刻。他之後被安葬在大聖伯納山口山頂的修道院中。

1 第一波攻擊 6月14日上午8-11時

奧軍由弗里蒙特上校（Frimont）擔任前鋒，渡過波米達河（River Bormida）朝馬倫哥前進。奧萊利將軍（O'Reilly）轉向南方，組成奧軍的右翼，而歐特將軍則率領6000人在東北方待命。位於奧軍中央哈迪克（Hadik）和凱姆（Kaim）的師發動第一波突擊，被維克多（Victor）的步兵擊退。到了上午11時，拿破崙才想通他正在面對奧軍的大攻勢，於是下令預備隊推進，並召回德賽投入戰鬥。

奧軍前進 最初進攻

2 奧軍突破 中午12時－下午1時30分

到了中午，歐特已經奪取了切里奧羅堡（Castel Ceriolo），並開始向南挺進，進攻法軍右翼，此時他們也正遭受來自凱姆的壓力。經過幾個小時在中路進行的來回進攻和反攻之後，備受重壓的法軍不但處於一打二的劣勢，身心俱疲且彈藥耗盡，終於潰敗。奧軍繼續向前壓迫，撕裂敵軍戰線，法軍開始撤退。

歐特挺進 進攻法軍右翼

3 法軍撤退 下午1時30分－4時

維克多和拉納（Lannes）朝斯皮內塔（Spinetta）撤退，並在後方順利建立一道法軍的新防線。拿破崙下令莫尼耶（Monnier）的師和執政官衛隊（Consular Guard）在右翼和歐特的部隊交戰，但當弗里蒙特的騎兵殲滅衛隊時，法軍又朝聖朱利亞諾後退。

法軍朝斯皮內塔撤退 法軍衝鋒

法軍新防線 法軍撤退

莫尼耶和執政官衛隊推進

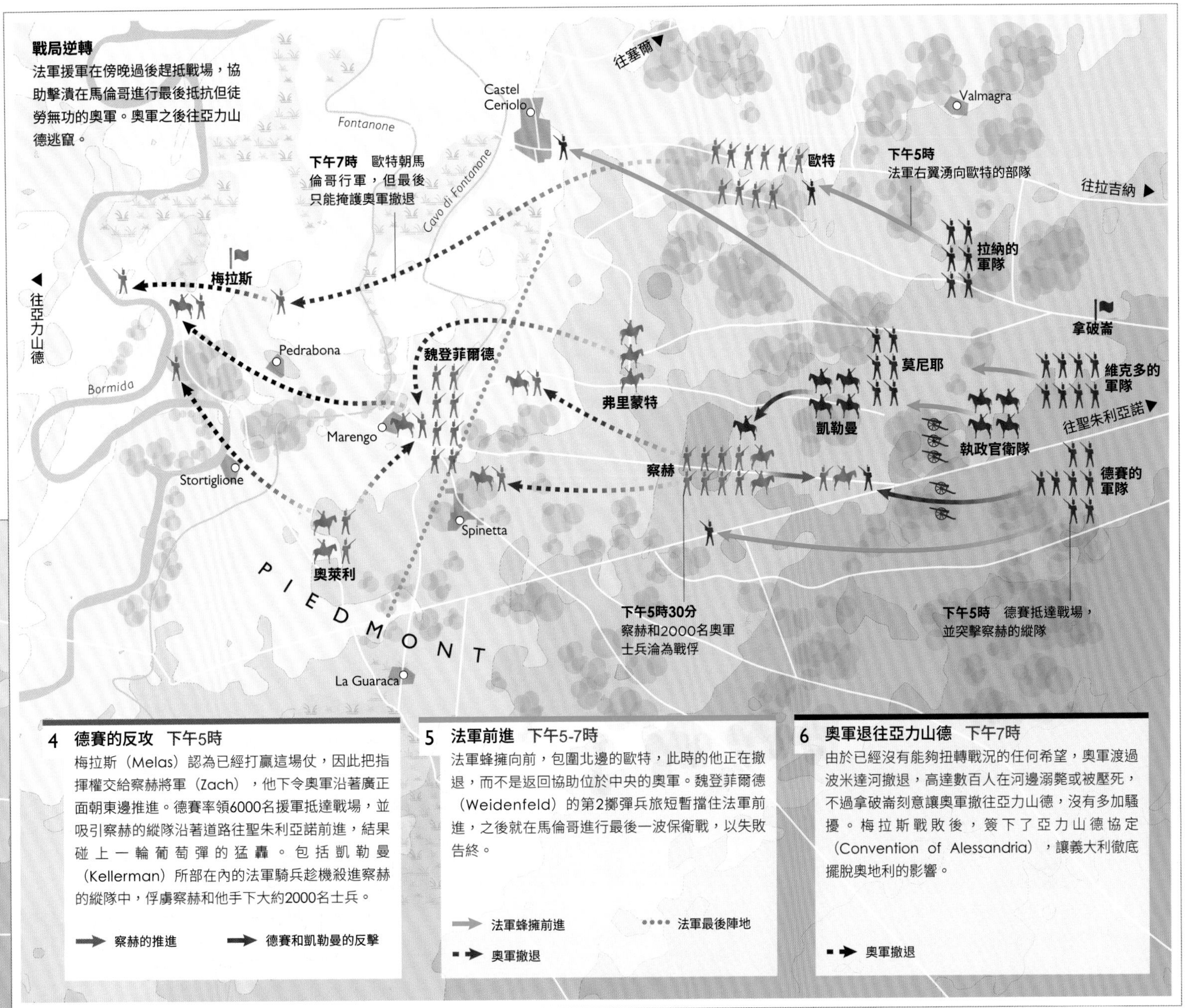
戰局逆轉
法軍援軍在傍晚過後趕抵戰場，協助擊潰在馬倫哥進行最後抵抗但徒勞無功的奧軍。奧軍之後往亞力山德逃竄。
Castel Ceriolo
往塞爾
Valmagra
Fontanone
Cavo di Fontanone
下午7時　歐特朝馬倫哥行軍，但最後只能掩護奧軍撤退
歐特
下午5時
法軍右翼湧向歐特的部隊
往拉吉納
拉納的軍隊
梅拉斯
往亞力山德
拿破崙
Pedrabona
魏登菲爾德
莫尼耶
維克多的軍隊
Bormida
弗里蒙特
凱勒曼
往聖朱利亞諾
Marengo
執政官衛隊
察赫
德賽的軍隊
Stortiglione
Spinetta
奧萊利
PIEDMONT
下午5時30分
察赫和2000名奧軍士兵淪為戰俘
下午5時　德賽抵達戰場，並突擊察赫的縱隊
La Guaraca
4　德賽的反攻　下午5時
梅拉斯（Melas）認為已經打贏這場仗，因此把指揮權交給察赫將軍（Zach），他下令奧軍沿著廣正面朝東邊推進。德賽率領6000名援軍抵達戰場，並吸引察赫的縱隊沿著道路往聖朱利亞諾前進，結果碰上一輪葡萄彈的猛轟。包括凱勒曼（Kellerman）所部在內的法軍騎兵趁機殺進察赫的縱隊中，俘虜察赫和他手下大約2000名士兵。
察赫的推進
德賽和凱勒曼的反擊
5　法軍前進　下午5-7時
法軍蜂擁向前，包圍北邊的歐特，此時的他正在撤退，而不是返回協助位於中央的奧軍。魏登菲爾德（Weidenfeld）的第2擲彈兵旅短暫擋住法軍前進，之後就在馬倫哥進行最後一波保衛戰，以失敗告終。
法軍蜂擁前進
法軍最後陣地
奧軍撤退
6　奧軍退往亞力山德　下午7時
由於已經沒有能夠扭轉戰況的任何希望，奧軍渡過波米達河撤退，高達數百人在河邊溺斃或被壓死，不過拿破崙刻意讓奧軍撤往亞力山德，沒有多加騷擾。梅拉斯戰敗後，簽下了亞力山德協定（Convention of Alessandria），讓義大利徹底擺脫奧地利的影響。
奧軍撤退

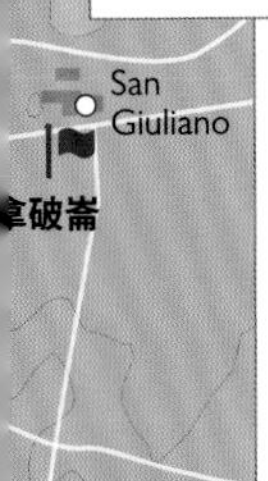
San Giuliano
拿破崙

馬倫哥

1800年6月14日，拿破崙跨越阿爾卑斯山進入義大利後在馬倫哥面對奧軍，獲得了險勝。這場會戰有助於瓦解威脅到革命法國的第二次反法同盟，並鞏固了拿破崙做為法國救星的聲望。

到了 1800 年，法國已歷經了超過十年的革命動亂，以及和其他歐洲強權經年累月的戰爭。如今他們面對第二次反法同盟（包括奧地利、俄羅斯、英國和土耳其），並已經在日耳曼、荷蘭和義大利境內被擊退。1799 年 10 月，在埃及對抗過英國人之後，拿破崙返回法國，解散不得人心的督政府，用新成立的執政府取代，並把自己列為三位執政官之一。他企圖提振士氣、強化政治地位，因此前往義大利，希望可以和奧地利軍隊作戰並取得勝利，以強制對方接受和平解決方案。拿破崙直接指揮後備軍（Reserve Army），行軍穿越海拔超過 2500 公尺高的大聖伯納山口（Great St. Bernard Pass），進入義大利西北部，增援已經在當地作戰的法軍。他率軍近逼位於亞力山德的奧軍，但卻誤判敵軍會逃跑而不是戰鬥，因此派遣手下將領德賽（Desaix）和拉波佩（La Poype）前往封鎖對方的逃脫路線。結果證明他失算了：他受到奇襲，當奧軍進攻馬倫哥（Marengo）時，他幾乎一敗塗地。

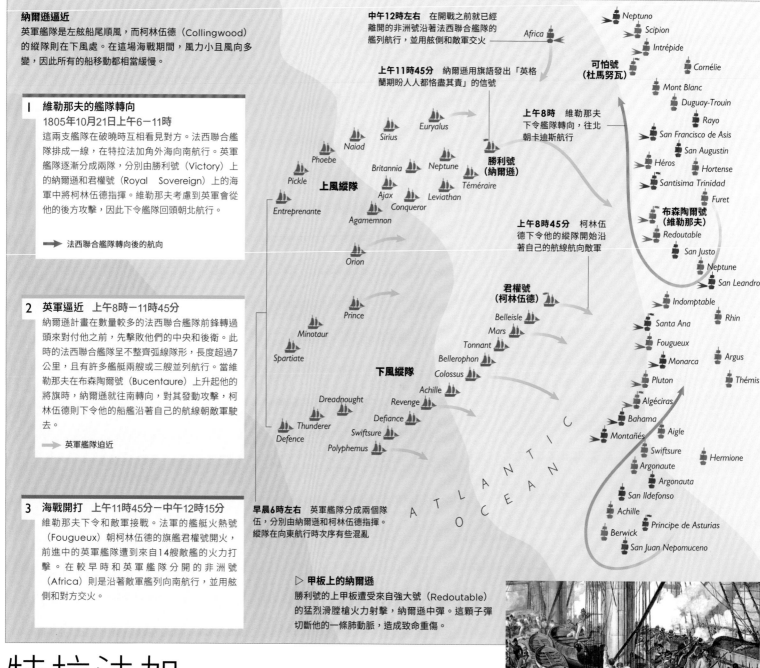

納爾遜逼近

英軍艦隊是左舷船尾順風，而柯林伍德（Collingwood）的縱隊則在下風處。在這場海戰期間，風力小且風向多變，因此所有的船移動都相當緩慢。

1 維勒那夫的艦隊轉向

1805年10月21日上午6－11時

這兩支艦隊在破曉時互相看見對方。法西聯合艦隊排成一線，在特拉法加角外海向南航行。英軍艦隊逐漸分成兩隊，分別由勝利號（Victory）上的納爾遜和君權號（Royal Sovereign）上的海軍中將柯林伍德指揮。維勒那夫考慮到英軍會從他的後方攻擊，因此下令艦隊回頭朝北航行。

➡ 法西聯合艦隊轉向後的航向

2 英軍逼近 上午8時－11時45分

納爾遜計畫在數量較多的法西聯合艦隊前鋒轉過頭來對付他之前，先擊敗他們的中央和後衛。此時的法西聯合艦隊呈不整齊弧線隊形，長度超過7公里，且有許多艦艇兩艘或三艘並列航行。當維勒那夫在布森陶爾號（Bucentaure）上升起他的將旗時，納爾遜就往南轉向，對其發動攻擊，柯林伍德則下令他的船艦沿著自己的航線朝敵軍駛去。

➡ 英軍艦隊迫近

3 海戰開打 上午11時45分－中午12時15分

維勒那夫下令和敵軍接戰。法軍的艦艇火熱號（Fougueux）朝柯林伍德的旗艦君權號開火，前進中的英軍艦隊遭到來自14艘敵艦的火力打擊。在較早時和英軍艦隊分開的非洲號（Africa）則是沿著敵軍艦列向南航行，並用舷側和對方交火。

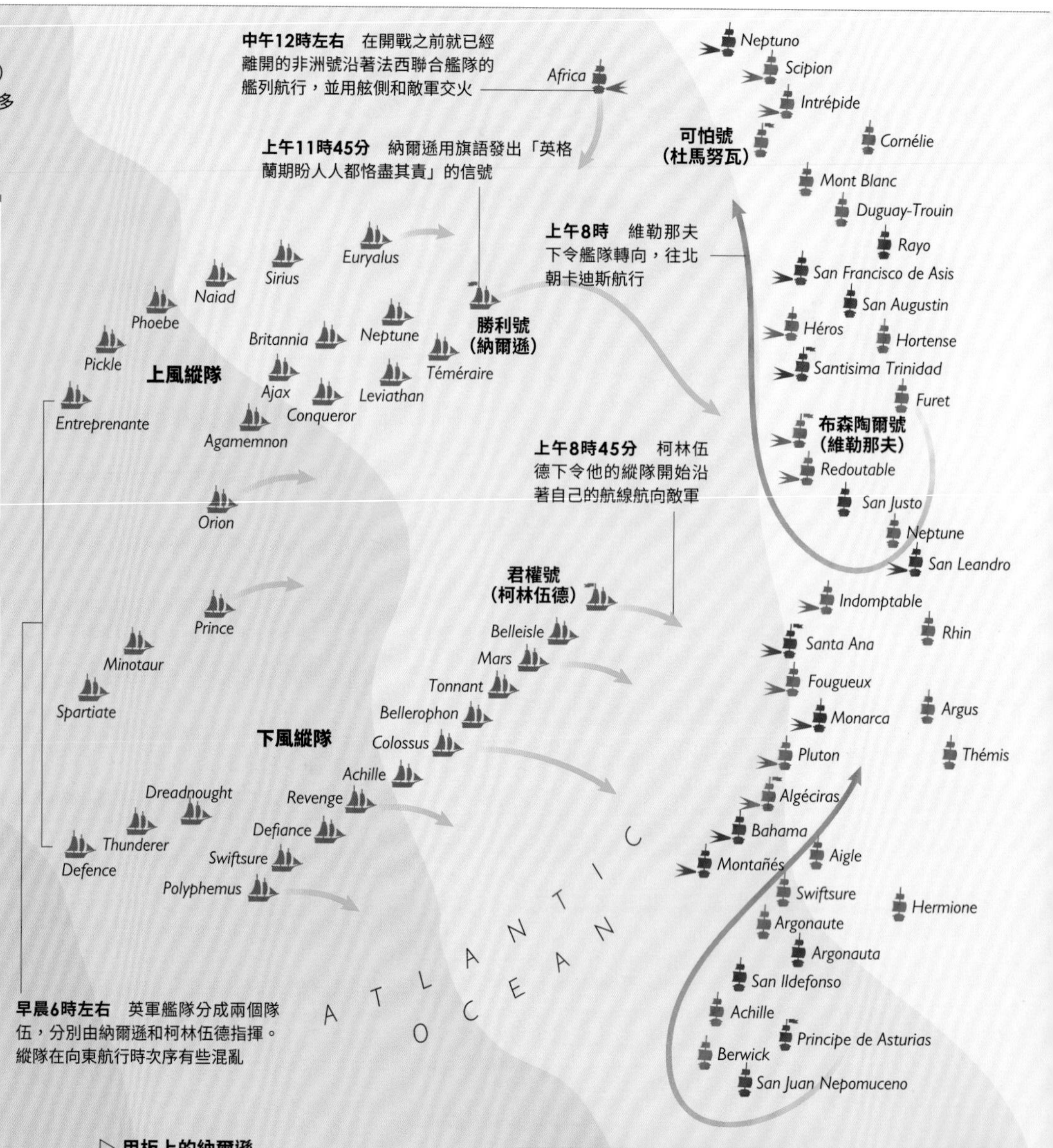

▷ **甲板上的納爾遜**

勝利號的上甲板遭受來自強大號（Redoutable）的猛烈滑膛槍火力射擊，納爾遜中彈。這顆子彈切斷他的一條肺動脈，造成致命重傷。

特拉法加

特拉法加是拿破崙戰爭時期規模最大的海戰。這場海上嚴酷考驗確立了英國成為世界級海上霸權國家，而海軍上將賀雷修・納爾遜則成為當時首屈一指的海軍將領。

1804年，英國的一場攻擊行動促使西班牙投入第三次反法同盟戰爭（War of the Third Coalition，1803-1806），成為法國的盟友，提供拿破崙直接挑戰英國所需的船艦。1805年9月，由33艘船組成的法西聯合艦隊由海軍中將維勒那夫（Villeneuve）指揮，停泊在西班牙西南部的卡迪斯，由納爾遜指揮的27艘戰列艦則在一旁小心翼翼地監視。10月19日，維勒那夫率艦離開卡迪斯，以支援拿破崙在義大利的作戰。納爾遜窮追不捨，最後於10月21日在特拉法加角（Cape of Trafalgar）外海追上。納爾遜雖然船艦和火砲的數量都不如對方，但卻放膽進攻，只要一不小心就可能以悲劇收場。他沒有採取組成和敵方平行的陣形並用舷側交火的戰術，反而是把麾下船艦分成兩個縱隊，直接朝對方駛去。領頭的船艦先是暴露在敵火之下，但之後直直地穿過法西艦隊的縱隊，結果爆發納爾遜所謂「混亂」的戰鬥，有利於英軍更加優越的砲術和操艦技術。這樣的戰術決策證明相當值回票價：英軍沒有損失任何一艘船，但法西艦隊有超過20艘船被俘虜。拿破崙入侵英國的野心受到慘痛打擊，同時確立了英國的海軍霸權。

入侵艦隊

拿破崙下令組建法西聯合艦隊，計畫入侵英格蘭。納爾遜來回越過大西洋，追擊這支新的聯合艦隊，終於在卡迪斯附近的西班牙海岸外追上。

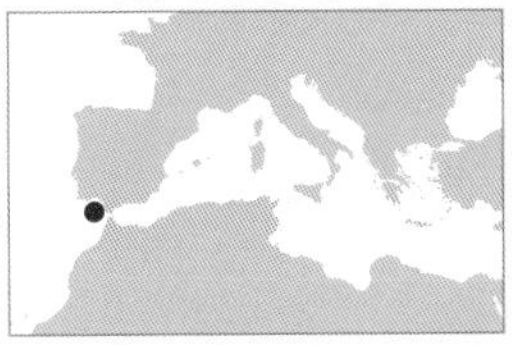

圖例

船艦	英軍
旗艦	法軍
船艦開砲	西軍

時間軸

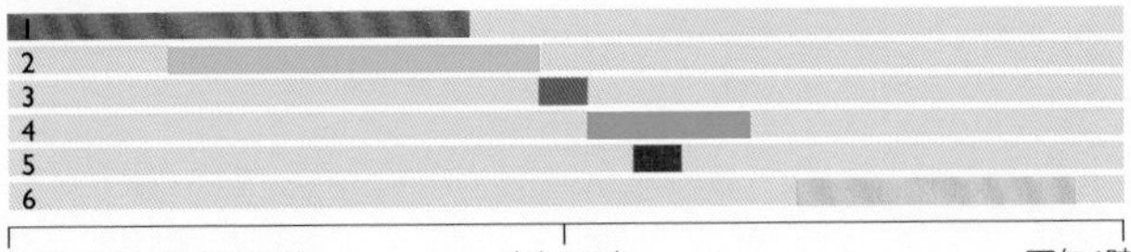
1
2
3
4
5
6
1805年10月21日清晨6時
中午12時
下午6時

納爾遜與勝利號

納爾遜的旗艦勝利號領導進攻縱隊，遭受敵方火力猛烈轟擊，但它還是突破敵軍戰線，結果維勒那夫的旗艦布森陶爾號遭到勝利號舷側火砲毀天滅地的零距離猛轟。勝利號的舵柄繩也被打斷，因此必須從下層甲板轉動它的舵，讓它可以和強大號並排航行。法軍陸戰隊對勝利號開火，使納爾遜受到致命重傷。下午4時30分，納爾遜在聽到英軍獲勝的消息後去世。

J.M.W.・透納（Turner）筆下的特拉法加之役

海上混戰

一衝進法西聯合艦隊的陣容，經驗豐富的皇家海軍砲手就造成嚴重破壞。法西聯合艦隊的船隻無法製造出同等程度的傷害。

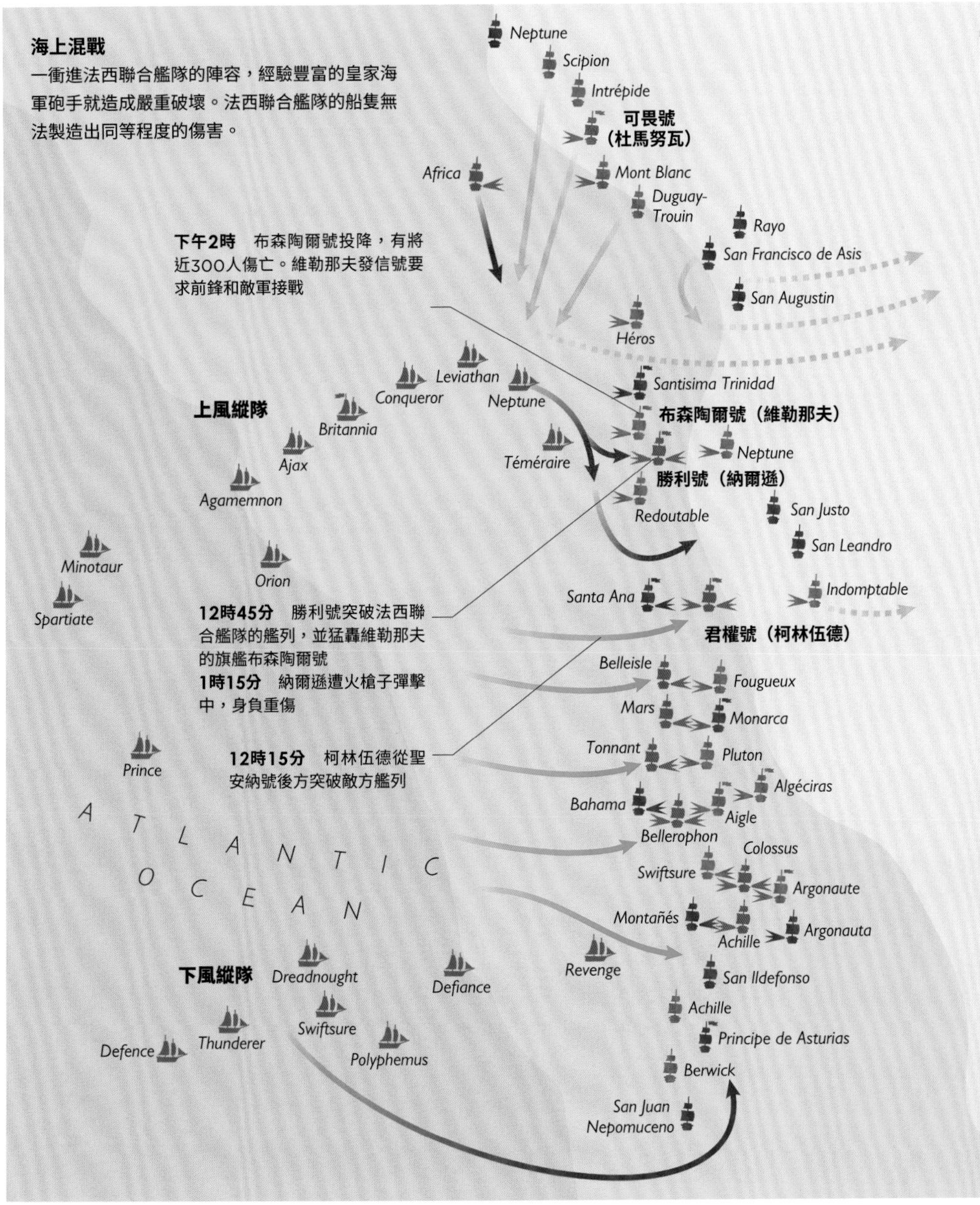
Neptune
Scipion
Intrépide
可畏號（杜馬努瓦）
Africa
Mont Blanc
Duguay-Trouin
Rayo
San Francisco de Asis
San Augustin
Héros
下午2時　布森陶爾號投降，有將近300人傷亡。維勒那夫發信號要求前鋒和敵軍接戰
Santisima Trinidad
布森陶爾號（維勒那夫）
Leviathan
Conqueror
Neptune
上風縱隊
Britannia
Ajax
Téméraire
Neptune
勝利號（納爾遜）
Agamemnon
Redoutable
San Justo
San Leandro
Minotaur
Orion
Spartiate
Santa Ana
Indomptable
12時45分　勝利號突破法西聯合艦隊的艦列，並猛轟維勒那夫的旗艦布森陶爾號
1時15分　納爾遜遭火槍子彈擊中，身負重傷
君權號（柯林伍德）
Belleisle
Fougueux
Mars
Monarca
Tonnant
Pluton
Prince
12時15分　柯林伍德從聖安納號後方突破敵方艦列
Algéciras
Bahama
Aigle
Bellerophon
Colossus
Swiftsure
Argonaute
ATLANTIC OCEAN
Montañés
Achille
Argonauta
下風縱隊
Dreadnought
Defiance
Revenge
San Ildefonso
Swiftsure
Achille
Thunderer
Defence
Polyphemus
Principe de Asturias
Berwick
San Juan Nepomuceno

6 法西聯合艦隊前鋒接戰，海戰結束

下午2時30分－5時30分

隨著法西聯合艦隊艦列的中央和後方都已經和敵方打得難分難捨，可畏號（Formidable）上的杜馬努瓦少將（Dumanoir）轉過頭來，帶領幾艘前鋒的艦船和從納爾遜縱隊脫隊的敵艦交戰。不過由於他的艦隊後方船隻已經被徹底擊垮，杜馬努瓦因此下令停止接戰，並脫離戰場，朝直布羅陀海峽（Straits of Gibraltar）方向駛去。

法西聯合艦隊前鋒前進　法軍和西軍船隻逃跑

5 納爾遜加入混戰

中午12時45分－下午1時15分

中午12時45分，納爾遜的旗艦勝利號穿過法西聯合艦隊的艦列，並且對著布森陶爾號從頭到尾進行鋪天蓋地的舷側齊射。泰梅艾爾號（Temeraire）、征服者號（Conqueror）和海神號（Neptune）加入戰局，而勝利號的桅桿則和強大號的卡在一起。納爾遜被一名法軍火槍兵開槍擊中肩膀，因此被抬到下層甲板。泰梅艾爾號對強大號開火，以阻止它的士兵登上勝利號。

納爾遜的縱隊和敵軍接戰

4 柯林伍德縱隊突破敵方艦列

中午12時15分－下午2時

就在中午過後，柯林伍德的君權號穿過火熱號、不屈號（Indomptable）、聖胡斯托號（San Justo）和聖里安卓號（San Leandro）的交叉火網，再從聖安納號（Santa Ana）後方突破敵軍艦列。之後柯林伍德就被孤立在那裡，直到他手下的第一群其餘艦隻跟敵方接戰為止。到了大約1時30分左右，第二群艦隻包圍了法西聯合艦隊後方，加入大混戰的行列。

柯林伍德的第一群艦隻　柯林伍德的第二群艦隻

納爾遜的海軍

1793-1815年間，英國皇家海軍獲得一連串海戰勝利，成為世界海洋上的霸主，其中有許多都和賀雷修·納爾遜息息相關、或是直接由他指揮。皇家海軍的成功是建立在砲術、領導統御和進攻精神上。

△ 小而猛
海軍大砲裝在有輪子的車上，開火時會因為後座力而向後滑動。這門6磅砲是船上口徑最小的砲。

皇家海軍（Royal Navy）的軍艦和被它一再擊敗的其他歐洲國家海軍的相比，並沒有格外優越。它同時擁有兩層或三層甲板的戰列艦，每艘擁有 74-120 門火砲，單甲板的巡防艦也是當時的典型船型。在英國最聞名遐邇的海軍將領納爾遜指揮下，皇家海軍每天都要練習砲術，這點跟它的敵人有所不同。在以傳統方式進行的海戰當中，納爾遜打破常規路線的戰術使麾下砲手有最大的機會，可以運用他們演練多時的舷側齊射痛擊敵人，也就是從船的某一個側面同時發射火砲。皇家海軍的「戰爭條款」（Articles of War）是指導海軍行為守則的相關規定，要求所有指揮官抓住每一個機會，積極主動地攻擊敵軍，這種攻勢精神還因為可以從敵艦奪取金錢財寶作為獎勵而更加根深蒂固。

多元化團體

儘管如此，納爾遜時期的皇家海軍仍稱不上是完美的戰爭機器。在戰爭期間，皇家海軍絕大部分水手都是「強迫徵召」民間船員入伍參軍，若是不敷需求，水手行伍中還會出現不是船員的人，甚至是罪犯。這些形形色色、各種出身的船員需要透過嚴刑峻法（包括鞭笞）才能為持紀律。雖然有時會出現嘩變事件，但整體而言，士氣通常高得令吃驚。雖然用人唯親的狀況嚴重，但許多軍官也是因為展現出過人的英勇和個人的積極進取而被拔擢到高位，落實納爾遜「一幫弟兄」在戰鬥中凝聚在一起的理想。

海軍上將賀雷修·納爾遜 1758-1805年

賀雷修·納爾遜出生於1758年，並在1771年12歲時以候補生的身分加入皇家海軍。由於他總是奮不顧身投入激烈戰鬥，因此在1794年時失去一眼，然後又在1797年失去右臂。他雖然個性桀敖不馴、作風特立獨行，但在1798年的尼羅河口海戰英勇作戰，殲滅法國艦隊，一舉成為全國英雄。1805年，納爾遜在特拉法加（參見第162-63頁）對法西聯合艦隊作戰，在獲得畢生最偉大勝利的過程中被法軍狙擊手擊斃。

激戰尾聲
這幅美國藝術家馬瑟·布朗（Mather Brown）的畫作描繪1798年的尼羅河河口海戰。由於納爾遜的艦隊戰略布署得當，法軍旗艦東方號（L'Orient）遭到英軍凶猛的集火射擊，結果燃起大火並爆炸，成了這場海戰最殘暴的高潮。

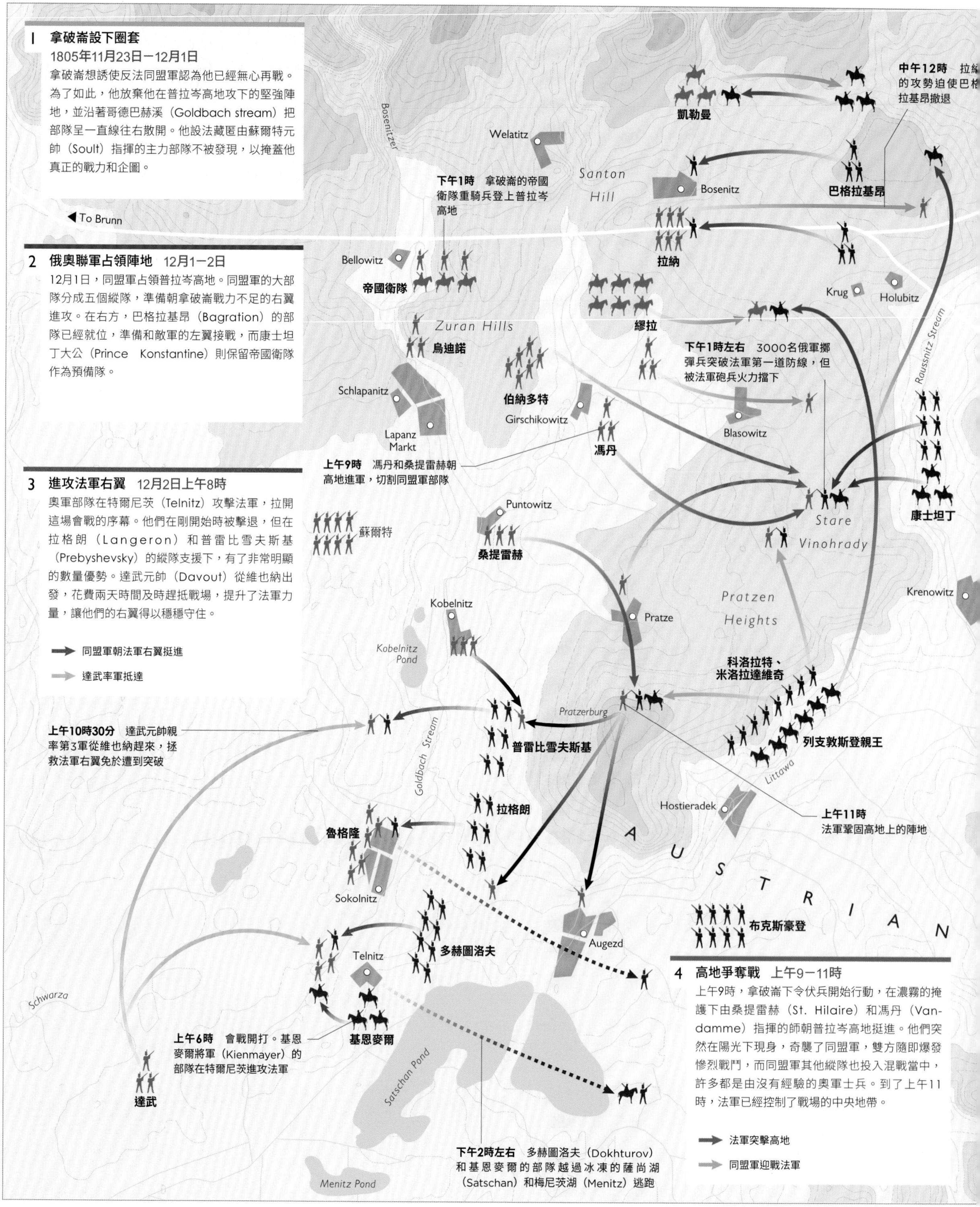
To Brunn
Bosenitzer
Welatitz
Santon Hill
Bosenitz
凱勒曼
中午12時
的攻勢迫使巴格
拉基昂撤退
巴格拉基昂
下午1時 拿破崙的帝國衛隊重騎兵登上普拉岑高地
拉納
Bellowitz
帝國衛隊
Krug
Holubitz
繆拉
Zuran Hills
烏迪諾
Raussnitz Stream
下午1時左右 3000名俄軍擲彈兵突破法軍第一道防線，但被法軍砲兵火力擋下
伯納多特
Schlapanitz
Girschikowitz
Blasowitz
Lapanz Markt
馮丹
上午9時 馮丹和桑提雷赫朝高地進軍，切割同盟軍部隊
Puntowitz
蘇爾特
桑提雷赫
Stare Vinohrady
康士坦丁
Krenowitz
Pratzen Heights
Kobelnitz
Pratze
Kobelnitz Pond
科洛拉特、米洛拉達維奇
Pratzerburg
上午10時30分 達武元帥親率第3軍從維也納趕來，拯救法軍右翼免於遭到突破
普雷比雪夫斯基
列支敦斯登親王
Goldbach Stream
Littawa
Hostieradek
拉格朗
上午11時 法軍鞏固高地上的陣地
魯格隆
AUSTRIAN
Sokolnitz
布克斯豪登
Augezd
Telnitz
多赫圖洛夫
Schwarza
基恩麥爾
上午6時 會戰開打。基恩麥爾將軍（Kienmayer）的部隊在特爾尼茨進攻法軍
達武
Satschan Pond
下午2時左右 多赫圖洛夫（Dokhturov）和基恩麥爾的部隊越過冰凍的薩尚湖（Satschan）和梅尼茨湖（Menitz）逃跑
Menitz Pond
同盟軍朝法軍右翼挺進
達武率軍抵達
法軍突擊高地
同盟軍迎戰法軍

1 拿破崙設下圈套

1805年11月23日—12月1日

拿破崙想誘使反法同盟軍認為他已經無心再戰。為了如此，他放棄他在普拉岑高地攻下的堅強陣地，並沿著哥德巴赫溪（Goldbach stream）把部隊呈一直線往右散開。他設法藏匿由蘇爾特元帥（Soult）指揮的主力部隊不被發現，以掩蓋他真正的戰力和企圖。

2 俄奧聯軍占領陣地 12月1—2日

12月1日，同盟軍占領普拉岑高地。同盟軍的大部隊分成五個縱隊，準備朝拿破崙戰力不足的右翼進攻。在右方，巴格拉基昂（Bagration）的部隊已經就位，準備和敵軍的左翼接戰，而康士坦丁大公（Prince Konstantine）則保留帝國衛隊作為預備隊。

3 進攻法軍右翼 12月2日上午8時

奧軍部隊在特爾尼茨（Telnitz）攻擊法軍，拉開這場會戰的序幕。他們在剛開始時被擊退，但在拉格朗（Langeron）和普雷比雪夫斯基（Prebyshevsky）的縱隊支援下，有了非常明顯的數量優勢。達武元帥（Davout）從維也納出發，花費兩天時間及時趕抵戰場，提升了法軍力量，讓他們的右翼得以穩穩守住。

4 高地爭奪戰 上午9—11時

上午9時，拿破崙下令伏兵開始行動，在濃霧的掩護下由桑提雷赫（St. Hilaire）和馮丹（Vandamme）指揮的師朝普拉岑高地挺進。他們突然在陽光下現身，奇襲了同盟軍，雙方隨即爆發慘烈戰鬥，而同盟軍其他縱隊也投入混戰當中，許多都是由沒有經驗的奧軍士兵。到了上午11時，法軍已經控制了戰場的中央地帶。

高地爭奪戰

這場會戰以普拉岑高地為中心。拿破崙在這裡切割了反法同盟軍部隊，透過鉗形運動捕捉南邊的敵人，而他的騎兵則逼退北邊的敵軍。

圖例

■ 城鎮	**法軍**	**俄奧聯軍**
	🏃 步兵	🏃 步兵
	🏇 騎兵	🏇 騎兵

時間軸

11月27日	11月28日	11月29日	11月30日	12月1日	12月2日	12月3日

往奧洛穆茨 ▲

○ Walspitz

○ Austerlitz

7 最後痛擊 下午2時

由於確保了普拉岑高地，同盟軍的右翼和中路也被消滅，高地上的法軍便向南移動，進攻同盟軍的後方。他們喝醉的指揮官布克斯豪登（Buxhowden）開溜後，數千名同盟軍官兵在索科爾尼茨（Sokolnitz）附近被俘，其他人則在冒著法軍砲火越過冰凍的湖面上逃命時溺斃。

→ 法軍朝同盟軍後方進攻　■→ 同盟軍最後的撤退

○ Wazan

6 帝國衛隊交手 下午1時

沙皇亞歷山大下令由康士坦丁率領的帝國衛隊在高地上進行最後一擊。拿破崙為了反擊，也下令投入他的帝國衛隊重騎兵，因此雙方爆發激烈無比的騎兵戰鬥。伯納多特（Bernadotte）麾下第1軍的步兵抵達戰場，迫使康士坦丁撤退。

→ 康士坦丁進攻　→ 法軍反擊

E M P I R E

5 北邊的戰事 上午9時－中午12時

由列支敦斯登親王（Prince Liechtenstein）指揮的重騎兵和法軍輕騎兵衝突，雙方就在法軍左翼位置爆發激戰。列支敦斯登親王的部隊最後被擊退，繆拉（Murat）率領的胸甲騎兵（參見方框說明）也擊退同盟軍。由拉納指揮的部隊開始朝巴格拉基昂的步兵射擊，到了中午，由於和其餘部隊分開，巴格拉基昂和列支敦斯登親王率部撤退。

→ 巴格拉基昂和列支敦斯登親王進攻　→ 繆拉和拉納反擊

奧斯特利茨

1805年12月2日，拿破崙智取占數量優勢的俄奧聯軍，取得他最傑出的勝利之一。他之所以獲勝，是卓越戰術技巧和艱苦戰鬥的果實，非但迫使奧地利求和，還削弱了第三次反法同盟。

1805 年 11 月，拿破崙和他的帝國大軍 —— 大軍團（Grande Armée）—— 已經深入中歐，在烏爾母擊敗一支人數超過 7 萬的奧地利軍隊，並在 11 月 13 日占領維也納。拿破崙現在遠離法國本土，並位於過度延伸的補給線末端，還要面對沙皇亞歷山大一世（Alexander I）御駕親征，率領數量龐大的俄奧聯軍由東方進逼，且普魯士加入第三次反法聯盟（Third Coalition）聯軍的前景也對他不利。但拿破崙不理會撤退的建議，決心對抗敵人。

拿破崙選擇在摩拉維亞（位於今日捷克共和國）附近的奧斯特利茨村（Austerlitz）附近展開作戰。北邊有兩座山丘——桑頓（Santon）和祖蘭（Zuran），前方是一塊曠野，適合騎兵活動，中間則是長而低矮的山丘，稱為普拉岑高地（Pratzen Heights）。拿破崙告訴麾下將領：「各位，請務必要仔細檢查這個地方，這裡即將變成戰場。」他擬定了一套計畫，讓反法同盟軍隊以為他實力微弱，促使他們朝他的右翼進攻。對方一旦真的投入，他就計畫長驅直入，穿越敵方中央，並對其右翼發動騎兵攻擊。反法同盟軍的行動正中他的下懷。在接下來的戰鬥裡，拿破崙的 7 萬 3000 人部隊只有 9000 人傷亡，而反法同盟軍的傷亡和被俘人數總計達到總兵力的至少三分之一，奧地利也被迫退出第三次反法同盟戰爭。

> **「這場勝利將為我們的戰役畫下句點，然後我們就可以住進冬季營房了。」**
>
> 拿破崙在會戰前夕對麾下將士的演說

胸甲騎兵

胸甲騎兵是拿破崙戰爭時代法軍所布署最重裝且最精銳的騎兵單位，但俄國和奧國陸軍當中也有。他們配備手槍、卡賓槍和長而筆直的軍刀，可由身上的盔甲（胸甲）區別。胸甲騎兵騎乘高大的馬匹，組成強而有力的打擊部隊，有能力扭轉會戰的局勢。拿破崙相當明白這種部隊所能帶來的衝擊，因此把法軍的胸甲騎兵團數量從一個大幅擴編到14個。

法軍胸甲騎兵頭盔

塔拉維拉

1808年5月，為了反抗拿破崙的統治，西班牙境內爆發了一場聲勢浩大的起義。到了次年，一批英國軍隊進軍西班牙，並在當地和西班牙軍隊會合，於馬德里附近的塔拉維拉對戰約瑟夫·波拿巴（拿破崙的哥哥）率領的法軍，雙方爆發一場激烈攻防戰。

1809 年 7 月，亞瑟·威爾斯利爵士（Sir Arthur Wellesley，也就是後來的威靈頓公爵）率領一批英軍進入西班牙，和西班牙將領德拉奎斯塔（de la Cuesta）率領的部隊會師。這批聯軍在馬德里西南方 120 公里處的塔拉維拉（Talavera）城外遭遇法軍，大約 2 萬名英軍和大約 3 萬 5000 名西軍面對約瑟夫·波拿巴（Joseph Bonaparte）率領的超過 4 萬 5000 名法軍。英西聯軍沿著從塔拉維拉往北流的波爾蒂納溪（Portiña）占領陣地。

7 月 27 日稍晚，法軍奇襲聯軍，但經過慘烈戰鬥後被擊退，接著英軍在次日破曉又擊退第二波進攻。約瑟夫得知第二支西班牙軍隊已經開抵馬德里，因此沒有選擇，只能嘗試徹底擊敗威爾斯利的部隊。當天下午，法軍從三個點進攻英軍防線，幾乎要從中央突破，但威爾斯利立即派軍增援，因此還是守住了。法軍在當晚撤退，不過雙方都死傷慘重，各有超過 7000 人傷亡。威爾斯利由於這場勝利，獲封威靈頓子爵的頭銜，但他隨即撤往葡萄牙以避免被包圍，而西班牙後續解放馬德里的行動也被擊敗。

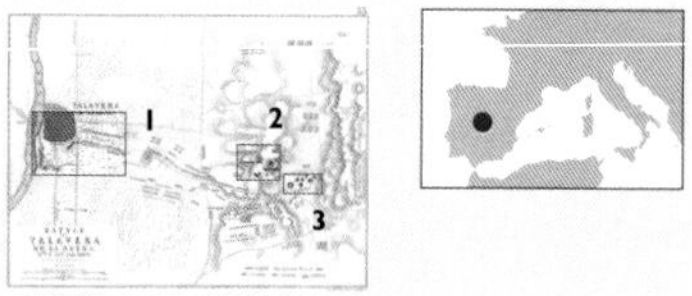

說明

1. 塔拉維拉城內和四周的西班牙軍陣地受到有石牆圍繞的橄欖樹林保護，並背靠太加斯河（River Tagus）。
2. 美德因山（Cerro de Medellín）是英軍的關鍵據點。7月27日及28日，法軍對此地點的攻擊都失敗。
3. 法軍步兵組成方陣，面對英軍騎兵衝鋒，結果英軍在一處隱密的河谷中戰敗。

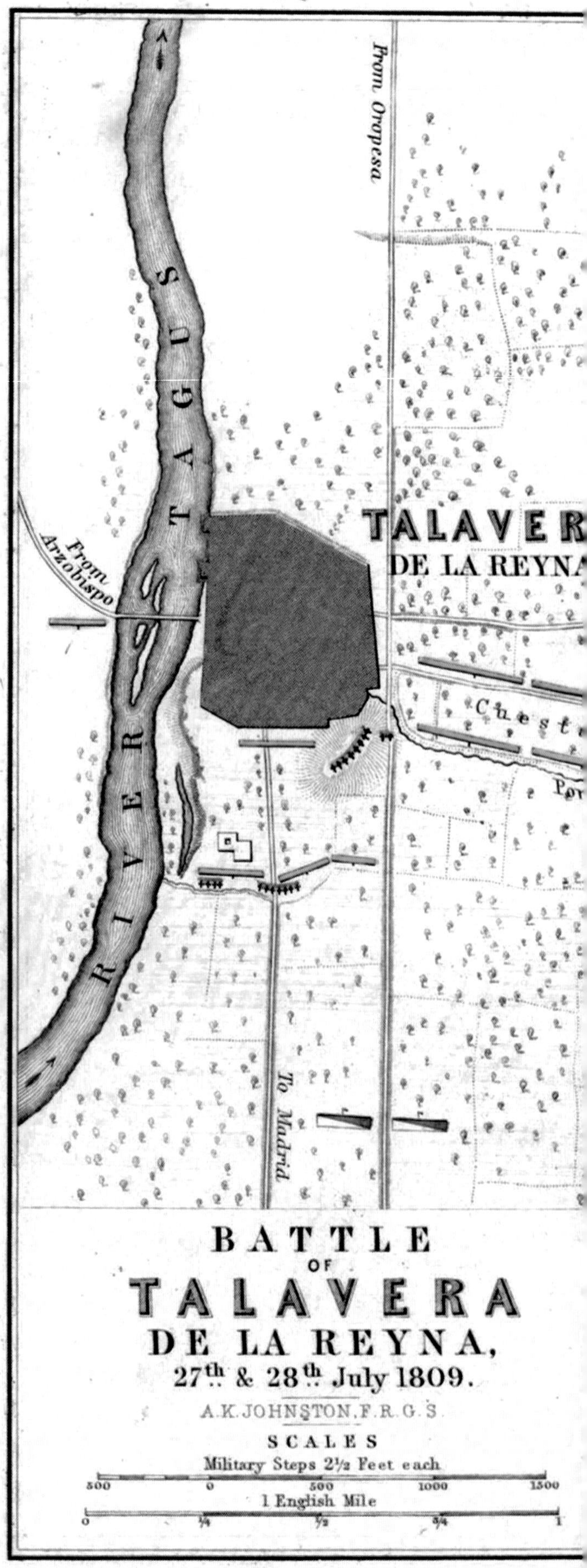

▷ 戰場地圖

這幅手工上色的雕版地圖出自1848年出版、艾利森（Alison）著的《歐洲歷史》（*History of Europe*）裡面的地圖集，顯示出英西聯軍與法軍在會戰期間的主要陣地位置。

主要攻勢

7月28日，法軍兵分三路進攻。勒瓦爾（Leval）的攻擊被坎貝爾（Campbell）的第4師擊退。在中央，雪爾布魯克（Sherbrooke）的部隊追趕塞巴斯蒂亞尼（Sebastiani）和拉皮斯（Lapisse）的部隊太遠，使得聯軍防線出現缺口，因此當法軍再度進攻時，威爾斯利得派軍支撐防線。最後，呂芬（Ruffin）和維拉特（Villatte）企圖側翼迂迴聯軍，英軍騎兵發動一場紊亂的衝鋒，結果失敗，但法軍因為缺乏補給而退出戰鬥。

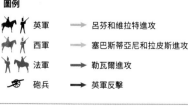

圖例

- 英軍
- 西軍
- 法軍
- 砲兵
- 呂芬和維拉特進攻
- 塞巴斯蒂亞尼和拉皮斯進攻
- 勒瓦爾進攻
- 英軍反擊

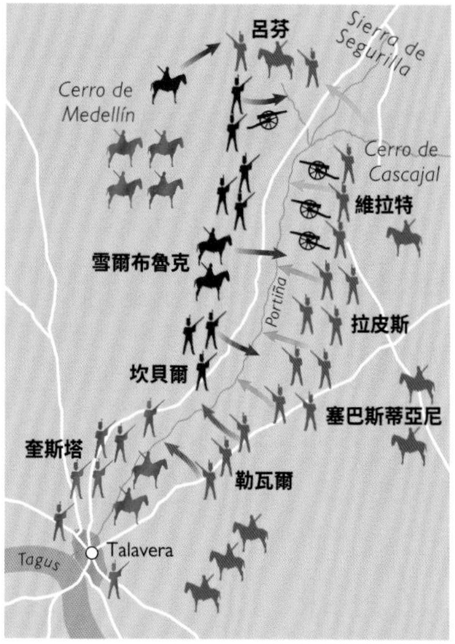

53

Bassecourt
Sierra de Montalban
Hill
Ponsonby
Campbell
Sherbrooke
Donkin
Villatte
German Legion
Sebastiani
Ruffin
Lapisse
Villatte
Latour Maubourg
Beaumont
English
Spanish
French
Cavalry
Infantry
Artillery
W & A K. Johnston, Edinr

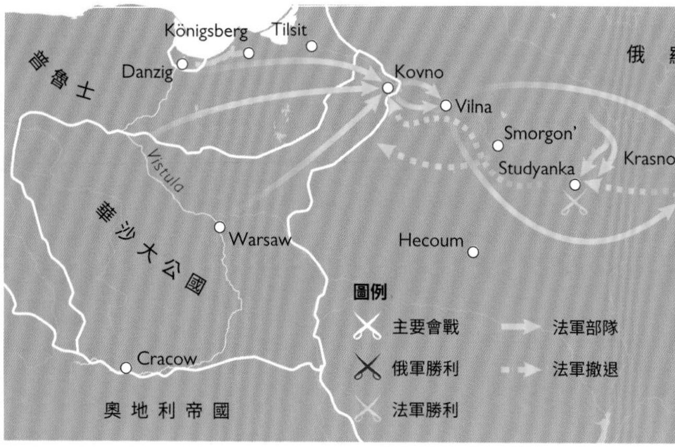

俄國之戰

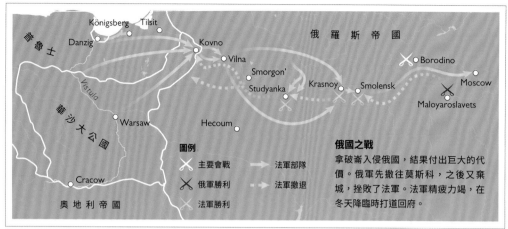

拿破崙入侵俄國，結果付出巨大的代價。俄軍先撤往莫斯科，之後又棄城，挫敗了法軍。法軍精疲力竭，在冬天降臨時打道回府。

△ **最血腥的會戰**

由於雙方都盡一切力量想要控制拉耶夫斯基堡（Raevsky Redoubt），因此戰鬥血腥慘烈。在波羅第諾戰鬥過的25萬名官兵當中，大約有7萬人傷亡，使這一天成為戰爭中最血腥的一天。

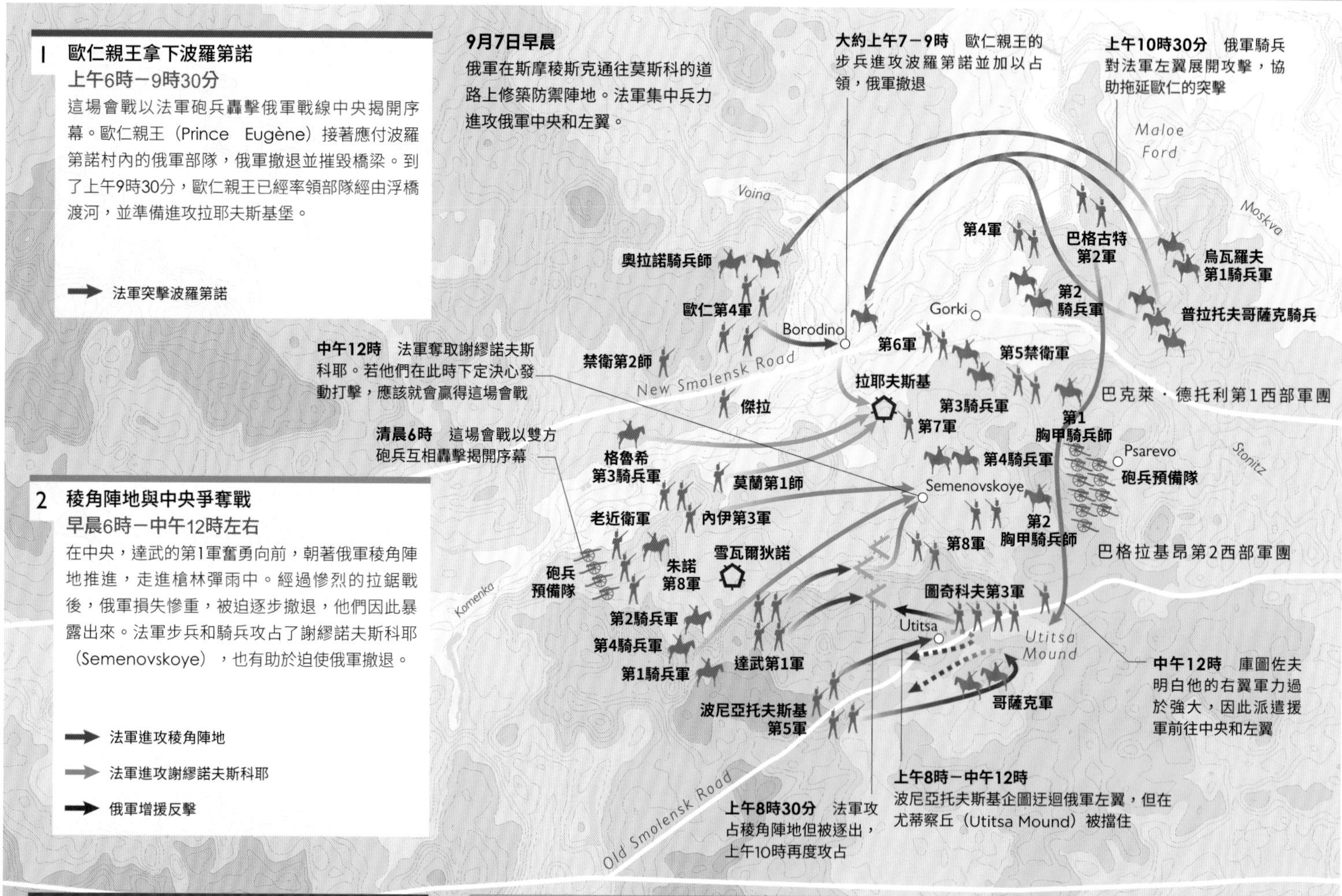
9月7日早晨
俄軍在斯摩稜斯克通往莫斯科的道路上修築防禦陣地。法軍集中兵力進攻俄軍中央和左翼。
大約上午7－9時 歐仁親王的步兵進攻波羅第諾並加以占領，俄軍撤退
上午10時30分 俄軍騎兵對法軍左翼展開攻擊，協助拖延歐仁的突擊
Maloe Ford
Voina
Moskva
第4軍
巴格古特第2軍
烏瓦羅夫第1騎兵軍
奧拉諾騎兵師
第2騎兵軍
Gorki
普拉托夫哥薩克騎兵
歐仁第4軍
Borodino
第6軍
第5禁衛軍
中午12時 法軍奪取謝繆諾夫斯科耶。若他們在此時下定決心發動打擊，應該就會贏得這場會戰
禁衛第2師
New Smolensk Road
拉耶夫斯基
第3騎兵軍
巴克萊．德托利第1西部軍團
傑拉
第7軍
第1胸甲騎兵師
清晨6時 這場會戰以雙方砲兵互相轟擊揭開序幕
格魯希第3騎兵軍
Psarevo
第4騎兵軍
Stonitz
砲兵預備隊
莫蘭第1師
Semenovskoye
老近衛軍
內伊第3軍
第8軍
第2胸甲騎兵師
巴格拉基昂第2西部軍團
雪瓦爾狄諾
砲兵預備隊
朱諾第8軍
Kamenka
圖奇科夫第3軍
第2騎兵軍
Utitsa
Utitsa Mound
第4騎兵軍
第1騎兵軍
達武第1軍
中午12時 庫圖佐夫明白他的右翼軍力過於強大，因此派遣援軍前往中央和左翼
哥薩克軍
波尼亞托夫斯基第5軍
上午8時－中午12時
波尼亞托夫斯基企圖迂迴俄軍左翼，但在尤蒂察丘（Utitsa Mound）被擋住
上午8時30分 法軍攻占稜角陣地但被逐出，上午10時再度攻占
Old Smolensk Road

1 歐仁親王拿下波羅第諾

上午6時－9時30分

這場會戰以法軍砲兵轟擊俄軍戰線中央揭開序幕。歐仁親王（Prince Eugène）接著應付波羅第諾村內的俄軍部隊，俄軍撤退並摧毀橋梁。到了上午9時30分，歐仁親王已經率領部隊經由浮橋渡河，並準備進攻拉耶夫斯基堡。

➡ 法軍突擊波羅第諾

2 稜角陣地與中央爭奪戰

早晨6時－中午12時左右

在中央，達武的第1軍奮勇向前，朝著俄軍稜角陣地推進，走進槍林彈雨中。經過慘烈的拉鋸戰後，俄軍損失慘重，被迫逐步撤退，他們因此暴露出來。法軍步兵和騎兵攻占了謝繆諾夫斯科耶（Semenovskoye），也有助於迫使俄軍撤退。

➡ 法軍進攻稜角陣地

➡ 法軍進攻謝繆諾夫斯科耶

➡ 俄軍增援反擊

3 波尼亞托夫斯基的側翼迂迴

上午8時－中午12時

波尼亞托夫斯基（Poniatowski）的第5軍對俄軍左翼展開側翼迂迴作戰。經過慘烈戰鬥後，波尼亞托夫斯基拿下尤蒂察村（Utitsa），而圖奇科夫（Tuchkov）的第3軍撤退。當來自巴格古特（Baggovut）的第2軍的援軍抵達時，俄軍發動反攻，結果圖奇科夫受到致命重傷。

➡ 波尼亞托夫斯基前進　➡ 俄軍增援

➡ 波尼亞托夫斯基撤退

4 法軍進攻拉耶夫斯基堡

上午9時－11時30分

歐仁砲擊拉耶夫斯基堡，嚴重破壞俄軍陣地。法軍步兵接著發動突擊，但被俄軍擊退。莫蘭（Morand）的第1師官兵一路殺進堡壘，和俄軍爆發短兵相接的白刃戰，然後被迫退出。

➡ 法軍突擊拉耶夫斯基堡

5 俄軍騎兵攻擊 上午10時30分－下午3時

烏瓦羅夫將軍（Uvarov）的第1騎兵軍和普拉托夫（Platov）哥薩克騎兵渡過科洛赫河（River Koloch），進攻位於法軍左翼的奧拉諾伯爵（Count Ornano）指揮的騎兵，第三度突擊拉耶夫斯基堡的計畫因此延誤。他們不斷地兜圈子，直到下午稍晚的時候，使得法軍騎兵部隊無法抽身，之後俄軍騎兵才奉命返回俄軍右翼。

➡ 俄軍騎兵突擊

波羅第諾

拿破崙的大軍團朝俄國進軍，俄軍撤退，吸引法軍深入俄國領土。法軍因為艱苦的長途行軍而精疲力竭，最後在波羅第諾面對沙皇的軍隊，成千上萬人將會在這場拿破崙戰爭中最血腥的會戰裡捐軀。

1812 年 6 月，拿破崙親率數十萬大軍遠征俄國。跟他早先打過的多場戰役不同的是，這場入侵很快就問題重重：俄軍避免了大規模會戰，反而吸引拿破崙的大軍團深入俄國領土。基於飢餓、疾病、勞累和惡劣天氣等因素，法軍的人員損耗十分高昂。

最後，到了 9 月初，俄軍指揮官庫圖佐夫元帥（Kutuzov）在莫斯科以西僅僅 110 公里遠的俄國精神首都波羅第諾（Borodino）布下防線。俄軍在匆忙間修築一連串要塞，他們也擔心左翼可能相對脆弱，但拿破崙卻一反常態，沒有展現太多的戰略天才。9 月 7 日，他選擇正面突擊俄軍要塞，結果經過一天的慘烈鏖戰後，共計導致至少 7 萬人傷亡。到了下午 5 時，法軍已經攻占俄軍要塞，而俄軍也沒有任何預備隊，但拿破崙拒絕投入衛隊來贏得決定性勝利，俄軍部隊因此得以井然有序地撤退。

七天後，拿破崙進占莫斯科，結果證明只是贏了面子而已。過了幾個星期，法軍被迫在俄國的冬天展開災難連連的大撤退。

俄軍準備迎戰

庫圖佐夫元帥在斯摩稜斯克（Smolensk）通往莫斯科的路上建立陣地。俄軍修築一連串要塞，之後成為法軍在9月7日一整天攻擊的主要重點。

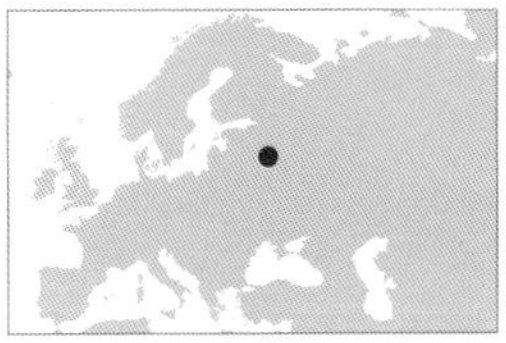

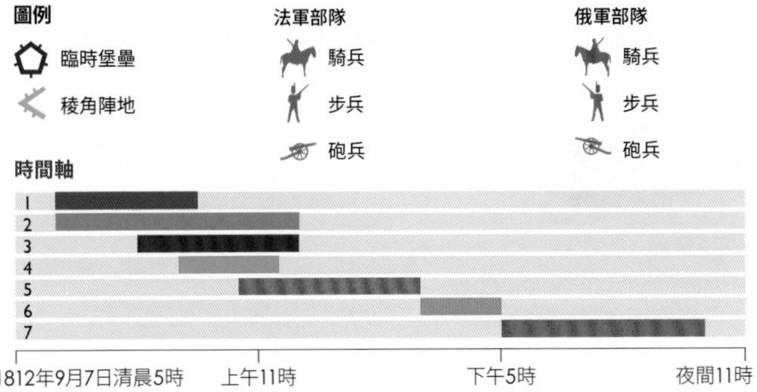
圖例
臨時堡壘
稜角陣地
法軍部隊
騎兵
步兵
砲兵
俄軍部隊
騎兵
步兵
砲兵
時間軸
1
2
3
4
5
6
7
1812年9月7日清晨5時
上午11時
下午5時
夜間11時

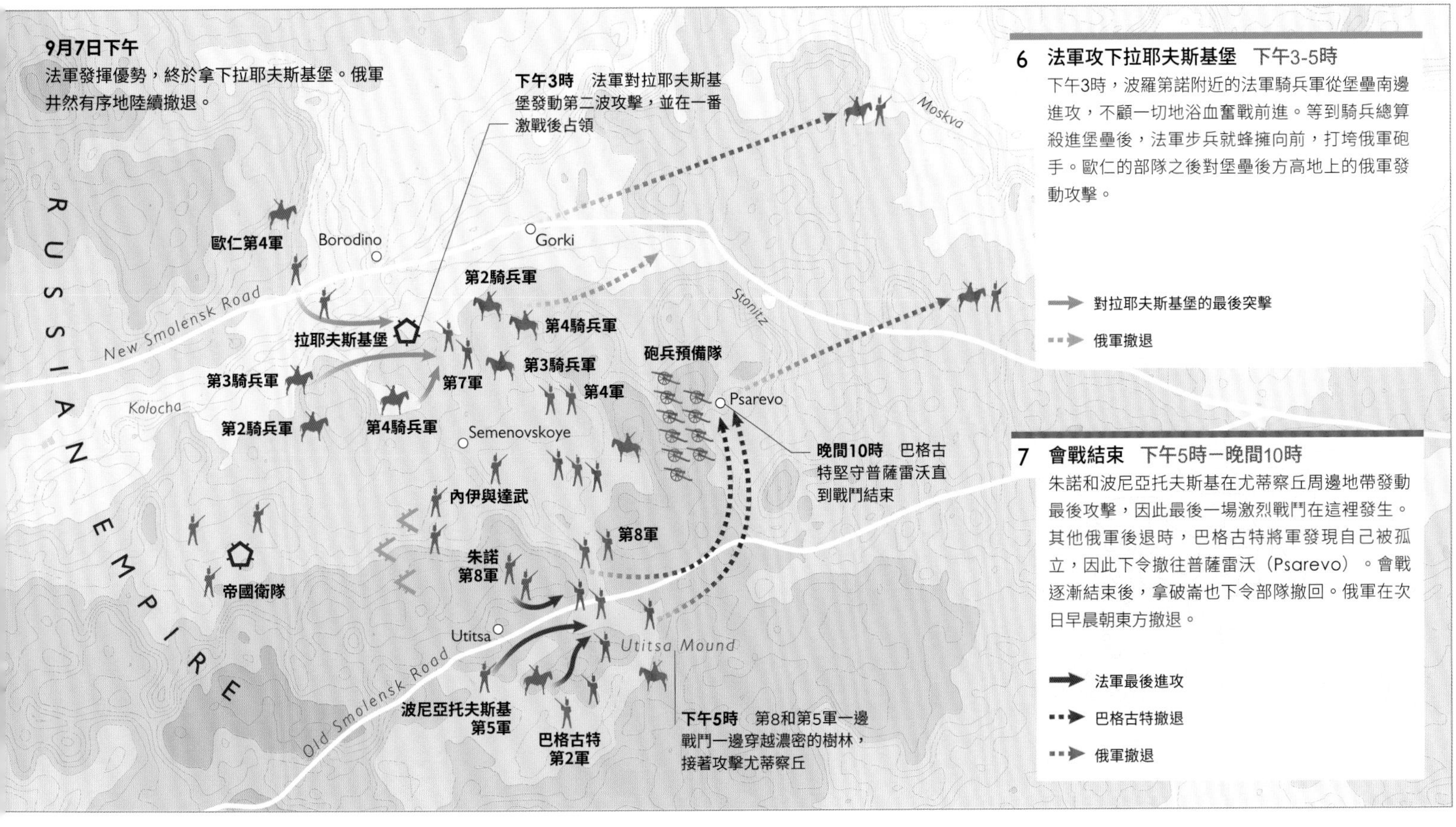
9月7日下午
法軍發揮優勢，終於拿下拉耶夫斯基堡。俄軍井然有序地陸續撤退。
下午3時　法軍對拉耶夫斯基堡發動第二波攻擊，並在一番激戰後占領
RUSSIAN EMPIRE
Moskva
Gorki
Borodino
歐仁第4軍
New Smolensk Road
第2騎兵軍
Stonitz
第4騎兵軍
拉耶夫斯基堡
第3騎兵軍
砲兵預備隊
第3騎兵軍
第7軍
第4軍
Psarevo
Kolocha
第2騎兵軍
第4騎兵軍
Semenovskoye
晚間10時　巴格古特堅守普薩雷沃直到戰鬥結束
內伊與達武
第8軍
朱諾
第8軍
帝國衛隊
Utitsa
Utitsa Mound
Old Smolensk Road
波尼亞托夫斯基
第5軍
巴格古特
第2軍
下午5時　第8和第5軍一邊戰鬥一邊穿越濃密的樹林，接著攻擊尤蒂察丘
6　法軍攻下拉耶夫斯基堡　下午3-5時
下午3時，波羅第諾附近的法軍騎兵軍從堡壘南邊進攻，不顧一切地浴血奮戰前進。等到騎兵總算殺進堡壘後，法軍步兵就蜂擁向前，打垮俄軍砲手。歐仁的部隊之後對堡壘後方高地上的俄軍發動攻擊。
對拉耶夫斯基堡的最後突擊
俄軍撤退
7　會戰結束　下午5時－晚間10時
朱諾和波尼亞托夫斯基在尤蒂察丘周邊地帶發動最後攻擊，因此最後一場激烈戰鬥在這裡發生。其他俄軍後退時，巴格古特將軍發現自己被孤立，因此下令撤往普薩雷沃（Psarevo）。會戰逐漸結束後，拿破崙也下令部隊撤回。俄軍在次日早晨朝東方撤退。
法軍最後進攻
巴格古特撤退
俄軍撤退

拿破崙與他的軍隊

拿破崙在16歲時以砲兵軍官的身分展開軍事生涯，在1804年為自己加冕，成為法蘭西帝國皇帝。到了1807年，他的大軍團很明顯地已經擊敗所有主要歐洲大陸國家的陸軍。

△ **高筒軍帽**
在拿破崙時期，由皮革和毛氈製作的高統軍帽取代了雙角帽，成為步兵使用的帽子。

在拿破崙的統御下，當時的法國陸軍和其他歐洲國家陸軍相比，享有重大的組織和戰術優勢。這支軍隊是之前的君主政權和法國大革命（1789年）後建立的新政權下的產物，它受益於舊政權的改革，其中包含輕步兵戰術改良和野戰砲兵標準化，也為可獨立行動的師和軍級架構奠定基礎，之後透過拿破崙的軍事手腕發揮得淋漓盡致。

拿破崙的創新

新政權建立後，拿破崙繼承了大規模徵兵、為戰爭做準備的經濟體系和盡可能使法國遠離戰爭的攻勢觀點。拿破崙愈來愈常運用大規模砲兵編組來打破敵軍戰線。他也把大軍團編組成軍級單位，它們本質上是機動力相當高的迷你軍隊，能夠獨立作戰。1805年的烏爾母會戰（Battle of Ulm）是「軍」這個單位首度接受實戰考驗，結果證明了這種編制的效益和靈活性。此外，拿破崙還擁有卓越的作戰才華、戰略直覺以及與麾下官兵團結與共的能力，不論是元帥還是低階士兵。

△ **海洋沿岸軍團**
在這幅19世紀初的畫作裡，拿破崙於1804年8月在布洛涅（Boulogne）的訓練營校閱部隊。這個新編成的軍團稱為海洋沿岸軍團（Armée des côtes de l'Océan），之後演變成大軍團。

沙場上的拿破崙
這幅畫作由路易・弗朗索瓦・勒真男爵（Louis-François, Baron Lejeune）在1808年創作，描繪拿破崙（中央）在金字塔會戰（參見第159頁）指揮法軍步兵方陣。這種步兵編組可用來擊退大規模騎兵衝鋒。

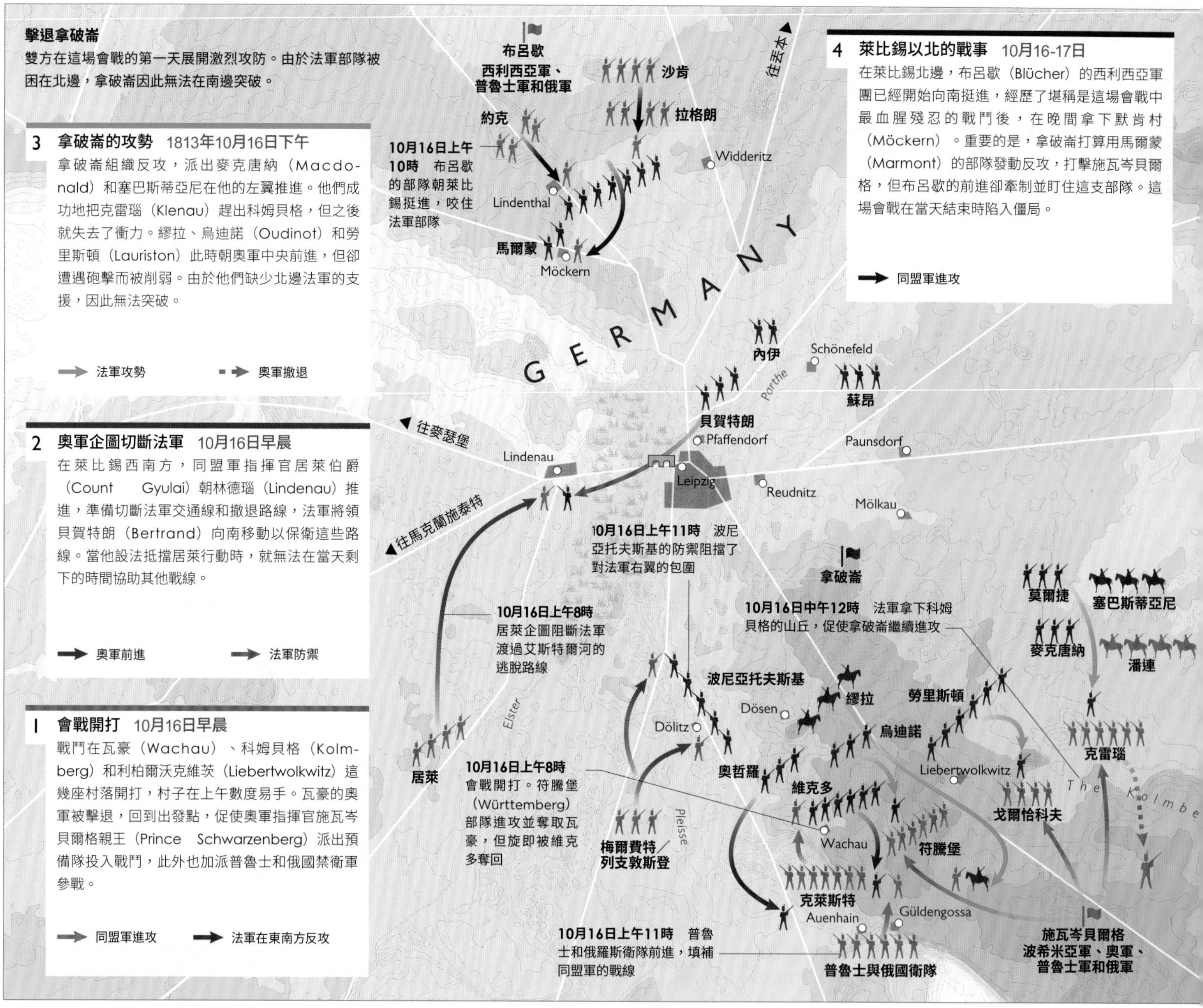
擊退拿破崙
雙方在這場會戰的第一天展開激烈攻防。由於法軍部隊被困在北邊，拿破崙因此無法在南邊突破。
3 拿破崙的攻勢 1813年10月16日下午
拿破崙組織反攻，派出麥克唐納（Macdonald）和塞巴斯蒂亞尼在他的左翼推進。他們成功地把克雷瑙（Klenau）趕出科姆貝格，但之後就失去了衝力。縵拉、烏迪諾（Oudinot）和勞里斯頓（Lauriston）此時朝奧軍中央前進，但卻遭遇砲擊而被削弱。由於他們缺少北邊法軍的支援，因此無法突破。
法軍攻勢
奧軍撤退
2 奧軍企圖切斷法軍 10月16日早晨
在萊比錫西南方，同盟軍指揮官居萊伯爵（Count Gyulai）朝林德瑙（Lindenau）推進，準備切斷法軍交通線和撤退路線，法軍將領貝賀特朗（Bertrand）向南移動以保衛這些路線。當他設法抵擋居萊行動時，就無法在當天剩下的時間協助其他戰線。
奧軍前進
法軍防禦
1 會戰開打 10月16日早晨
戰鬥在瓦豪（Wachau）、科姆貝格（Kolmberg）和利柏爾沃克維茨（Liebertwolkwitz）這幾座村落開打，村子在上午數度易手。瓦豪的奧軍被擊退，回到出發點，促使奧軍指揮官施瓦岑貝爾格親王（Prince Schwarzenberg）派出預備隊投入戰鬥，此外也加派普魯士和俄國禁衛軍參戰。
同盟軍進攻
法軍在東南方反攻
4 萊比錫以北的戰事 10月16-17日
在萊比錫北邊，布呂歇（Blücher）的西利西亞軍團已經開始向南挺進，經歷了堪稱是這場會戰中最血腥殘忍的戰鬥後，在晚間拿下默肯村（Möckern）。重要的是，拿破崙打算用馬爾蒙（Marmont）的部隊發動反攻，打擊施瓦岑貝爾格，但布呂歇的前進卻牽制並盯住這支部隊。這場會戰在當天結束時陷入僵局。
同盟軍進攻
布呂歇
西利西亞軍、普魯士軍和俄軍
沙肯
拉格朗
約克
往丟本
Widderitz
10月16日上午10時 布呂歇的部隊朝萊比錫挺進，咬住法軍部隊
Lindenthal
馬爾蒙
Möckern
GERMANY
內伊
Schönefeld
蘇昂
Parthe
貝賀特朗
Pfaffendorf
Paunsdorf
往麥瑟堡
Lindenau
Leipzig
Reudnitz
Mölkau
往馬克蘭施泰特
10月16日上午11時 波尼亞托夫斯基的防禦阻擋了對法軍右翼的包圍
拿破崙
10月16日上午8時 居萊企圖阻斷法軍渡過艾斯特爾河的逃脫路線
10月16日中午12時 法軍拿下科姆貝格的山丘，促使拿破崙繼續進攻
莫爾捷
塞巴斯蒂亞尼
麥克唐納
潘逹
波尼亞托夫斯基
縵拉
勞里斯頓
Dösen
Elster
Dölitz
烏迪諾
居萊
10月16日上午8時 會戰開打。符騰堡（Württemberg）部隊進攻並奪取瓦豪，但旋即被維克多奪回
奧哲羅
維克多
Liebertwolkwitz
克雷瑙
The Kolmberg
戈爾恰科夫
梅爾費特／列支敦斯登
Pleisse
Wachau
符騰堡
克萊斯特
Auenhain
Güldengossa
施瓦岑貝爾格
波希米亞軍、奧軍、普魯士軍和俄軍
10月16日上午11時 普魯士和俄羅斯衛隊前進，填補同盟軍的戰線
普魯士與俄國衛隊

萊比錫

1813年10月16－18日，第六次反法同盟的聯軍在薩克森的萊比錫決定性地擊敗了拿破崙，這是第一次世界大戰前歐洲最大規模的陸上戰役。大約有50萬人參與了這場戰役，當中有將近10萬人傷亡。

拿破崙經歷 1812 年入侵俄國的慘敗後，在 1813 年 5 月於今日的德國境內發動另一場戰役，想迫使普魯士撤回加入俄國和瑞典組成第六次反法同盟（Sixth Coalition，1813 年 3 月－ 1814 年 5 月）的決定。法軍一開始很成功，促使雙方在 6 月休戰，但反法聯盟十分堅定。當 8 月戰火再起時，奧地利也加入了，最後逼退了拿破崙。他在萊比錫集結超過 17 萬 5000 名官兵和超過 600 門火砲，聯盟的四支軍隊均朝萊比錫進擊，最後總數超過 30 萬人，火砲數量也是法軍的兩倍。這場會戰在 10 月 16 日展開，由拿破崙的軍隊和波希米亞及西利西亞軍團在萊比錫北邊與東南邊的村落爆發殘酷白刃戰揭開序幕。10 月 18 日拂曉，拿破崙陷入重圍，到了當天結束時，法軍已經被逼到萊比錫郊區。10 月 19 日凌晨，大軍團開始經由艾斯特爾河（Elster River）上僅存的橋梁撤退，但一名法軍下士炸毀了橋梁，害大約 5 萬名法軍被包圍在萊比錫，使反法同盟原本的戰術勝利成為決定性勝利。

民族會戰

在現今德國東部薩克森邦的萊比錫，第六次反法同盟的大軍徹底粉碎了拿破崙對萊茵河東岸的掌握。這場會戰象徵法蘭西第一帝國開始終結。

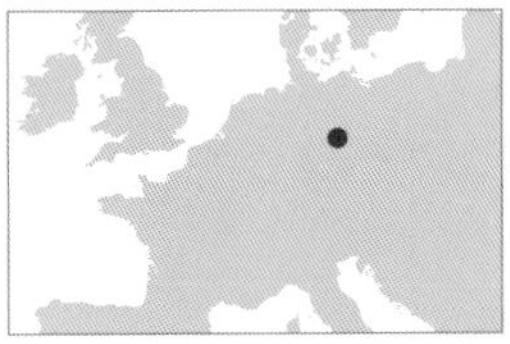

圖例

艾斯特爾河上的橋梁　城市／村鎮

同盟軍

指揮官　騎兵　步兵　援軍

法軍

指揮官　騎兵　步兵

時間軸

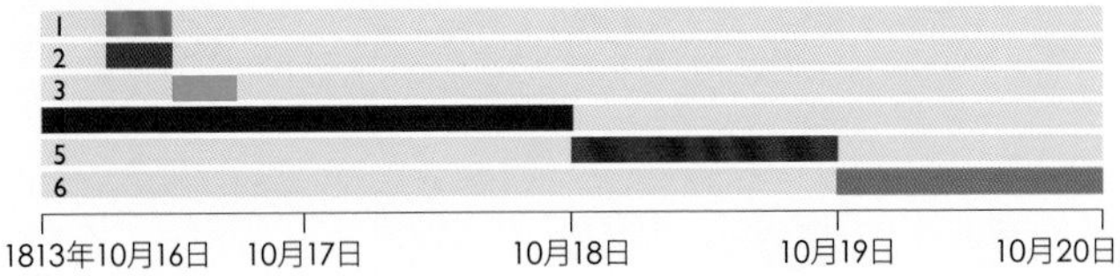

△ **施瓦岑貝爾格通報戰勝的消息**

法蘭茲．沃夫（Franz Wolf）在1835年創作這幅平版印刷畫，描繪奧軍指揮官施瓦岑貝爾格元帥在萊比錫向參加反法同盟的各國君主通報戰勝的消息。

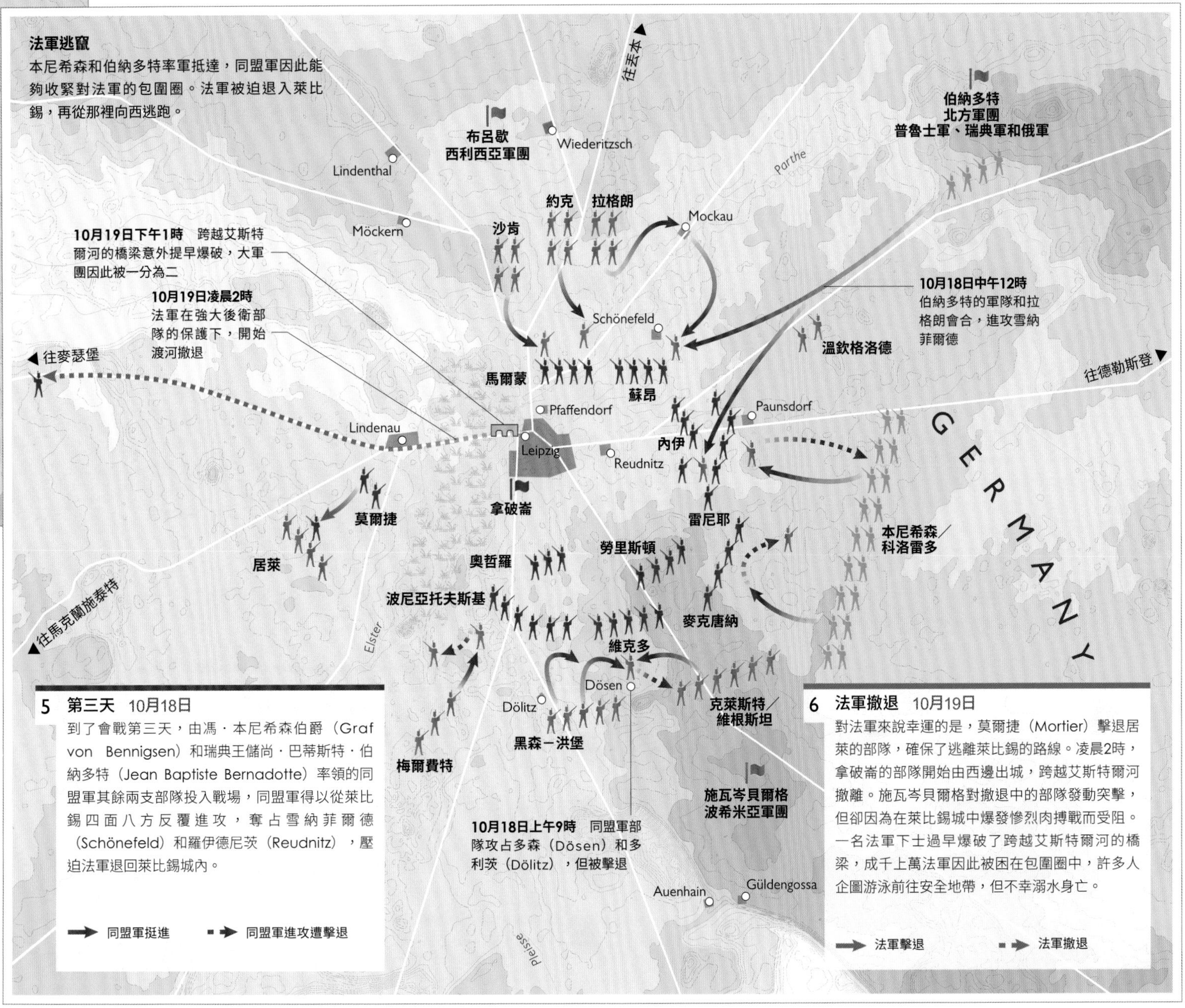

法軍逃竄

本尼希森和伯納多特率軍抵達，同盟軍因此能夠收緊對法軍的包圍圈。法軍被迫退入萊比錫，再從那裡向西逃跑。

5　第三天　10月18日

到了會戰第三天，由馮．本尼希森伯爵（Graf von Bennigsen）和瑞典王儲尚．巴蒂斯特．伯納多特（Jean Baptiste Bernadotte）率領的同盟軍其餘兩支部隊投入戰場，同盟軍得以從萊比錫四面八方反覆進攻，奪占雪納菲爾德（Schönefeld）和羅伊德尼茨（Reudnitz），壓迫法軍退回萊比錫城內。

同盟軍挺進　同盟軍進攻遭擊退

6　法軍撤退　10月19日

對法軍來說幸運的是，莫爾捷（Mortier）擊退居萊的部隊，確保了逃離萊比錫的路線。凌晨2時，拿破崙的部隊開始由西邊出城，跨越艾斯特爾河撤離。施瓦岑貝爾格對撤退中的部隊發動突擊，但卻因為在萊比錫城中爆發慘烈肉搏戰而受阻。一名法軍下士過早爆破了跨越艾斯特爾河的橋梁，成千上萬法軍因此被困在包圍圈中，許多人企圖游泳前往安全地帶，但不幸溺水身亡。

法軍擊退　法軍撤退

紐奧良

1815年1月8日，安德魯·傑克森少將（未來的美國總統）和一群由民兵、恢復自由的奴隸、查克托人（Choctaw）和海盜組成的烏合之眾，擋住了一支英國大軍的突擊。這場會戰是美國和英國之間的1812年戰爭（War of 1812）當中的最後一戰。

1812 年 6 月，美國因為英國企圖封鎖美國的貿易、強迫美國船員加入皇家海軍和阻撓美國擴張領土而對英國宣戰。1814 年 12 月 24 日，雙方的作戰狀態因為簽訂《根特條約》（Treaty of Ghent）而正式結束，但恢復和平的消息還要好幾個星期才會傳回美國。在此期間，尚在美國的英軍繼續進逼，計畫攻占具有戰略重要性的城市紐奧良（New Orleans）。

由於英軍兵臨城下，美軍少將安德魯·傑克森（Andrew Jackson）下令紐奧良戒嚴。包括海盜尚·拉菲特（Jean Lafitte）在內的超過 5000 人響應號召，動員起來保衛這座城市。傑克森先是夜襲英軍軍營，揭開會戰的序幕，之後沿著羅德里格茲圳（Rodriguez Canal）修築稱為傑克森防線（Line Jackson）的防禦工事，並派出 1000 名部隊和 16 門大砲在密西西比河（Mississippi River）西岸就位。雙方經過幾場小規模戰鬥後，愛德華·帕肯漢爵士（Edward Pakenham）率領英軍在 1 月 8 日對傑克森防線發動攻擊，但下場十分悽慘，在為時不到兩小時的戰鬥中，8000 名英軍當中有超過 2000 人被傑克森的火砲擊斃。當雙方簽定和平條約的消息傳來，英軍在 1 月 18 日撤退。

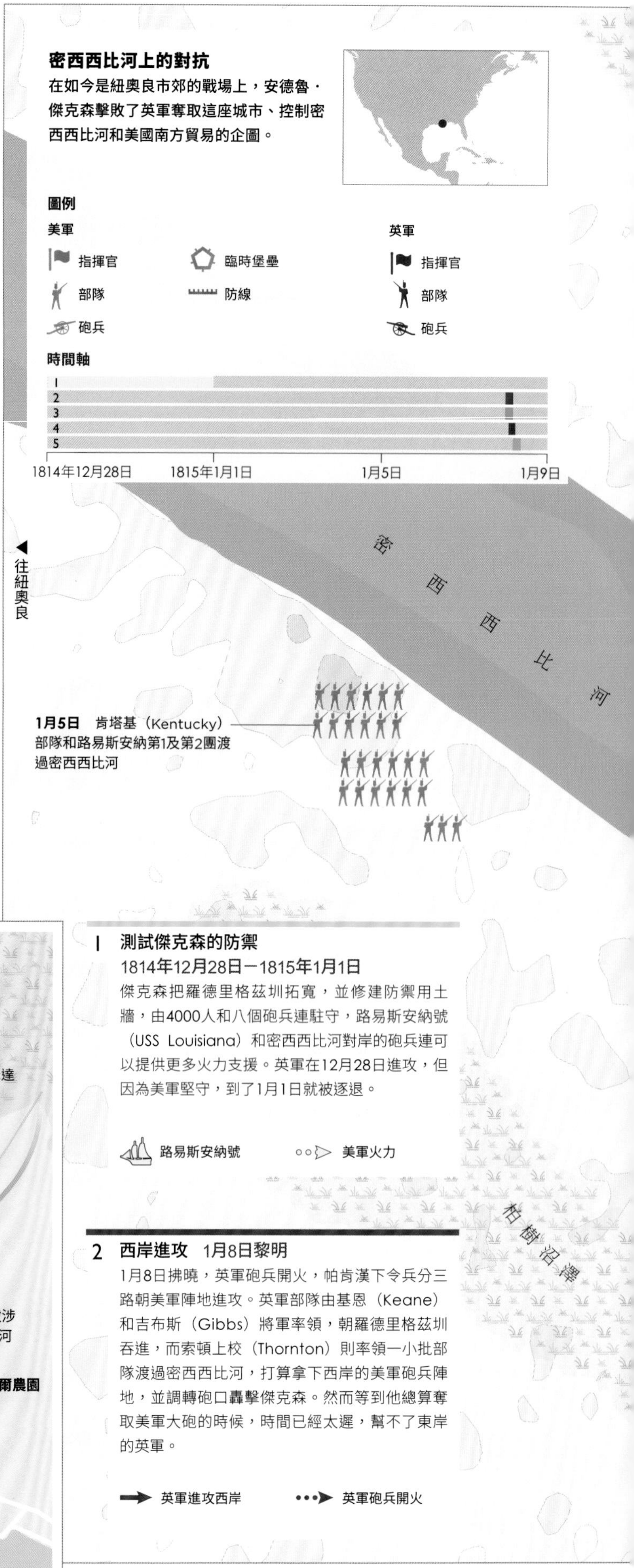
密西西比河上的對抗
在如今是紐奧良市郊的戰場上，安德魯·傑克森擊敗了英軍奪取這座城市、控制密西西比河和美國南方貿易的企圖。
圖例
美軍
指揮官
部隊
砲兵
臨時堡壘
防線
英軍
指揮官
部隊
砲兵
時間軸
1
2
3
4
5
1814年12月28日
1815年1月1日
1月5日
1月9日
往紐奧良
密西西比河
1月5日 肯塔基（Kentucky）部隊和路易斯安納第1及第2團渡過密西西比河
1 測試傑克森的防禦
1814年12月28日—1815年1月1日
傑克森把羅德里格茲圳拓寬，並修建防禦用土牆，由4000人和八個砲兵連駐守，路易斯安納號（USS Louisiana）和密西西比河對岸的砲兵連可以提供更多火力支援。英軍在12月28日進攻，但因為美軍堅守，到了1月1日就被逐退。
路易斯安納號
美軍火力
柏樹沼澤
2 西岸進攻 1月8日黎明
1月8日拂曉，英軍砲兵開火，帕肯漢下令兵分三路朝美軍陣地進攻。英軍部隊由基恩（Keane）和吉布斯（Gibbs）將軍率領，朝羅德里格茲圳吞進，而索頓上校（Thornton）則率領一小批部隊渡過密西西比河，打算拿下西岸的美軍砲兵陣地，並調轉砲口轟擊傑克森。然而等到他總算奪取美軍大砲的時候，時間已經太遲，幫不了東岸的英軍。
英軍進攻西岸
英軍砲兵開火

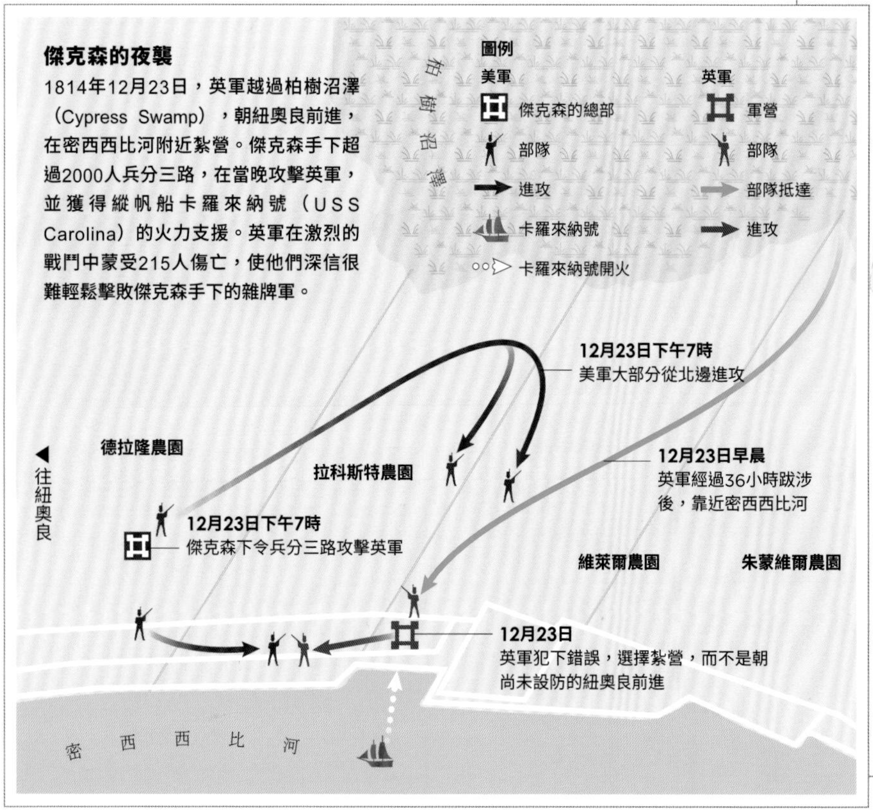
傑克森的夜襲
1814年12月23日，英軍越過柏樹沼澤（Cypress Swamp），朝紐奧良前進，在密西西比河附近紮營。傑克森手下超過2000人兵分三路，在當晚攻擊英軍，並獲得縱帆船卡羅來納號（USS Carolina）的火力支援。英軍在激烈的戰鬥中蒙受215人傷亡，使他們深信很難輕鬆擊敗傑克森手下的雜牌軍。
圖例
美軍
傑克森的總部
部隊
進攻
卡羅來納號
卡羅來納號開火
英軍
軍營
部隊
部隊抵達
進攻
柏樹沼澤
12月23日下午7時
美軍大部分從北邊進攻
12月23日早晨
英軍經過36小時跋涉後，靠近密西西比河
德拉隆農園
拉科斯特農園
往紐奧良
12月23日下午7時
傑克森下令兵分三路攻擊英軍
維萊爾農園
朱蒙維爾農園
12月23日
英軍犯下錯誤，選擇紮營，而不是朝尚未設防的紐奧良前進
密西西比河

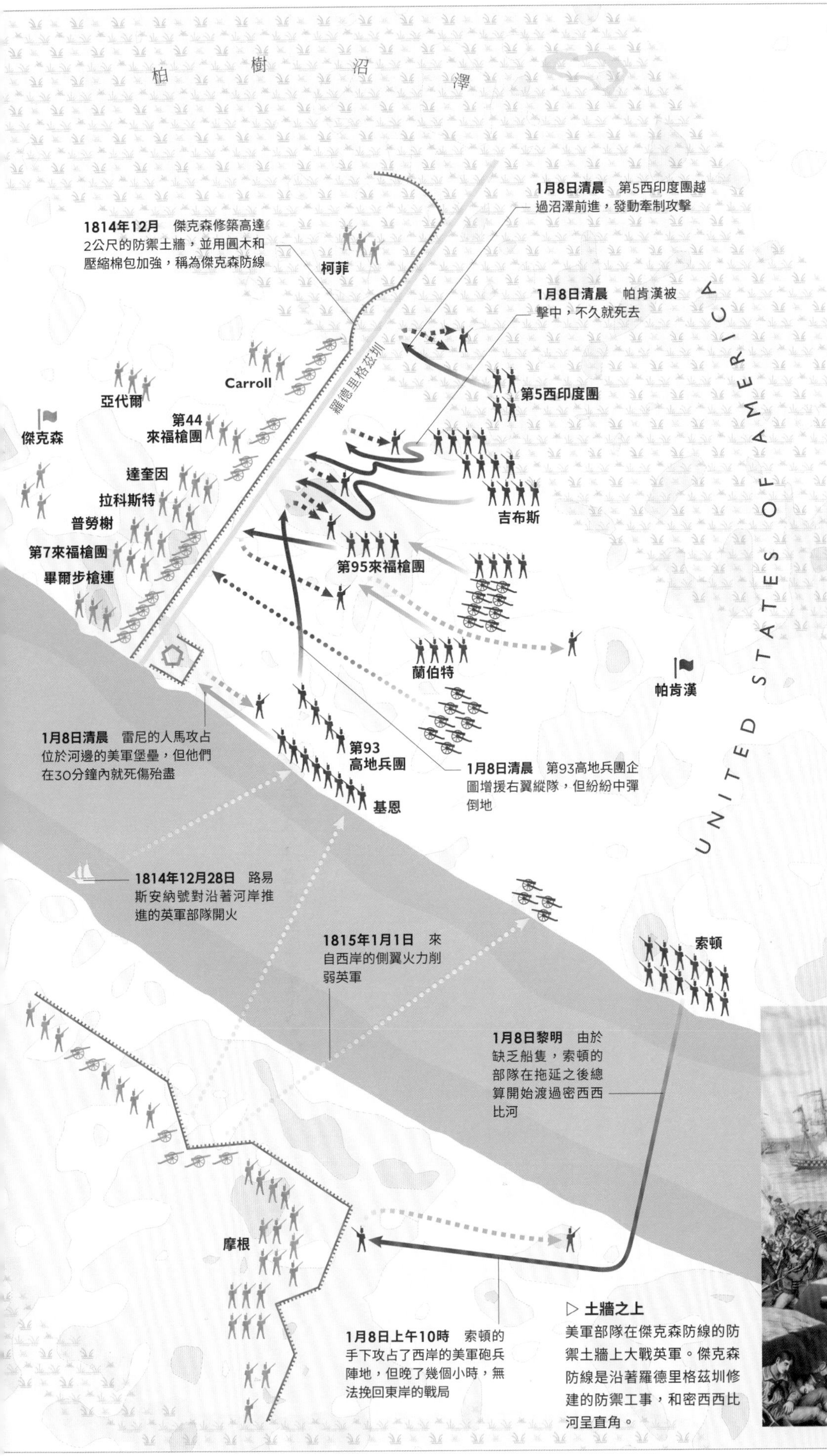
柏 樹 沼 澤
1814年12月 傑克森修築高達2公尺的防禦土牆，並用圓木和壓縮棉包加強，稱為傑克森防線
柯菲
1月8日清晨 第5西印度團越過沼澤前進，發動牽制攻擊
1月8日清晨 帕肯漢被擊中，不久就死去
Carroll
羅德里格茲圳
亞代爾
第5西印度團
傑克森
第44來福槍團
達奎因
拉科斯特
普勞樹
吉布斯
第7來福槍團
第95來福槍團
畢爾步槍連
蘭伯特
帕肯漢
UNITED STATES OF AMERICA
1月8日清晨 雷尼的人馬攻占位於河邊的美軍堡壘，但他們在30分鐘內就死傷殆盡
第93高地兵團
1月8日清晨 第93高地兵團企圖增援右翼縱隊，但紛紛中彈倒地
基恩
1814年12月28日 路易斯安納號對沿著河岸推進的英軍部隊開火
1815年1月1日 來自西岸的側翼火力削弱英軍
索頓
1月8日黎明 由於缺乏船隻，索頓的部隊在拖延之後總算開始渡過密西西比河
摩根
1月8日上午10時 索頓的手下攻占了西岸的美軍砲兵陣地，但晚了幾個小時，無法挽回東岸的戰局

5 會戰結束 1月8日上午8時30分

由於吉布斯和帕肯漢都受到致命重傷，蘭伯特（Lambert）率領後備部隊再度前進，但他隨即明白攻擊注定徒勞無功。他把索頓從西岸召回，並下令英軍殘部立即撤退到美軍火砲射程以外的地方。英軍傷亡多達2000人左右，美軍只有大約60人傷亡。

英軍前進　英軍撤退

4 左翼的進攻 1月8日清晨

英軍第95來福槍團、第5西印度團（West India Regiment）和吉布斯的主力縱隊朝美軍中央的左方移動，但他們沒有梯子，因此無法登上美軍堅強的防禦土牆，因此被美軍步槍兵一一擊殺。基恩和第93高地兵團（Highlanders）轉向中央準備支援，但在短短30分鐘內，吉布斯和基恩就折損超過三分之二的部隊（超過1900人）。英軍最後退回。

英軍進攻　英軍撤退

3 堡壘爭奪戰 1月8日黎明

在英軍左翼，雷尼上校（Rennie）親率基恩指揮的1000名步兵沿著河岸推進，但卻一直被河對岸的美軍砲兵轟擊。他的人馬攻下了尚未竣工的堡壘，但一群紐奧良的民兵畢爾步槍連（Beale's Rifles）和美軍第7步兵團抵達後，他們就潰不成軍，雷尼和他絕大部分手下不到半小時全都戰死。

英軍突擊堡壘　英軍撤退

▷ **土牆之上**
美軍部隊在傑克森防線的防禦土牆上大戰英軍。傑克森防線是沿著羅德里格茲圳修建的防禦工事，和密西西比河呈直角。

1 進攻烏格蒙

1815年6月18日上午11時－下午7時

威靈頓在滑鐵盧的陣地由兩座軍隊駐防的農場保護。上午11時，法軍進攻烏格蒙農場，企圖引誘威靈頓派遣援軍，並在這個過程中削弱他的中央，結果法軍耗費好幾個小時猛攻烏格蒙，一整個軍的兵力被非常少的英聯軍牽制住。

英聯軍駐防的農場

法軍進攻烏格蒙

2 朝中央進攻 下午1時30分－2時30分

拿破崙下令對威靈頓的陣地中央展開砲擊，但效果不彰，之後又命令德爾隆（D'Erlon）的步兵推進。數百人中彈倒地，而僥倖抵達山丘上的法軍則要面對皮克頓少將（Picton）率領的英軍步兵，以及龐森比少將（Ponsonby）與薩莫塞特將軍（Somerset）率領的騎兵。龐森比的旅稍後輕率地朝法軍砲兵衝鋒，損失超過1000人。

德爾隆的步兵突擊

龐森比的騎兵衝鋒

3 內伊元帥的進攻 下午3－5時

當威靈頓重組山丘上的防線時，內伊元帥誤判他的動向是打算撤退，因此朝威靈頓的防線中央發動大規模騎兵突擊，結果犯下巨大錯誤。內伊衝進由超過1萬名英聯軍士兵組成的步兵方陣中，這些方陣全都擠滿手持步槍配上刺刀的步兵（參見方框說明），難以穿透。在接下來的兩個小時裡，內伊的騎兵隊朝這些方陣衝鋒，但因為沒有步兵在近距離和英聯軍交戰，他們因此沒有突破任何一個方陣。

內伊的騎兵攻擊

4 拉耶聖農莊之戰 下午4－6時

內伊元帥發動一波突擊，俘虜了拉耶聖農莊內耗盡彈藥的衛戍部隊。內伊下令砲兵朝英聯軍步兵轟擊，讓法軍有機會突破威靈頓的戰線中央。然而由比洛（Bulow）率領的普軍威脅到法軍後方，拿破崙的預備隊正在普蘭司努瓦（Plancenoit）周邊地帶和對方鏖戰，因此無法抽身。

內伊突擊拉耶聖農莊

法軍預備隊前進，迎戰比洛

比洛的普軍挺進

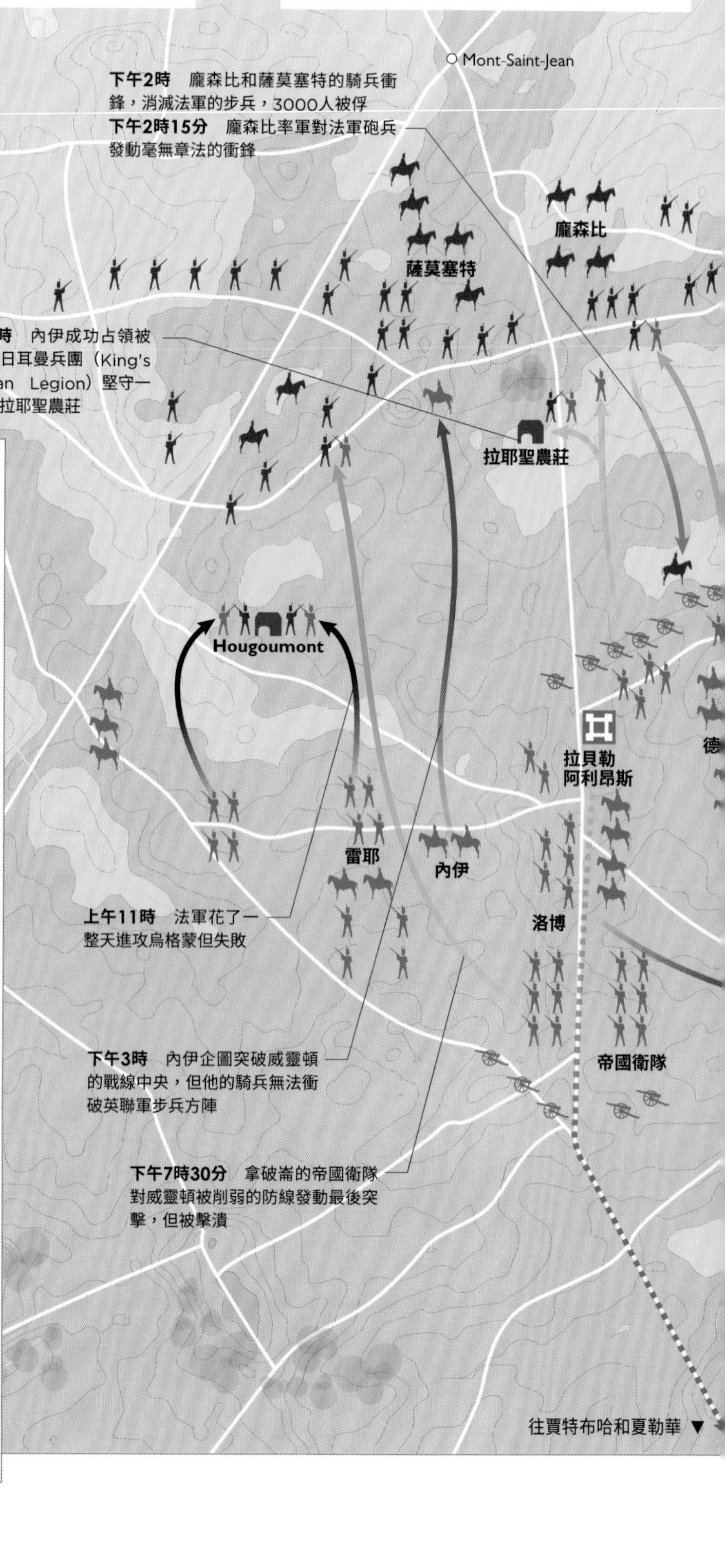
Mont-Saint-Jean
下午2時 龐森比和薩莫塞特的騎兵衝鋒，消滅法軍的步兵，3000人被俘
下午2時15分 龐森比率軍對法軍砲兵發動毫無章法的衝鋒
Braine-l'Alleud
龐森比
薩莫塞特
下午6時 內伊成功占領被國王的日耳曼兵團（King's German Legion）堅守一整天的拉耶聖農莊
拉耶聖農莊
Hougoumont
拉貝勒阿利昂斯
德
雷耶
內伊
洛博
上午11時 法軍花了一整天進攻烏格蒙但失敗
帝國衛隊
下午3時 內伊企圖突破威靈頓的戰線中央，但他的騎兵無法衝破英聯軍步兵方陣
下午7時30分 拿破崙的帝國衛隊對威靈頓被削弱的防線發動最後突擊，但被擊潰
往賈特布哈和夏勒華 ▼

滑鐵盧的序幕

1815年6月15日，拿破崙率軍進入比利時並進占夏勒華。他派出內伊元帥（Ney）攻擊威靈頓在賈特布哈的部隊，而他則在利尼親自和布呂歇對陣。拿破崙派遣伊曼紐爾．德．格魯希元帥（Emmanuel de Grouchy）追擊撤退的普軍。威靈頓在賈特布哈擋住內伊的攻擊後，就和敵軍脫離接觸，往北移動到一處精心挑選過的戰場，位於滑鐵盧村附近蒙聖尚的一座山丘上，在那裡和拿破崙的軍隊交手。

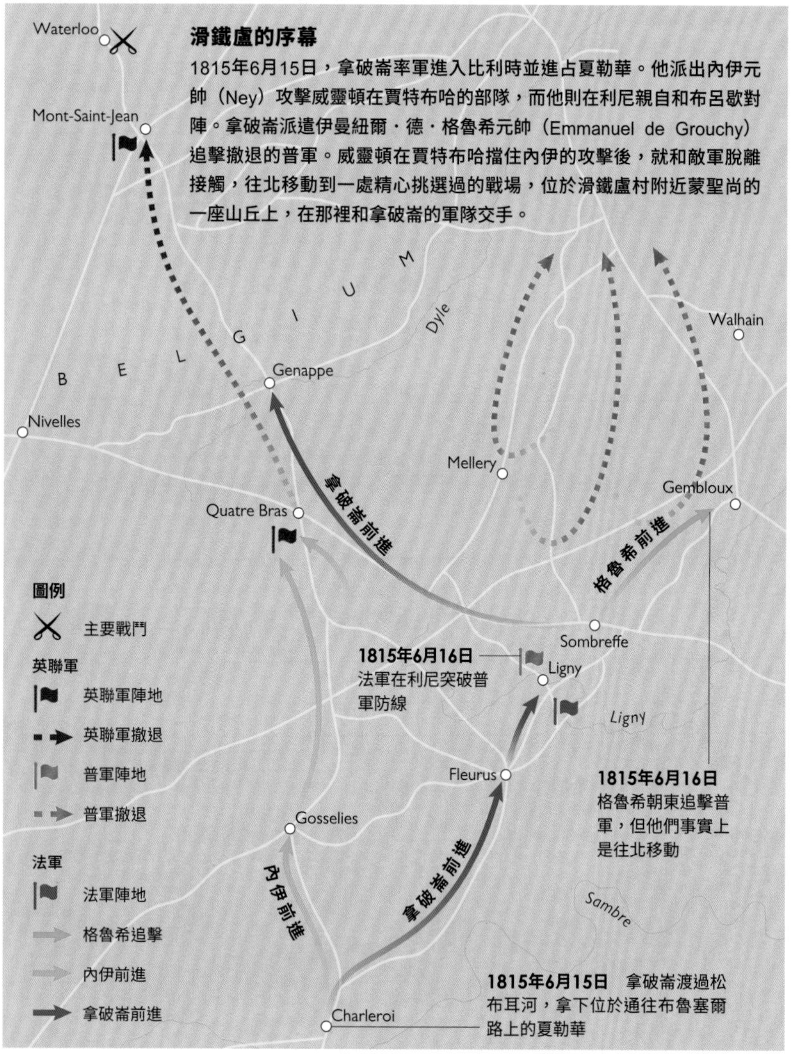
Waterloo
Mont-Saint-Jean
BELGIUM
Dyle
Walhain
Genappe
Nivelles
Mellery
Gembloux
Quatre Bras
拿破崙前進
格魯希前進
Sombreffe
1815年6月16日 法軍在利尼突破普軍防線
Ligny
Ligny
Fleurus
1815年6月16日 格魯希朝東追擊普軍，但他們事實上是往北移動
Gosselies
內伊前進
拿破崙前進
Sambre
Charleroi
1815年6月15日 拿破崙渡過松布耳河，拿下位於通往布魯塞爾路上的夏勒華
圖例
主要戰鬥
英聯軍
英聯軍陣地
英聯軍撤退
普軍陣地
普軍撤退
法軍
法軍陣地
格魯希追擊
內伊前進
拿破崙前進

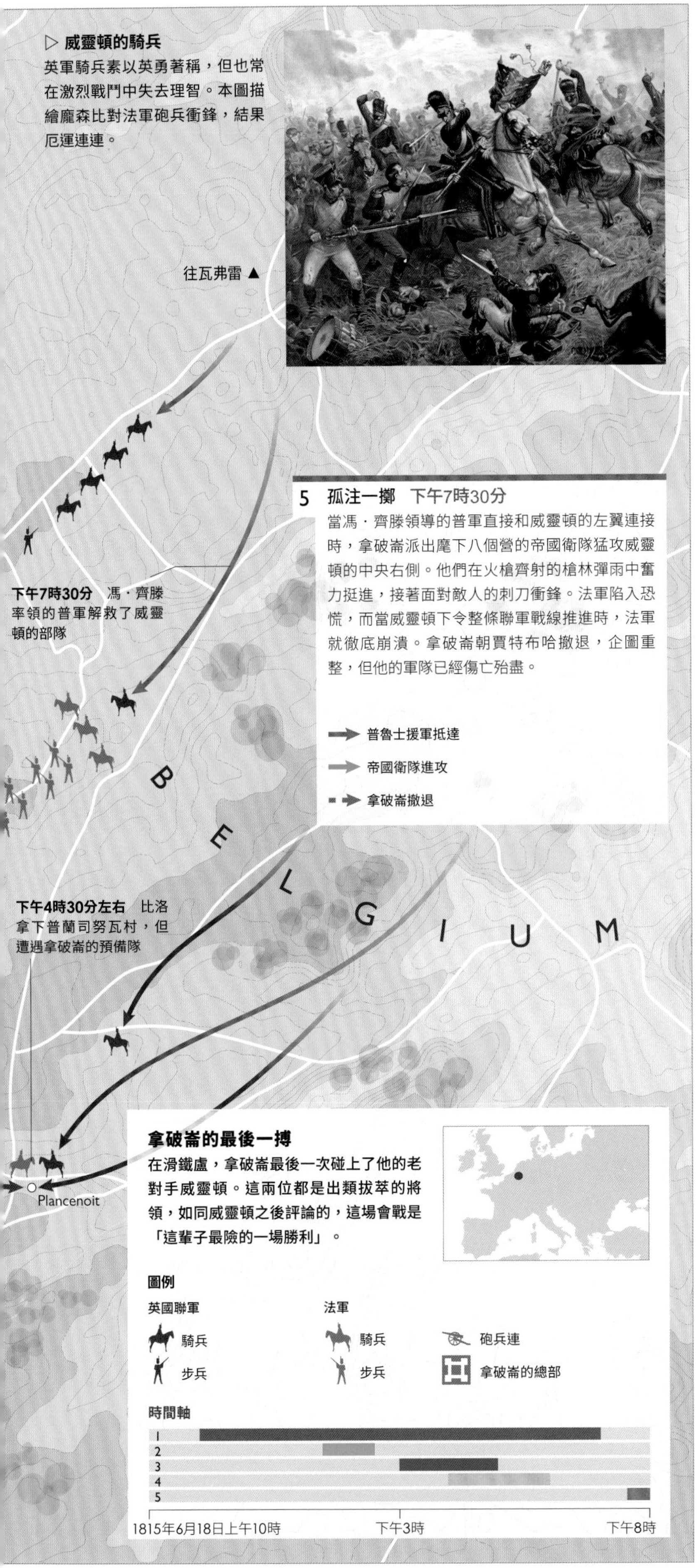

往瓦弗雷 ▲
5 孤注一擲 下午7時30分
當馮・齊滕領導的普軍直接和威靈頓的左翼連接時，拿破崙派出麾下八個營的帝國衛隊猛攻威靈頓的中央右側。他們在火槍齊射的槍林彈雨中奮力挺進，接著面對敵人的刺刀衝鋒。法軍陷入恐慌，而當威靈頓下令整條聯軍戰線推進時，法軍就徹底崩潰。拿破崙朝賈特布哈撤退，企圖重整，但他的軍隊已經傷亡殆盡。
普魯士援軍抵達
帝國衛隊進攻
拿破崙撤退
下午7時30分 馮・齊滕率領的普軍解救了威靈頓的部隊
BELGIUM
下午4時30分左右 比洛拿下普蘭司努瓦村，但遭遇拿破崙的預備隊
Plancenoit
拿破崙的最後一搏
在滑鐵盧，拿破崙最後一次碰上了他的老對手威靈頓。這兩位都是出類拔萃的將領，如同威靈頓之後評論的，這場會戰是「這輩子最險的一場勝利」。
圖例
英國聯軍
騎兵
步兵
法軍
騎兵
步兵
砲兵連
拿破崙的總部
時間軸
1
2
3
4
5
1815年6月18日上午10時
下午3時
下午8時

▷ **威靈頓的騎兵**
英軍騎兵素以英勇著稱，但也常在激烈戰鬥中失去理智。本圖描繪龐森比對法軍砲兵衝鋒，結果厄運連連。

滑鐵盧

1815年6月18日，由威靈頓公爵和布呂歇將軍領導的英國聯軍和普魯士軍隊戰勝拿破崙，終於結束了拿破崙戰爭（1803-15年）。這場決定性會戰發生在比利時的滑鐵盧村附近。

1815 年 3 月，歐洲各國領袖已經得知拿破崙從巴黎會戰（Battle of Paris，1814 年）後流亡的地中海愛爾巴島（Elba）逃脫的消息。拿破崙在 3 月 1 日登陸法國並返回巴黎，他迅速獲得支持，並在被稱為百日王朝（Hundred Days）的這段期間重新啟用他的皇家頭銜拿破崙一世。到了 3 月 20 日，他已經召集起一支大軍。

英國、普魯士、奧地利和俄羅斯組成同盟，目的是擊敗拿破崙。到了 6 月，身為英國最偉大軍事指揮官的威靈頓公爵奉命指揮布魯塞爾附近以英軍為首的聯軍，人數超過 10 萬人。而在納木爾（Namur），普魯士元帥蓋伯哈德・雷布瑞希特・馮・布呂歇率領規模差不多的軍隊駐紮。俄軍和奧軍總計各超過 20 萬人，也正趕來跟法軍對抗。

6 月 15 日，拿破崙率軍進入比利時，次日和威靈頓及布呂歇在賈特布哈（Quatre Bras）和利尼（Ligny）交戰。經過慘烈戰鬥後，布呂歇退往瓦弗雷（Wavre），威靈頓則朝滑鐵盧村（Waterloo）附近的蒙聖尚（Mont-Saint-Jean）移動，他會在那裡和拿破崙進行最後對決。6 月 18 日早餐時間，拿破崙告訴手下將領，即將到來的會戰「就跟野餐一樣」，但結果證明並非如此。威靈頓指揮的英國聯軍儘管在拉耶聖農莊（La Haye Sainte）和烏格蒙（Hougoumont）的陣地承受龐大壓力，但還是撐住法軍的反覆攻擊。布呂歇的普魯士軍趕抵戰場，使得威靈頓得以發動最後攻勢，一口氣把法軍趕出戰場。拿破崙逃走後企圖搭船前往美國，但在 7 月 15 日被抓到，再度遭流放。

英軍步兵方陣

步兵方陣（下圖）大約由500名士兵組成，每個邊由至少兩行排列緊密的隊伍組成，剩下的人則待在中間。步兵會對逼近的騎兵進行齊射，讓中彈倒地的馬匹阻礙敵軍後續的攻擊。這種方陣幾乎不會被騎兵打敗，但卻難以抵擋火槍射擊，尤其容易被砲兵火力殺傷。

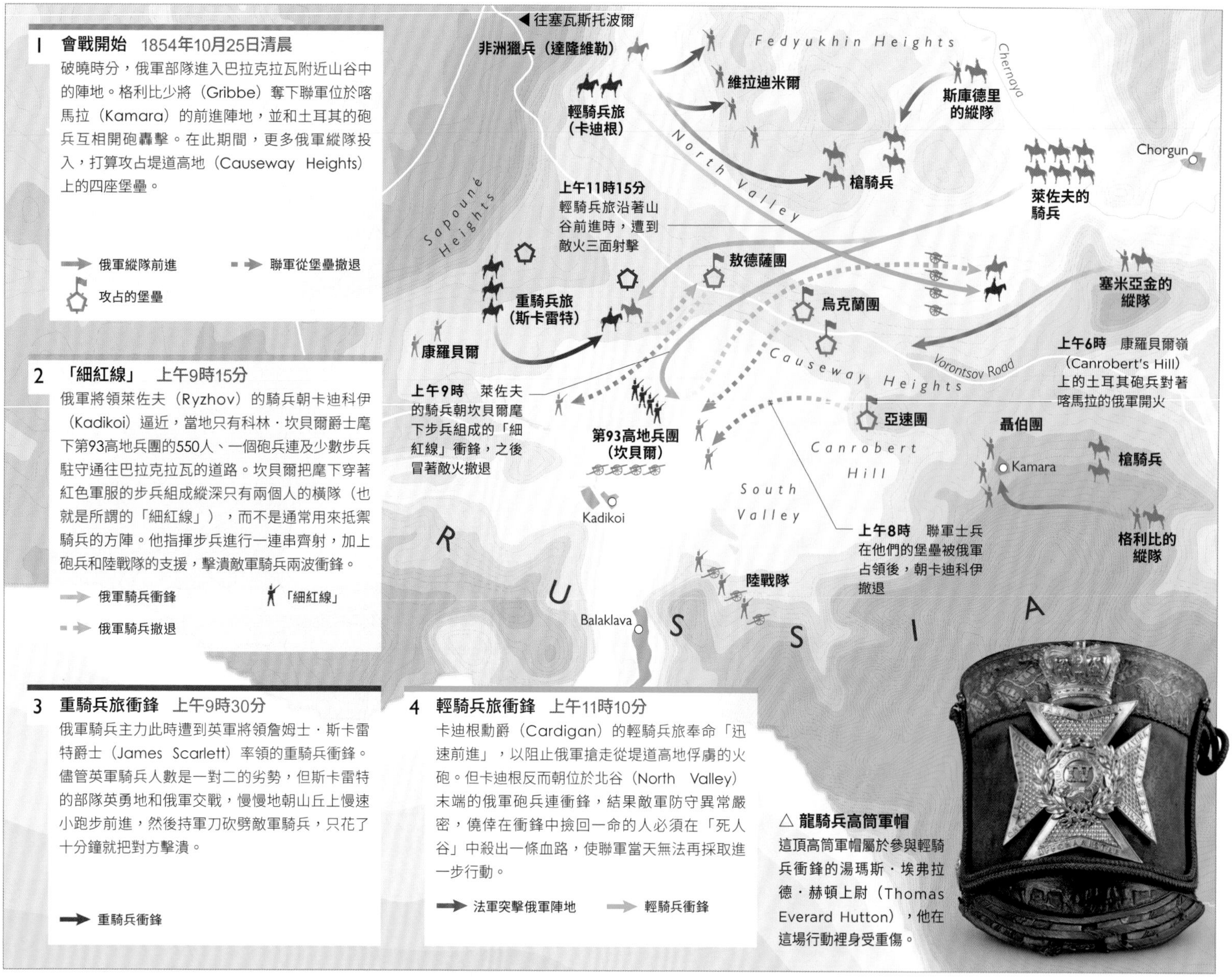

1 會戰開始 1854年10月25日清晨

破曉時分，俄軍部隊進入巴拉克拉瓦附近山谷中的陣地。格利比少將（Gribbe）奪下聯軍位於喀馬拉（Kamara）的前進陣地，並和土耳其的砲兵互相開砲轟擊。在此期間，更多俄軍縱隊投入，打算攻占堤道高地（Causeway Heights）上的四座堡壘。

俄軍縱隊前進　聯軍從堡壘撤退　攻占的堡壘

2 「細紅線」 上午9時15分

俄軍將領萊佐夫（Ryzhov）的騎兵朝卡迪科伊（Kadikoi）逼近，當地只有科林．坎貝爾爵士麾下第93高地兵團的550人、一個砲兵連及少數步兵駐守通往巴拉克拉瓦的道路。坎貝爾把麾下穿著紅色軍服的步兵組成縱深只有兩個人的橫隊（也就是所謂的「細紅線」），而不是通常用來抵禦騎兵的方陣。他指揮步兵進行一連串齊射，加上砲兵和陸戰隊的支援，擊潰敵軍騎兵兩波衝鋒。

俄軍騎兵衝鋒　「細紅線」　俄軍騎兵撤退

3 重騎兵旅衝鋒 上午9時30分

俄軍騎兵主力此時遭到英軍將領詹姆士．斯卡雷特爵士（James Scarlett）率領的重騎兵衝鋒。儘管英軍騎兵人數是一對二的劣勢，但斯卡雷特的部隊英勇地和俄軍交戰，慢慢地朝山丘上慢速小跑步前進，然後持軍刀砍劈敵軍騎兵，只花了十分鐘就把對方擊潰。

重騎兵衝鋒

4 輕騎兵旅衝鋒 上午11時10分

卡迪根勳爵（Cardigan）的輕騎兵旅奉命「迅速前進」，以阻止俄軍搶走從堤道高地俘虜的火砲。但卡迪根反而朝位於北谷（North Valley）末端的俄軍砲兵連衝鋒，結果敵軍防守異常嚴密，僥倖在衝鋒中撿回一命的人必須在「死人谷」中殺出一條血路，使聯軍當天無法再採取進一步行動。

法軍突擊俄軍陣地　輕騎兵衝鋒

△ **龍騎兵高筒軍帽**
這頂高筒軍帽屬於參與輕騎兵衝鋒的湯瑪斯．埃弗拉德．赫頓上尉（Thomas Everard Hutton），他在這場行動裡身受重傷。

巴拉克拉瓦

在俄國和聯軍之間的克里米亞戰爭（Crimean War，1853-56年）中，巴拉克拉瓦是一場不分勝負的會戰。這場會戰以「細紅線」和輕騎兵旅災難性的衝鋒而聞名。

1854年，英國、法國和土耳其入侵克里米亞，以反制俄軍在前一年進攻巴爾幹半島。9月20日，聯合遠征軍在阿爾馬會戰（Battle of the Alma）中獲勝，通往俄國海軍基地塞瓦斯托波爾（Sevastopol）的道路因此暢行無阻。10月25日，聯軍開始圍城。俄軍試圖在塞瓦斯托波爾的圍城線和巴拉克拉瓦（Balaklava）的英軍基地中間打出一個缺口。這場會戰以雙方僵局告終，英軍依然控制巴拉克拉瓦，但俄軍控制了從那裡通往塞瓦斯托波爾的主要道路。這場會戰因為科林．坎貝爾爵士（Colin Campbell）手下第93高地兵團的「細紅線」、重騎兵的成功衝鋒、還有輕騎兵犯下不可饒恕的錯誤，穿過布滿敵軍火砲的山谷衝鋒，結果死傷狼藉，所以在歷史上占有一席之地。

克里米亞的衝突

巴拉克拉瓦會戰（Battle of Balaklava）是因為對俄國黑海艦隊（Black Sea Fleet）基地塞瓦斯托波爾的圍城戰曠日持久而引發。最後到了1855年9月，俄軍爆破了堡壘並疏散城市，圍城戰才結束。

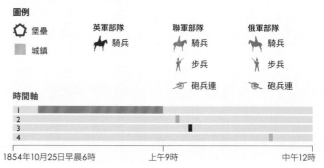

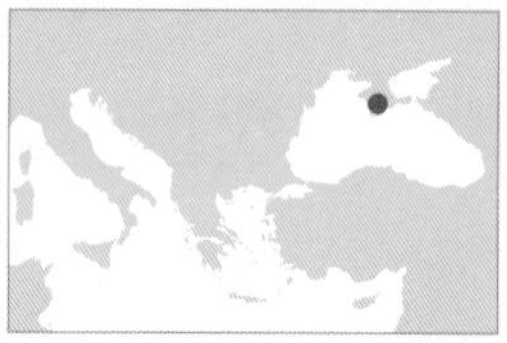

圖例

堡壘　城鎮

英軍部隊：騎兵

聯軍部隊：騎兵、步兵、砲兵連

俄軍部隊：騎兵、步兵、砲兵連

時間軸

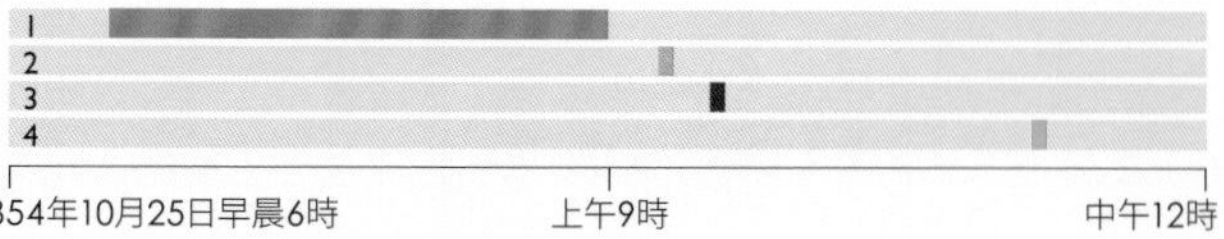

索爾費里諾

第二次義大利獨立戰爭（Second War of Italian Independence，1859年4－7月）的最後一仗發生在義大利北部的索爾費里諾，結果法國－皮德蒙特聯軍擊敗了奧軍。

1859 年，法國皇帝拿破崙三世和皮德蒙特－薩丁尼亞王國（Piedmont-Sardinia）的國王維克多·伊曼紐二世（Victor Emmanuel II）結盟，準備把奧國軍隊趕出義大利北部。拿破崙三世率領軍隊，在蒙特貝羅（Montebello）、帕萊斯特羅（Palestro）和馬根塔（Magenta）獲勝，之後在梅多萊（Medole）的平原再度迎戰奧軍。奧地利皇帝法蘭茨·約瑟夫一世（Franz Josef I）集結了大約 12 萬名步兵、1 萬名騎兵和 430 門火砲。這場會戰主要分成三個主要行動：法軍步兵和騎兵在索爾費里諾（Solferino）與更南邊的圭迪佐洛（Guidizzolo）作戰，薩丁尼亞軍隊在北邊的聖馬提諾（San Martino）擋住敵軍，直到奧軍因為害怕被包圍而渡過明喬河（River Mincio）撤退。

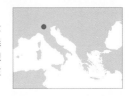

一個國家的誕生

索爾費里諾的衝突促進了義大利的統一大業，這個過程一直到羅馬在1871年成為新義大利王國的首都才完成。索爾費里諾的慘烈血戰促使亨利·杜南（Henry Dunant）在1863年創立紅十字會（Red Cross）。

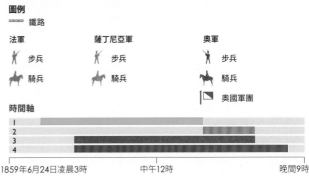

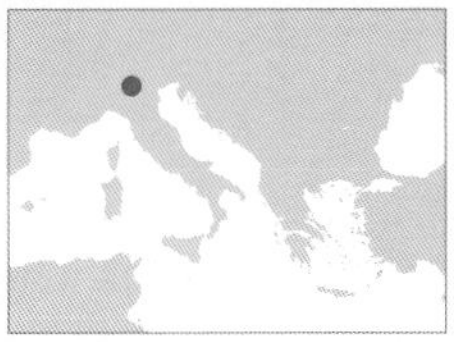

圖例

鐵路

法軍	薩丁尼亞軍	奧軍
步兵	步兵	步兵
騎兵	騎兵	騎兵
		奧國軍團

時間軸

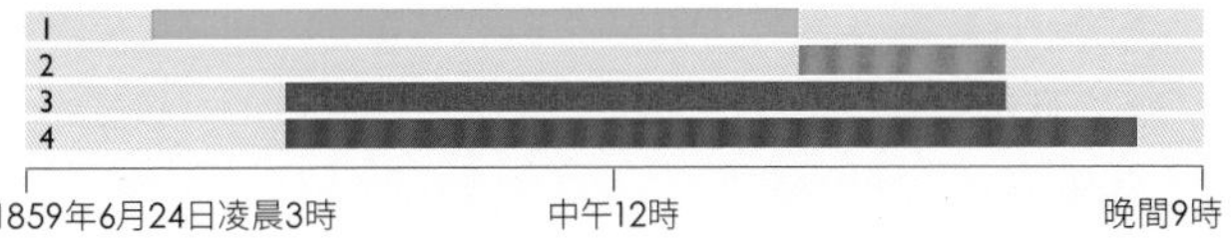

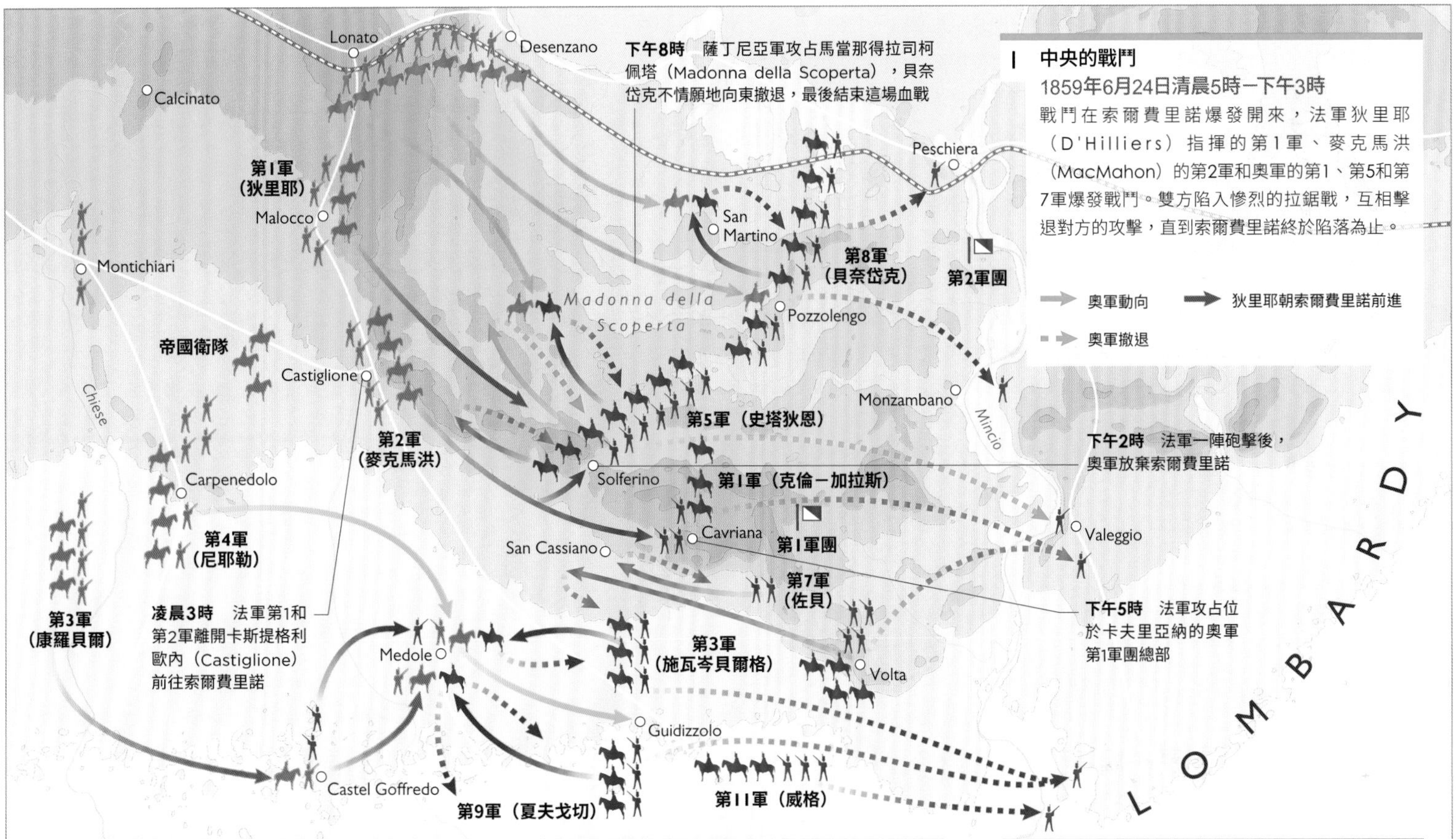

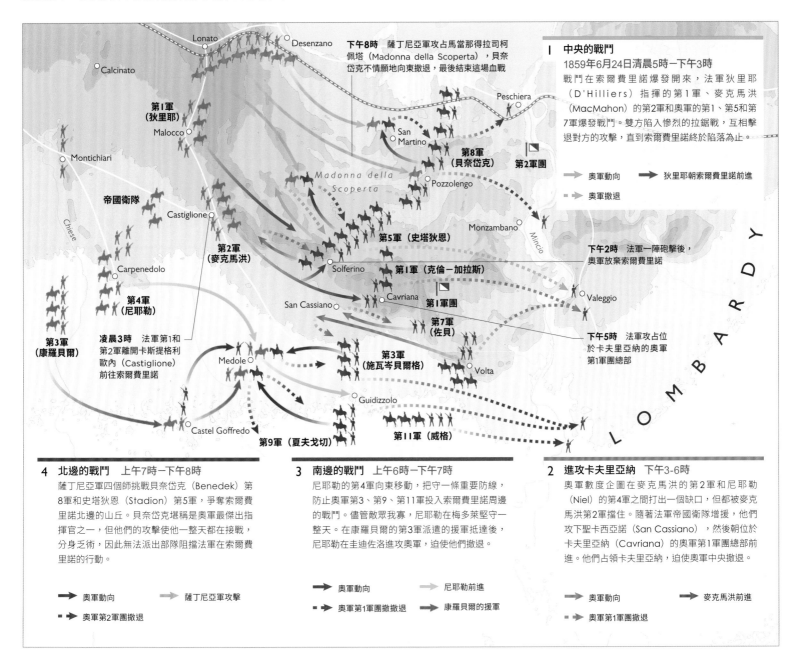

1　中央的戰鬥
1859年6月24日清晨5時－下午3時

戰鬥在索爾費里諾爆發開來，法軍狄里耶（D'Hilliers）指揮的第1軍、麥克馬洪（MacMahon）的第2軍和奧軍的第1、第5和第7軍爆發戰鬥。雙方陷入慘烈的拉鋸戰，互相擊退對方的攻擊，直到索爾費里諾終於陷落為止。

奧軍動向　狄里耶朝索爾費里諾前進
奧軍撤退

4　北邊的戰鬥　上午7時－下午8時

薩丁尼亞軍四個師挑戰貝奈岱克（Benedek）第8軍和史塔狄恩（Stadion）第5軍，爭奪索爾費里諾北邊的山丘。貝奈岱克堪稱是奧軍最傑出指揮官之一，但他們的攻擊使他一整天都在接戰，分身乏術，因此無法派出部隊阻擋法軍在索爾費里諾的行動。

奧軍動向　薩丁尼亞軍攻擊
奧軍第2軍團撤退

3　南邊的戰鬥　上午6時－下午7時

尼耶勒的第4軍向東移動，把守一條重要防線，防止奧軍第3、第9、第11軍投入索爾費里諾周邊的戰鬥。儘管敵眾我寡，尼耶勒在梅多萊堅守一整天。在康羅貝爾的第3軍派遣的援軍抵達後，尼耶勒在圭迪佐洛進攻奧軍，迫使他們撤退。

奧軍動向　尼耶勒前進
奧軍第1軍團撤撤退　康羅貝爾的援軍

2　進攻卡夫里亞納　下午3-6時

奧軍數度企圖在麥克馬洪的第2軍和尼耶勒（Niel）的第4軍之間打出一個缺口，但都被麥克馬洪第2軍擋住。隨著法軍帝國衛隊增援，他們攻下聖卡西亞諾（San Cassiano），然後朝位於卡夫里亞納（Cavriana）的奧軍第1軍團總部前進。他們占領卡夫里亞納，迫使奧軍中央撤退。

奧軍動向　麥克馬洪前進
奧軍第1軍團撤退

安提坦

南北戰爭（1861-65年）期間，美國史上最血腥的戰鬥就發生在安提坦溪。由喬治·麥克萊倫率領的聯邦大軍為了阻止由羅伯特·李將軍指揮的北維吉尼亞邦聯軍團入侵馬里蘭州，付出了慘痛的代價。

1861 年，美國的聯邦和反叛的各州組成的邦聯（Confederacy）之間爆發內戰。到了翌年，邦聯將領羅伯特·李將軍（Robert E. Lee）已經在七日會戰（Seven Days' Battles）和第二次牛奔河會戰（Second Battle of Bull Run，又稱為第二次馬納沙斯會戰〔Second Battle of Manassas〕）中得勝。1862 年 9 月，李將軍率領北維吉尼亞軍團（Army of Northern Virginia）入侵馬里蘭州，期望可以因為打勝仗而取得歐洲的援助，並在即將來臨的國會選舉中打擊美國總統林肯（Lincoln）的地位。

當李將軍向西移動時，他兵分兩路，但聯邦的喬治·麥克萊倫將軍（George McClellan）卻錯過這個機會，沒有設法先各個擊破。等到麥克萊倫終於在 9 月 17 日於馬里蘭州夏普斯堡（Sharpsburg）附近的安提坦溪（Antietam Creek）追上李將軍時，邦聯軍隊已經集結完畢。但即使如此，李將軍仍寡不敵眾，居於一打二的劣勢。麥克萊倫以為李將軍手握預備隊，因此拒絕投入全部兵力，再度失去徹底殲滅李將軍部隊的機會。經過一整天的慘烈血戰後，會戰以雙方僵局告終。麥克萊倫讓李將軍退回維吉尼亞，聯邦宣稱獲得戰略性勝利，邦聯想獲得歐洲援助的希望破滅。另一方面，林肯受到擊退邦聯軍大規模攻勢的戰績鼓舞，在 1862 年 9 月 22 日簽署《解放奴隸宣言》（Emancipation Proclamation），讓聯邦各州境內所有奴隸獲得自由。

搖擺州

馬里蘭州橫跨南北兩方，是分離主義者和聯邦主義者戰鬥的關鍵戰場。這個州在南北戰爭期間被邦聯軍隊入侵三次。

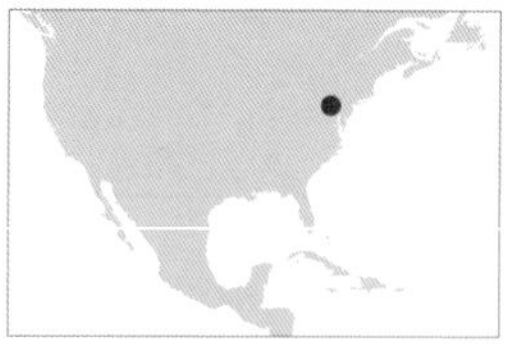

圖例

邦聯軍：步兵、部隊、砲兵

聯邦軍：步兵、部隊、砲兵

米勒玉米田

鄧克教堂

菲利普·普萊之家

矮橋

時間軸

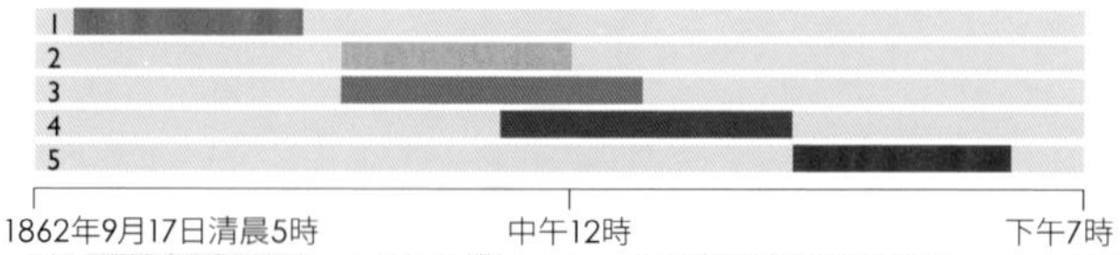

△ **「血腥巷」的赦罪儀式**

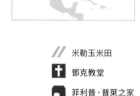

這幅唐·特羅亞尼（Don Troiani）創作的畫描繪隸屬愛爾蘭旅（Irish Brigade）的聯邦軍部隊朝血腥巷前進。「戰鬥牧師」威廉·科爾比（William Corby）正在為士兵進行赦罪儀式。

李將軍的作戰

李將軍在1862年9月4日進入馬里蘭州。他之後兵分兩路，派遣傑克森（Jackson）、麥克羅斯（McLaws）和沃克（Walker）領兵進攻位於馬丁斯堡（Martinsburg）和哈珀斯費里（Harpers Ferry）的聯邦駐軍，而D.H.希爾（D.H. Hill）負責保護山區隘口。希爾和麥克羅斯守住隘口一段時間，足以攻占哈珀斯費里，並讓李將軍得以在安提坦溪集結部隊，來面對麥克萊倫手下前進速度遲緩的聯邦軍隊。

圖例

主要會戰

會戰

聯邦駐軍

9月3-13日聯邦軍動向

9月14-17日聯邦軍動向

9月3-13日邦聯軍動向

9月14-17日邦聯軍動向

鐵路

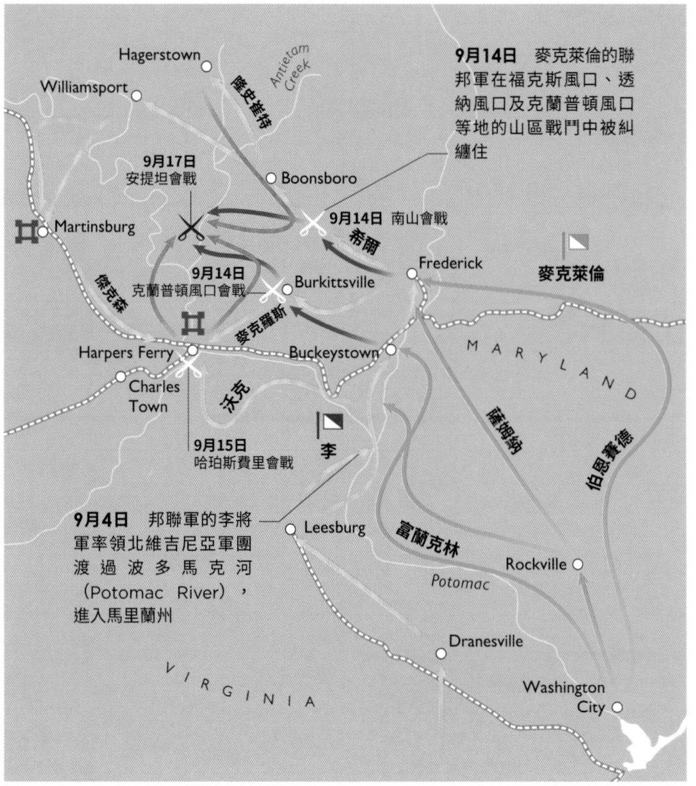

5 最後突擊 下午3時—黃昏

伯恩賽德朝夏普斯堡東南方的邦聯軍防線推進，但遭遇A.P.希爾（A.P. Hill）的輕裝師，他們從哈珀斯費里出發，跋涉27公里的距離才抵達。戰況再度表明，若是麥克萊倫投入預備隊，他很可能就會贏得這場戰役，但伯恩賽德只能憑著麾下筋疲力竭且經驗不足的部隊奮戰，直到太陽西下。

聯邦軍突擊

邦聯軍推進並攻擊

聯邦軍撤退

4 矮橋 上午11時—下午3時

當聯邦軍的伯恩賽德少將（Burnside）開始朝位置更南邊的邦聯軍右翼挺進時，北邊的戰鬥已經接近尾聲。他的手下攻占了跨越安提坦溪的唯一一座橋梁，希望能夠側翼迂迴敵人，但因為橋實在太窄，他們無法輕易過橋，因此就在那裡被區區500名邦聯軍士兵擋住好幾個小時。

聯邦軍前進

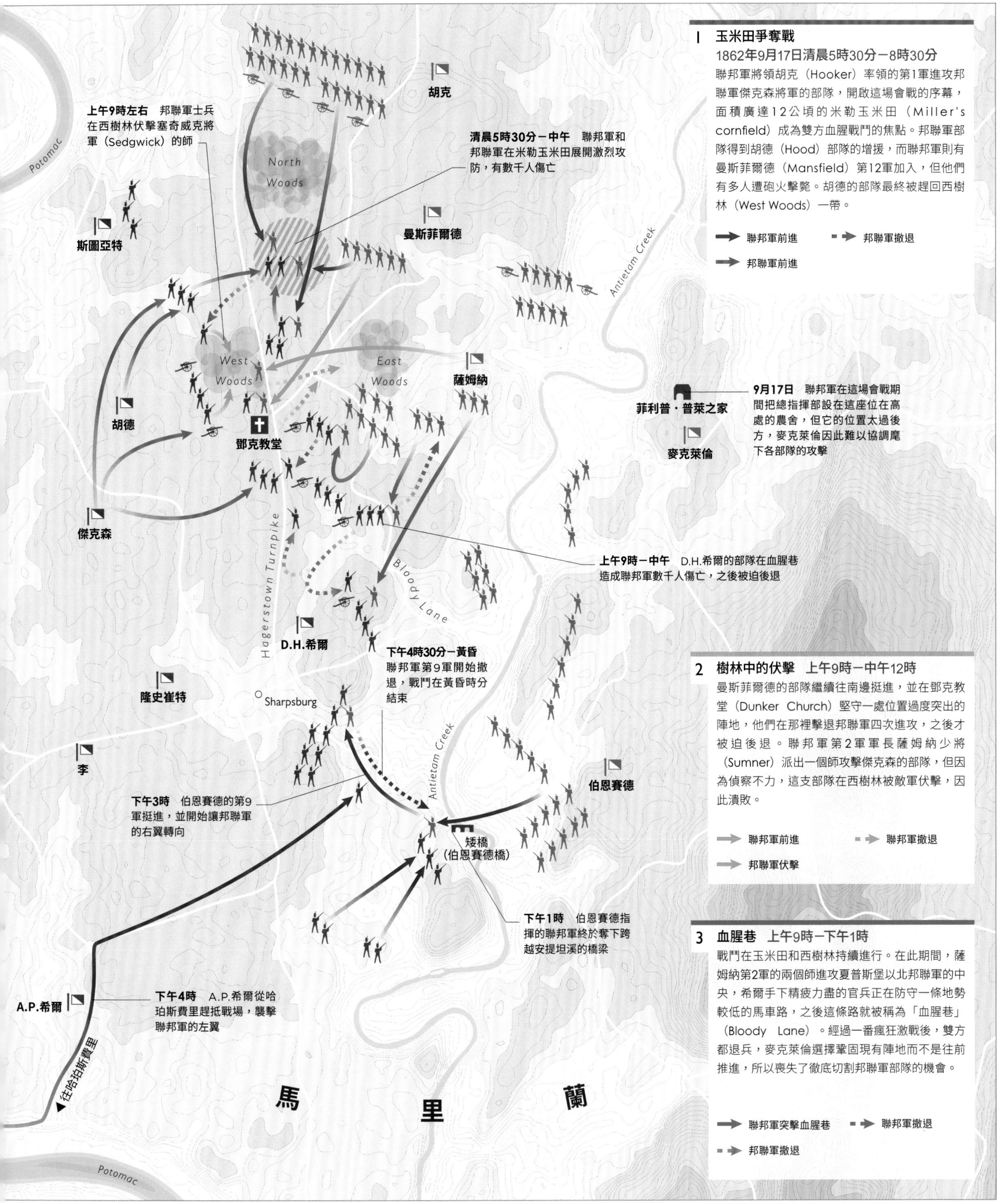
胡克
上午9時左右 邦聯軍士兵在西樹林伏擊塞奇威克將軍（Sedgwick）的師
清晨5時30分－中午 聯邦軍和邦聯軍在米勒玉米田展開激烈攻防，有數千人傷亡
Potomac
North Woods
斯圖亞特
曼斯菲爾德
Antietam Creek
West Woods
East Woods
薩姆納
胡德
鄧克教堂
菲利普・普萊之家
9月17日 聯邦軍在這場會戰期間把總指揮部設在這座位在高處的農舍，但它的位置太過後方，麥克萊倫因此難以協調麾下各部隊的攻擊
麥克萊倫
傑克森
Hagerstown Turnpike
Bloody Lane
上午9時－中午 D.H.希爾的部隊在血腥巷造成聯邦軍數千人傷亡，之後被迫後退
D.H.希爾
下午4時30分－黃昏 聯邦軍第9軍開始撤退，戰鬥在黃昏時分結束
隆史崔特
Sharpsburg
李
Antietam Creek
伯恩賽德
下午3時 伯恩賽德的第9軍挺進，並開始讓邦聯軍的右翼轉向
矮橋（伯恩賽德橋）
下午1時 伯恩賽德指揮的聯邦軍終於奪下跨越安提坦溪的橋梁
A.P.希爾
下午4時 A.P.希爾從哈珀斯費里趕抵戰場，襲擊聯邦軍的左翼
往哈珀斯費里
馬 里 蘭
Potomac

1 玉米田爭奪戰

1862年9月17日清晨5時30分－8時30分

聯邦軍將領胡克（Hooker）率領的第1軍進攻邦聯軍傑克森將軍的部隊，開啟這場會戰的序幕，面積廣達12公頃的米勒玉米田（Miller's cornfield）成為雙方血腥戰鬥的焦點。邦聯軍部隊得到胡德（Hood）部隊的增援，而聯邦軍則有曼斯菲爾德（Mansfield）第12軍加入，但他們有多人遭砲火擊斃。胡德的部隊最終被趕回西樹林（West Woods）一帶。

聯邦軍前進　邦聯軍撤退
邦聯軍前進

2 樹林中的伏擊 上午9時－中午12時

曼斯菲爾德的部隊繼續往南邊挺進，並在鄧克教堂（Dunker Church）堅守一處位置過度突出的陣地，他們在那裡擊退邦聯軍四次進攻，之後才被迫後退。聯邦軍第2軍軍長薩姆納少將（Sumner）派出一個師攻擊傑克森的部隊，但因為偵察不力，這支部隊在西樹林被敵軍伏擊，因此潰敗。

聯邦軍前進　聯邦軍撤退
邦聯軍伏擊

3 血腥巷 上午9時－下午1時

戰鬥在玉米田和西樹林持續進行。在此期間，薩姆納第2軍的兩個師進攻夏普斯堡以北邦聯軍的中央，希爾手下精疲力盡的官兵正在防守一條地勢較低的馬車路，之後這條路就被稱為「血腥巷」（Bloody Lane）。經過一番瘋狂激戰後，雙方都退兵，麥克萊倫選擇鞏固現有陣地而不是往前推進，所以喪失了徹底切割邦聯軍部隊的機會。

聯邦軍突擊血腥巷　聯邦軍撤退
邦聯軍撤退

南北戰爭的兵器

1861－65年的美國南北戰爭是第一場現代化的戰爭。通訊和科技的進步擴大了戰爭的領域——有更多部隊可以布署，武器變得更加致命，戰線也跟著拉長。

△ **邦聯國旗**
星星代表脫離聯邦的各州，之後還有更多加入。自1963年5月起，邦聯改用「無瑕旗」，也就是白色長方形上有十字形的主題圖案。

南北戰爭的其中一方是效忠聯邦的北方各州，另一方則是擁有奴隸的南方各州在脫離之後所組成的邦聯。雖然戰爭開打時，雙方實力大致均等，各擁有大約 20 萬士兵，但到了 1963 年，聯邦軍的服役人數已是邦聯軍隊的兩倍。

在戰場上，由於霰彈和破片彈的改良，砲兵在短距離變得極度致命，但遠距離時基本上無效。攻勢發起前的砲擊不是那麼有用，原因是火砲的精準度不高，會爆炸的砲彈此時仍處於最初發展階段。步兵配備有膛線的火槍，加上彈藥技術進步，火力有所改善，但對他們來說，依然需要密集編隊，這樣才能在任何範圍內都保持精準度，只有最短距離除外。火力讓騎馬衝鋒變得宛如自殺行為，但騎兵依然在偵察、掩護和襲擊等方面扮演不可或缺的角色。可快速裝填槍枝（例如連發卡賓槍）的引進則使騎兵成為絕佳的機動武力。

官兵面對大量火力的威脅，修築野戰工事成為司空見慣的事。到了 1864 年，發動攻擊所要付出的人命代價變得相當高昂，而只有聯邦擁有發動攻勢所需的人力，因此他們才得以在 1865 年獲得最終勝利。

△ **水下的威脅**
邦聯軍使用當時稱為「魚雷」的海軍水雷來防衛航道。在1864年的莫比爾灣海戰（Battle of Mobile Bay）中，聯邦艦隊（右）儘管損失了一艘船，還是繼續向前衝，穿越布放觸發水雷的航道，打擊邦聯海軍。

聯邦軍砲兵連
這張照片攝於維吉尼亞的七松會戰（Battle of Seven Pines，1862年5月31日－6月1日，又稱為費爾奧克〔Fair Oaks〕會戰）期間。南北戰爭時，雙方大量使用砲兵，砲彈的重量普遍介於10磅（4.54公斤）到300磅（136公斤）之間。

蓋茨堡

1863年的蓋茨堡會戰是美國南北戰爭的轉捩點，聯邦軍在這場會戰中擋下了邦聯軍入侵賓夕法尼亞州的行動。邦聯軍不但沒有獲得他們亟需的決定性勝利來抵銷資源上的劣勢，反而還遭受重大挫敗。

1863 年 5 月，邦聯軍將領羅伯特．李將軍在錢斯勒斯維爾（Chancellorsville）擊敗聯邦軍，鬥志昂揚。他因此相信，要是再獲得另一場決定性勝利，就可以讓北方不再支持內戰。6 月時，他率領北維吉尼亞軍團官兵進入賓夕法尼亞州（Pennsylvania），指揮聯邦軍波多馬克軍團（Army of the Potomac）的喬治．米德將軍（George G. Meade）緊跟著李將軍移動，最後雙方在蓋茨堡（Gettysburg）遭遇。這場會戰的開頭讓人摸不著頭緒：邦聯軍第 3 軍軍長 A.P. 希爾中將在前一天派遣部隊進入蓋茨堡，調查當地是否有聯邦部隊的蹤跡。聯邦軍兩個旅對 A.P. 希爾的部隊開火，雙方於是都調派更多部隊投入這場歷時三日的大戰，大約有 7 萬 5000 名邦聯軍官兵和 10 萬名聯邦軍官兵參與，最後以李將軍撤往維吉尼亞州告終。這是發生在美國本土的最血腥會戰，估計造成 5 萬人傷亡。1863 年 11 月，亞伯拉罕．林肯（Abraham Lincoln）在蓋茨堡的國家公墓揭幕儀式上，重申北方聯邦結束奴隸制度並贏得戰爭的承諾，因而留名青史。

> **「民有、民治、民享的政府絕不會從這片土地上消亡。」**
>
> 亞伯拉罕．林肯，1963年11月19日

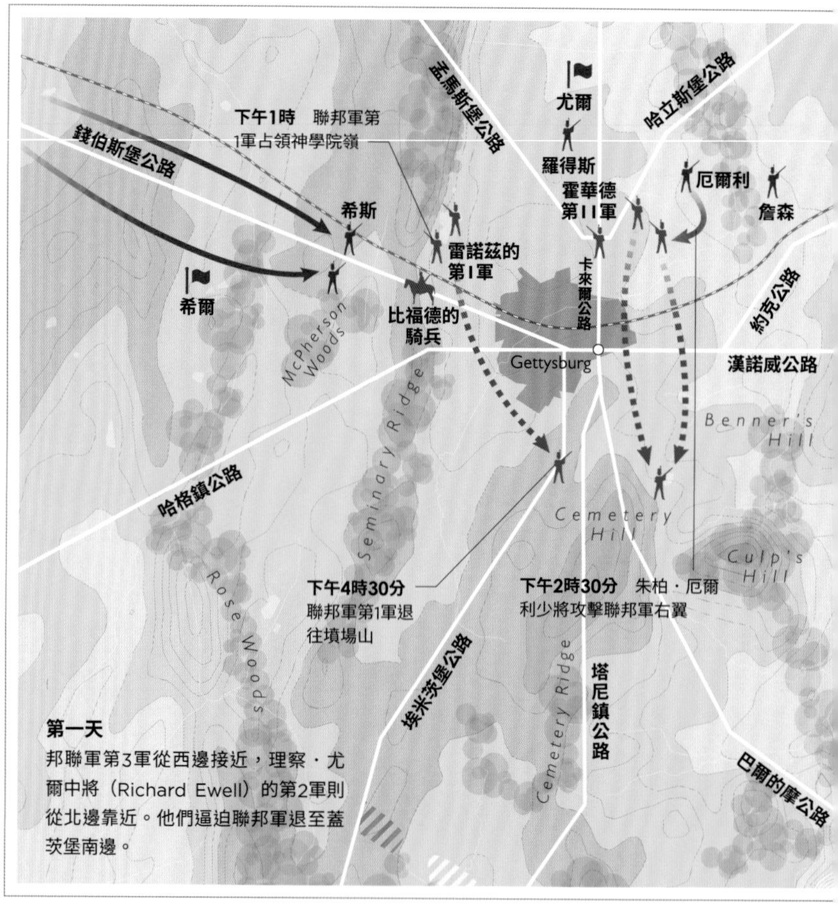

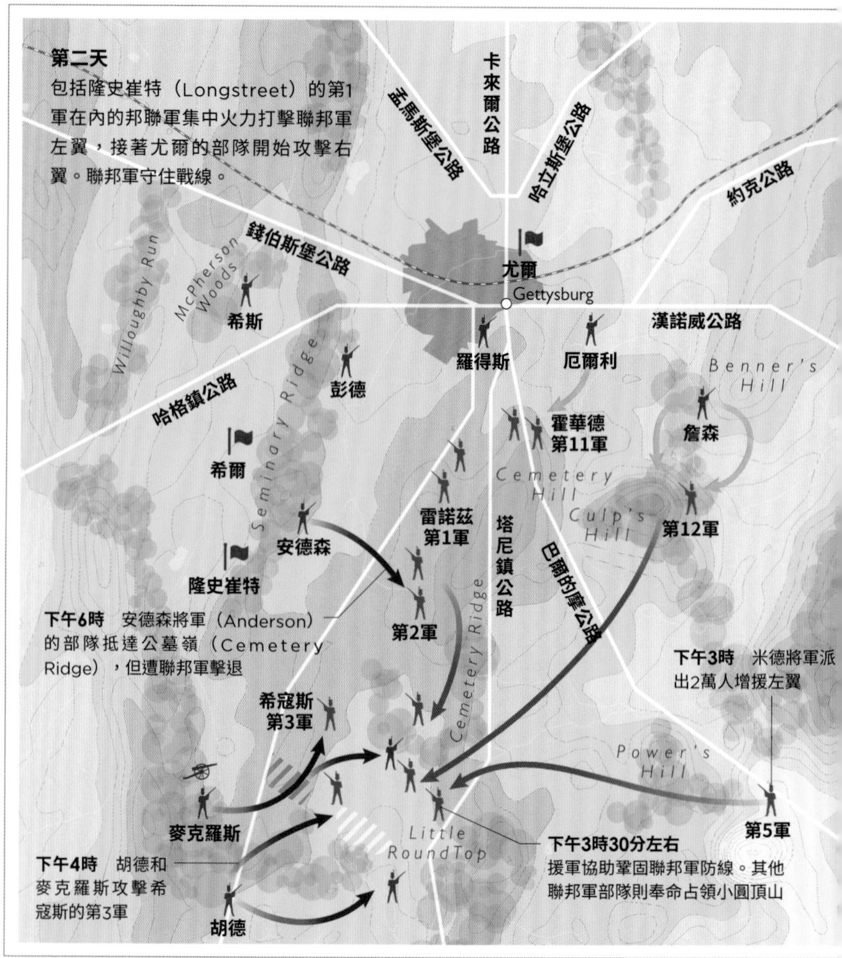

賓夕法尼亞州之戰

這場會戰是在賓夕法尼亞州的蓋茨堡一帶進行。聯邦軍隊掌握了南邊的丘陵地帶，因此即使戰鬥激烈，他們還是得以堅守。

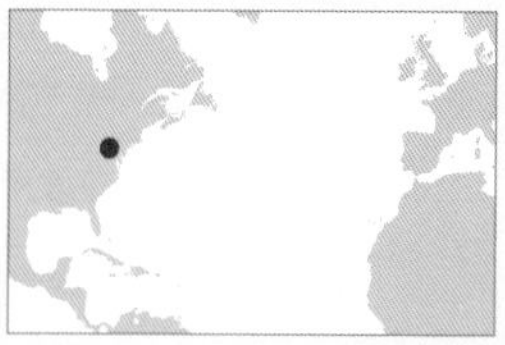

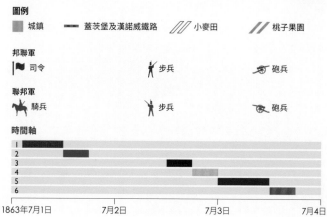

圖例

城鎮　蓋茨堡及漢諾威鐵路　小麥田　桃子果園

邦聯軍

司令　步兵　砲兵

聯邦軍

騎兵　步兵　砲兵

時間軸

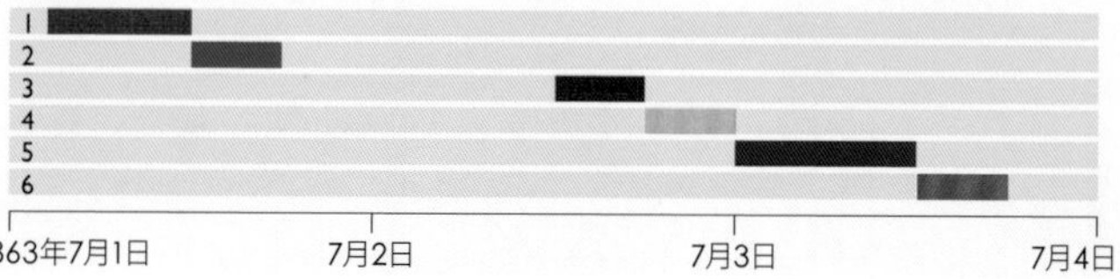

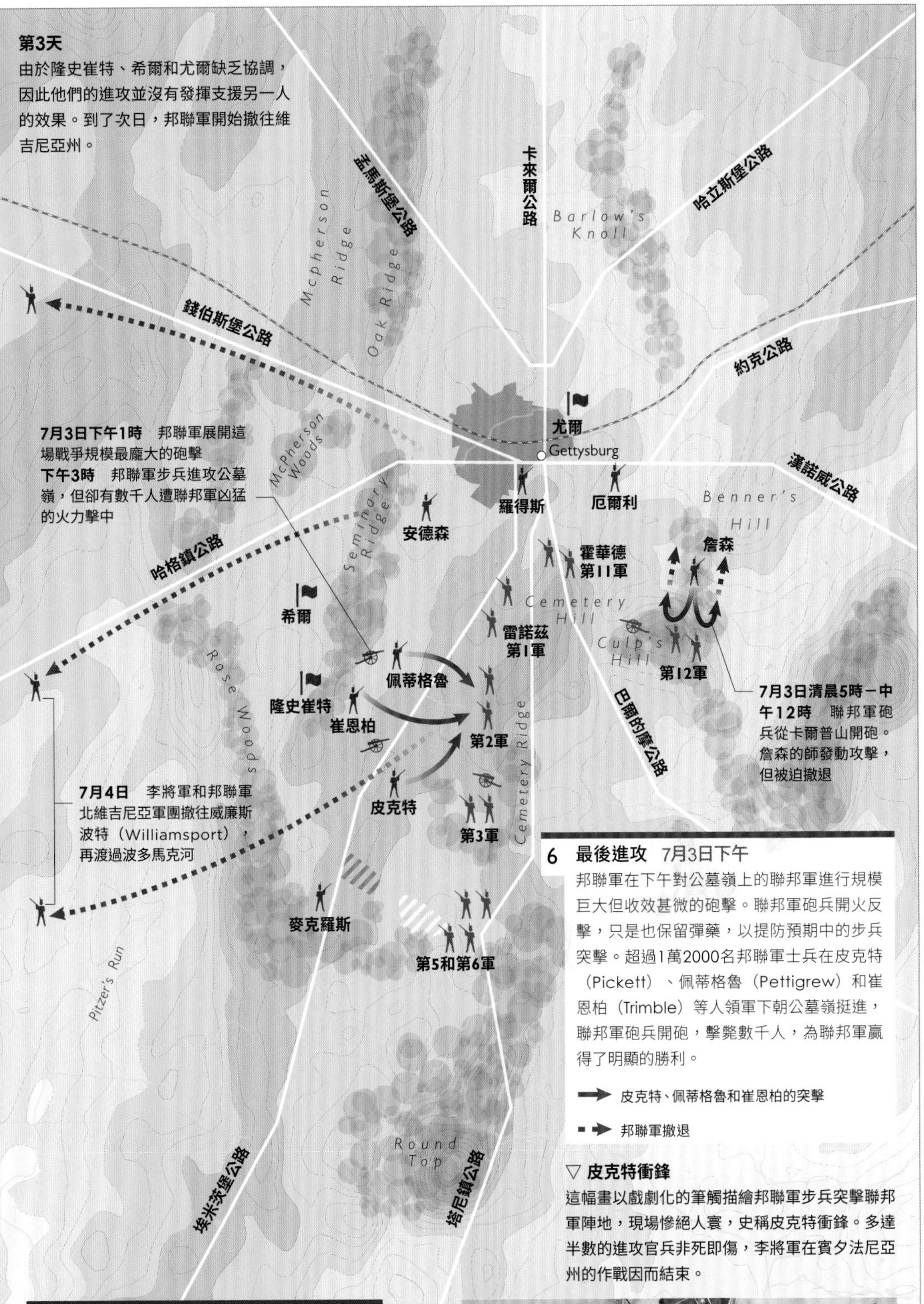

1　會戰開始　1863年7月1日

A.P.希爾麾下邦聯軍的一個師沿著錢伯斯堡公路（Chambersburg Pike）朝蓋茨堡挺進，他們在當地和約翰·比福德（John Buford）率領的聯邦軍兩個騎兵旅遭遇並交戰。聯邦騎兵稍微後退一段距離，直到蓋茨堡西北邊的山丘，約翰·雷諾茲（John Reynolds）的第1軍正在那裡整隊。雙方派出的更多部隊都隨即抵達，激烈的混戰馬上在麥克弗森森林（McPherson Woods）四周和附近的鐵路地塹爆發開來。中午過後不久，雙方戰線成形。

➡ 邦聯軍第一波攻擊

2　聯邦軍右翼崩潰　1863年7月1日下午

邦聯軍尤爾中將的部隊對上了在蓋茨堡北邊沿著弧線布署的聯邦軍。朱柏．厄爾利將軍（Jubal Early）的師對聯邦軍右翼發動激烈攻擊，迫使第11軍退往墳場山（Cemetery Hill）。聯邦軍第1軍因為暴露遭敵火射擊，因此也跟著後退，不過尤爾卻停止攻擊，因為他認為企圖在黃昏時匆忙襲擊山丘的風險太大。

➡ 厄爾利的攻擊　⇢ 聯邦軍撤退

3　進攻聯邦軍左翼　7月2日下午

到了次日，邦聯軍砲兵對聯邦軍左翼開火，希寇斯（Sickles）的第3軍當時正占據著一塊暴露的突出部，米德將軍連忙加派援軍前往聯邦軍左翼。至於在其他地方，聯邦軍及時占領戰略地位無比重要的小圓頂山（Little Round Top）。希寇斯的部隊在小麥田與桃子果園和麥克羅斯及胡德指揮的邦聯軍各師激戰，損失十分慘重，但聯邦軍還是守住戰線。

➡ 邦聯軍進攻聯邦軍左翼

➡ 聯邦軍增援

4　尤爾進攻　7月2日晚間

尤爾對聯邦軍戰線開火射擊長達兩個小時，但毫無成果，他終於下令進行兩次攻擊。愛德華．詹森將軍（Edward Johnson）的師往卡爾普山（Culp's Hill）移動，反而被聯邦軍第12軍的殘部擊退，傷亡慘重。朱柏．厄爾利的部隊奉命拿下東墳場山（East Cemetery Hill），但他們卻在那裡和聯邦軍士兵陷入激戰。羅得斯（Rodes）的師派出的援軍太晚抵達，因此無法協助邦聯軍。

➡ 邦聯軍進攻聯邦軍右翼

5　分裂的戰線　7月3日早晨

到了這場會戰的第三天，邦聯軍的行動依然不協調。對隆史崔特和希爾來說，計畫是進攻聯邦軍中央，而尤爾的部隊會在同一時間攻擊卡爾普山。但進攻卡爾普山的部隊受到聯邦軍砲兵火力挑釁，過早發動攻勢、一無所獲，最後只得撤退，隆史崔特和希爾在此期間只是在原地等待。

➡ 邦聯軍進攻　⇢ 邦聯軍撤退

6　最後進攻　7月3日下午

邦聯軍在下午對公墓嶺上的聯邦軍進行規模巨大但收效甚微的砲擊。聯邦軍砲兵開火反擊，只是也保留彈藥，以提防預期中的步兵突擊。超過1萬2000名邦聯軍士兵在皮克特（Pickett）、佩蒂格魯（Pettigrew）和崔恩柏（Trimble）等人領軍下朝公墓嶺挺進，聯邦軍砲兵開砲，擊斃數千人，為聯邦軍贏得了明顯的勝利。

➡ 皮克特、佩蒂格魯和崔恩柏的突擊

⇢ 邦聯軍撤退

▽ 皮克特衝鋒

這幅畫以戲劇化的筆觸描繪邦聯軍步兵突擊聯邦軍陣地，現場慘絕人寰，史稱皮克特衝鋒。多達半數的進攻官兵非死即傷，李將軍在賓夕法尼亞州的作戰因而結束。

科尼格雷次

普魯士憑藉較優越的戰術以及現代化的後膛裝填步槍，在科尼格雷次擊敗人數較多、所在位置較佳的奧軍。這場會戰決定了普奧七星期戰爭（Seven Weeks War，1866年6月14日－7月22日）的走向，並終結了奧地利對日耳曼各邦的政治控制。

19世紀中葉，奧地利和普魯士爭奪對日耳曼邦聯（German Confederation）各邦的控制權。為了統一各邦並遏止奧匈帝國權力擴張，普魯士首相奧圖·馮·俾斯麥（Otto von Bismarck）和普魯士參謀總長賀爾穆特·馮·毛奇（Helmuth von Moltke）計畫對奧地利發動戰爭。1866年6月，俾斯麥挑起針對什列斯威－霍斯坦（Schleswig-Holstein，當時是奧地利和普魯士的共同領土）的衝突，戰爭就此開打。

普魯士軍隊迅速入侵薩克森和波希米亞。經過幾場不分勝負的小規模戰鬥後，奧軍將領貝奈岱克往要塞城市科尼格雷次（Königgrätz）的西北方撤退。7月3日早晨，普魯士的第1軍團和易北河軍團（Elbe Army）進攻奧軍的左翼和中央。奧軍及其盟軍部隊擁有強大的騎兵和長射程火砲，但森林地形和貝奈岱克的謹慎小心的態度浪費了這些優勢，而奧軍步兵使用的槍口裝填步槍也證明根本比不上普軍部隊使用的後膛裝填「針發槍」。當普魯士第2軍團進攻奧軍右翼時，貝奈岱克只得後退。

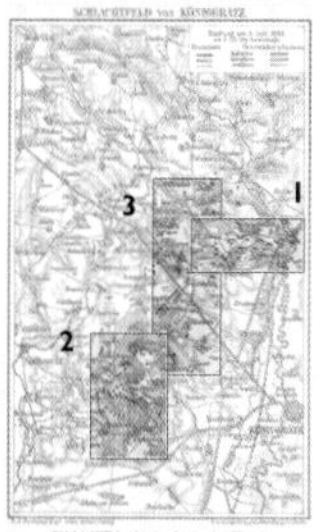

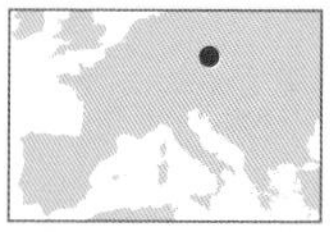

說明

△ **錯失機會**
貝奈岱克認為潮溼的天氣會使騎兵衝鋒過於冒險，但他的騎兵卻對普軍打了一場後衛戰，總計超過1萬名騎兵參與其中。

◁ **普軍右翼的戰鬥**
易北河軍團面對和奧軍同盟的薩克森部隊。普軍在下午3時左右攻占波布魯斯（Problus）和下普林（Nieder Prim），但指揮官賀爾瓦特·馮·比滕菲爾德（Herwarth von Bittenfeld）並未繼續推進形成包圍圈。

易北河畔交戰

普魯士第1軍團和易北河軍團從7月3日早晨7時開始進攻奧軍和位於他們左翼的薩克森盟軍。奧軍退回位於馬斯洛德（Maslowed）、利帕（Lipa）和蘭根霍夫（Langenhof）四周的防禦陣地，並且用猛烈砲兵火力釘死普軍長達好幾個小時。上午11時，奧軍在斯維普瓦德（Swiepwald）發動反攻，幾乎動搖普軍左翼。之後普軍第2軍團抵達，逐步粉碎奧軍右翼。到了下午3時左右，拉明元帥（Ramming）發動最後一波反擊，然後和其餘奧軍渡過易北河（Elbe）撤退，他的部隊共計超過4萬人陣亡、負傷或被俘。

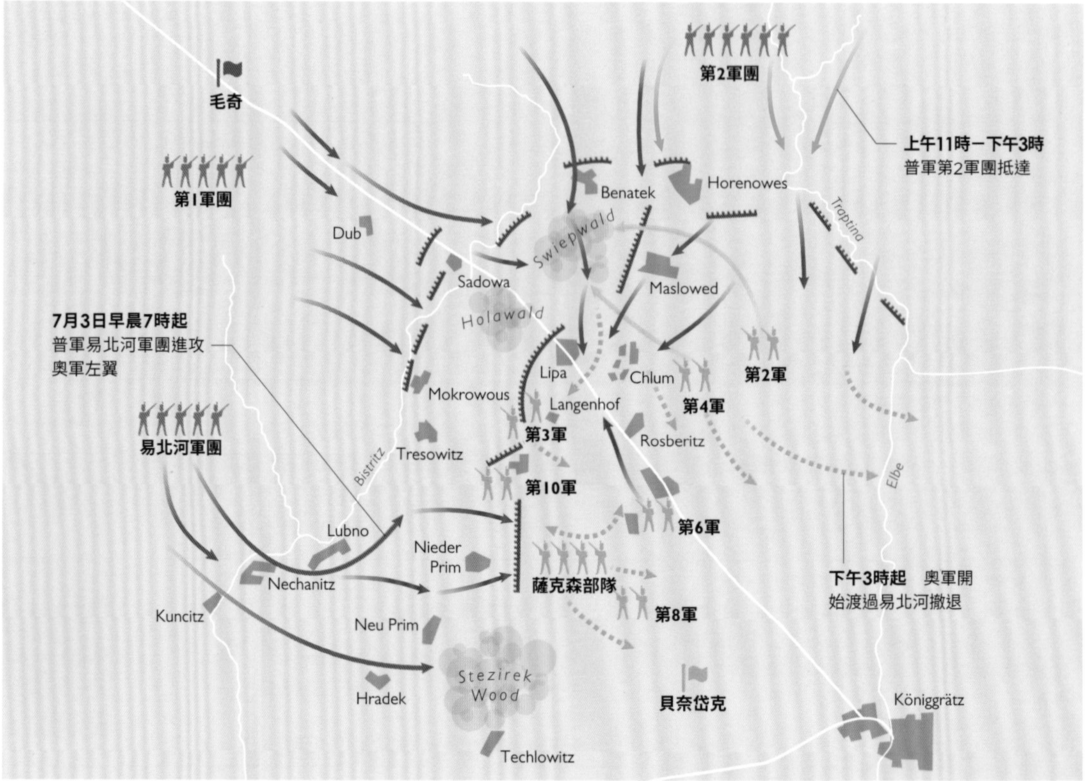

圖例

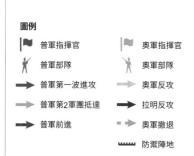

普軍指揮官	奧軍指揮官
普軍部隊	奧軍部隊
普軍第一波進攻	奧軍反攻
普軍第2軍團抵達	拉明反攻
普軍前進	奧軍撤退
	防禦陣地

3

△ **奧軍的最後進攻**

奧軍在赫倫（Chlum）和若瑟貝利茨（Roseberitz）進行最後進攻。拉明元帥奪回這兩座村莊，但之後被迫撤退。

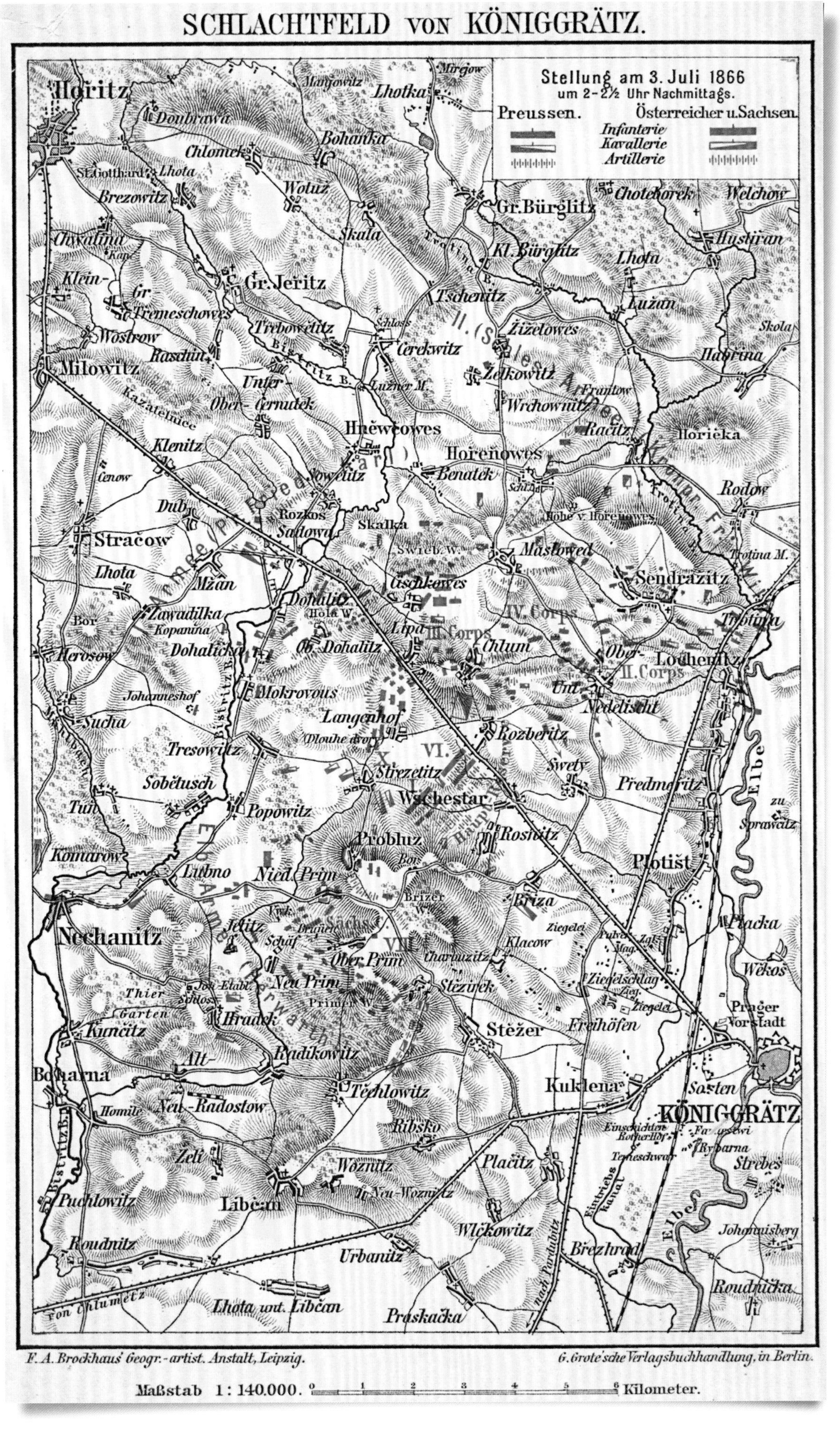

▷ **科尼格雷次附近的沙多瓦**

這張地圖描繪7月3日下午在沙多瓦（Sadova）的戰場，奧軍不久後就撤退，以避免被普軍包圍。

色當

1870年9月1日，在普法戰爭（1870-71年）的一場關鍵會戰裡，足智多謀的賀爾穆特・馮・毛奇將軍率領普軍，於色當包圍法軍沙隆軍團。拿破崙三世投降，加速了法蘭西帝國的垮台。

普法戰爭（Franco-Prussian War）的起因是北日耳曼邦聯（North German Confederation）的普魯士首相奧圖・馮・俾斯麥和法國皇帝拿破崙三世爭奪歐洲的主導權。法國在1870年7月19日宣戰，皇帝熱切企盼要立下如他叔叔拿破崙・波拿巴那樣的顯赫戰功，但普軍擁有全世界最訓練有素的砲兵，以及才華洋溢的戰略家賀爾穆特・馮・毛奇將軍。

8月時，毛奇在梅茲（Metz）包圍兵力達18萬人的萊茵軍團（Army of the Rhine）。由帕特里斯・德・麥克馬洪（Patrice de MacMahon）指揮的沙隆軍團（Army of Châlons）企圖解救萊茵軍團，卻因此在位於馬士河（Meuse）河灣處低谷中的色當（Sedan）陷入重圍。

9月1日，普軍逼近包圍色當，並動用大約400門火砲猛轟法軍。法軍企圖突圍但失敗，最後不得不投降，北日耳曼邦聯拿破崙三世和麾下10萬名官兵，拿破崙第二帝國因此垮台。新成立的法蘭西第三共和決定繼續作戰，但在1871年戰敗。雙方在當年5月簽署的和平協約充滿了屈辱的條款，激怒了法國人，最後促成第一次世界大戰爆發。

> 「戰爭是上帝安排這個世界不可或缺的一部分。」
>
> 賀爾穆特・馮・毛奇，1880年

砲兵的進步

19世紀時，外號「火砲大王」的德國鋼鐵業巨擘阿爾佛列德・克魯伯（Alfred Krupp）掌握了鋼鐵鑄造的高難度技術，開始產製品質卓越的鋼製膛線槍械。普魯士部隊配備數百門克魯伯生產的火砲，當中包括後膛裝填的六磅野戰砲，能夠發射內含鋅珠和爆炸火藥的砲彈，射程超過4.5公里，且精準度非常高，因此在色當有極大優勢。

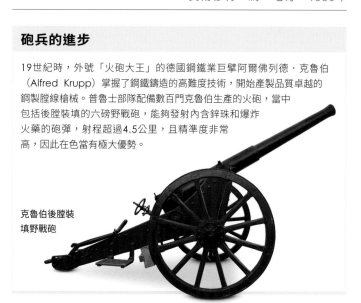

克魯伯後膛裝填野戰砲

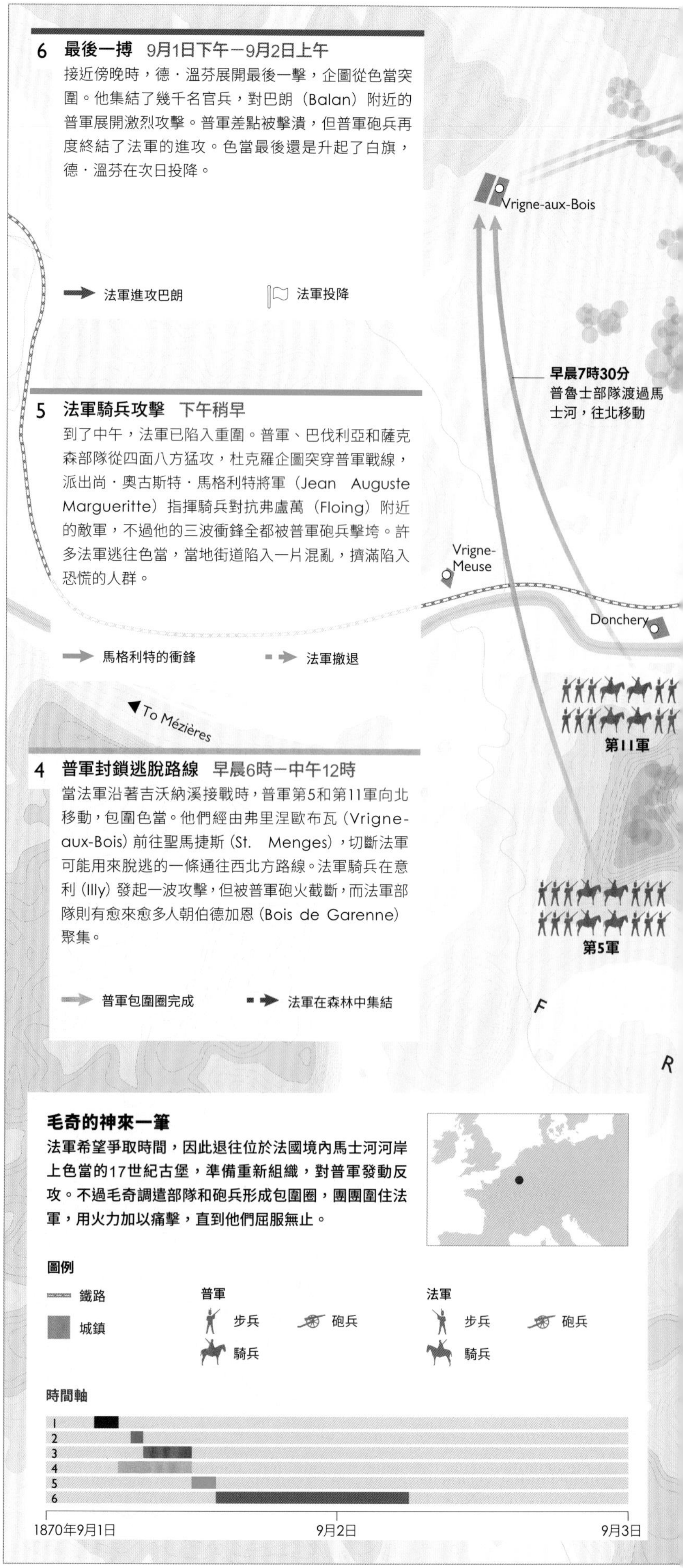
6 最後一搏 9月1日下午－9月2日上午
接近傍晚時，德・溫芬展開最後一擊，企圖從色當突圍。他集結了幾千名官兵，對巴朗（Balan）附近的普軍展開激烈攻擊。普軍差點被擊潰，但普軍砲兵再度終結了法軍的進攻。色當最後還是升起了白旗，德・溫芬在次日投降。
法軍進攻巴朗
法軍投降
Vrigne-aux-Bois
早晨7時30分
普魯士部隊渡過馬士河，往北移動
5 法軍騎兵攻擊 下午稍早
到了中午，法軍已陷入重圍。普軍、巴伐利亞和薩克森部隊從四面八方猛攻，杜克羅企圖突穿普軍戰線，派出尚・奧古斯特・馬格利特將軍（Jean Auguste Margueritte）指揮騎兵對抗弗盧萬（Floing）附近的敵軍，不過他的三波衝鋒全都被普軍砲兵擊垮。許多法軍逃往色當，當地街道陷入一片混亂，擠滿陷入恐慌的人群。
Vrigne-Meuse
Donchery
馬格利特的衝鋒
法軍撤退
To Mézières
第11軍
4 普軍封鎖逃脫路線 早晨6時－中午12時
當法軍沿著吉沃納溪接戰時，普軍第5和第11軍向北移動，包圍色當。他們經由弗里涅歐布瓦（Vrigne-aux-Bois）前往聖馬捷斯（St. Menges），切斷法軍可能用來脫逃的一條通往西北方路線。法軍騎兵在意利（Illy）發起一波攻擊，但被普軍砲火截斷，而法軍部隊則有愈來愈多人朝伯德加恩（Bois de Garenne）聚集。
第5軍
普軍包圍圈完成
法軍在森林中集結
F
R
毛奇的神來一筆
法軍希望爭取時間，因此退往位於法國境內馬士河河岸上色當的17世紀古堡，準備重新組織，對普軍發動反攻。不過毛奇調遣部隊和砲兵形成包圍圈，團團圍住法軍，用火力加以痛擊，直到他們屈服無止。
圖例
鐵路
城鎮
普軍
步兵
砲兵
騎兵
法軍
步兵
砲兵
騎兵
時間軸
1
2
3
4
5
6
1870年9月1日
9月2日
9月3日

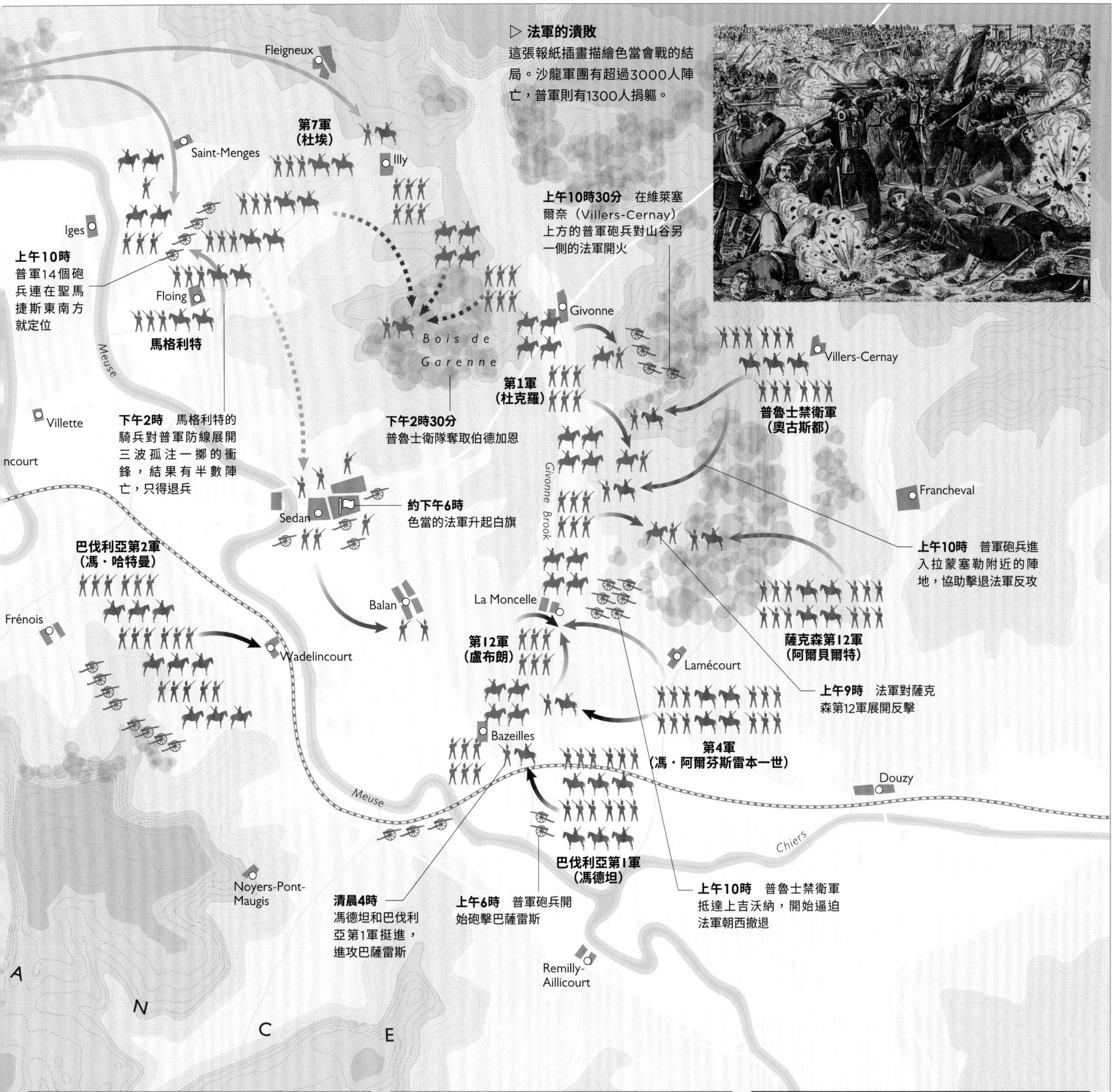

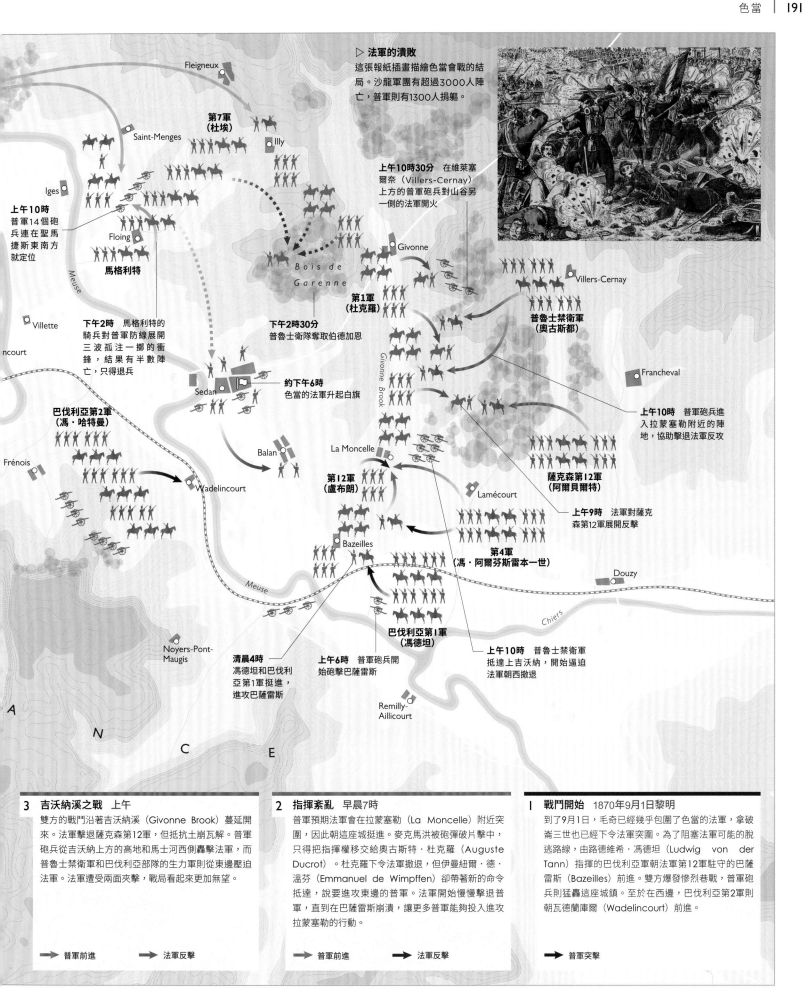

▷ 法軍的潰敗
這張報紙插畫描繪色當會戰的結局。沙龍軍團有超過3000人陣亡，普軍則有1300人捐軀。

第7軍
（杜埃）

Fleigneux

Saint-Menges

Illy

Iges

上午10時
普軍14個砲兵連在聖馬捷斯東南方就定位

上午10時30分 在維萊塞爾奈（Villers-Cernay）上方的普軍砲兵對山谷另一側的法軍開火

Givonne

Villers-Cernay

Floing

馬格利特

第1軍
（杜克羅）

普魯士禁衛軍
（奧古斯都）

Bois de Garenne

Villette

下午2時 馬格利特的騎兵對普軍防線展開三波孤注一擲的衝鋒，結果有半數陣亡，只得退兵

下午2時30分
普魯士衛隊奪取伯德加恩

Francheval

上午10時 普軍砲兵進入拉蒙塞勒附近的陣地，協助擊退法軍反攻

Sedan

約下午6時
色當的法軍升起白旗

Givonne Brook

巴伐利亞第2軍
（馮‧哈特曼）

Balan

La Moncelle

薩克森第12軍
（阿爾貝爾特）

Frénois

Wadelincourt

第12軍
（盧布朗）

Lamécourt

上午9時 法軍對薩克森第12軍展開反擊

第4軍
（馮‧阿爾芬斯雷本一世）

Bazeilles

Douzy

上午10時 普魯士禁衛軍抵達上吉沃納，開始逼迫法軍朝西撤退

Meuse

Chiers

Noyers-Pont-Maugis

清晨4時
馮德坦和巴伐利亞第1軍挺進，進攻巴薩雷斯

上午6時 普軍砲兵開始砲擊巴薩雷斯

巴伐利亞第1軍
（馮德坦）

A

N

C

E

Remilly-Aillicourt

3 吉沃納溪之戰 上午

雙方的戰鬥沿著吉沃納溪（Givonne Brook）蔓延開來。法軍擊退薩克森第12軍，但抵抗土崩瓦解。普軍砲兵從吉沃納上方的高地和馬士河西側轟擊法軍，而普魯士禁衛軍和巴伐利亞部隊的生力軍則從東邊壓迫法軍。法軍遭受兩面夾擊，戰局看起來更加無望。

→ 普軍前進　→ 法軍反擊

2 指揮紊亂 早晨7時

普軍預期法軍會在拉蒙塞勒（La Moncelle）附近突圍，因此朝這座城鎮挺進。麥克馬洪被砲彈破片擊中，只得把指揮權移交給奧古斯特‧杜克羅（Auguste Ducrot）。杜克羅下令法軍撤退，但伊曼紐爾‧德‧溫芬（Emmanuel de Wimpffen）卻帶著新的命令抵達，說要進攻東邊的普軍。法軍開始慢慢擊退普軍，直到在巴薩雷斯崩潰，讓更多普軍能夠投入進攻拉蒙塞勒的行動。

→ 普軍前進　→ 法軍反擊

1 戰鬥開始 1870年9月1日黎明

到了9月1日，毛奇已經幾乎包圍了色當的法軍，拿破崙三世也已經下令法軍突圍。為了阻塞法軍可能的脫逃路線，由路德維希‧馮德坦（Ludwig von der Tann）指揮的巴伐利亞軍朝法軍第12軍駐守的巴薩雷斯（Bazeilles）前進。雙方爆發慘烈巷戰，普軍砲兵則猛轟這座城鎮。至於在西邊，巴伐利亞第2軍則朝瓦德蘭庫爾（Wadelincourt）前進。

→ 普軍突擊

小大角

在今日蒙大拿州（Montana）的小大角河附近，坐牛和大約2000名來自北美大平原地原住民戰士憑藉數量優勢，打敗並屠殺了美軍第7騎兵團超過600名騎兵當中的將近一半。

1875年，由於美國淘金者開始移居到根據1868年簽訂的條約指定給美洲原住民專屬的密蘇里河（Missouri River）以西領域，美國政府和拉科塔族（Lakota）、達科塔蘇族（Dakota Sioux）和阿拉帕荷族（Arapaho）間的關係愈來愈緊張。美國政府拒絕遷移拓荒者，並下令美洲原住民部落返回保留區，戰爭因此一觸即發。

1876年春天，大約2000名戰士投效充滿魅力的拉科塔族領袖坐牛（Sitting Bull），在他位於小大角河（Little Bighorn River）畔的營地集結。喬治・卡斯特中校（George A. Custer）和美軍第7騎兵團奉命追蹤坐牛，在6月25日抵達他的營地。卡斯特沒有等待援軍，反而發動攻擊，結果因為寡不敵眾而戰敗，北美大平原的原住民獲得轟動一時的勝利。

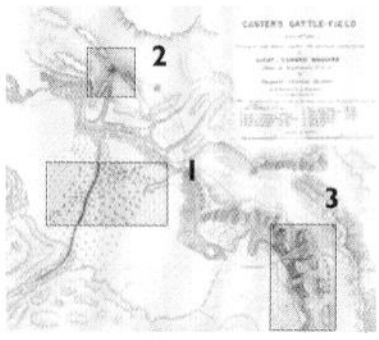

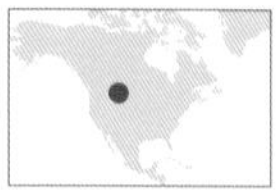

說明

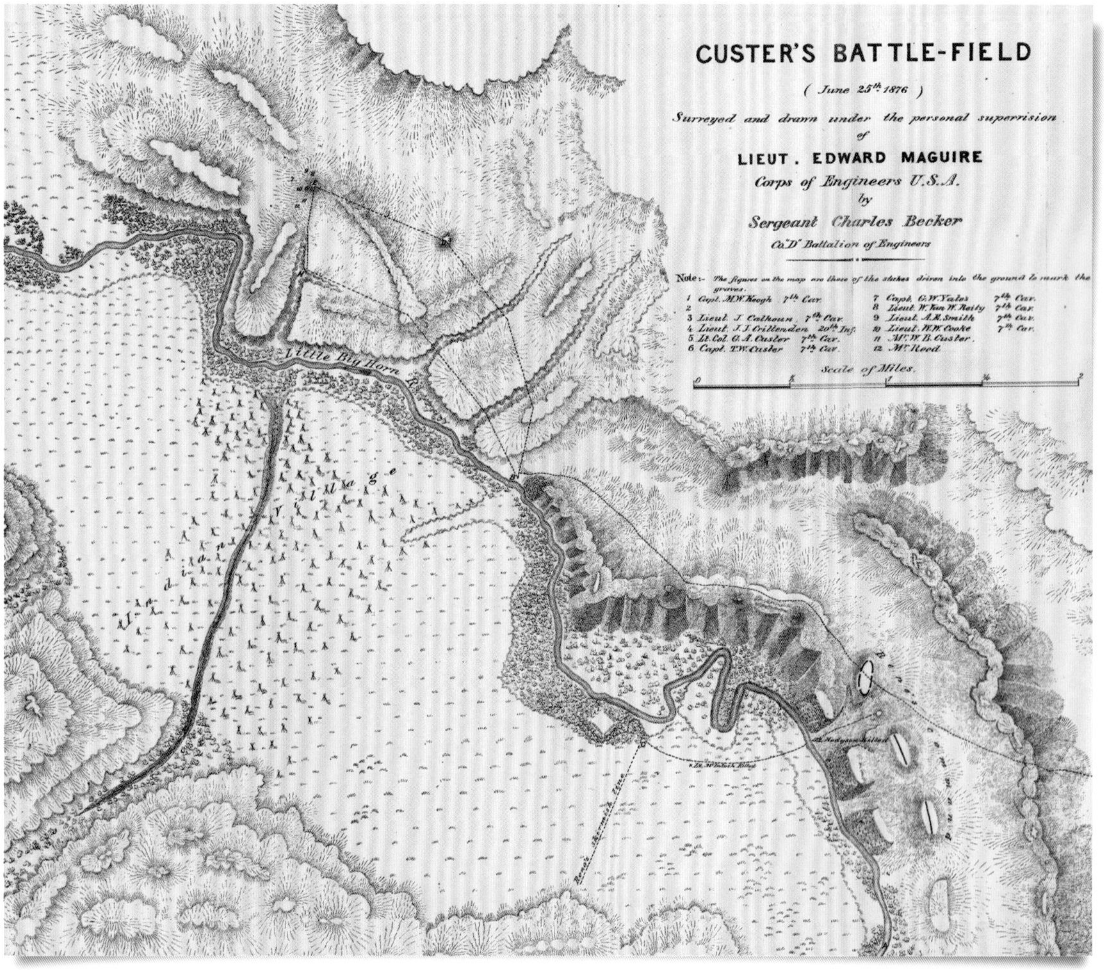

3

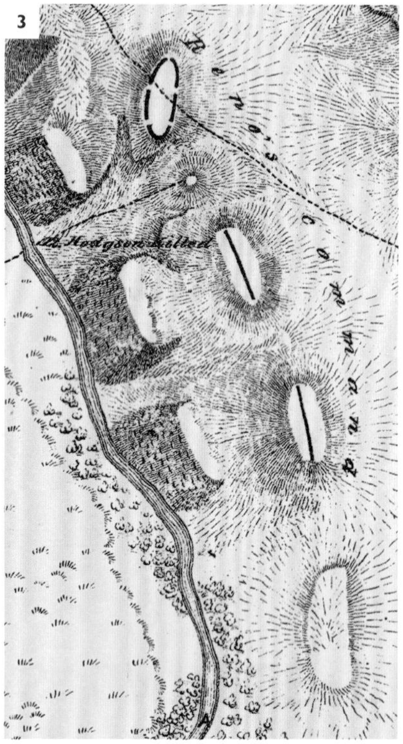

△ 防禦陣地

由馬庫斯・里諾少校（Marcus Reno）和佛烈德瑞克・本廷上尉（Frederick Benteen）指揮的騎兵連在這些山丘間死守不退，直到泰瑞將軍（Terry）率領的縱隊在6月27日抵達。

△ 戰場

這幅由美國工兵部隊（US Corps of Engineers）人員繪製的地圖顯示會戰發生位置。雖然卡斯特和他麾下的指揮官最後的動向依然有所爭議，但它也記錄了他們墓碑的所在地點。

▷ 坐牛的村莊

坐牛和瘋馬（Crazy Horse）在這座村莊裡集結了2000名戰士及其家屬，是美軍部隊在當時所遭遇到規模最大的美洲原住民聚落。

1

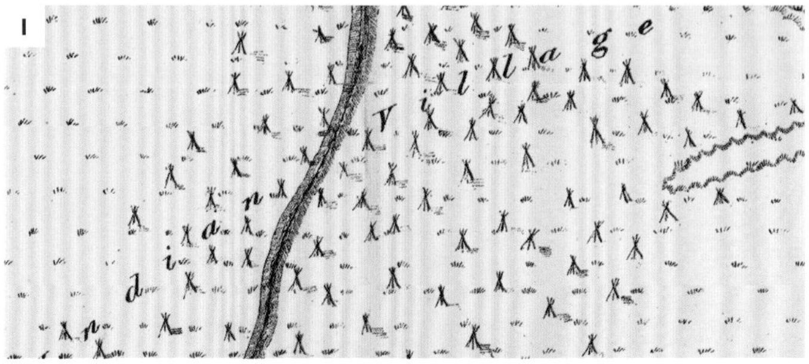

▽ 卡斯特的「最後一戰」

卡斯特在這個地方戰到最後一兵一卒。事實上，他完全寡不敵眾，孤立無援，這「一戰」很可能是神話而非事實。

2

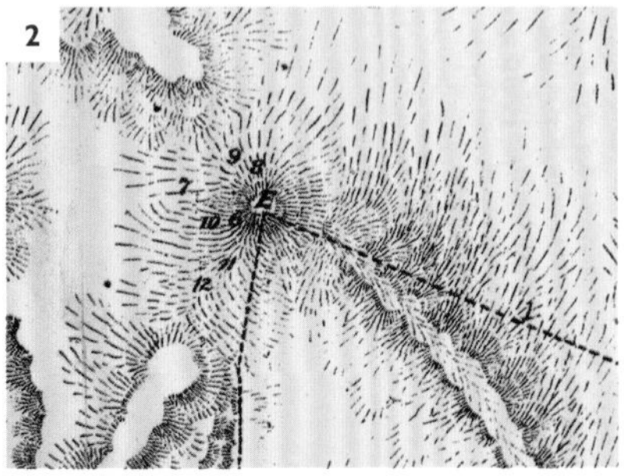

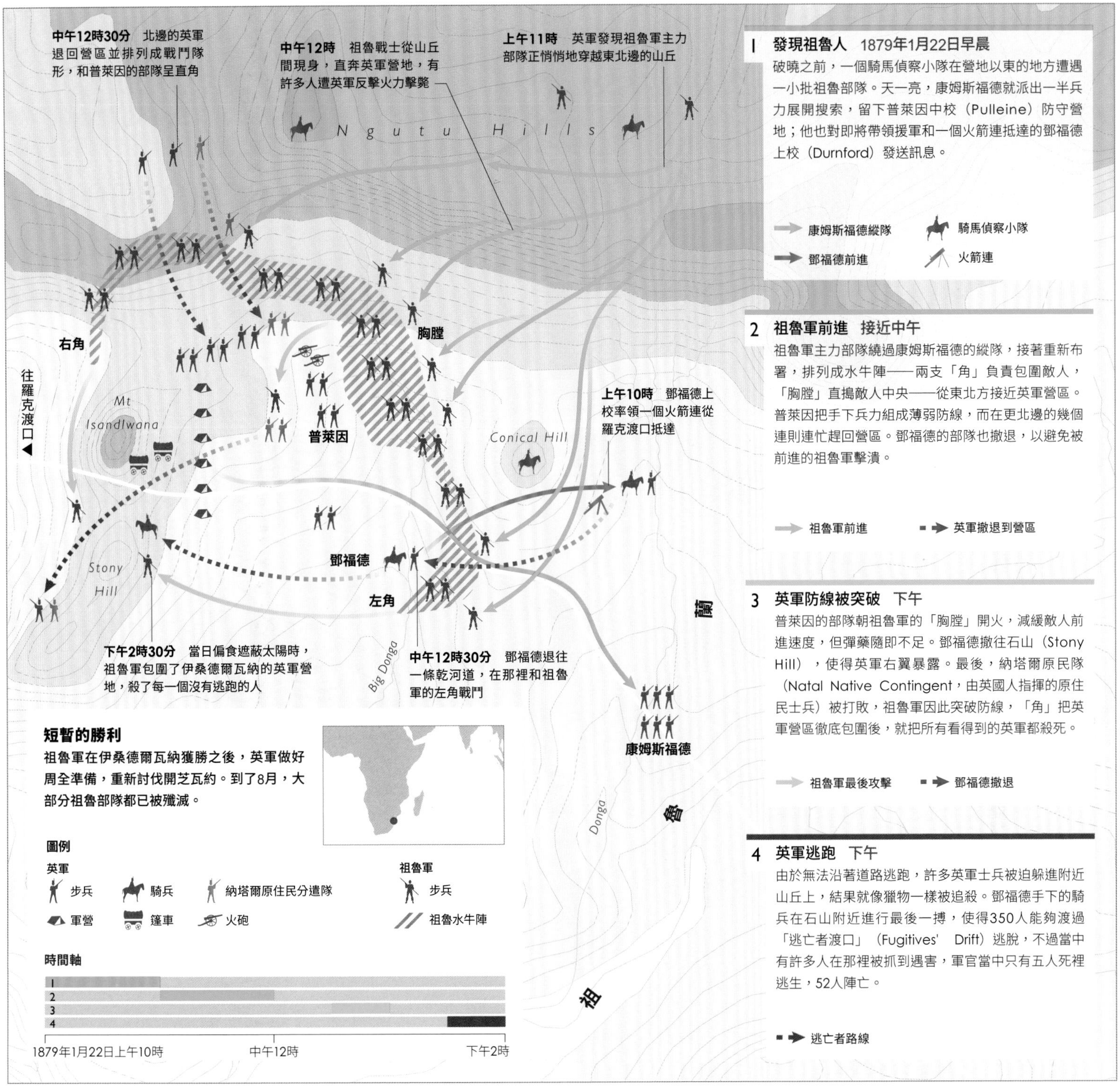
中午12時30分　北邊的英軍退回營區並排列成戰鬥隊形，和普萊因的部隊呈直角
中午12時　祖魯戰士從山丘間現身，直奔英軍營地，有許多人遭英軍反擊火力擊斃
上午11時　英軍發現祖魯軍主力部隊正悄悄地穿越東北邊的山丘
Ngutu Hills
1 發現祖魯人 1879年1月22日早晨
破曉之前，一個騎馬偵察小隊在營地以東的地方遭遇一小批祖魯部隊。天一亮，康姆斯福德就派出一半兵力展開搜索，留下普萊因中校（Pulleine）防守營地；他也對即將帶領援軍和一個火箭連抵達的鄧福德上校（Durnford）發送訊息。
康姆斯福德縱隊
鄧福德前進
騎馬偵察小隊
火箭連
右角
胸膛
往羅克渡口
Mt Isandlwana
普萊因
Conical Hill
上午10時　鄧福德上校率領一個火箭連從羅克渡口抵達
2 祖魯軍前進 接近中午
祖魯軍主力部隊繞過康姆斯福德的縱隊，接著重新布署，排列成水牛陣——兩支「角」負責包圍敵人，「胸膛」直搗敵人中央——從東北方接近英軍營區。普萊因把手下兵力組成薄弱防線，而在更北邊的幾個連則連忙趕回營區。鄧福德的部隊也撤退，以避免被前進的祖魯軍擊潰。
祖魯軍前進
英軍撤退到營區
Stony Hill
鄧福德
左角
蘭
3 英軍防線被突破 下午
普萊因的部隊朝祖魯軍的「胸膛」開火，減緩敵人前進速度，但彈藥隨即不足。鄧福德撤往石山（Stony Hill），使得英軍右翼暴露。最後，納塔爾原民隊（Natal Native Contingent，由英國人指揮的原住民士兵）被打敗，祖魯軍因此突破防線，「角」把英軍營區徹底包圍後，就把所有看得到的英軍都殺死。
下午2時30分　當日偏食遮蔽太陽時，祖魯軍包圍了伊桑德爾瓦納的英軍營地，殺了每一個沒有逃跑的人
Big Donga
中午12時30分　鄧福德退往一條乾河道，在那裡和祖魯軍的左角戰鬥
康姆斯福德
祖魯軍最後攻擊
鄧福德撤退
短暫的勝利
祖魯軍在伊桑德爾瓦納獲勝之後，英軍做好周全準備，重新討伐開芝瓦約。到了8月，大部分祖魯部隊都已被殲滅。
Donga
魯
4 英軍逃跑 下午
由於無法沿著道路逃跑，許多英軍士兵被迫躲進附近山丘上，結果就像獵物一樣被追殺。鄧福德手下的騎兵在石山附近進行最後一搏，使得350人能夠渡過「逃亡者渡口」（Fugitives' Drift）逃脫，不過當中有許多人在那裡被抓到遇害，軍官當中只有五人死裡逃生，52人陣亡。
圖例
英軍
步兵
騎兵
納塔爾原住民分遣隊
軍營
篷車
火砲
祖魯軍
步兵
祖魯水牛陣
時間軸
1
2
3
4
1879年1月22日上午10時
中午12時
下午2時
祖
逃亡者路線

伊桑德爾瓦納

英國殖民當局企圖擴張位於南非的領土，因此要求祖魯國王開芝瓦約（Cetshwayo）解散軍隊。國王拒絕，雙方於是爆發衝突。1879年1月22日，2萬名配備長矛、盾牌和老式火槍的祖魯戰士奇襲位於伊桑德爾瓦納（Isandlwana）的英軍營地，憑藉人數優勢擊潰1800名由英軍、殖民地部隊和原住民部隊組成的守軍。

1879 年 1 月，南非英軍部隊的司令官康姆斯福德勳爵（Lord Chelmsford）指揮大約 1 萬 6000 名英軍和南非部隊，分別編成三個縱隊，入侵祖魯蘭（Zululand）。康姆斯福德先是派出兩個縱隊，分別往北邊和南邊前進，之後他和中路縱隊一同前進，在 1 月 11 日進入祖魯蘭。他在羅克渡口（Rorke's Drift）的傳教站渡過水牛河（Buffalo River），一個營在當地建立了基地營。康姆斯福德帶領篷車隊繼續前進，1 月 20 日時於伊桑德爾瓦納山（Isandlwana Hill）紮營。祖魯人在此期間已經集結一支大軍，高達 2 萬人左右，當中一部分迎擊南邊的英軍縱隊，絕大部分則朝伊桑德爾瓦納康姆斯福德的營地前進。祖魯部隊展現紀律、速度和戰技方面的優勢，駐守營地的英軍迅速被擊垮，當中有 1300 人陣亡。祖魯軍接著進攻羅克渡口，150 名防守當地的英軍在玉米配給袋堆成的牆後英勇堅決地抵抗。

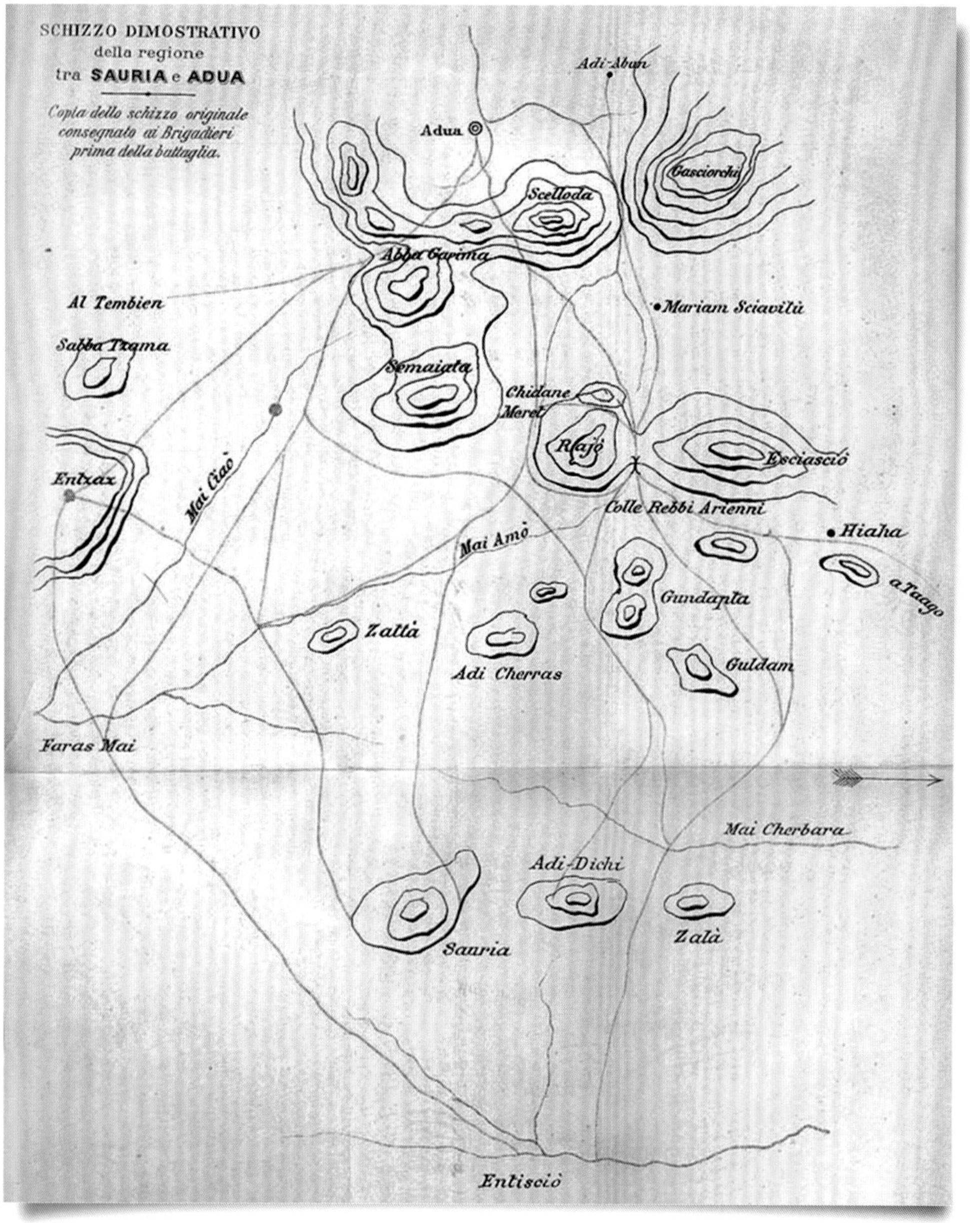

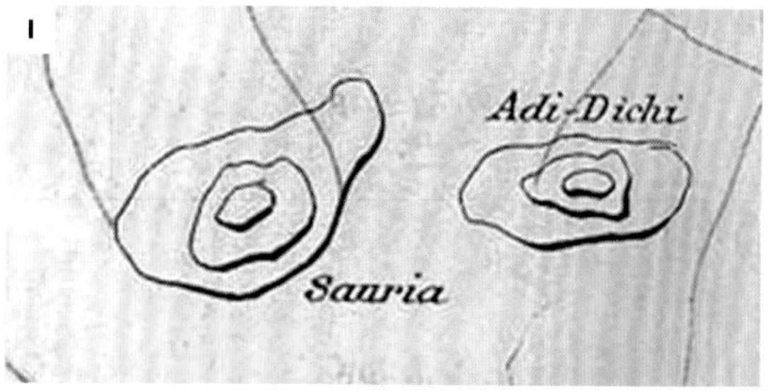

△ **索里亞**
巴拉提耶里不情願地接受了勸說，從他在索里亞（Sauria）的陣地前進。後來他的補給用完，他的接替人選也抵達了當地。

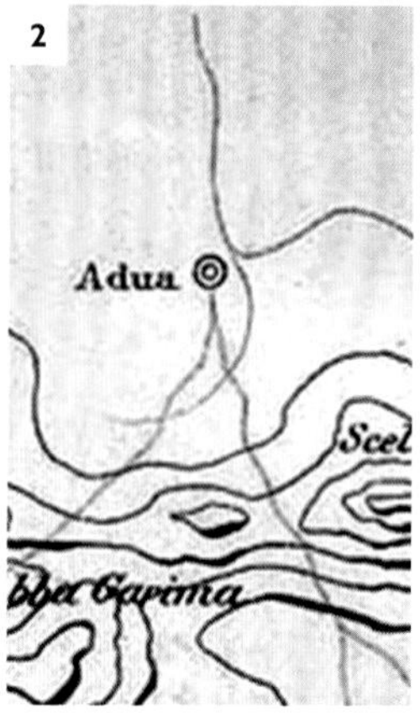

◁ **阿多瓦**
孟尼利克的部隊占據位於阿多瓦城外山丘上的堅強陣地，但他們的補給也消耗殆盡，計畫在次日拔營。

▽ **奇達內梅雷特**
阿爾貝托內的縱隊奉命攻占奇達內梅雷特峰，但他們卻誤闖後方的衣索比亞軍主防線。

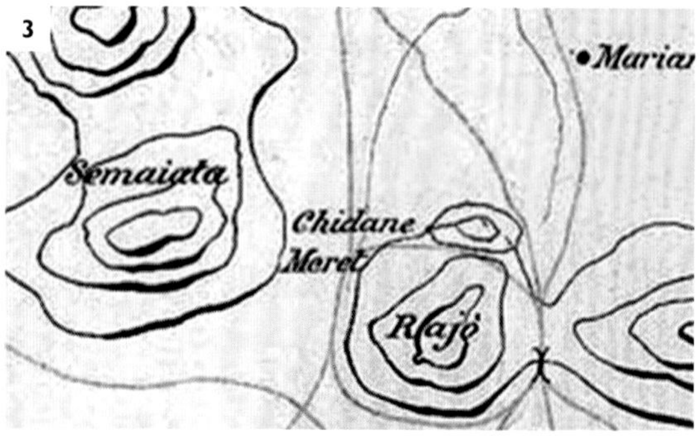

◁ **扭曲的觀點**
這幅地圖出自巴拉提耶里的《非洲的記憶》（*Memorie d'Africa*），正是義軍在阿多瓦的作戰中所使用的不精確地圖。山丘和隘口構成的路網過度簡化，許多地方標示的位置也不正確。

阿多瓦

1896年3月1日，衣索比亞皇帝孟尼利克二世（Menelik II）率領部隊，在阿多瓦擊敗一支徹底低估對手實力的義大利入侵軍隊。這場會戰確保衣索比亞不被歐洲強權國家殖民。

1882 年，義大利建立第一個非洲殖民地厄利垂亞。義大利和衣索比亞間關係緊張，導致在 1895 年爆發全面戰爭。1895 年 12 月 7 日，孟尼利克在阿拉吉山（Amba Alagi）的第一場戰鬥中粉碎了一處義軍前哨基地。1896 年 2 月，義大利的厄利垂亞總督奧雷斯特 · 巴拉提耶里將軍（Oreste Baratieri）率領大約 1 萬名缺乏訓練的義大利動員兵和數千名厄利垂亞黑人士兵朝阿多瓦（Adowa）前進，準備迎戰衣索比亞皇帝麾下裝備精良且經驗豐富的部隊。

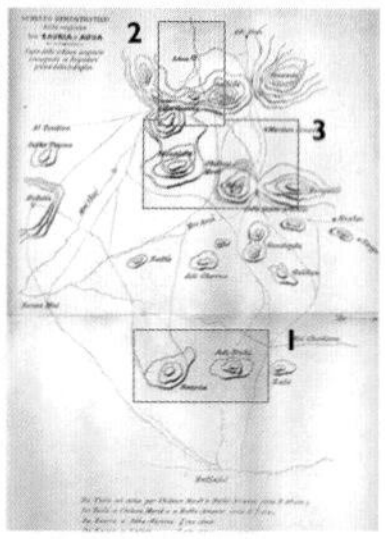

說明

3 月 1 日一早，義軍四個旅朝阿多瓦推進，阿爾貝托內（Albertone）在左翼負責確保奇達內梅雷特（Chidane Meret）的高地，而在右翼和中路，埃林納（Elena）、達博爾米達（Dabormida）和阿里蒙迪（Arimondi）的旅則朝雷比阿里亞埃尼（Rebbi Aryaeni）附近的隘口挺進。但事實卻是義大利的地圖相當不精確，阿爾貝托內發現他和其他部隊距離好幾公里，結果被成千上萬名衣索比亞部隊包圍，一場大屠殺緊接而來，而其他義軍縱隊也在孟尼利克麾下騎兵和紹阿人（Shewan）預備隊的攻擊下四分五裂。

巴拉提耶里手下有超過一半官兵陣亡、受傷或被俘，衣索比亞的損失也至少不相上下。衣索比亞的勝利確保它成為唯一一個不被歐洲人殖民的非洲國家。

恩圖曼

由赫貝爾特·基欽納少將指揮的英埃聯軍在馬克沁（Maxim）機槍、速射步槍和火砲等現代化武器協助下，在恩圖曼一場號稱有英國陸軍最後一次大規模騎兵衝鋒上演的會戰裡，擊敗了阿布杜拉·阿塔錫（Abdullah al-Taashi）率領的馬赫迪軍。

1898 年， 赫貝爾特·基欽納少將（Herbert Kitchener）奉命代表英國重新控制蘇丹。他率領8000 名英國正規軍和 1 萬 7000 名蘇丹和埃及部隊，沿著尼羅河展開遠征。9 月 1 日，他們在尼羅河畔的艾爾伊吉格（El Egeiga）紮營。

9 月 2 日日出後不久，數萬名敵軍排列成寬闊的弧形隊形，朝英軍陣地襲來，但很快就被英軍火砲、馬克沁機槍和速射步槍組成的火網擊倒。到了上午9時，基欽納的部隊開始朝恩圖曼（Omdurman）推進。第21槍騎兵團（溫斯頓·邱吉爾中尉（Winston Churchill）是其中一員）朝數百名敵軍發動衝鋒，但卻發現對方其實高達數千人，因此爆發激烈的戰鬥。在此期間，擔任基欽納後衛的一個蘇丹旅遭到超過 1 萬 5000 名戰士的阿塔錫預備隊攻擊。在援軍的協助下，後衛部隊擊退了馬赫迪軍。

到了下午，基欽納在沒有遭遇抵抗的狀況下進入恩圖曼。英軍只有不到 50 人陣亡，但馬赫迪軍的陣亡人數超過 1 萬人。

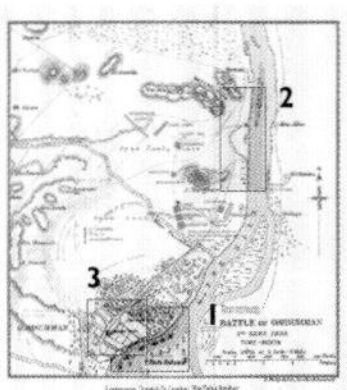

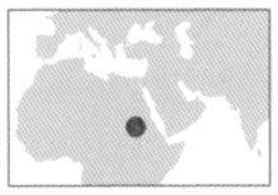

說明

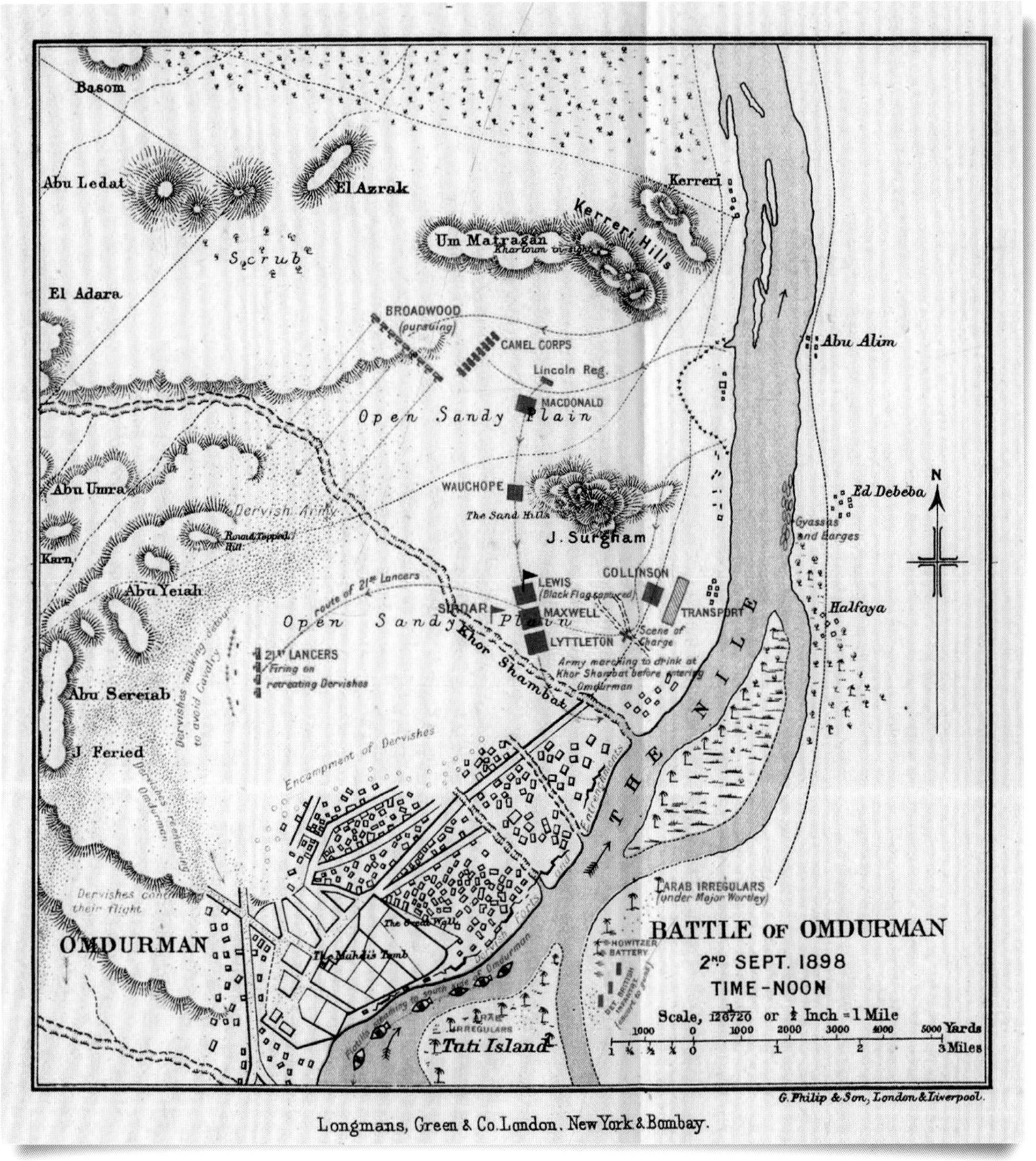

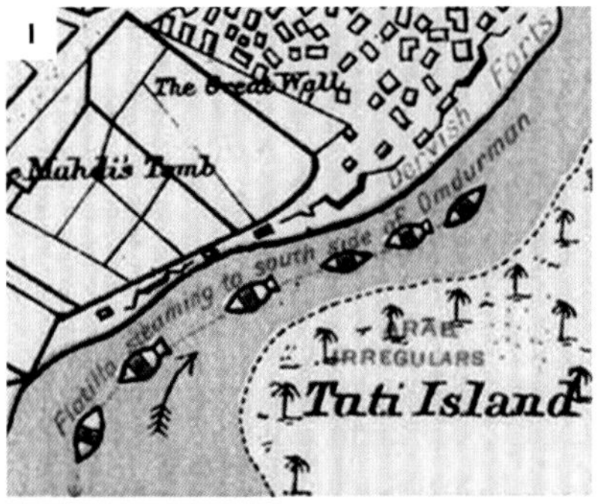

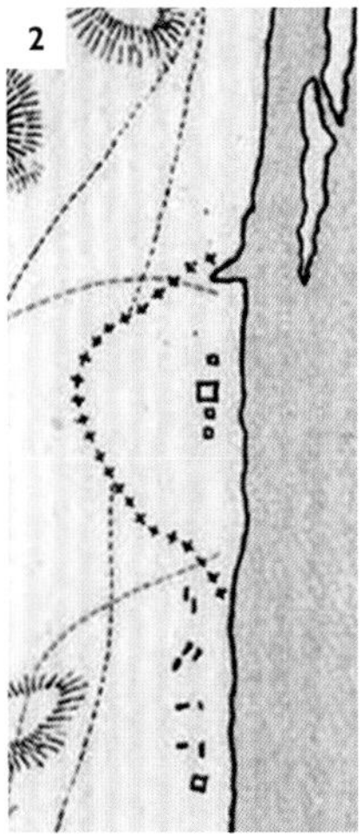

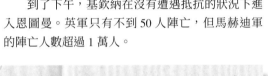

△ **尼羅河**
基欽納的砲艇砲轟恩圖曼，破壞了城牆和馬赫迪的陵墓。

◁ **艾爾伊吉格**
基欽納的軍營有壕溝和扎里巴柵欄（zari-ba，一種用荊棘叢製成的圍籬）防護。

▽ **馬赫迪陵墓**
會戰過後，英軍破壞了恩圖曼城內雄偉的馬赫迪陵墓，只有頂部的黃銅飾品僥倖逃過一劫。

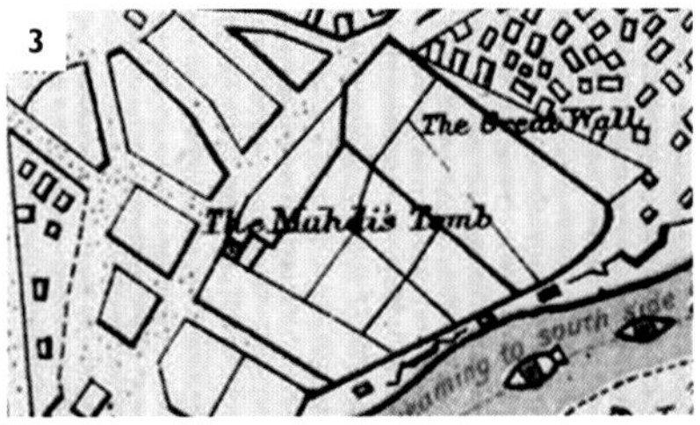

◁ **尼羅河上之戰**
這幅地圖取自於溫斯頓·邱吉爾在1899年出版的蘇丹戰役紀錄《河流之戰》（*The River War*），描述英軍進軍恩圖曼並追擊戰敗的馬赫迪軍的過程。

火力革命

在19世紀，一連串科技創新使得軍用武器的射速、射程和威力都呈倍數增加，引發戰爭產生自從採用火藥以來最劇烈的變化。

△ **加特林砲**
加特林砲是早期的速射武器，擁有多根槍管，可用手轉動，由每根槍管輪流發射子彈。

到 1830 年代為止，士兵都是使用從槍口裝填的滑膛火槍和大砲，唯一的炸藥就是火藥。1840 年代，普魯士的德萊賽（Dreyse）針發槍揭開步兵的火力革命序幕，這是一種後膛裝填的栓動步槍，發射裝有推進藥、底火和彈丸的彈藥，每分鐘可發射多達六發。到了 1880 年代，栓動步槍射速的唯一局限，就是瞄準時間。此外一起使用的還有自動機槍，它是從 1860 年代的加特林砲這類手動操作的前身演進而來。火砲的發展也和步槍並駕齊驅。到了 1898 年，法國人已經擁有後膛裝填的 75 公釐口徑野戰砲，每分鐘可發射 15 發砲彈。自 1800 年代晚期開始，新研發的硝酸鹽炸藥使得大砲的威力提升。在海上，配備後膛裝填火砲的戰鬥艦可發射高爆砲彈，有效射程可達 9 公里左右。

致命衝擊

到了 1900 年，不論是在陸地還是海上，這些新武器投入使用，都使得舊戰術黯然失色。在開闊地上前進的士兵，不論是徒步還是騎馬，現在都會被掘壕作戰的步兵輕易地擊倒。不過武器的殺傷力逐漸提高，在某種程度上卻會被更加散開的部隊和更遠的戰鬥距離抵銷，軍隊規模更大、會戰時間更久意味著整體傷亡數量增加到史無前例的水準，第一次世界大戰（World War I，參見第 208-24 頁）就是鮮明的例證。

海勒姆·史蒂芬斯·馬克沁爵士 (1840-1916年)

海勒姆·史蒂芬斯·馬克沁爵士（Hiram Stevens Maxim）出生於美國，在1881年移居英國。他最知名的事蹟就是在1884年發明馬克沁機槍，這是世界上第一款可自行提供動力的機關槍，每分鐘能發射600發子彈。在殖民地戰爭（參見第195頁）期間，英國陸軍把這款機槍的致命威力發揮得淋漓盡致。後來馬克沁因為經年累月暴露在他發明的機槍產生的噪音中，導致聽力受損，結果變成聾子，

海軍艦砲
在1904-1905年的日俄戰爭中，日本帝國海軍使用魚雷和高爆砲彈獲得決定性勝利。這幅畫作描繪日軍水兵在滿州的旅順港的海戰中發射魚雷作戰。

戰爭指南：公元1700-1900年

克羅登

1746年4月16日

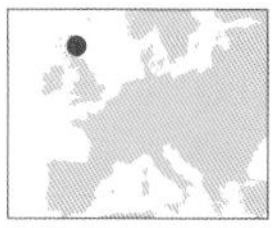

1745 年，詹姆士黨的叛軍進行最後一搏，企圖恢復斯圖亞特（Stuart）王室在英國的統治地位，由流亡中的斯圖亞特王室國王詹姆士二世的孫子查爾斯．愛德華．斯圖亞特（Charles Edward Stuart，又被稱為「英俊王子查理」〔Bonnie Prince Charlie〕）領導他們。1746 年，叛軍入侵英格蘭的行動失敗後，他們撤退到蘇格蘭的因弗內斯（Inverness）。4 月 15 日夜晚，詹姆士黨人開始行軍，奇襲由坎伯蘭公爵（Duke of Cumberland）指揮的政府軍，不過到了半路，他們卻發現抵達時間太晚，因此開始折返，結果導致一片混亂。到了破曉，他們在克羅登村（Culloden）附近的德魯莫西沼澤（Drumossie Moor）被公爵的部隊逮個正著。

查爾斯決定正面迎戰公爵。精疲力竭的叛軍士兵堅守陣地，而政府軍砲兵則對著他們轟擊。查爾斯最後發動知名的「高地衝鋒」（Highland Charge），蘇格蘭高地兵越過溼透、煙霧繚繞的沼澤地向前衝鋒，同時不斷遭到敵方密集射擊和葡萄彈轟擊，許多人就倒在半路上，而活著抵達敵軍戰線的人就得和對方拚刺刀。這場會戰不到一小時就結束，詹姆士黨人四處逃竄，許多人在接下來的幾個星期裡被追捕屠殺。查爾斯則逃到了法國，他復興斯圖亞特王朝的夢想就此破滅。

△ 聯軍指揮官在約克鎮下令發動最後攻擊

基貝宏灣

1759年11月20日

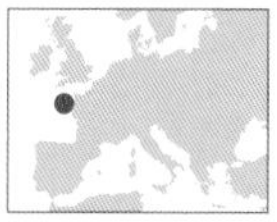

1759 年，法國計畫入侵英國，以扭轉在七年戰爭（參見第 150-51 頁）中的衰頹運勢。大約 2 萬名部隊在布列塔尼（Brittany）集結，等待法軍艦隊護送他們前往蘇格蘭，但艦隊卻被海軍上將愛德華．霍克（Edward Hawke）封鎖在布勒斯特（Brest）。當一陣強風迫使霍克撤退時，法軍艦隊司令孔夫蘭伯爵（Comte de Conflans）下令艦隊航向基貝宏灣（Quiberon Bay），但英軍艦隊隨即再度出現。孔夫蘭的艦隊寡不敵眾，在狂風中掙扎地駛進狹窄的海灣口，霍克的艦隊緊隨其後。經過一場混戰後，英軍只損失兩艘船，法軍則損失了七艘（其餘的船被迫四散逃逸）。這場海戰是皇家海軍的偉大勝利之一，有助英國確保海上霸權。

約克鎮

1781年9月28日－10月19日

美國獨立戰爭（1775-83 年）期間，查爾斯．康沃利斯中將企圖控制北卡羅來納州（North Carolina）卻失敗。1781 年 8 月，他和英國陸軍在維吉尼亞州乞沙比克灣（Chesapeake Bay）上的約克鎮（Yorktown）再次集結。康沃利斯在約克鎮和附近的格洛斯特（Gloucester）都構築大量要塞工事，對於從海上補給相當有信心。

不過在 9 月 5 日，海軍上將弗朗索瓦．德．格拉斯（François de Grasse）在乞沙比克灣外海擊敗英軍艦隊，約克鎮的補給線因此被切斷。9 月 29 日，喬治．華盛頓將軍和法軍指揮官羅尚博伯爵（Count of Rochambeau）率領 1 萬 9000 人包圍約克鎮。在英軍持續不斷的砲轟下，羅尚博在約克鎮四周修建了一套由壕溝、堡壘和砲台結合而成的陣地系統。到了 10 月 9 日，所有的火砲就位並開火，攻城線不斷逼近英軍防線。10 月 14 日，聯軍攻占兩座英軍堡壘後，康沃利斯命令手下從約克鎮疏散，前往格洛斯特，但是天氣惡劣和彈藥短缺導致他在10月19日投降。圍攻約克鎮是這場戰爭中最後一場大規模作戰，促使雙方談判，美國最後在 1783 年獨立。

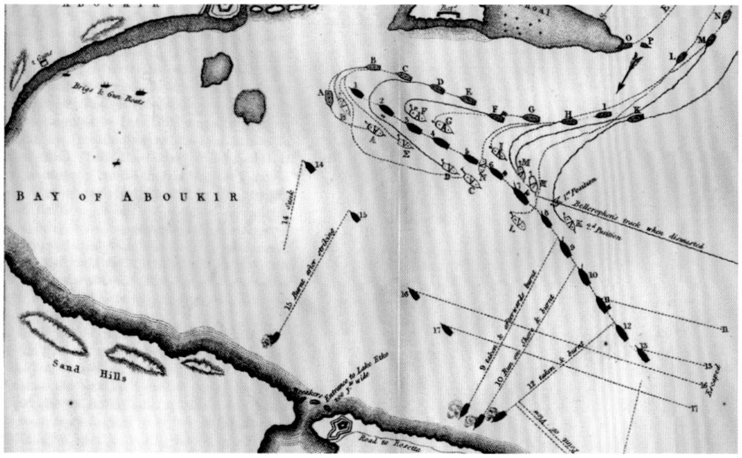

△ 當代的阿布基爾灣海戰說明圖

阿布基爾灣

1798年8月1日

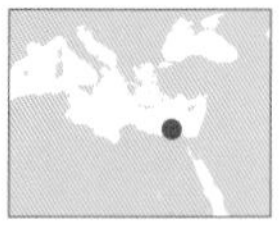

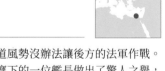

1798 年 5 月，拿破崙．波拿巴從法國出發，率領入侵部隊航向埃及。艦隊有 13 艘戰列艦和四艘巡防艦護航，由海軍將領弗朗索瓦．保羅．布魯耶（Francois-Paul Brueys）指揮護航艦隊。他們在地中海躲過皇家海軍，7 月時抵達阿布基爾灣（Aboukir Bay），不過英國海軍將領納爾遜率領 13 艘戰列艦和一艘配備 50 門大砲的船，在 8 月時發現法軍艦隊蹤跡。他下令攻擊法軍前鋒和中央，因為他知道風勢沒辦法讓後方的法軍作戰。他麾下的一位艦長做出了驚人之舉，操縱他的船隻移動到停泊的法國艦隊和海岸之間。夜幕降臨後，法軍艦隊遭受兩面夾攻，布魯耶陣亡，他的旗艦東方號在晚間 10 點爆炸，數百名水兵喪生。位在法軍戰線後方的海軍將領維勒那夫趁著拂曉時分開溜，僅救出兩艘戰列艦和兩艘巡防艦免遭英軍毒手。納爾遜因為這場勝利而被視為英雄。

瓦格藍

1809年7月5-6日

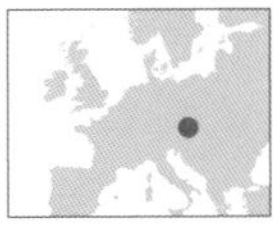

1809年，奧地利軍隊行軍穿越巴伐利亞，企圖奪回奧斯特利茨會戰（參見第166-67頁）後被法國奪走的日耳曼領土。為了反制，拿破崙接掌日耳曼大陸軍（Grand Army of Germany）的指揮權，攻占維也納，但5月時卻在亞斯伯恩－埃斯靈（Aspern-Essling）的作戰中慘敗給奧軍。到了7月，他已迫切地需要一場勝利來恢復他的聲譽。

7月4－5日的夜裡，法軍渡過多瑙河，到河的左岸準備攻擊奧軍。當時奧軍部隊的布署相當薄弱，沿著魯斯巴赫高地（Russbach Heights）散開，形成一條弧線，並以瓦格藍村（Wagram）為中心。主要的戰鬥在7月6日破曉時展開，奧軍由卡爾大公（Archduke Charles）領軍，發動一連串攻擊，幾乎要包圍法軍左翼。拿破崙增援左翼，並動用大約100門火砲，集中火力轟擊奧軍防線。在此期間，安德烈．馬塞納元帥（André Masséna）反攻奧軍右翼，麥克唐納的第5軍則隨時有可能突破奧軍中央，路易．尼古拉．達武元帥（Louis-Nicolas Davout）則擊退奧軍左翼。卡爾大公因為手上沒有預備隊可加強飽受痛擊的防線，只得撤退，奧方士氣崩壞，因此尋求休戰。由於在這場會戰中動用的砲兵數量史無前例，多達約1000門火砲和18萬發砲彈，使得這場會戰格外血腥，在投入這場會戰的30萬人當中，多達8萬人陣亡或負傷。

波雅卡

1819年8月7日

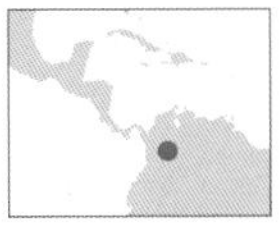

自1809年起，西班牙在南美的殖民地就開始為爭取獨立而戰。戰鬥的核心人物是委內瑞拉的軍事及政治領袖西蒙．玻利瓦（Simón Bolívar）。1819年，玻利瓦和法蘭西斯科．德保拉．桑坦德將軍（Francisco de Paula Santander）率領一批部隊翻山越嶺，從委內瑞拉進入新格拉納達（New Granada，今日哥倫比亞），路途十分艱辛，目標是攻占首都波哥大。這支軍隊由大約3000名當地游擊隊組成，當中包括牛仔以及拿破崙戰爭時期（1803－15年）的英國及愛爾蘭老兵。

他們先是在加梅薩（Gameza）和荷西．馬利亞．巴雷羅上校（José María Barreiro）的西軍部隊遭遇（7月12日），然後又在瓦爾加斯沼澤（Pantano de Vargas）再度交戰（7月25日），玻利瓦之後在台雅提諾斯河（River Teatinos）靜候巴雷羅的部隊到來。8月7日，桑坦德率部伏擊剛過波雅卡橋（Boyacá Bridge）的西軍前鋒，切斷他們和後方的聯繫，玻利瓦則趁此機會攻擊後方的西軍主力部隊。保皇派分子組成的西軍迅速戰敗，玻利瓦的部隊俘虜超過1600人。而由於玻利瓦曾在1813年發布「死亡戰爭」（War to the Death）法令，因此當中有一些人（包括巴雷羅）在玻利瓦拿下波哥大後被處決。波雅卡橋的會戰是南美獨立運動的轉捩點，玻利瓦接著又解放了委內瑞拉、厄瓜多和祕魯。

◁ 這座西蒙．玻利瓦的騎馬銅像出自19世紀雕塑家阿達莫．多利尼（Adamo Tadolini）之手，在卡拉卡斯、利馬和舊金山都可以看到。

納瓦里諾

1827年10月20日

自1821年起，希臘就亟欲從鄂圖曼帝國的統治下獨立。鄂圖曼部隊獲得由易卜拉欣帕夏（Ibrahim Pasha）率領的埃及軍隊支援，企圖鎮壓叛亂。1827年，民族主義分子控制的地方還很少，不過英國、法國和俄國都要求鄂圖曼休戰。這幾個國家派遣27艘艦隻，在地中海組成艦隊，由海軍上將愛德華．科丁頓爵士（Sir Edward Codrington）指揮。鄂圖曼方面則由土耳其和埃及船隻在希臘西海岸的納瓦里諾灣（Navarino Bay）組建了一支規模較龐大的艦隊，由塔希爾帕夏（Tahir Pasha）指揮。10月20日，科丁頓的艦隊駛進海灣，錨泊在埃及－土耳其艦隊的船艦間，雙方緊張情勢升高，戰鬥隨即爆發。船艦在近距離互相開火射擊，希望盡可能造成對方嚴重破壞，另一方面也要隨時躲避敵方舷側齊射。聯軍的船艦雖然數量不足，但火砲優越許多，經過三個小時的激戰後，埃及－土耳其艦隊放棄戰鬥。鄂圖曼帝國喪失幾乎全部船艦，但聯軍一艘都沒有損失。鄂圖曼帝國在1828-29年的俄土戰爭戰敗後，希臘終於在1830年獨立。

△ 俄國畫家伊凡．艾瓦佐夫斯基（Ivan Aivazovsky）在1846年的畫作，描繪納瓦里諾灣海戰

維克斯堡

1863年5月18日－7月4日

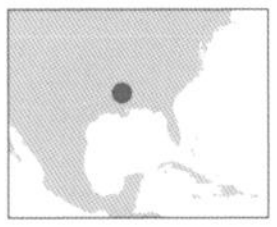

聯邦軍在南北戰爭（1861–65年）中最成功的作戰之一就是維克斯堡（Vicksburg）的圍城戰，此戰奠定了尤利西斯．格蘭特少將（Ulysses Grant）的威名。聯邦軍想要攻占這座在密西西比河東岸上具有戰略重要性的城鎮，在之前已經嘗試過幾次，但全都失敗。1863年5月，格蘭特將軍和田納西軍團（Army of the Tennessee）再度集結，準備進攻這座城鎮。

維克斯堡由2萬9000名邦聯軍駐防，指揮官是約翰．彭伯頓中將（John C. Pemberton），並且有懸崖上長達13公里的弧形防禦工事帶和火砲的保護。到了5月18日，格蘭特已經包圍這座城，並在5月19日和22日發動突擊，但都宣告失敗，損失超過4000人。格蘭特之後就改採圍城戰術，修建壕溝來困住彭伯頓的部隊。邦聯軍企圖幫彭伯頓解圍但失敗，而城內的狀況也因為補給被切斷，加上聯邦軍砲兵不斷轟擊而迅速惡化。經過將近七週的時間後，由於糧食和補給均耗罄，彭伯頓因此向聯邦軍投降。聯邦軍攻占維克斯堡，加上隨後又在哈得孫港（Port Hudson）獲勝，使得聯邦能夠控制密西西比州，切斷邦聯軍一條重要的補給線，並把邦聯一分為二。

第五章

公元 1900年至今

到了現代，各種創新且更加致命的機械化作戰方式開始在戰爭裡登場，也開始在天空中作戰。全球衝突的規模擴大到史無前例的程度，軍事科技也跟著發展到嶄新水準，而戰爭還在這樣的局面中迎接核子時代的到來。

1900年至今

20世紀是機械化全球戰爭的年代。在這當中，工業力量、大規模徵兵和民族主義意識形態相結合，產生規模巨大無比的衝突。科技迅速進步，促成運用精準武器的電腦化戰場誕生，這是過去幾個世代的軍人所無法想像的。

19 世紀時，巴爾幹半島四分五裂，成為各種政治爭端的火藥庫。最後，一名塞爾維亞民族主義分子暗殺奧匈帝國法蘭茲．斐迪南大公（Franz Ferdinand），導致戰爭爆發。在第一次世界大戰中，德國、奧匈帝國和鄂圖曼帝國攜手對抗俄國、英國、法國及其盟國。隨著戰事進行，西線戰場上原本的機動作戰，漸漸演變成沿著一條長達 700 公里的壕溝戰線進行的消耗戰。像凡爾登（Verdun，參見第 214-15 頁）和索母河（參見第 220–21 頁）這樣的會戰都奪走數十萬條人命，但領土收穫卻少得可憐。新的科技（例如毒氣、早期的戰車和飛機）都派上用場，希望能夠打開僵局。但戰爭之所以能夠在 1918 年結束，主要還是歸功於被封鎖的同盟國徹底耗竭，以及美國加入戰局。

從閃電戰到原子彈

希望第一次世界大戰可以成為「結束一切戰爭的戰爭」的想法，結果證明大錯特錯。這場戰爭造成的傷害形塑了歐洲的政治，有利於阿道夫．希特勒（Adolf Hitler）在德國崛起，他夢想為日耳曼人民打造出一個大德意志國家。納粹的擴張主義導致德國在 1939 年入侵波蘭，使得英國和法國對德國宣戰。德國運用閃電戰（Blitzkrieg）戰術，以機動性高的裝甲部隊為打擊矛頭，贏得一連串迅雷不及掩耳的炫目勝利。不過英國較優異的空防組織體系和雷達研發，使他們能夠在 1940 年的不列顛之役（Battle of Britain，參見第 232-33 頁）期間擊敗德國空軍，避免被入侵。

> 「空中的戰鬥不是運動，而是科學的謀殺。」
>
> 美軍飛行員艾迪．里肯貝克（Eddie Rickenbacker），1919年

△ **死傷殆盡**
1916年，英軍部隊在索母河戰役（Battle of the Somme）期間爬出壕溝。在攻勢第一天裡，就有超過1萬9000名士兵在奮力接近德軍戰線的過程中陣亡，他們被英軍預備砲擊未能擊毀的德軍機槍擊斃，有如鐮刀割草一般。

世界大戰

在20世紀，兩場世界大戰奪走了大約8000萬條人命。二次大戰過後，美國和蘇聯在冷戰期間用核武對峙，杜絕了雙方之間的直接戰爭，但他們還是會透過戰爭來維持影響力，例如在越南及阿富汗，或是資助他們的盟友之間的戰爭。冷戰結束後，區域戰爭爆發，核子武器擴散，蘇聯解體，但俄羅斯和中國持續挑戰美國全球霸主的地位。

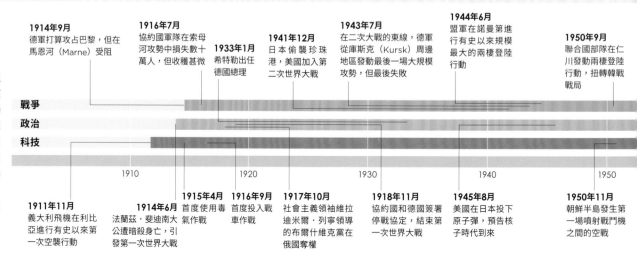

戰爭 政治 科技

1910 1920 1930 1940 1950

1911年11月 義大利飛機在利比亞進行有史以來第一次空襲行動

1914年6月 法蘭茲．斐迪南大公遭暗殺身亡，引發第一次世界大戰

1914年9月 德軍打算攻占巴黎，但在馬恩河（Marne）受阻

1915年4月 首度使用毒氣作戰

1916年7月 協約國軍隊在索母河攻勢中損失數十萬人，但收穫甚微

1916年9月 首度投入戰車作戰

1917年10月 社會主義領袖維拉迪米爾．列寧領導的布爾什維克黨在俄國奪權

1918年11月 協約國和德國簽署停戰協定，結束第一次世界大戰

1933年1月 希特勒出任德國總理

1941年12月 日本偷襲珍珠港，美國加入第二次世界大戰

1943年7月 在二次大戰的東線，德軍從庫斯克（Kursk）周邊地區發動最後一場大規模攻勢，但最後失敗

1944年6月 盟軍在諾曼第進行有史以來規模最大的兩棲登陸行動

1945年8月 美國在日本投下原子彈，預告核子時代到來

1950年9月 聯合國部隊在仁川發動兩棲登陸行動，扭轉韓戰戰局

1950年11月 朝鮮半島發生第一場噴射戰鬥機之間的空戰

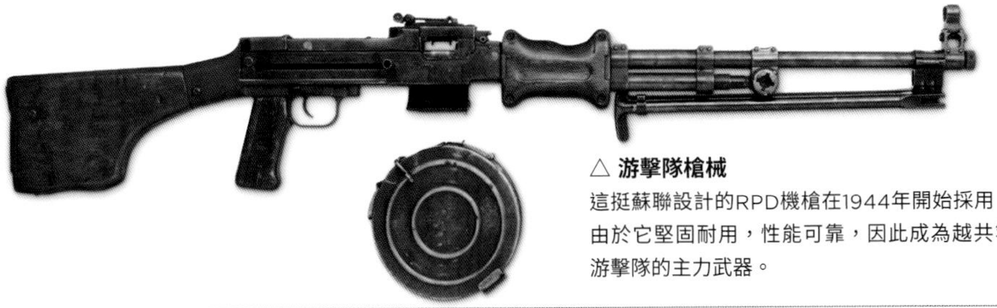

△ **游擊隊槍械**
這挺蘇聯設計的RPD機槍在1944年開始採用。由於它堅固耐用，性能可靠，因此成為越共等游擊隊的主力武器。

Sieg um jeden Preis!

◁ **總體戰**
在這張德國海報上，可以看見平民勞工和投擲手榴彈的士兵站在一起，搭配「不惜一切代價勝利」的口號。第二次世界大戰是一場「總體戰」，社會的每一分子都在戰爭中扮演某種角色。

空權在第二次世界大戰扮演舉足輕重的角色。在中途島海戰（Battle of Midway，參見第 238–39 頁）這樣的對抗裡，航空母艦結合了海軍和航空作戰。德國的潛艇封鎖英國，但因為盟軍的各種反制措施而終告失敗。1941 年，希特勒下令入侵蘇聯，但卻無法給予致命一擊，德國因此要在兩條戰線上面對一場節節敗退的戰爭。美國參戰又是一個決定性因素，尤其是 1944 年盟軍在諾曼地進行大規模兩棲登陸（參見第 248-49 頁）以後。

1945 年，美國在日本的廣島和長崎這兩座城市投下原子彈，結束了這場戰爭在太平洋區域的戰事。核子武器也昭告冷戰時期的到來——這是蘇聯和美國以及他們的支持者之間的全新意識形態衝突。當區域紛爭成為由這兩個超級強權贊助的代理人戰爭時，「熱戰」就會爆發：就像在越南，蘇聯和美國分別支持北越和南越。這種代理人爭端加劇了世界各地的衝突，從朝鮮半島和阿富汗到安哥拉和尼加拉瓜乃至連續不斷的以阿戰爭都是如此。

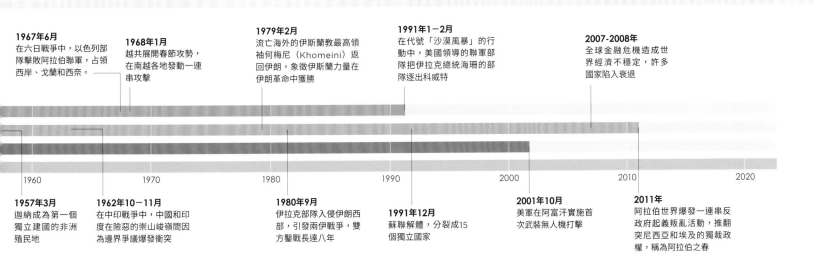

科技無法致勝

蘇聯雖在 1991 年瓦解，但大規模戰爭並沒有消失，尤其是在中東。自從 1991 年由美國主導的行動驅逐了入侵科威特的伊拉克部隊（參見第 270-71 頁）後，就發生了一連串混亂的衝突。如今，和任何一場世界大戰規模相當的戰爭似乎都很難再發生。儘管現在的戰爭是用精準的導引飛彈、電腦控制無人機和整合電子和電腦科技的匿蹤轟炸機進行，但在持續不斷的各地內戰裡，刀槍依然是最廣泛使用的武器。

▽ **伊拉克自由行動（Operation Iraqi Freedom）**
2003年3月，由美國領導的聯軍部隊在科威特的沙漠裡集結，其中包括英軍第7裝甲旅。他們接著對伊拉克展開陸上攻勢，最後推翻薩達姆．海珊政權。

1957年3月
迦納成為第一個獨立建國的非洲殖民地

1962年10－11月
在中印戰爭中，中國和印度在險惡的崇山峻嶺間因為邊界爭議爆發衝突

1967年6月
在六日戰爭中，以色列部隊擊敗阿拉伯聯軍，占領西岸、戈蘭和西奈。

1968年1月
越共展開春節攻勢，在南越各地發動一連串攻擊

1979年2月
流亡海外的伊斯蘭教最高領袖何梅尼（Khomeini）返回伊朗，象徵伊斯蘭力量在伊朗革命中獲勝

1980年9月
伊拉克部隊入侵伊朗西部，引發兩伊戰爭，雙方鏖戰長達八年

1991年1－2月
在代號「沙漠風暴」的行動中，美國領導的聯軍部隊把伊拉克總統海珊的部隊逐出科威特

1991年12月
蘇聯解體，分裂成15個獨立國家

2001年10月
美軍在阿富汗實施首次武裝無人機打擊

2007-2008年
全球金融危機造成世界經濟不穩定，許多國家陷入衰退

2011年
阿拉伯世界爆發一連串反政府起義叛亂活動，推翻突尼西亞和埃及的獨裁政權，稱為阿拉伯之春

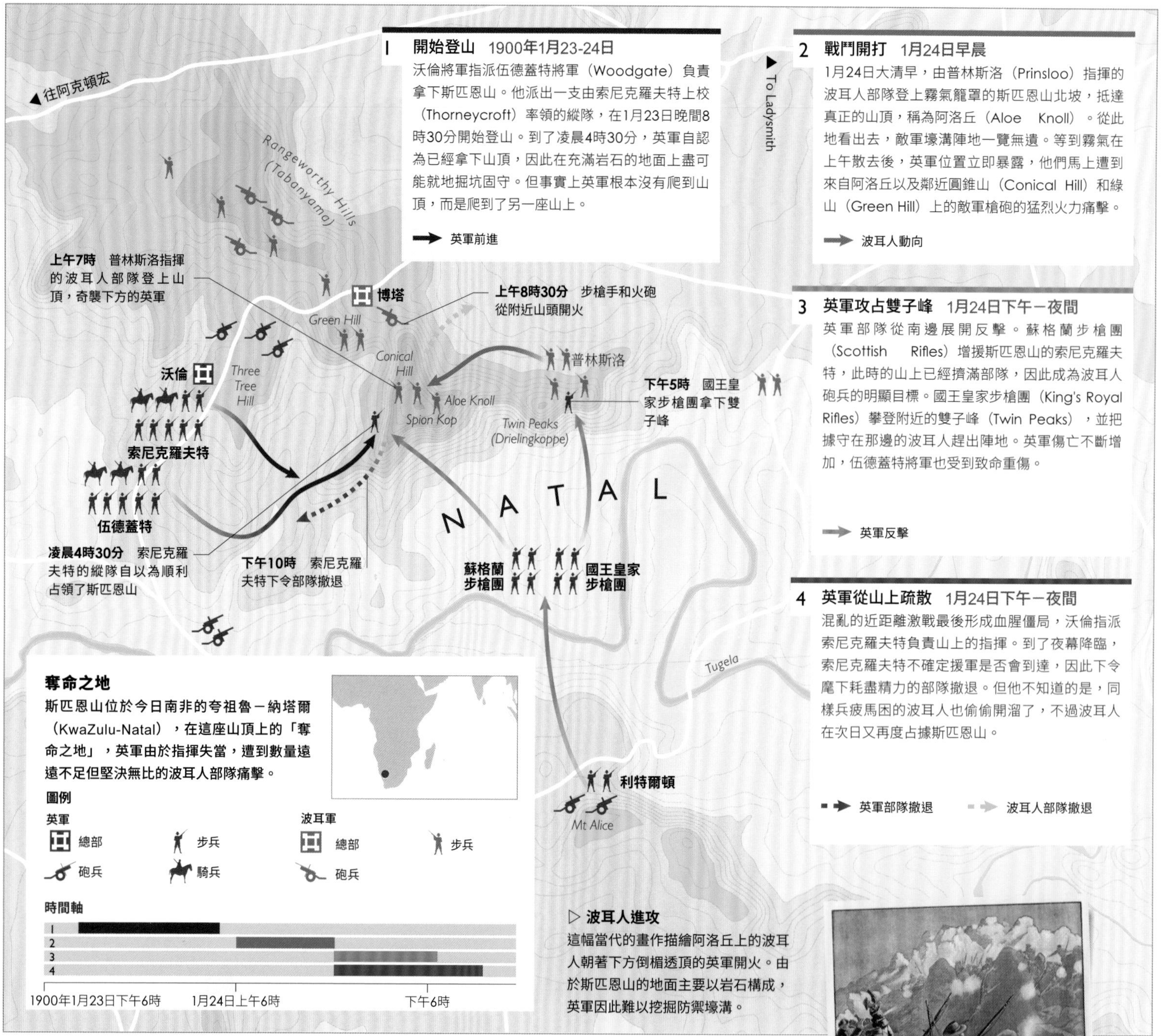
往阿克頓宏
To Ladysmith
Rangeworthy Hills (Tabanyama)
上午7時 普林斯洛指揮的波耳人部隊登上山頂，奇襲下方的英軍
博塔
上午8時30分 步槍手和火砲從附近山頭開火
Green Hill
沃倫
Three Tree Hill
Conical Hill
普林斯洛
Aloe Knoll
Spion Kop
Twin Peaks (Drielingkoppe)
下午5時 國王皇家步槍團拿下雙子峰
索尼克羅夫特
伍德蓋特
NATAL
凌晨4時30分 索尼克羅夫特的縱隊自以為順利占領了斯匹恩山
下午10時 索尼克羅夫特下令部隊撤退
蘇格蘭步槍團
國王皇家步槍團
Tugela
利特爾頓
Mt Alice
圖例
英軍
總部
步兵
砲兵
騎兵
波耳軍
總部
步兵
砲兵
時間軸
1
2
3
4
1900年1月23日下午6時
1月24日上午6時
下午6時

1 開始登山 1900年1月23-24日

沃倫將軍指派伍德蓋特將軍（Woodgate）負責拿下斯匹恩山。他派出一支由索尼克羅夫特上校（Thorneycroft）率領的縱隊，在1月23日晚間8時30分開始登山。到了凌晨4時30分，英軍自認為已經拿下山頂，因此在充滿岩石的地面上盡可能就地掘坑固守。但事實上英軍根本沒有爬到山頂，而是爬到了另一座山上。

英軍前進

2 戰鬥開打 1月24日早晨

1月24日大清早，由普林斯洛（Prinsloo）指揮的波耳人部隊登上霧氣籠罩的斯匹恩山北坡，抵達真正的山頂，稱為阿洛丘（Aloe Knoll）。從此地看出去，敵軍壕溝陣地一覽無遺。等到霧氣在上午散去後，英軍位置立即暴露，他們馬上遭到來自阿洛丘以及鄰近圓錐山（Conical Hill）和綠山（Green Hill）上的敵軍槍砲的猛烈火力痛擊。

波耳人動向

3 英軍攻占雙子峰 1月24日下午－夜間

英軍部隊從南邊展開反擊。蘇格蘭步槍團（Scottish Rifles）增援斯匹恩山的索尼克羅夫特，此時的山上已經擠滿部隊，因此成為波耳人砲兵的明顯目標。國王皇家步槍團（King's Royal Rifles）攀登附近的雙子峰（Twin Peaks），並把據守在那邊的波耳人趕出陣地。英軍傷亡不斷增加，伍德蓋特將軍也受到致命重傷。

英軍反擊

4 英軍從山上疏散 1月24日下午－夜間

混亂的近距離激戰最後形成血腥僵局，沃倫指派索尼克羅夫特負責山上的指揮。到了夜幕降臨，索尼克羅夫特不確定援軍是否會到達，因此下令麾下耗盡精力的部隊撤退。但他不知道的是，同樣兵疲馬困的波耳人也偷偷開溜了，不過波耳人在次日又再度占據斯匹恩山。

英軍部隊撤退　波耳人部隊撤退

奪命之地

斯匹恩山位於今日南非的夸祖魯－納塔爾（KwaZulu-Natal），在這座山頂上的「奪命之地」，英軍由於指揮失當，遭到數量遠遠不足但堅決無比的波耳人部隊痛擊。

REPRISE DE SPION-KOP PAR LES BOERS

▷ 波耳人進攻

這幅當代的畫作描繪阿洛丘上的波耳人朝著下方倒楣透頂的英軍開火。由於斯匹恩山的地面主要以岩石構成，英軍因此難以挖掘防禦壕溝。

斯匹恩山

在第二次波耳戰爭（Second Boer War，1899-1902年）期間，英軍為了解拉迪史密斯之圍，企圖攻占斯匹恩山。結果他們犯下戰術錯誤，一整天都遭受敵火猛烈攻擊，最後被迫撤退，斯匹恩山仍在波耳人手中。

在 1899 － 1902 年之間，英國和兩個波耳人國家（Boer，荷裔南非人）——南非共和國（South African Republic）和奧蘭治自由邦（Orange Free State）——打了一場漫長的戰爭。這場戰爭的起因夾雜了英國的帝國主義行徑和波耳人的獨立建國運動等因素，但卻因為南非新發現的金礦的開採權紛爭而成為立即的焦點。和英軍相比，波耳人組成的小國家武力薄弱，但在 1899 年後期，他們卻圍攻英國人統治的納塔爾（Natal）的拉迪史密斯（Ladysmith）。為了解圍，英軍派出沃倫將軍（Warren）率部奪取斯匹恩山（Spion Kop），這座山是這一帶多座岩峰中的最高點，可監看每一條通往拉迪史密斯的道路，全都由博塔（Botha）手下的波耳人防守。英軍發現他們徹底暴露在敵方的致命火力下，有 250 人陣亡和超過 1000 人受傷，只得倉皇撤退。拉迪史密斯最後在 1900 年 2 月 28 日解圍。

對馬

1904年，俄國和日本為了擴大在中國滿州的影響力，發生利益衝突，因此爆發戰爭。次年春天，雙方在對馬海峽爆發一場高潮迭起的海戰，結果日本獲得決定性勝利，日本因此能夠以新的強權姿態登上世界舞台。

日本先是奇襲俄國位於滿州最南端的遠東艦隊駐紮基地旅順港，兩國因此爆發戰爭。日軍偷襲成功，因此能夠載運部隊前往滿州對抗俄軍部隊。

為了反制日本，沙皇尼古拉（Nicholas）派遣俄國的波羅的海艦隊（Baltic Fleet）主力前往營救旅順港。在這段漫長的航程中，旅順港在日軍長達五個月的圍攻後陷落的消息傳來。日軍大本營有充裕時間來為海軍（已經是當時世界最現代化的海軍之一）做準備，以逸待勞等待俄軍艦隊。

當雙方艦隊終於在對馬海峽（Straits of Tsushima）遭遇後，日軍只花了幾個小時就徹底掌握優勢，俄軍殘餘艦船逃往海參崴（Vladivostok）。三個月後，俄國被迫簽定屈辱的和約，同意放棄在滿州的所有權益。

俄羅斯帝國

1904年10月21日
俄國軍艦擊沉一艘英國拖船

1905年5月24日
俄軍艦隊副司令馮·福克桑（von Fölkersahm）在航程中病死

史詩般的旅程
俄國派出42艘船，由海軍將領齊諾維·羅傑斯特文斯基（Zinovy Rozhestvensky）指揮，繞了世界半圈才抵達日本海。在航程中，艦隊在北海發出夜間警報，並向目標開火，結果卻是英國拖船，幾乎導致俄國和英國發生衝突。經過長達七個月的航行後，俄國艦隊終於接近對馬海峽。

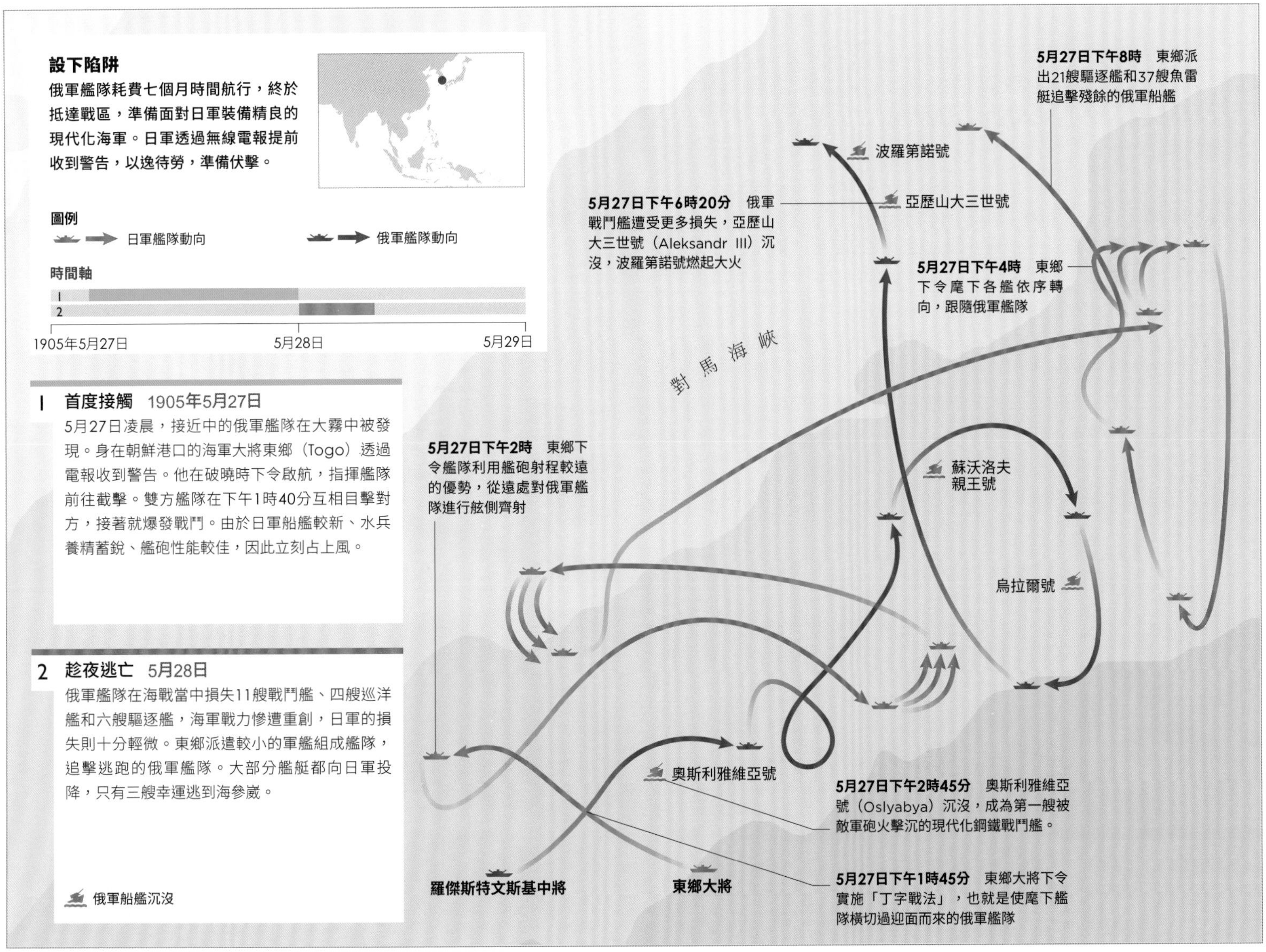
圖例
日軍艦隊動向
俄軍艦隊動向
時間軸
1
2
1905年5月27日
5月28日
5月29日
5月27日下午8時　東鄉派出21艘驅逐艦和37艘魚雷艇追擊殘餘的俄軍船艦
波羅第諾號
亞歷山大三世號
5月27日下午6時20分　俄軍戰鬥艦遭受更多損失，亞歷山大三世號（Aleksandr III）沉沒，波羅第諾號燃起大火
5月27日下午4時　東鄉下令麾下各艦依序轉向，跟隨俄軍艦隊
對馬海峽
5月27日下午2時　東鄉下令艦隊利用艦砲射程較遠的優勢，從遠處對俄軍艦隊進行舷側齊射
蘇沃洛夫親王號
烏拉爾號
奧斯利雅維亞號
5月27日下午2時45分　奧斯利雅維亞號（Oslyabya）沉沒，成為第一艘被敵軍砲火擊沉的現代化鋼鐵戰鬥艦。
羅傑斯特文斯基中將
東鄉大將
5月27日下午1時45分　東鄉大將下令實施「丁字戰法」，也就是使麾下艦隊橫切過迎面而來的俄軍艦隊
俄軍船艦沉沒

設下陷阱
俄軍艦隊耗費七個月時間航行，終於抵達戰區，準備面對日軍裝備精良的現代化海軍。日軍透過無線電報提前收到警告，以逸待勞，準備伏擊。

1　首度接觸　1905年5月27日
5月27日凌晨，接近中的俄軍艦隊在大霧中被發現。身在朝鮮港口的海軍大將東鄉（Togo）透過電報收到警告。他在破曉時下令啟航，指揮艦隊前往截擊。雙方艦隊在下午1時40分互相目擊對方，接著就爆發戰鬥。由於日軍船艦較新、水兵養精蓄銳、艦砲性能較佳，因此立刻占上風。

2　趁夜逃亡　5月28日
俄軍艦隊在海戰當中損失11艘戰鬥艦、四艘巡洋艦和六艘驅逐艦，海軍戰力慘遭重創，日軍的損失則十分輕微。東鄉派遣較小的軍艦組成艦隊，追擊逃跑的俄軍艦隊。大部分艦艇都向日軍投降，只有三艘幸運逃到海參崴。

無畏艦的時代

英國皇家海軍為了維持海軍霸權，建造了無畏號戰鬥艦，在1906年下水。這艘軍艦把火力和航速提升到史無前例的境界，象徵著嶄新戰鬥艦時代的來臨。

19 世紀時，人類就已經在使用金屬船身的蒸汽船。不過自從無畏號（HMS Dreadnought）下水的那一刻起，當時所有其他的戰鬥艦就相形見絀，而它的名字也被用來稱呼這種新的軍艦。它是世界上第一種全大口徑主砲戰鬥艦，配備十門 12 英吋口徑的主砲，可進行遠距離打擊，也是第一種安裝蒸氣渦輪的軍艦，航速高達 21 節。它代表了海軍軍艦設計中神聖的三位一體準則恰到好處的妥協：速度、防護力和火力。當皇家海軍推動野心勃勃的海軍擴建計畫時、包括美國、德國、義大利和日本在內的其他國家都依樣畫葫蘆，建造自己的無畏艦。

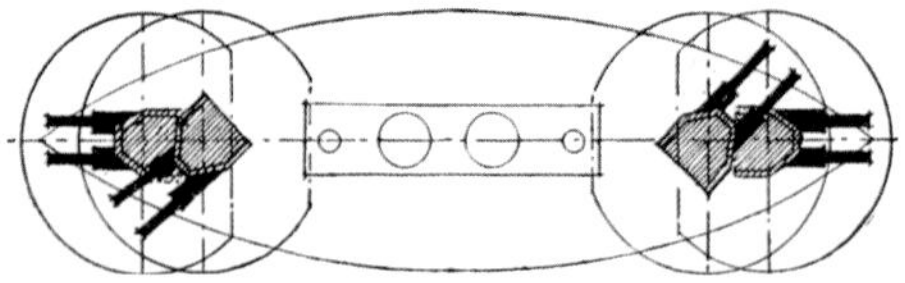

◁ **背負式砲塔**
這幅線圖描繪背負式砲塔的位置。每對砲塔都包括一座安裝在甲板上的砲塔，第二座則安裝在第一座砲塔的後上方。

更新、更進步

競爭十分激烈，不久無畏號本身就因為更多戰力更強、稱為超無畏艦的戰鬥艦出現而顯得老態龍鍾。這種軍艦當中的第一艘是獵戶座號（HMS Orion），在 1910 年下水，配備 13.5 英吋口徑的主砲，並採用成對且重疊配置的砲塔設計，稱為背負式砲塔，安裝在船身的中線上，可改善火砲射界。燃油慢慢取代煤炭，在鍋爐中產生推動渦輪的蒸汽。超無畏艦之後又被著重航速的「快速戰鬥艦」取代，而最後一艘這種軍艦在 1991 年退役。

△ **R級戰鬥艦**
這幾艘超無畏艦——皇家橡樹號（HMS Royal Oak）、雷米利斯號（Ramillies）、復仇號（Revenge）和決心號（Resolution）——都是復仇級，它們的主要武裝是安裝在四座砲塔裡的八門15英吋口徑主砲。

最後風華
胡德號（HMS Hood）是皇家海軍建造的最後一艘戰鬥巡洋艦。戰鬥巡洋艦和快速戰鬥艦類似，但裝甲較薄弱，以提高航速和火力。胡德號配備15英吋口徑主砲，安裝在四座砲塔裡，每個砲塔兩門，分別位於艦首和艦尾，航速可達32節。

坦能堡

第一次大戰爆發後過不久，俄國就根據條約履行對盟友法國的承諾，調派兩個軍團入侵普魯士。當第1軍團擊退抵抗的德軍時，南邊的第2軍團卻被包圍，遭遇慘重失敗。

當大戰在 1914 年 8 月爆發時，德國就面臨在西線和法國、在東線和俄國的兩面作戰情境。人們一般認為俄國要花好幾個月的時間動員，如此一來德軍攻勢重點就是先迅速對法取得勝利。當德軍的八個軍團當中有七個集中在西線戰場時，俄國甚至連軍隊本身都還沒準備周全，就突然展開奇襲，入侵東普魯士（East Prussia）。

俄軍第 1 軍團在北邊進攻，初期取得一些成功，在貢賓嫩（Gumbinnen）小勝德軍，迫使對方撤退。但德軍沒有放棄這個地方，反而重新在南邊布署部隊，當地的俄軍第 2 軍團正在穿越馬蘇里亞湖區（Masurian Lakes）的複雜地形前進。由於通訊不良，第 1 軍團緩慢向西推進，而不是前往南邊協助友軍。當德軍的包圍圈開始縮小時，第 2 軍團被切斷，補給也跟著用完。由於糧食耗盡且沒有退路，大批俄軍沒有選擇，只能投降。對德軍指揮官埃里希・魯登道夫（Erich Ludendorff）和保羅・馮・興登堡（Paul von Hindenburg）來說，這場勝利是無與倫比的政治宣傳素材，他們把這場勝仗描述成為五個世紀以前在附近的格倫瓦德吃敗仗的條頓騎士團報了一箭之仇。

> 「戰爭的打法愈殘酷，戰爭就愈仁慈……」
>
> 保羅・馮・興登堡，1914年

保羅・馮・興登堡

馮・興登堡（1847-1934年）生於一個普魯士貴族家庭，從陸軍退役後，在1914年又奉命恢復現役。興登堡和戰略家埃里希・魯登道夫搭配，兩人合作無間，他因此自1916年起擔任同盟國最高統帥。德國輸掉戰爭後，興登堡基於他的戰時經歷而在1925年當選德國總統。但他擔任總統期間，政治陷入混亂、經濟蕭條，最後促成了納粹黨的崛起。

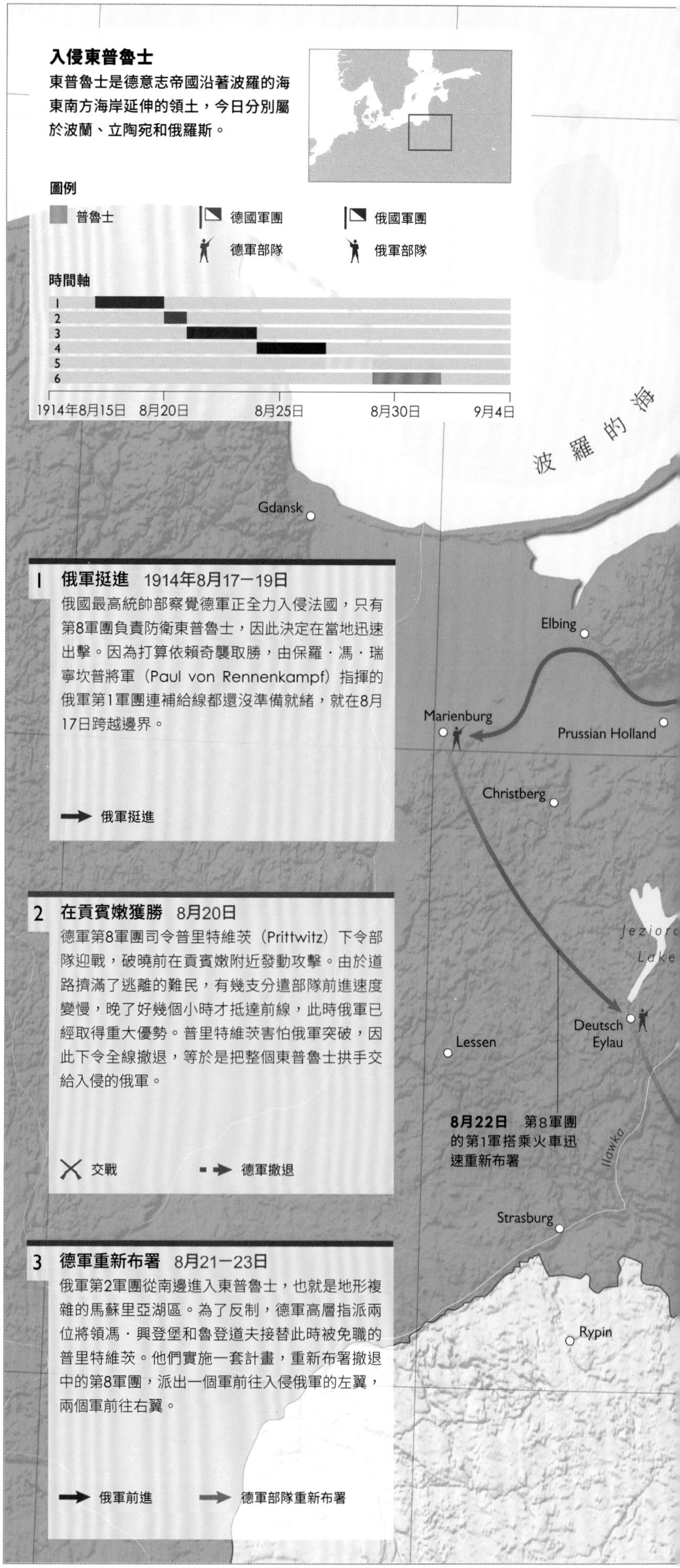
入侵東普魯士
東普魯士是德意志帝國沿著波羅的海東南方海岸延伸的領土，今日分別屬於波蘭、立陶宛和俄羅斯。
圖例
普魯士
德國軍團
俄國軍團
德軍部隊
俄軍部隊
時間軸
1
2
3
4
5
6
1914年8月15日
8月20日
8月25日
8月30日
9月4日
波羅的海
Gdansk
Elbing
Marienburg
Prussian Holland
Christberg
Lessen
Deutsch Eylau
Strasburg
Rypin
Ilawka
1 俄軍挺進 1914年8月17－19日
俄國最高統帥部察覺德軍正全力入侵法國，只有第8軍團負責防衛東普魯士，因此決定在當地迅速出擊。因為打算依賴奇襲取勝，由保羅・馮・瑞寧坎普將軍（Paul von Rennenkampf）指揮的俄軍第1軍團連補給線都還沒準備就緒，就在8月17日跨越邊界。
俄軍挺進
2 在貢賓嫩獲勝 8月20日
德軍第8軍團司令普里特維茨（Prittwitz）下令部隊迎戰，破曉前在貢賓嫩附近發動攻擊。由於道路擠滿了逃離的難民，有幾支分遣部隊前進速度變慢，晚了好幾個小時才抵達前線，此時俄軍已經取得重大優勢。普里特維茨害怕俄軍突破，因此下令全線撤退，等於是把整個東普魯士拱手交給入侵的俄軍。
交戰
德軍撤退
8月22日 第8軍團的第1軍搭乘火車迅速重新布署
3 德軍重新布署 8月21－23日
俄軍第2軍團從南邊進入東普魯士，也就是地形複雜的馬蘇里亞湖區。為了反制，德軍高層指派兩位將領馮・興登堡和魯登道夫接替此時被免職的普里特維茨。他們實施一套計畫，重新布署撤退中的第8軍團，派出一個軍前往入侵俄軍的左翼，兩個軍前往右翼。
俄軍前進
德軍部隊重新布署

▷ **機動步兵**
防守的德軍部隊其實是利用了密布的鐵路網和電話線，才得以勝過被龐大補給車隊拖累速度、被迫用能輕易攔截的無線電訊息通信的俄軍。

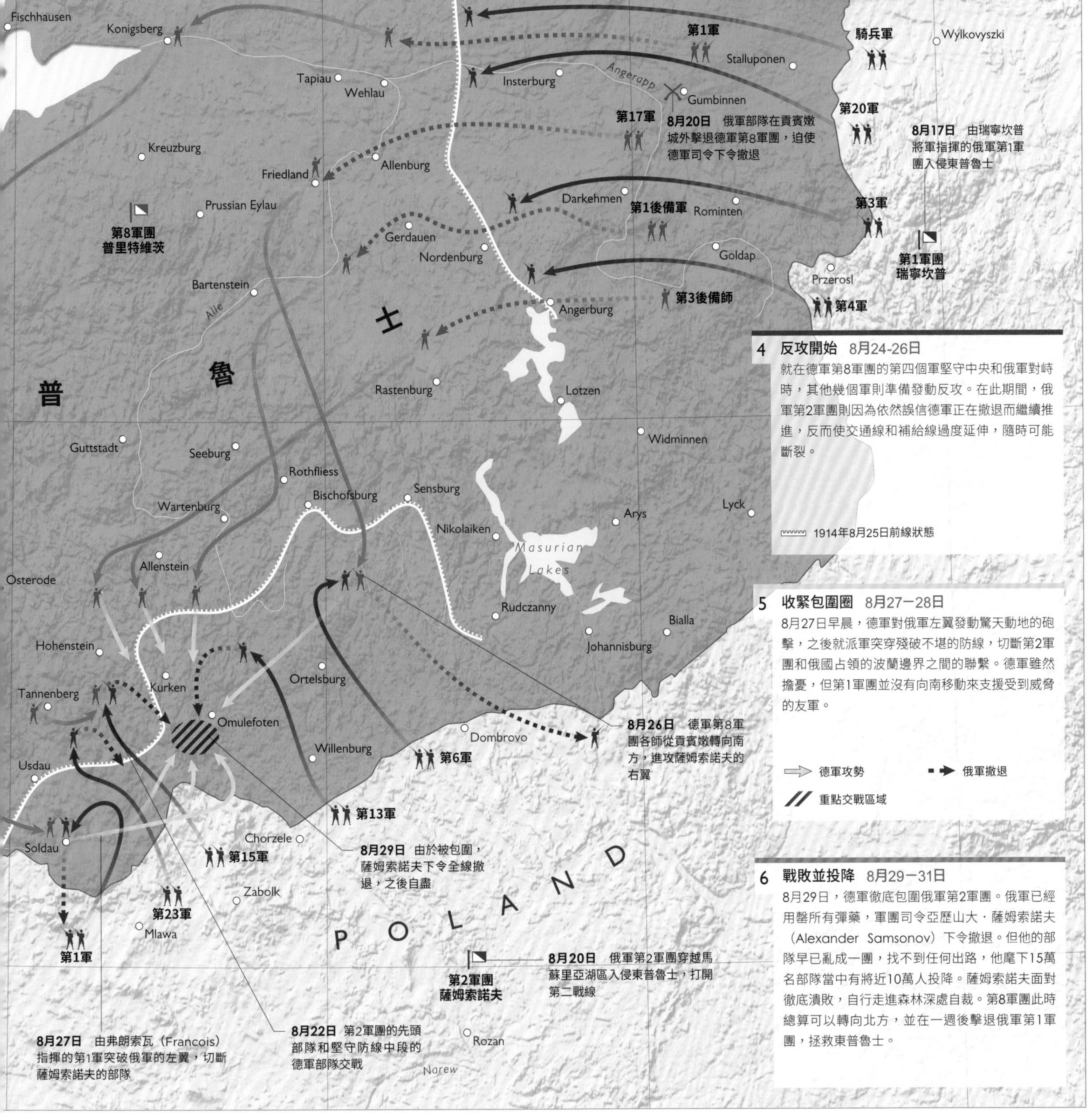

普
魯
士
POLAND
Lablau
Fischhausen
Konigsberg
Tapiau
Wehlau
Insterburg
Angerapp
Gumbinnen
Stalluponen
Wylkovyszki
騎兵軍
第1軍
第20軍
第17軍
8月20日　俄軍部隊在貢賓嫩城外擊退德軍第8軍團，迫使德軍司令下令撤退
8月17日　由瑞寧坎普將軍指揮的俄軍第1軍團入侵東普魯士
Kreuzburg
Friedland
Allenburg
Prussian Eylau
第8軍團
普里特維茨
Darkehmen
第1後備軍
Rominten
第3軍
Gerdauen
Nordenburg
Goldap
第1軍團
瑞寧坎普
Przerosl
Bartenstein
Alle
Angerburg
第3後備師
第4軍
Rastenburg
Lotzen
Widminnen
Guttstadt
Seeburg
Rothfliess
Bischofsburg
Sensburg
Wartenburg
Nikolaiken
Arys
Lyck
Masurian Lakes
Osterode
Allenstein
Rudczanny
Bialla
Johannisburg
Hohenstein
Kurken
Ortelsburg
Tannenberg
Omulefoten
Dombrovo
8月26日　德軍第8軍團各師從貢賓嫩轉向南方，進攻薩姆索諾夫的右翼
Usdau
Willenburg
第6軍
第13軍
Soldau
Chorzele
第15軍
8月29日　由於被包圍，薩姆索諾夫下令全線撤退，之後自盡
Zabolk
第23軍
Mlawa
第1軍
第2軍團
薩姆索諾夫
8月20日　俄軍第2軍團穿越馬蘇里亞湖區入侵東普魯士，打開第二戰線
8月27日　由弗朗索瓦（Francois）指揮的第1軍突破俄軍的左翼，切斷薩姆索諾夫的部隊
8月22日　第2軍團的先頭部隊和堅守防線中段的德軍部隊交戰
Rozan
Narew
1914年8月25日前線狀態
德軍攻勢
俄軍撤退
重點交戰區域

4　反攻開始　8月24-26日
就在德軍第8軍團的第四個軍堅守中央和俄軍對峙時，其他幾個軍則準備發動反攻。在此期間，俄軍第2軍團則因為依然誤信德軍正在撤退而繼續推進，反而使交通線和補給線過度延伸，隨時可能斷裂。

5　收緊包圍圈　8月27－28日
8月27日早晨，德軍對俄軍左翼發動驚天動地的砲擊，之後就派軍突穿殘破不堪的防線，切斷第2軍團和俄國占領的波蘭邊界之間的聯繫。德軍雖然擔憂，但第1軍團並沒有向南移動來支援受到威脅的友軍。

6　戰敗並投降　8月29－31日
8月29日，德軍徹底包圍俄軍第2軍團。俄軍已經用罄所有彈藥，軍團司令亞歷山大．薩姆索諾夫（Alexander Samsonov）下令撤退。但他的部隊早已亂成一團，找不到任何出路，他麾下15萬名部隊當中有將近10萬人投降。薩姆索諾夫面對徹底潰敗，自行走進森林深處自裁。第8軍團此時總算可以轉向北方，並在一週後擊退俄軍第1軍團，拯救東普魯士。

1 法軍進攻 1914年9月4-5日

約瑟夫·加列耶尼將軍（Joseph Gallieni）是防守巴黎的法軍指揮官，他決定轉守為攻，打擊德軍第1軍團的西側翼。他的總司令約瑟夫·霞飛元帥（Joseph Joffre）原本小心翼翼，後來接受勸說，下令沿著巴黎到凡爾登要塞公路撤退的聯軍停下腳步，並要求英國遠征軍加入對德軍第1軍團的協同反攻。

2 馬恩河的計程車 9月6－7日

9月6日，法軍第6軍團進攻馮·克魯克的第1軍團，徹底奇襲對方。為了調頭應付此一挑戰，馮·克魯克的第1軍團和第2軍團之間產生了缺口，法軍第5軍團和英國遠征軍就從這個缺口打進去。這時發生了一個經常被誇大的著名事件：600輛巴黎計程車從首都出發，載運士兵開往前線。

3 守住戰線 9月8日

法軍第5軍團前進所帶來的威脅，足以讓馮·毛奇深思熟慮是否要下令撤退。他指派一名參謀軍官亨奇上校（Hentsch）評估此一局勢，並授權他若有需要，可以下令總撤退。在東邊，儘管德軍激烈進攻，企圖突破戰線，打擊西邊的法軍和英國遠征軍，但法軍第9軍團依然堅守聖貢沼澤（Saint-Gond Marshes）地區。

◁ **法軍火砲**

法軍用火車把火砲從巴黎運往前線。火砲運抵前線後，給了聯軍在馬恩河擊退敵軍的新希望。

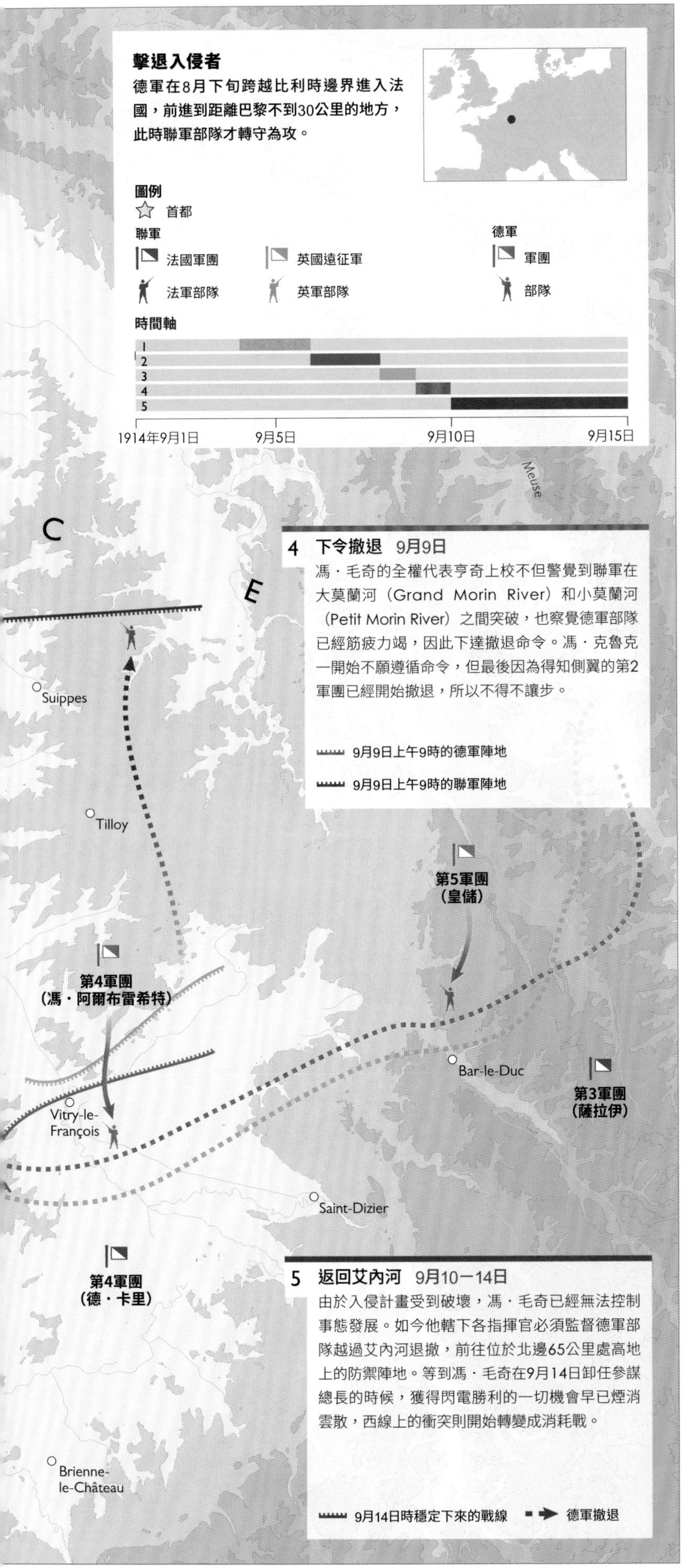
擊退入侵者
德軍在8月下旬跨越比利時邊界進入法國，前進到距離巴黎不到30公里的地方，此時聯軍部隊才轉守為攻。
圖例
首都
聯軍
法國軍團
英國遠征軍
法軍部隊
英軍部隊
德軍
軍團
部隊
時間軸
1
2
3
4
5
1914年9月1日
9月5日
9月10日
9月15日
Meuse
C
E
4 下令撤退 9月9日
馮．毛奇的全權代表亨奇上校不但警覺到聯軍在大莫蘭河（Grand Morin River）和小莫蘭河（Petit Morin River）之間突破，也察覺德軍部隊已經筋疲力竭，因此下達撤退命令。馮．克魯克一開始不願遵循命令，但最後因為得知側翼的第2軍團已經開始撤退，所以不得不讓步。
9月9日上午9時的德軍陣地
9月9日上午9時的聯軍陣地
Suippes
Tilloy
第5軍團
（皇儲）
第4軍團
（馮．阿爾布雷希特）
Bar-le-Duc
第3軍團
（薩拉伊）
Vitry-le-François
Saint-Dizier
第4軍團
（德．卡里）
5 返回艾內河 9月10－14日
由於入侵計畫受到破壞，馮．毛奇已經無法控制事態發展。如今他轄下各指揮官必須監督德軍部隊越過艾內河退撤，前往位於北邊65公里處高地上的防禦陣地。等到馮．毛奇在9月14日卸任參謀總長的時候，獲得閃電勝利的一切機會早已煙消雲散，西線上的衝突則開始轉變成消耗戰。
Brienne-le-Château
9月14日時穩定下來的戰線
德軍撤退

第一次馬恩河會戰

德軍朝法國首都巴黎挺進，看似一路所向披靡，於是法軍和英軍部隊在1914年9月6日對德軍發動反擊。這場戰役粉碎了德軍快速擊敗協約國的希望，成為第一次世界大戰的轉捩點。

西線上的戰爭以德國大軍穿越中立的比利時進入法國並獲得一連串耀眼的勝利來揭開序幕。德軍在一個月之內就已經威脅到巴黎，而法軍儘管有英國遠征軍（British Expeditionary Force, BEF）六個師支援，依然士氣低落，持續撤退。

根據德軍入侵法國的計畫（「施利芬計畫」〔Schlieffen Plan〕），德軍要朝西推進，然後轉向南，接著包圍法國首都。然而9月2日時，德軍參謀總長賀爾穆特．馮．毛奇卻決定立即轉向南邊，企圖包圍撤退中的協約國部隊。但由亞歷山大．馮．克魯克將軍（Alexander von Kluck）指揮的第1軍團卻繼續前進，沒有保護這個戰術動作的脆弱側翼，結果此舉在他的側翼形成了一個缺口，並遭到保衛巴黎的法軍第6軍團攻擊。法軍指揮官看見這個機會，下令協約國部隊轉向並打擊這個對手。

雙方接著在一條長達150公里的戰線上數度交鋒，損失都很慘重，然而德軍所在位置已經是過度延伸的補給線末端。三天後，毛奇同意撤退到艾內河（River Aisne）以北的一道防線上。速戰速決的計畫已經失敗，接下來的場景則會是壕溝裡長達四年的消耗戰。

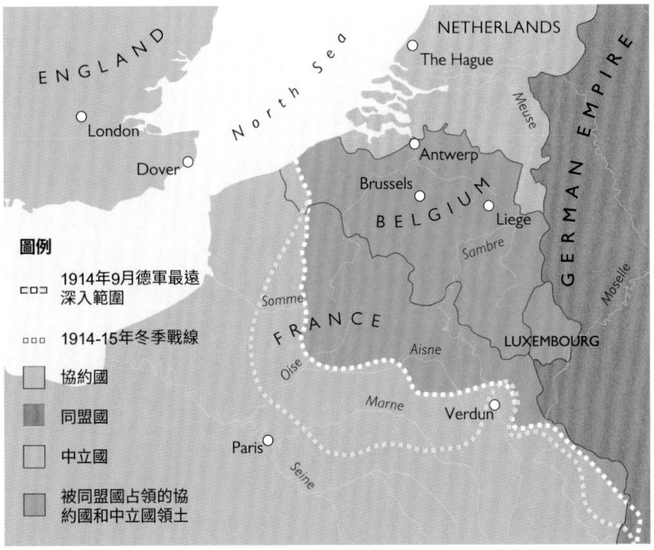

施利芬計畫

第一次世界大戰開打時，德軍的戰略構想是先給予法國猛烈一擊，之後就可以把兵力集中在東方，對抗俄國的威脅。這套計畫必須違反條約中的義務，穿越中立的比利時，進而側翼迂迴法軍，因此把英國拉入了戰局。

加利波利

加利波利戰役可說是第一次世界大戰期間最令人感到挫折、最富有爭議的苦戰之一，因此成為其中一個決定性的時刻。這場戰役之所以發生，是因為協約國領導人想藉由進攻德國的盟友土耳其，來繞過陷入僵持的西線。

1914 年下半年，第一次世界大戰的主要戰區西線戰場已經陷入壕溝戰的泥沼中，因此包括英國第一海軍大臣溫斯頓．邱吉爾在內的協約國軍事領導人打算在其他地方突破僵局。從英國和法國前往盟友俄國最實際的補給路線，就是穿越達達尼爾海峽（Dardanelles）進入黑海，但這條路線卻在 10 月下旬被切斷，原因是鄂圖曼土耳其帝國加入同盟國陣營並參戰。為了支援俄國，協約國軍事指揮高層決定對抗土耳其，若可能的話，最好是逼迫它退出戰爭。剛開始，他們試著發動海上突擊，穿越達達尼爾海峽進攻伊斯坦堡。但這個計畫失敗後，他們就更改部隊任務，前往奪取位於其西海岸的加利波利半島（Gallipoli Peninsula）。他們在半島的南端和北邊 15 公里處建立灘頭堡，澳紐軍團（ANZAC）部隊在當地一小塊被包圍的海灣中掘壕固守，稱為澳紐軍團灣（Anzac Cove）。不過土耳其軍隊的抵抗遠比想像中激烈，多次擊退聯軍突破堡壘的行動。四個月後，聯軍在蘇弗拉灣（Suvla Bay）發動第二次大規模攻勢，還是無法打破僵局。到了當年年底，聯軍指揮高層相信已經沒有選擇，因此下令撤退。

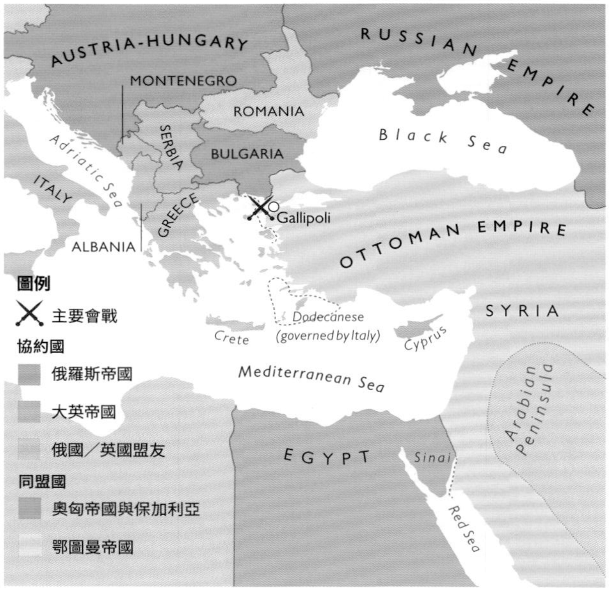

通往俄國的走廊
加利波利半島位於鄂圖曼帝國的西部邊緣，控制連接地中海以及黑海、當然還有俄國的達達尼爾海峽。

4 蘇弗拉灣攻勢 1915年8月7日
由於從4月開始就毫無進展，聯軍指揮高層下令在北邊展開新的登陸行動，企圖解救澳紐軍團灣，並從半島的最狹窄處加以切斷。一批大軍在幾乎沒有遭遇任何抵抗的狀況下登陸蘇弗拉灣，但卻沒有堅持到底以發揮優勢，讓土軍部隊有時間增援並遏制聯軍行動。

聯軍登陸　聯軍占領地區

5 疏散部隊 1915年12月15日－1916年1月9日
由於突破僵局的前景黯淡，聯軍高層沒有其他選擇，只得決定退兵。12月15日，疏散作業展開，14萬部隊和8000隻動物乘船前往安全處。這場戰役變成一次代價高昂的失敗，雙方付出50萬人傷亡的代價，當中高達四分之一陣亡。

聯軍疏散

開闢新戰線
聯軍企圖從鄂圖曼土耳其帝國手中奪取加利波利半島，結果卻陷在長達九個月的壕溝戰困境中。入侵者從未成功從一開始占領的灘頭堡突破過。

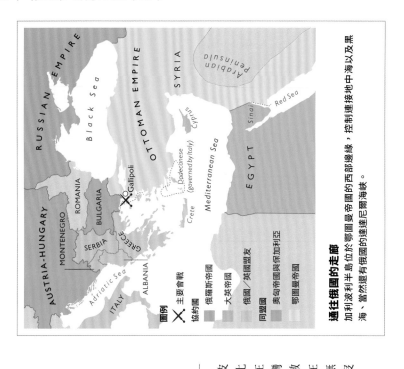

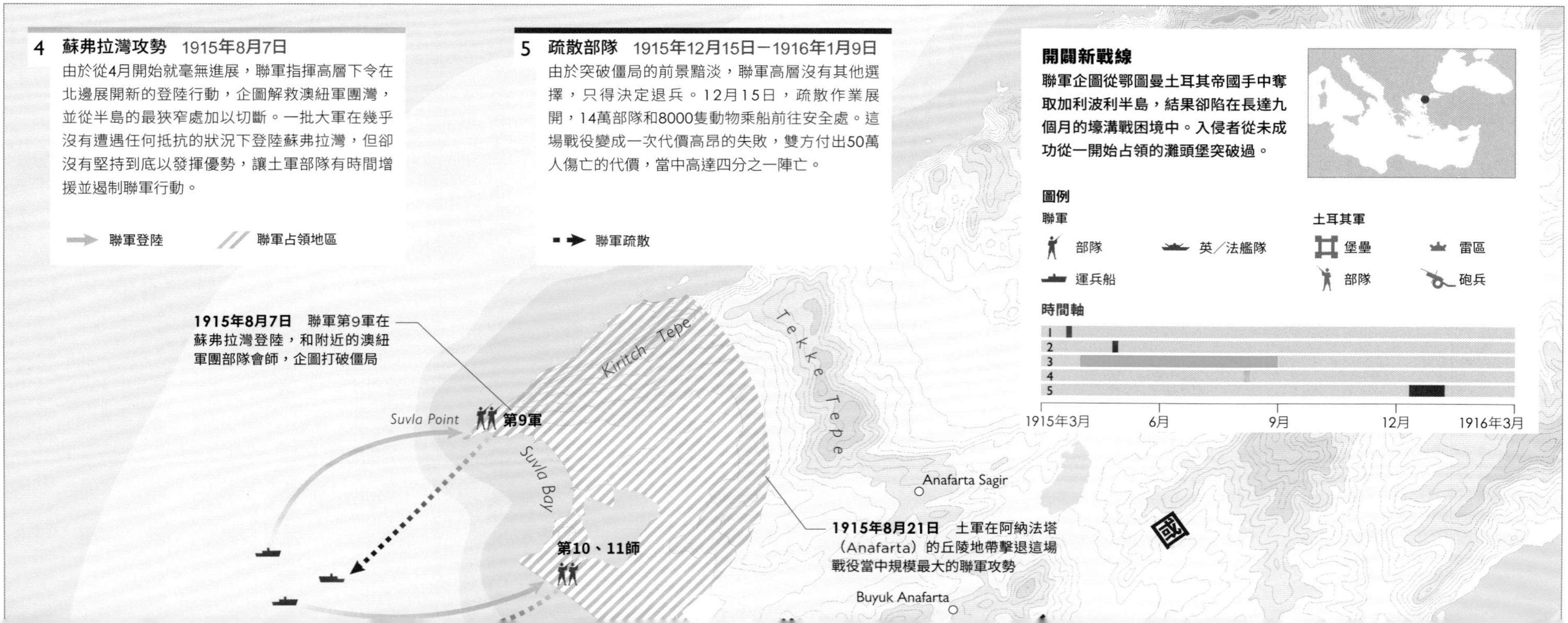

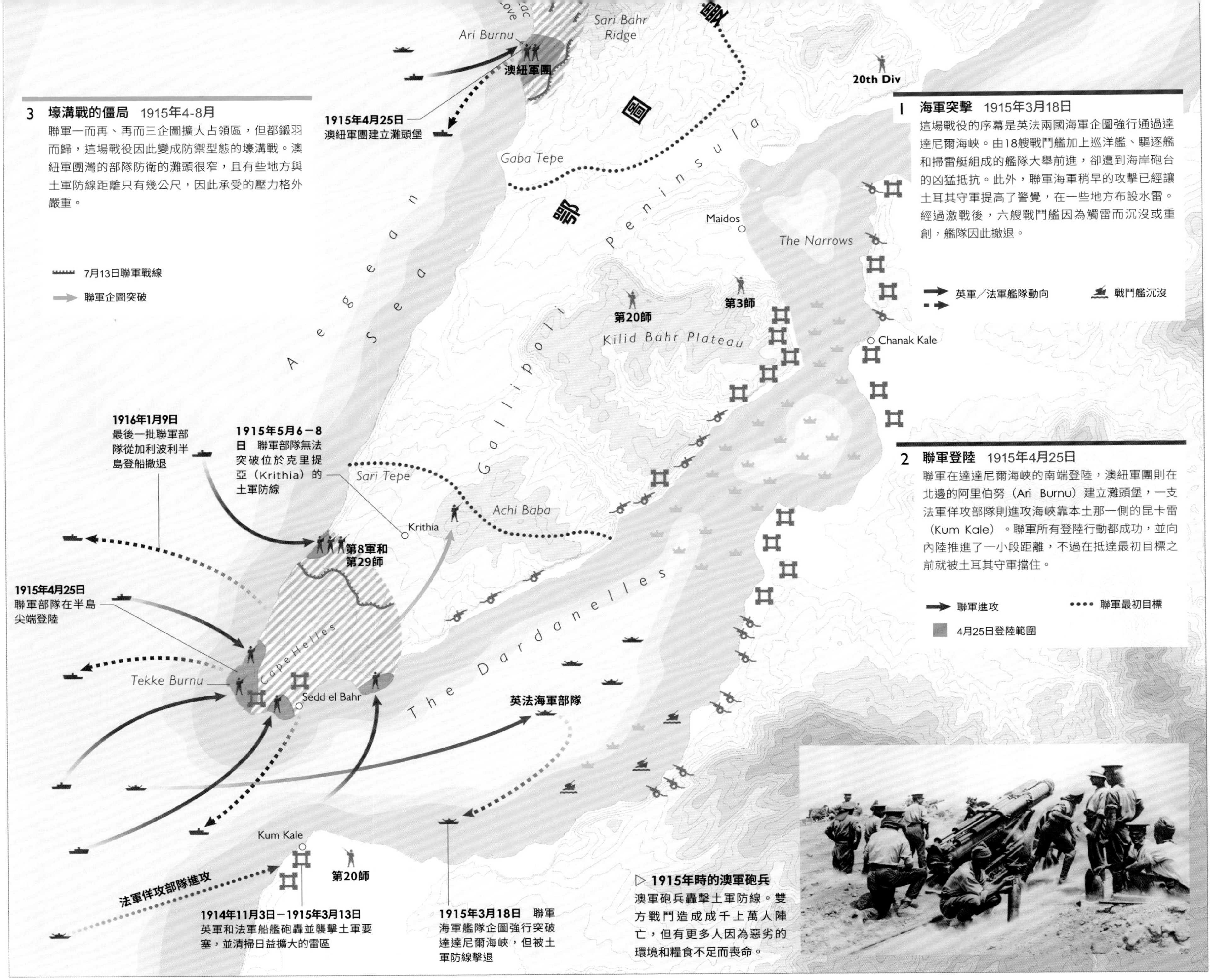
Ari Burnu
澳紐軍團
Sari Bahr Ridge
20th Div
1915年4月25日 澳紐軍團建立灘頭堡
Gaba Tepe
加
利
波
利
半
島
Gallipoli Peninsula
Maidos
The Narrows
第3師
第20師
Kilid Bahr Plateau
Chanak Kale
Aegean Sea
1916年1月9日 最後一批聯軍部隊從加利波利半島登船撤退
1915年5月6－8日 聯軍部隊無法突破位於克里提亞（Krithia）的土軍防線
Sari Tepe
Achi Baba
Krithia
第8軍和第29師
1915年4月25日 聯軍部隊在半島尖端登陸
Cape Helles
Tekke Burnu
Sedd el Bahr
The Dardanelles
英法海軍部隊
Kum Kale
第20師
法軍佯攻部隊進攻
1914年11月3日－1915年3月13日 英軍和法軍船艦砲轟並襲擊土軍要塞，並清掃日益擴大的雷區
1915年3月18日 聯軍海軍艦隊企圖強行突破達達尼爾海峽，但被土軍防線擊退
7月13日聯軍戰線
聯軍企圖突破
英軍／法軍艦隊動向
戰鬥艦沉沒
聯軍進攻
聯軍最初目標
4月25日登陸範圍

1 海軍突擊 1915年3月18日

這場戰役的序幕是英法兩國海軍企圖強行通過達達尼爾海峽。由18艘戰鬥艦加上巡洋艦、驅逐艦和掃雷艇組成的艦隊大舉前進，卻遭到海岸砲台的凶猛抵抗。此外，聯軍海軍稍早的攻擊已經讓土耳其守軍提高了警覺，在一些地方布設水雷。經過激戰後，六艘戰鬥艦因為觸雷而沉沒或重創，艦隊因此撤退。

2 聯軍登陸 1915年4月25日

聯軍在達達尼爾海峽的南端登陸，澳紐軍團則在北邊的阿里伯努（Ari Burnu）建立灘頭堡，一支法軍佯攻部隊則進攻海峽靠本土那一側的昆卡雷（Kum Kale）。聯軍所有登陸行動都成功，並向內陸推進了一小段距離，不過在抵達最初目標之前就被土耳其守軍擋住。

3 壕溝戰的僵局 1915年4-8月

聯軍一而再、再而三企圖擴大占領區，但都鎩羽而歸，這場戰役因此變成防禦型態的壕溝戰。澳紐軍團灣的部隊防衛的灘頭很窄，且有些地方與土軍防線距離只有幾公尺，因此承受的壓力格外嚴重。

▷ **1915年時的澳軍砲兵**
澳軍砲兵轟擊土軍防線。雙方戰鬥造成成千上萬人陣亡，但有更多人因為惡劣的環境和糧食不足而喪命。

凡爾登

1915年年底，雙方在西線上僵持不下。德軍指揮高層找到一處戰場，自認為他們可以在這個地方痛擊法軍，迫使對方願意求和。1916年初，他們開始攻擊這個目標：要塞城市凡爾登。

凡爾登之役是第一次世界大戰期間最漫長的戰役，以傷亡人數來看也是代價最高昂的戰役之一。德軍參謀總長埃里希·馮·法爾根漢（Erich von Falkenhayn）選擇了這個地方，一部分是因為它位於暴露的突出部上，只有一條公路和一條窄軌鐵路通過。不過同樣重要的是，它是法國東部主要的軍事堡壘，在歷史上扮演這個角色已經超過一千年，意義不言而喻。

這座城市的防務十分嚴密，四周共有28座較小要塞組成的雙重防禦圈圍繞。德軍指揮高層不在意是否攻下這座城市，而是希望吸引法軍部隊不斷投入防衛作戰，尤其是當他們發動逆襲，重新奪回喪失的陣地的時候，如此就可以用重砲打擊來消耗他們。一如法爾根漢的預測，法軍確實決定不惜一切代價守住這個地方，投入大量有生戰力防守壕溝陣地，以抵擋來自北面的敵軍攻擊。然而守軍的表現卻出乎意料的頑強，除非遭遇最極端的威脅，否則寸土不讓。發動反擊的戰果也格外成功，所以結果就是：在1916年的大部分時間裡，這場戰役都形成傷亡累累的僵局。這場戰役在1916年12月結束，雙方從對方身上奪取的領土微不足道，但卻都蒙受大約35萬人傷亡。

> 「任何沒有見過這些殺戮戰場的人都絕對無法想像。」
>
> 一名法軍士兵的信，1916年7月

一次大戰中的動物

有超過1600萬隻動物參加了第一次世界大戰，主要從事騎兵、運輸和通信等工作，也作為吉祥物來提振士氣。馬匹、驢子、騾子和駱駝可載運補給和彈藥前往前線，狗和鴿子可用來傳遞訊息。信鴿在凡爾登扮演重要角色。1916年6月，一批法軍被困在沃堡（Fort Vaux），他們呼叫援軍的唯一手段就是信鴿。

戴著防毒面具的德軍士兵和驢子

2 堆屍如山 3月1日－6月7日
貝當下令把每一門可調動的火砲都調到戰場上來，並改善補給線，把通往凡爾登的唯一一條公路「神聖之路」（La Voie Sacrée）拓寬兩倍。德軍部隊在馬士河東岸動彈不得，因此把主攻方向改到西岸，雙方為了爭奪「死人山」（Le Mort Homme）而爆發慘烈戰鬥。
會戰
德軍推進最大範圍（到3月8日）
1 消耗法國有生戰力 1916年2月21－29日
這場戰役以德軍對法軍陣地進行長達十小時的砲擊揭開序幕，消耗超過100萬發砲彈。德軍步兵接著前進到距離凡爾登不到8公里的地方。杜奧蒙堡（Fort Douaumont）在2月25日失陷後，法軍將領菲立浦·貝當（Philippe Pétain）奉命守住法軍防線，接管整個防區。
1916年2月21日，攻勢展開時的德軍前線
德軍前進
攻占杜奧蒙堡
Meuse
Septsarges
Montfaucon
第4預備軍
Avocourt
第10師
F
R
A
N
德軍進攻凡爾登
1916年2月21日，德軍發動這場大戰當中最血腥的一場戰役。他們雖然在剛開始時取得戰果，但隨即遭遇法軍堅強頑抗。戰鬥在當年的大部分時間裡持續進行。
圖例
鐵路
德軍部隊
法軍
堡壘
部隊
時間軸
1
2
3
4
5
1916年1月
4月
7月
10月
1917年1月

3 「他們不會通過」 6月23日

德軍企圖在6月23日一鼓作氣突破，因此在進行預備砲擊時動用光氣毒氣彈來開路。法軍在羅貝爾·尼維爾將軍（Robert Nivelle）振奮人心的領導下堅守領土，他的口號是「他們不會通過」。德軍奮力挺進，之後不得不停下來，這個位置成為他們在這場戰役中所能前進的最遠距離。

德軍企圖推進　光氣襲擊

4 反攻 7－11月

隨著雙方部隊轉移到索母河，戰鬥雖然在整個夏末持續進行，但不再那麼激烈。10月21日，法軍發動反攻，在接下來的兩個星期裡成功奪回之前喪失的杜奧蒙堡和沃堡，之後因為彈藥短缺而無法繼續前進。

法軍前進　法軍到10月24日為止收復的失地

5 戰役結束 12月15－17日

到了次月，法軍又在堡壘群西北方發動新攻擊，收復較早之前失去的領土，並再逼迫德軍防線後退2公里。如世人所知，盧夫蒙會戰（Battle of Louvemont）成為這場戰役的最後一戰。總結來說，德軍獲得的領土微不足道，雖然消耗了法軍，但本身也付出了同樣慘重的代價。

會戰　法軍到12月15日為止收復的失地

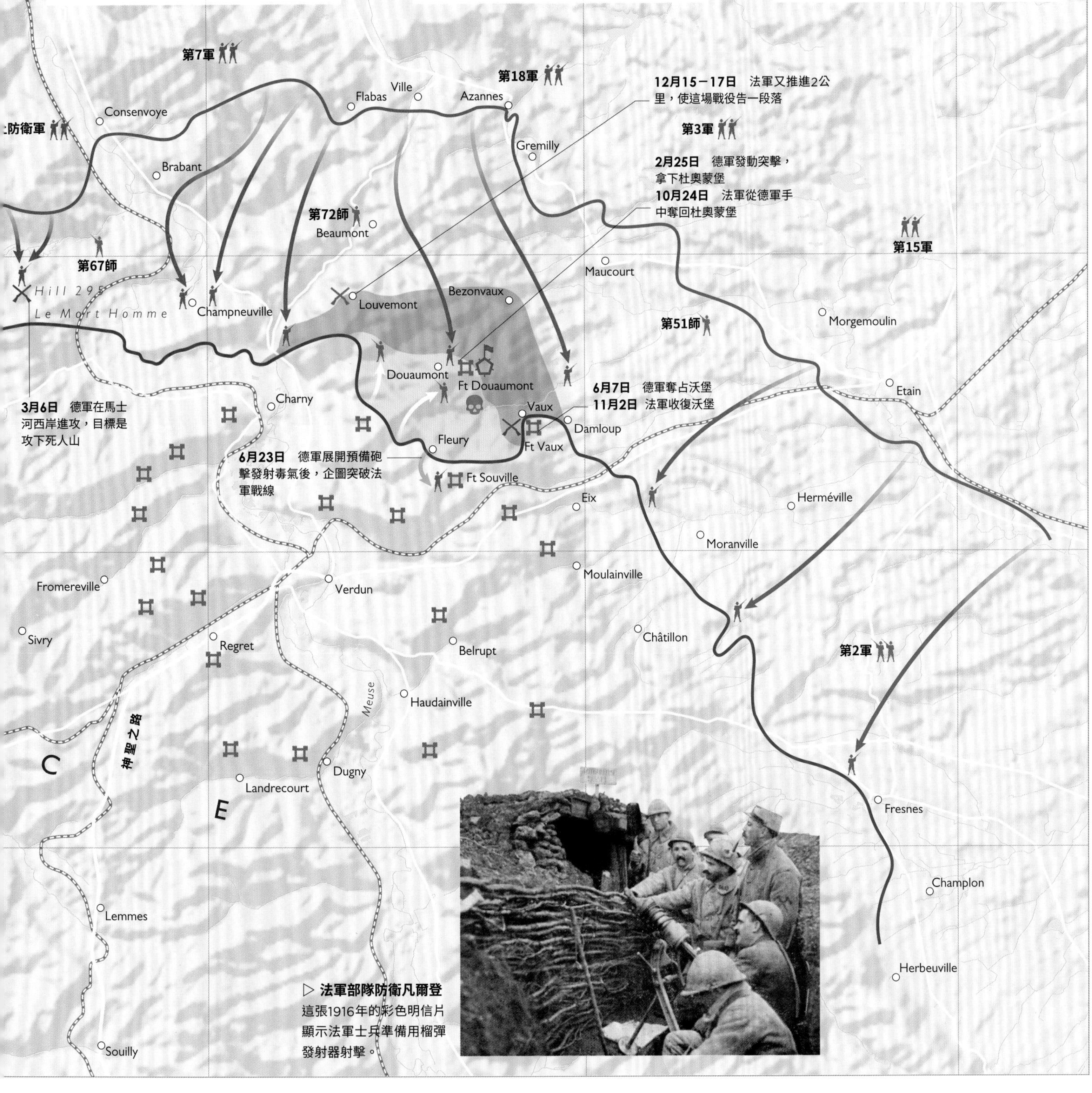
第7軍
第18軍
第3軍
第15軍
第51師
第72師
第67師
第2軍
防衛軍
12月15－17日　法軍又推進2公里，使這場戰役告一段落
2月25日　德軍發動突擊，拿下杜奧蒙堡
10月24日　法軍從德軍手中奪回杜奧蒙堡
6月7日　德軍奪占沃堡
11月2日　法軍收復沃堡
3月6日　德軍在馬士河西岸進攻，目標是攻下死人山
6月23日　德軍展開預備砲擊發射毒氣後，企圖突破法軍戰線
Consenvoye
Flabas
Ville
Azannes
Gremilly
Brabant
Beaumont
Maucourt
Hill 295
Le Mort Homme
Champneuville
Louvemont
Bezonvaux
Morgemoulin
Douaumont
Ft Douaumont
Charny
Vaux
Damloup
Etain
Fleury
Ft Vaux
Ft Souville
Eix
Herméville
Moranville
Moulainville
Fromereville
Verdun
Sivry
Regret
Belrupt
Châtillon
Meuse
Haudainville
神聖之路
Dugny
Landrecourt
Fresnes
Champlon
Lemmes
Herbeuville
Souilly

▷ 法軍部隊防衛凡爾登
這張1916年的彩色明信片顯示法軍士兵準備用榴彈發射器射擊。

化學戰

1915年4月22日，德軍在比利時的伊珀（Ypres）首度對聯軍壕溝陣地施放氯氣攻擊。此舉引發恐慌，而隨後的攻擊更導致數百名士兵陣亡和喪失行動能力。

雖然德軍在伊珀未能獲得重大優勢，但其他國家也開始研發化學武器，冀望它可以打破壕溝戰的僵局。新的毒氣武器含有可讓人窒息的成分，像是氯氣和光氣。首先這些氣體是從鋼瓶中釋放，需要風向配合，之後則可用火砲直接發射毒氣砲彈，迫擊砲和發射器也派上用場。自 1917 年開始，持久糜爛性毒劑二氯二乙硫醚（「芥子氣」）登場，其毒性對暴露的皮膚可作用長達數天之久，加深了人們的恐懼。

△ 用顏色標示的毒氣彈
德軍使用有藍色十字標示的嘔吐性毒劑砲彈來迫使敵軍摘下防毒面具，如此一來他們就會暴露在以綠色十字標示的窒息性毒氣中。

第一次世界大戰中的毒氣攻擊並沒有帶來預期中的突破。交戰方開始採用防毒面具和防護衣，儘管會拖累部隊的行動速度，但確實有保護效果——化學武器只對沒有防護的部隊有用。不過毒氣依然可能對心理造成強烈影響，且若是真的對目標發揮作用，就會造成死亡或長期傷害。

化學戰並未在 1918 年結束，法國、義大利、很可能還有英國、西班牙都在各自的殖民地戰爭中動用化學武器。儘管化學武器在 1925 年被禁，1930 年代還是出現在衣索比亞和中國的戰場上，其中還包括更新、毒性更強的神經毒劑，更近期的話則是在 1980 年代的兩伊戰爭以及目前還在進行中的敘利亞內戰中使用。

△ 一次大戰的芥子氣受害者
這幅美國藝術家約翰・辛格・薩金特（John Singer Sargent）的畫作描繪協約國士兵因為接觸到芥子氣而暫時失明。這種毒氣鮮少致命，但它造成的傷亡卻比所有其他化學戰劑造成的總和還要多。

壕溝中的毒氣攻擊

在這張一次大戰期間拍攝的照片中，俄軍士兵配戴早期的防毒面具。只要一發現敵軍展開毒氣攻擊，警報就會響起，士兵會立即戴上防毒面具。

日德蘭

日德蘭是第一次世界大戰期間一場重要的海軍對決，也是無畏艦等級的戰鬥艦之間有史以來最重大的一場衝突。雖然英軍艦隊蒙受的損失比德軍的還慘重，但海戰結束後，英國依然掌控北海的航運路線。

第一次世界大戰之前不久，英國和德國就已經進行了備受世人矚目的海軍軍備競賽，因此雙方的無畏艦（配備大口徑主砲的蒸汽動力戰鬥艦，參見第206-207頁）爆發衝突可說是意料之中。事實上，這場衝突來得比較晚，這是因為雙方都不希望把自己的嚇阻力量暴露在水雷破壞和潛艇襲擊的風險中。1916年，雙方艦隊終於在丹麥外海的日德蘭（Jutland）交手時，這場會戰並不具任何決定性。

雖然戰鬥艦在這場海戰中扮演關鍵角色，但大部分戰鬥都是由較小的船艦組成的部隊進行，包括巡洋艦和驅逐艦，分別由英國海軍將領大衛．貝蒂（David Beatty）和德國的法蘭茨．馮．希培爾（Franz von Hipper）指揮。英軍和德軍的主力艦隊分別由海軍上將傑利科（Jellicoe）和萊茵哈德．謝爾（Reinhard Scheer）指揮，只進行兩次短暫的遭遇戰，戰鬥艦互相開火僅持續15分鐘而已。

英軍艦隊在這場海戰中損失較大，顯示了英軍船艦在建造及武裝方面的弱點——總計損失了14艘，而德軍只損失11艘。同樣地，英國大艦隊（Grand Fleet）損失6094名水兵，德國公海艦隊（High Seas Fleet）只折損2551人，因此這樣的數字在當時讓德國能夠宣稱獲勝。不過，考量到無畏艦艦隊的規模，英國在戰略上仍握有優勢，但德軍艦隊再也沒有冒險出擊過。

> 「我們這些該死的船今天好像不太對勁。」
>
> 海軍將領大衛．貝蒂失去「瑪麗皇后號」（HMS Queen Mary）時的感言

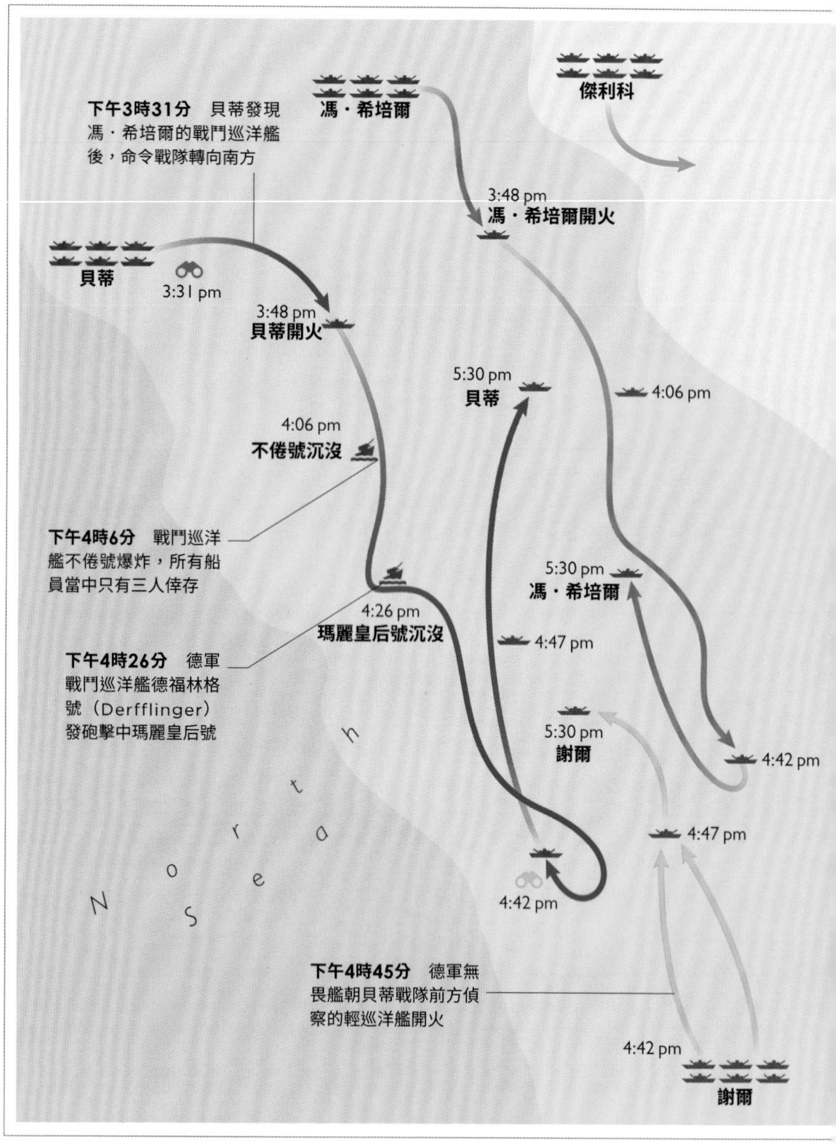

下午3時31分 貝蒂發現馮．希培爾的戰鬥巡洋艦後，命令戰隊轉向南方
馮．希培爾
傑利科
3:48 pm
馮．希培爾開火
貝蒂
3:31 pm
3:48 pm
貝蒂開火
5:30 pm
貝蒂
4:06 pm
4:06 pm
不倦號沉沒
下午4時6分 戰鬥巡洋艦不倦號爆炸，所有船員當中只有三人倖存
5:30 pm
馮．希培爾
4:26 pm
瑪麗皇后號沉沒
4:47 pm
下午4時26分 德軍戰鬥巡洋艦德福林格號（Derfflinger）發砲擊中瑪麗皇后號
5:30 pm
謝爾
4:42 pm
4:47 pm
North Sea
4:42 pm
下午4時45分 德軍無畏艦朝貝蒂戰隊前方偵察的輕巡洋艦開火
4:42 pm
謝爾

北海生死門

在一戰之前的數十年裡，英國和德國就已經在進行軍備競賽，爭奪北海的制海權。雙方各自開發新型無畏艦，而這場在日德蘭進行的海戰就是考驗他們的成果。

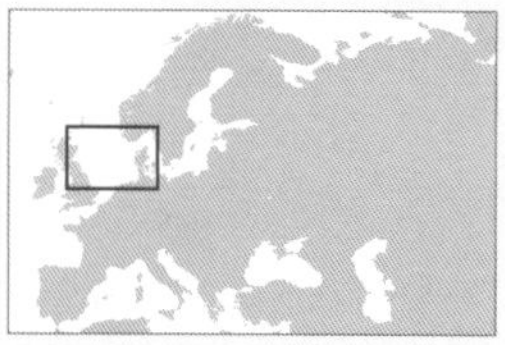

圖例

德軍：艦隊；馮．希培爾；集結的德軍艦隊；船艦沉沒；謝爾

英軍：艦隊；貝蒂；船艦沉沒；傑利科

時間軸

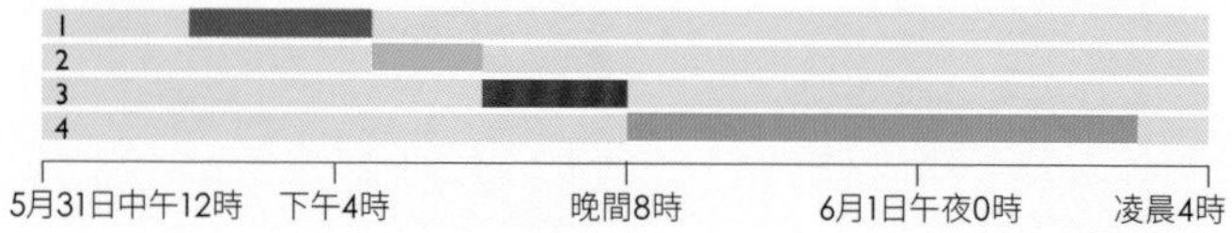

1
2
3
4
5月31日中午12時
下午4時
晚間8時
6月1日午夜0時
凌晨4時

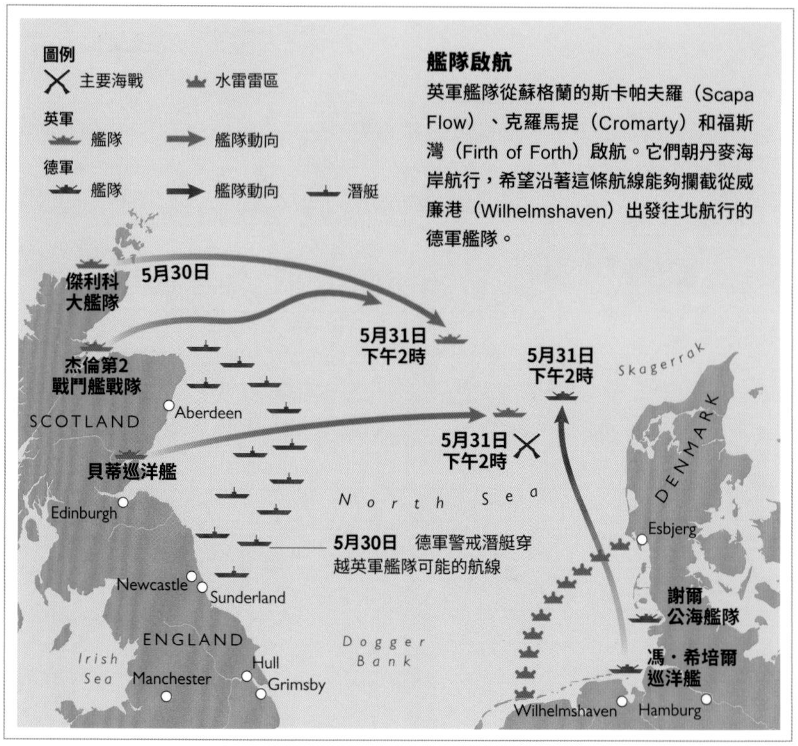

圖例
主要海戰
水雷雷區
英軍
艦隊
艦隊動向
德軍
艦隊
艦隊動向
潛艇
艦隊啟航
英軍艦隊從蘇格蘭的斯卡帕夫羅（Scapa Flow）、克羅馬提（Cromarty）和福斯灣（Firth of Forth）啟航。它們朝丹麥海岸航行，希望沿著這條航線能夠攔截從威廉港（Wilhelmshaven）出發往北航行的德軍艦隊。
傑利科大艦隊
5月30日
5月31日 下午2時
杰倫第2戰鬥艦戰隊
5月31日 下午2時
Skagerrak
SCOTLAND
Aberdeen
5月31日 下午2時
貝蒂巡洋艦
DENMARK
Edinburgh
North Sea
Esbjerg
5月30日 德軍警戒潛艇穿越英軍艦隊可能的航線
Newcastle
Sunderland
謝爾公海艦隊
ENGLAND
Dogger Bank
Irish Sea
Hull
馮．希培爾巡洋艦
Manchester
Grimsby
Wilhelmshaven
Hamburg

第一次遭遇
英軍和德軍的巡洋艦領先各自的主力艦隊進行偵察，因此在丹麥外海接觸。雙方艦隊互相展開追擊戰，沿著平行的航線向南航行。

1 接敵 1916年5月31日下午2時－4時30分
雙方艦隊的船艦碰巧都想調查一艘中立的丹麥船隻，因此發生首次接觸。警覺到對方船艦出現後，巡洋艦戰隊排列成戰鬥隊形，貝蒂將軍下令追擊南邊馮．希培爾的艦隊。雙方接著進行長距離砲戰，都受到損傷。英軍的不倦號（HMS Indefatigable）和瑪麗皇后號因為彈藥庫中彈而爆炸沉沒。

雙方艦隊互相發現對方

2 碰撞航線 下午4時30分－6時
馮．希培爾繼續向南航行，引誘貝蒂朝德軍主力戰鬥艦隊的方向前進。貝蒂發現謝爾麾下的無畏艦後便立即下令迴轉，朝北航行，希望可以引誘德軍巡洋艦為了追擊自己而朝海軍上將傑利科指揮的英軍大艦隊方向航行。德軍果然上鉤，一路追擊。

貝蒂發現謝爾

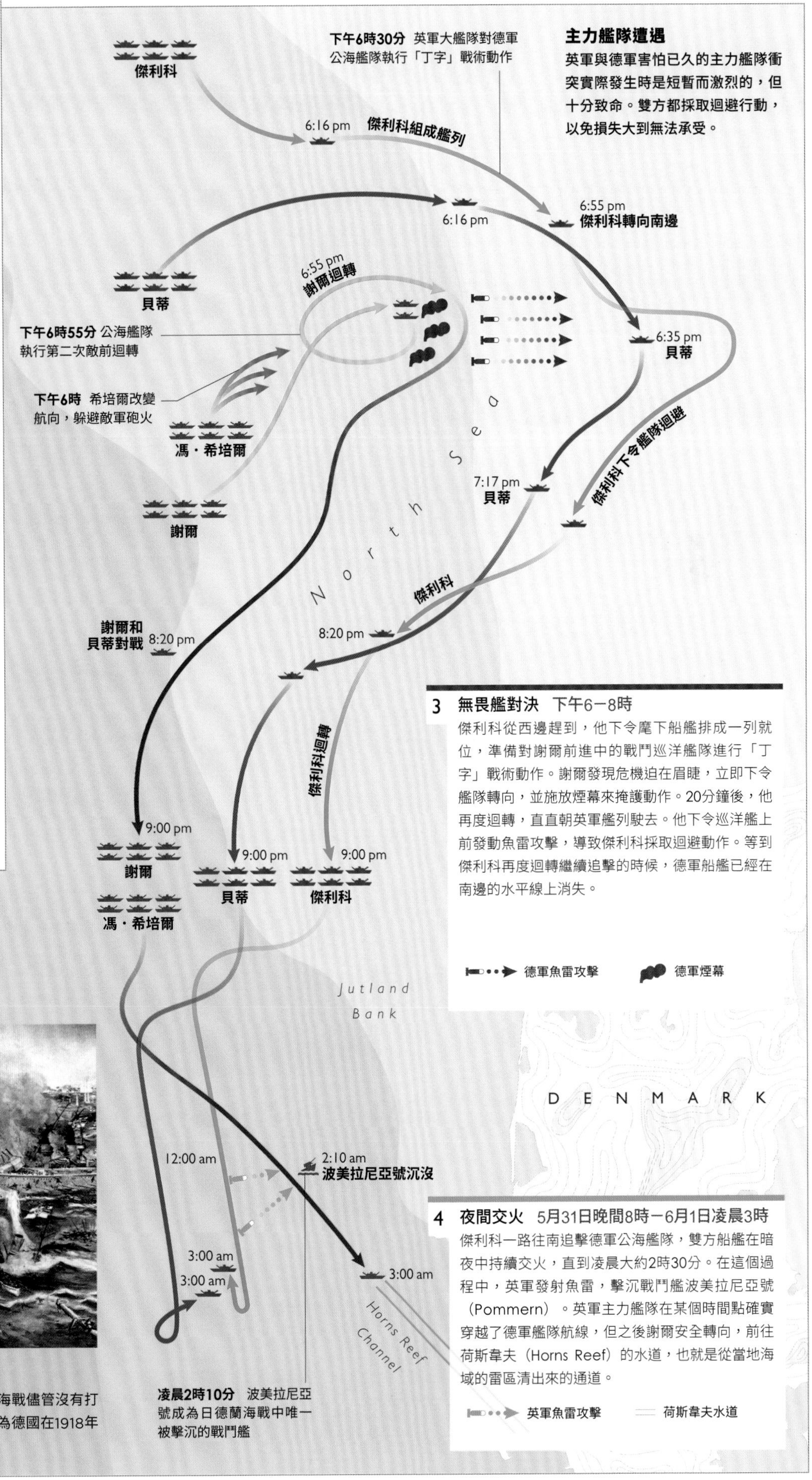
傑利科
下午6時30分 英軍大艦隊對德軍公海艦隊執行「丁字」戰術動作
6:16 pm
傑利科組成艦列
6:16 pm
6:55 pm
傑利科轉向南邊
貝蒂
6:55 pm
謝爾迴轉
下午6時55分 公海艦隊執行第二次敵前迴轉
6:35 pm
貝蒂
下午6時 希培爾改變航向，躲避敵軍砲火
馮．希培爾
North Sea
傑利科下令艦隊迴避
7:17 pm
貝蒂
謝爾
傑利科
謝爾和貝蒂對戰 8:20 pm
8:20 pm
傑利科迴轉
9:00 pm
謝爾
9:00 pm
貝蒂
9:00 pm
傑利科
馮．希培爾
德軍魚雷攻擊
德軍煙幕
Jutland Bank
DENMARK
12:00 am
2:10 am
波美拉尼亞號沉沒
3:00 am
3:00 am
3:00 am
Horns Reef Channel
凌晨2時10分 波美拉尼亞號成為日德蘭海戰中唯一被擊沉的戰鬥艦
英軍魚雷攻擊
荷斯韋夫水道

主力艦隊遭遇
英軍與德軍害怕已久的主力艦隊衝突實際發生時是短暫而激烈的，但十分致命。雙方都採取迴避行動，以免損失大到無法承受。

3 無畏艦對決 下午6－8時
傑利科從西邊趕到，他下令麾下船艦排成一列就位，準備對謝爾前進中的戰鬥巡洋艦進行「丁字」戰術動作。謝爾發現危機迫在眉睫，立即下令艦隊轉向，並施放煙幕來掩護動作。20分鐘後，他再度迴轉，直直朝英軍艦列駛去。他下令巡洋艦上前發動魚雷攻擊，導致傑利科採取迴避動作。等到傑利科再度迴轉繼續追擊的時候，德軍船艦已經在南邊的水平線上消失。

4 夜間交火 5月31日晚間8時－6月1日凌晨3時
傑利科一路往南追擊德軍公海艦隊，雙方船艦在暗夜中持續交火，直到凌晨大約2時30分。在這個過程中，英軍發射魚雷，擊沉戰鬥艦波美拉尼亞號（Pommern）。英軍主力艦隊在某個時間點確實穿越了德軍艦隊航線，但之後謝爾安全轉向，前往荷斯韋夫（Horns Reef）的水道，也就是從當地海域的雷區清出來的通道。

△ 英國海上霸權
一名畫家描繪德軍船艦在日德蘭起火燃燒的景象。這場海戰儘管沒有打出一個結果，但卻鞏固了英國在北海的海軍霸權，最後為德國在1918年戰敗做出貢獻。

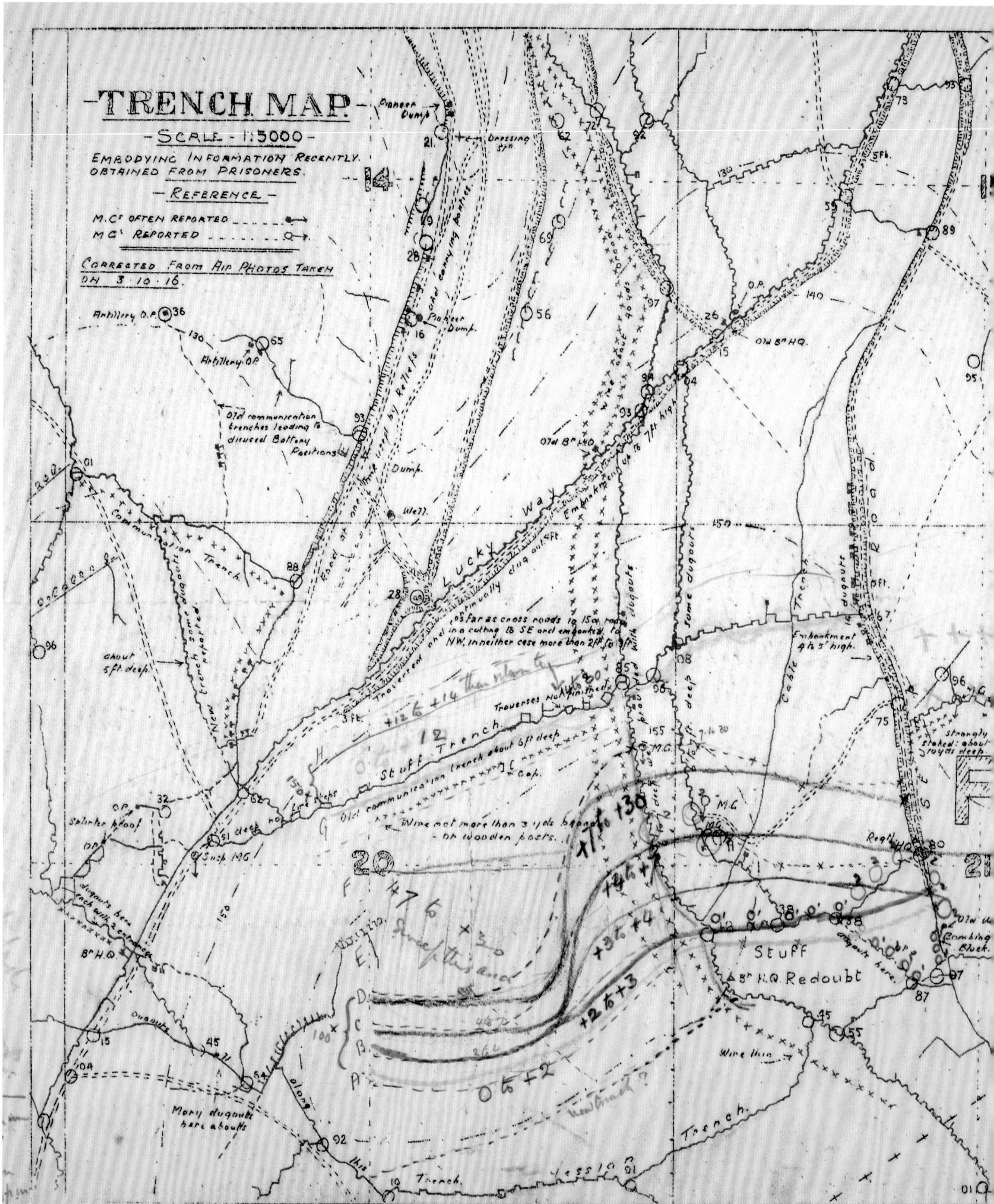
TRENCH MAP
SCALE - 1:5000
EMBODYING INFORMATION RECENTLY OBTAINED FROM PRISONERS.
REFERENCE
M.Cs OFTEN REPORTED
MC's REPORTED
CORRECTED FROM AIR PHOTOS TAKEN ON 3.10.16.
Artillery O.P.
Pioneer Dump
Dressing Stn
Old communication trenches leading to disused Battery Positions
Old Bn HQ
Lucky Way
Communication Trench
Stuff Trench
Old communication trench about 6ft deep
Wire not more than 3 yds broad - on wooden posts.
Embankment 4 to 5 ft high.
Stuff
Bn H.Q. Redoubt
Regtl HQ
Wire thin
Many dugouts here abouts
Trench.

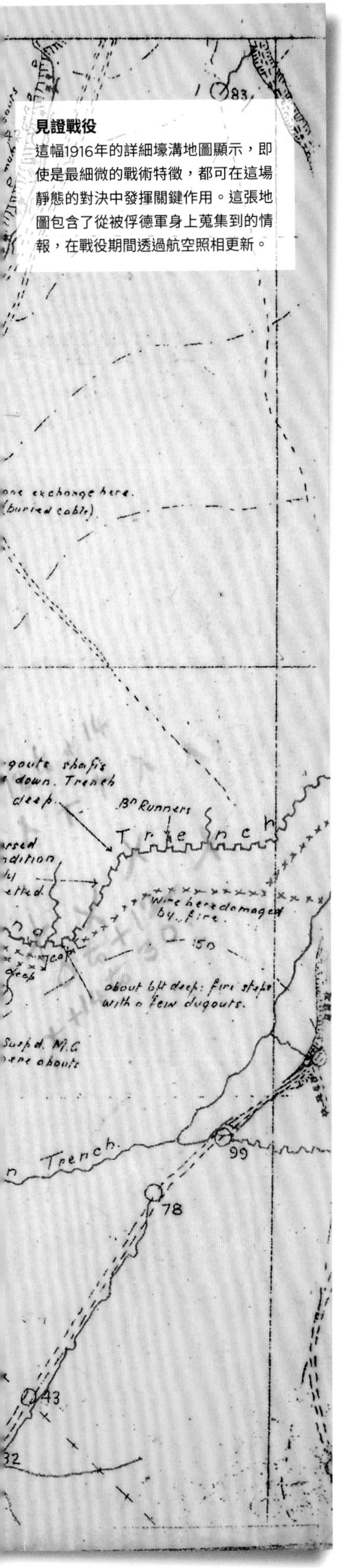

見證戰役
這幅1916年的詳細壕溝地圖顯示，即使是最細微的戰術特徵，都可在這場靜態的對決中發揮關鍵作用。這張地圖包含了從被俘德軍身上蒐集到的情報，在戰役期間透過航空照相更新。

索母河

1916年夏季，協約國軍隊在索母河發動大規模攻勢，打算在西線上強行突破，動搖德軍士氣，結果一開打就遭遇瘋狂血戰，且在接下來的幾個月裡，獲得的領土少得可憐。這場戰役之後成為一次大戰期間戰鬥徒勞無功的象徵。

協約國原本計畫由英法聯軍在索母河進行規模均等的攻擊，並同時在俄國和義大利戰線上朝德軍推進。不過到了1916年7月，卻變成英國獨挑大樑發動攻擊，以減輕德軍進攻凡爾登（參見第214-15頁）對法軍造成的壓力。

道格拉斯．黑格（Douglas Haig）是英國遠征軍司令，這支部隊主要由志願兵組成，他們打算用冗長的砲兵射擊，在敵軍防線中轟出一條路來，甚至要集結騎兵來利用這個他相信會打開的缺口，以擴大戰果，但結果卻事與願違。在攻擊發起前一週發射的150萬發砲彈當中，有三分之二是破片彈而不是高爆彈，因此沒辦法把守軍從深入地下有混凝土內襯的掩體中趕出來，還有許多砲彈因為是由技術不熟練的工人製造，所以是啞彈。在超過四個月的時間裡，索母河河谷的泥濘田野成為殘忍的殺戮戰場，造成100餘萬人傷亡，當中有超過30萬人陣亡。在這個駭人聽聞的數字裡，德軍蒙受將近一半的損失，但協約國獲得的領土只不過是大約12公里飽受戰火蹂躪的土地。當這場作戰在11月中旬叫停後，雙方在北法的僵局依然無解。

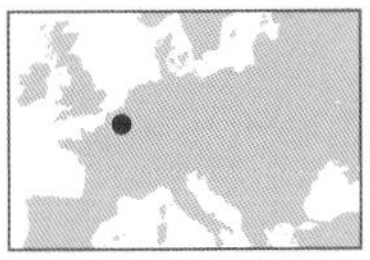

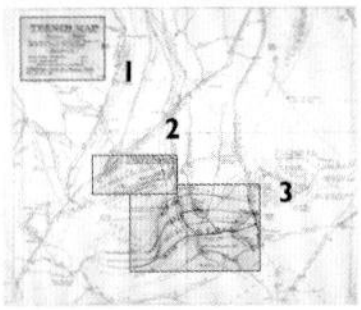

說明
1. 德軍機槍陣地可由圖例（「MG」）辨認；箭頭指出機槍射擊方向。
2. 鉛筆註釋反映出戰役期間的地圖資訊更新。
3. 德軍壕溝用紅色標示；有編號的手繪線條表示用來支援步兵突擊的砲擊時間。

> 「索母河的結果充分證明，我們對掌握敵軍抵抗力量的能力深具信心。」
>
> 道格拉斯．黑格將軍，1916年

嚴酷的前線
7月1日，協約國官兵奉命「超越巔峰」，結果數千人慘遭機槍火力擊斃，只有南邊的進展較顯著。英國遠征軍蒙受將近6萬人傷亡，因此這天也成為英國陸軍歷史上最血腥的一天。南邊的法軍比較成功，他們的推進越過了弗洛庫爾台地（Flaucourt Plateau），但在抵達佩宏（Peronne）前被擋了下來。到了9月中旬，協約國軍隊只有少數進展，例如澳軍部隊攻占波濟埃爾（Pozières）。之後戰場範圍擴大，他們在冬季降臨之前又有些許斬獲，但付出了昂貴代價。

圖例
- 英軍部隊
- 法軍部隊
- 英軍進攻
- 法軍進攻
- 1916年7月1日的前線
- 1916年11月18日的前線
- 德軍部隊

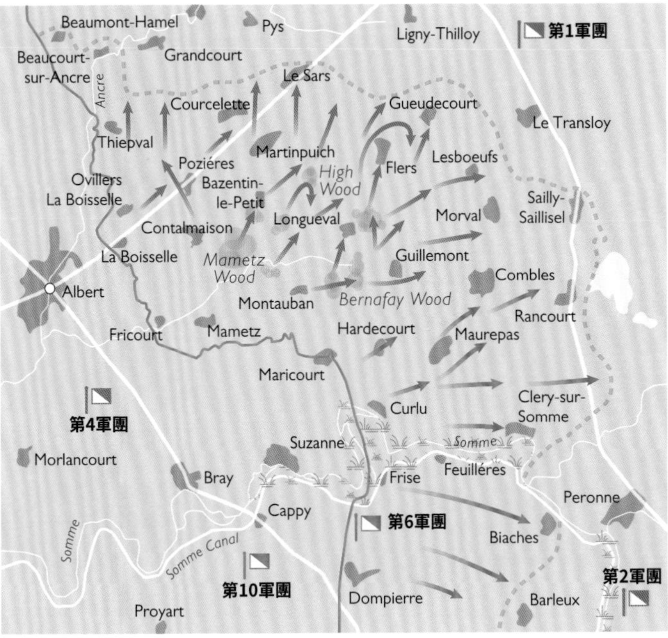

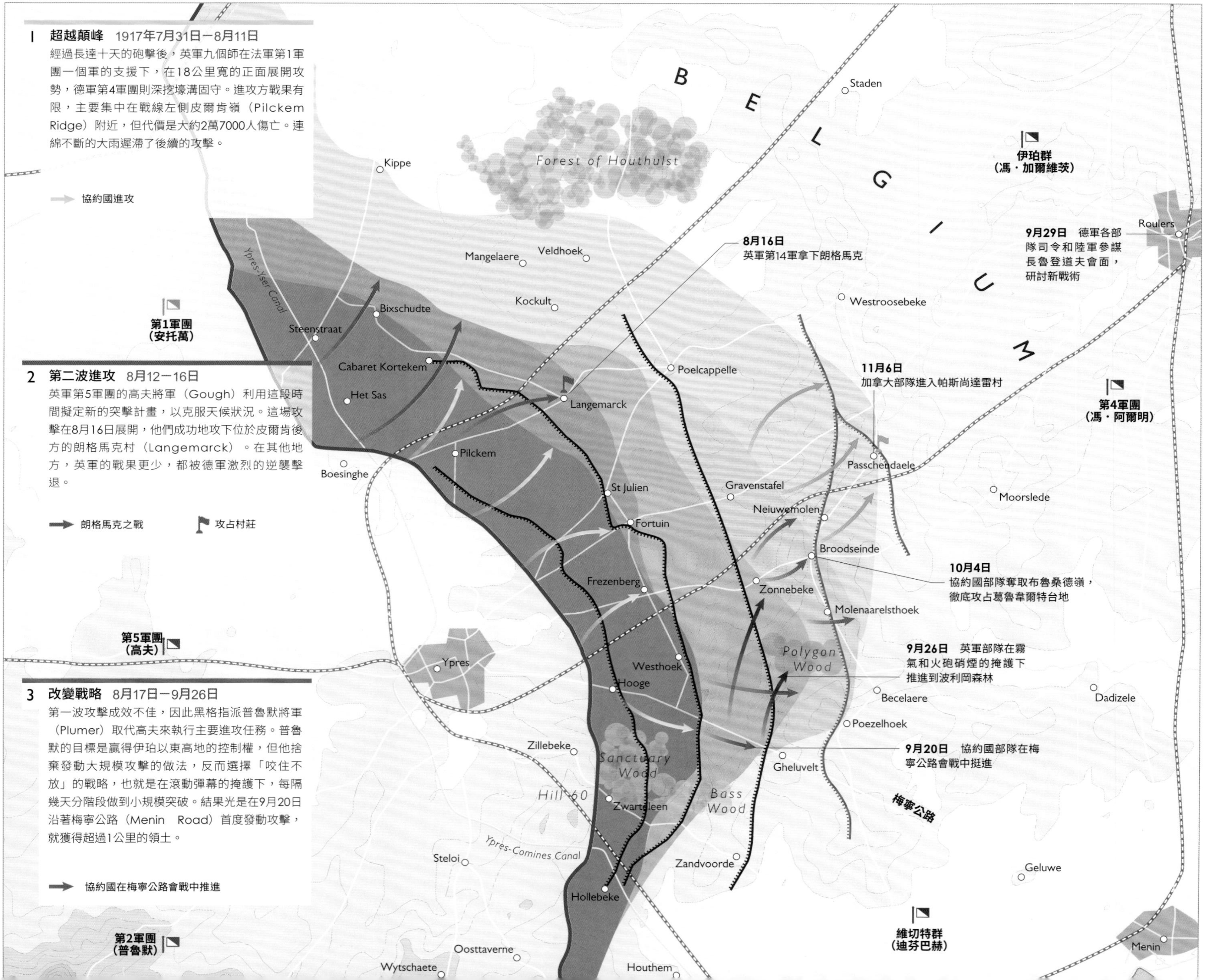

1 **超越巔峰** 1917年7月31日－8月11日

經過長達十天的砲擊後，英軍九個師在法軍第1軍團一個軍的支援下，在18公里寬的正面展開攻勢，德軍第4軍團則深挖壕溝固守。進攻方戰果有限，主要集中在戰線左側皮爾肯嶺（Pilckem Ridge）附近，但代價是大約2萬7000人傷亡。連綿不斷的大雨遲滯了後續的攻擊。

→ 協約國進攻

2 **第二波進攻** 8月12－16日

英軍第5軍團的高夫將軍（Gough）利用這段時間擬定新的突擊計畫，以克服天候狀況。這場攻擊在8月16日展開，他們成功地攻下位於皮爾肯嶺後方的朗格馬克村（Langemarck）。在其他地方，英軍的戰果更少，都被德軍激烈的逆襲擊退。

→ 朗格馬克之戰　攻占村莊

3 **改變戰略** 8月17日－9月26日

第一波攻擊成效不佳，因此黑格指派普魯默將軍（Plumer）取代高夫來執行主要進攻任務。普魯默的目標是贏得伊珀以東高地的控制權，但他捨棄發動大規模攻擊的做法，反而選擇「咬住不放」的戰略，也就是在滾動彈幕的掩護下，每隔幾天分階段做到小規模突破。結果光是在9月20日沿著梅寧公路（Menin Road）首度發動攻擊，就獲得超過1公里的領土。

→ 協約國在梅寧公路會戰中推進

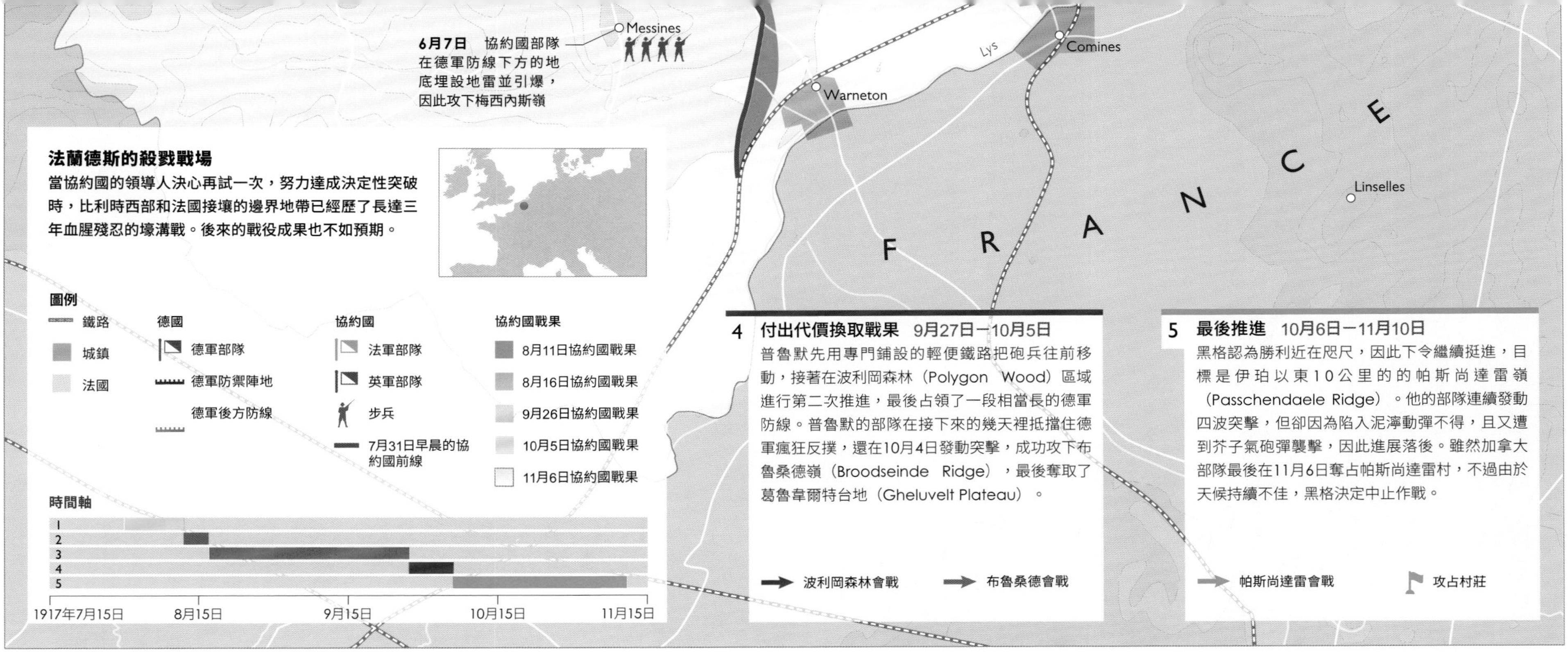
6月7日 協約國部隊在德軍防線下方的地底埋設地雷並引爆，因此攻下梅西內斯嶺
Messines
Warneton
Comines
Lys
Linselles
F R A N C E
法蘭德斯的殺戮戰場
當協約國的領導人決心再試一次，努力達成決定性突破時，比利時西部和法國接壤的邊界地帶已經歷了長達三年血腥殘忍的壕溝戰。後來的戰役成果也不如預期。
圖例
鐵路
城鎮
法國
德國
德軍部隊
德軍防禦陣地
德軍後方防線
協約國
法軍部隊
英軍部隊
步兵
7月31日早晨的協約國前線
協約國戰果
8月11日協約國戰果
8月16日協約國戰果
9月26日協約國戰果
10月5日協約國戰果
11月6日協約國戰果
時間軸
1
2
3
4
5
1917年7月15日
8月15日
9月15日
10月15日
11月15日
4 付出代價換取戰果 9月27日—10月5日
普魯默先用專門鋪設的輕便鐵路把砲兵往前移動，接著在波利岡森林（Polygon Wood）區域進行第二次推進，最後占領了一段相當長的德軍防線。普魯默的部隊在接下來的幾天裡抵擋住德軍瘋狂反撲，還在10月4日發動突擊，成功攻下布魯桑德嶺（Broodseinde Ridge），最後奪取了葛魯韋爾特台地（Gheluvelt Plateau）。
波利岡森林會戰
布魯桑德會戰
5 最後推進 10月6日—11月10日
黑格認為勝利近在咫尺，因此下令繼續挺進，目標是伊珀以東10公里的的帕斯尚達雷嶺（Passchendaele Ridge）。他的部隊連續發動四波突擊，但卻因為陷入泥濘動彈不得，且又遭到芥子氣砲彈襲擊，因此進展落後。雖然加拿大部隊最後在11月6日奪占帕斯尚達雷村，不過由於天候持續不佳，黑格決定中止作戰。
帕斯尚達雷會戰
攻占村莊

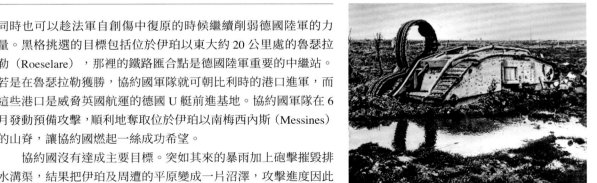

帕斯尚達雷

第三次伊珀戰役（Third Battle of Ypres）也因為最後攻占的目標而稱為帕斯尚達雷（Passchendaele），是第一次世界大戰西線上另一場雙方互相消耗的悲慘戰役。在長達三個月的戰役裡，協約國陣亡人數高得驚人，但進展微乎其微。

1917 年春季，法國的尼維爾攻勢（Nivelle Offensive）失敗後，士氣低迷且精疲力盡的法軍士兵之間爆發嘩變，因此可以合理推測英軍發動類似的攻擊是否明智。位於比利時伊珀的突出部長期以來戰況不穩，儘管英國首相大衛·勞合·喬治（David Lloyd George）相當懷疑，但英軍司令道格拉斯·黑格陸軍元帥最後還是獲得批准，可以發動攻勢來改變當地的戰術局面，

> 「根本無法想像人類怎樣才能在這樣的沼澤中生存，更不用說戰鬥了。」
>
> 協約國飛行員飛過戰場後的感想

同時也可以趁法軍自創傷中復原的時候繼續削弱德國陸軍的力量。黑格挑選的目標包括位於伊珀以東大約 20 公里處的魯瑟拉勒（Roeselare），那裡的鐵路匯合點是德國陸軍重要的中繼站。若是在魯瑟拉勒獲勝，協約國軍隊就可朝比利時的港口進軍，而這些港口是威脅英國航運的德國 U 艇前進基地。協約國軍隊在 6 月發動預備攻擊，順利地奪取位於伊珀以南梅西內斯（Messines）的山脊，讓協約國燃起一絲成功希望。

協約國沒有達成主要目標。突如其來的暴雨加上砲擊摧毀排水溝渠，結果把伊珀及周遭的平原變成一片沼澤，攻擊進度因此極度遲緩。除此之外，當地的地形平坦，任何攻擊行動都無法隱藏。經過三個月的作戰，協約國軍隊僅僅推進幾公里而已，但付出的人命和其他代價卻十分高昂——雙方都有大約 25 萬人傷亡。

△ **在沼澤裡戰鬥**
由於出現猛烈暴雨，戰場部分區域車輛完全無法通行，包括戰車在內，因此占據較高地勢的德軍握有戰術優勢。

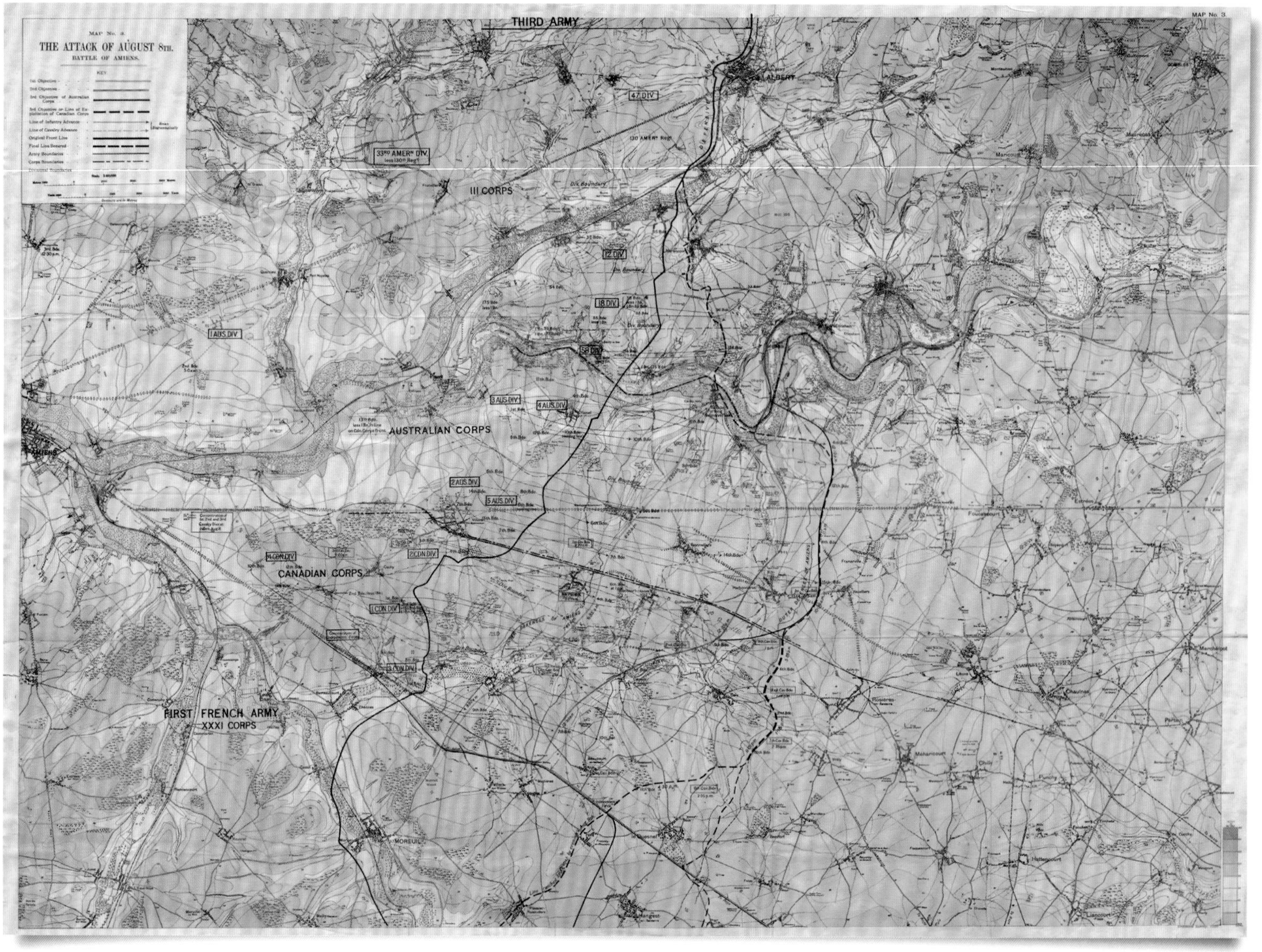

△ **會戰第一天**

這幅戰後繪製的地圖涵蓋在亞眠以東綿延40公里的戰場，顯示協約國軍隊在衝突第一天獲得的戰果。過度延伸的德軍部隊遭到迎頭痛擊，後退超過10公里。

亞眠

1918年8月，協約國大軍對法國北部亞眠一帶的德軍部隊發動大規模攻擊。這場行動象徵百日攻勢（Hundred Days Offensive）的開端，最後使德軍士氣崩潰，並讓第一次世界大戰在三個月後畫下句點。

1918 年春季，戰局對德國來說充滿希望：俄國已經在 3 月退出戰爭，德軍指揮高層因此得以把注意力集中在西線。號令參謀本部的埃里希．魯登道夫希望能在美國（已經在 1917 年參戰，加入協約國陣營）派出大批部隊抵達歐洲前，先達成決定性突破。

魯登道夫的春季攻勢剛開始戰果豐碩。英軍在聖昆坦（Saint-Quentin）被迫後退達 60 公里，在艾內河方面，法軍防禦瓦解，德軍朝馬恩河方向突破，威脅到巴黎，不過這些突擊獲得的戰果都不是魯登道夫需要的。到了 8 月，協約國軍隊已經準備好進行決定性一擊。他們選擇法國北部亞眠（Amiens）以東的地方，英軍、澳軍和加軍單位的南側翼有法軍第 1 軍團防守。8 月 8 日黎明，戰車和步兵在霧氣掩護下發動突擊，做到完全的奇襲。德軍部隊立即崩潰並逃跑，大約有 3 萬人陣亡、受傷或被俘，魯登道夫日後把這天稱為「德國陸軍歷史上黑暗的一天」。對德軍來說，接下來發生的事的就是成千上萬充滿活力與鬥志的美軍抵達戰場，追他們著跑，不斷進行戰鬥撤退。到了月底，魯登道夫終於明白，德國已經無望打贏這場戰爭了。

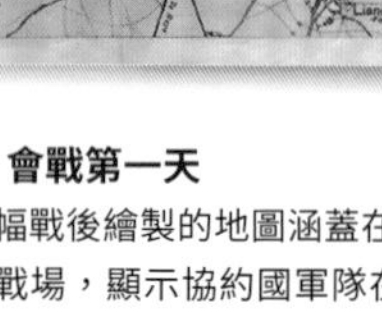

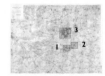

說明

1. 在第一天的戰鬥中，澳軍上午11時就已經推進到阿博尼耶爾（Harbonnières）。
2. 大約中午時分，英軍裝甲車在弗拉梅爾維爾（Framerville）俘獲德軍第11軍的軍部。
3. 英軍在索母河北岸的希皮利（Chipilly）遭遇德軍頑強抵抗。

華沙

為了遏止協約國進一步干預俄國內戰，列寧派出紅軍（Red Army）向西前進，希望可以在歐洲各地散播革命。但1920年8月，紅軍在剛獨立的波蘭首都華沙城外被迫停下腳步。

1917 年布爾什維克革命過後，漫長的內戰緊接而來。隨著紅軍逐漸占上風，列寧（Lenin）打算把共產主義朝俄國境外輸出，目的是削弱介入內戰並支援他的對手「白軍」的協約國政權。1920 年 5 月，復興的波蘭已經占領大部分白俄羅斯和烏克蘭西部，但到了 8 月，紅軍已經把波蘭軍隊一路趕回他們的新首都華沙。波蘭領導人約瑟夫．畢蘇斯基（Józef Piłsudski）的目標是在首都城外死守最後防線，擋住侵略者，同時也從南邊對他們軟弱的左翼進行側翼攻擊。結果這套作戰計畫成功了：紅軍在不到一個星期內就大舉撤退。這場挫敗徹底粉碎了列寧想要透過武裝部隊把革命擴散到西歐去的希望。

1 拉濟明爭奪戰 1920年8月13－16日

8月13日，挺進的紅軍部隊在華沙以東20公里處的拉濟明（Radzymin）城外碰上波軍第1軍團師級部隊駐守的防線。雙方爆發慘烈的白刃戰，相互拉鋸，但到了8月14日，紅軍部隊就徹底攻陷了波軍防線。不過波軍隨後排除萬難再度集結，奪回拉濟明，穩住了前線。

俄軍挺進

2 在弗克拉河交鋒 8月14－20日

在北邊，俄軍騎兵渡過弗克拉河（Wkra River），但一支波軍烏蘭騎兵（Uhlan，輕騎兵）部隊偷偷溜過俄軍戰線，前往切哈奴夫（Ciechanów），擾亂紅軍的無線電通訊。8月14日，瓦迪斯瓦夫．西科爾斯基將軍（W adys aw Sikorski）率領波軍在納西爾斯克（Nasielsk）一帶展開反擊，阻止俄軍前進。

俄軍騎兵前進　西科爾斯基前進　波軍烏蘭騎兵襲擊

3 畢蘇斯基的右勾拳 8月16－21日

8月16日，畢蘇斯基的突擊群渡過維普日河（Wieprz River），給予紅軍重重一擊。畢蘇斯基面對的部隊過度分散，因此沒有太多抵抗。在此期間，北邊的俄軍各師喪失凝聚力，開始潰退，超過6萬5000名紅軍士兵被俘虜。

波軍反擊

散播革命

列寧和布爾什維克分子想把共產革命擴散到西方國家，尤其是德國。但要達成這個目標，首先必須擊敗波蘭。

圖例

波軍：步兵、騎兵

俄軍：軍團、步兵、騎兵、紅軍占領的城鎮

時間軸

1920年8月13日　8月16日　8月19日　8月22日

△ **號召拿起武器**

波蘭民族復興，瀰漫著強烈的愛國主義，因此有助於動員志願人士加入軍隊。這張招募海報疾呼「拿起武器！拯救祖國！切記我們的命運。」

用手投擲炸彈
一名英軍空勤人員從開放式的駕駛艙中用雙手投下小型炸彈。一次大戰初期的戰術轟炸就是使用這種原始的技術，但到了戰爭後期，較大的炸彈已是由機械投放系統來投擲。

早期軍用飛機

第一次世界大戰是人類有史以來第一場在陸地、海洋和天空都發生戰鬥的大規模衝突。軍用飛機為爭奪制空權而戰，攻擊地面上的敵軍部隊，並轟炸城市中的平民。

一次大戰在 1914 年開打時，所有交戰國加起來，只有不超過 500 架脆弱的無武裝偵察機。不過到了 1918 年戰爭結束時，光是英國就擁有超過 2 萬架飛機。這些飛機用途多樣，包括專門的戰鬥機，它們配備機槍，適合進行空對空戰鬥，以及擁有多具引擎的轟炸機。這些飛機的主要角色是支援陸軍、對敵軍戰線進行偵察照相以協助砲兵打擊目標、或是對敵軍地面部隊進行掃射或轟炸。然而，戰鬥機之間的「狗戰（纏鬥）」吸引了更多注意力。宣傳人員讚譽戰鬥機飛行員是「空中騎士」，尤其是把擊落多架敵機的飛行員塑造為英雄，稱為「空戰王牌」。

△ **德國戰鬥機**
1917年引進的福克Dr. I 三翼戰鬥機是一次大戰期間專為空對空戰鬥而設計的飛機之一。

轉捩點

轟炸城市是引起爭議的發展，賦予空權獨立的角色。德軍在 1915 年攻擊倫敦，一開始是使用飛船，之後則是轟炸機。英國和法國也還以顏色，轟炸德國城市。但當時平民的傷亡數字相對輕微——英國只有 1400 人喪生。不過戰略轟炸時代的來臨是現代戰爭的轉捩點。

△ **戰爭中的飛船**
德軍在1915年到1918年間布署超過50艘齊柏林（Zeppelin）和舒特－蘭茨（Schütte-Lanze）飛船，用來轟炸倫敦和巴黎。它們雖然讓平民感到恐慌，但飛行速度緩慢，且容易燃燒，很難抵擋戰鬥機的攻擊。

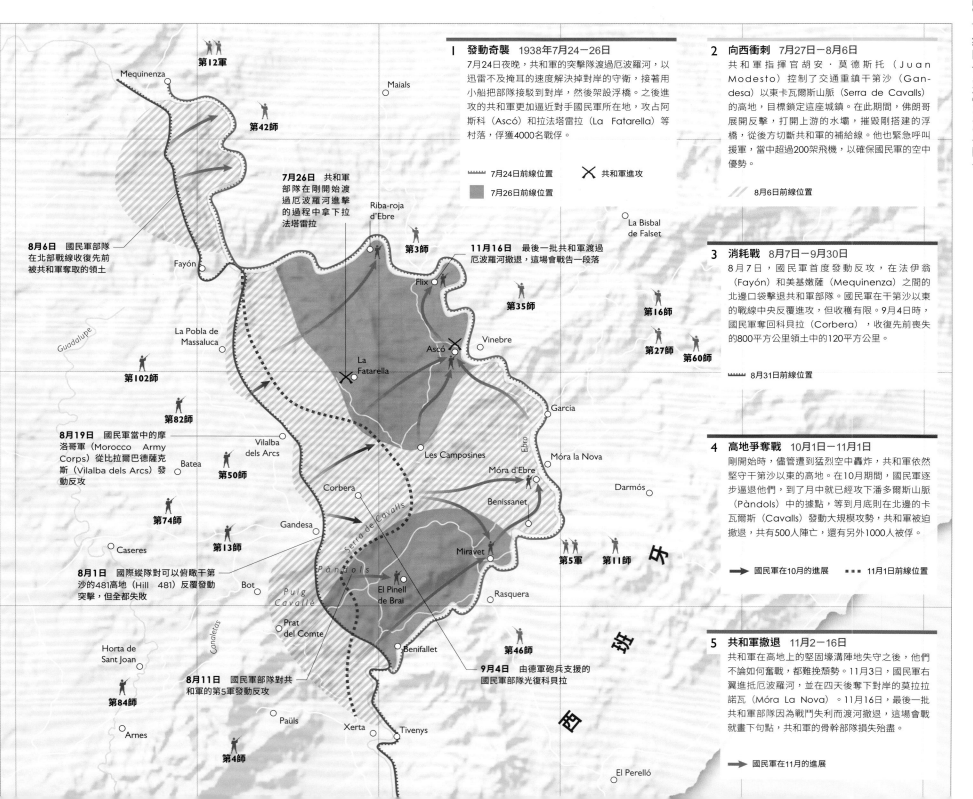

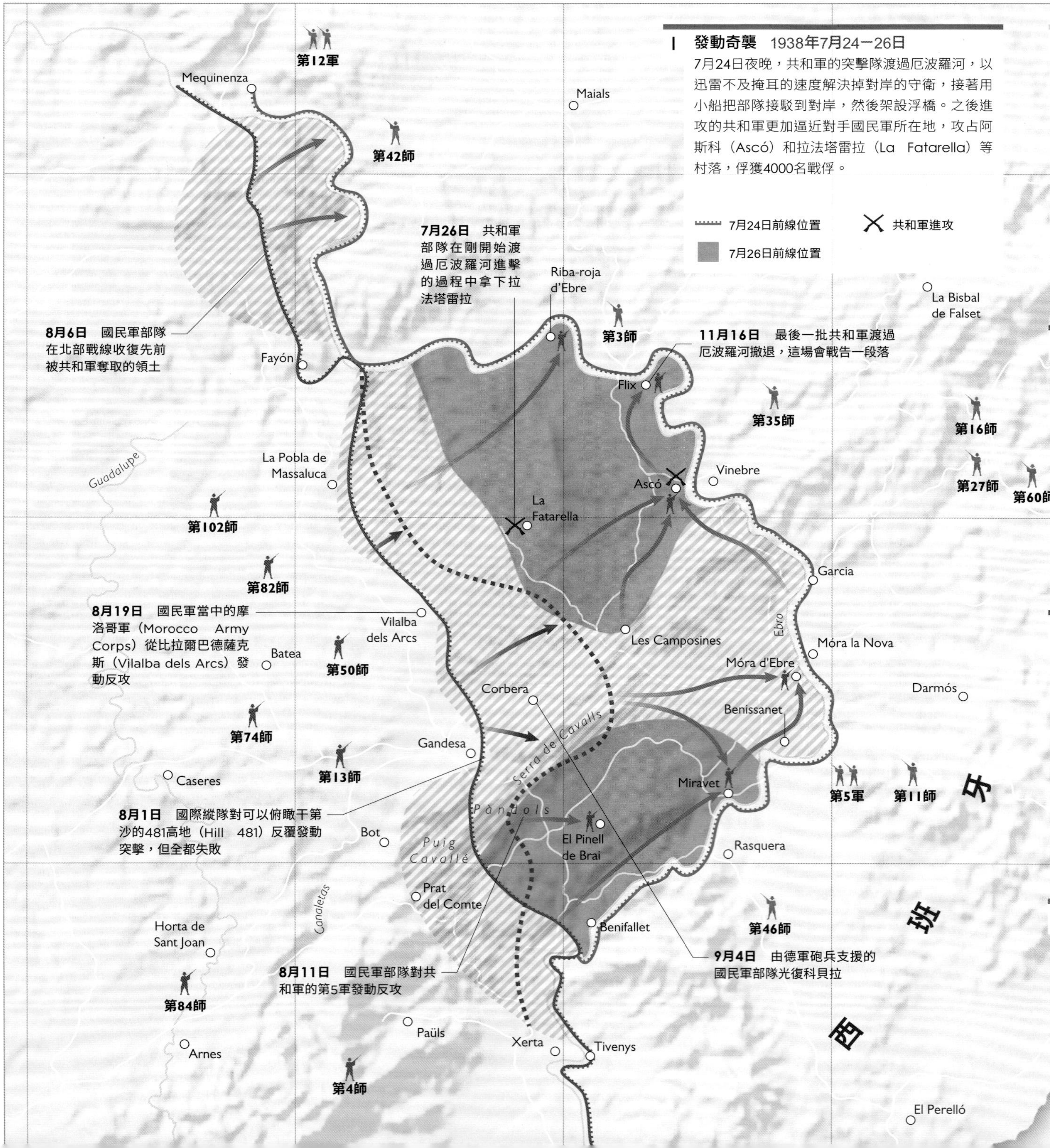

1　發動奇襲　1938年7月24－26日

7月24日夜晚，共和軍的突擊隊渡過厄波羅河，以迅雷不及掩耳的速度解決掉對岸的守衛，接著用小船把部隊接駁到對岸，然後架設浮橋。之後進攻的共和軍更加逼近對手國民軍所在地，攻占阿斯科（Ascó）和拉法塔雷拉（La Fatarella）等村落，俘獲4000名戰俘。

7月24日前線位置
7月26日前線位置
共和軍進攻

2　向西衝刺　7月27日－8月6日

共和軍指揮官胡安・莫德斯托（Juan Modesto）控制了交通重鎮干第沙（Gandesa）以東卡瓦爾斯山脈（Serra de Cavalls）的高地，目標鎖定這座城鎮。在此期間，佛朗哥展開反擊，打開上游的水壩，摧毀剛搭建的浮橋，從後方切斷共和軍的補給線。他也緊急呼叫援軍，當中超過200架飛機，以確保國民軍的空中優勢。

8月6日前線位置

3　消耗戰　8月7日－9月30日

8月7日，國民軍首度發動反攻，在法伊翁（Fayón）和美基嫩薩（Mequinenza）之間的北邊口袋擊退共和軍部隊。國民軍在干第沙以東的戰線中央反覆進攻，但收穫有限。9月4日時，國民軍奪回科貝拉（Corbera），收復先前喪失的800平方公里領土中的120平方公里。

8月31日前線位置

4　高地爭奪戰　10月1日－11月1日

剛開始時，儘管遭到猛烈空中轟炸，共和軍依然堅守干第沙以東的高地。在10月期間，國民軍逐步逼退他們，到了月中就已經攻下潘多爾斯山脈（Pàndols）中的據點，等到月底則在北邊的卡瓦爾斯（Cavalls）發動大規模攻勢，共和軍被迫撤退，共有500人陣亡，還有另外1000人被俘。

國民軍在10月的進展
11月1日前線位置

5　共和軍撤退　11月2－16日

共和軍在高地上的堅固壕溝陣地失守之後，他們不論如何奮戰，都難挽頹勢。11月3日，國民軍右翼進抵厄波羅河，並在四天後奪下對岸的莫拉拉諾瓦（Móra La Nova）。11月16日，最後一批共和軍部隊因為戰鬥失利而渡河撤退，這場會戰就畫下句點，共和軍的骨幹部隊損失殆盡。

國民軍在11月的進展

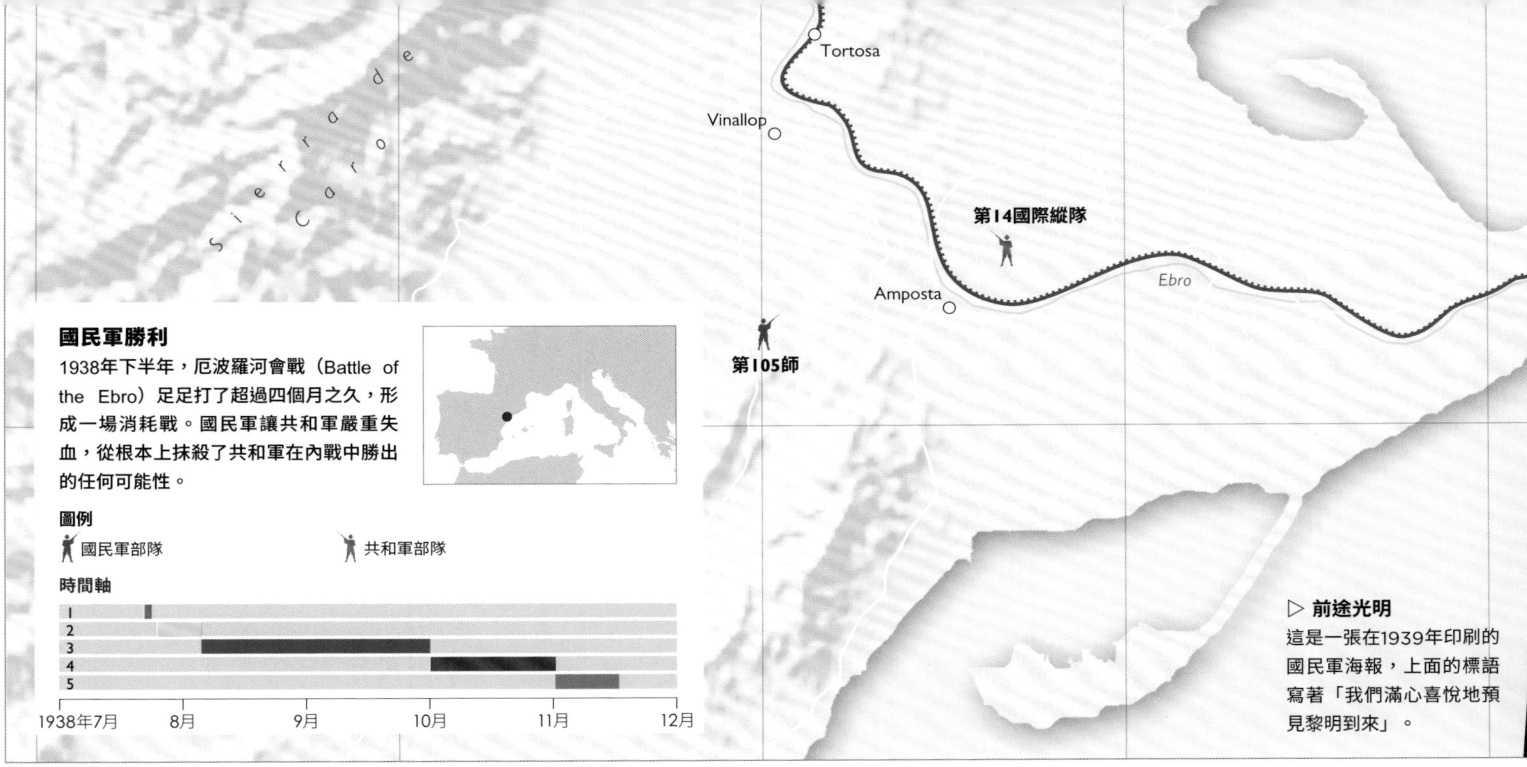

國民軍勝利
1938年下半年，厄波羅河會戰（Battle of the Ebro）足足打了超過四個月之久，形成一場消耗戰。國民軍讓共和軍嚴重失血，從根本上抹殺了共和軍在內戰中勝出的任何可能性。

圖例
國民軍部隊　共和軍部隊

時間軸

▷ **前途光明**
這是一張在1939年印刷的國民軍海報，上面的標語寫著「我們滿心喜悅地預見黎明到來」。

厄波羅河

西班牙內戰中最高潮迭起的戰役發生在厄波羅河西岸丘陵起伏的貧脊鄉野上。共和軍雖然在一開始有所斬獲，但之後就被由德軍和義軍支援對手國民軍擊退，且再也沒有從這場挫敗中恢復。

西班牙經過一場左翼和右翼意識形態把國家撕裂的大選後，一批武裝部隊對人民陣線（Popular Front）的共和政府發動政變，西班牙內戰（Spanish Civil War）於 1936 年爆發。共和軍反擊，把這個國家變成血腥戰地長達三年之久。這場戰爭也有國際因素干預：由法蘭西斯科．佛朗哥將軍（Francisco Franco）統領的國民軍部隊獲得希特勒領導的德國和墨索里尼（Mussolini）領導的義大利協助，而共和軍則由蘇聯支援，還擁有由世界各地的反法西斯主義者編成的國際縱隊（International Brigades）。

1937 年，儘管共和軍抵抗激烈，但面對佛朗哥麾下訓練較佳、補給較完善的部隊，他們還是喪失領土。1938 年 4 月，國民軍朝地中海挺進，切斷加泰隆尼亞（Catalonia）和共和軍在西班牙東南方其他領土的聯繫，他們因此遭受沉重打擊。共和軍領導階層為了回應，就沿著厄波羅河（Ebro）發動全面突擊，目的是要重新連接這兩個地區，並保護他們的政府所在地瓦倫西亞（Valencia）。剛開始時這個作戰計畫奏效，共和軍因此燃起希望，不過之後德軍兀鷹兵團（Condor Legion）和義軍航空軍團（Aviazione Legionaria）展開猛烈空襲，逆轉了戰局。共和軍遭遇多災多難的結果，不但在幾個月之後失去巴塞隆納（Barcelona），而馬德里也淪陷以後，佛朗哥在 1939 年 4 月 1 日宣告國民軍獲得最後勝利。

> 「就算他們轟炸橋梁，你也會看到我乘坐小船或獨木舟，渡過厄波羅河。」
>
> 一首共和軍歌曲的歌詞

分裂的國家
到了1938年春季，國民軍部隊的攻勢猶如楔子一般，插進了西班牙的共和軍控制區，把它一分為二。共和軍領導階層決定孤注一擲，發動全面突擊，並選擇厄波羅河作為對抗敵軍的戰場。

敦克爾克大撤退

在1940年春季的第二次世界大戰初期戰役中，數十萬名英國陸軍及其盟軍部隊遭德軍擊潰，在法國海岸上的敦克爾克陷入重圍。他們最後乘船脫困，是史詩般的英勇壯舉。

1939 年 9 月二次大戰爆發時，英法兩國對納粹德國宣戰後，英國就派出遠征軍前往法國，但卻沒有爆發戰鬥，直到德軍在 1940 年 5 月 10 日入侵荷蘭和比利時，並在兩天後進入法國。德軍用裝甲部隊打前鋒，並有空中支援，迅速突破法軍在色當的防禦，接著轉向北方，朝英吉利海峽的海岸前進。已經進入比利時的英國遠征軍與後方的聯繫隨時有被切斷的威脅。隨著戰局惡化，盟軍放棄了突破德軍包圍圈、在南邊加入法軍的計畫。反之，英國遠征軍選擇退往敦克爾克（Dunkirk），這座港口雖然情況岌岌可危，但卻是唯一仍在盟軍掌握中且能夠到達的港口。

5 月 23 日，英軍的一位軍長艾倫·布魯克將軍（Alan Brooke）寫道：「現在只有奇蹟才能拯救英國遠征軍」。結果，在一般民眾協助下（參見下方說明），有將近 34 萬名盟軍官兵從敦克爾克的港口和灘頭疏散到英國本土，當中三分之二是英軍，另外還有將近 20 萬人則是從法國其他港口的行動中疏散。基於敦克爾克大撤退的技巧和勇氣，英國宣傳單位得以把一場空前的慘敗包裝成勝利的大逃亡，但英國首相溫斯頓·邱吉爾還是提出警告：「不能靠撤退來打贏戰爭」。不過這場撤退行動也讓法國感到痛苦，許多人認為他們被英國盟友拋棄。6 月 22 日法國投降後，英國受到「敦克爾克奇蹟」的鼓舞，決定挑戰希特勒，因此選擇繼續戰鬥。

敦克爾克的「小船」

絕大部分官兵都是搭乘皇家海軍的驅逐艦和掃雷艇疏散，但一支由小船組成的船隊（當中有一些由平民駕駛）也在這場撤退行動中扮演重要角色。這些小船大部分都已經向海軍登記，成為「小型船艇庫」其中一員。這些小船包括拖網漁船、拖船、救生艇和私人遊艇等，它們通常是航行到淺水海域，把官兵從海灘接上來，再把他們接駁到距離岸邊更遠的軍艦上。英方在這場危險的行動中損失大約200艘這樣的「小船」。

一艘在敦克爾克的「小船」

5月26日時盟軍控制區
◀ 往英格蘭海岸
Goodwin Sands
5月28日 Z航道關閉後，Y航道成為疏散行動主要航線
Y航道：87海里
5月29日 X航道通航，但因為充滿危險的淺灘，只能在白天使用
X航道：55海里
5月27日 加來陷落後，Z航道在德軍砲兵的射程內，無法再使用
敦克爾克海灘
5月28日時的盟軍控制區
5月26日 德軍部隊攻占加來（Calais）的港口
Z航道：39海里
Calais
空中攻擊和戰鬥
敦克爾克港遭轟炸
F R A
克萊斯特裝甲兵團
5月24－25日 德軍戰車因為希特勒的命令而停止前進兩天
5月28日時後衛戰鬥
最後的周邊防禦陣地
5月29日時後衛戰鬥

1 決定撤退 1940年5月20－26日
隨著英國遠征軍遭受到穿越比利時和法國前進的德軍部隊威脅，海軍中將柏特倫·瑞姆齊（Bertram Ramsay）奉命擬定海上撤退計畫，也就是發電機行動（Operation Dynamo）。部隊退往敦克爾克時，德國領導人希特勒下令打前鋒的戰車部隊停止前進長達兩天，讓盟軍有空檔在港口四周修建應急防禦工事。5月26日，英國政府下令展開疏散行動。

2 和時間賽跑 1940年5月26－31日
撤退的盟軍湧進敦克爾克，擠滿海灘。瑞姆齊原本只認為只有短短兩三天可以進行疏散，但外圍防禦陣地防守相當嚴密。剛開始，英軍和法軍軍艦是從港內的石塊防坡堤把部隊接上船，但小船抵達當地後，就可以讓人直接從海灘上登船，因此每天的疏散人數就從5月28日時的1萬8000人，提高到三天後的將近7萬人。

3 空中轟炸 1940年5月26日－6月4日
5月26日，希特勒下令德國空軍（Luftwaffe）阻止盟軍撤離敦克爾克。德軍斯圖卡（Stuka）俯衝轟炸機在戰鬥機的掩護下，對港口、船隻和海灘狂轟濫炸。5月29日，港口遭受嚴重破壞，儘管皇家空軍戰鬥機頑抗不懈，斯圖卡依然造成慘重損失。沉沒的盟軍艦艇大部分都是在空襲中被炸沉。雙方損失超過150架飛機。

4 後衛奮戰到底 1940年5月28日－6月4日
儘管以法軍為主力的後衛部隊勇猛作戰，德軍還是朝敦克爾克步步進逼，並開始動用砲兵轟擊。到了6月2日，疏散行動已經無法在白天進行。英軍在當晚完成撤退行動。撤退行動結束前，部分法軍後衛部隊在第二天夜裡疏散。大約4萬名法軍士兵在6月4日投降。

▷ **等待船隻**
在敦克爾克附近的海灘上，大批英軍和盟軍部隊必須等候疏散，在這段期間時常遭遇空襲。

千鈞一髮的逃亡

1940年5月26日到6月4日，前進中的德軍因為激烈戰鬥而停下腳步，盟軍部隊則趁此期間從法國北部的港口敦克爾克和附近的海灘乘船疏散。

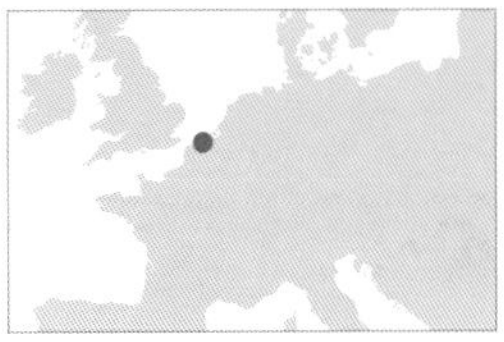

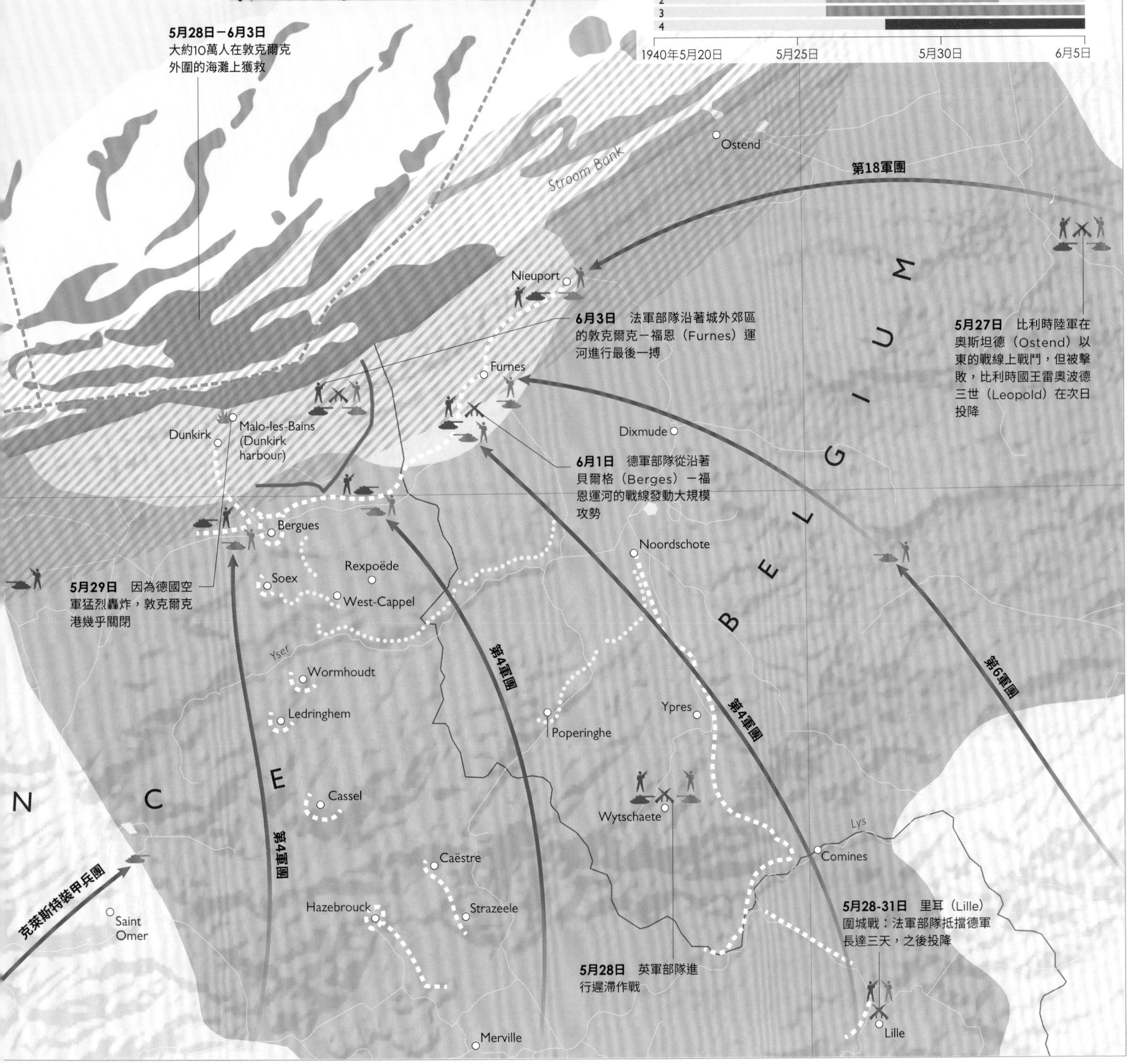
圖例
盟軍步兵
德軍步兵
英軍航線
盟軍戰車
德軍戰車
淺水區域
主要戰鬥
德軍前進
時間軸
1
2
3
4
1940年5月20日
5月25日
5月30日
6月5日
5月28日－6月3日 Y航道先是朝東北方，之後轉向西南方，通往敦克爾克，是最容易遭受空中和海上攻擊的航道
5月28日－6月3日 大約10萬人在敦克爾克外圍的海灘上獲救
Ostend
Stroom Bank
第18軍團
Nieuport
6月3日 法軍部隊沿著城外郊區的敦克爾克－福恩（Furnes）運河進行最後一搏
Furnes
5月27日 比利時陸軍在奧斯坦德（Ostend）以東的戰線上戰鬥，但被擊敗，比利時國王雷奧波德三世（Leopold）在次日投降
Dunkirk
Malo-les-Bains (Dunkirk harbour)
Dixmude
6月1日 德軍部隊從沿著貝爾格（Berges）－福恩運河的戰線發動大規模攻勢
BELGIUM
Bergues
Noordschote
Rexpoëde
Soex
West-Cappel
5月29日 因為德國空軍猛烈轟炸，敦克爾克港幾乎關閉
Yser
Wormhoudt
第4軍團
第4軍團
第6軍團
Ledringhem
Ypres
Poperinghe
FRANCE
Cassel
Wytschaete
Lys
Comines
克萊斯特裝甲兵團
第4軍團
Caëstre
Hazebrouck
Strazeele
5月28-31日 里耳（Lille）圍城戰：法軍部隊抵擋德軍長達三天，之後投降
Saint Omer
5月28日 英軍部隊進行遲滯作戰
Merville
Lille

不列顛之役

英國和德國空軍互相較量的不列顛之役（Battle of Britain），是二次大戰期間的主要轉捩點。皇家空軍（Royal Air Force, RAF）成功抗擊德國空軍奪取制空權的企圖，使英國免於德軍入侵的威脅。

德軍在1940年春季的戰役裡大獲全勝（參見第230-31頁），德國空軍因此得以在接近英格蘭南部的法國和比利時等地建立空軍基地。希特勒計畫從海上入侵英國，所以他必須擊敗皇家空軍，這樣他的飛機就可抵銷皇家海軍的優勢。德國空軍總司令赫曼·戈林（Hermann Goering）自信滿滿，預測可以在短時間內取得勝利。不過英國的空防早已有萬全準備。在地面觀測員的協助下，一連串雷達站可以針對敵機提供早期預警，還可以用無線電指揮戰鬥機中隊攔截入侵敵機。皇家空軍戰鬥機司令部（Fighter Command）司令休·道丁空軍中將（Hugh Dowding）保存手中資源，以應付消耗戰。雖然英國的工廠生產大量戰鬥機，但有時卻相當缺乏飛行員，大英國協成員國、捷克斯洛伐克和波蘭的飛行員都為英國的生死存亡做出重大的貢獻。

面對皇家空軍無法被擊倒的強韌表現，德軍放棄了入侵計畫，轉而由德國空軍進行夜間轟炸。倫敦和其他英國城市遭到「閃電空襲」（Blitz）的摧殘，一直持續到1941年5月。儘管如此，希特勒還是無法擊敗皇家空軍，是他在這場戰爭裡遭遇的第一個重大挫敗。

> 「在人類衝突的歷史上，從來沒有這麼多的人如此虧欠這麼少的人。」
>
> 溫斯頓·邱吉爾。1940年8月20日

赫曼·戈林 1893－1946年

一次大戰期間，赫曼·戈林擔任戰鬥機飛行員，揚名立萬，之後在1920年代加入納粹黨，並成為阿道夫·希特勒身旁最有權勢的親信之一。身為德國武裝部隊中階級最高的帝國大元帥（Reichsmarschall），他在1940年夏天親自指揮對英國的航空作戰，但最後的失敗嚴重損害了他的威望。德國戰敗後，戈林被指控為戰犯，他因此自殺來逃避處決。

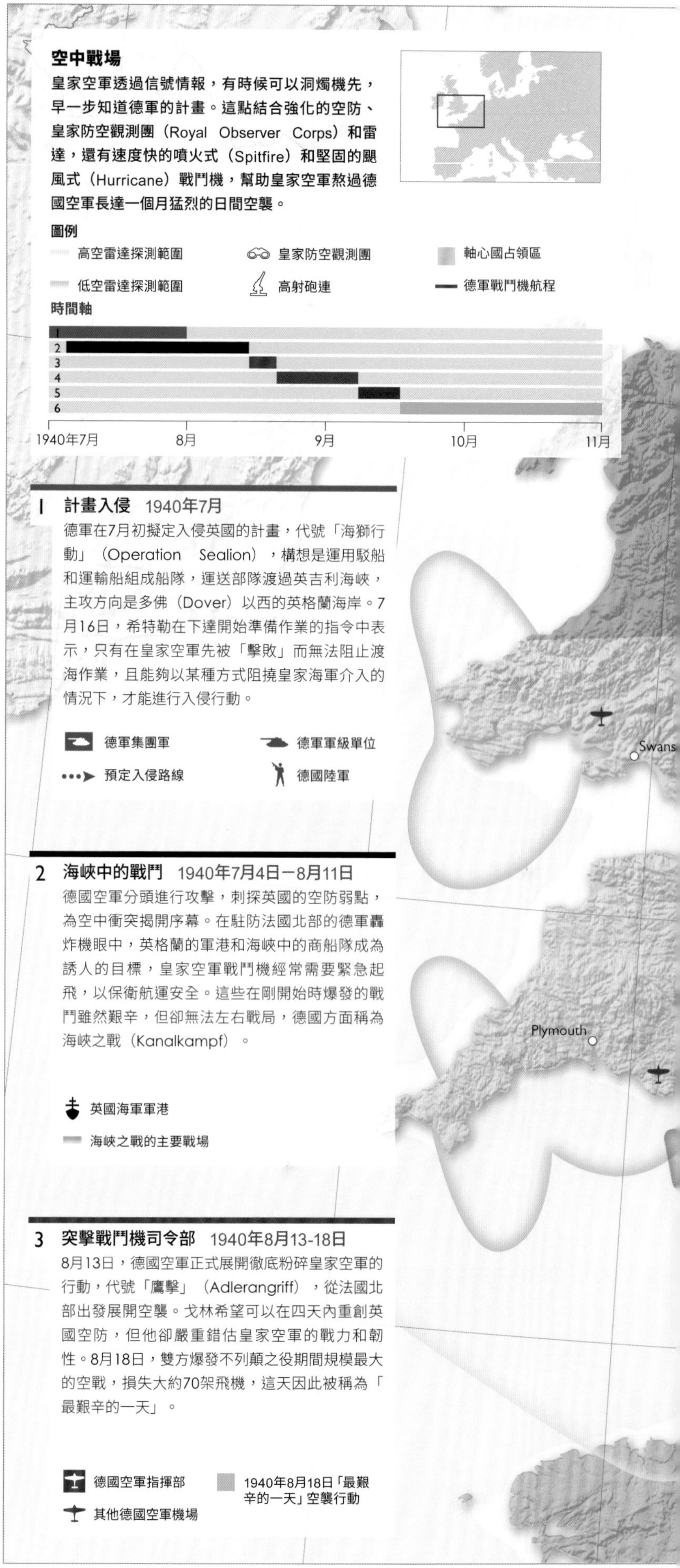

空中戰場

皇家空軍透過信號情報，有時候可以洞燭機先，早一步知道德軍的計畫。這點結合強化的空防、皇家防空觀測團（Royal Observer Corps）和雷達，還有速度快的噴火式（Spitfire）和堅固的颶風式（Hurricane）戰鬥機，幫助皇家空軍熬過德國空軍長達一個月猛烈的日間空襲。

圖例

高空雷達探測範圍　皇家防空觀測團　軸心國占領區

低空雷達探測範圍　高射砲連　德軍戰鬥機航程

時間軸

1 2 3 4 5 6

1940年7月　8月　9月　10月　11月

1 計畫入侵 1940年7月

德軍在7月初擬定入侵英國的計畫，代號「海獅行動」（Operation Sealion），構想是運用駁船和運輸船組成船隊，運送部隊渡過英吉利海峽，主攻方向是多佛（Dover）以西的英格蘭海岸。7月16日，希特勒在下達開始準備作業的指令中表示，只有在皇家空軍先被「擊敗」而無法阻止渡海作業，且能夠以某種方式阻撓皇家海軍介入的情況下，才能進行入侵行動。

德軍集團軍　德軍軍級單位

預定入侵路線　德國陸軍

2 海峽中的戰鬥 1940年7月4日－8月11日

德國空軍分頭進行攻擊，刺探英國的空防弱點，為空中衝突揭開序幕。在駐防法國北部的德軍轟炸機眼中，英格蘭的軍港和海峽中的商船隊成為誘人的目標，皇家空軍戰鬥機經常需要緊急起飛，以保衛航運安全。這些在剛開始時爆發的戰鬥雖然艱辛，但卻無法左右戰局，德國方面稱為海峽之戰（Kanalkampf）。

英國海軍軍港

海峽之戰的主要戰場

3 突擊戰鬥機司令部 1940年8月13-18日

8月13日，德國空軍正式展開徹底粉碎皇家空軍的行動，代號「鷹擊」（Adlerangriff），從法國北部出發展開空襲。戈林希望可以在四天內重創英國空防，但他卻嚴重錯估皇家空軍的戰力和韌性。8月18日，雙方爆發不列顛之役期間規模最大的空戰，損失大約70架飛機，這天因此被稱為「最艱辛的一天」。

德國空軍指揮部　1940年8月18日「最艱辛的一天」空襲行動

其他德國空軍機場

6 從入侵行動到閃電空襲
9月16日－10月31日

9月17日，希特勒接受德國空軍無法擊敗皇家空軍的事實，下令無限期延後入侵英國的行動。德國空軍逐步結束對英格蘭的日間空襲，對英國城市的夜間空襲則成為「閃電空襲」，也就是世界上第一場持久進行的戰略轟炸行動。儘管造成超過4萬名平民喪生，但入侵的威脅已經解除。

△ **飛行中的噴火式**

皇家空軍的慣用戰術是布署噴火式戰鬥機對付護航的戰鬥機，然後用颶風式戰鬥機打擊轟炸機編隊。這張圖片裡的噴火式是較後期的Mk V，擁有沙漠塗裝，1940年的噴火式則是Mk I和Mk II。

5 戰鬥機司令部存活下來 1940年9月7-15日

9月7日，德國空軍開始對倫敦發動大規模空襲行動，這個轉變目標的舉動可說是徹底解救了戰鬥機司令部轄下飽受痛擊的第11大隊。一個星期後，德國空軍派出兩波轟炸機出擊，都有戰鬥機護航，但它們遭遇皇家空軍超過300架戰鬥機攔截，結果德國空軍損失將近60架飛機，而皇家空軍雖然也損失慘重，但還是在這場戰役裡存活下來。

德國空軍轟炸空襲

4 英軍防禦 1940年8月19日－9月6日

每個戰鬥機大隊都要負責保衛英國不同區域。德國空軍把日間攻擊的重點放在英格蘭東南方第11大隊所屬各機場，到了夜間則轟炸飛機製造廠。德國空軍的空襲不但沒有辦法擾亂英國的早期預警系統，且空勤組員也遭受和英軍飛行員差不多的消耗和損失。皇家空軍保留部分力量做為後備，從未把所有戰鬥機大隊都投入戰鬥。

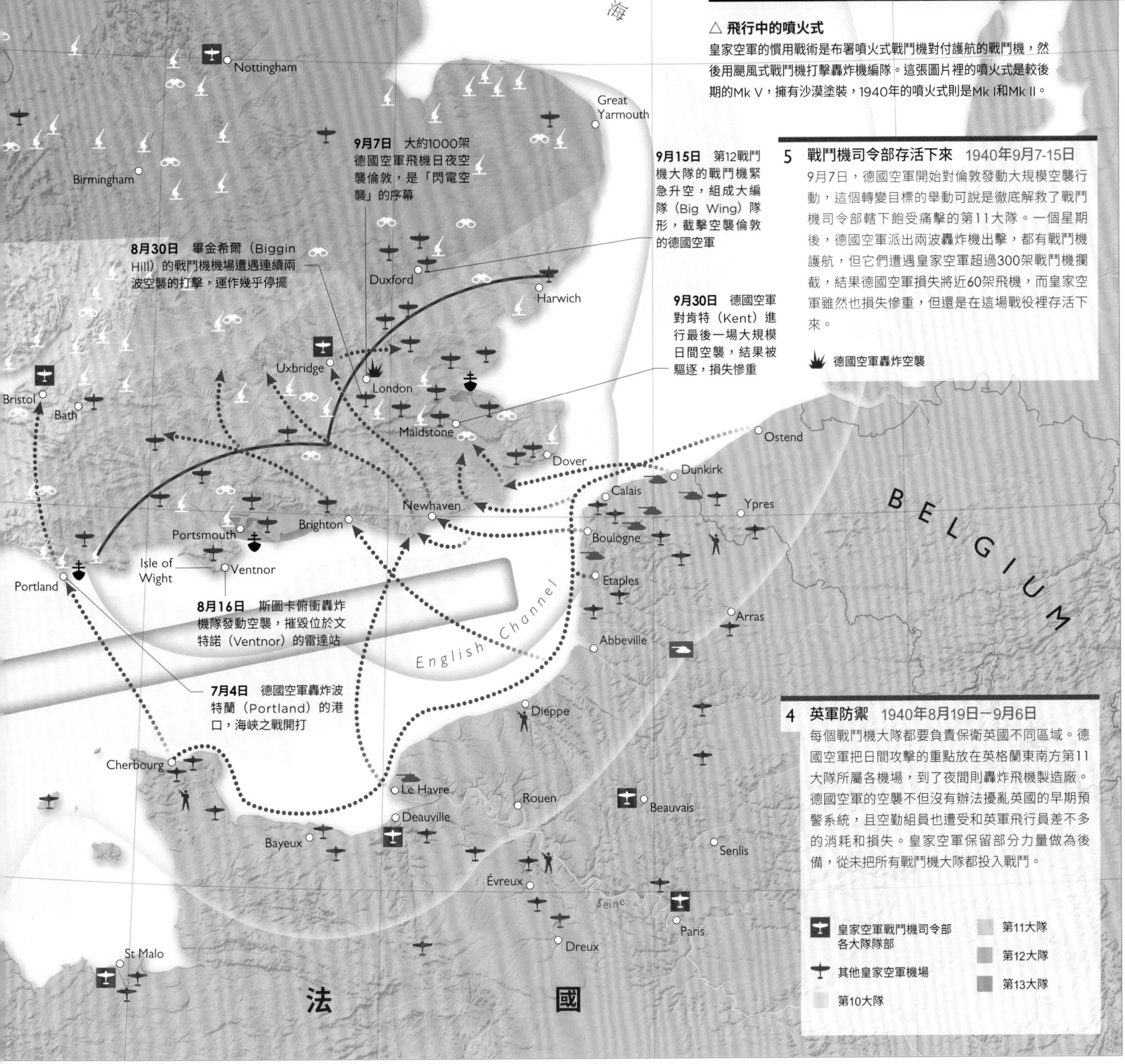

8月15日 以丹麥和挪威為基地的德國空軍飛機襲擊位於英格蘭北部的目標，包括大德立菲機場（Great Driffield Airfield），但遭遇慘重損失
Great Driffield
Hull
英國
Liverpool
北海
Nottingham
Great Yarmouth
Birmingham
9月7日 大約1000架德國空軍飛機日夜空襲倫敦，是「閃電空襲」的序幕
9月15日 第12戰鬥機大隊的戰鬥機緊急升空，組成大編隊（Big Wing）隊形，截擊空襲倫敦的德國空軍
8月30日 畢金希爾（Biggin Hill）的戰鬥機機場遭遇連續兩波空襲的打擊，運作幾乎停擺
Duxford
Harwich
9月30日 德國空軍對肯特（Kent）進行最後一場大規模日間空襲，結果被驅逐，損失慘重
Uxbridge
London
Bristol
Bath
Maidstone
Dover
Ostend
Dunkirk
Calais
Ypres
BELGIUM
Newhaven
Brighton
Portsmouth
Boulogne
Isle of Wight
Ventnor
Portland
Etaples
English Channel
8月16日 斯圖卡俯衝轟炸機隊發動空襲，摧毀位於文特諾（Ventnor）的雷達站
Arras
Abbeville
7月4日 德國空軍轟炸波特蘭（Portland）的港口，海峽之戰開打
Dieppe
Cherbourg
Le Havre
Rouen
Beauvais
Deauville
Bayeux
Senlis
Évreux
Seine
Paris
Dreux
St Malo
法國
皇家空軍戰鬥機司令部各大隊隊部
其他皇家空軍機場
第10大隊
第11大隊
第12大隊
第13大隊

戰略打擊

由於有英吉利海峽這道天然障礙，西北歐在1940年到1944年之間沒有發生陸戰，加上大西洋另一側的美國尚未加入戰局，雙方都轉而開始運用戰略性質的兵器，企圖擊垮對手。

Der Feind sieht Dein Licht!
Verdunkeln!

△ **盟軍報復**
這張海報寫著「敵人看見了你的燈光！」，主要是警告德國平民要遵守燈火管制，以防被盟軍轟炸機認出目標。

德國的整體戰略指導完全以希特勒對全面勝利的堅持為原則，如果他的地面部隊都火速獲勝，那就不會有問題。然而，不可能在所有的戰線上都這麼順利。德國空軍在不列顛之役（參見第 232-33 頁）加上隨後的閃電空襲期間企圖給予英國致命一擊，逼他們退出戰爭，但都因為英國在空中的力量逐漸增強，所以都失敗了。到了 1942 年，英軍轟炸機對德國城市帶來更加萬劫不復的破壞，此外還有愈來愈多的美軍飛機加入他們的行列，所以德國被迫從其他戰線上撥出數量更多、更寶貴的飛機和火砲來保衛本土，對抗規模愈來愈大的盟軍空中轟炸行動。

U 艇戰爭

德國海軍總司令卡爾·多尼茨（Karl Dönitz）指揮潛艇作戰，打擊運補英國和蘇聯的大西洋運輸船團，成效比較顯著。U 艇艦隊擊沉了 2600 艘盟國商船，幾乎要使英國屈服。不過戰局在 1943 年 5 月之後開始逆轉，這有一部分要歸功於美軍 B-24 解放者式（Liberator）投入使用，其航程相當遠，可以抵達先前盟軍船隊會失去空中掩護的「大西洋缺口」（Atlantic Gap）。而英軍密碼破譯單位破解電文得來的情資，也可降低 U 艇在戰略上帶來的衝擊。1944 年盟軍執行 D 日登陸（參見第 248-49 頁）之後，德軍喪失法國港口，進一步削弱了 U 艇的戰力，戰略優勢的天秤自此更加朝同盟國傾斜。

△ **B-24解放者式轟炸機**
B-24的航程夠遠，可以把大西洋的大片海域納入空中掩護範圍。1943年之後，它們協助擊敗U艇，也參與直接攻擊德國的盟軍轟炸行動。

掐住同盟國補給線
1939年12月，U艇戰役剛開打。一位德軍潛艇艇長在大西洋上巡航時用潛望鏡察看海面狀況。

4 浩劫之後

1941年12月7日上午9時45分－下午5時30分

日軍襲擊結束後，美軍開始搜尋沉船中是否有生還者。日軍只有29架飛機沒有返回航空母艦，而日軍曾經考慮實施第三波攻擊，但最後並沒有執行。美軍共有18艘軍艦沉沒或受創，當中包括全部八艘戰鬥艦，而人員死傷也相當悽慘，共有2403名軍人和平民喪生。不過美軍的航空母艦因為執行任務而不在港內，此外由於泊地水深很淺，後來更有六艘戰鬥艦返回作戰行列。

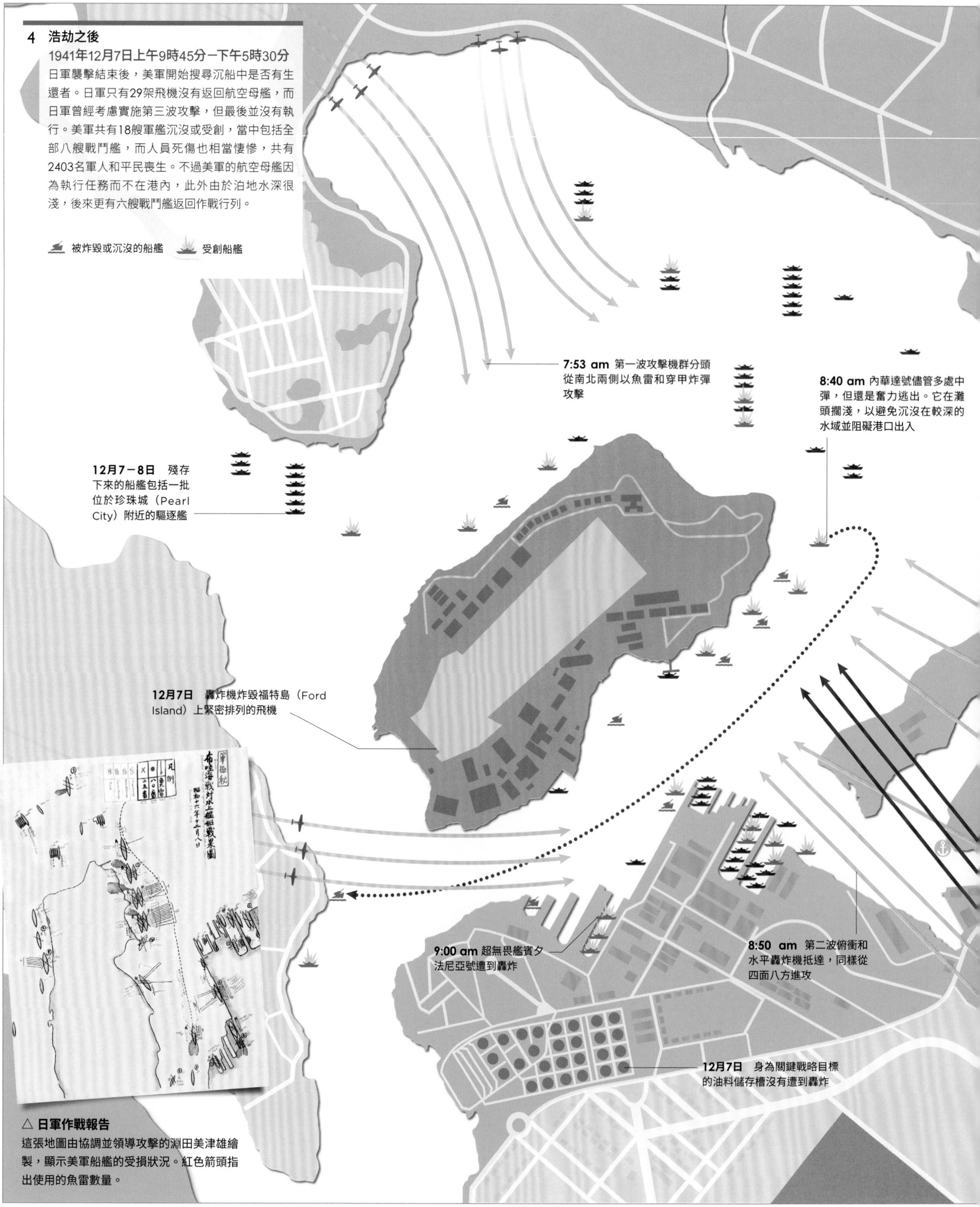
被炸毀或沉沒的船艦
受創船艦
7:53 am 第一波攻擊機群分頭從南北兩側以魚雷和穿甲炸彈攻擊
8:40 am 內華達號儘管多處中彈，但還是奮力逃出。它在灘頭擱淺，以避免沉沒在較深的水域並阻礙港口出入
12月7－8日 殘存下來的船艦包括一批位於珍珠城（Pearl City）附近的驅逐艦
12月7日 轟炸機炸毀福特島（Ford Island）上緊密排列的飛機
9:00 am 超無畏艦賓夕法尼亞號遭到轟炸
8:50 am 第二波俯衝和水平轟炸機抵達，同樣從四面八方進攻
12月7日 身為關鍵戰略目標的油料儲存槽沒有遭到轟炸

△ **日軍作戰報告**

這張地圖由協調並領導攻擊的淵田美津雄繪製，顯示美軍船艦的受損狀況。紅色箭頭指出使用的魚雷數量。

危險從天而降

11月26日，日軍打擊部隊從日本出發，在夏威夷北方海域集結。第一波攻擊在12月7日早晨7時53分進行，第二波則在上午8時50分展開。美國在第二天對日本宣戰。

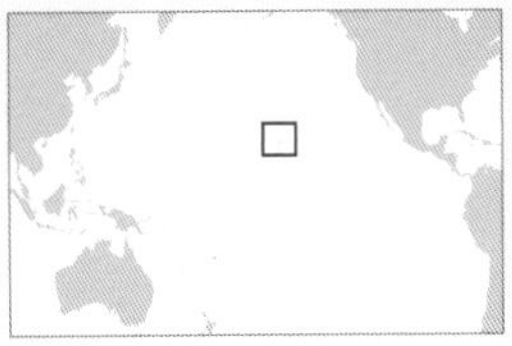

圖例

🛩 下錨或停泊中的美軍軍艦　　■ 福特島上的海軍基地及軍用機場

時間軸

| 1941年 | 12月7日 | 早晨6時 | 中午12時 | 下午6時 | 12月8日 |

8:00 am 一批日軍轟炸機瞄準並轟炸停泊中的美軍戰鬥艦，擊沉亞利桑那號（USS Arizon）、加利福尼亞號（California）、奧克拉荷馬號（Oklahoma）和西維吉尼亞號（West Virginia），並命中內華達號

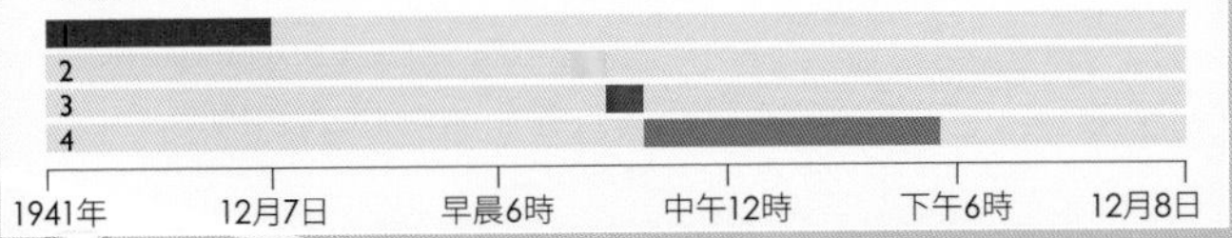

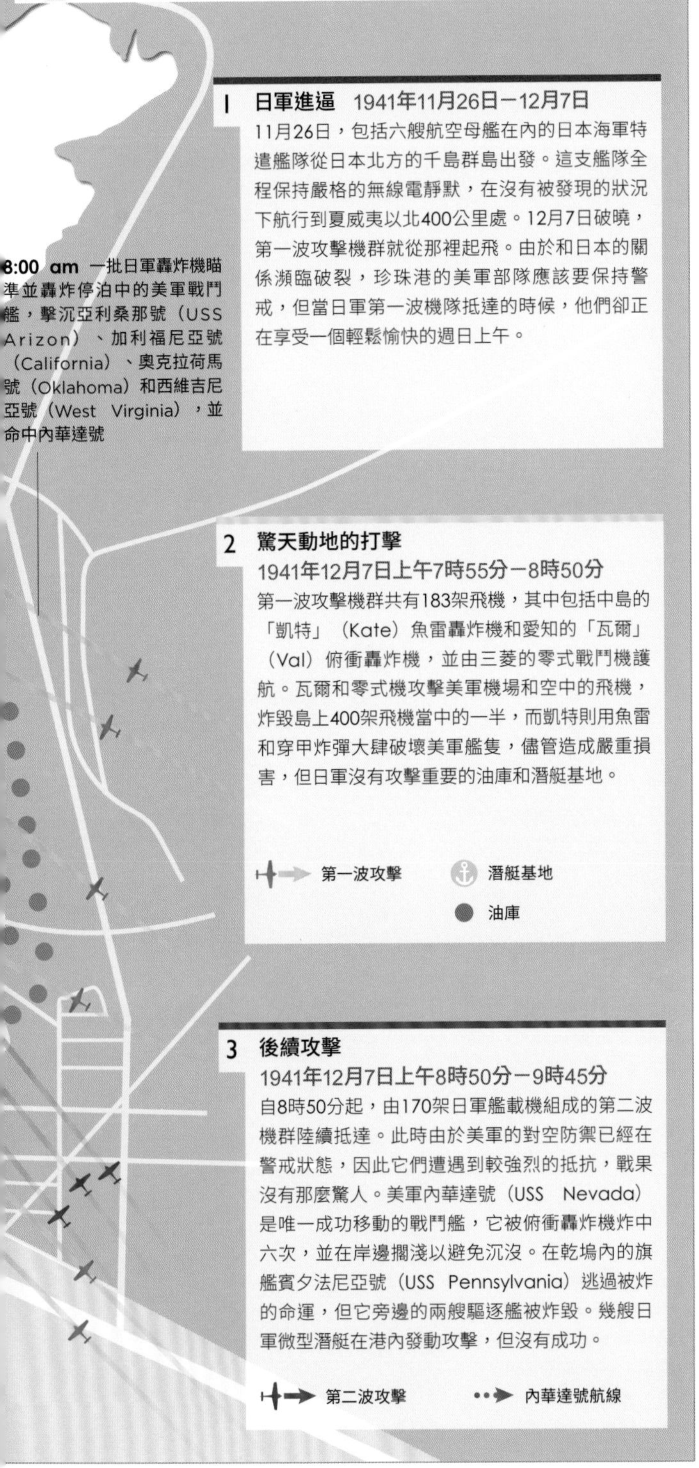

1 日軍進逼　1941年11月26日－12月7日

11月26日，包括六艘航空母艦在內的日本海軍特遣艦隊從日本北方的千島群島出發。這支艦隊全程保持嚴格的無線電靜默，在沒有被發現的狀況下航行到夏威夷以北400公里處。12月7日破曉，第一波攻擊機群就從那裡起飛。由於和日本的關係瀕臨破裂，珍珠港的美軍部隊應該要保持警戒，但當日軍第一波機隊抵達的時候，他們卻正在享受一個輕鬆愉快的週日上午。

2 驚天動地的打擊　1941年12月7日上午7時55分－8時50分

第一波攻擊機群共有183架飛機，其中包括中島的「凱特」（Kate）魚雷轟炸機和愛知的「瓦爾」（Val）俯衝轟炸機，並由三菱的零式戰鬥機護航。瓦爾和零式機攻擊美軍機場和空中的飛機，炸毀島上400架飛機當中的一半，而凱特則用魚雷和穿甲炸彈大肆破壞美軍艦隻，儘管造成嚴重損害，但日軍沒有攻擊重要的油庫和潛艇基地。

🛩→ 第一波攻擊　　⚓ 潛艇基地
　　　　　　　　　● 油庫

3 後續攻擊　1941年12月7日上午8時50分－9時45分

自8時50分起，由170架日軍艦載機組成的第二波機群陸續抵達。此時由於美軍的對空防禦已經在警戒狀態，因此它們遭遇到較強烈的抵抗，戰果沒有那麼驚人。美軍內華達號（USS Nevada）是唯一成功移動的戰鬥艦，它被俯衝轟炸機炸中六次，並在岸邊擱淺以避免沉沒。在乾塢內的旗艦賓夕法尼亞號（USS Pennsylvania）逃過被炸的命運，但它旁邊的兩艘驅逐艦被炸毀。幾艘日軍微型潛艇在港內發動攻擊，但沒有成功。

🛩→ 第二波攻擊　　••► 內華達號航線

珍珠港

1941年12月7日，日軍偷襲美國海軍在夏威夷珍珠港的海軍基地，促使美國參與第二次世界大戰。這場空襲行動由日本海軍的航空母艦艦隊實施，戰果相當傑出，美國海軍損失慘重，且日軍在接下來的一小段期間內連戰皆捷。

日本領導階層野心勃勃，一心想在亞洲建立帝國。1937年，他們展開征服中國的戰爭，1940年起又開始蠶食歐洲各國在東南亞的殖民地。尤其是日本和納粹德國結盟之後，美國警覺到這樣的擴張主義十分危險。為了迫使日本停止軍事冒進，美國最後實施嚴厲的經濟封鎖。日本不想放棄建立帝國的美夢，因此計畫和美國開戰。

日本人深知，從長期的角度來看，他們絕對無法和美國的人力或工業力量匹敵，因此決定賭上一把，打算迅速贏得勝利，讓他們可以在亞洲和太平洋上取得戰術立足點：也就是除了珍珠港（Pearl Harbor）以外，他們也會進攻其他目標，包括菲律賓、香港和馬來亞等地。日本人在宣戰之前就已經展開對珍珠港的奇襲，結果引發美國大眾憤怒，動搖了美國的孤立主義。

12月11日，德國領導人阿道夫·希特勒為了支持日本而對美國宣戰，戰爭因此升級成真正的全球衝突。偷襲珍珠港的成功之處在於它為日本買到了征服東南亞所需的時間，但卻錯失了美軍的航空母艦，因為它們在當時碰巧不在港內，因此可以馬上領導對日本的反擊。「不忘珍珠港」這句口號鼓舞了美國，努力奮鬥直到對日本贏得徹底勝利。

> 「這一刻已經到來，帝國的存亡危在旦夕……」
>
> 海軍大將山本五十六對日軍艦隊發出的訊息，1941年12月7日

海軍大將山本五十六　1884－1943年

日本海軍大將山本五十六一手策畫了對珍珠港的攻擊。他本名叫高野五十六，在1905年的對馬海戰（參見第205頁）中英勇戰鬥，失去兩根手指，之後在1916年時過繼給姓山本的武士家族。他曾在美國哈佛大學留學，並兩度出任駐華盛頓的海軍武官，為國家爭取到應有的尊重。他在1930年代升任海軍將領後，大力提倡海軍航空的發展。他自1939年起擔任聯合艦隊（Combined Fleet）總司令，非常反對和美國開戰，不過日軍偷襲珍珠港的行動卻是出自他的縝密策畫。1943年4月，山本五十六搭乘飛機，在新幾內亞（New Guinea）上空遭遇伏擊，當場殞命。

1942年時的海軍大將山本五十六

中途島

日本帝國海軍發動他們在第二次世界大戰期間規模最大的行動，想在中途島一舉擊潰美軍太平洋艦隊（Pacific Fleet）的殘部。不過事與願違，日本遭遇空前慘敗，而這場海戰也鞏固了航空母艦在奪取制海權時的重要地位。

日軍偷襲珍珠港（參見第236-37頁）時，美軍航空母艦僥倖逃過一劫，而1942年春季道格拉斯．麥克阿瑟將軍（Douglas MacArthur）在太平洋籌畫反攻的時候，它們的角色就變得舉足輕重了。例如1942年4月轟炸機從大黃蜂號（USS Hornet）上起飛，轟炸日本城市，以及1942年5月美軍和日軍航空母艦在珊瑚海（Coral Sea）對戰，都證明這一點。因此日本聯合艦隊總司令山本五十六海軍大將的目標就是消滅美軍的航空母艦。

中途島（Midway）是中太平洋上位置最靠西邊的美軍基地。山本先是對阿留申群島（Aleutian Islands）發動佯攻，吸引部分美軍艦隊北上，他主要是希望可以藉由進攻中途島來吸引美軍航空母艦現身。然而美軍已經破解日軍使用的JN-25密碼，明白日軍

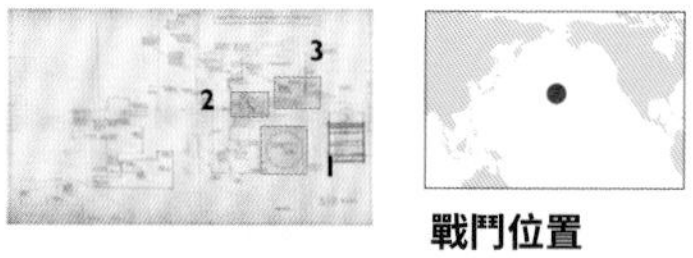

戰鬥位置

計畫。美國海軍的切斯特．尼米茲將軍（Chester Nimitz）派出由三艘航空母艦組成的艦隊前往中途島東北方海域，等待日軍前來。

6月4日清晨，日軍轟炸機空襲中途島，揭開這場海戰的序幕。當日軍飛機在航空母艦上加油添彈時，美軍俯衝轟炸機突然展開攻擊，結果日軍四艘航空母艦受到重創，兩艘沉沒、兩艘自行鑿沉。不過日軍的最後一艘航空母艦飛龍號在受創癱瘓前也給予美軍約克鎮號（USS Yorktown）致命痛擊。美軍的勝利象徵日軍在太平洋上的優勢畫下休止符。

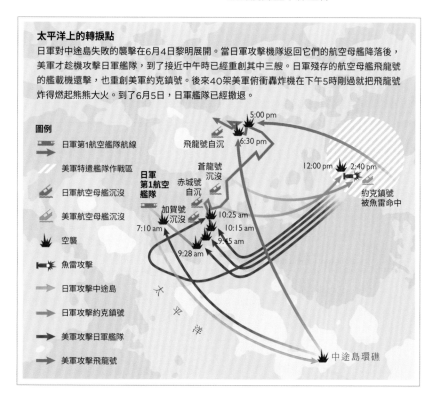

太平洋上的轉捩點

日軍對中途島失敗的襲擊在6月4日黎明展開。當日軍攻擊機隊返回它們的航空母艦降落後，美軍才趁機攻擊日軍艦隊，到了接近中午時已經重創其中三艘。日軍殘存的航空母艦飛龍號的艦載機還擊，也重創美軍約克鎮號。後來40架美軍俯衝轟炸機在下午5時剛過就把飛龍號炸得燃起熊熊大火。到了6月5日，日軍艦隊已經撤退。

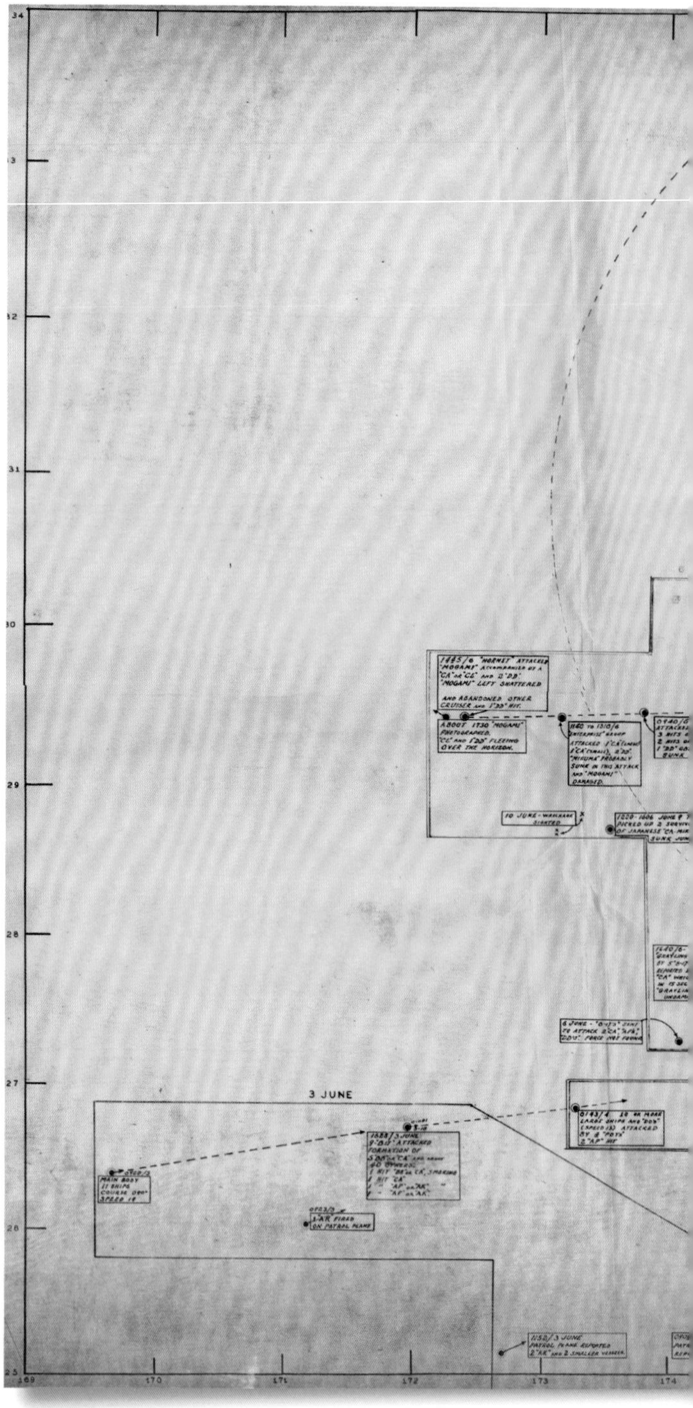

△ **大洋上的部隊調動**
這張地圖涵蓋1942年6月3－6日雙方的艦隊動向，顯示出這場海戰進行的範圍之廣，以及日軍艦隊在遭受攻擊時緊急改變航向的狀況。

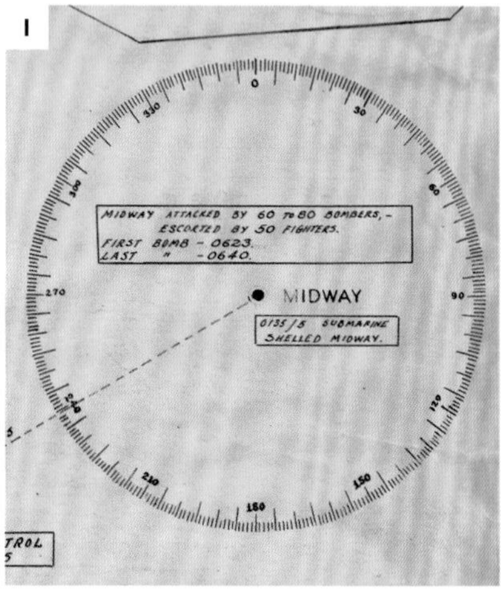

▷ **激烈的遭遇戰**
6月4日破曉，日軍的第1航空艦隊派出108架飛機進攻中途島。這些飛機遭到美軍攔截，大約有三分之一被美軍戰鬥機和島上的高射砲火力擊落或擊傷。

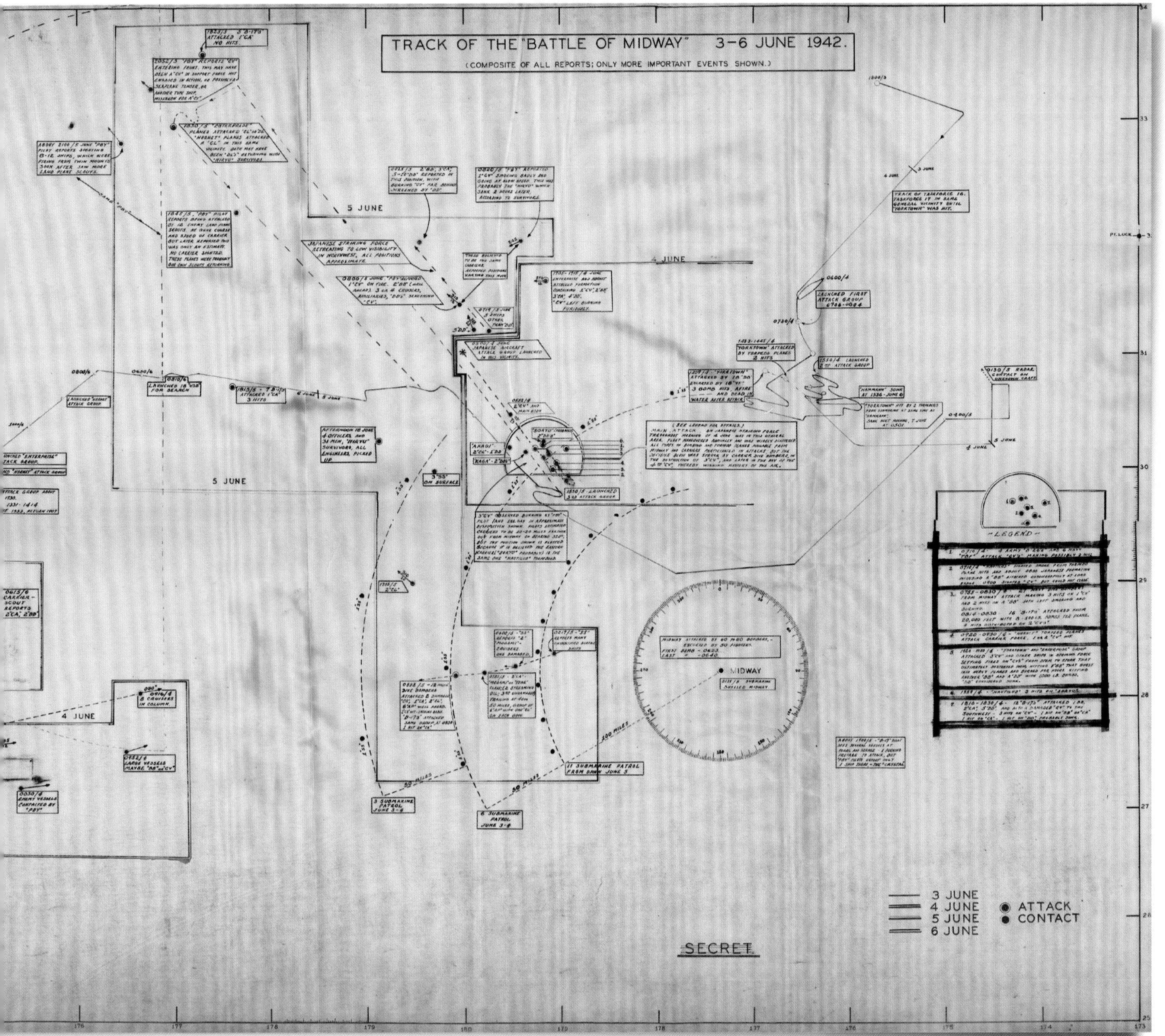

2

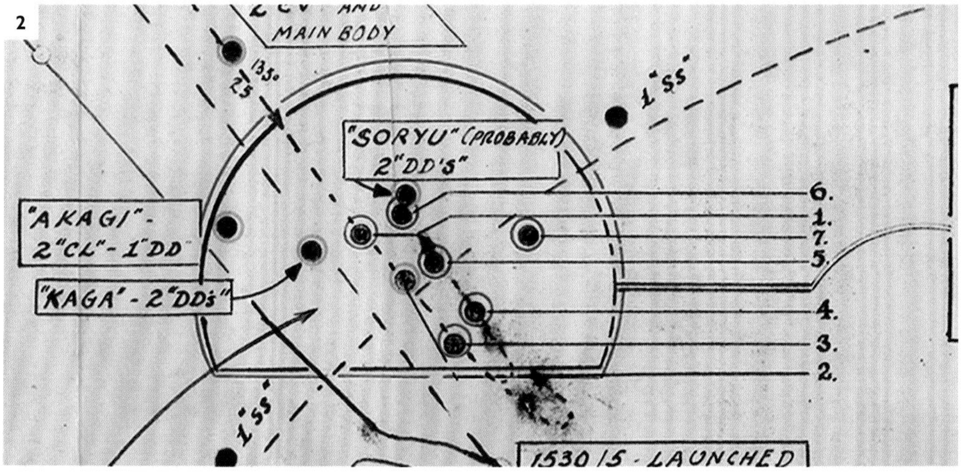

3

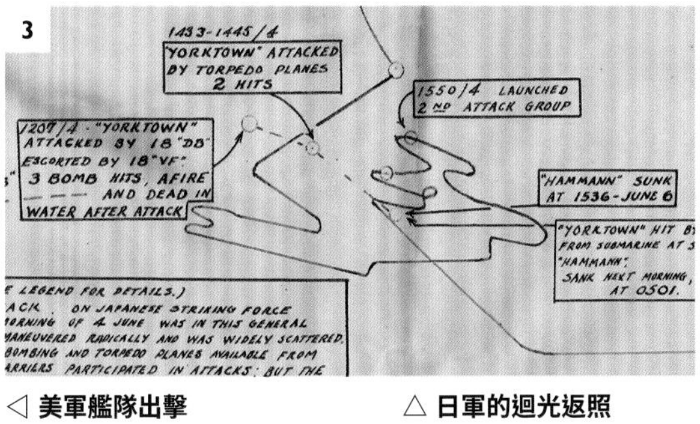

◁ **美軍艦隊出擊**

從美軍航空母艦和中途島升空的轟炸機驅散了日軍艦隊，並重創日軍艦艇，包括航空母艦加賀號、蒼龍號和旗艦赤城號。

△ **日軍的迴光返照**

從飛龍號上起飛的飛機突破美軍戰鬥機攔截，在大約中午時分轟炸約克鎮號，它之後又被魚雷機投彈命中，最後在6月7日沉沒。

準備著艦

1945年1月，兩架寇帝斯（Curtiss）SB2C-3地獄俯衝者式（Helldiver）俯衝轟炸機結束對艦攻擊行動後，準備在大黃蜂號上降落。地獄俯衝者式外號「野獸」，是美國海軍最後一款服役的專用俯衝轟炸機。

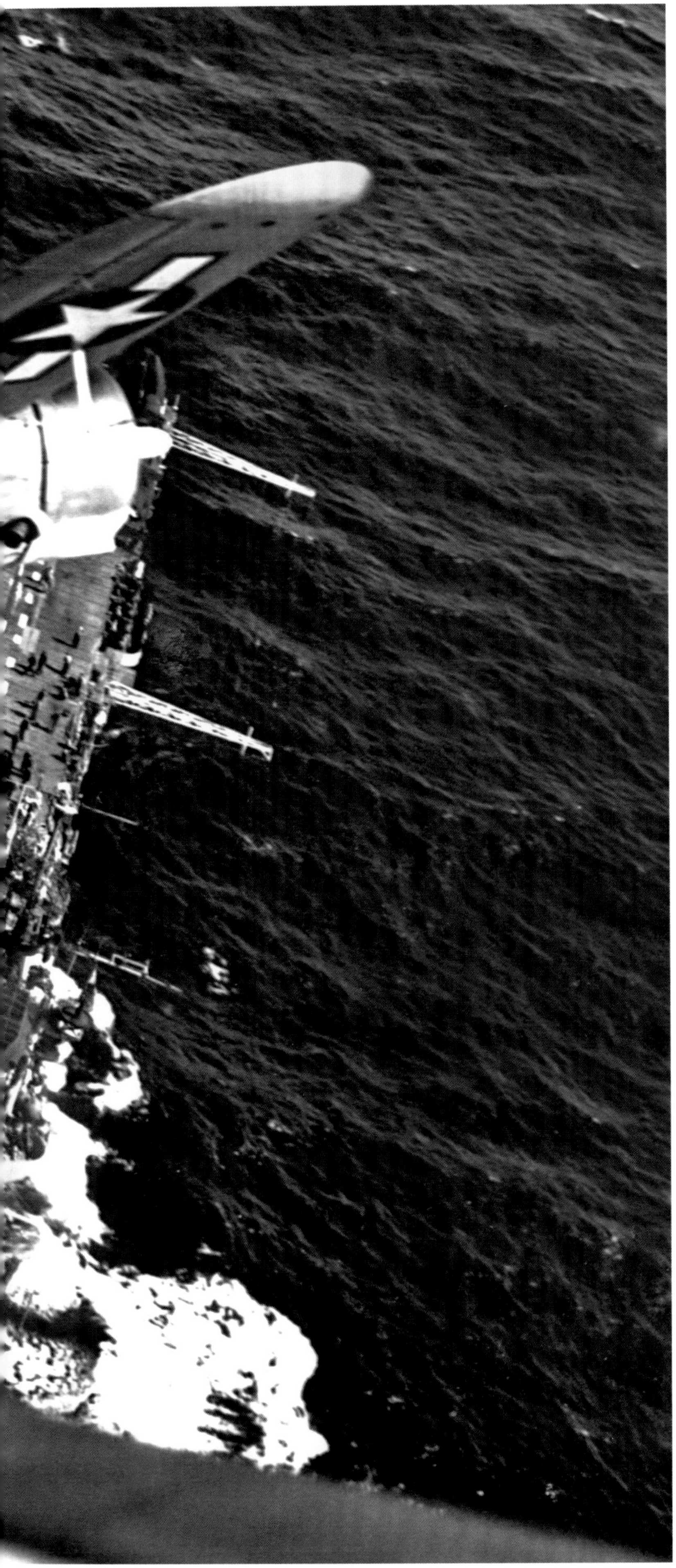

航空母艦作戰

1918年，航空母艦和艦載機第一次在戰爭中亮相，不過一直要到二次大戰，它們才真正成為現代化作戰的基本要素，徹底改變海上作戰的方式。

△ 招兵買馬

這張1957年的募兵海報主視覺是三架F-8十字軍式（Crusader）噴射機飛過一艘美國海軍航空母艦上空。1945年之後，航空母艦成為美國海軍存在的理由。

到了 1939 年，日本、英國和美國這三個和潛在對手之間有海洋阻隔的國家都已經意識到航空母艦的實用性，因此大量布署航空母艦艦隊。其他海權國家——例如法國、義大利、德國和蘇聯——則優先布署陸基飛機，沒有在戰爭期間大力發展航艦部隊。

儘管航艦作戰在二次大戰期間普及，但依然處於初期發展階段，各國海軍只能透過實驗和錯誤來獲取航空母艦戰鬥的實際經驗。在歐洲海域，航空母艦成為不可或缺的輔助船艦，不過在太平洋，它們卻成為霸主。1942 年，美國和日本之間在珊瑚海、中途島（參見第 238-39 頁）、東索羅門（Eastern Solomons）和聖克魯斯（Santa Cruz）等地進行的航艦作戰，成為歷久不衰的民間傳奇。雖然航空母艦比起裝甲厚重的戰鬥艦更容易受到攻擊破壞，但它們憑藉速度和艦載機的航程，可以在遠離戰鬥艦艦砲射程以外的地方就發動攻擊。

二次大戰後，航空母艦由於在海外布署軍事武力時具備運用彈性，且可以對傳統海軍岸轟無法涵蓋的內陸進行空中武力投射，因此繼續蓬勃發展。人們在韓戰（1950-53 年）、蘇伊士運河（Suez Canal，1956 年）、越南（1964-73 年）、福克蘭群島（Falkland Islands，1982 年）以及沙漠風暴行動（Operation Desert Storm，參見第 266-67 頁）中都親眼見證了航空母艦的威力。

△ 現代化航空母艦

2007年，美國海軍約翰·史坦尼斯號（John C. Stennis，CVN-74）航空母艦在一次海軍布署行動中航行穿越阿拉伯海（Arabian Sea）。它的甲板上可以看見一部分艦載機聯隊，前方飛行中的是SH-60F海鷹式（Seahawk）直升機。

第二次阿來曼戰役

1942年秋季，盟軍在阿來曼的勝利是二次大戰期間北非戰事的重大轉捩點。透過細心縝密的事前準備和大規模攻勢，英軍第8軍團打得德軍和義軍部隊落荒而逃，雙方在北非的你爭我奪終於大勢底定。

自 1941 年起，德軍將領艾爾文．隆美爾（Erwin Rommel）在北非的裝甲部隊作戰中多次擊敗英軍，獲得耀眼勝利。1942 年 7 月，他麾下的非洲裝甲軍團（Panzerarmee Afrika）向東進軍，進入埃及，在亞歷山卓港以東大約 100 公里處的阿來曼（El Alamein）被英軍阻擋。次月，英軍將領伯納德．蒙哥馬利（Bernard Montgomery）接任第 8 軍團司令，奉命發動攻勢。蒙哥馬利是謹慎小心的指揮官，專心致力於集結麾下部隊的作戰物資並培養士氣。而當第 8 軍團的實力逐步增長，獲得新式雪曼（Sherman）戰車時，隆美爾的部隊卻面臨愈來愈嚴重的補給問題，且缺少援軍。8 月 30 日，軸心軍在阿蘭哈法嶺（Alam Halfa Ridge）發動攻擊，但被擊敗。隆美爾改變戰術，轉為靜態防禦，用雷區和反戰車砲強化防線。

隆美爾的部隊陷入將近一比二的劣勢，蒙哥馬利因此以消耗戰的方式打擊軸心軍。經過 12 天犧牲慘重的戰鬥後，隆美爾下令撤退，蒙哥馬利向西橫越利比亞，追擊敗逃的軸心軍。在此期間，美軍和盟軍部隊已經在阿爾及利亞和摩洛哥登陸，軸心軍遭到第 8 軍團和這些盟軍生力軍的前後夾擊，最後於 1943 年 5 月在突尼西亞投降。

> 「這不是結束，這甚至不是結束的開端。但它也許是開端的尾聲。」
>
> 溫斯頓．邱吉爾評論第二次阿來曼會戰，1942年

艾爾文·隆美爾元帥 1891－1944年

隆美爾號稱「沙漠之狐」（Desert Fox），原本受訓擔任步兵軍官，在一次大戰期間服役，表現優異。1937年時，他出版了一本有關步兵戰術的著作，吸引了希特勒的注意。由於受到元首的寵愛，他在1940年德軍入侵法國期間擔任一個裝甲師的師長。他在這個職位上表現不俗，因此奉派前往北非，指揮一支德軍裝甲部隊「非洲軍」（Afrika Korps）。他在沙漠戰爭中連戰皆捷，聲望如日中天。後來他奉命返回歐洲，負責修建大西洋長城（Atlantic Wall）防線，不過在D日（參見第248-49頁）時遭盟軍突破。後來隆美爾被牽連捲入1944年7月行刺希特勒失敗的事件，為避免家人遭到報復，他選擇自盡。

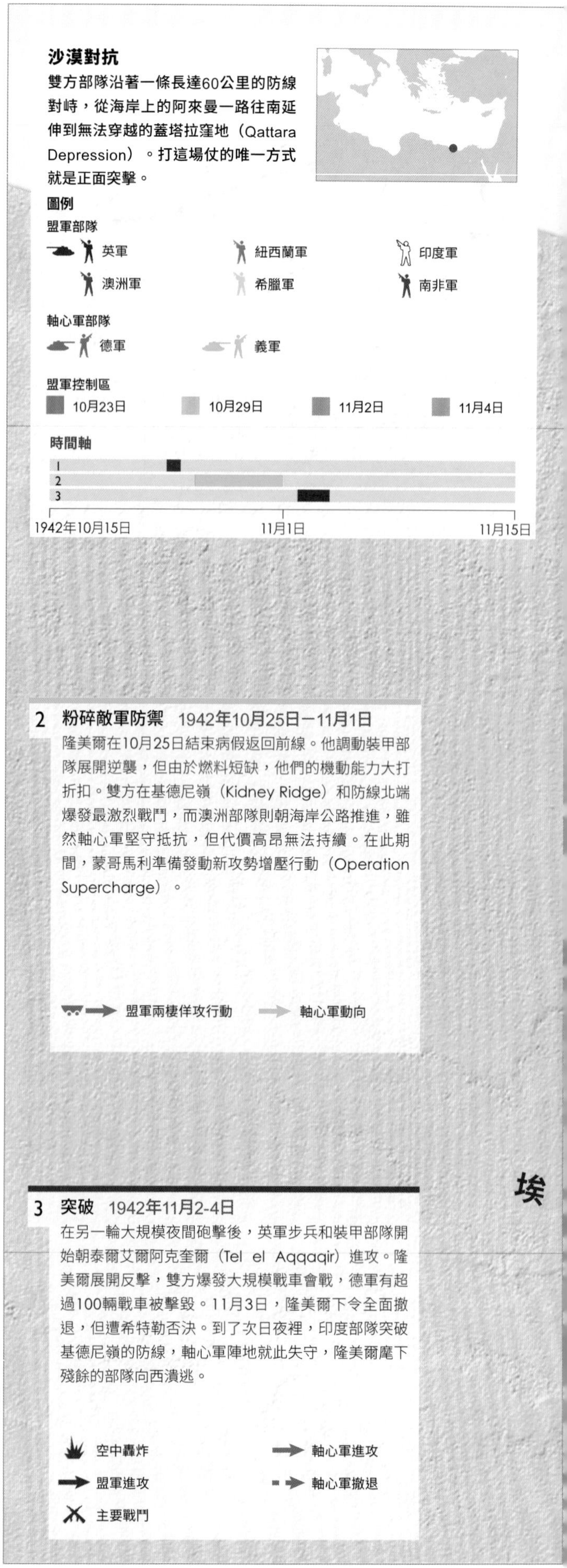
沙漠對抗
雙方部隊沿著一條長達60公里的防線對峙，從海岸上的阿來曼一路往南延伸到無法穿越的蓋塔拉窪地（Qattara Depression）。打這場仗的唯一方式就是正面突擊。
圖例
盟軍部隊
英軍
紐西蘭軍
印度軍
澳洲軍
希臘軍
南非軍
軸心軍部隊
德軍
義軍
盟軍控制區
10月23日
10月29日
11月2日
11月4日
時間軸
1
2
3
1942年10月15日
11月1日
11月15日
2 粉碎敵軍防禦 1942年10月25日－11月1日
隆美爾在10月25日結束病假返回前線。他調動裝甲部隊展開逆襲，但由於燃料短缺，他們的機動能力大打折扣。雙方在基德尼嶺（Kidney Ridge）和防線北端爆發最激烈戰鬥，而澳洲部隊則朝海岸公路推進，雖然軸心軍堅守抵抗，但代價高昂無法持續。在此期間，蒙哥馬利準備發動新攻勢增壓行動（Operation Supercharge）。
盟軍兩棲佯攻行動
軸心軍動向
埃
3 突破 1942年11月2-4日
在另一輪大規模夜間砲擊後，英軍步兵和裝甲部隊開始朝泰爾艾爾阿克奎爾（Tel el Aqqaqir）進攻。隆美爾展開反擊，雙方爆發大規模戰車會戰，德軍有超過100輛戰車被擊毀。11月3日，隆美爾下令全面撤退，但遭希特勒否決。到了次日夜裡，印度部隊突破基德尼嶺的防線，軸心軍陣地就此失守，隆美爾麾下殘餘的部隊向西潰逃。
空中轟炸
軸心軍進攻
盟軍進攻
軸心軍撤退
主要戰鬥

進入雷區　1942年10月23—24日

軸心軍不論人員還是戰車數量都不如敵人，但他們卻已經修築了十分堅強的防禦陣地，陣地前方還埋設50萬枚地雷，號稱「惡魔的花園」，搭配各式各樣的反戰車砲。10月23日晚間9時40分，第8軍團展開攻勢，步兵在1000門火砲轟擊的掩護下進入雷區，為戰車清出通道。由於雷區縱深寬廣，因此進度相當緩慢，軸心軍的防禦火力造成慘重傷亡。

──── 1942年10月23日的前線位置

⊏⊐▷ 盟軍主攻方向

⣿⣿ 軸心軍「惡魔的花園」雷區

／／ 盟軍目標

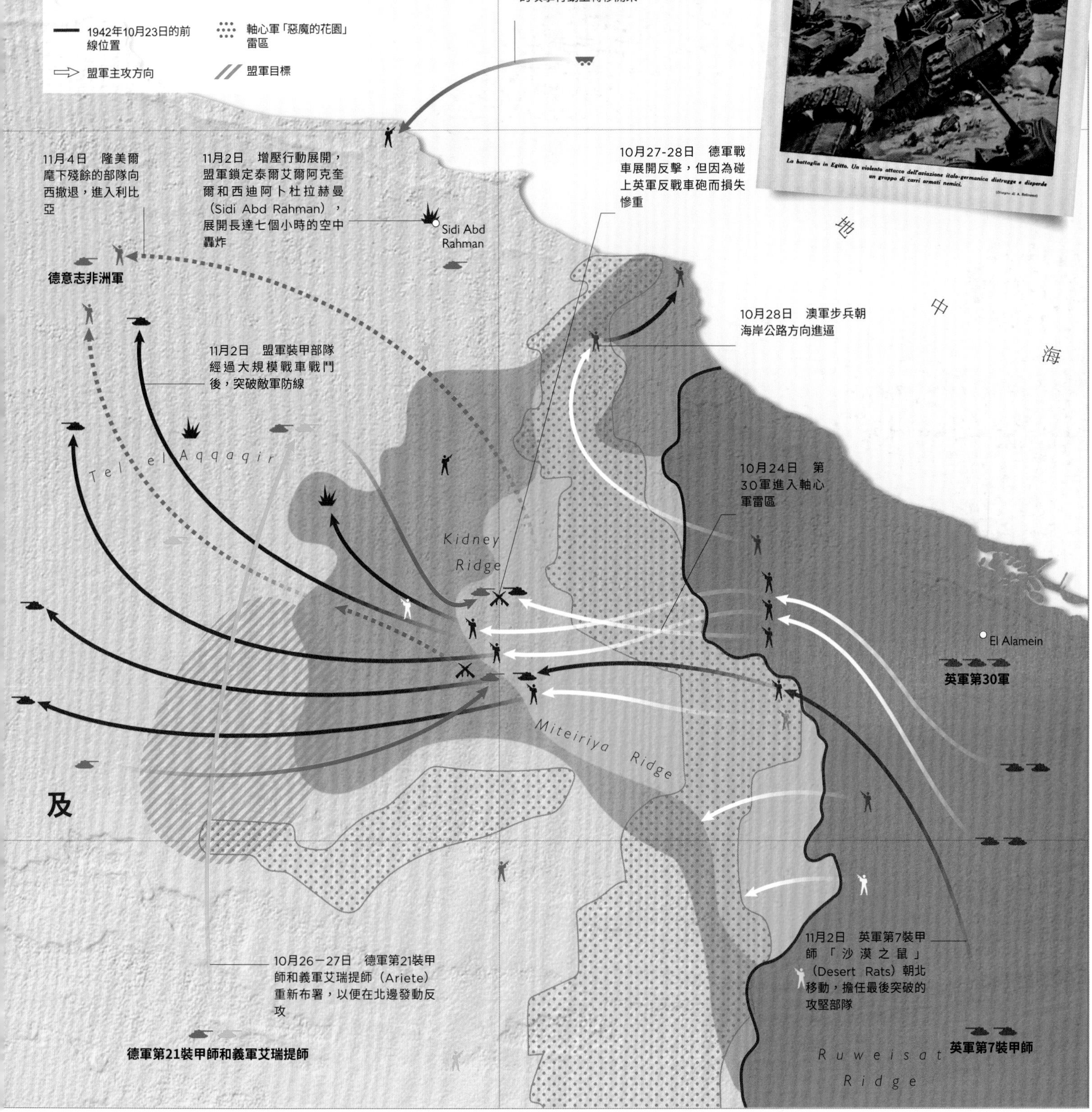

▷ 沙漠中的裝甲部隊作戰

這張1942年11月的義大利雜誌封面描繪第二次阿來曼戰役。雙方都有戰車損失，但數量居劣勢的軸心軍裝甲部隊先支撐不住，被迫全面撤退。

10月　盟軍進行廣泛的欺敵行動，在南邊布署數以百計的假戰車，並在海岸發動兩棲登陸佯攻，使軸心軍注意力從真正的攻擊行動上轉移開來

LA DOMENICA DEL CORRIERE

La battaglia in Egitto. Un violento attacco dell'aviazione italo-germanica distrugge e disperde un gruppo di carri armati nemici.

11月4日　隆美爾麾下殘餘的部隊向西撤退，進入利比亞

11月2日　增壓行動展開，盟軍鎖定泰爾艾爾阿克奎爾和西迪阿卜杜拉赫曼（Sidi Abd Rahman），展開長達七個小時的空中轟炸

10月27-28日　德軍戰車展開反擊，但因為碰上英軍反戰車砲而損失慘重

地中海

德意志非洲軍

Sidi Abd Rahman

10月28日　澳軍步兵朝海岸公路方向進逼

11月2日　盟軍裝甲部隊經過大規模戰車戰鬥後，突破敵軍防線

10月24日　第30軍進入軸心軍雷區

Tel el Aqqaqir

Kidney Ridge

El Alamein

英軍第30軍

Miteiriya Ridge

及

11月2日　英軍第7裝甲師「沙漠之鼠」（Desert Rats）朝北移動，擔任最後突破的攻堅部隊

10月26—27日　德軍第21裝甲師和義軍艾瑞提師（Ariete）重新布署，以便在北邊發動反攻

德軍第21裝甲師和義軍艾瑞提師

英軍第7裝甲師

Ruweisat Ridge

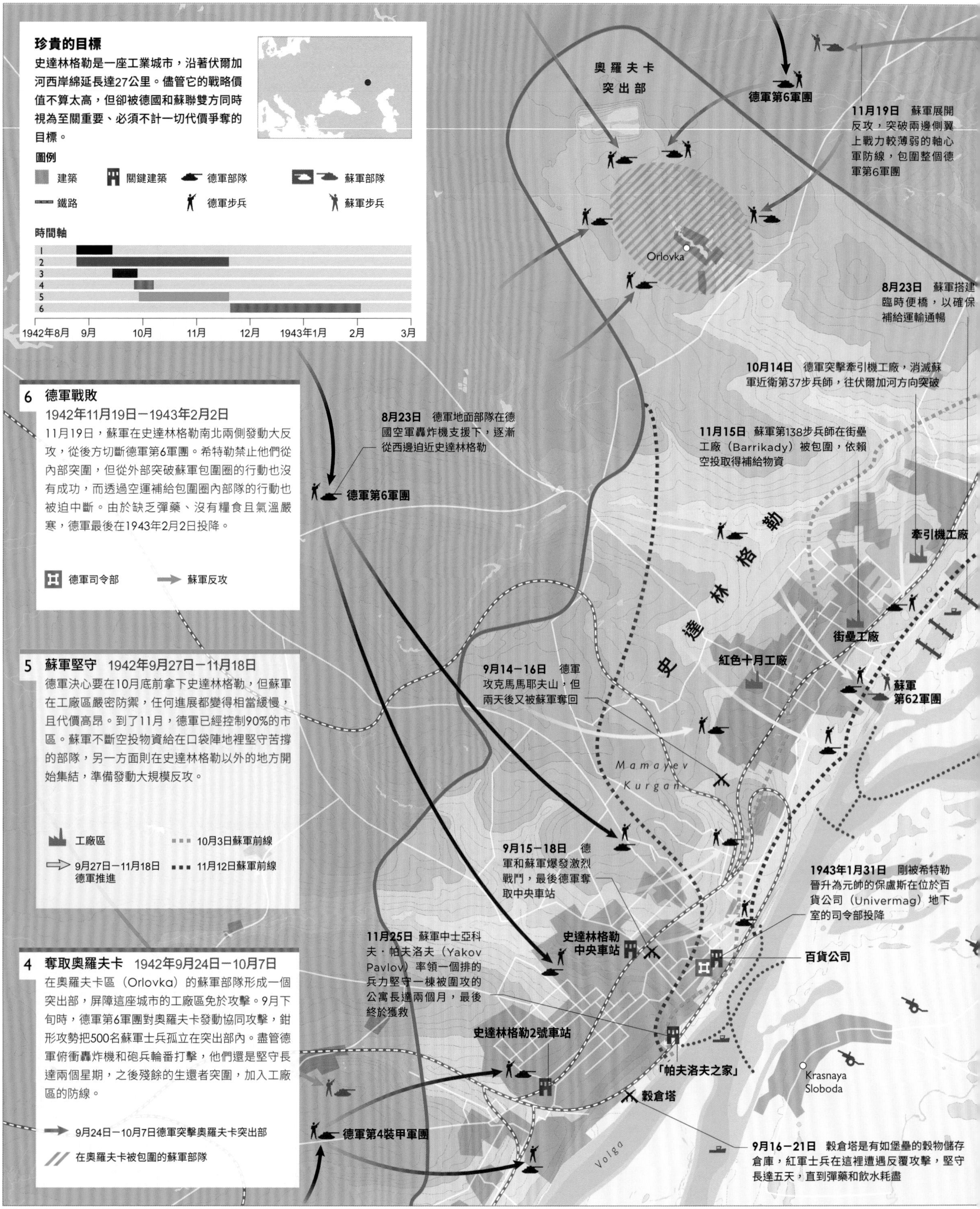
奧羅夫卡
突出部
德軍第6軍團
11月19日　蘇軍展開反攻，突破兩邊側翼上戰力較薄弱的軸心軍防線，包圍整個德軍第6軍團
Orlovka
8月23日　蘇軍搭建臨時便橋，以確保補給運輸通暢
10月14日　德軍突擊牽引機工廠，消滅蘇軍近衛第37步兵師，往伏爾加河方向突破
8月23日　德軍地面部隊在德國空軍轟炸機支援下，逐漸從西邊迫近史達林格勒
11月15日　蘇軍第138步兵師在街壘工廠（Barrikady）被包圍，依賴空投取得補給物資
德軍第6軍團
史達林格勒
牽引機工廠
街壘工廠
紅色十月工廠
蘇軍
第62軍團
9月14－16日　德軍攻克馬馬耶夫山，但兩天後又被蘇軍奪回
Mamayev
Kurgan
9月15－18日　德軍和蘇軍爆發激烈戰鬥，最後德軍奪取中央車站
1943年1月31日　剛被希特勒晉升為元帥的保盧斯在位於百貨公司（Univermag）地下室的司令部投降
11月25日　蘇軍中士亞科夫．帕夫洛夫（Yakov Pavlov）率領一個排的兵力堅守一棟被圍攻的公寓長達兩個月，最後終於獲救
史達林格勒中央車站
百貨公司
史達林格勒2號車站
「帕夫洛夫之家」
Krasnaya
Sloboda
穀倉塔
德軍第4裝甲軍團
Volga
9月16－21日　穀倉塔是有如堡壘的穀物儲存倉庫，紅軍士兵在這裡遭遇反覆攻擊，堅守長達五天，直到彈藥和飲水耗盡

珍貴的目標

史達林格勒是一座工業城市，沿著伏爾加河西岸綿延長達27公里。儘管它的戰略價值不算太高，但卻被德國和蘇聯雙方同時視為至關重要、必須不計一切代價爭奪的目標。

圖例

建築　關鍵建築　德軍部隊　蘇軍部隊
鐵路　德軍步兵　蘇軍步兵

時間軸

1 2 3 4 5 6

1942年8月　9月　10月　11月　12月　1943年1月　2月　3月

6 德軍戰敗

1942年11月19日－1943年2月2日

11月19日，蘇軍在史達林格勒南北兩側發動大反攻，從後方切斷德軍第6軍團。希特勒禁止他們從內部突圍，但從外部突破蘇軍包圍圈的行動也沒有成功，而透過空運補給包圍圈內部隊的行動也被迫中斷。由於缺乏彈藥、沒有糧食且氣溫嚴寒，德軍最後在1943年2月2日投降。

德軍司令部　蘇軍反攻

5 蘇軍堅守 1942年9月27日－11月18日

德軍決心要在10月底前拿下史達林格勒，但蘇軍在工廠區嚴密防禦，任何進展都變得相當緩慢，且代價高昂。到了11月，德軍已經控制90%的市區。蘇軍不斷空投物資給在口袋陣地裡堅守苦撐的部隊，另一方面則在史達林格勒以外的地方開始集結，準備發動大規模反攻。

工廠區　10月3日蘇軍前線
9月27日－11月18日德軍推進　11月12日蘇軍前線

4 奪取奧羅夫卡 1942年9月24日－10月7日

在奧羅夫卡區（Orlovka）的蘇軍部隊形成一個突出部，屏障這座城市的工廠區免於攻擊。9月下旬時，德軍第6軍團對奧羅夫卡發動協同攻擊，鉗形攻勢把500名蘇軍士兵孤立在突出部內。儘管德軍俯衝轟炸機和砲兵輪番打擊，他們還是堅守長達兩個星期，之後殘餘的生還者突圍，加入工廠區的防線。

9月24日－10月7日德軍突擊奧羅夫卡突出部
在奧羅夫卡被包圍的蘇軍部隊

圍攻史達林格勒

1942年夏末，長達五個月的史達林格勒戰役（Battle of Stalingrad）展開，最後遏止了軸心國軍隊對蘇聯的無情入侵。蘇聯軍民英勇奮戰，堅守這座城市，成為德軍第6軍團的死亡陷阱。

1942 年夏末，德軍已經奪取了克里米亞，並朝高加索（Caucasus）方向長驅直入，威脅到蘇聯主要的石油供應來源。德國原本不認為奪取史達林格勒會有什麼大問題，但沒多久，蘇聯獨裁者約瑟夫．史達林（Joseph Stalin）就把這座城市的防務擺到了優先位置。德國空軍從 8 月下旬開始轟炸史達林格勒，德軍地面部隊在 9 月入侵，卻在這座城市的每一個角落碰上殘酷激戰。戰鬥必須在街道之間、房屋之間、甚至是下水道之間進行，德方因此把這場戰役稱為鼠輩之戰（Rattenkrieg）。雙方都投入愈來愈多資源來打這場硬仗。

雖然蘇聯部隊被擠壓到沿著伏爾加河（Volga）西岸分布的小型口袋陣地內，他們依然頑強抵抗。史達林手下最有作戰天才的將領喬治．朱可夫（Georgy Zhukov）策畫了一場精湛的反攻行動，從後方一口氣切斷德軍的補給線。等到被包圍的德軍在 1943 年 2 月投降後，雙方都蒙受巨大損失。德軍在史達林格勒戰敗是德國軍事史上最慘重的一場敗仗，象徵著這場戰爭的轉捩點。

> **「要防守這座城市只有一個方法，我們必須以性命作為代價。時間就是鮮血！」**
>
> 蘇軍將領瓦西里．崔可夫（Vasily Chuikov），1942年9月

△ 化為廢墟的城市
激戰過後，蘇軍士兵穿越史達林格勒市中心的斷垣殘壁。這場圍城戰最終導致城市遭到戰火蹂躪，人口大量減少。

Rynok
USSR
史達林格勒方面軍
1942年 幾個軍團組成史達林格勒方面軍（Stalingrad Front）

1 城市化為廢墟 1942年8月23日－9月13日

德軍部隊在8月23日逼近史達林格勒時，德國空軍轟炸機開始對這座城市進行長達一週的猛烈空襲，許多建築化為瓦礫，平民百姓傷亡無數。佛瑞德里希．保盧斯將軍（Friedrich Paulus）指揮的德軍第6軍團從西邊迫近城市，南邊則有赫曼．霍特將軍（Hermann Hoth）指揮的第4裝甲軍團支援。

- 8月23日－9月13日德軍前進
- 1942年9月13日時德軍占領區
- 9月13日蘇軍前線

2 防衛史達林格勒
1942年8月23日－11月18日

史達林格勒由蘇軍第62和第64軍團防守，還有由工廠工人組成的民兵部隊支援，他們的補給物資和援軍是從蘇聯據守的伏爾加河東岸透過小船或臨時便橋運送過來的。崔可夫下令蘇軍「擁抱」敵軍，只要雙方距離太近，德軍就會因為害怕誤擊自己人而無法發動空襲或砲擊。關鍵建築物都被強化成碉堡，四周有雷區和鐵刺網圍繞。

- 帶狀砲兵陣地
- 臨時橋梁
- 補給線
- 船隻接駁

3 街道上的戰鬥 1942年9月13－27日

9月13日，德軍開始挺進到史達林格勒市中心，一些關鍵的地點──例如中央車站和主要山丘馬馬耶夫山（Mamayev Kurgan）──都數度易手。蘇軍狙擊手躲藏在瓦礫堆中，擊斃非常多敵軍。不過蘇軍部隊承受的傷亡比德軍高很多，當中有許多人表現出大無畏的自我犧牲勇氣，還有一些人則是因為被控違抗史達林「不准後退一步」的命令而遭處決。

- 9月13－27日德軍推進
- 9月27日蘇軍前線
- 主要戰鬥位置

瓦西里．崔可夫 1900－1982年

蘇聯軍隊在史達林格勒的指揮官瓦西里．伊凡諾維奇．崔可夫（Vasily Ivanovich Chuikov）出身於農家。他在俄國內戰期間（1918－20年）為革命軍作戰，晉升到軍官。他在1942年9月奉命接管史達林格勒的防禦工作，展現出無情的手段和力量，如果麾下官兵顯露出猶豫的跡象，他就會毫不遲疑地把他們槍斃。他因為史達林格勒的防禦戰而成為蘇聯的英雄。1945年春季，他指揮近衛第8軍團攻占柏林，之後在1955年晉升蘇聯元帥（Marshal of the Soviet Union）。

第二次世界大戰中的戰車

二次大戰期間，戰車的技術發展突飛猛進。剛開戰時，戰車比較小，馬力和火力通常不足，但到了1945年，它們就已成為龐大、裝甲厚重的鋼鐵野獸。

△ 海因茨・古德林將軍
海因茨・古德林（Heinz Guderian）的機動裝甲部隊理論為二次大戰初期德軍的勝利做出重大貢獻。

1939 年，各交戰國投入各種不同的戰車，專門執行特定任務。輕裝甲的戰車用於偵察，擁有中等裝甲的快速戰車扮演傳統上騎兵的角色，擔任震撼部隊，而裝甲較厚重的戰車負責支援步兵，最重型的戰車則用來突破敵軍要塞。

交戰各方裝甲作戰的理論基礎源自於從第一次世界大戰後期（1917-18 年）、西班牙內戰（1936-39 年）和中國對日抗戰（1937-45 年）等戰爭中學到的各式各樣教訓，進而產生兩種主要的思想流派。在法國，透過一絲不苟精心策畫的「有秩序作戰」，裝甲車輛固定扮演步兵支援和偵察角色。不過在德國，有些理論家提出有彈性、高度機動、完全摩托化的編組，由戰車打前鋒。

1940 年春天，德軍對西方盟國獲得震驚四方的壓倒性勝利，似乎證明了德國理論專家是對的，同時也暴露出現有戰車的弱點。到了次年，每個國家都競相改善速度、裝甲、武裝和可靠度。德國把有限的工業能量傾注在戰車尺寸和新科技，而盟國則把重點放在可靠度、使用彈性和適應性。到了 1944 － 45 年，所有各國軍隊都編組了機動性強的全兵種裝甲師。德國強調裝甲和火力，因此開發出令人畏懼但機動力不足的戰車，例如虎一式（Tiger I），投入戰場的數量有限。盟軍早期的單一用途戰車則被大量生產、性能可靠且能夠升級的全方位戰車取代，例如美國的 M4 雪曼戰車和蘇聯的 T-34 戰車。

反戰車武器

隨著裝甲車輛發展，反戰車武器也跟著出現。在早期，能夠攜帶但也更笨重的反戰車步槍取代了比較小的單發射擊步槍，此外也會使用地雷和手榴彈。可手持的無後座力裝置在二次大戰期間發展，這類武器配備了火箭推進榴彈和「中空裝藥」彈頭，德軍的鐵拳（Panzerfaust，下圖）就是一例。威力最強、最有效的反戰車武器則是反戰車砲，專門用於反擊戰車。

Starker Feuerstrahl!
VORSICHT!
Starker Feuerstrahl!

蘇軍戰車攻擊

1944年，T-34-85戰車和第3烏克蘭方面軍（3rd Ukrainian Front）的部隊在敖德薩（Odessa）地區發起攻擊。由於缺乏裝甲人員載具，步兵時常直接搭乘戰車前進，這種狀況在蘇聯軍隊中格外明顯。

D日登陸

1944年6月6日，盟軍開始入侵被德國占領的法國，代號「D日」，是二次大戰期間規模最大的軍事作戰行動之一。這場登陸的成功，是解放法國、擊敗納粹德國的關鍵一步。

自 1942 年起，從英國渡過英吉利海峽入侵被占領的歐洲就在同盟國的作戰規畫當中。美國方面不斷施壓，想要速戰速決，但英國拖延應付，因為他們深信這樣的冒險行動難度極高。在此期間，德國人則修築大西洋長城，把從西南方的法國到斯堪地那維亞（Scandinavia）的海岸線要塞化。這條可怕的防線包括各式火砲掩體、混凝土碉堡和海灘障礙物。

入侵行動的計畫一直要到 1943 年年中才真正展開，由美軍將領德懷特．艾森豪（Dwight D. Eisenhower）擔任最高統帥，英軍將領伯納德．蒙哥馬利負責指揮地面部隊。在英格蘭南部集結空前龐大的部隊和物資是一件完全無法掩飾的事，因此盟軍實施欺敵作戰，讓德軍相信他們會在加來（Pas-de-Calais）登陸，而不是諾曼第。

至於 D 日行動本身，盟軍有超過 15 萬人順利登陸，並形成一座灘頭堡，能讓增援部隊和補給物資越過海峽送達。盟軍當天的傷亡比擔憂中的輕微，只有大約 1 萬 1000 名盟軍士兵傷亡，但有許多應該在第一天達成的目標並沒有達成，且德軍的抵抗異常激烈。一直要到 7 月下旬，盟軍才從海岸上的立足點突破。他們在諾曼第之戰中付出了超過 20 萬人傷亡的代價，最後在 8 月 25 日解放巴黎。

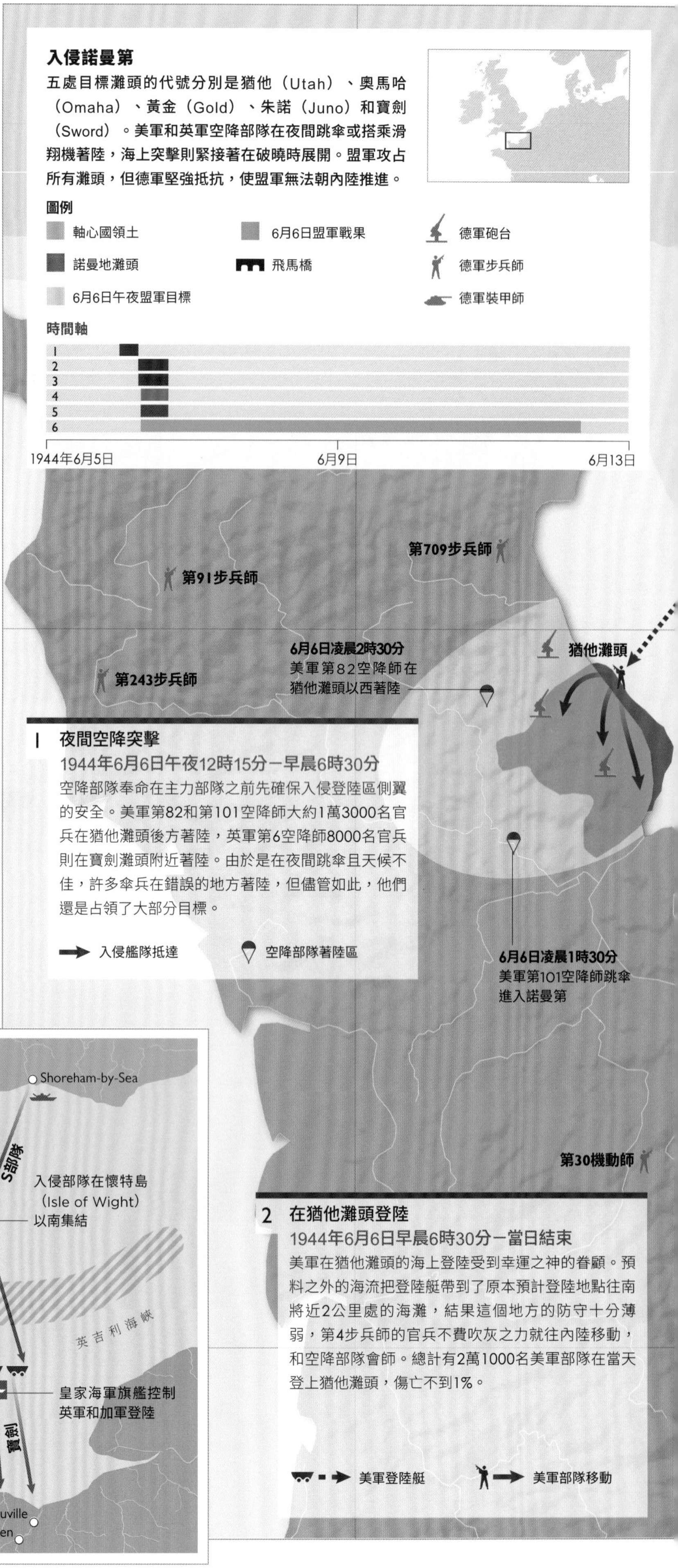
入侵諾曼第
五處目標灘頭的代號分別是猶他（Utah）、奧馬哈（Omaha）、黃金（Gold）、朱諾（Juno）和寶劍（Sword）。美軍和英軍空降部隊在夜間跳傘或搭乘滑翔機著陸，海上突擊則緊接著在破曉時展開。盟軍攻占所有灘頭，但德軍堅強抵抗，使盟軍無法朝內陸推進。
圖例
軸心國領土
6月6日盟軍戰果
德軍砲台
諾曼地灘頭
飛馬橋
德軍步兵師
6月6日午夜盟軍目標
德軍裝甲師
時間軸
1
2
3
4
5
6
1944年6月5日
6月9日
6月13日
第709步兵師
第91步兵師
6月6日凌晨2時30分
美軍第82空降師在猶他灘頭以西著陸
猶他灘頭
第243步兵師
1 夜間空降突擊
1944年6月6日午夜12時15分－早晨6時30分
空降部隊奉命在主力部隊之前先確保入侵登陸區側翼的安全。美軍第82和第101空降師大約1萬3000名官兵在猶他灘頭後方著陸，英軍第6空降師8000名官兵則在寶劍灘頭附近著陸。由於是在夜間跳傘且天候不佳，許多傘兵在錯誤的地方著陸，但儘管如此，他們還是占領了大部分目標。
入侵艦隊抵達
空降部隊著陸區
6月6日凌晨1時30分
美軍第101空降師跳傘進入諾曼第
第30機動師
2 在猶他灘頭登陸
1944年6月6日早晨6時30分－當日結束
美軍在猶他灘頭的海上登陸受到幸運之神的眷顧。預料之外的海流把登陸艇帶到了原本預計登陸地點往南將近2公里處的海灘，結果這個地方的防守十分薄弱，第4步兵師的官兵不費吹灰之力就往內陸移動，和空降部隊會師。總計有2萬1000名美軍部隊在當天登上猶他灘頭，傷亡不到1%。
美軍登陸艇
美軍部隊移動

橫渡海峽

D日是軍事史上規模最大的兩棲登陸作戰，共有超過1200艘軍艦和4000艘登陸艇參與。6月5－6日夜間，這些船艦從英國出航，經由從雷區中清出的航道航行。戰鬥艦、巡洋艦和空中轟炸負責壓制德軍的防禦，運輸艦則把官兵接駁到登陸艇上，以便進行最後一段航程。

圖例
- 軸心國領土
- 同盟國領土
- 盟軍入侵
- 部隊運輸船
- 雷區
- 登陸艇
- 軍艦砲轟海岸

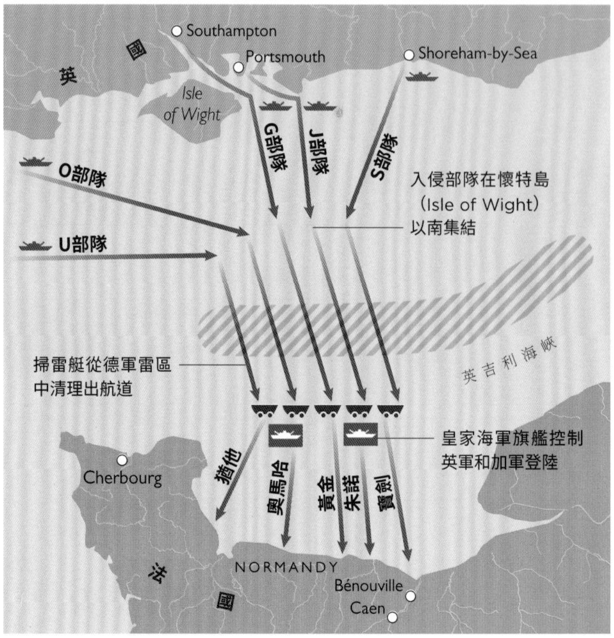
Southampton
Portsmouth
Shoreham-by-Sea
英國
Isle of Wight
G部隊
J部隊
S部隊
O部隊
U部隊
入侵部隊在懷特島（Isle of Wight）以南集結
掃雷艇從德軍雷區中清理出航道
英吉利海峽
皇家海軍旗艦控制英軍和加軍登陸
Cherbourg
猶他
奧馬哈
黃金
朱諾
寶劍
NORMANDY
Bénouville
Caen
法國

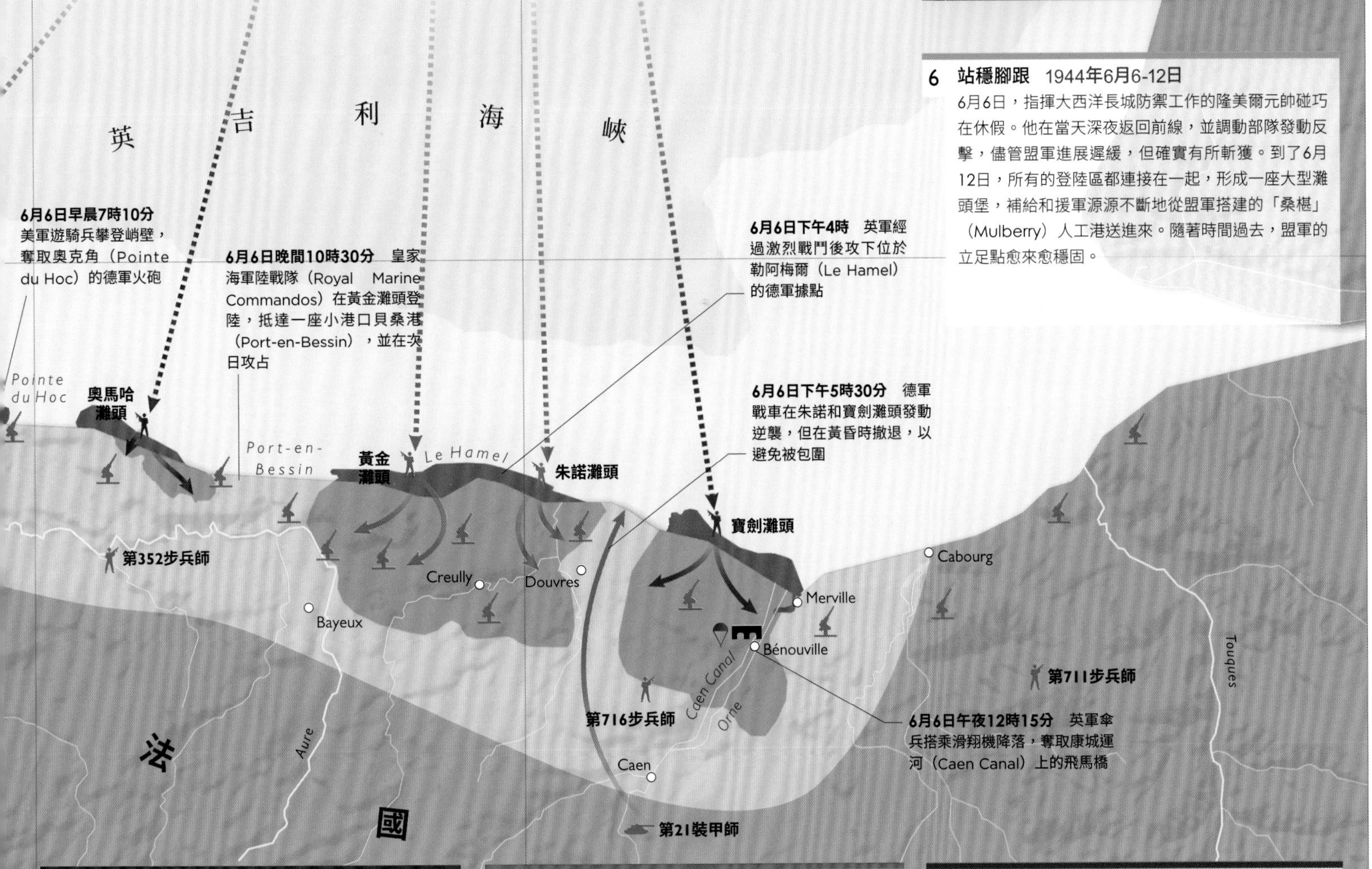
從達特茅斯出發
從波特蘭出發
從南安普敦出發
從朴次茅斯出發
從濱海秀爾罕出發
英吉利海峽
6月6日早晨7時10分 美軍遊騎兵攀登峭壁，奪取奧克角（Pointe du Hoc）的德軍火砲
6月6日晚間10時30分 皇家海軍陸戰隊（Royal Marine Commandos）在黃金灘頭登陸，抵達一座小港口貝桑港（Port-en-Bessin），並在次日攻占
6月6日下午4時 英軍經過激烈戰鬥後攻下位於勒阿梅爾（Le Hamel）的德軍據點
6月6日下午5時30分 德軍戰車在朱諾和寶劍灘頭發動逆襲，但在黃昏時撤退，以避免被包圍
6月6日午夜12時15分 英軍傘兵搭乘滑翔機降落，奪取康城運河（Caen Canal）上的飛馬橋
Pointe du Hoc
奧馬哈灘頭
Port-en-Bessin
黃金灘頭
Le Hamel
朱諾灘頭
寶劍灘頭
第352步兵師
Creully
Douvres
Bayeux
Cabourg
Merville
Bénouville
Caen Canal
Orne
Touques
第711步兵師
第716步兵師
Aure
Caen
法國
第21裝甲師

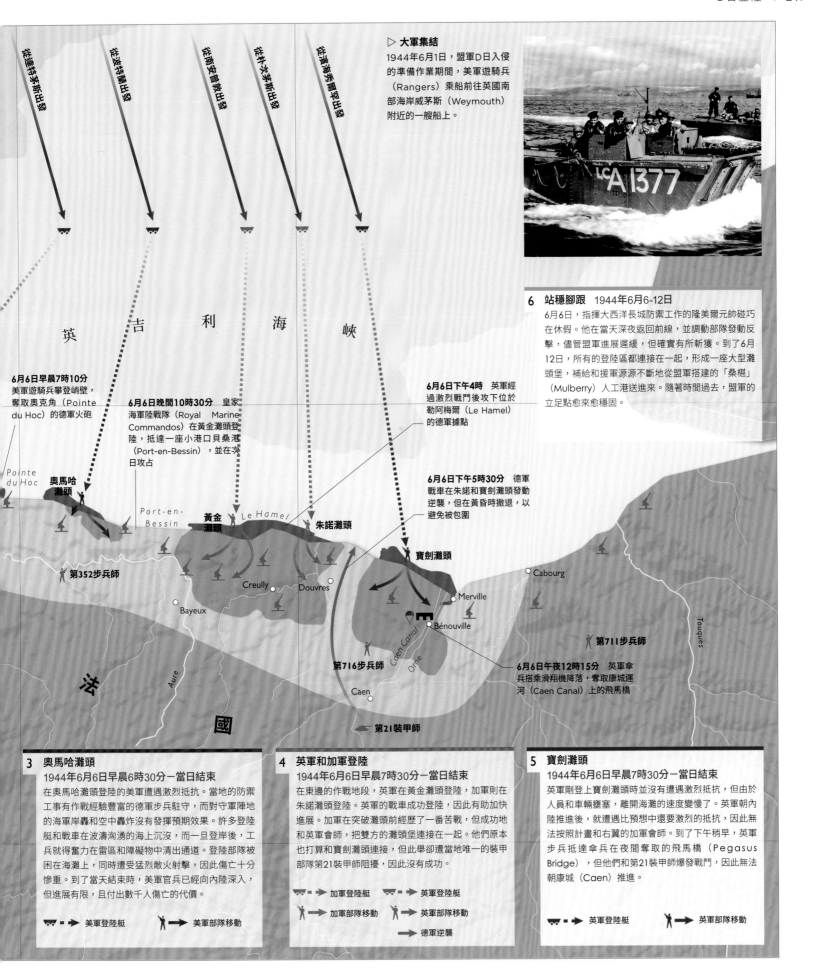

▷ 大軍集結
1944年6月1日，盟軍D日入侵的準備作業期間，美軍遊騎兵（Rangers）乘船前往英國南部海岸威茅斯（Weymouth）附近的一艘船上。

6 站穩腳跟 1944年6月6-12日

6月6日，指揮大西洋長城防禦工作的隆美爾元帥碰巧在休假。他在當天深夜返回前線，並調動部隊發動反擊，儘管盟軍進展遲緩，但確實有所斬獲。到了6月12日，所有的登陸區都連接在一起，形成一座大型灘頭堡，補給和援軍源源不斷地從盟軍搭建的「桑椹」（Mulberry）人工港送進來。隨著時間過去，盟軍的立足點愈來愈穩固。

3 奧馬哈灘頭
1944年6月6日早晨6時30分－當日結束

在奧馬哈灘頭登陸的美軍遭遇激烈抵抗。當地的防禦工事有作戰經驗豐富的德軍步兵駐守，而對守軍陣地的海軍岸轟和空中轟炸沒有發揮預期效果。許多登陸艇和戰車在波濤洶湧的海上沉沒，而一旦登岸後，工兵就得奮力在雷區和障礙物中清出通道。登陸部隊被困在海灘上，同時遭受猛烈敵火射擊，因此傷亡十分慘重。到了當天結束時，美軍官兵已經向內陸深入，但進展有限，且付出數千人傷亡的代價。

美軍登陸艇　美軍部隊移動

4 英軍和加軍登陸
1944年6月6日早晨7時30分－當日結束

在東邊的作戰地段，英軍在黃金灘頭登陸，加軍則在朱諾灘頭登陸。英軍的戰車成功登陸，因此有助加快進展。加軍在突破灘頭前經歷了一番苦戰，但成功地和英軍會師，把雙方的灘頭堡連接在一起。他們原本也打算和寶劍灘頭連接，但此舉卻遭當地唯一的裝甲部隊第21裝甲師阻擾，因此沒有成功。

加軍登陸艇　英軍登陸艇
加軍部隊移動　英軍部隊移動
德軍逆襲

5 寶劍灘頭
1944年6月6日早晨7時30分－當日結束

英軍剛登上寶劍灘頭時並沒有遭遇激烈抵抗，但由於人員和車輛壅塞，離開海灘的速度變慢了。英軍朝內陸推進後，就遭遇比預想中還要激烈的抵抗，因此無法按照計畫和右翼的加軍會師。到了下午稍早，英軍步兵抵達傘兵在夜間奪取的飛馬橋（Pegasus Bridge），但他們和第21裝甲師爆發戰鬥，因此無法朝康城（Caen）推進。

英軍登陸艇　英軍部隊移動

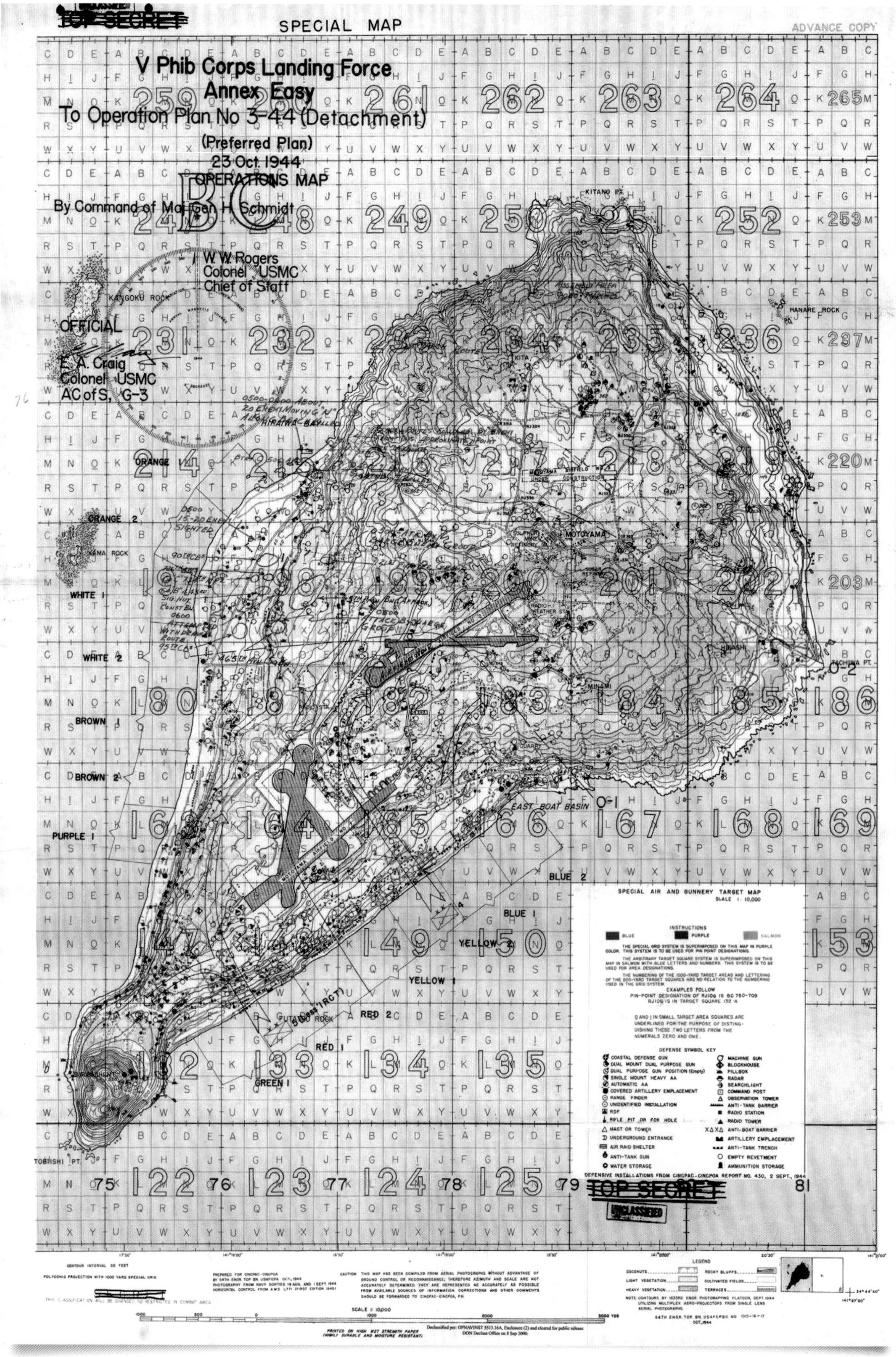
TOP SECRET
UNCLASSIFIED
SPECIAL MAP
ADVANCE COPY
V Phib Corps Landing Force
Annex Easy
To Operation Plan No 3-44 (Detachment)
(Preferred Plan)
23 Oct. 1944
OPERATIONS MAP
By Command of Maj Gen H Schmidt
W. W. Rogers
Colonel USMC
Chief of Staff
OFFICIAL
E. A. Craig
Colonel USMC
AC of S, G-3
KITANO PT.
KANGOKU ROCK
HANARE ROCK
KITA
MOTOYAMA
MINAMI
TACHIWA PT.
EAST BOAT BASIN
FUTATSU ROCK
TOBISHI PT.
ORANGE
ORANGE 2
WHITE 1
WHITE 2
BROWN 1
BROWN 2
PURPLE 1
BLUE 1
BLUE 2
YELLOW 1
YELLOW 2
RED 1
RED 2
GREEN 1
O-1
O-2
SPECIAL AIR AND GUNNERY TARGET MAP
SCALE 1:10,000
INSTRUCTIONS
DEFENSE SYMBOL KEY
DEFENSIVE INSTALLATIONS FROM CINCPAC-CINCPOA REPORT NO. 430, 2 SEPT, 1944
TOP SECRET
UNCLASSIFIED
CONTOUR INTERVAL 20 FEET
SCALE 1:10000
LEGEND
Declassified per: OPNAVINST 5513.16A, Enclosure (2) and cleared for public release
DON Declass Office on 8 Sep 2000.

硫磺島

1945年初，11萬美軍啟程，準備攻占由大約2萬名日軍把守的蕞爾小島硫磺島。這場爭奪戰堪稱是整場戰爭期間最血腥慘烈的戰役之一，美軍部隊從密如蜘蛛網的地下坑道網中肅清日軍。一個月過後，他們終於取得戰略上和心理上的勝利。

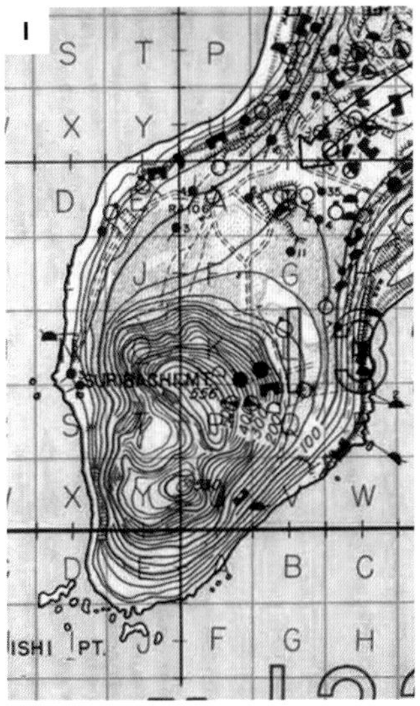

1

◁ 島嶼要塞
這幅1944年10月的美軍軍用地圖標示出登陸作戰的首要方案，以及硫磺島上所有的日軍火砲掩體和防禦工事。

▷ 初期勝利
硫磺島的最高點摺缽山有超過200座火砲掩體負責防禦。2月23日，美國海軍陸戰隊在山頂上升起美國國旗。

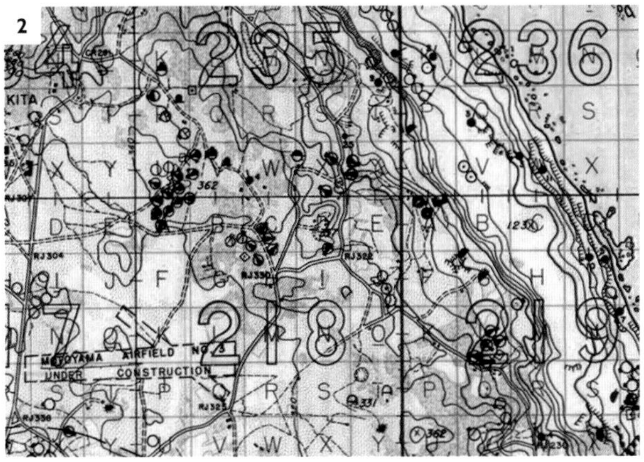

2

▽ 最血腥的會戰
美軍在遍布著日軍隱形交通網的丘陵間作戰，備極艱辛，因此給它取了「絞肉機」的外號。

1942 年，美軍在中途島獲勝後（參見第238-39 頁），就開始轉守為攻，向西越過太平洋反攻，並重創日本海軍。1945 年 2 月，美軍對日本據守的蕞爾小島硫磺島展開攻勢。這座小島戰略地位重要，可讓美方做為盟軍戰鬥機的基地，還可讓受損的轟炸機緊急降落避難。

面對美軍入侵，日軍已做好萬全準備。栗林忠道將軍在這座島嶼各地大量修建要塞，挖掘坑道深入岩石內部，長達 18 公里的坑道連接各處的碉堡和洞穴，形成防禦網，以保護他手下部隊不受海軍岸轟和空中轟炸打擊。

11 萬名美軍當中的第一批在 2 月 19 日登陸。他們在島上緩緩推進時，卻發現自己的行蹤暴露在眾多看不見的敵人面前，敵軍會突然從碉堡中現身並發動攻擊。美軍的進展遲緩，代價又高昂，有將近 7000 名官兵陣亡，超過 1 萬 9000 人受傷。一小股由栗林忠道率領的日軍堅守到 3 月 26 日，但幾乎所有守軍都陣亡，只有大約 1000 人被俘（許多人躲藏了好幾個月，甚至好幾年）。

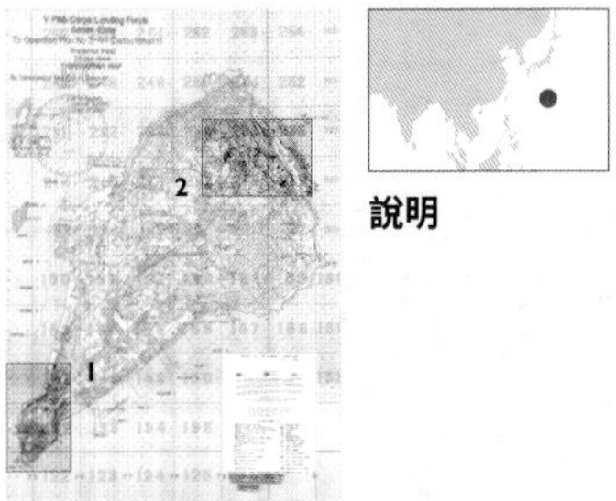

說明

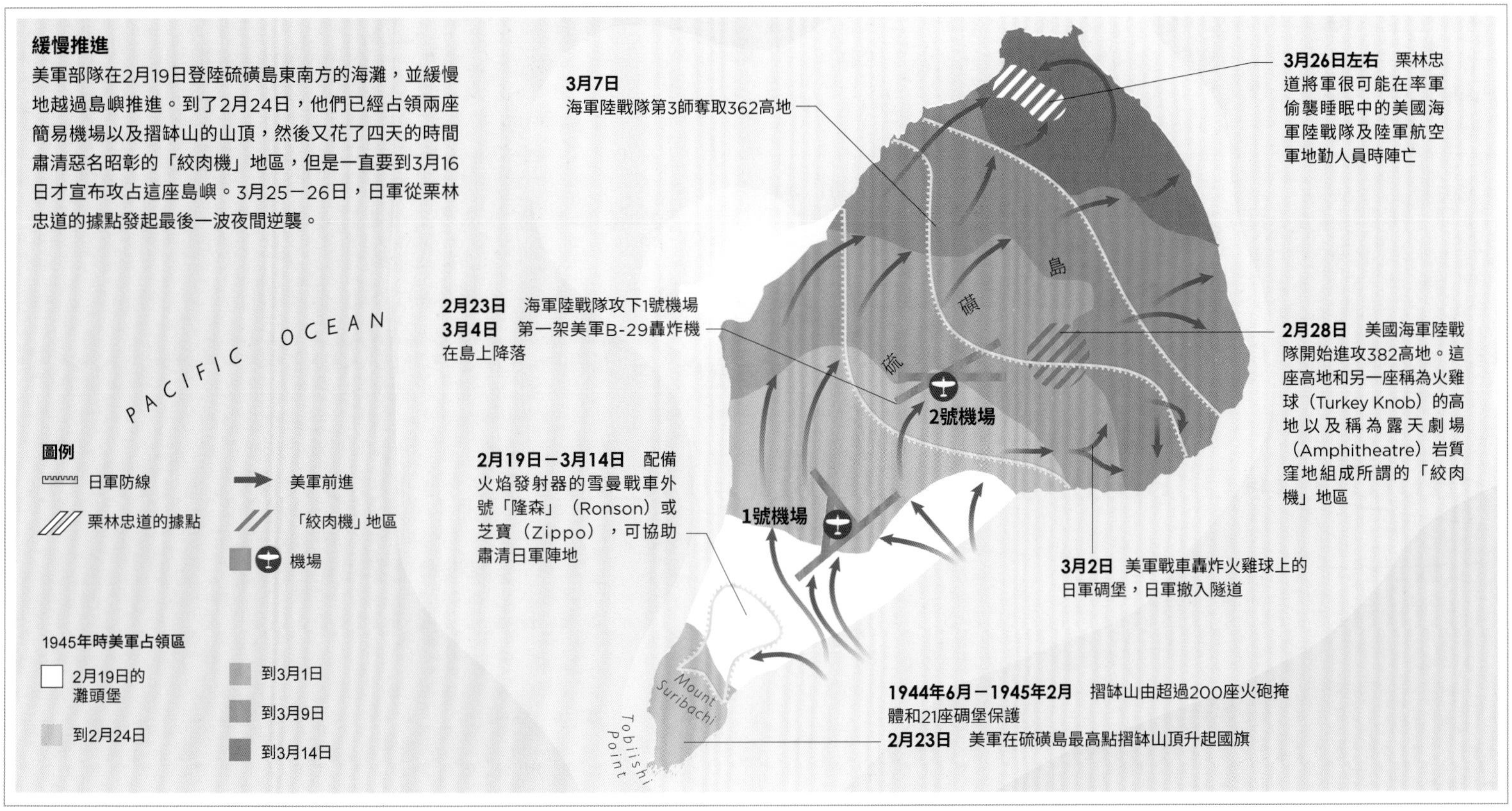
3月7日
海軍陸戰隊第3師奪取362高地
3月26日左右 栗林忠道將軍很可能在率軍偷襲睡眠中的美國海軍陸戰隊及陸軍航空軍地勤人員時陣亡
2月23日 海軍陸戰隊攻下1號機場
3月4日 第一架美軍B-29轟炸機在島上降落
PACIFIC OCEAN
硫
磺
島
2號機場
2月28日 美國海軍陸戰隊開始進攻382高地。這座高地和另一座稱為火雞球（Turkey Knob）的高地以及稱為露天劇場（Amphitheatre）岩質窪地組成所謂的「絞肉機」地區
2月19日－3月14日 配備火焰發射器的雪曼戰車外號「隆森」（Ronson）或芝寶（Zippo），可協助肅清日軍陣地
1號機場
3月2日 美軍戰車轟炸火雞球上的日軍碉堡，日軍撤入隧道
圖例
日軍防線
美軍前進
栗林忠道的據點
「絞肉機」地區
機場
1945年時美軍占領區
2月19日的灘頭堡
到2月24日
到3月1日
到3月9日
到3月14日
Mount Suribachi
Tobiishi Point
1944年6月－1945年2月 摺缽山由超過200座火砲掩體和21座碉堡保護
2月23日 美軍在硫磺島最高點摺缽山頂升起國旗

緩慢推進
美軍部隊在2月19日登陸硫磺島東南方的海灘，並緩慢地越過島嶼推進。到了2月24日，他們已經占領兩座簡易機場以及摺缽山的山頂，然後又花了四天的時間肅清惡名昭彰的「絞肉機」地區，但是一直要到3月16日才宣布攻占這座島嶼。3月25－26日，日軍從栗林忠道的據點發起最後一波夜間逆襲。

柏林陷落

二次大戰在歐洲的最後一戰就是具備壓倒性優勢的紅軍猛攻柏林。面對第三帝國的末日，德國領導人阿道夫・希特勒還是堅持他的部隊戰鬥到最後一人一彈，雙方的人命損失都十分巨大。

西方盟國在 1944 年夏季入侵諾曼第（參見第 248-49 頁）之後，希特勒依然頑強奮戰，甚至在 1944 年 12 月－ 1945 年 1 月的突出部之役（Battle of the Bulge）期間，於亞耳丁內斯（Ardennes）發動一場失敗的攻勢。1 月中旬，蘇聯軍隊展開超大規模攻勢，從東邊入侵德國。到了 3 月，第一批美軍部隊已經從西邊渡過萊茵河。在空中，英軍和美軍的轟炸機四處橫行無阻，把許多德國城市變成瓦礫堆。希特勒不論是空軍還是陸軍都寡不敵眾、節節敗退，他因此動員兒童和老人，讓他們為保衛祖國而犧牲。

盟軍對柏林的最後進攻到底是從東邊還是從西邊，這個問題從來沒有引發爭執。美軍將領德懷特・艾森豪（Dwight D. Eisenhower）非常樂意讓蘇聯獲得這項榮耀，並承擔相對應的傷亡損失。4 月 25 日，當德國首都柏林裡裡外外還在激戰時，蘇軍和美軍部隊就在易北河（River Elbe）畔的托爾高（Torgau）友好地會師。隨著戰鬥的腳步漸漸逼近，包括希特勒在內的許多納粹高階領導人都預期到他們會面對羞辱的慘敗，因此選擇自盡。柏林在 5 月 2 日投降，歐洲的戰事則在五天後結束，蘇聯和西方盟國軍隊分區占領柏林。這些占領區之後形成東柏林和西柏林，持續到 1990 年。

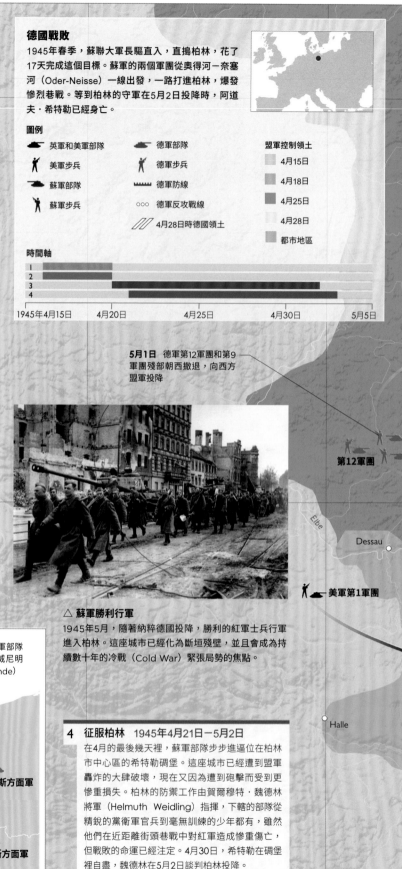

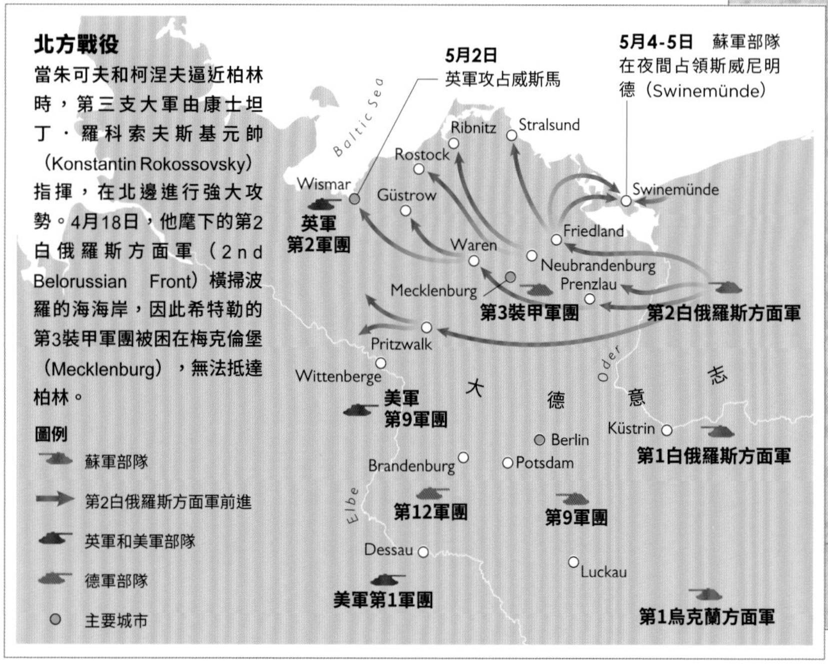

△ **蘇軍勝利行軍**
1945年5月，隨著納粹德國投降，勝利的紅軍士兵行軍進入柏林。這座城市已經化為斷垣殘壁，並且會成為持續數十年的冷戰（Cold War）緊張局勢的焦點。

4 征服柏林 1945年4月21日－5月2日
在4月的最後幾天裡，蘇軍部隊步步進逼位在柏林市中心區的希特勒碉堡。這座城市已經遭到盟軍轟炸的大肆破壞，現在又因為遭到砲擊而受到更慘重損失。柏林的防禦工作由賀爾穆特・魏德林將軍（Helmuth Weidling）指揮，下轄的部隊從精銳的黨衛軍官兵到毫無訓練的少年都有，雖然他們在近距離街頭巷戰中對紅軍造成慘重傷亡，但戰敗的命運已經注定。4月30日，希特勒在碉堡裡自盡，魏德林在5月2日談判柏林投降。

希特勒的碉堡

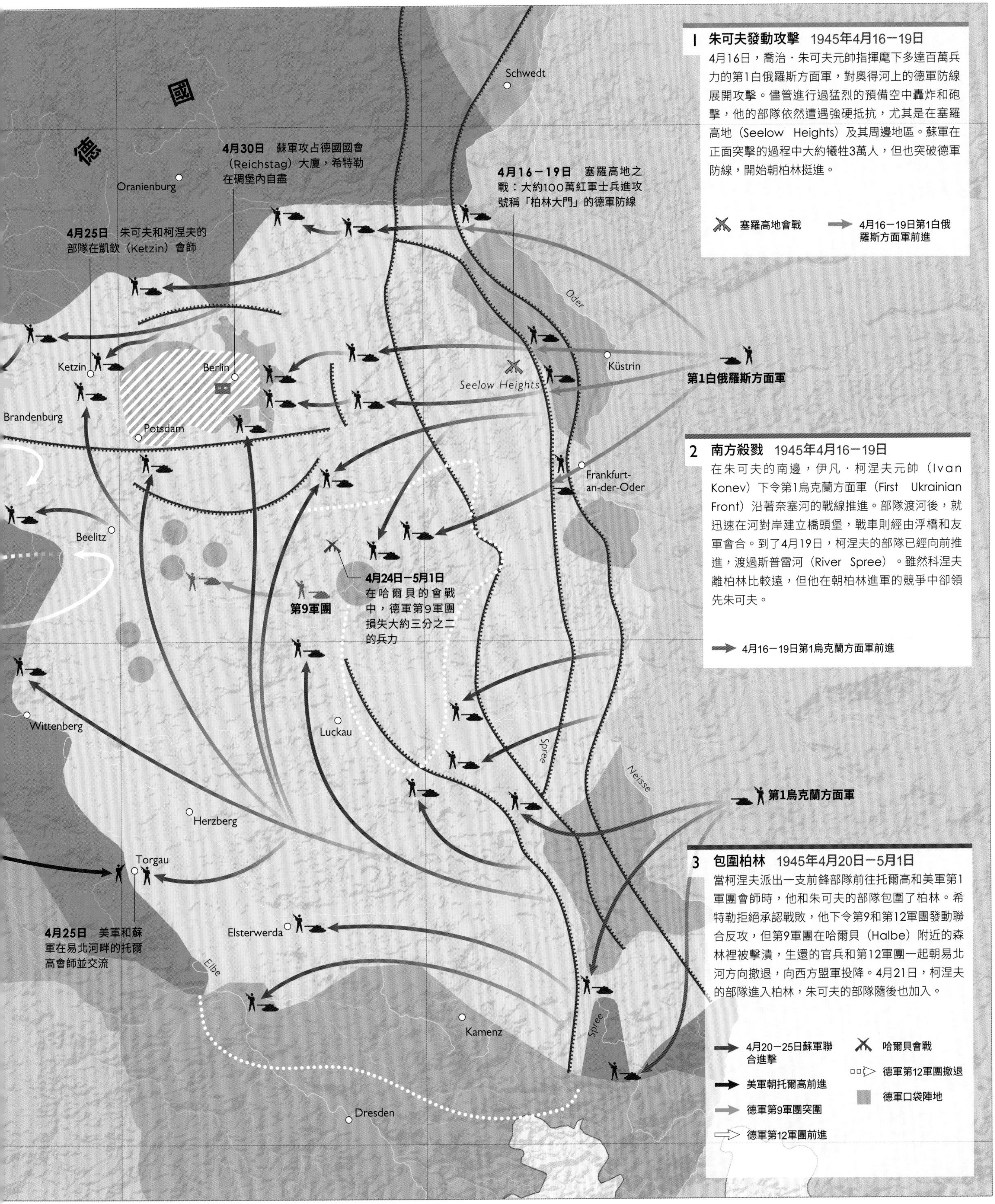
德國
Schwedt
Oranienburg
4月30日 蘇軍攻占德國國會（Reichstag）大廈，希特勒在碉堡內自盡
4月16－19日 塞羅高地之戰：大約100萬紅軍士兵進攻號稱「柏林大門」的德軍防線
4月25日 朱可夫和柯涅夫的部隊在凱欽（Ketzin）會師
Oder
Küstrin
第1白俄羅斯方面軍
Ketzin
Berlin
Seelow Heights
Brandenburg
Potsdam
Frankfurt-an-der-Oder
Beelitz
4月24日－5月1日 在哈爾貝的會戰中，德軍第9軍團損失大約三分之二的兵力
第9軍團
Wittenberg
Luckau
Spree
Neisse
第1烏克蘭方面軍
Herzberg
Torgau
4月25日 美軍和蘇軍在易北河畔的托爾高會師並交流
Elsterwerda
Elbe
Kamenz
Spree
Dresden

1 朱可夫發動攻擊 1945年4月16－19日

4月16日，喬治．朱可夫元帥指揮麾下多達百萬兵力的第1白俄羅斯方面軍，對奧得河上的德軍防線展開攻擊。儘管進行過猛烈的預備空中轟炸和砲擊，他的部隊依然遭遇強硬抵抗，尤其是在塞羅高地（Seelow Heights）及其周邊地區。蘇軍在正面突擊的過程中大約犧牲3萬人，但也突破德軍防線，開始朝柏林挺進。

塞羅高地會戰
4月16－19日第1白俄羅斯方面軍前進

2 南方殺戮 1945年4月16－19日

在朱可夫的南邊，伊凡．柯涅夫元帥（Ivan Konev）下令第1烏克蘭方面軍（First Ukrainian Front）沿著奈塞河的戰線推進。部隊渡河後，就迅速在河對岸建立橋頭堡，戰車則經由浮橋和友軍會合。到了4月19日，柯涅夫的部隊已經向前推進，渡過斯普雷河（River Spree）。雖然科涅夫離柏林比較遠，但他在朝柏林進軍的競爭中卻領先朱可夫。

4月16－19日第1烏克蘭方面軍前進

3 包圍柏林 1945年4月20日－5月1日

當柯涅夫派出一支前鋒部隊前往托爾高和美軍第1軍團會師時，他和朱可夫的部隊包圍了柏林。希特勒拒絕承認戰敗，他下令第9和第12軍團發動聯合反攻，但第9軍團在哈爾貝（Halbe）附近的森林裡被擊潰，生還的官兵和第12軍團一起朝易北河方向撤退，向西方盟軍投降。4月21日，柯涅夫的部隊進入柏林，朱可夫的部隊隨後也加入。

4月20－25日蘇軍聯合進擊
美軍朝托爾高前進
德軍第9軍團突圍
德軍第12軍團前進
哈爾貝會戰
德軍第12軍團撤退
德軍口袋陣地

核子時代

核子武器於1945年首次、也是唯一一次在日本使用後，就激發出先前其他軍事科技所無法激發的恐懼。之後它們就沒有在戰爭中真正派上用場，而是扮演終極嚇阻力量的角色。

△ **原子先鋒**
美國物理學家羅伯特．歐本海默（J. Robert Oppenheimer）因為負責1940年代美國的原子彈開發計畫「曼哈頓計畫」（Manhattan Project）而聞名。

世界在1945年8月美軍轟炸廣島和長崎時踏入核子時代。蘇聯也在1949年研發出自身的核子武力，英國則在1952年跟進。

在初期，核子武器被視為用於戰略性任務的特殊彈藥，但美國總統哈利．杜魯門（Harry S. Truman）的政府卻發揮它們的嚇阻潛力，以防止美國和蘇聯之間的直接衝突。世界各國政府為了採購和開發這類武器及其運載系統，耗費了大量開支，經常讓國防預算的其他部分黯然失色。最後，核融合炸彈（氫彈）取代了核分裂炸彈（原子彈），戰略轟炸機先是被陸基彈道飛彈取代，之後又被潛射彈道飛彈（submarine-launched ballistic missile, SLBM）取代。任何一個國家在這個領域的每一次進步，它的盟友和競爭對手都會緊追不捨。到了1980年代，美國和蘇聯持有的核子武器已經足夠徹底毀滅整個世界很多次。

核子武器現況

美國和蘇聯在1987年簽訂《中程飛彈條約》（Intermediate-Range Nuclear Forces Treaty），緩解了這場軍備競賽的緊張程度。不過到了21世紀，核子武器繼續擴散，且被各國視為能夠獲得威望的重要武器。

洲際彈道飛彈

洲際彈道飛彈（intercontinental ballistic missile, ICBM）原本是發展做為戰略防禦武器。這種彈道飛彈由陸地上發射，配備核子彈頭，射程超過5600公里。俄國、美國、中國、法國、印度、英國和北韓目前都擁有可用於作戰的洲際彈道飛彈。

美國泰坦2型（Titan II）洲際彈道飛彈

烈焰之雲
法國在1970年進行獨角獸行動（Operation Licorne），於法屬玻里尼西亞（French Polynesia）進行大氣層內核子試爆，正式加入核子軍備競賽。從這張圖片裡可以見到核子裝置在試爆時的駭人景象。

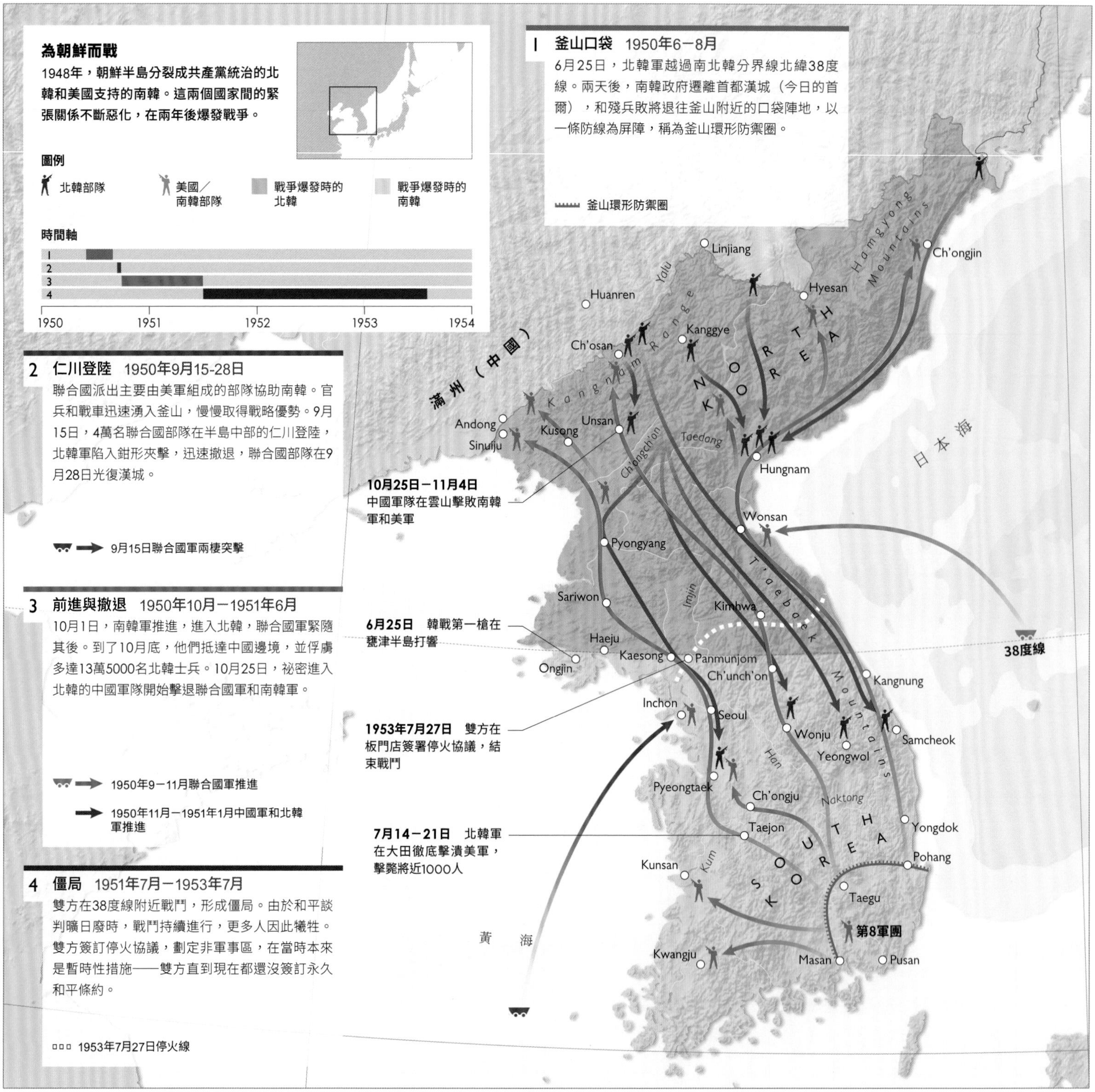
為朝鮮而戰
1948年，朝鮮半島分裂成共產黨統治的北韓和美國支持的南韓。這兩個國家間的緊張關係不斷惡化，在兩年後爆發戰爭。
圖例
北韓部隊
美國／南韓部隊
戰爭爆發時的北韓
戰爭爆發時的南韓
時間軸
1
2
3
4
1950
1951
1952
1953
1954
1 釜山口袋 1950年6－8月
6月25日，北韓軍越過南北韓分界線北緯38度線。兩天後，南韓政府遷離首都漢城（今日的首爾），和殘兵敗將退往釜山附近的口袋陣地，以一條防線為屏障，稱為釜山環形防禦圈。
釜山環形防禦圈
2 仁川登陸 1950年9月15-28日
聯合國派出主要由美軍組成的部隊協助南韓。官兵和戰車迅速湧入釜山，慢慢取得戰略優勢。9月15日，4萬名聯合國部隊在半島中部的仁川登陸，北韓軍陷入鉗形夾擊，迅速撤退，聯合國部隊在9月28日光復漢城。
9月15日聯合國軍兩棲突擊
3 前進與撤退 1950年10月－1951年6月
10月1日，南韓軍推進，進入北韓，聯合國軍緊隨其後。到了10月底，他們抵達中國邊境，並俘虜多達13萬5000名北韓士兵。10月25日，祕密進入北韓的中國軍隊開始擊退聯合國軍和南韓軍。
1950年9－11月聯合國軍推進
1950年11月－1951年1月中國軍和北韓軍推進
4 僵局 1951年7月－1953年7月
雙方在38度線附近戰鬥，形成僵局。由於和平談判曠日廢時，戰鬥持續進行，更多人因此犧牲。雙方簽訂停火協議，劃定非軍事區，在當時本來是暫時性措施——雙方直到現在都還沒簽訂永久和平條約。
1953年7月27日停火線
10月25日－11月4日
中國軍隊在雲山擊敗南韓軍和美軍
6月25日 韓戰第一槍在甕津半島打響
1953年7月27日 雙方在板門店簽署停火協議，結束戰鬥
7月14－21日 北韓軍在大田徹底擊潰美軍，擊斃將近1000人
滿州（中國）
日本海
黃海
38度線
第8軍團
NORTH KOREA
SOUTH KOREA
Linjiang
Ch'ongjin
Hyesan
Huanren
Kanggye
Ch'osan
Andong
Sinuiju
Kusong
Unsan
Hungnam
Wonsan
Pyongyang
Sariwon
Kimhwa
Haeju
Kaesong
Panmunjom
Ongjin
Ch'unch'on
Kangnung
Inchon
Seoul
Wonju
Yeongwol
Samcheok
Pyeongtaek
Ch'ongju
Taejon
Yongdok
Pohang
Kunsan
Taegu
Kwangju
Masan
Pusan
Yalu
Kangnam Range
Hamgyong Mountains
Taedong
Ch'ongch'on
Imjin
Taebaek Mountains
Han
Naktong
Kum

仁川

在韓戰（1950－53年）的前幾個月裡，北韓軍擊退南韓軍及其盟軍，把他們逼到南韓東南方的口袋陣地裡。1950年，聯合國軍在敵軍戰線後方的仁川進行兩棲登陸，一場野心勃勃的反攻就此展開。

韓國在二次大戰結束時脫離日本統治，並分割成兩個共和國：一個是北邊由共產黨統治的朝鮮民主主義人民共和國（Democratic People's Republic of Korea），有蘇聯和中國支持，另一個是南邊的大韓民國，有美國撐腰。1950年6月，北韓入侵南韓，南韓軍雖有聯合國的軍事支援，但還是被逼到南韓的東南部角落裡。聯合國軍司令道格拉斯·麥克阿瑟計畫發動反攻，在位於敵軍戰線後方160公里處的仁川進行兩棲登陸。結果這場奇襲大獲全勝，聯合國軍迅速奪回之前喪失的領土。麥克阿瑟企圖追擊敵軍直到中國邊境，但這個舉動卻引發中國介入，結果導致聯合國部隊撤退。到了1951年中，雙方又回到戰爭爆發時原本位置的附近。

奠邊府

二次大戰結束時，法國企圖重新控制位於印度支那的殖民地。越南民族主義團體越盟展開漫長的游擊戰，爭取獨立，最後在1954年5月於奠邊府的血戰中擊敗法軍。

法軍已經和越盟（Viet Minh，這個組織為越南獨立而戰）鏖戰了超過七年。1954 年初，法軍擬訂計畫，打算在越南西北部的偏遠山區建立前哨據點，打破僵局。這座基地在空中補給維繫下，將能有效切斷來自鄰國寮國的敵軍補給線。法軍認為越盟無法把高射砲和火砲運進這個地區，但他們低估了越盟指揮官武元甲的才能。他花了好幾個月的時間，把重兵器運到易守難攻、且能俯瞰法軍基地的陣地。當他發動攻擊時，法軍猝不及防。偏僻的陣地迅速失陷，但機場跑道周邊區域堅守了將近兩個月。當這些地方也在 1954 年 5 月失守時，對法國來說是決定性失敗，隨之而來的就是越南的獨立和分裂。

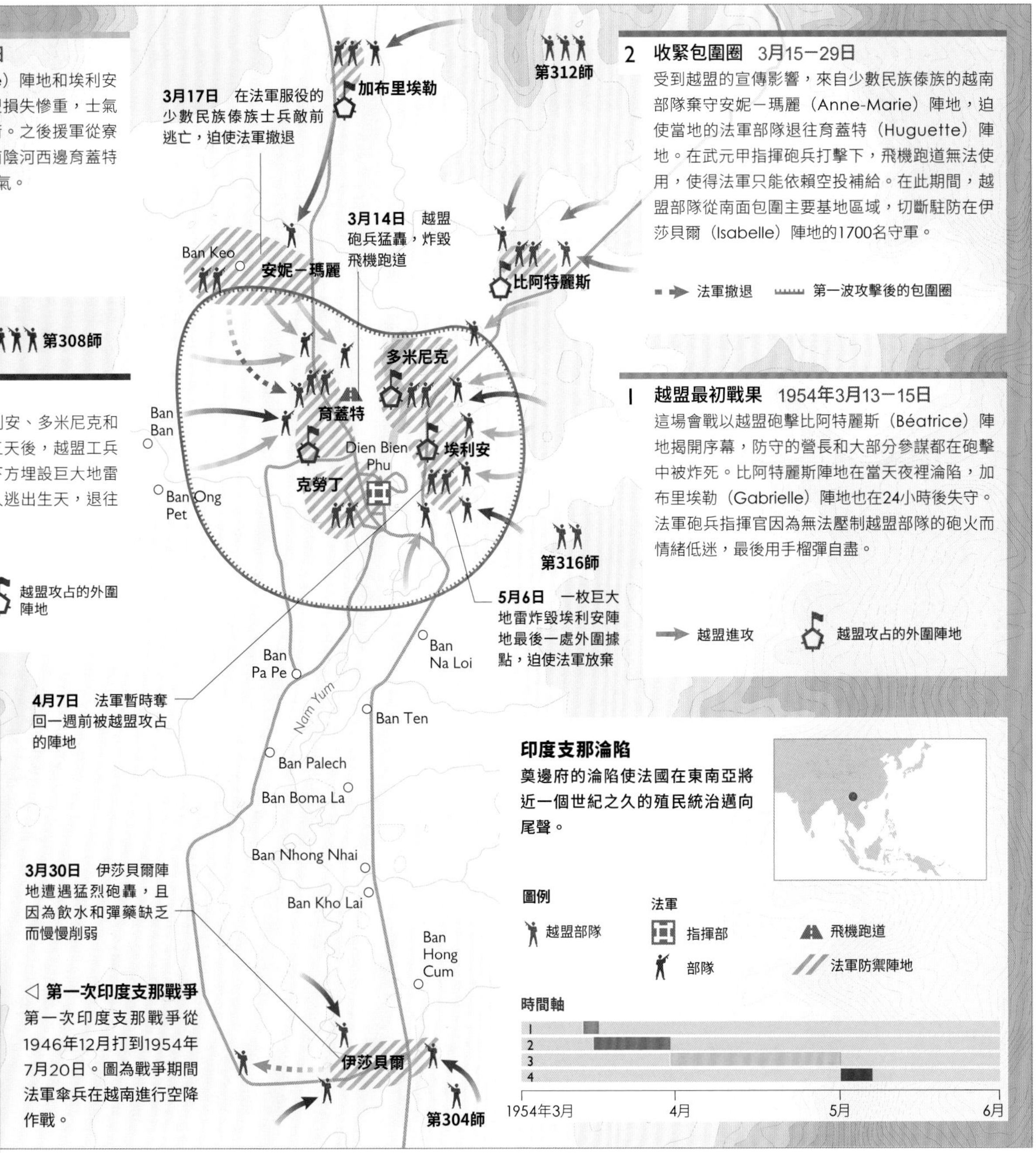

3 切割突穿 3月30日－4月30日
4月初，多米尼克（Dominique）陣地和埃利安（Eliane）陣地數度易手。越盟損失慘重，士氣衰頹，武元甲因此改採壕溝戰術。之後援軍從寮國抵達，越盟包圍並攻占位於南陰河西邊育蓋特陣地大部分地方，提振了越盟士氣。
越盟進攻
第308師
4 最後突擊 5月1－7日
5月1日夜間，越盟對法軍的埃利安、多米尼克和育蓋特等陣地，並順利得手。五天後，越盟工兵在埃利安的最後一處外圍陣地下方埋設巨大地雷並引爆，一舉攻陷，只有少數人逃出生天，退往寮國邊界。
越盟進攻
越盟攻占的外圍陣地
法軍逃往寮國
3月17日 在法軍服役的少數民族傣族士兵敵前逃亡，迫使法軍撤退
加布里埃勒
第312師
3月14日 越盟砲兵猛轟，炸毀飛機跑道
Ban Keo
安妮－瑪麗
比阿特麗斯
多米尼克
育蓋特
Dien Bien Phu
埃利安
克勞丁
Ban Ban
Ban Ong Pet
第316師
5月6日 一枚巨大地雷炸毀埃利安陣地最後一處外圍據點，迫使法軍放棄
Ban Na Loi
Ban Pa Pe
4月7日 法軍暫時奪回一週前被越盟攻占的陣地
Nam Yum
Ban Ten
Ban Palech
Ban Boma La
Ban Nhong Nhai
Ban Kho Lai
3月30日 伊莎貝爾陣地遭遇猛烈砲轟，且因為飲水和彈藥缺乏而慢慢削弱
Ban Hong Cum
伊莎貝爾
第304師
2 收緊包圍圈 3月15－29日
受到越盟的宣傳影響，來自少數民族傣族的越南部隊棄守安妮－瑪麗（Anne-Marie）陣地，迫使當地的法軍部隊退往育蓋特（Huguette）陣地。在武元甲指揮砲兵打擊下，飛機跑道無法使用，使得法軍只能依賴空投補給。在此期間，越盟部隊從南面包圍主要基地區域，切斷駐防在伊莎貝爾（Isabelle）陣地的1700名守軍。
法軍撤退
第一波攻擊後的包圍圈
1 越盟最初戰果 1954年3月13－15日
這場會戰以越盟砲擊比阿特麗斯（Béatrice）陣地揭開序幕，防守的營長和大部分參謀都在砲擊中被炸死。比阿特麗斯陣地在當天夜裡淪陷，加布里埃勒（Gabrielle）陣地也在24小時後失守。法軍砲兵指揮官因為無法壓制越盟部隊的砲火而情緒低迷，最後用手榴彈自盡。
越盟進攻
越盟攻占的外圍陣地
印度支那淪陷
奠邊府的淪陷使法國在東南亞將近一個世紀之久的殖民統治邁向尾聲。
圖例
越盟部隊
法軍
指揮部
部隊
飛機跑道
法軍防禦陣地
時間軸
1
2
3
4
1954年3月
4月
5月
6月

◁ **第一次印度支那戰爭**
第一次印度支那戰爭從1946年12月打到1954年7月20日。圖為戰爭期間法軍傘兵在越南進行空降作戰。

革命與戰爭

第二次世界大戰後，革命和民族主義政治與游擊戰相結合，導致各地暴動頻傳。許多叛亂分子採用游擊戰術，因此得以用戰力較弱、裝備較差的武裝力量擊敗較強大的敵人。

LÊ
THỊ
HỒNG
GẤM
TẤN CÔNG KIÊN QUYẾT, QUẢ CẢM
BÁM TRỤ VỮNG CHẮC, KIÊN CƯỜNG.

△ **無畏的戰士**
這張宣傳海報的主角是黎氏洪甘，她是在越戰中犧牲的共產黨游擊戰士。

20 世紀期間，最成功的游擊戰發生在越南。1946 年，北越民族主義組織越盟對法國殖民統治當局展開叛亂。他們以中國共產黨領袖毛澤東為典範，仿照他的革命模式，在鄉間建立游擊隊基地，並用宣傳爭取人民支持——毛澤東就是靠著這個戰略在 1949 年成功登上大位。越盟的戰術從四處襲擊、伏擊、破壞到戰場上的全面軍事行動都有。

越盟作戰成功的巔峰就是在奠邊府擊敗法軍（參見第 257 頁），鼓舞了世界各地的革命運動。1959 年，斐代爾．卡斯楚（Fidel Castro）率領的游擊隊在古巴推翻美國支持的政府，法國則在阿爾及利亞面對來勢洶洶的游擊戰，導致阿爾及利亞在 1962 年獨立。緊接著而來的是在南越蔓延的游擊戰，最後導致和美國爆發全面戰爭（1965 － 73 年）。1965 年，阿根廷的埃內斯托．「切」．格瓦拉（Ernesto “Che” Guevara）先在剛果、之後在南美洲企圖散布革命，但他團結反美力量的努力終告失敗。自 1970 年代開始，城市游擊戰運動和國際恐怖主義興起，與原本革命分子的鄉村遊擊戰術同樣引人注目。

△ **武裝巡邏，1966年**
一批越共游擊隊在南越的河流上巡邏。前方的士兵手持一把美製M1918白朗寧（Browning）自動步槍。

率領眾人向前

1959年，古巴領導人斐代爾．卡斯楚（最左）和切．格瓦拉（中央）在古巴哈瓦那帶頭參與勝利遊行。切．格瓦拉曾參與過世界各地多場革命運動，成為聞名於世的革命象徵。

2 突破西奈　6月5-8日

以軍地面部隊在加薩走廊（Gaza Strip）南端越過邊境，朝阿里什（El Arish）挺進，並在一番激戰後奪取這個地點。在南邊，以軍戰車和砲兵攻陷阿布阿吉拉（Abu Ageila）的埃軍陣地。以軍部隊接著快速向西衝刺，切斷撤退中的埃軍部隊，奪取吉迪隘口（Gidi Pass）和米特拉隘口（Mitla Pass）。許多埃及官兵被困在沙漠裡，因為缺乏糧食和飲水而死去。

➡ 以軍推進　　　➡ 以軍戰車進攻

1 空中打擊　1967年6月5日

以色列軍機在早晨7時15分起飛，低飛躲避雷達偵測，攻擊埃及機場。它們幾乎做到徹底奇襲，而當天稍晚約旦和敘利亞的機場也遭到襲擊。阿拉伯方面大約有400架飛機被毀，以色列方面只損失大約20架噴射機。以色列透過這場行動取得無法撼動的空優，是決定性的戰果。

🌱 以色列空中攻擊

3 加薩陷落　6月5-6日

在入侵剛開始時，以色列部隊並沒有把加薩當成目標，但等到當地的砲兵對內蓋夫沙漠（Negev Desert）中的以色列人定居點開火時，以軍部隊就開始行動，占領加薩市。他們雖然遭遇激烈抵抗，但還是在6月6日成功拿下加薩，並占領整條加薩走廊。

➡ 以軍前進　　　🔫 加薩的砲兵

6月6日 以色列部隊經過激烈巷戰後，攻占阿里什

6月7日 以色列傘兵奪取耶路撒冷舊城區

6月7日 希布倫（Hebron）在不抵抗的狀況下淪陷

▽ 以色列裝甲部隊

以色列戰車朝西奈半島上的埃軍陣地奔馳前進。1948年以色列建國後，就組建了一支戰力強大的軍隊，使用西方供應的戰車，在六日戰爭（Six-Day War）中發揮極大效益。

6月7日 以色列突擊隊、傘兵和海軍部隊拿下沙姆沙伊赫

4 沙姆沙伊赫陷落　6月7日

以軍發動一場小規模作戰，目標是奪取沙姆沙伊赫（Sharm el-Sheikh），因為埃及從這裡封鎖阿卡巴灣。在當天清晨，以軍飛彈快艇開始朝埃軍陣地轟擊，空降部隊和埃軍地面部隊交火，並奪取該城，不過這個時候埃軍大致上已經放棄這座城市了。

📍 空降部隊攻擊　　　➡ 飛彈快艇攻擊

西奈戰役

由於以色列空軍迅速消滅埃及空軍，所以可以專注於對地攻擊，以軍裝甲部隊在噴射機的支援下浩浩蕩蕩越過西奈半島的沙漠，短短幾天就抵達蘇伊士運河。

六日戰爭

自1948年建國開始，以色列就不斷和阿拉伯鄰國爆發戰爭。當雙方緊張關係在1967年來到新高時，以色列對阿拉伯的機場發動先制打擊，然後派出地面部隊占領邊界地帶，同時擊敗阿拉伯軍隊。

以色列和周邊的阿拉伯鄰國長期處於敵對關係，而在 1967 年，由於敘利亞支持巴勒斯坦游擊隊活動，局勢愈發緊張。當埃及總統納瑟（Nasser）動員部隊封鎖阿卡巴灣（Gulf of Aqaba）內的以色列航運並和約旦國王胡笙（Hussein）簽署防禦條約時，危機爆發。

以色列高層深信國家已經受到威脅，因此決定先發制人。1967 年 6 月 5 日，以色列空軍噴射機對埃及機場發動一連串空襲，不只炸毀地面上停放的埃及空軍大量飛機，也把跑道炸得殘破不堪，無法使用。同一時間，地面部隊兵分三路入侵西奈半島，朝蘇伊士運河方向前進。在接下來的戰鬥中，由於掌握了制空權，入侵的以軍擁有決定性的優勢。

當約旦出兵協助盟友埃及時，他們的部隊也被擊退，東耶路撒冷（East Jerusalem）和約旦河（Jordan River）西岸也被以色列控制。在戰果的激勵下，以色列部隊之後又朝敘利亞邊界上的戈蘭高地（Golan Heights）挺進，拿下這處戰略性據點後才接受聯合國安理會（United Nations Security Council）的呼籲停火。在短短六天內，以色列就占領了將近 7 萬平方公里的土地。

> 「每一個人都得面對考驗，並上場戰鬥，直到一切結束。」
>
> 敘利亞總統努爾丁・阿塔西（Noureddin Al-Atassi），1967年

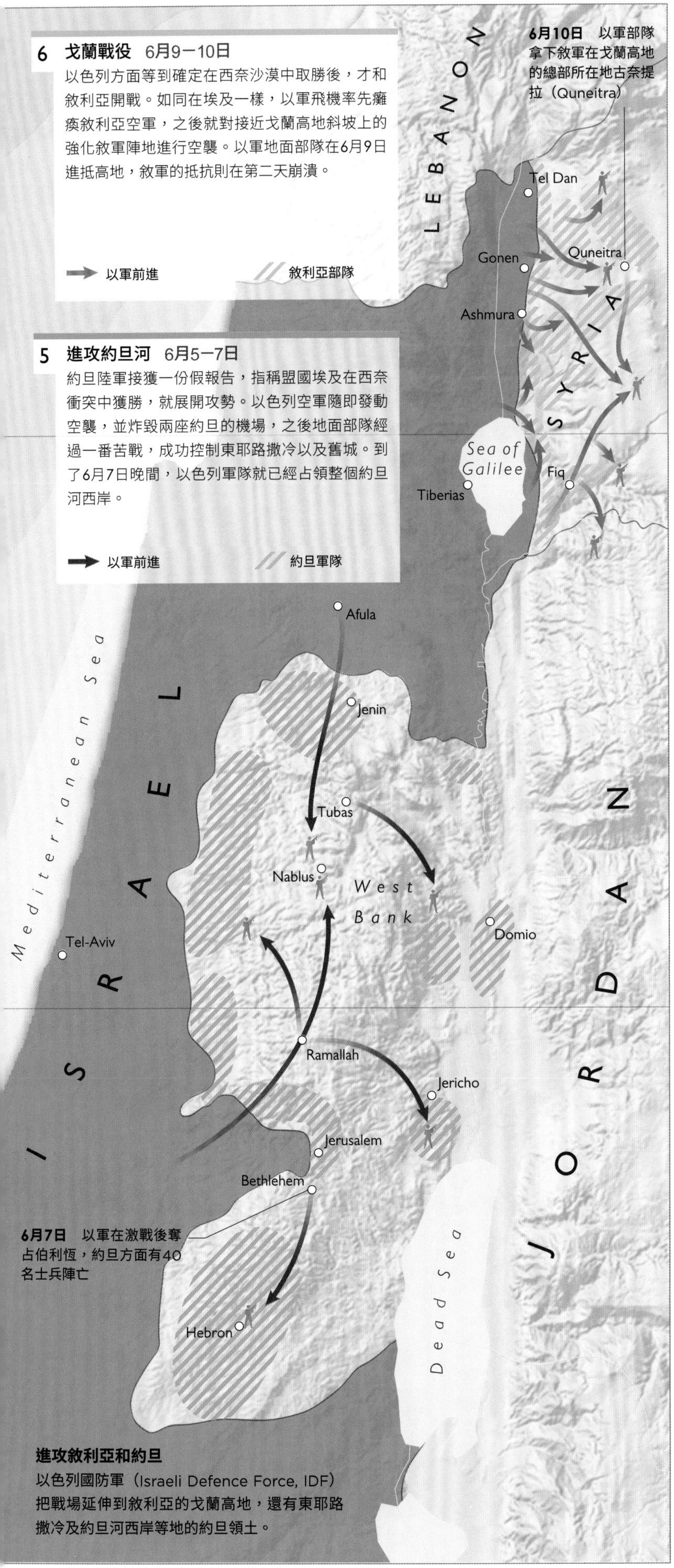

6 戈蘭戰役 6月9－10日
以色列方面等到確定在西奈沙漠中取勝後，才和敘利亞開戰。如同在埃及一樣，以軍飛機率先癱瘓敘利亞空軍，之後就對接近戈蘭高地斜坡上的強化敘軍陣地進行空襲。以軍地面部隊在6月9日進抵高地，敘軍的抵抗則在第二天崩潰。
以軍前進
敘利亞部隊
6月10日 以軍部隊拿下敘軍在戈蘭高地的總部所在地古奈提拉（Quneitra）
5 進攻約旦河 6月5－7日
約旦陸軍接獲一份假報告，指稱盟國埃及在西奈衝突中獲勝，就展開攻勢。以色列空軍隨即發動空襲，並炸毀兩座約旦的機場，之後地面部隊經過一番苦戰，成功控制東耶路撒冷以及舊城。到了6月7日晚間，以色列軍隊就已經占領整個約旦河西岸。
以軍前進
約旦軍隊
LEBANON
SYRIA
ISRAEL
JORDAN
Mediterranean Sea
Sea of Galilee
Dead Sea
West Bank
Tel Dan
Gonen
Quneitra
Ashmura
Fiq
Tiberias
Afula
Jenin
Tubas
Nablus
Domio
Tel-Aviv
Ramallah
Jericho
Jerusalem
Bethlehem
Hebron
6月7日 以軍在激戰後奪占伯利恆，約旦方面有40名士兵陣亡

進攻敘利亞和約旦
以色列國防軍（Israeli Defence Force, IDF）把戰場延伸到敘利亞的戈蘭高地，還有東耶路撒冷及約旦河西岸等地的約旦領土。

沙漠裡的決策
以色列和周邊阿拉伯國家之間的敵意日積月累，最後在1967年6月公然爆發，進入交戰狀態。以色列空軍先發制人，順利奪取制空權，為以色列地面部隊在三個各自獨立的戰場上攻城掠地奠定了基礎。

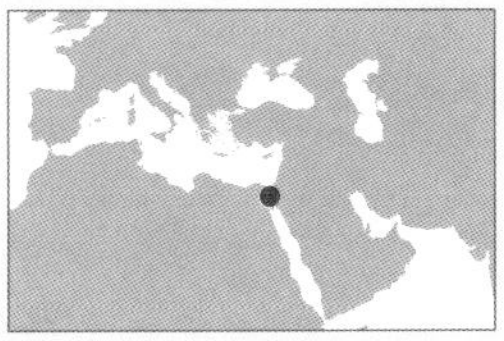

圖例

- 開戰時的以色列領土
- 1967年6月10時以色列攻占的領土
- 以色列軍隊
- 阿拉伯軍隊
- 阿拉伯據點
- 阿拉伯人定居地

時間軸

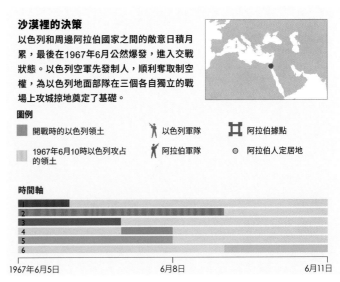

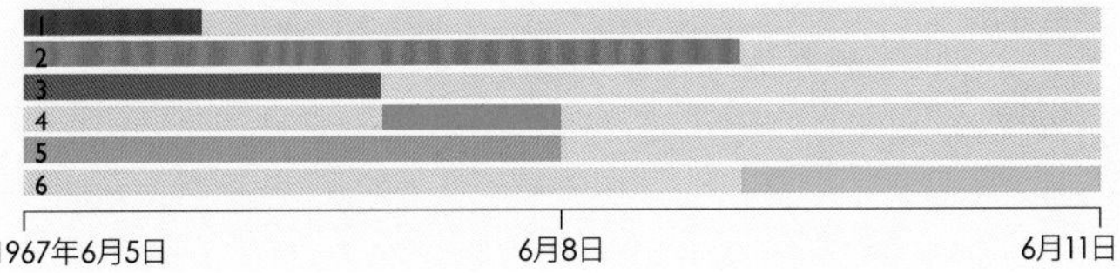

春節攻勢

1967年，美國領導階層希望社會大眾能支持越戰。但共產黨部隊在1968年發動一連串稱為「春節攻勢」（Tet Offensive）的攻擊行動，雖然媒體強調北越部隊和越共游擊隊傷亡慘重，美國輿論還是變得偏向反戰。

1954 年，日內瓦會議（Geneva Conference）把越南分成了由共產黨主政的北越，有蘇聯和中國撐腰，以及西方國家支持的南越。雙方敵意日增，導致美國在 1965 年布署現役戰鬥單位。而在美國國內，輿論開始反對這類干預行為。

1967 年，美軍指揮官魏斯特摩蘭將軍（Westmoreland）表示，共黨部隊「無力發動大規模攻勢」。事實上，北越領導階層自從當年稍早開始就已經在謀畫一場大規模攻勢，他們把攻擊時間點設在越南農曆新年假期，也就是越南一年之中最盛大的節慶。1968 年年初，短短三天的時間裡，他們就在超過 100 座城鎮發動突擊。絕大部分武裝分子都在幾天內被擊退或擊斃，但在北部的城市順化，戰鬥卻持續將近一個月。越共和北越的越南人民軍（People's Army of Vietnam, PAVN）折損上萬人，但攻擊的規模推翻了戰爭即將獲勝的觀點。雖然北越方面希望暴亂取得決定性成果的希望落空，但這場仗還是有助於把美國輿論扭轉成反對戰爭。

△ 越南的美軍
法國人從印度支那撤離後（見第257頁），越南就愈來愈受美國左右，因為美國想遏止共產主義的擴張。到了1962年，已有大約1萬美軍在越南。

Surin
T H A I
4 最後襲擊 2月1－12日
次日夜間，北越部隊發動更多攻擊，主要集中在南部的軍區，結果沒有任何一場行動成功奪取領土，也沒有民眾響應攻擊。到了2月中旬，越南人民軍和越共已經折損數萬人，且幾乎沒有取得實際戰果，但卻徹底否定戰爭即將結束的看法。
Sisophon
Siem Re
Battambang
2月1日起越共／越南人民軍攻勢
Khlong Yai
Kompong Som

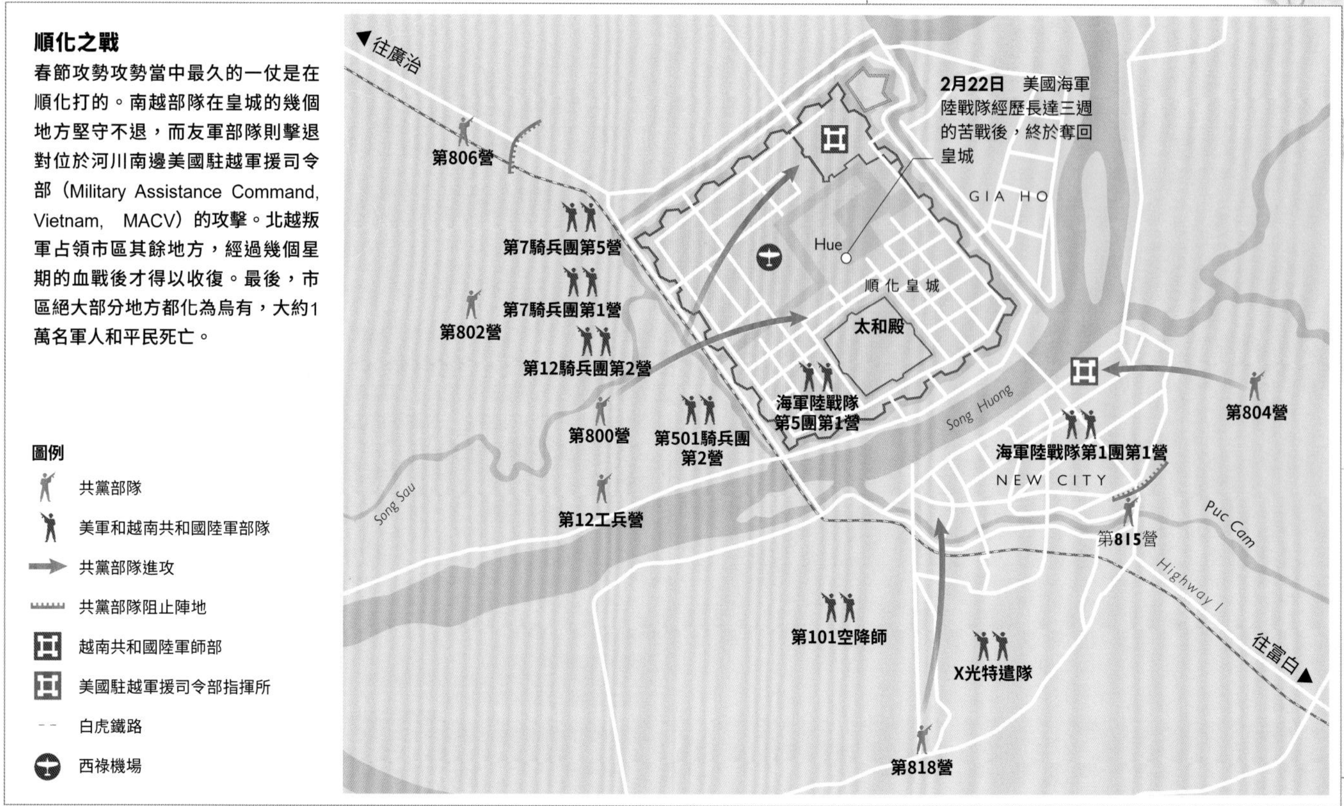

往廣治
2月22日 美國海軍陸戰隊經歷長達三週的苦戰後，終於奪回皇城
GIA HO
Hue
順化皇城
太和殿
第806營
第7騎兵團第5營
第7騎兵團第1營
第802營
第12騎兵團第2營
第800營
第501騎兵團第2營
海軍陸戰隊第5團第1營
第12工兵營
Song Sau
Song Huong
第804營
海軍陸戰隊第1團第1營
NEW CITY
Puc Cam
第815營
Highway 1
第101空降師
X光特遣隊
往富白
第818營
圖例
共黨部隊
美軍和越南共和國陸軍部隊
共黨部隊進攻
共黨部隊阻止陣地
越南共和國陸軍師部
美國駐越軍援司令部指揮所
白虎鐵路
西祿機場

順化之戰
春節攻勢攻勢當中最久的一仗是在順化打的。南越部隊在皇城的幾個地方堅守不退，而友軍部隊則擊退對位於河川南邊美國駐越軍援司令部（Military Assistance Command, Vietnam, MACV）的攻擊。北越叛軍占領市區其餘地方，經過幾個星期的血戰後才得以收復。最後，市區絕大部分地方都化為烏有，大約1萬名軍人和平民死亡。

全面奇襲

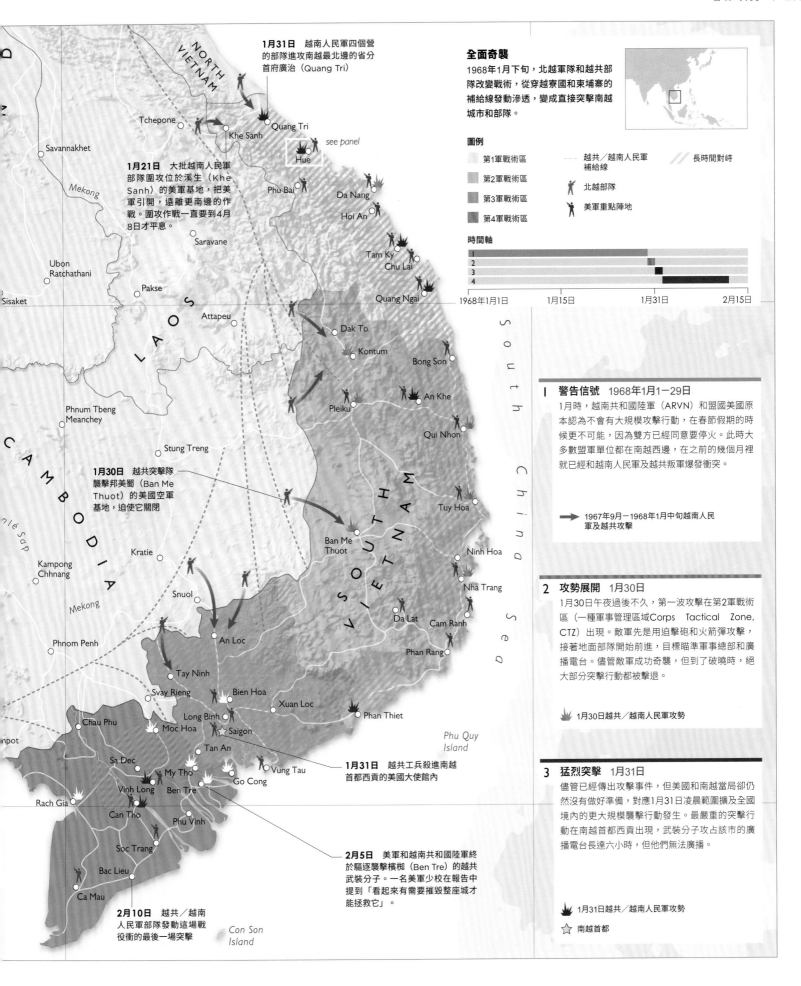

1968年1月下旬，北越軍隊和越共部隊改變戰術，從穿越寮國和柬埔寨的補給線發動滲透，變成直接突擊南越城市和部隊。

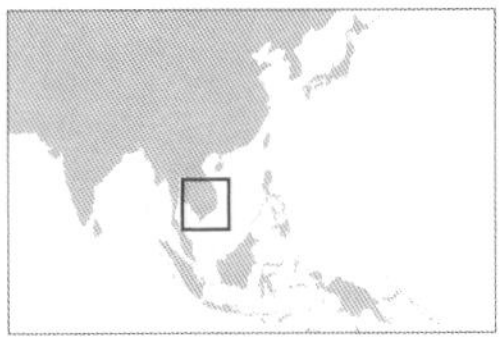

圖例

- 第1軍戰術區
- 第2軍戰術區
- 第3軍戰術區
- 第4軍戰術區
- 越共／越南人民軍補給線
- 北越部隊
- 美軍重點陣地
- 長時間對峙

時間軸

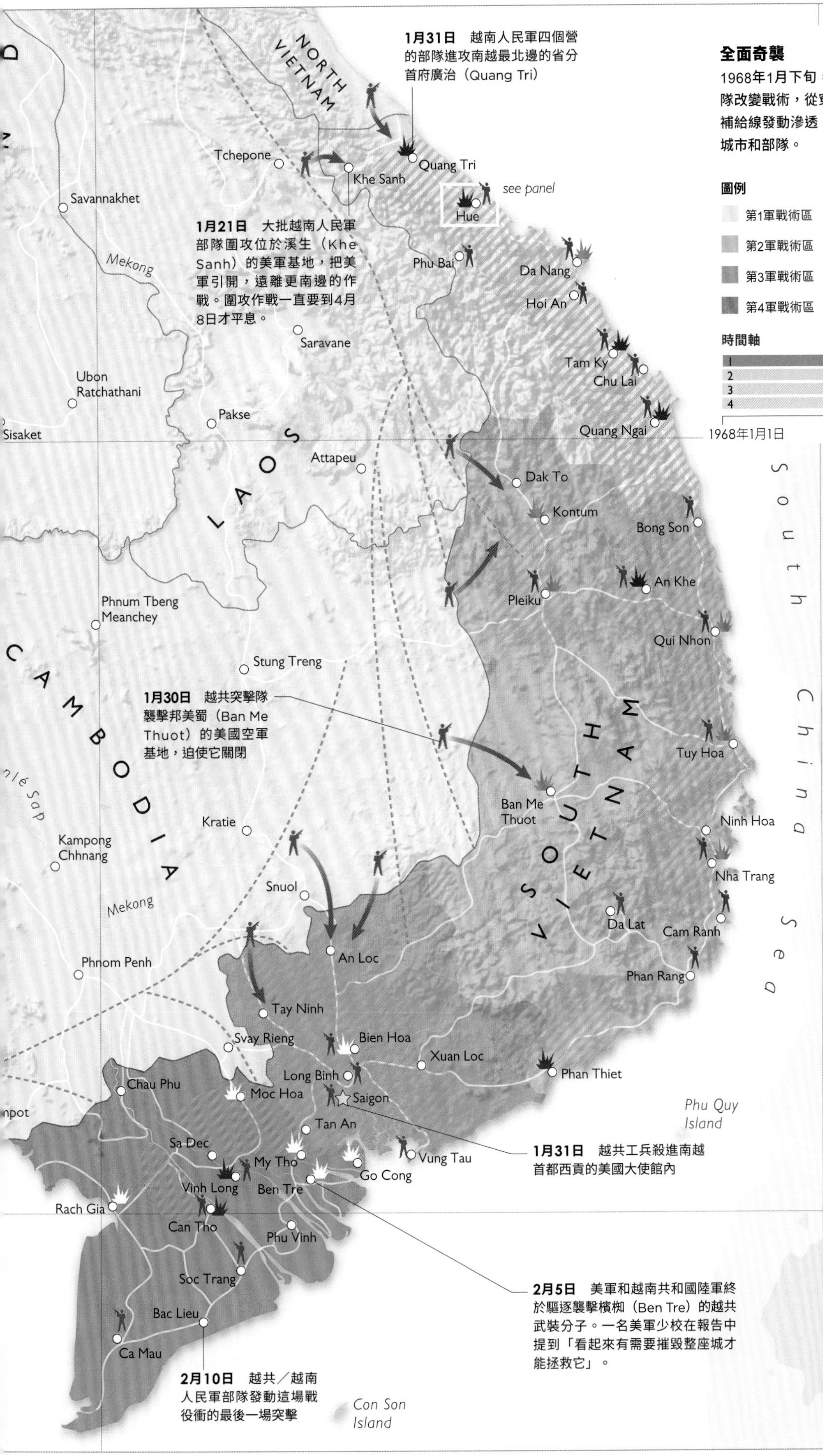

1　警告信號　1968年1月1—29日

1月時，越南共和國陸軍（ARVN）和盟國美國原本認為不會有大規模攻擊行動，在春節假期的時候更不可能，因為雙方已經同意要停火。此時大多數盟軍單位都在南越西邊，在之前的幾個月裡就已經和越南人民軍及越共叛軍爆發衝突。

→ 1967年9月—1968年1月中旬越南人民軍及越共攻擊

2　攻勢展開　1月30日

1月30日午夜過後不久，第一波攻擊在第2軍戰術區（一種軍事管理區域Corps Tactical Zone, CTZ）出現。敵軍先是用迫擊砲和火箭彈攻擊，接著地面部隊開始前進，目標瞄準軍事總部和廣播電台。儘管敵軍成功奇襲，但到了破曉時，絕大部分突擊行動都被擊退。

1月30日越共／越南人民軍攻勢

3　猛烈突擊　1月31日

儘管已經傳出攻擊事件，但美國和南越當局卻仍然沒有做好準備，對應1月31日凌晨範圍擴及全國境內的更大規模襲擊行動發生。最嚴重的突擊行動在南越首都西貢出現，武裝分子攻占該市的廣播電台長達六小時，但他們無法廣播。

1月31日越共／越南人民軍攻勢

☆ 南越首都

贖罪日戰爭

1973年10月，埃及和敘利亞在猶太節日贖罪日對以色列發動猝不及防的奇襲，目的是要奪回以色列在先前六日戰爭中攻占的領土。儘管埃及和敘利亞在剛開始頗有斬獲，但以色列發動反擊，再度奪回領土。

由於在 1697 年的六日戰爭（參見第260-61 頁）中屈辱慘敗，埃及和敘利亞領導階層不斷找機會收復以色列占領的土地。六年後，他們找到了機會，在猶太人的節慶贖罪日（Yom Kippur）期間發動奇襲。

10 月 6 日，埃及部隊橫渡蘇伊士運河，突擊要塞化的巴列夫防線（Bar-Lev Line），而敘利亞戰車部隊也同步越過可俯瞰以色列北部的戈蘭高地上的停火線，發動突擊。這兩個國家一開始戰果豐碩，震驚以色列當局，但前四天的戰鬥過後，戰況就開始逆轉，埃及部隊無法繼續前進。美國和蘇聯警覺到這場戰爭在冷戰期間關係依然緊張的時刻可能帶來的地緣政治影響，所以各自對雙方施壓，雙方因此在長達 19 天的戰鬥後達成停火協議。雖然雙方都沒有取得重大戰果，但以色列和埃及之間已經確實打破外交僵局。接下來的幾年裡，雙方進行和平談判，最後成果就是埃及承認以色列這個國家存在，以色列也把西奈半島歸還給埃及。

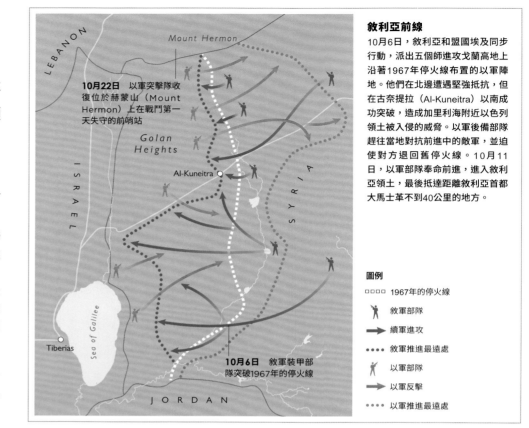

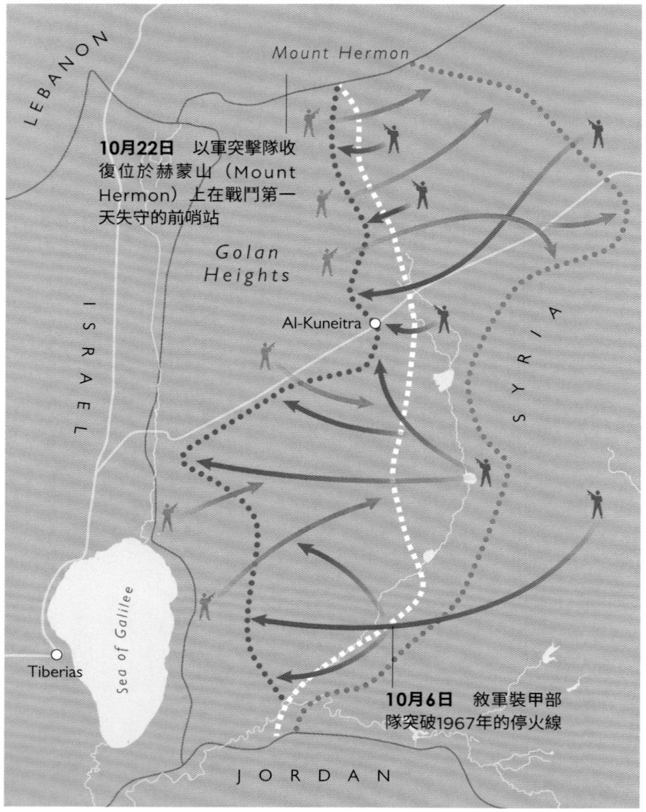

敘利亞前線

10月6日，敘利亞和盟國埃及同步行動，派出五個師進攻戈蘭高地上沿著1967年停火線布置的以軍陣地。他們在北邊遭遇堅強抵抗，但在古奈提拉（Al-Kuneitra）以南成功突破，造成加里利海附近以色列領土被入侵的威脅。以軍後備部隊趕往當地對抗前進中的敵軍，並迫使對方退回舊停火線。10月11日，以軍部隊奉命前進，進入敘利亞領土，最後抵達距離敘利亞首都大馬士革不到40公里的地方。

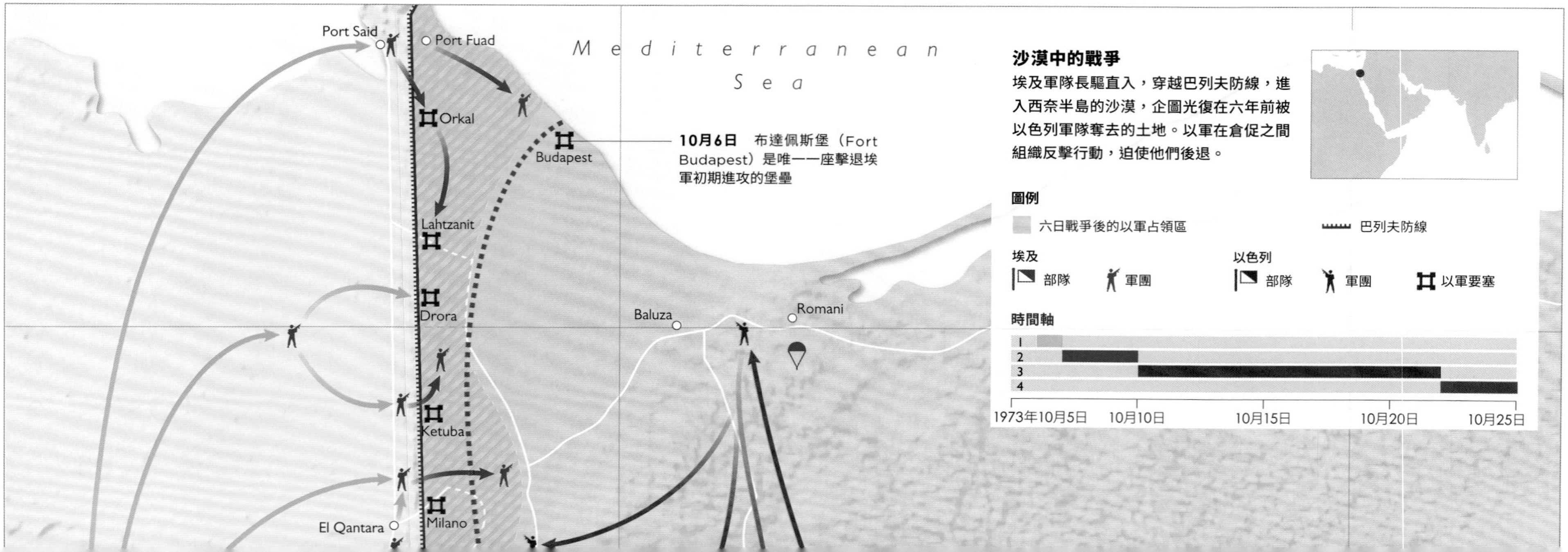

沙漠中的戰爭

埃及軍隊長驅直入，穿越巴列夫防線，進入西奈半島的沙漠，企圖光復在六年前被以色列軍隊奪去的土地。以軍在倉促之間組織反擊行動，迫使他們後退。

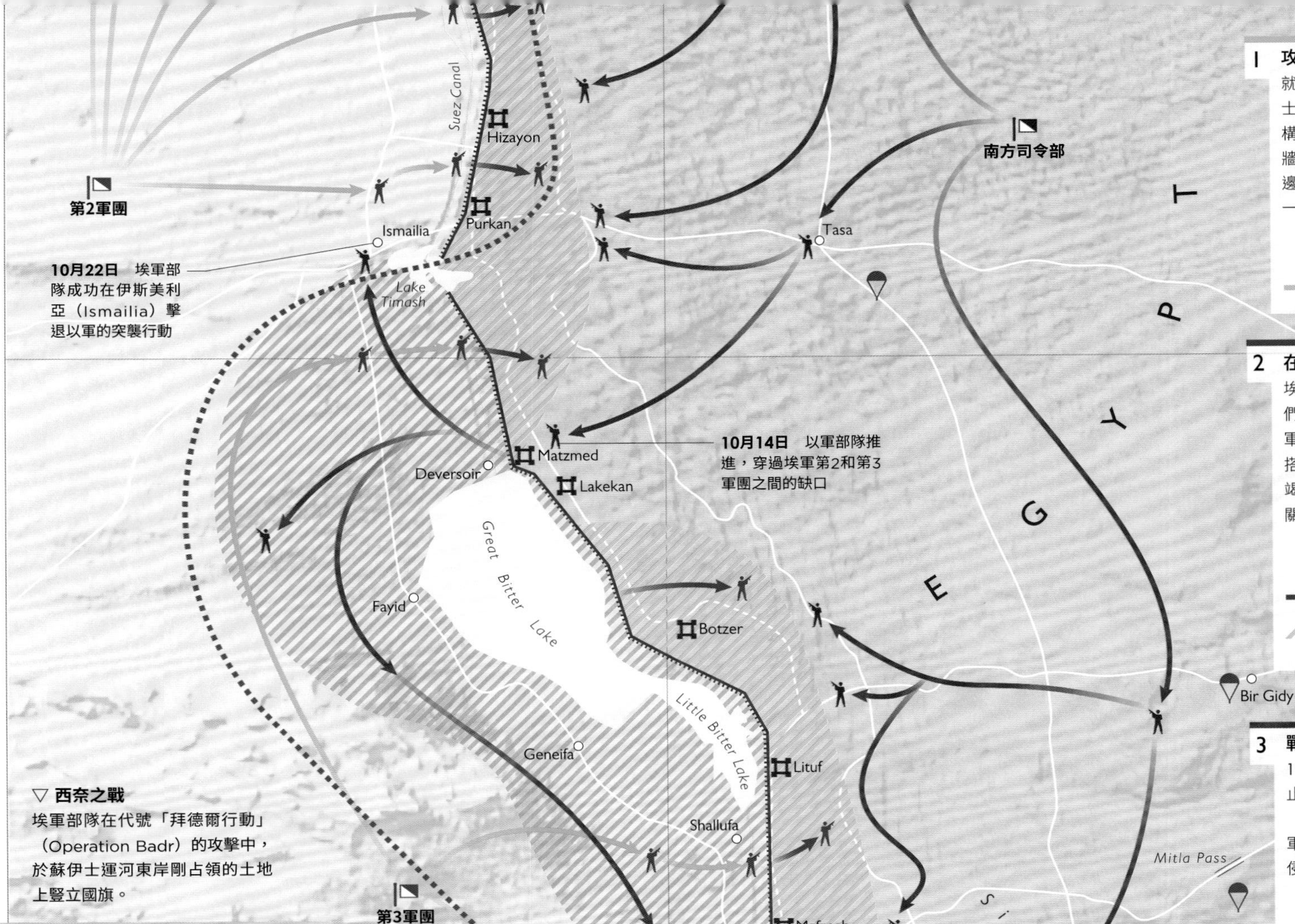

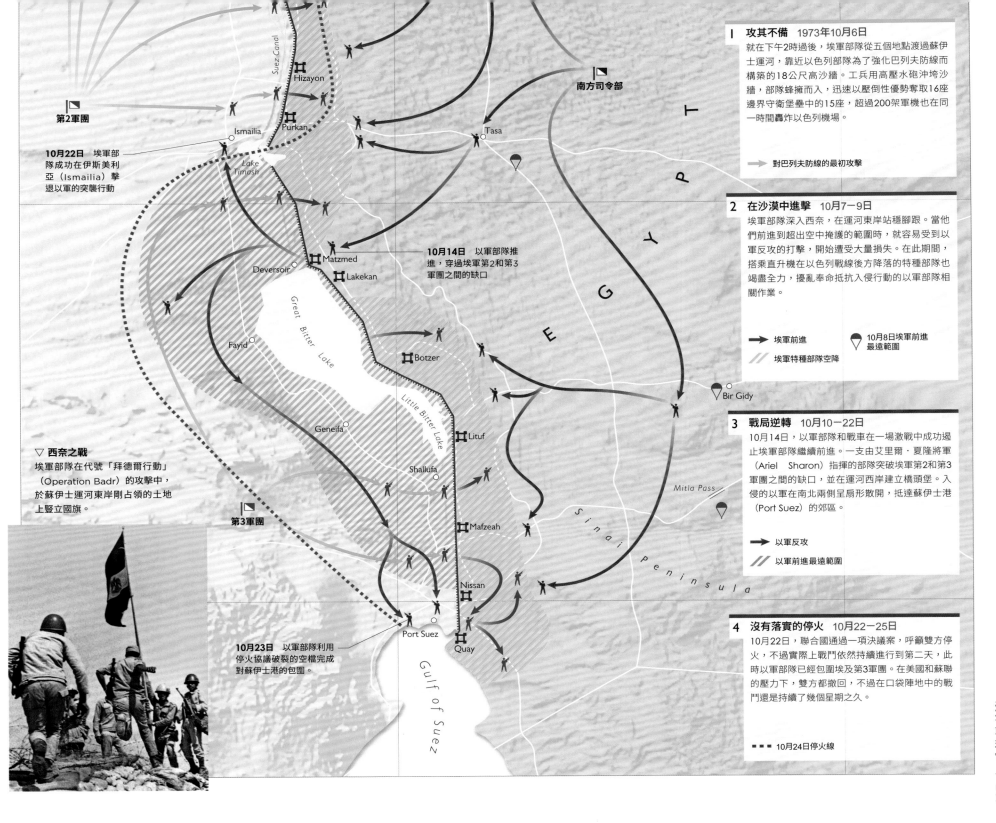

1　攻其不備　1973年10月6日

就在下午2時過後，埃軍部隊從五個地點渡過蘇伊士運河，靠近以色列部隊為了強化巴列夫防線而構築的18公尺高沙牆。工兵用高壓水砲沖垮沙牆，部隊蜂擁而入，迅速以壓倒性優勢奪取16座邊界守衛堡壘中的15座，超過200架軍機也在同一時間轟炸以色列機場。

對巴列夫防線的最初攻擊

2　在沙漠中進擊　10月7—9日

埃軍部隊深入西奈，在運河東岸站穩腳跟。當他們前進到超出空中掩護的範圍時，就容易受到以軍反攻的打擊，開始遭受大量損失。在此期間，搭乘直升機在以色列戰線後方降落的特種部隊也竭盡全力，擾亂奉命抵抗入侵行動的以軍部隊相關作業。

埃軍前進
埃軍特種部隊空降
10月8日埃軍前進最遠範圍

3　戰局逆轉　10月10—22日

10月14日，以軍部隊和戰車在一場激戰中成功遏止埃軍部隊繼續前進。一支由艾里爾・夏隆將軍（Ariel Sharon）指揮的部隊突破埃軍第2和第3軍團之間的缺口，並在運河西岸建立橋頭堡。入侵的以軍在南北兩側呈扇形散開，抵達蘇伊士港（Port Suez）的郊區。

以軍反攻
以軍前進最遠範圍

4　沒有落實的停火　10月22—25日

10月22日，聯合國通過一項決議案，呼籲雙方停火，不過實際上戰鬥依然持續進行到第二天，此時以軍部隊已經包圍埃及第3軍團。在美國和蘇聯的壓力下，雙方都撤回，不過在口袋陣地中的戰鬥還是持續了幾個星期之久。

10月24日停火線

▽ 西奈之戰
埃軍部隊在代號「拜德爾行動」（Operation Badr）的攻擊中，於蘇伊士運河東岸剛占領的土地上豎立國旗。

沙漠風暴

為了反制伊拉克在1990年入侵科威特，美國率領多國聯軍解放這個國家。經過持久不斷的空中轟炸後，地面部隊在1991年2月展開攻擊，結果沒有受到太多抵抗。經過四天的戰鬥後，美國總統喬治·布希宣布獲勝。

兩伊戰爭（Iran-Iraq War）在 1988 年結束後，伊拉克積欠鄰國科威特和沙烏地阿拉伯大筆債務，雙方關係因為這筆債務和邊界油田的爭議而惡化。1990 年，伊拉克總統薩達姆·海珊下令入侵科威特，在 8 月 2 日展開作戰。

美國總統喬治·布希（George Bush）對這場侵略行動十分驚恐，擔心威脅到全球石油供應，因此開始調派部隊前往沙烏地和伊拉克的邊界，並著手組織多國聯盟來抵抗海珊，最後有 34 個國家挺身響應。軍事集結行動一直持續到 1991 年年初，有超過 50 萬人待命。1 月 16 日，聯軍以猛烈的空中轟炸作戰揭開戰鬥的序幕。在接下來的六個星期裡，伊拉克的軍用及民間基礎設施遭受日夜不間斷的空中打擊。

地面部隊最後在 2 月 24 日展開入侵。當聯軍部隊進入科威特和伊拉克領土時，入侵的伊軍先是在超過 700 座科威特油井縱火，然後連忙撤退。僅僅三天過後，美國總統布希就宣布解放科威特。2 月 28 日，聯軍部隊進抵離伊拉克首都不到 240 公里處，布希宣布停火。流亡的科威特埃米爾（統治者）在兩個星期後回到滿目瘡痍的國家。

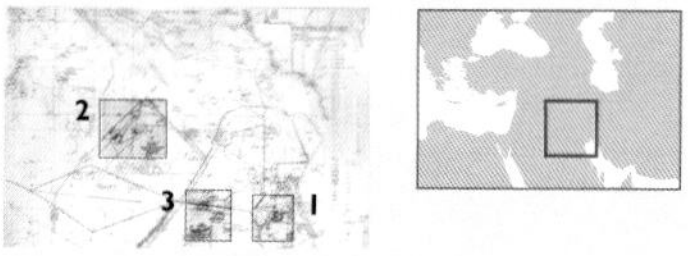

說明

1. 進入科威特的主要突擊是往北進行，目標為解放科威特市。
2. 美軍第7軍和英軍第1裝甲師朝東北方深入，進入伊拉克。
3. 沙烏地、科威特和埃及部隊進入科威特西部。

▷ **聯軍攻擊計畫**

這份文件標註日期是1991年2月25日，並且在三天後戰爭結束時解密。這份初期保密的形勢報告地圖顯示地面作戰展開時的部隊動向，藍色箭頭指出聯軍部隊進入科威特（右邊）和伊拉克本土的進展。

天空中的戰爭

在聯軍的戰略性空中打擊過程中，F-117戰機和戰斧式（Tomahawk）巡弋飛彈炸毀了伊拉克的大部分軍事設施和部分民用基礎設施，主要目標包括指揮及通訊設施、空軍基地和機動飛彈發射車。雖然平民因為這些攻擊行動受到干擾，但這些初步的轟炸行動並沒有造成大規模人命傷亡。

圖例

- 聯軍機場
- 聯軍空中打擊
- 伊拉克空軍基地

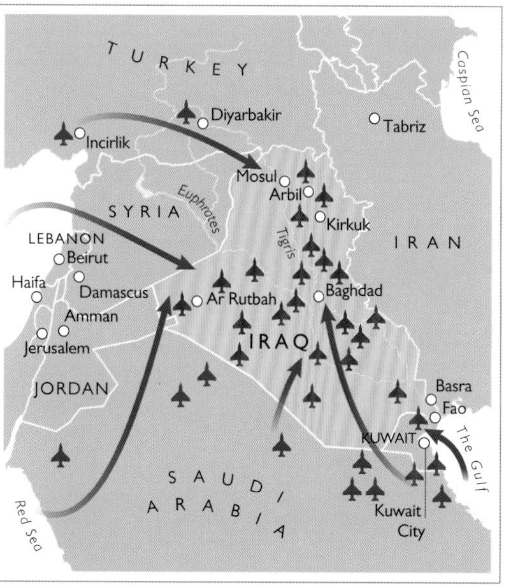

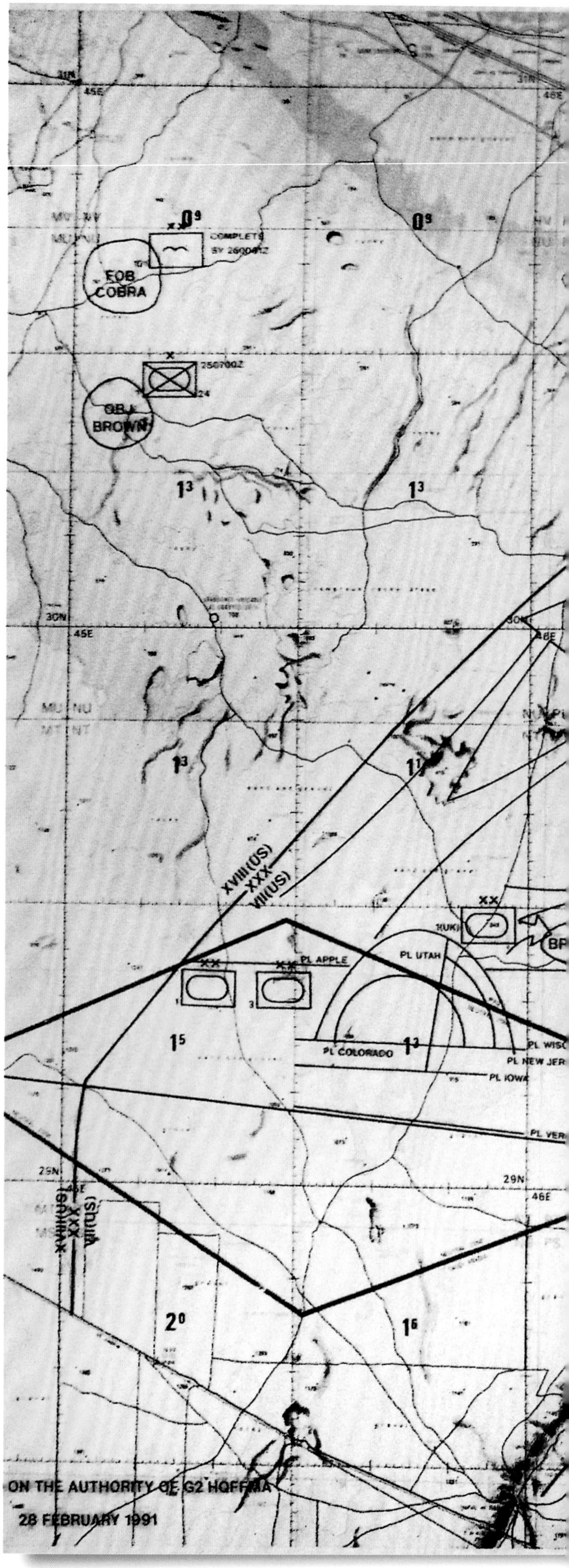

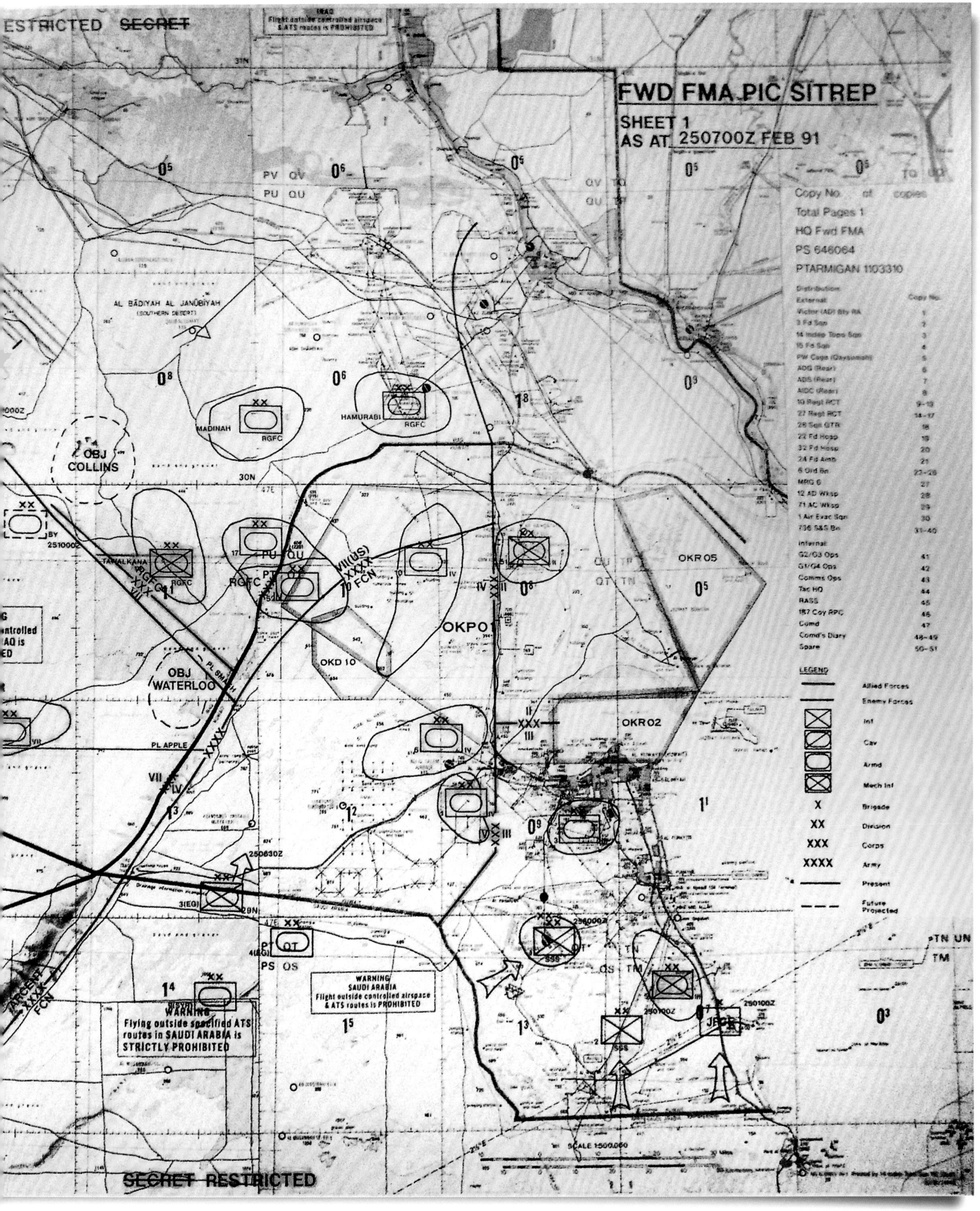

RESTRICTED SECRET
FWD FMA PIC SITREP
SHEET 1
AS AT 250700Z FEB 91
Copy No. of copies
Total Pages 1
HQ Fwd FMA
PS 646064
PTARMIGAN 1103310
Internal
G2/G3 Ops 41
Comms Ops 43
Tac HQ 44
RASS 45
Comd 47
Comd's Diary 48-49
Spare 50-51
LEGEND
Allied Forces
Enemy Forces
Inf
Cav
Armd
Mech Inf
X Brigade
XX Division
XXX Corps
XXXX Army
Present
Future Projected
AL BĀDIYAH AL JANŪBIYAH
(SOUTHERN DESERT)
MADINAH
RGFC
HAMURABI
OBJ COLLINS
30N
47E
OKR 05
OKP01
OKD 10
OKR02
OBJ WATERLOO
PL SMASH
PL APPLE
VII(US) XXXX 10 FCN
250630Z
3(EG)
4(EG)
29N
WARNING SAUDI ARABIA Flight outside controlled airspace & ATS routes is PROHIBITED
WARNING Flying outside specified ATS routes in SAUDI ARABIA is STRICTLY PROHIBITED
ARCENT XXXX FCN
JFC-E
250100Z
251000Z
TN UN
TM
SCALE 1:500,000
SECRET RESTRICTED

空中翱翔
一架美國海軍F-18C大黃蜂式（Hornet）戰鬥機正在阿富汗上空飛行。這架飛機掛載的武裝，從左到右分別是GBU-15鋪路二型（Paveway II）雷射導引炸彈和一枚AIM-9R紅外線導引空對空飛彈。

精靈武器

第一種投入作戰使用的精靈武器是具備導引系統的彈藥，可以追溯到德國在1943年採用的符利茨X（Fritz X）反艦導引炸彈。精靈武器已經是現代化作戰的一部分。

△ **爆炸火球**
從潛艇上發射的BGM-109戰斧巡弋飛彈，彈頭在測試目標上方引爆。

第一種精準導引彈藥是由無線電控制。之後隨著科技進步，雷射導引、雷達導引、紅外線導引和全球定位系統（GPS）衛星導引的武器陸續問世。雖然德國是二次大戰期間第一個使用導引彈藥的國家，但美國和英國也有相關研發計畫。美國的計畫在戰爭結束後繼續進行，重點放在地面和空中目標，優先發展空對空和地對空飛彈。到了1965年，美國開始對北越進行持續空中打擊的時候，空對空飛彈開始普及。不過早期的飛彈並不可靠，錯過目標的狀況比命中還常見。另一方面，空對地導引彈藥則在1972年的後衛作戰（Operation Linebacker）中徹底發揮潛能，美國空軍和美國海軍在這場作戰中憑藉較優異的戰術、改善的訓練和導引武器，從空中痛擊北越空軍，造成慘重損失。

美國在沙漠風暴行動（參見第266-67頁）期間使用精靈武器，雖然只占了美國在這場衝突中所使用全部彈藥的9%，但人們卻發現它們比起無導引武器更可能擊中目標。之後世界各地都可以看到精靈武器的蹤影。

△ **作業中**
美國空軍技術員在沙烏地阿拉伯的機庫前檢查一枚空對地GBU-15鋪路（Paveway）滑翔炸彈，後方停放的是一架第390電子作戰中隊EF-111A戰機。

伊拉克戰爭

2003年，美國領導的多國聯軍入侵伊拉克，從軍事層面來說是成功的行動，達成推翻薩達姆・海珊政權的預定目標。不過當這場作戰引發曠日持久且血腥殘暴的教派暴力和政治動盪後，其正當性引發普遍懷疑，並且與日俱增。

在1990-91年的波灣戰爭（Gulf War）中，伊拉克雖然戰敗，但領袖薩達姆・海珊依然掌控這個國家（參見第266-67頁）。儘管美方在戰爭過後對這個政權施加嚴厲制裁，但美國戰略家依然把它視為持續的威脅，並指控他們勾結恐怖分子、藏匿大規模毀滅性武器。

2002年，也就是2001年蓋達組織（al-Qaeda）摧毀紐約的雙子星大廈（Twin Towers）之後，美國國會批准總統小布希（George W. Bush）對伊拉克使用軍事武力。美國著手建立聯盟網，當中包括英國、澳洲和波蘭等國。海珊拒絕交出權力，因此這個「自願的聯盟」派出聯軍部隊，從南邊科威特的邊界開始入侵伊拉克，而聯軍的空中武力則開始轟炸戰略目標。在此期間，儘管土耳其拒絕協助（和1991年時一樣），但特種部隊還是和北部的庫德敢死軍（Kurdish Peshmerga）合作行動。

不到三個星期，聯軍部隊就抵達巴格達，海珊則躲了起來。他在八個月之後被逮捕，接著受審，最後遭處決。但聯軍根本沒有在伊拉克找到任何大規模武器，而這個國家也沒有如願過渡到和平的民主，反而淪為長期暴亂的受害者。聯軍的入侵行動引發了持續的暴力亂象，而西方國家的部隊為了平息混亂，被束縛在當地長達數年之久。

> **「我是薩達姆・海珊，我是伊拉克總統，我要談判。」**
>
> 薩達姆・海珊向美軍部隊投降，2003年

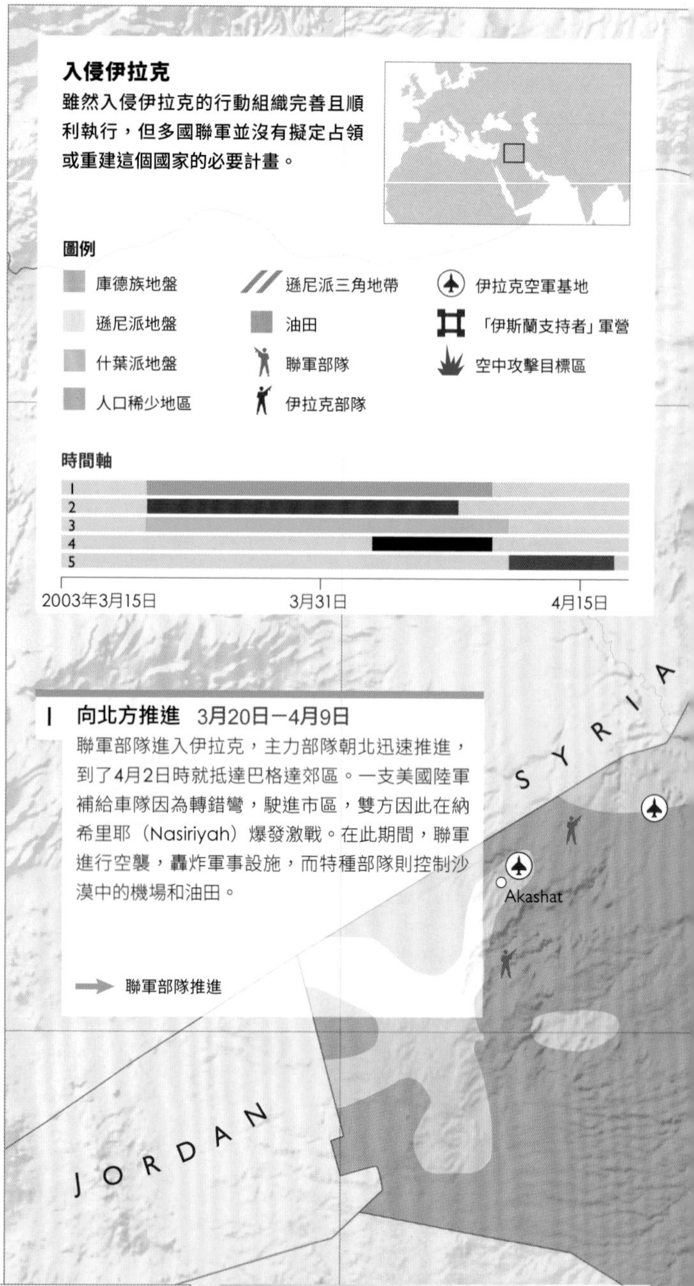
入侵伊拉克
雖然入侵伊拉克的行動組織完善且順利執行，但多國聯軍並沒有擬定占領或重建這個國家的必要計畫。
圖例
庫德族地盤
遜尼派地盤
什葉派地盤
人口稀少地區
遜尼派三角地帶
油田
聯軍部隊
伊拉克部隊
伊拉克空軍基地
「伊斯蘭支持者」軍營
空中攻擊目標區
時間軸
1
2
3
4
5
2003年3月15日
3月31日
4月15日
1 向北方推進 3月20日－4月9日
聯軍部隊進入伊拉克，主力部隊朝北迅速推進，到了4月2日時就抵達巴格達郊區。一支美國陸軍補給車隊因為轉錯彎，駛進市區，雙方因此在納希里耶（Nasiriyah）爆發激戰。在此期間，聯軍進行空襲，轟炸軍事設施，而特種部隊則控制沙漠中的機場和油田。
聯軍部隊推進
SYRIA
Akashat
JORDAN

教派暴亂

由於海珊垮台，分別由伊朗和蓋達組織支持的什葉派（Shia）和遜尼派（Sunni）民兵之間爆發了爭權之戰。西方部隊撤出後，一個新的好戰團體伊拉克與黎凡特伊斯蘭國（Islamic State in Iraq and the Levant, ISIL）在2014年奪取了伊拉克北部和中部大部分地方。這個國家宣布要建立全球性的哈里發國，吸引了許多外籍聖戰士加入，但卻面臨西方國家空襲、庫德族（Kurd）反抗和政府軍反攻而逐漸衰弱。

圖例

- 敘利亞和伊拉克庫德族武力（2018年）
- 伊斯蘭國勢力（2018年）
- 伊拉克政府（2018年）
- 敘利亞政府（2018年）
- 敘利亞叛軍（2018年）

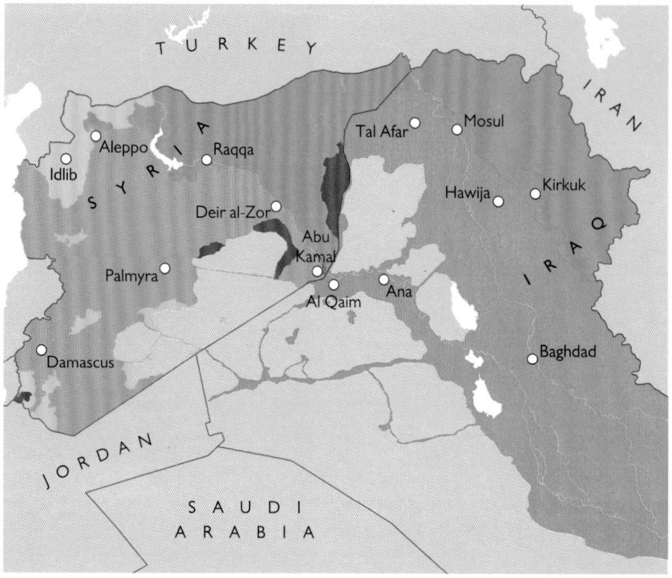

△ **開路先鋒**
英國陸軍傘兵團的士兵搭直昇機抵達，準備改乘車輛在伊拉克南部進行武器搜索。

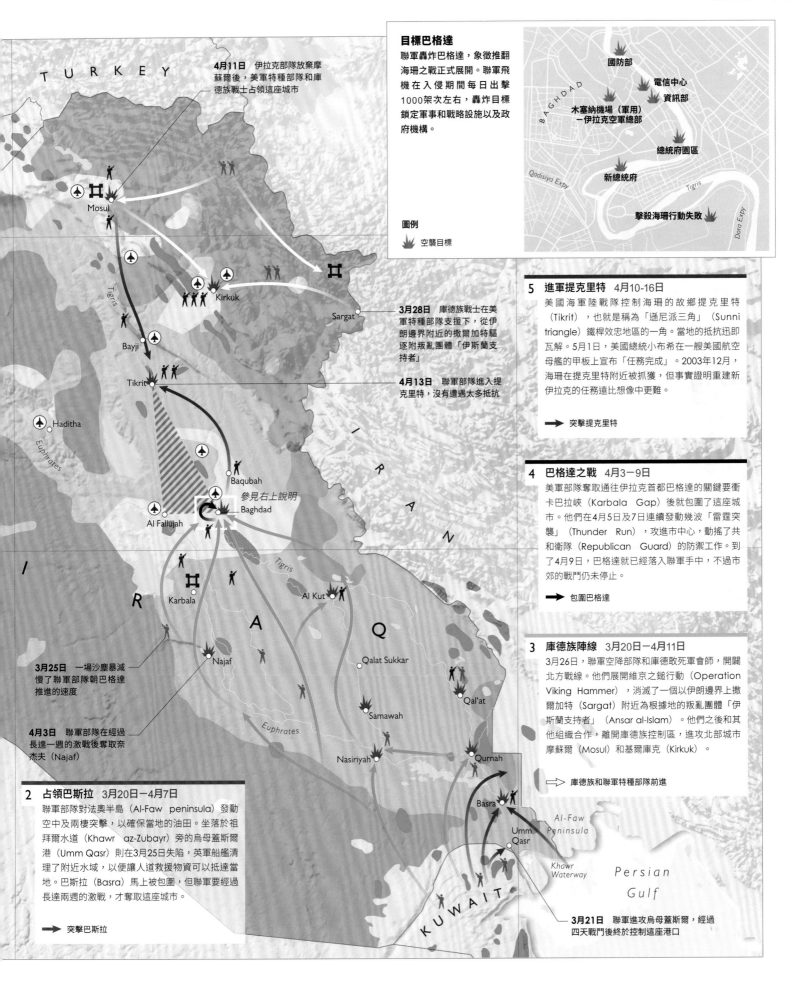

目標巴格達

聯軍轟炸巴格達，象徵推翻海珊之戰正式展開。聯軍飛機在入侵期間每日出擊1000架次左右，轟炸目標鎖定軍事和戰略設施以及政府機構。

圖例

空襲目標

國防部
電信中心
資訊部
BAGHDAD
木塞納機場（軍用）
－伊拉克空軍總部
總統府園區
Qadisiya Expy
新總統府
Tigris
擊殺海珊行動失敗
Dora Expy

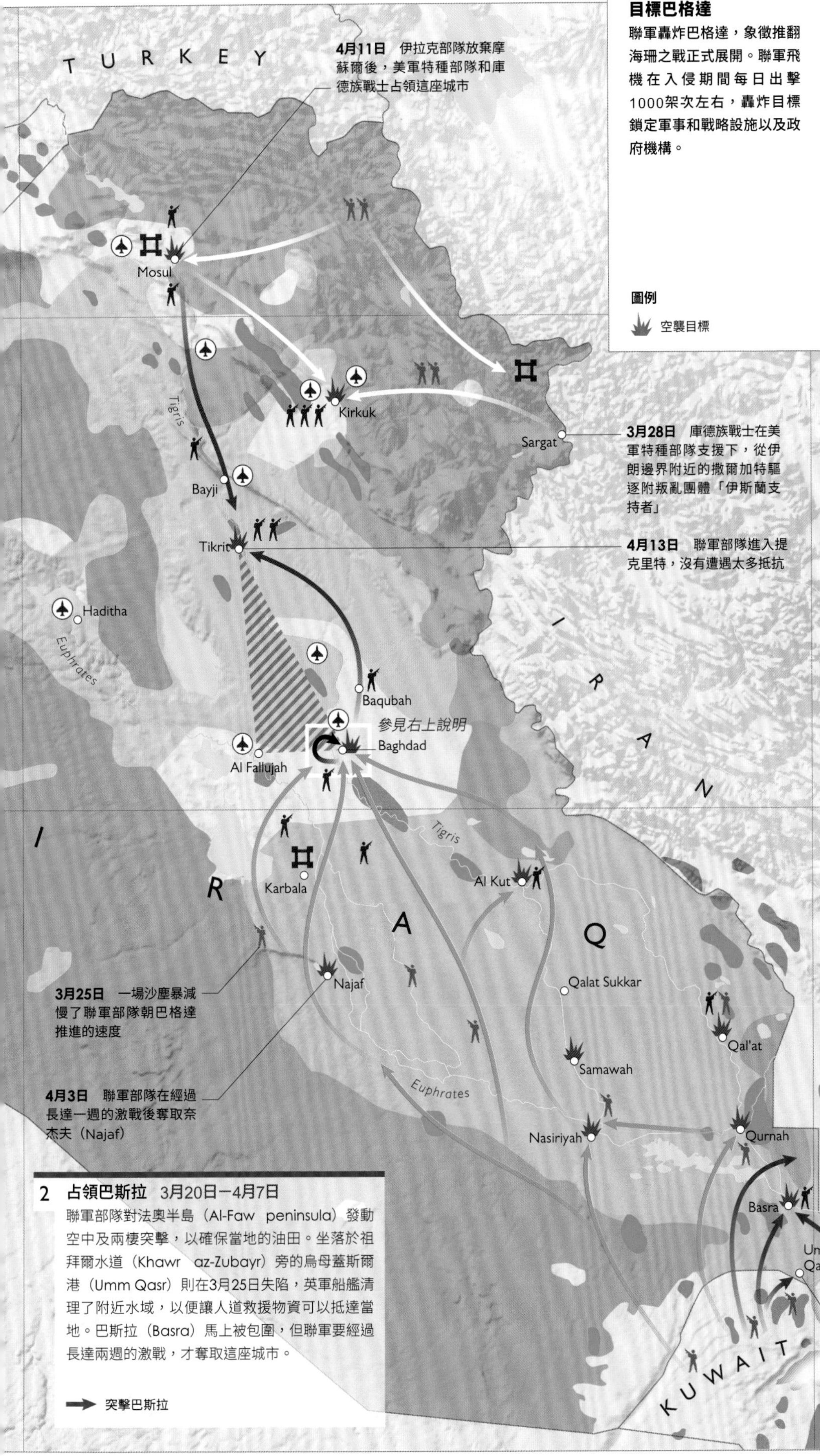

TURKEY
4月11日 伊拉克部隊放棄摩蘇爾後，美軍特種部隊和庫德族戰士占領這座城市
Mosul
Kirkuk
Tigris
Sargat
3月28日 庫德族戰士在美軍特種部隊支援下，從伊朗邊界附近的撒爾加特驅逐附叛亂團體「伊斯蘭支持者」
Bayji
Tikrit
4月13日 聯軍部隊進入提克里特，沒有遭遇太多抵抗
Haditha
Euphrates
IRAN
Baqubah
參見右上說明
Baghdad
Al Fallujah
Tigris
IRAQ
Karbala
Al Kut
Najaf
Qalat Sukkar
3月25日 一場沙塵暴減慢了聯軍部隊朝巴格達推進的速度
Qal'at
Samawah
Euphrates
4月3日 聯軍部隊在經過長達一週的激戰後奪取奈杰夫（Najaf）
Nasiriyah
Qurnah
Basra
Al-Faw Peninsula
Umm Qasr
Khawr Waterway
Persian Gulf
KUWAIT
3月21日 聯軍進攻烏母蓋斯爾，經過四天戰鬥後終於控制這座港口

5 進軍提克里特 4月10-16日

美國海軍陸戰隊控制海珊的故鄉提克里特（Tikrit），也就是稱為「遜尼派三角」（Sunni triangle）鐵桿效忠地區的一角。當地的抵抗迅即瓦解。5月1日，美國總統小布希在一艘美國航空母艦的甲板上宣布「任務完成」。2003年12月，海珊在提克里特附近被抓獲，但事實證明重建新伊拉克的任務遠比想像中更難。

➡ 突擊提克里特

4 巴格達之戰 4月3－9日

美軍部隊奪取通往伊拉克首都巴格達的關鍵要衝卡巴拉峽（Karbala Gap）後就包圍了這座城市。他們在4月5日及7日連續發動幾波「雷霆突襲」（Thunder Run），攻進市中心，動搖了共和衛隊（Republican Guard）的防禦工作。到了4月9日，巴格達就已經落入聯軍手中，不過市郊的戰鬥仍未停止。

➡ 包圍巴格達

3 庫德族陣線 3月20日－4月11日

3月26日，聯軍空降部隊和庫德敢死軍會師，開闢北方戰線。他們展開維京之鎚行動（Operation Viking Hammer），消滅了一個以伊朗邊界上撒爾加特（Sargat）附近為根據地的叛亂團體「伊斯蘭支持者」（Ansar al-Islam）。他們之後和其他組織合作，離開庫德族控制區，進攻北部城市摩蘇爾（Mosul）和基爾庫克（Kirkuk）。

⇨ 庫德族和聯軍特種部隊前進

2 占領巴斯拉 3月20日－4月7日

聯軍部隊對法奧半島（Al-Faw peninsula）發動空中及兩棲突擊，以確保當地的油田。坐落於祖拜爾水道（Khawr az-Zubayr）旁的烏母蓋斯爾港（Umm Qasr）則在3月25日失陷，英軍船艦清理了附近水域，以便讓人道救援物資可以抵達當地。巴斯拉（Basra）馬上被包圍，但聯軍要經過長達兩週的激戰，才奪取這座城市。

➡ 突擊巴斯拉

戰爭指南：公元1700-1900年

救援北京

1900年6－8月

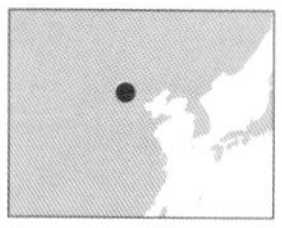

△ 這幅圖畫描繪日軍在北京和中國軍隊激戰

1900 年，外國軍隊占領北京，是促使中國清朝崩潰的重要一步。在 19 世紀後期，排外運動席捲全中國，而一個稱為義和團的民族主義社群開始煽動各種不滿情緒。慈禧太后宣布支持義和團活動，攻擊基督教傳教士和外國人。北京的外國使館區由大約 400 名部隊防守，在 6 月 20 日開始遭到義和團民兵和中國軍隊圍攻。不久之後，有一批多國聯合部隊前來支援，但遭擊退。8 月 4 日，一支更大規模的部隊由俄軍、日軍、英軍、美軍和法軍部隊組成，從天津出發。在此期間，外國使館區的守軍也擊退猛烈的攻擊。8 月 14 日，救援部隊攀登城牆並突擊城門，戰鬥在 8 月 15 日繼續進行，但大部分中國軍隊都已經逃跑。之後，外國軍隊和平民展開瘋狂劫掠，殺害了許多疑似義和團的人。慈禧太后被迫接受屈辱的和平條款，而帝國體制積弱不振，無法恢復，最後在 1912 年被共和政體取代。

奉天

1905年2月20日－3月10日

1904 年，日俄戰爭因為雙方爭奪滿洲和朝鮮的利益而爆發。日軍在瀋陽擊敗俄軍，是帝國主義時期亞洲強權對歐洲強權的首次重大勝利。

俄軍將領亞歷克塞·庫羅帕特金（Alexei Kuropatkin）在滿洲首府奉天（也就是今日中國遼寧省的省會瀋陽）以南建立一條長度超過 80 公里的防線，面對由陸軍元帥大山巖率領的日軍部隊。超過 30 萬名俄軍士兵在鐵刺網後方掘壕固守，日軍雖然人數較少，但裝備較佳。2 月 20 日，大山巖對俄軍防線左翼展開攻勢，日軍部隊在冰雪中奮戰，傷亡慘重但一無所獲。大山巖之後把攻擊重點放在俄軍右翼，庫羅帕特金想要調動部隊迎擊此一威脅，但卻因為相關作為失當，反而使部隊陷入混亂。當日軍成功包圍俄軍右翼時，俄軍拋棄裝備和傷患，在騷動中後撤。日軍部隊在 3 月 10 日攻占奉天。雖然日軍的損失和俄軍同樣慘重，庫羅帕特金還是把他的部隊撤出該區域，而俄軍戰敗也使俄國的沙皇政權民心低落。這場戰爭的關鍵一仗是在對馬海峽進行（參閱第 205 頁），俄軍艦隊也慘遭擊敗。

默茲－阿貢攻勢

1918年9月26日－11月11日

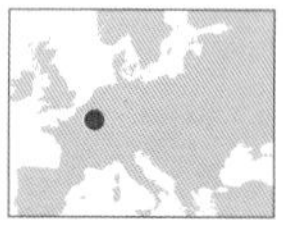

120 萬美軍部隊參與的默茲－阿貢攻勢（Meuse-Argonne Offensive），是美國陸軍打過規模最龐大的戰役之一。這場攻勢是百日攻勢（1918 年 8 － 11 月）的一部分，協約國憑藉這一連串攻擊結束了第一次世界大戰。

美軍第 1 軍團由約翰·潘興將軍（John Pershing）指揮，在法軍第 4 軍團支援下，穿越濃密的阿貢森林（Argonne Forest）朝色當前進，這個地方是德軍占領的法國東部一處主要鐵路樞紐。美軍在聖米耶（Saint-Mihiel）突出部取得勝利僅過了兩週，就倉促組織了第一次進攻行動，結果令人失望。當地地形對防禦方有利，而德軍也構築了相當多強化壕溝及碉堡防禦工事，因此經驗不足的美軍步兵蒙受慘重傷亡，但戰果有限。攻勢在暴雨中陷入停頓，之後在 10 月 4 日重新展開。潘興布署生力軍對抗日益衰竭的德軍，贏得消耗戰。10 月下旬，他們突破了要塞化的興登堡防線（Hindenburg Line）當中的克林希爾德陣地（Kriemhilde Stellung）。11 月 11 日，就在停火協議生效、戰鬥結束的時候，美軍已經逼近最初的目標色當。美軍在這場會戰中犧牲超過 2 萬 6000 人。

△ 美軍第369步兵團在阿貢森林裡作戰

上海

1937年8月13日－11月26日

1937年，中國和日本在上海的會戰是對日抗戰（1937－45年）中的第一場大規模戰役。日本自1931年開始蠶食中國領土，在這當中雙方已經有零星戰鬥爆發。中日衝突從1937年7月起升級，到了8月13日，戰火擴及上海。中國國民黨領導人蔣介石希望一口氣擊垮數量居劣勢的日軍衛戍部隊，但日軍透過兩棲登陸迅速扭轉局面，而曠日持久的巷戰、砲擊和空中轟炸造成平民百姓慘重死傷。11月5日，飽受打擊的中國軍隊終於撤出上海，11月26日更被迫退出首都南京前的最後一道防線。中國在這場戰役裡喪失了許多訓練最精良的軍人，而日軍在接下來的幾年裡占領了中國大部分地方。不過由於有美國的支持，中國得以繼續抵抗，之後更和第二次世界大戰合流，成為其中一部分。

巴巴羅莎行動

1941年6月22日－10月2日

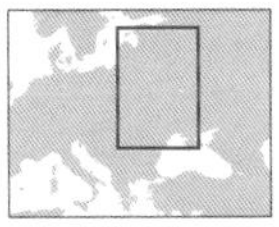

1941年6月，德國領導人阿道夫·希特勒集結超過300萬部隊、數千輛戰車和飛機，入侵蘇聯。6月22日，軸心國部隊大舉越過從波羅的海一路延伸到黑海的戰線，達到徹底奇襲的目標。德國空軍摧毀數千架蘇聯軍機，而地面部隊則迅速朝北邊的列寧格勒（Leningrad）、中部的斯摩稜斯克和南部的基輔猛攻。數十萬蘇軍部隊被軸心軍部隊圍困，列寧格勒也遭到圍攻。不過由於損失攀升、補給線愈來愈拉長、加上目標混淆，使得軸心軍的進展減緩。因為秋雨和氣溫嚴寒的緣故，朝向莫斯科的最後進擊沒有達成任何戰果。希特勒沒有獲得迅速的勝利，注定使他要面對一場曠日持久、且沒有足夠資源打贏的戰爭。

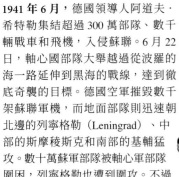

▽ 德軍部隊進攻蘇聯

瓜達卡納島

1942年8月7日－1943年2月9日

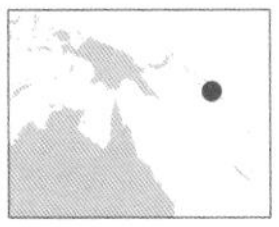

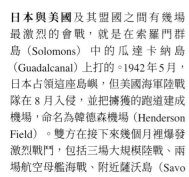

日本與美國及其盟國之間有幾場最激烈的會戰，就是在索羅門群島（Solomons）中的瓜達卡納島（Guadalcanal）上打的。1942年5月，日本占領這座島嶼，但美國海軍陸戰隊在8月入侵，並把擄獲的跑道建成機場，命名為韓德森機場（Henderson Field）。雙方在接下來幾個月裡爆發激烈戰鬥，包括三場大規模陸戰、兩場航空母艦海戰、附近薩沃島（Savo Island）外海的五場夜間海戰，還有幾乎每天都會發生空戰，因為雙方都用盡一切手段要強化、運補及增援瓜達卡納島上的部隊，目標是要把對手趕出去。美國方面的資源優勢不斷成長，最後終於勝出。日本從12月開始把挨餓的部隊撤出這座島嶼，最後在1943年2月完成疏散。此後再也沒有人懷疑過盟軍部隊在太平洋掌握的優勢。

卡西諾山

1944年1月17日－5月18日

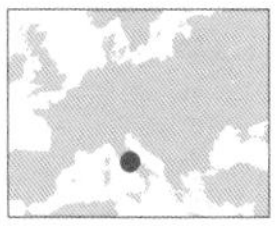

在二次大戰期間，卡西諾山（Monte Cassino）是盟軍入侵義大利後，阻止盟軍往北朝羅馬推進的古斯塔夫防線（Gustav Line）上的關鍵要衝。在阿爾貝爾特·凱賽林元帥（Albert Kesselring）的指揮下，德軍善用了崎嶇多山與河流湍急的防禦潛力，美軍第5軍團和英軍第8軍團則要突破德軍此一防線。1月到3月間，盟軍對德軍陣地發起三次突擊，但都失敗。由於誤信德軍部隊占領了山頂上的修道院，美軍轟炸機因此把修道院炸毀。後來德軍果真占領了轟炸之後的廢墟，把這裡變成堅強的防禦據點。盟軍在5月11日發動最後一波攻勢，終於突破。5月18日，瓦迪斯瓦夫·安德斯將軍（Wladyslaw Anders）指揮的波蘭軍把旗幟插在山頂上。盟軍在6月5日占領羅馬，但逃脫的德軍繼續在義大利北部阻擋盟軍，直到1945年4月。

入侵蘇伊士

1956年10月29日－11月7日

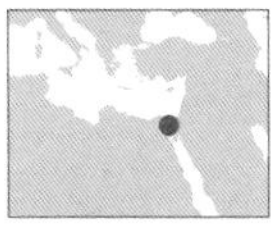

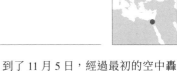

以色列、英國和法國在1956年協同進攻埃及，是軍事上的成功，卻是政治上的災難，加速了歐洲殖民主義的終結。這場戰爭的導火線是埃及領導人賈邁·阿布杜－納瑟（Gamal Abdel Nasser）決定把蘇伊士運河收歸國有，這條運河是人工開鑿的水道，對國際貿易有無比重要的價值，當時是由英法合資的公司所有。納瑟是激進的阿拉伯民族主義者，被視為不只是對法國和英國的利益、更對以色列的利益造成威脅。他們擬定一套計畫，根據計畫，以色列會入侵埃及的西奈半島，讓英國和法國可以藉著防衛蘇伊士運河的理由，把軍事干預正當化，但暗中的目標是推翻納瑟。

以色列部隊在10月29日發動攻擊，以無比的速度橫越西奈半島。到了11月5日，經過最初的空中轟炸後，英軍和法軍傘兵跳傘進入蘇伊士運河區（Suez Canal Zone），並占領各戰略要點。到了次日，更多部隊伴隨戰車搭乘登陸艇上岸，還有其他部隊搭乘直升機抵達，這是歷史上直升機首度用於突擊登陸行動。為了反制入侵，埃及在運河水道內鑿沉船隻，封鎖運河，航運中斷長達五個月。

這場陰謀的主要目標很快就達成了，但攻擊行動卻在英國和其他地方飽受批評。更重要的是，由於事先未和美國商議，美方施加外交和財政壓力，迫使軍事作戰在短短兩天後就叫停。英國和法國蒙受屈辱，撤回部隊，納瑟則成為阿拉伯世界的大英雄。

△ 埃及在蘇伊士運河水道鑿沉貨輪，以封鎖航運交通

名詞解釋

飛行大隊 air wing
軍事航空領域的一個指揮單位，由數個中隊組成，起源於 1912 年時英國的皇家飛行兵團（Royal Flying Corps）分成一個陸軍大隊和一個海軍大隊。

執政官 archon
古代希臘城邦的最高階官員，源自希臘文的「統治者」。每個城邦都有幾位執政官負責指導管理各別部門；將軍執政官是軍事指揮官。

休戰 armistice
來自不同國家的交戰各方之間暫停軍事作戰的正式協議。從歷史角度來看，當休戰生效的時候，戰爭狀態可能依然存在，但根據當代國際法，休戰意味著戰爭中止。

火砲／砲兵 artillery
大口徑的武器，像是發射砲彈的固定式大砲、榴彈砲和飛彈發射器等打擊範圍超過步兵火器射程的武器。這個詞彙也可用於使用這類武器的軍事部隊兵種，像是野戰砲兵、海岸砲兵和反戰車砲兵等。

輔助部隊 auxiliaries (troops)
對軍隊或警察提供支援服務的人員，通常是志願人員或從事兼職給付的工作。在古羅馬，輔助部隊是接受徵募的非公民人士，服完平均長達 25 年的役期後可獲得公民資格。

桿彈 bar shot
一種砲彈或發射物，是由兩顆鐵球加上中間連接的鐵桿構成，外觀類似啞鈴。這種砲彈發射後在空中飛行期間，會因為兩端的重量而不斷旋轉，能夠有效打斷帆船的主桅，並破壞圓杆和索具。

稜堡 bastion
從防禦要塞的簾牆伸出的舷牆。它的外型類似箭頭，這種露出的設計是用來消除胸牆正下方的盲點，並保護對著下方入侵者開火的士兵。

戰鬥巡洋艦 battlecruiser
一種大型武裝軍艦，配備戰鬥艦的武裝，但重量比戰鬥艦輕，速度也更快。世界上第一批戰鬥巡洋艦是三艘無敵級（Invincible-Class）軍艦，在 1908 年進入皇家海軍服役。

戰鬥艦 battleship
最大且重量最重的軍艦，配備大口徑艦砲和厚重裝甲。戰鬥艦是 20 世紀上半葉數十年間各國海軍艦隊的核心。

灘頭堡 beachhead
一塊靠海或河流的地方，被攻擊部隊占領後，做為隨後更深入敵軍領域的根據地。

閃電戰 Blitzkrieg
「Blitzkrieg」這個字原本是德文，指二次大戰期間的一種戰術，在 1939 年入侵波蘭時採用。方法是以俯衝轟炸機和摩托化砲兵支援集結的戰車編隊，在狹窄的正面上突穿前進。

射石砲 bombard
出現在 15 世紀中世紀晚期的大砲，主要在攻城時使用，可以粉碎據點的牆壁，逐漸發展成當時的超級火砲，由鐵製成，使用火藥來發射臼砲和花崗岩彈丸。1586 年時俄羅斯的沙皇砲（Tsar Cannon）和 1464 年鄂圖曼帝國的達達尼爾砲（Dardanelles Gun）是其中二例。

橋頭堡 bridgehead
在橋梁或渡口的戰略位置，防禦單位建立軍事防線，以便掩護渡河中的部隊。

旅 brigade
一種軍事編制，通常由三到六個營組成，加上支援的偵察、砲兵、工兵、補給和運輸單位等。

雙桅帆船 brigantine
自 16 世紀左右出現的雙桅桿帆船，有方形的帆，但主桅前後都有索具。它的名字來自地中海上的土匪或海盜的雙桅帆船。

舷側砲 broadside
安裝在軍艦左右兩個舷側的砲臺總稱，這是 16 世紀到 19 世紀中期海軍船艦的一個特色。這個詞彙也有從船的舷側發射火砲的意思。

霰彈 cannister shot
一種火砲彈藥，主要是裝滿金屬球的金屬圓筒。霰彈會在從火砲發射出去後解體，產生類似霰彈槍的炸裂效果。這種砲彈在 18 和 19 世紀非常普遍，直到今天依然有人使用。

卡拉維爾帆船 caravel
一種速度快、機動性高的帆船，15 世紀時由葡萄牙人發明，目的是要進行遠距離航行，橫渡大西洋。這種帆船裝有專為迎風航行而設計的大三角帆，哥倫布在航行前往南美洲時就是使用這種帆船。

卡賓槍 carbine
重量輕、類似步槍的槍枝，槍管比較短，通常不到 51 公分長。原始的卡賓槍是給騎馬的士兵使用，之後發展成為氣動的半自動槍械。

卡拉克帆船 carrack
葡萄牙人設計的遠洋航行用帆船，有三根主桅杆，由 14 到 17 世紀期間的歐洲海軍強權國家廣泛使用。亨利八世的瑪麗玫瑰號是這種帆船當中現存且最知名的。

重甲騎兵 cataphract
波斯和其他中東區域古代王國穿著厚重盔甲的騎兵，之後羅馬人和拜占庭人也有編制。人們認為重甲騎兵是中世紀騎士的前身。

停火 ceasefire
暫時或部分停止軍事戰鬥的狀態，目的包括收回陣亡者遺體，或展開和平談判。

騎行劫掠 chevauchée
源自法文的「騎乘」，是中世紀的一種武裝襲擊戰術，執行者騎馬進入敵方領域，摧毀財產並掠奪，平民百姓也常常淪為目標。

夥友（希臘） Companion
馬其頓國王腓力二世在位時軍隊裡的精銳騎兵。夥友騎兵是從貴族中招募，是級別最高的騎兵部隊。在腓力二世之子亞歷山大大帝的指揮下，他們是在公元前 331 年戰勝波斯的關鍵力量。

邦聯（南北戰爭） Confederacy
由 11 個在 1860 － 61 年間脫離美國的南方州組成的聯盟，目標是組成一個把蓄奴制度合法化的新國家，也被稱為美利堅邦聯（Confederate States of America）或南方邦聯（Southern Confederacy）。

軍 corps
一種陸軍的單位，由兩個或以上的師組成。目前認為這個軍的編制是拿破崙發明的，每個軍可自給自足，能夠自力戰鬥，或是和其他的軍聯合作戰。這樣的結構使軍隊更加彈性，機動力更好。

丁字戰法 crossing the T
從 19 世紀後期到 20 世紀中期盛行的海軍戰術，也就是軍艦組成的艦列要以呈直角的方向和敵軍軍艦組成的艦列交會，如此一來橫越的一方就可以使用所有的艦砲轟擊敵艦，相對之下敵方僅能使用前方的艦砲。這套戰術時常派上用場，效果良好，例如 1905 年對馬海戰（參見第 205 頁）的日軍艦隊。

胸甲騎兵 cuirassier
穿著胸甲（在胸膛位置，目的是保護軀幹的鎧甲）的騎兵，並配戴劍或軍刀和手槍。胸甲騎兵團在 18 世紀時名聲鵲起，並在拿破崙的軍隊中扮演主要角色。

大名
從 10 世紀起到 19 世紀中期，在將軍之下統治大部分日本的封建領主。他們雇用武士來保護自身利益，藉此維持權力。

俯衝轟炸機 dive bomber
一種軍用飛機，會直直地朝目標俯衝，直到抵達低空後才投下炸彈，接著拉起機頭並離開，這種戰術可以提高命中的精準度，在西班牙內戰和第二次世界大戰期間使用。

師 division
一種大型軍隊編制，由幾個團或旅組成，做為一個獨立單位進行戰鬥。一個師平均來說人員介於 1 ～ 2 萬人。

龍騎兵 dragoon
騎馬的步兵，他們騎乘馬匹來移動，戰鬥時則下馬徒步。龍騎兵起源於 16 世紀的歐洲，之後逐漸成為普及的軍事單位。他們的名稱來自他們使用的短管滑膛槍。

無畏艦／超無畏艦 dreadnought / super-dreadnought
以 1906 年皇家海軍革命性的蒸汽推進軍艦無畏號為稱呼的英國戰鬥艦，主砲最多可達 14 門，超過以往軍艦的兩倍（參見第 206-207 頁）。第二代的超無畏艦自 1914 年起開始問世，並成為一些國家第一流的軍艦，直到二次大戰。

無人機 drone
遙控的空中偵察裝置，也稱為無人飛行載具（Unmanned Aerial Vehicle, UAV），可自動飛行或由遠端駕駛。無人機在一次大戰期間開始發展，並在越戰期間大量布署，用於偵察、戰鬥誘餌和傳單空投等工作。

火槍 fire lance
中國一種像長矛的武器，裝有火藥，自 12 世紀起開始在作戰中使用。

火船 fire ship
滿載可燃物質的船隻，點火後透過操縱或漂流的方式接觸敵方艦隊，目的是造成恐慌並迫使艦隊陣形瓦解。

側翼 flank
部隊在作戰時的最左邊或最右邊，是容易受到敵軍攻擊的弱點，自古以來軍事戰術家都會想辦法加以利用。

稜角（要塞） fleche
外型像箭頭的防禦性建築結構，與要塞堡壘的外側相連，面對敵人。它在建造時設有胸牆，利於守軍向外射擊。

巡防艦 frigate
配備橫帆的軍艦，在 18 世紀末期發展，著重在速度和機動性。到了 20 世紀，皇家海軍開始把小型護航用軍艦稱為護衛艦，之後這個稱呼擴大到涵蓋裝備齊全的防空用艦艇。

民兵 fyrd
盎格魯－撒克遜的部落式軍隊，起源於 7 世紀，由應徵入伍的自由民組成。當國王或地方統治者號召時，就必須入伍並參與作戰。

加萊賽戰船 galleass
大型的戰鬥用槳帆船，配備可觀火力，15 － 18 世紀時用於地中海的海上作戰中，由 50 到 200 名划槳手划槳推動。

槳帆船 galley
狹窄、吃水淺的荷蘭或佛拉芒商用槳帆船，有一根主桅杆和後桅，常配有槳手。這種帆船在 17 到 19 世紀之間使用，它的前身是地中海有槳的半槳帆船，是巴巴里（Barbary）海盜的最愛。法國海軍使用這種船的衍生型。

衛戍部隊 garrison
一群駐防在戰略要地的軍人，例如堡壘、島嶼或城鎮，目的是保衛這些地方。

加特林砲 Gatling gun
一種手動機關槍，配備多根槍管，能透過曲柄繞著中心軸旋轉，可以快速發射子彈，由理察．喬丹．加特林（Richard Jordan Gatling）在 1861 – 62 年美國南北戰爭期間發明。

重騎兵／憲兵 gendarme
在歷史上原本是法國軍隊裡的重裝騎兵部隊，但到了 18 世紀晚期卻變成軍事警察部隊，負責保護法國皇室和官員，並在民間發生騷亂時維持法律和秩序。

擲彈兵 grenadier
這個字源自法文的「手榴彈」。擲彈兵在進攻時專門負責攜帶和投擲手榴彈。自 17 世紀中期開始，擲彈兵會組成營級部隊中的精銳連。

游擊隊員 guerrilla
非正規軍事部隊的戰士，從事有針對性的襲擊、與伏擊傳統軍事部隊等任務。這個詞彙最早是用在 1807 – 14 年半島戰爭（Peninsular War）中的西班牙－葡萄牙游
擊隊，他們把法國軍隊趕出伊比利半島。

鉤銃騎兵 harquebusier
一種歐洲騎兵，配備稱為鉤銃的長槍管火器及刀劍。17 世紀期間，鉤銃騎兵因為在三十年戰爭及英格蘭內戰裡扮演的戰術角色而受到矚目。

神聖羅馬帝國 Holy Roman Empire
位於西歐和中歐的許多領地，由法蘭克和日耳曼國王統治，從 800 年時的查理曼開始，直到 1806 年拿破崙下令解散為止。

榴彈砲 howitzer
一種射程遠的火砲，可把砲彈以經過計算的角度往空中發射，進而擊中有掩蔽或位在壕溝裡的目標。榴彈砲早在 16 世紀時就有人使用，並在一次大戰的壕溝戰中成為舉足輕重的火砲。

王室衛隊 Huscarl
中世紀維京和盎格魯－撒克遜國王的職業化精銳貼身護衛隊。1015 年丹麥占領盎格魯－撒克遜的英格蘭時，克努特（Canute）的入侵部隊就是由王室衛隊組成，而 1066 年在哈斯丁（參見第 58-59 頁），王室衛隊也是哈洛德軍隊的核心。

土耳其禁衛軍 Janissary
從 14 世紀晚期到 19 世紀初期鄂圖曼帝國軍隊中的精銳職業化步兵部隊。他們公認是第一支現代化常備部隊，也就是即使沒有參與軍事行動時，他們也還是會在軍營中長期執勤。

聖殿騎士團 Knights Templar
由法國騎士在 1119 年左右創辦的天主教基督軍事教團，目標是捍衛耶路撒冷的基督教朝聖者和聖地，不受穆斯林攻擊。

節（航海速度單位） knot
相當於每小時一海里（1.852 公里）。這個詞的起源可以回溯到 17 世紀，水手要測量船隻航速時，會把一捲繩子從船尾拋下，繩子上每隔一段相等距離打一個節。

司令官（羅馬） legate
羅馬帝國軍隊中的高階軍官，相當於現在的將軍。司令官指揮一個軍團，也就是軍隊中最大的單位，下轄大約 5000 名士兵。

水平轟炸機 level bomber
在第一次及第二次世界大戰期間用來進行轟炸作戰的攻擊用飛機。它們保持水平的姿態飛行，並從目標上方投下炸彈。轟炸瞄準儀的發展能夠使水平轟炸機的轟炸表現更加精準。

曼哈頓計畫 Manhattan Project
1942 – 45 年間美國發展原子彈計畫的代號。這個計畫是在位於不同地方的多個場所進行，包括新墨西哥州的洛色拉莫士（Los Alamos）、田納西州的橡樹嶺（Oak Ridge），還有華盛頓州的漢福特（Hanford）。

火繩機 matchlock
第一種用來擊發手持槍枝的機械裝置。當拉動槓桿或板機時，夾鉗上的點燃火繩就會落進藥池裡，進而點燃槍管中含有彈丸和火藥的裝藥。

冶金術 metallurgy
對金屬的物理和化學性質、如何從礦石中提煉金屬、以及如何對其進行調整以製造合金的科學研究。

米尼彈 Minié ball
供有膛線火槍使用的子彈，由克勞德－埃蒂安．米尼在 1849 年左右發明。它的裝填方式簡單迅速，只要從槍管丟進去即可。開火射擊時，這種子彈會膨脹，緊密地貼合槍管內壁，提高精準度。

迫擊砲 mortar
一種重量輕、可攜帶的砲口裝填武器，由砲管、底板和雙腳架組成，但僅能進行大於 45 度角的間接射擊。

滑膛槍 musket
槍口裝填的肩射火器，擁有長槍管，可發射滑膛槍彈或米尼彈。最早的滑膛槍是 16 世紀時在西班牙生產，並隨著時間過去不斷演進，從火繩機到燧發機、最後再到雷帽機。19 世紀晚期，滑膛槍被後膛裝填步槍取代。

芥子氣 mustard gas
又稱為 sulfur mustard，這是一種化學物質，可造成皮膚、眼睛和呼吸道嚴重灼傷。第一次世界大戰期間，德軍在 1917 年首度把它做為武器使用，也就是把裝有這種化學物質的砲彈發射到敵軍的壕溝陣地裡。

野驢炮 onager
一種類似投石機的裝置，用扭力驅動，可發射石塊，在古羅馬的作戰中使用。它的名稱源自於羅馬文的野驢，之所以會如此稱呼，是因為這種武器在發射時後方常常會抬起。

柵欄 palisade
一種用木樁、鐵樁或樹幹搭建而成的防禦牆，也稱為樁牆，在古希臘、古羅馬和前殖民時期的美國都有早期使用的記載。

方陣 phalanx
重步兵組成的長方形密集軍事編隊，配備長槍、長矛、薩里沙長矛或類似的武器。它起源於古蘇美和古希臘，用來攻擊並威嚇敵人時相當有效。

襲擊 raid
一支武裝部隊快速襲擊某個地點，目的是在不占領那個地點的狀況下造成破壞或達成特定的戰略性任務。

臨時堡 redoubt
在永久堡壘或要塞外的臨時防禦工事或周邊防禦結構物。臨時堡可以包括從基本且沒有側翼保護的泥土工事，到堅固的建築物等。

膛線 rifling
槍管內的螺旋形溝槽，目的是使子彈在射出時旋轉，並提高其精準度。

後衛 rearguard
被派遣到主力部隊後方的士兵分隊，目的是防止主力部隊遭到攻擊，通常是在撤退的時候才會出現。

團 regiment
軍隊的常設組織單位，採用獨特的身分識別，包括制服和徽章，通常由上校指揮。

薩里沙長矛 sarissa
一種長達 7 公尺的長矛，由馬其頓軍隊在方陣編隊中和盾牌搭配使用。薩里沙長矛在公元前 4 世紀時由馬其頓的腓力二世時代開始引進，並由亞歷山大大帝的步兵使用。

總督 satrap
波斯帝國的省長，負責掌管經濟事務（尤其是徵稅），並監督法律和秩序。總督有權力擔任法官和陪審團。

印度兵 sepoy
印度蒙兀兒皇帝麾下的職業化武裝軍人。這個詞之後用來指稱 1800 年代在英國或歐洲其他國家的部隊中服役的印度士兵。

戰列艦 ship of the line
17 和 18 世紀時最大型的海軍軍艦，可在三層甲板上搭載 100 門以上的大砲。在海戰中，這種軍艦會排成一列，以舷側火力打擊敵人。

第六次反法同盟 Sixth Coalition
在第六次反法同盟戰爭（War of the Sixth Coalition，1813–14 年）中對抗拿破崙並獲勝的聯軍部隊。這個同盟由英國、俄國、瑞典、西班牙、普魯士、葡萄牙和奧地利組成。

星形要塞 star fort
自 16 世紀起出現，也稱為 trace italienne（因為它們是在義大利設計的）。這種防禦工事擁有傾斜的防禦牆，可彈開射來的砲彈，因為來襲砲彈方向與牆壁呈垂直角度時，造成的破壞力最大。

求和 sue for peace
這個詞彙是描述在作戰中落敗的部隊向占優勢的部隊請願，以阻止全面潰敗，並希望爭取更好的條件，同時降低損失。

條頓騎士團 Teutonic Knights
具備軍事性質的日耳曼條頓騎士團在 12 世紀晚期成立，是在耶路撒冷附近由志願者和傭兵組成的醫院，團員穿著有黑色十字圖案的白色外衣。

U 艇 U-boat
在第一次世界大戰首度出現的德軍潛水艇。德軍潛艇和其他國家的潛艇相比先進許多，且難以擊沉，因此惡名昭彰。

聯邦（南北戰爭） Union
美國北方各州在南北戰爭（1861 – 65 年）期間組成美國聯邦政府（Federal Government of the United States）。

前鋒 vanguard
在攻勢發動前出發的先遣部隊，目的是鞏固陣地並搜尋敵人蹤跡。在中世紀時他們稱為前衛（avant-guard）。

簧輪機 wheellock
一種槍枝擊發機制，可以追溯到 16 世紀，在燧發機之前出現。它擁有一種摩擦輪機械裝置，可以產生火花來點火射擊。

齊柏林飛船 Zeppelin
齊柏林飛船因為興登堡號（Hindenburg）的意外災難以及在一次大戰期間轟炸倫敦而知名。早在 1900 年代，齊柏林飛船就已經開始飛行，做為民用飛船使用。它們由堅固的金屬骨架建造，上面包覆防水布料，並使用氫氣在空中飄浮。德國軍方在一次大戰期間曾採用齊柏林飛船。

索引

五畫

六畫

七畫

八畫

十畫

十一畫

十二畫

十三畫

十四畫

十五畫

十六畫

十七畫

十八畫

十九畫

二十畫以上

謝誌

DK出版社感謝以下人士協助製作本書：
Philip Parker for additional consulting; Alexandra Black for glossary text; Jessica Tapolcai for design assistance; Helen Peters for indexing; Joy Evatt for proofreading. DK India would like to thank Arpita Dasgupta, Ankita Gupta, Sonali Jindal, Devangana Ojha, Kanika Praharaj, and Anuroop Sanwalia for editorial assistance; Nobina Chakravorty, Sanjay Chauhan, and Meenal Goel for design assistance; Ashutosh Ranjan Bharti, Rajesh Chhibber, Zafar-ul-Islam Khan, Animesh Pathak, and Mohd Zishan for cartography assistance; and Priyanka Sharma and Saloni Singh for jackets assistance.

出版社感謝以下人士慷慨提供照片：

(Key: a-above; b-below/bottom; c-centre; f-far; l-left; r-right; t-top)

2 Dorling Kindersley: © The Trustees of the British Museum / Nick Nicholls. **4 Alamy Stock Photo:** Peter Horree (t). **4-5 Getty Images:** DEA / G. DAGLI ORTI (b). **5 Alamy Stock Photo:** Fine Art Images / Heritage Images (tl); Prisma Archivo (tr). **6 Alamy Stock Photo:** GL Archive (t). **6-7 Getty Images:** Popperfoto / Rolls Press (b). **7 Getty Images:** Corbis Historical / Hulton Deutsch (t). **8-9 Getty Images:** Archive Photos / Buyenlarge. **10-11 Alamy Stock Photo:** Peter Horree. **12 Alamy Stock Photo:** The Picture Art Collection (c). **Dorling Kindersley:** University of Pennsylvania Museum of Archaeology and Anthropology / Angela Coppola (tl).
13 Alamy Stock Photo: Adam Eastland (cr); FALKENSTEINFOTO (tl). **14 Alamy Stock Photo:** Album (tl). **15 Dorling Kindersley:** University of Pennsylvania Museum of Archaeology and Anthropology / Gary Ombler (tr). **16 Getty Images:** Hulton Archive / Print Collector (cla); Science & Society Picture Library (bl). **16-17 Getty Images:** DEA / A. JEMOLO. **19 Alamy Stock Photo:** World History Archive (tr). **20 Alamy Stock Photo:** Panagiotis Karapanagiotis (bc). **Bridgeman Images:** (bl). **23 Alamy Stock Photo:** Cola Images (tc). **24 Alamy Stock Photo:** Artokoloro (c); Chronicle (bl). **24-25 Getty Images:** DE AGOSTINI PICTURE LIBRARY. **26 Alamy Stock Photo:** adam eastland (cr). **27 Alamy Stock Photo:** INTERFOTO / Fine Arts (crb). **29 Alamy Stock Photo:** Cultural Archive (tl). **30-31 Getty Images:** DEA / G. Dagli Orti. **31 Alamy Stock Photo:** Erin Babnik (bc); Science History Images (cr). **32 Getty Images:** DEA / A. DAGLI ORTI (cla). **33 Alamy Stock Photo:** The Granger Collection (cr). **35 Alamy Stock Photo:** Heritage Image Partnership Ltd (br). **36-37 Alamy Stock Photo:** Prisma Archiv (all images). **38-39 Getty Images:** Universal Images Group / Independent Picture Service. **39 Dreamstime.com:** Chris Hill / Ca2hil (cra). **Getty Images:** DEA / ICAS94 (br). **41 Bridgeman Images:** (tr). **43 Getty Images:** Corbis Historical / John Stevenson (br). **44-45 Getty Images:** LightRocket / Wolfgang Kaehler. **44 Dorling Kindersley:** Durham University Oriental Museum / Gary Ombler (cl). **Getty Images:** S3studio (bc).
46 Alamy Stock Photo: Album (cr). **49 Alamy Stock Photo:** Ancient Art and Architecture (br). **50 Bridgeman Images:** Tallandier (tr). **52 akg-images:** Erich Lessing (c, br).
53 Alamy Stock Photo: Niday Picture Library (br); www.BibleLandPictures.com / Zev rad (c). **54-55 Alamy Stock Photo:** Fine Art Images / Heritage Images. **56 Bridgeman Images:** (cl). **57 Bridgeman Images:** Pictures from History / Woodbury & Page (cr). **Dorling Kindersley:** Wallace Collection, London / Geoff Dann (tr). **59 Alamy Stock Photo:** Forget Patrick (br). **60-61 Alamy Stock Photo:** Vintage Book Collection. **60 Dorling Kindersley:** Gary Ombler (cla). **Getty Images:** Bridgeman Art Library / Hulton Fine Art Collection (bl). **62 akg-images:** Erich Lessing (bc). **Alamy Stock Photo:** Science History Images (tr). **64 Alamy Stock Photo:** Album (tl). **66 Bridgeman Images:** (br). **Getty Images:** DEA / A. DAGLI ORTI (bl). **68 Bridgeman Images:** (cr). **71 Alamy Stock Photo:** Album (tr). **72 Alamy Stock Photo:** Granger Historical Picture Archive (bl). **Dorling Kindersley:** Gary Ombler / © The Board of Trustees of the Armouries (cl). **72-73 Alamy Stock Photo:** World History Archive. **75 Alamy Stock Photo:** The Picture Art Collection (ca). **76 Alamy Stock Photo:** Heritage Images / Fine Art Images (cr). **78 Alamy Stock Photo:** World History Archive (tl). **Dorling Kindersley:** University Museum of Archaeology and Anthropology, Cambridge / Ranald MacKechnie (c).
78-79 Alamy Stock Photo: Werner Forman Archive / Gulistan Library, Teheran / Heritage Images. **80 Getty Images:** Hulton Archive / Heritage Images (cl). **83 Alamy Stock Photo:** Granger Historical Picture

Archive (tl). **84 Alamy Stock Photo:** Everett Collection Inc (tl). **Dorling Kindersley:** Wallace Collection London / Geoff Dann (ca). **84-85 akg-images:** Erich Lessing. **86-87 Christie's Images Ltd:** (all map images). **89 akg-images:** jh-Lightbox_Ltd. / John Hios (cr). **90 Getty Images:** DEA PICTURE LIBRARY (cr). **92-93 akg-images:** François Guénet (all map images). **94-95 Getty Images:** DEA / G. DAGLI ORTI. **95 Alamy Stock Photo:** Classic Image (br). **Dorling Kindersley:** Royal Artillery, Woolwich / Gary Ombler (ca). **98 Alamy Stock Photo:** Science History Images (cr). **99 Alamy Stock Photo:** Heritage Image Partnership Ltd / Fine Art Image (bl). **Getty Images:** Hulton Archive / Culture Club (br); Universal Images Group / Leemage (tr). **100-101 Alamy Stock Photo:** Prisma Archivo. **102 Dorling Kindersley:** © The Board of Trustees of the Armouries / Gary Ombler (tl). **Getty Images:** Hulton Fine Art Collection / Heritage Images (cl). **103 Alamy Stock Photo:** GL Archive (tl). **Getty Images:** DEA / A. DAGLI ORTI (tr). **104 Getty Images:** Hulton Archive / Print Collector (tl). **106-107 Rex by Shutterstock:** Harper Collins Publishers. **107 Alamy Stock Photo:** Granger Historical Picture Archive (br). **Dorling Kindersley:** CONACULTA-INAH-MEX / Michel Zabe (c). **109 Dorling Kindersley:** © The Board of Trustees of the Armouries / Gary Ombler (tr). **Getty Images:** DEA / ARCHIVIO J. LANGE (br). **111 Alamy Stock Photo:** Science History Images (cl). **112 Bridgeman Images:** Granger (cra). **113 Getty Images:** DEA / A. DAGLI ORTI (cr). **114-115 Getty Images:** Universal Images Group / Leemage. **115 Alamy Stock Photo:** World History Archive (br). **Dorling Kindersley:** © The Board of Trustees of the Armouries / Gary Ombler (ca). **116 SuperStock:** gustavo tomsich / Marka (br). **118-119 akg-images:** (all images). **121 Alamy Stock Photo:** Photo12 / Ann Ronan Picture Library (bl). **122-123 Alamy Stock Photo:** Prisma Archivo. **123 Alamy Stock Photo:** Album (br). **124 Alamy Stock Photo:** Stephen Bay (crb). **126-127 Alamy Stock Photo:** CPA Media Pte Ltd.
127 Alamy Stock Photo: World History Archive (br). **Dorling Kindersley:** © The Board of Trustees of the Armouries / Tim Ridley (cra). **128 Alamy Stock Photo:** The Picture Art Collection (all map images). **129 Alamy Stock Photo:** The History Collection (b). **131 akg-images:** Col. copper engr. by Matthaeus Merian the Eld. (1593–1650) Theatrum Europaeum 1637.; Berlin, Sammlung Archiv für Kunst und Geschichte. (tr). **132 Bridgeman Images:** G. Dagli Orti / De Agostini Picture Library (bc). **Dorling Kindersley:** Combined Military Services Museum / Gary Ombler (c). **132-133 akg-images:** Rabatti & Domingie. **134 Alamy Stock Photo:** Digital Image Library (bc). **135 Alamy Stock Photo:** World History Archive (tr). **136-137 Alamy Stock Photo:** CPA Media Pte Ltd. **138 Bridgeman Images:** (cl). **139 Alamy Stock Photo:** GL Archive / Mr Finnbarr Webster (bl). **Bridgeman Images:** (crb). **Getty Images:** Bettmann (c). **140-141 Alamy Stock Photo:** GL Archive. **142 Alamy Stock Photo:** INTERFOTO (tl). **Bridgeman Images:** (cl). **143 Alamy Stock Photo:** Niday Picture Library / James Nesterwitz (cr). **Getty Images:** Bettmann (tc). **145 Getty Images:** Photo 12 / Universal Images Group Editorial (br). **146 Getty Images / iStock:** duncan1890 (br). **148-149 Getty Images:** DEA / G. DAGLI ORTI. **148 Alamy Stock Photo:** Juan Aunion (bl); The Picture Art Collection (cl). **150 Alamy Stock Photo:** Chronicle (tr). **152 Alamy Stock Photo:** Granger Historical Picture Archive. **155 Alamy Stock Photo:** North Wind Picture Archives (cr). **156-157 Library of Congress, Washington, D.C.:** Mondhare (Firm). **157 Getty Images:** Hulton Fine Art Collection / Mondadori Portfolio (bc). **158 Alamy Stock Photo:** Antiqua Print Gallery. **159 akg-images:** Anonymous Person (all map images). **160 Bridgeman Images:** Look and Learn (cr). **162 Alamy Stock Photo:** World History Archive (crb). **163 Alamy Stock Photo:** World History Archive (tr).
164 Alamy Stock Photo: The Picture Art Collection (bc).
164-165 Alamy Stock Photo: GL Archive. **167 Dreamstime.com:** Mccool (br). **168-169 Alamy Stock Photo:** Antiqua Print Gallery. **170 Bridgeman Images:** (tr). **172 Bridgeman Images:** (bl). **Dorling Kindersley:** ina Chambers and James Stevenson / Musee de l'Emperi, Salon-de-Provence (cla). **172-173 Getty Images:** DEA / G. DAGLI ORTI. **175 Alamy Stock Photo:** Austrian National Library / Interfoto (tr). **177 Alamy Stock Photo:** Classic Image (br). **179 Bridgeman Images:** (tc); Heath, William (1795-1840) (after) / English (br). **180 Bridgeman Images:** British School, (19th century) / British (cr). **182 Bridgeman Images:** Troiani, Don (b.1949) / American (cr). **184 Alamy Stock Photo:** Vernon Lewis Gallery / Stocktrek Images (bl). **Getty Images / iStock:** duncan1890 (cla).

184-185 Alamy Stock Photo: Granger Historical Picture Archive. **187 Bridgeman Images:** Troiani, Don (b.1949) / American (br). **188-189 akg-images:** Anonymous Person (all map images). **190 Dorling Kindersley:** Fort Nelson / Gary Ombler (bl). **191 Alamy Stock Photo:** Chronicle (tr). **192 Barry Lawrence Ruderman Antique Maps Inc:** (all map images). **194 Alamy Stock Photo:** Balfore Archive Images (all map images). **195 Alamy Stock Photo:** Historic Collection (all map images). **196-197 Getty Images:** DEA PICTURE LIBRARY. **196 Alamy Stock Photo:** Lordprice Collection (bc). **Dorling Kindersley:** Peter Chadwick / Courtesy of the Royal Artillery Historical Trust (cla). **198 Getty Images:** Hulton Fine Art Collection / Print Collector (cra); UniversalImagesGroup (bl). **199 Alamy Stock Photo:** Niday Picture Library (cr); Ken Welsh (bl). **200-201 Getty Images:** Corbis Historical / Hulton Deutsch. **202 Getty Images:** Hulton Archive / Fototeca Storica Nazionale. (cr).
203 Alamy Stock Photo: Everett Collection Inc (tl); PA Images / Dan Chung, The Guardian, MOD Pool (cr). **204 Bridgeman Images:** Look and Lear (crb). **206 Alamy Stock Photo:** The Reading Room (cl); The Keasbury-Gordon Photograph Archive (bl). **206-207 Alamy Stock Photo:** Scherl / Süddeutsche Zeitung Photo. **208 Alamy Stock Photo:** Pictorial Press Ltd (bc). **209 Alamy Stock Photo:** Scherl / Süddeutsche Zeitung Photo (tr). **210 Alamy Stock Photo:** Photo12 / Archives Snark (bl). **213 Getty Images:** Fotosearch (tr). **214 Alamy Stock Photo:** World History Archive (bc). **215 Alamy Stock Photo:** Lebrecht Music & Arts (bc). **216-217 Getty Images:** Mirrorpix. **216 Dorling Kindersley:** By kind permission of The Trustees of the Imperial War Museum, London / Gary Ombler (c, cr). **Getty Images:** Imperial War Museums (bl). **219 Alamy Stock Photo:** Chronicl (bl). **220-221 Mary Evans Picture Library:** The National Archives, London. England. **223 Getty Images:** ullstein bild Dtl. (tr). **224 123RF.com:** Serhii Kamshylin. **225 Alamy Stock Photo:** Historic Collection (cra). **226-227 Alamy Stock Photo:** Chronicle.
227 Dorling Kindersley: Gary Ombler / Flugausstellung (cr). **Getty Images:** Popperfoto (br). **229 Alamy Stock Photo:** World History Archive (tc). **230 www.mediadrumworld.com:** Royston Leonard (bc). **231 Alamy Stock Photo:** Vintage_Spac (tc). **232 Getty Images:** Bettmann (bc). **233 www.mediadrumworld.com:** Paul Reynolds (tr).
234-235 Getty Images: ullstein bild Dtl. **234 Alamy Stock Photo:** Photo12 / Collection Bernard Crochet (bl); Pictorial Press Ltd (c). **236 Alamy Stock Photo:** Andrew Fare (clb).
237 Getty Images: Universal History Archive (bc). **238-239 Battle Archives:** (all maps). **240-241 Getty Images:** Corbis Historical. **241 Alamy Stock Photo:** PJF Military Collection (br); Vernon Lewis Gallery / Stocktrek Images (cr). **242 Alamy Stock Photo:** Historic Images (bl). **243 akg-images:** Fototeca Gilardi (tr). **245 Getty Images:** Hulton Archive / Laski Diffusion (tc); Universal Images Group / Sovfoto (br). **246-247 Getty Images:** Universal Images Group / Sovfoto. **246 Alamy Stock Photo:** Scherl / Süddeutsche Zeitung Photo (cl). **Dorling Kindersley:** The Tank Museum, Bovington / Gary Ombler (bl). **249 Getty Images:** Hulton Archive / Galerie Bilderwelt (tr). **250-251 Getty Images:** Corbis Historical (all map images). **252 akg-images:** (cr). **254 Alamy Stock Photo:** GL Archive (cl). **Getty Images:** The Image Bank / Michael Dunning (bc). **254-255 Alamy Stock Photo:** Science History Images. **257 Alamy Stock Photo:** Keystone Pres (bl). **258-259 Alamy Stock Photo:** World History Archive. **258 Bridgeman Images:** Pictures from History (cl). **Getty Images:** Hulton Archive / Keystone (bl). **260 Alamy Stock Photo:** Photo12 / Ann Ronan Picture Library (bl). **262 Getty Images:** The LIFE Picture Collection / Larry Burrows (tr). **265 Getty Images:** Popperfoto / Bride Lane Librar (br). **266-267 Dominic Winter Auctioneers Ltd. 268-269 Getty Images:** The LIFE Images Collection / Mai. **269 Getty Images:** Corbis Historical (cr); The LIFE Picture Collection / Greg Mathieson (br). **270 Alamy Stock Photo:** PA Images / Chris Ison (br). **272 Alamy Stock Photo:** ClassicStock / Nawrock (br); INTERFOTO (cla). **273 Getty Images:** Corbis Historical / Hulton Deutsc (br); Universal History Archive (clb)

Endpaper images:
Front: **Getty Images:** DEA / G. DAGLI ORTI
Back: **Getty Images:** Universal Images Group

For further information see: www.dkimages.com